TRAITÉ DE PHYSIQUE
ET DE PHILOSOPHIE

Bernard d'Espagnat

TRAITÉ DE PHYSIQUE ET DE PHILOSOPHIE

*Ouvrage publié avec le concours
du Centre national du Livre*

Fayard

Avant-propos

L'objet de ce livre est d'établir dans le détail ce qu'en gros personne ne conteste : l'existence de questions philosophiques fondamentales au cœur de la physique actuelle. Mais il est aussi de montrer — ce qui est différent et, sans doute, surprendra plus — que cette discipline apporte des informations dont toute grande philosophie (de la matière, de l'esprit, de la connaissance,...) devrait aujourd'hui tenir compte dans sa propre chair. Il est de faire voir que si le philosophe doit continuer — c'est là son rôle — à surplomber notre savoir et à méditer sur son sens, en revanche il n'a plus le droit de ne fonder son œuvre que sur sa réflexion personnelle et sur les travaux d'autres philosophes. Il doit tenir compte de ce qui lui provient d'ailleurs. Par exemple, on dit parfois que tout apprenti philosophe a à choisir entre Platon et Aristote, ce qui, dans les grandes lignes, est assez vrai. Mais on présente ce choix comme étant parfaitement libre, comme ne relevant que des inclinations, des penchants mentaux de l'individu. Cela n'est pas pleinement exact. Les données actuelles du savoir nous obligent à passablement nuancer les grandes intuitions platoniciennes mais nous révèlent plus nettement encore le caractère anthropocentrique — et, par conséquent, relatif — de notions posées par le Stagirite comme primitives, donc absolues. La plausibilité comparée des approches de ces deux penseurs s'en trouve, cela va de soi, affectée.

A ceci il pourrait certes être opposé qu'une telle prétention de la science à intervenir n'est pas recevable, vu que ses découvertes ont jadis suscité des extrapolations simplistes qui, maintenant, s'avèrent non fondées. Mais minime est le risque de voir cette mésaventure se reproduire lorsqu'on se place (comme nous venons implicitement de le faire) dans le domaine du négatif, bornant les choix, et non plus dans celui du positif, tentant de dire quel est le bon. En vérité, il ne semble pas abusif d'estimer que si la nature — au sens le plus large possible du terme — refuse de nous dire explicitement ce qu'elle est, elle paraît consentir parfois, après sollicitations pressantes de notre part, à nous confier un peu ce qu'elle n'est pas ! Je dois, objectivement, reconnaître que ces exclusions par la physique actuelle de certaines vues trop naïves peuvent, malgré tout, être contournées ; mais il apparaîtra dans le corps du livre que ce ne peut être qu'au prix de l'adoption de théories d'une très faible vraisemblance.

Malheureusement, la coupure qui existe aujourd'hui entre scientifiques et philosophes incite ceux-ci à la méconnaissance de telles données récentes du savoir (lesquelles cependant, du fait qu'elles barrent des chemins de pensée, en ouvrent d'autres). Ainsi certains, qui trouvent normal qu'une pensée philosophique s'appuie sur les notions forgées par Galilée et par Newton (eux-mêmes le font sans y penser), sont prompts à qualifier de grossière « exploitation des développements de la science » toute référence aux notions — rectifiant pourtant les premières — qui découlent des travaux de physiciens du XXe siècle tels que Louis de Broglie, Heisenberg, Dirac ou Feynman. Et, plus généralement, il n'est pas peu choquant de voir quelques penseurs mettre sur le même pied des conjectures hardies mais compatibles avec nos connaissances et des spéculations fondées sur des notions naïves, inacceptables aujourd'hui au vu de données établies.

Leur attitude s'explique peut-être en partie par celle de certains épistémologues. L'épistémologie est une discipline relativement jeune. Il y a à peine plus d'un siècle qu'elle existe vraiment en tant qu'entreprise collective. Elle s'emploie à décrire la manière dont les disciplines scientifiques élaborent leurs théories et les mettent à l'épreuve des faits. Elle estime leur valeur logique et cognitive, et le degré de fiabilité des procédés de validation qu'elles mettent en œuvre. Elle s'interroge sur la nature des connaissances ainsi acquises et cherche à déterminer en quel sens elles peuvent être dites "vraies". Au total ses acquis sont importants. Et on remarquera qu'ils sont d'une grande généralité. *A priori* un épistémologue peut donc estimer que ce travail d'encadrement de la recherche est susceptible d'être effectué indépendamment des résultats factuels de celle-ci. Pour lui, un tel point de vue présente même l'avantage de lui permettre de dominer une certaine instabilité caractéristique de la science proprement dite, laquelle, dans ses diverses disciplines, est en perpétuelle évolution. En outre, face à des données multiples et un peu techniques c'est une tendance naturelle de notre esprit que de nous dire que leur technicité elle-même limite leur portée à quelques détails et que, par conséquent, nous pouvons ne jeter sur elles qu'un rapide coup d'œil d'ensemble.

Sans doute est-ce encore là la manière dont certains épistémologues considèrent l'actuelle physique. Ma thèse toutefois est que ceux qui en jugent ainsi se trompent. Quiconque s'exprime, même en des matières aussi générales que celles de l'épistémologie, fait tacitement appel à une représentation du monde, ne serait-ce que pour y puiser les concepts que ses phrases mettront bout à bout. Or la science, principalement par le canal d'une de ses branches, la physique, a apporté, tout au long du XXe siècle, de tels changements dans le spectre des représentations possibles du monde, a éliminé d'une manière si sévère celles qui se fondaient sur certaines notions apparemment premières et allant de soi, que raisonner en matière épistémologique en ignorant ces développements est devenu incohérent. J'espère que ce point deviendra tout à fait clair à la lecture de cet ouvrage. La vérité est que nous sommes en un âge dans lequel, sous l'impulsion des découvertes en question, la "mentalité conceptuelle" des sociétés — l'image qu'elles se font du monde — est entrée en évolution, pour ne pas dire "révolution". Mais des évolutions de cette ampleur prennent du temps (un siècle ou deux en général). Et il est bien normal qu'elles suscitent des réticences (dans l'autre sens, il est, hélas, normal qu'elles engendrent aussi des "dérives" ; on restera donc sur ses gardes !).

On le devine, ce livre conduira jusqu'à l'énoncé de questions de métaphysique et même jusqu'à une analyse de celles-ci, visant à en mieux cerner les contours. Toutefois il n'y sera engagé aucune spéculation de grande ampleur relative à de telles questions. Une raison simple motive cette abstention. Si la métaphysique au sens large — incluant la question de sa propre légitimité — est, de l'aveu (au fond) de tous, un champ d'étude essentiel, il se trouve, on le verra, que la physique contemporaine ne présente guère, relativement à celle-ci, que des mises en garde. Des avertissements du type : « non, l'être n'est pas ceci », « non, il n'est pas cela », « non, il n'est aucunement ce que vous vous imaginiez qu'il est » (un de mes aînés me disait un jour qu'il avait dû passer d'une représentation religieuse du monde, avec anges, chute, Satan, rédemption etc., à une représentation en termes de quarks et d'ADN. Je lui ai répondu qu'il lui restait encore un long bout de chemin à faire, riche de surprenantes sinuosités...). Ces importantes indications, découlant en partie de découvertes fort récentes, devraient certes stimuler la réflexion. Aussi, à leur lumière, des explorations nouvelles, attentives et élaborées, du champ de la métaphysique seraient-elles, sans doute, à entreprendre. Mais elles seront nécessairement, dans le détail, aventureuses, et ce n'est pas dans cet ouvrage-ci qu'on les trouvera.

Il reste qu'une des thèses du présent livre touche quand même, *volens nolens*, à ce domaine. Elle est que, parmi les données que la science actuelle nous révèle, se trouve l'absolue nécessité de bien distinguer entre deux notions de réalité : celle d'une réalité *ontologique*, c'est-à-dire la notion de ce qui existe, tout à fait indépendamment de la connaissance qu'on en a, et celle d'une réalité *empirique*, autrement dit, la notion de l'ensemble de ce qui est accessible, au moins en principe, à l'expérience. Dans le langage courant le mot "réalité" désigne ces deux idées conjointement, et encore aujourd'hui beaucoup d'esprits trouvent raisonnable de penser qu'en fin de compte la distinction ne s'impose pas : soit, selon les uns, du fait que la notion d'expérience humaine possible est la seule permettant de donner un sens à l'idée de réalité — de sorte qu'à leurs yeux seule la notion de réalité empirique est pertinente —, soit au contraire, selon les autres, du fait que le but de la science ne peut être que de connaître de mieux en mieux la réalité *telle qu'elle est vraiment* — ou *"en soi"* —, de sorte que, pour ceux-ci, ce n'est que cette réalité indépendante de l'humain qui peut être désignée, sans abus de langage, par le mot de "réalité". Les personnes composant le premier groupe sont principalement des philosophes alors que la majorité des scientifiques se retrouve, semble-t-il, dans le second groupe. Le présent ouvrage montrera, je pense, qu'au vu des données de la physique contemporaine, ces deux manières de voir ont chacune un certain degré de pertinence, de sorte que, quel que soit le jugement qu'en définitive nous porterons, les uns ou les autres, sur elles, nous devons, au moins, tous autant que nous sommes, les avoir toutes deux présentes à l'esprit.

L'un des arguments principaux qui devraient rallier les scientifiques à la nécessité de distinguer la réalité empirique de la "réalité en soi", réside dans la non-localité de quoi que ce soit que cette seconde expression s'avère susceptible de désigner. Il s'agit là d'une donnée qui repose depuis peu sur des bases scientifiques rigoureuses et incontestables. Lorsqu'elle aura été complètement assimilée par la communauté scientifique, celle-ci reconnaîtra en même temps l'importance du fait, également établi de façon rigoureuse, que cette non-localité ne fournit pas de possibilités nouvelles d'*action* à distance. En conséquence elle constitue une propriété de toute représentation concevable de la réalité indépendante qui, pour y être indubitable et essentielle, n'est cependant pas authentiquement et pleinement transférée à la réalité empirique. Ou, pour dire les choses autrement, contrairement à la réalité indépendante, la réalité empirique — l'ensemble des phénomènes au sens kantien du terme — ne comporte apparemment pas de traits qui soient indéniablement non locaux, dans le sens auquel on se réfère implicitement ici. Et, de nouveau, ceci montre bien la nécessité d'au moins *distinguer* entre ces deux notions de réalité.

Les conceptions développées dans ce livre débouchent par ce biais sur l'idée que le "tréfonds des choses" n'est pas accessible à la connaissance discursive. Il se pourrait qu'une telle vue paraisse *a priori* choquante à deux familles d'esprits au moins : les disciples de Hegel et les scientifiques. Pour Hegel l'ineffable n'est rien que pensée obscure, qui ne devient claire que lorsqu'elle trouve le mot. Mais des mots, des formules, Hegel lui-même en a fourni en abondance sans que (à en juger par la variété des opinions de ses disciples) son message ait, pour autant, été dénué d'ambiguïté. Trouver le mot n'est donc pas une condition suffisante de luminosité de la pensée, et il n'est pas certain, finalement, que c'en soit, en tous les domaines, une condition nécessaire.

M'affectent davantage les éventuelles réserves de mes collègues scientifiques. Compte tenu des données rapportées dans ce livre il m'est impossible de leur concéder qu'ils atteignent, comme nombre d'entre eux semblent le penser, le détail d'un réel *en soi*. Mais en même temps j'écarte radicalement l'idée que notre discipline n'aurait qu'un intérêt pratique ; que la science pure ne serait, en définitive, qu'une technoscience spécialisée dans le long terme. De fait, je tiens au contraire pour plausible que les symétries et régularités de toutes espèces que la science nous révèle dans la nature correspondent réellement, bien que d'une façon cachée, à une forme — oui ! — d'absolu. Et de plus, comme on le verra, j'estime que le domaine qui, proprement, relève de la science, la réalité empirique, est bien autre chose qu'un mirage. Par ailleurs enfin — point très banal à dire mais essentiel — je vois dans la science l'école irremplaçable de la rigueur et, donc, une sorte de "dernier rempart" contre l'esprit de puérilité qui envahit la part médiatisée de la culture.

On le constatera dans le corps du livre : l'élément le plus solide de la mécanique quantique — et, partant, de toute la physique — est l'ensemble de ses règles de prédiction d'observations. Il en résulte que la physique enseignée et pratiquée dans les grands centres universitaires ne décrit qu'*en apparence* une réalité en soi. Curieusement, ce point n'est que très rarement signalé dans les ouvrages traitant de la physique quantique ; en privé il est reconnu d'assez bonne grâce par les physiciens concernés mais ceux-ci répugnent parfois à le concéder en public.

En revanche une idée qui fait chez eux — et pour de bonnes raisons, on le verra — la quasi-unanimité est celle d'une extension, sans limites assignables, de la validité des règles prévisionnelles de la mécanique quantique. En témoigne, en particulier, une remarquable différence dans les réactions spontanées des physiciens et du public (médias compris) face à certaines prévisions expérimentales, découlant des règles en question mais allant spectaculairement à l'encontre des idées reçues. Pour le public et les médias, la "grande découverte" consisterait en un résultat expérimental montrant qu'effectivement ces idées reçues, couramment admises par tous, sont contredites par les faits. Pour la communauté des physiciens, vu la foi qui l'anime dans les règles générales de prévision de la physique contemporaine, l'événement sensationnel serait, tout au contraire, l'apparition d'un fait qui, *confirmant* les idées reçues, établirait par là une violation de ces règles (reste, bien sûr, que lorsque la communauté physicienne voit de telles prédictions confirmées par l'expérience, ce qui jusqu'ici fut toujours le cas, elle doit avoir le courage intellectuel de rompre avec les idées qui se trouvent ainsi réfutées !).

Plusieurs livres de moi ont déjà paru, traitant des apports de la physique quantique au problème de la connaissance. Celui-ci ne se contente pas de reprendre l'essentiel de ce dont ces ouvrages faisaient état : il va au-delà en cinq domaines.

Le premier concerne la non-séparabilité et, plus exactement, le problème de la signification philosophique des résultats expérimentaux mettant en évidence la non-localité. Je pense, en particulier, avoir précisé plus nettement que cela, jusqu'ici, n'avait été fait (en tout cas, plus clairement que je ne l'avais moi-même fait !) le rôle implicite de la contrafactualité au sein de la définition de ce qu'on appelle couramment le réalisme philosophique, et, partant, relativement à la signification conceptuelle de la violation des inégalités de Bell.

Le deuxième est relatif à la justification de cette universalité des règles quantiques de prédictions observationnelles dont on vient de voir qu'intuitivement elle est admise par la grande majorité des physiciens. Comme on le verra, c'est en m'appuyant sur la mise au point très récente (elle ne remonte qu'aux deux dernières décennies) de la théorie de la décohérence, et sur les résultats expérimentaux confirmant la validité de cette théorie, que je me suis efforcé d'établir l'universalité dont il s'agit sur des bases authentiquement convaincantes, tout en précisant bien qu'elle est d'un caractère très nettement non ontologique.

Le troisième domaine concerne la théorie quantique de la mesure. Sur les problèmes, déjà analysés par moi, mais conceptuellement si difficiles, du "chat de Schrödinger" et de l'"ami de Wigner" il me semble que les considérations du livre apportent une lumière additionnelle.

Mon quatrième champ d'étude est relatif à l'application de tout ce qui précède au réexamen des concepts de cause, d'explication et de loi, partant à une revue critique des principales analyses philosophiques de ces notions[1].

Mon cinquième domaine, enfin, concerne mes précédents travaux d'une manière plus spécifique. Ceux-ci ont eu la bonne fortune de se trouver soumis aux analyses critiques de philosophes compétents se situant aux bords opposés de l'éventail philosophique : un matérialiste et des néo-kantiens. Leurs observations et leurs objections, fort utiles, m'ont permis d'affiner mes vues. Le lecteur trouvera ici mes réponses détaillées à leurs objections et mes réactions à leurs — inspirantes ! — conceptions personnelles.

Le propos du livre est, comme on le voit, de servir d'instrument de réflexion et, si possible, d'amélioration de nos conceptions, prenant appui sur une analyse assez poussée pour n'ignorer aucune idée significative. Le souci d'une présentation facilement accessible au public non spécialisé ne pouvait l'emporter sur cet ambitieux objectif. Mais d'un autre côté, en cherchant par ces voies à aller jusqu'au "fond conceptuel" des problèmes abordés, j'ai constaté une fois encore que ce "fond" ne s'analyse correctement que par le moyen du langage commun, sans formules ni expressions réservées aux initiés. Un tel langage étant celui des personnes qui ne sont ni scientifiques ni épistémologues de profession, il m'a semblé approprié de ne pas négliger l'opportunité qui se présentait de ce fait, celle de donner à ce public — j'entends, à sa fraction éclairée — accès à la problématique objet de la présente étude. Aussi n'ai-je fait appel que très rarement aux mots techniques et me suis-je efforcé de faire en sorte qu'ils n'engendrent nulle part de difficultés de compréhension. En outre, et dans le même esprit, j'ai cherché à introduire mes divers sujets par les données simples, accessibles à tous, qui en sont au centre et j'en ai limité l'étude aux points conceptuellement essentiels, évitant de développer les multiples données — quantitatives et autres — qui, bien que souvent très intéressantes pour le spécialiste, ne sont finalement pas cruciales quant à l'éclaircissement de la question. En conséquence, même si telles ou telles analyses de points précis peuvent y paraître un peu ardues, l'ouvrage dans son ensemble devrait être pleinement accessible à toute personne cultivée. (Mes "repoussoirs"

---

1. Dans ce domaine, le souci de clarté et le désir d'être complet m'ont conduit à insérer dans le texte actuel certains passages de mes contributions au livre collectif *Physique et réalité*, sous la direction de Michel Bitbol et Sandra Laugier (1997).

— oserai-je le dire ? — ont été certains écrits contemporains, si contournés que quand — enfin ! — nous parvenons à leur trouver un sens nous n'avons plus la force d'examiner si l'assertion ainsi tirée au clair est motivée ou ne l'est pas ! Ici les données permettant l'examen dont il s'agit sont, en tout cas, exposées dans une grande *aspiration* à la clarté.)

Le livre est divisé en deux parties. La première est principalement informative. Y sont présentés les données actuelles et les problèmes conceptuels soulevés par celles-ci, avec, relativement aux solutions envisagées, les seules indications nécessaires à l'intelligence de l'ensemble de la question. La seconde partie est plus philosophique et, de ce fait, plus personnelle. J'y présente, axée sur ces données, l'analyse critique des vues d'un certain nombre d'écoles de pensée et j'y défends la conception qui me semble, au total, la plus cohérente.

Je terminerai cet avant-propos par une remarque pratique. Alors qu'en tant qu'objet un livre est structurellement linéaire, autrement dit, à une seule dimension (les mots se suivent les uns les autres), les thèmes tels que ceux analysés dans cet ouvrage sont fondamentalement multidimensionnels (le point étudié au chapitre z fait appel à des notions exposées au chapitre y mais aussi, indépendamment, à d'autres, introduites aux chapitres $s,t,u,…,x$, etc.). Autrement dit, l'exigence de la clarté y impose de fréquents renvois. En ce qui concerne ceux-ci, et quitte à alourdir quelque peu la présentation, je ne me suis pas contenté d'écrire simplement : « on a vu que ». Dans la plupart des cas, j'ai précisé le numéro de la section où la donnée avait été explicitée. Il m'a paru que ceci faciliterait la tâche d'un lecteur soucieux de maîtriser la séquence des arguments. Mais il va de soi que de telles suggestions ne sont pas à suivre à la lettre. L'indication « voir section x » n'implique pas automatiquement la nécessité, pour une compréhension de la suite du raisonnement, de se reporter *de facto* en arrière et de relire attentivement la section x.

A ceci il faut ajouter que, tout en étant liés, les thèmes que traite un livre sont distincts. Il est normal que l'exposé de chacun d'eux commence par ses traits les plus aisément saisissables et finisse par ceux qui le sont le moins. D'où l'intérêt qu'il peut quelquefois y avoir à, lors d'une première lecture, sauter quelques fins de chapitre ou quelques démonstrations particulières. J'ai, de-ci de-là, donné en note des indications en ce sens. Elles pourront être extrapolées à tels ou tels autres passages.

Un tout dernier mot concernant le titre du livre : que l'on n'ait pas la naïveté de le prendre au pied de la lettre ! Je n'ai pas eu — le croira-t-on ? — l'ambition de *traiter* — en un seul volume !

— de l'ensemble de la physique et de toute la philosophie. Qui plus est, étant donné qu'il existe plusieurs façons de tenter de comprendre le message de la première, il a fallu ici tracer comme un chemin au sein d'une forêt d'indices, ce qui, à première vue, relèverait du genre *essai* plutôt que du genre *traité*. Mais, d'un autre côté, les indices en question devaient être impartialement répertoriés, sans en omettre de significatifs, et il convenait de les comparer objectivement les uns aux autres, seul moyen d'évaluer la pertinence de chacun d'eux. Le sentiment que j'ai que les pages qui suivent sont au premier chef le reflet d'une activité de ce type — avec l'exigence d'objectivité qu'elle implique nécessairement — m'a finalement fait estimer que le mot de "traité", avec son air un peu austère, n'était ici, tout bien pesé, pas déplacé.

Paris, septembre 2001

I

Données physiques
et problèmes conceptuels y afférents

1

Coup d'œil d'ensemble

1-1. Panorama introductif

Nous savons tous qu'aux XVIe et XVIIe siècles une révolution eut lieu dans les concepts ; et pas seulement avec Copernic. On souligne souvent l'importance de la rupture — fondatrice de la science moderne — que fut le passage de la physique d'Aristote à la physique galiléenne. Aristote restait proche des données immédiates des sens. Par exemple : il constatait qu'un mobile qui n'est plus soumis à aucune force finit toujours par s'arrêter, et il incorporait ce fait à son système. Il constatait que les êtres vivants diffèrent qualitativement les uns des autres, et il incorporait ce fait aussi — à titre de donnée fondamentale — à son système. D'où finalement chez lui une grande abondance de concepts non hiérarchisés. D'où une grande ouverture à la description qualitative, mais aussi une faiblesse du côté du quantitatif. Chez Galilée, Descartes, etc., au contraire, ce qui l'emporte c'est la hiérarchisation des concepts. A leurs yeux, il y a les concepts de base et les autres. Et ces derniers doivent finalement être ramenés aux premiers, de telle sorte qu'en définitive la description du monde physique soit formulée entièrement en termes de notions fondamentales simples, claires et peu nombreuses. Nous savons, bien sûr, qu'en physique classique et dans les autres sciences c'est cette conception-là qui a triomphé. Cette différence entre les deux Écoles est connue et souvent décrite. Mais de ce fait on oublie fréquemment de mentionner un parallélisme essentiel existant entre elles, parallélisme que l'on veut ici souligner. Il s'agit du fait que toutes deux ont en commun l'idée que les notions constitutives sont des concepts quasi évidents ou des idéalisations de concepts quasi évidents : des concepts familiers, des idées claires et distinctes comme disait Descartes, dont le "bon sens" (ou Dieu) assure qu'ils sont inattaquables. On souligne souvent, et on a raison de le faire, que Galilée, Descartes et Newton ont introduit les mathématiques dans la physique. Mais on omet, en général, de remarquer qu'ils appliquaient ces mathématiques principalement au développement quantitatif de considérations énoncées au moyen des concepts familiers.

Descartes veut tout décrire « par figures et mouvements » et parle des « tuyaux et ressorts qui causent les effets des corps naturels » . Newton parle, lui, de points matériels, autrement dit de petits grains, et ainsi de suite. Même Pascal, dans l'apologue du ciron, semble tenir pour évident que le domaine de validité de ces concepts familiers s'étend à toutes les échelles, de l'infiniment grand à l'infini de petitesse[1].

Avaient-ils raison ? Oui, jugeons-nous à l'heure actuelle, vu qu'ils étaient de vrais pionniers. Il était sain d'explorer tout d'abord les tenants et aboutissants d'une idée si simple et si naturelle. Oui aussi, du fait que, même aujourd'hui, la description par concepts familiers demeure en bien des cas un excellent *modèle*. Pensons aux biologistes moléculaires, par exemple. Ils ont affaire à de grosses molécules qui, pour des raisons connues — déductibles, comme nous le verrons, de la mécanique quantique elle-même —, ont un comportement pratiquement conforme à la physique classique. Par la pensée on peut par conséquent leur attribuer des formes, des structures en termes d'atomes, etc. Les traiter comme des pièces d'un jeu de Meccano. Ce modèle permet de prévoir mille choses. On s'explique que la tentation soit grande, chez certains, de l'ériger en absolu universel : en description du Réel même, donc de la pensée aussi bien.

On aboutit par là à une sorte de philosophie mécaniste qui fait certes sourire certains philosophes, mais qui a les couleurs de la simplicité et du bon sens et conserve, de ce fait, une très grande *plausibilité* même aux yeux des personnes globalement bien informées. Que l'on pense à un cadre commercial, à un ingénieur, voire à un chercheur plus ou moins étroitement spécialisé dans une discipline autre que la physique. Ces personnes — comme presque tous nos contemporains — vivent constamment en interaction avec des machines, c'est-à-dire des systèmes construits par l'homme et dont l'horloge est le modèle par excellence. Comment ne pencheraient-elles pas spontanément vers un mécanicisme universel, et cela en dépit des beaux discours des philosophes ? On comprend donc que ce type de "vision du monde" ait conservé un vrai crédit, tant dans l'esprit du public "éclairé" que dans celui de

---

1. Inutile de rappeler qu'aux yeux de Descartes cette validité n'avait rien d'une évidence mais relevait du raisonnement philosophique (voir *infra*, chapitre 2). Dans le même esprit, on pourra aussi observer que ce n'est pas cette focalisation sur les idées "claires et distinctes" mais bien l'accent mis sur le rôle des mathématiques qui, à l'époque, fit voir dans le cartésianisme une pensée neuve, porteuse d'espoir. Toutefois il est clair que noter ces données n'affaiblit en rien la constatation d'ordre factuel énoncée ici dans le texte.

nombreux scientifiques. L'idée que le monde — le monde physique tout au moins — est une immense mécanique paraît infiniment plausible.

Or c'est le contraire qui est vrai... En un mouvement lent d'abord puis qui est allé en s'accélérant, la physique nous a appris, non seulement que l'esprit humain peut dépasser le cadre des concepts familiers, mais qu'il le doit absolument. De toutes les sciences il n'y a, semble-t-il, que la physique qui nous délivre ce message. Et c'est, peut-on penser, une de ses grandes contributions à l'histoire de la pensée.

Pour être bref j'illustrerai la chose par un seul exemple. Celui de la création de particules dans les chocs à haute énergie. C'est là un phénomène qu'on produit dans les grands accélérateurs et qu'on observe grâce à des "chambres à bulles" où les particules laissent leurs traces. Nous accélérons deux protons. Ils ont chacun un certain mouvement, une certaine vitesse, une certaine énergie donc. Nous les faisons se rencontrer, puis ils se séparent de nouveau. Après le choc nous constatons que les deux protons sont intacts, mais qu'il y a aussi d'*autres* particules, qui sont des particules à part entière, avec masse, charge électrique, etc., lesquelles ont été *créées* lors du choc, aux dépens de l'énergie totale des protons incidents. Du moins est-ce là ce que nous *voyons*. Certes le phénomène est conforme à la loi $E = mc^2$ d'équivalence masse-énergie. Mais si nous voulions le décrire par le seul moyen des concepts familiers, il nous faudrait dire que le mouvement des protons incidents a été transformé en particules. Or un mouvement, c'est une *propriété* des objets, et par conséquent nous évoquerions là une transformation d'une propriété d'objets en objets. Cela, c'est une idée qui dépasse tout à fait nos concepts familiers. Dans l'attirail de nos concepts familiers il y a d'une part les objets et d'autre part les propriétés de ces objets, tels la position, le mouvement etc. ; et ce sont là deux catégories qui ne se transforment jamais l'une dans l'autre. Évoquer une telle transformation paraît aussi absurde que si l'on disait que l'on peut transformer la hauteur de la tour Eiffel en une deuxième tour Eiffel, ou bien que dans une collision entre deux taxis ceux-ci peuvent réapparaître intacts, leur mouvement étant transformé en quatre, cinq, six... autres taxis ! Ceci pour faire sentir qu'il y a assurément dans la physique moderne un dépassement nécessaire du cadre des concepts familiers.

Serions-nous là devant une énigme dépassant notre entendement ? Bien au contraire, il faut savoir que ce surprenant phénomène avait été *prévu* par les théoriciens à partir de leurs équations. Ce qui montre que, appliquées à la physique, les mathématiques permettent de vraiment dépasser le cadre des concepts familiers. De *forger* des concepts nouveaux. Comment, alors, ne pas songer à la fameuse exclamation attribuée à Pythagore : « Les nombres sont l'essence des choses » ? Entendons : « Les mathématiques sont l'essence — l'essence même ! — des choses. »

Ce n'est évidemment pas le lieu ici d'entrer dans le détail de la ou plutôt *des* manières dont la physique décrit le phénomène de création. En revanche, mention doit être faite dès à présent de la pluralité de ces "manières". Celle-ci ne doit pas nous déconcerter mais il est à propos que nous en prenions acte. En effet, en rendant quelque peu problématique la détermination des "vrais" concepts, elle donne déjà à entendre que le "pythagorisme" pourrait bien, lui aussi, ne pas être le "dernier mot". En vérité, cette pluralité fournit un excellent exemple de ce que l'on appelle la « sous-détermination des théories par l'expérience », phénomène philosophiquement important dont nous aurons à maintes reprises à tenir compte. Dans le cas qui nous intéresse, il faut savoir que le formalisme mathématique fournit *trois* théories, équivalentes quant aux prédictions observationnelles qui en découlent, fondées toutes trois sur ce qu'on appelle les "règles quantiques", mais substantiellement différentes quant aux idées qu'elles évoquent. Elles ont pour noms : « théorie de la mer de Dirac », « théorie des diagrammes de Feynman » et « théorie quantique des champs ».

Nous aurons bientôt l'occasion de faire connaissance avec les deux premières (sections 2.6 et 2.7). Nous constaterons à quel point elles s'écartent l'une et l'autre de l'idéal cartésien d'une description par les seuls concepts familiers. Mais il convient, pour l'heure, que nous focalisions notre attention sur la théorie quantique des champs.

Incontestablement plus générale que la première — celle de Dirac — elle est, en un sens, plus fondamentale que la seconde — celle de Feynman —, laquelle se présente avant tout comme une méthode de calcul des phénomènes alignée, de l'aveu même de son auteur, sur, précisément, les fondements mathématiques de la théorie quantique des champs. Pour caractériser très brièvement l'idée directrice de cette dernière, on peut dire qu'elle émerge, au fond, de la constatation que la notion de création n'est pas une notion scientifique ; qu'on ne peut pas la maîtriser et moins encore la quantifier. Aussi convient-il de la ramener à ce que l'on domine. Or on domine bien la notion d'état d'un système et celle de changement d'état. Alors l'idée — géniale ! — a consisté à dire que l'existence d'une particule est un état d'un certain "quelque chose", que l'existence de deux particules est un *autre* état de ce *même* "quelque chose", et ainsi de suite. La création d'une particule n'est dès lors rien d'autre qu'un changement d'état dudit "quelque chose". C'est aussi simple que cela ! Quantitativement c'est — qu'on le croie ! — considérablement plus compliqué. Mais on arrive par ce moyen à rendre compte des phénomènes observés avec une précision qui va jusqu'à la septième décimale, ce qui vraiment n'est pas trop mal...

On fait grâce ici, bien sûr, des calculs, mais en leur lieu et place on proposera de réfléchir sur le principe même de la théorie quantique des champs. Certes, la question de la vraie nature de ce "quelque chose" qu'elle met, au moins tacitement, en jeu est, on le verra, délicate. Mais il y a cependant un point qui doit être noté à son sujet. C'est que le rôle de "pierre d'angle" qu'implicitement elle lui attribue laisse déjà soupçonner la présence, au cœur de la physique actuelle, d'une espèce de globalité qui sépare celle-ci de la physique classique. Ce que l'on veut dire par là, c'est que la science classique favorisait beaucoup une vision *multitudiniste* de la nature. Une vision dans laquelle la réalité constitutive, la "matière" comme on disait, était conçue comme fondamentalement constituée de myriades d'éléments simples, essentiellement des "atomes", des "particules", localisés et interagissant par des forces. Les deux premières approches théoriques qui viennent d'être mentionnées sont encore plus ou moins dans l'esprit de cette vision, même si elles l'affaiblissent par l'attribution aux particules de comportements qu'il est impossible de se figurer véritablement. En revanche, la théorie quantique des champs, plus générale, rompt entièrement avec cette image. Non seulement les particules n'y figurent plus comme les briques élémentaires de l'Univers mais la seule "entité" qu'on pourrait éventuellement songer à y considérer comme une réalité fondamentale est ce "quelque chose" dont il vient d'être question, qui est essentiellement unique.

On voit apparaître là, bien qu'encore très vague, l'idée d'une certaine globalité. Certes, en "physique des particules", la notion demeure ambiguë puisque, manifeste dans le cadre de l'une des approches, elle est évanescente dans les deux autres, pourtant prédictivement équivalentes à la première et issues du même "formalisme" (celui des grands principes quantiques). C'est peut-être là ce qui explique que, lors de l'avènement de la mécanique quantique, l'idée en question ne fut nettement appréhendée ni par les épistémologues ni même, sauf exceptions rares (Schrödinger), par les physiciens. Mais des avancées aussi bien théoriques qu'expérimentales permirent ensuite de mieux prendre conscience de ce qu'elle est, en quelque sorte, inhérente au formalisme quantique lui-même, et que cela se traduit, effectivement, dans les phénomènes observés.

Sous le nom de *non-séparabilité* on regroupe aujourd'hui à la fois les traits mathématiques du formalisme auxquels il vient d'être fait allusion et les effets observables qui s'y rattachent. A cet égard un point très significatif est à noter. Il s'agit du fait que cette notion dépasse même le cadre de la théorie à présent en vigueur. En effet, on sait aujourd'hui que l'un au moins de ses principaux "avatars", la *non-localité*, restera certainement vrai même si le formalisme quantique doit un jour être remplacé par un autre, plus performant. Comme on le verra plus loin (chapitre 3), ceci découle du théorème de Bell et des expériences — telles celles d'Aspect — associées à ce théorème. Les résultats de ces dernières sont en effet incompatibles avec certaines conséquences de l'hypothèse inverse, celle de la "localité", et cela indépendamment de toute théorie.

Certes les scientifiques, et même les physiciens, continuent à s'exprimer en termes de particules, de molécules etc., mots évoquant l'idée d'objets individuels, localisés et dépendant d'autant moins les uns des autres que sont plus grandes les distances qui les séparent. Bref ils persistent dans l'usage d'un langage multitudiniste : et de leur point de vue ils ont raison car, comme nous l'avons vu, c'est là se référer à un modèle très utile dans beaucoup de cas. Mais il apparaît aujourd'hui de plus en plus clairement qu'il ne s'agit que d'un modèle. *Mutatis mutandis*, on peut risquer une comparaison avec le modèle géocentrique de Ptolémée. Dans un cas comme dans l'autre, ériger le modèle en description de ce qui "réellement est" est, scientifiquement parlant, illégitime.

A ce propos, notons que la problématique "modèle ou réalité" n'apparaît jamais au grand jour dans les articles scientifiques des physiciens. Ceux-ci restent — sagement ! — "en terrain sûr" : ce qui signifie que leurs constructions théoriques, si élaborées sur le plan des méthodes et des équations, sont laissées par eux très "ouvertes" en ce qui concerne les concepts. De fait, ils n'imposent, en fin de compte, à ces constructions que d'être des modèles d'une haute généralité et rendant compte correctement de notre expérience prédictive. Aussi est-ce sans états d'âme qu'ils les fondent, au moins tacitement, sur le jeu des principes de base de la mécanique quantique "standard", sans s'émouvoir du fait que, comme nous le verrons, tels et tels de ces principes donnent un rôle crucial aux notions de mesure et de préparation (d'états). Même implicite, la présence de telles notions au cœur des théories dont il s'agit a cependant pour conséquence que celles-ci s'écartent appréciablement d'une des grandes idées directrices des théories de la physique classique : la règle selon laquelle les énoncés scientifiques fondamentaux doivent tous être formulés en un langage objectiviste, autrement dit sous une forme ne faisant aucune référence à nous, opérateurs et "mesureurs".

Une conséquence de tout ce qui précède est qu'il est de plus en plus clair que les sens ne révèlent guère le "réel". Ainsi, considérons, par exemple, un objet plus ou moins à notre échelle : un caillou, un grain de poussière. On sait depuis longtemps qu'il n'est pas ce qu'il paraît être. Déjà la physique classique nous apprenait qu'alors que le caillou est pour nous le symbole même du "plein", il est, en fait, principalement constitué de vide (le vide entre les noyaux et les électrons). Mais la non-séparabilité nous laisse entendre qu'à rigoureusement parler il n'existe même pas en qualité d'être distinct. Que son "état quantique" est "enchevêtré" (c'est le mot technique) avec celui de tout le reste de l'Univers. Comment alors se fait-il donc qu'il nous apparaisse localisé ? Depuis peu nous disposons d'un argument très général — dit « théorie de la décohérence » — qui explique en partie la chose. Mais l'explication en question a de quoi surprendre. Comme on le verra, elle revient en effet à établir que dans la pratique nous ne pouvons mesurer aucune des grandeurs dont la mesure nous montrerait que notre objet n'est pas localisé, car ces mesures sont trop complexes (elles nécessiteraient d'inconcevables instruments, peut-être composés d'autant de nucléons qu'il en existe dans l'Univers, et des conditions de durée aussi draconiennes). Assurément, nous sommes très loin, nous sommes même à l'opposé, de la vision classique selon laquelle les objets ont les formes et les positions que nous leur voyons, et cela, par eux-mêmes, tout à fait indépendamment des limites de nos propres capacités ou des dimensions de l'Univers ou, en bref, de quoi que ce soit. S'il fallait une image, on comparerait plutôt l'objet tel que le présente cette théorie à un arc-en-ciel. Si vous roulez en voiture vous voyez l'arc-en-ciel se déplacer. Si vous vous arrêtez, il s'arrête. Si vous repartez, il repart. Donc ses propriétés dépendent en partie de vous. Et, bien sûr, comme tout cela dépend de la nature de l'arc-en-ciel, ces propriétés continuent à dépendre virtuellement de vous, même si vous êtes immobilisé. Au vu d'une physique quantique prise "à la lettre" et conçue comme universelle c'est là plus ou moins le statut de tous les objets vis-à-vis de nous. Comprenons : de notre collectivité d'êtres sentants. Des physiciens ont certes tenté de revenir à une vision plus classiquement objective des choses mais ils eurent de si sérieux obstacles à contourner que les fruits de leur recherche apparaissent, au total, comme peu satisfaisants, ainsi que nous le constaterons plus loin.

Récapitulons les grandes lignes de ce que ce rapide tour d'horizon nous a déjà donné à voir. Nous avons constaté : premièrement la nécessité de dépasser le cadre des concepts familiers ; deuxièmement celle de renoncer au multitudinisme au profit d'une vision plus globalisante de quoi que l'on conçoive comme étant l'Être ; et troisièmement — en corrélation avec ce dernier point — que vouloir conserver à tout prix l'usage d'un langage objectiviste universel engendre des complications qui rendent, finalement, cette visée artificielle. Par "langage objectiviste" il faut entendre un langage descriptif c'est-à-dire, je l'ai dit, non simplement prédictif de résultats d'observations : autrement dit, un langage dont la forme grammaticale permet au moins de penser ce dont il traite — les données contingentes situées dans l'espace et le temps — comme existant indépendamment de nous-mêmes. Tout cela, bien sûr, n'a été qu'esquissé et sera développé et précisé.

Les chapitres qui suivent immédiatement celui-ci seront donc consacrés à l'étude de ces trois points, que nous examinerons l'un après l'autre et en détail (en insistant, bien sûr, sur les plus délicats). Auparavant il est bon toutefois que soient explicitées certaines notions assez courantes. L'objet principal de la section qui suit est de préciser ces notions et de définir des expressions pour les désigner, de telle sorte que, par la suite, nous puissions faire référence à elles sans ambiguïté et commodément. Les définitions en question seront accompagnées de quelques commentaires visant à décrire leur contexte.

Remarque

Il est bon de savoir que, dans la conception que les physiciens ont, en général, de leur science, les trois points énumérés n'ont pas tous une égale "densité d'évidence". Le premier — la nécessité d'un dépassement du cadre des concepts familiers — est reconnu, "à l'unanimité" ou tant s'en faut, comme indéniable et essentiel. Il n'en va déjà pas exactement de même du second, celui qui touche à la globalité. De fait, la théorie quantique des champs, qui a donné lieu à des développements de physique mathématique très abondants et très féconds, n'a — si étrange que cela soit — suscité que peu d'analyses portant explicitement sur ses concepts ; et celles qui existent (encore une fois, on peut penser à tels ou tels articles du grand physicien Schrödinger) ne sont que peu connues, y compris des experts. A propos de la non-localité on notera que, même si le théorème de Bell et les expériences correspondantes sont maintenant des données bien enregistrées, celles-ci n'en sont pas moins trop récentes encore pour que l'ensemble des physiciens, absorbés par des tâches plus ponctuelles et plus urgentes, aient pris pleine conscience de leur portée. Enfin, relativement au statut des objets vis-à-vis de nous, de grandes divergences d'opinions subsistent. Si, en ce qui concerne la conciliation entre théorie et conception réaliste, l'existence de difficultés est aujourd'hui rarement niée, l'idée reste encore répandue qu'il s'agit, au fond, de subtilités qui se résorberont d'elles-mêmes. Ne s'en soucie vraiment qu'une minorité, laquelle est cependant suffisamment nombreuse pour tenir des congrès internationaux et ainsi de suite. Le problème a de multiples faces et fait l'objet de vifs débats. Son extension est, en fait, plus vaste encore que ne le pensent nombre de physiciens engagés dans de telles recherches, et cela du fait que — contrairement à l'intuition de certains — même teintée de relativité, l'ontologie galiléenne n'est pas une "donnée initiale" qui s'imposerait sans avoir à être discutée. C'est précisément l'une des principales ambitions de livres tels que *Le réel voilé* et le présent ouvrage — c'est-à-dire de textes axés sur la compréhension philosophique des données actuelles de la science — que de contribuer à mieux éclairer cette galaxie de questions.

1-2.   Quelques définitions utiles

Pour la réalisation de l'objectif ci-dessus esquissé nous nous tournerons naturellement — et ce dès les prochains chapitres — vers la physique, autrement dit vers des données, vers du concret (assimilé, bien entendu !). Mais vu que nous devrons comparer ce concret aux idées humaines — qui sont abstraites et diverses — il nous faut préalablement donner à celles-ci des noms, autrement dit des étiquettes permettant de les mentionner de façon courante, sans qu'il y ait besoin de revenir à chaque occasion sur les détails de leur définition. Tel est l'objet de cette section, qui est, on le voit, comme une parenthèse obligée dans le déroulement général de notre entreprise[1]. Y figurent par ordre alphabétique des définitions

---

1. On peut très bien faire le choix de ne pas lire dès à présent ces définitions dans le détail et de faire retour à ces pages lorsque l'on verra apparaître, au courant du texte, les expressions correspondantes. Dans ce cas : aller tout de suite au chapitre 2.

Par ailleurs il faut savoir que, fréquemment, des auteurs différents utilisent des termes différents pour désigner peu ou prou la même doctrine, ou emploient le même terme en des sens différents. C'est là une des raisons qui font que le vocabulaire employé doit être précisé et explicité au départ. Mais si l'on désire comparer des textes on s'attachera aux définitions plutôt qu'aux noms.

de mots et expressions qui interviendront fréquemment. Cette liste est suivie d'un relevé succinct de termes moins immédiatement utiles, renvoyant aux sections du livre où ils se trouvent définis.

Contrafactualité

(Voir *Réalisme des accidents*.)

Idéalisme modéré

On appellera ainsi la conception de Kant, nommée par lui "idéalisme transcendantal". La notion de *chose en soi* y est considérée comme ayant un sens, bien que cette chose en soi soit tenue pour essentiellement inconnaissable.

Idéalisme radical (on dit aussi parfois "critique")

C'est ainsi qu'on désignera la position des néo-kantiens, qui, comme l'on sait, refusent la notion de chose en soi.

Nul n'ignore que l'idéalisme, sous l'une et l'autre de ces deux formes, repose sur la remarque que voici. S'il y a des objets dont notre connaissance pourrait éventuellement être directe, donc sûre (il n'est pas dit qu'il y en ait !), de tels objets ne sauraient être que de nature mentale : idées, données immédiates des sens, etc. Ce ne peuvent être des choses du "monde extérieur" puisque la connaissance de celles-ci passe par l'intermédiaire de sens toujours susceptibles de nous tromper. En conséquence, l'idéalisme maintient que nous n'avons accès qu'à des représentations, à des "phénomènes", et que le véritable objet de la science — et de la connaissance en général — ne saurait être que l'étude et la mise en ordre de ces représentations. C'est dans cet esprit que Kant soutenait que l'espace, le temps, la causalité, etc. ne sont que des formes *a priori*, les deux premières de notre sensibilité, la dernière de notre entendement.

Noter que phénoménalisme, positivisme et pragmatisme apparaissent comme des variantes de l'idéalisme, au moins en ceci que ces conceptions se rallient plus ou moins aux idées ci-dessus. Noter aussi que l'idéalisme kantien se distingue par le fait que, selon lui, les données immédiates des sens (telle impression visuelle par exemple) ne sont ni plus ni moins "directement connues" que les objets extérieurs et ne sont donc pas plus "réalités en soi" que ces derniers. En outre, il tend à écarter l'idée qu'il existerait un objet-en-soi, inconnu mais déterminé, correspondant à chaque objet-pour-nous. Si l'on en croit Putnam (1981), aux yeux de Kant la signification véritable de tout jugement — qu'il concerne des objets externes ou *internes* (choses physiques ou entités mentales) — est que le monde nouménal (la "chose en soi") *dans son ensemble* est tel que le jugement en question est la description que construirait un être rationnel (un être ayant notre nature rationnelle) au vu de l'information accessible à un être ayant nos organes sensoriels (un être ayant notre nature sensible).

Langage objectiviste

L'expression a déjà été employée. On lui a donné le sens d'un *langage ne faisant aucune référence à nous.* Encore une fois, il s'agit d'un langage essentiellement *descriptif*, par opposition à *prédictif*, autrement dit un langage dans lequel, ou bien les objets — au sens large : particules, champs etc. — dont il est traité sont supposés *véritablement* exister en soi, ou bien l'on peut faire *comme si* ils existaient ainsi, tout à fait indépendamment de nous. L'idée de la pertinence universelle du langage objectiviste nous est, cela va de soi, inspirée par la vie courante, et elle est, de surcroît, confirmée dans notre esprit par notre éducation scientifique de base. Pour des raisons pédagogiques évidentes, les professeurs de sciences des lycées sont amenés à dire à leurs élèves « *il existe* un champ électrique, *il existe* des atomes etc. » comme nous avons nous-mêmes coutume de dire « il existe de l'herbe et des cailloux ».

Il convient de remarquer que la tendance à l'universalisation du *langage* objectiviste ne fut pas combattue par les philosophes kantiens et néo-kantiens, pourtant adversaires de toute attribution à la science d'une visée ontologique. Au contraire ces derniers, notamment, firent de grands efforts — en partie couronnés momentanément de succès — pour justifier le langage objectiviste (compris, bien entendu, au sens du "tout se passe comme si") et son extension au champ entier de toute la théorie physique.

Dans ces conditions, les difficultés conceptuelles créées par l'avènement de la mécanique quantique ne pouvaient qu'être ressenties comme particulièrement sérieuses. En effet, pour pouvoir être exprimée dans un langage objectiviste toute théorie doit — au minimum — donner la possibilité de spécifier ce qui, dans son cadre, est à considérer comme réel ou peut être traité comme tel. Autrement dit, dans la formulation mathématique de la théorie certains symboles mathématiques doivent pouvoir être interprétés comme décrivant un élément, ou aspect, du réel. En physique newtonienne c'est le cas par exemple des symboles représentant les positions des particules. En électrodynamique classique c'est le cas des symboles représentant les champs. Mais en mécanique quantique la spécification de ce qui est réel est bien loin d'être évidente. Et, en définitive, ce fut là le fond de la critique exprimée dès le départ par Einstein à l'égard de cette théorie, critique qui se peut formuler comme une question : « Qu'est-ce qui, dans la théorie, correspond ou peut correspondre à une réalité physique ? Sortez du flou et dites-le-moi ! » La réponse de Bohr à Einstein fut, en somme, un rejet de la pertinence même de la question : rejet motivé par le fait que Bohr, on le verra, interprétait la physique quantique et la science en général comme des descriptions, non d'un réel extérieur donné mais seulement de l'expérience humaine communicable, autrement dit, d'une "réalité" (si l'on ose employer ce terme) *activement* construite non seulement par la pensée mais encore par la *décision* opératoire. Une telle attitude constitue manifestement un renoncement à l'usage exclusif du langage objectiviste tel que ci-dessus défini.

Peu de physiciens acceptent cependant de gaieté de cœur le renoncement à un langage qui, aux yeux de beaucoup d'entre eux, reflète, en définitive, la visée même de la physique. Et, pour tout dire, dans les premiers temps peu, même, se rendirent compte que l'idée d'une science visant exclusivement la description de l'expérience humaine était au cœur de la pensée bohrienne (bien que Bohr lui-même ait pris soin de le souligner). La troublante question « qu'est-ce qui est réel ? » demeura donc. Elle resta, il est vrai, quelque peu latente en raison, justement, de ce quiproquo : beaucoup de physiciens étaient assez naïvement persuadés que la solution bohrienne était compatible avec la notion d'une physique quantique-description du réel en soi. Ils n'étaient donc pas incités à réfléchir sur un problème que, sans l'avoir étudié personnellement, ils croyaient résolu par d'autres d'une manière compatible avec leurs idées propres sur le réel. C'est la tardive prise de conscience du quiproquo dont il s'agit qui explique en grande partie le renouveau actuel de l'intérêt pour ces problèmes.

Multitudinisme et principe de l'analyse

« [...] Diviser chacune des difficultés que j'examinerais en autant de parcelles qu'il se pourrait et qu'il serait requis pour les mieux résoudre. » C'est sous cette forme concise que Descartes — encore lui ! — énonce un principe qui, depuis le XVIIe siècle jusqu'à nos jours, fut au cœur même de la recherche scientifique et une des sources majeures de ses succès. Il suggère l'idée que lorsqu'on a affaire à un système physique un peu complexe il sied de le décomposer par la pensée en systèmes physiques plus simples, d'étudier chacun d'eux séparément, de tenir compte, bien sûr, des forces qui les relient, et d'en faire ensuite la synthèse. Si le procédé réussit, ce qui est le cas général, cela donne à penser que, effectivement, la connaissance complète des parties — et forces — en question fournit *ipso facto* celle de l'ensemble. Que ce dernier est donc, fondamentalement, une *composition de parties*. C'est la vision *multitudiniste*.

En section 1 nous avons déjà entrevu le fait que la physique contemporaine introduit une sérieuse faille dans le multitudinisme ainsi défini. Plus loin nous verrons mieux en quoi cette faille consiste.

Platonisme

On sait que cette vénérable conception tient, en quelque sorte, le milieu entre l'idéalisme (on la nomme parfois "idéalisme objectif") et le réalisme (on la trouve aussi désignée par l'expression de "réalisme des essences").

Pythagorisme

(Voir *Réalisme einsteinien*.)

Réalisme[1]

Il existe, comme on va le voir, plusieurs formes de réalisme. Mais quasiment toutes les conceptions "réalistes", au sens philosophique du terme, se composent, en définitive, de deux éléments. Le premier consiste en la notion d'une réalité en soi — c'est-à-dire d'une réalité conçue par définition comme totalement indépendante des possibilités que nous avons de la connaître — assortie de l'hypothèse selon laquelle nous avons accès à cette réalité, au moins au sens que nous pouvons « dire quelque chose de vrai » sur elle. Cette hypothèse semble, au premier abord, être une pure et simple évidence (du type : si nous voyons un objet devant nous, c'est bien que cet objet est là). Mais déjà le très simple contre-exemple des rêves suffit à montrer qu'elle n'en est pas une. De fait, l'hypothèse est de celles qui, comme la validité de l'induction etc., sont fort communément admises (peut-être bien à juste titre) sans être *scientifiquement* démontrables. On peut certes chercher à la rendre plausible. C'est ce que font, par exemple, les personnes qui évoquent l'argument du non-miracle ou encore celui de l'accord intersubjectif, dont il sera question au chapitre 5. Mais on ne peut pas prouver qu'elle est juste.

---

1. Noter que les philosophies dont le nom comporte le mot « réalisme » ne sont pas toutes de véritables réalismes au sens ci-dessous précisé.

L'autre élément qui compose les conceptions "réalistes" en général[1] — et dont on verra que, pour la clarté, il est bon de le distinguer du premier — consiste en une *représentation*, que nous nous faisons de la réalité indépendante, représentation élaborée à partir des phénomènes, c'est-à-dire de notre expérience. De fait, cette représentation peut se construire, et se construit effectivement, sans qu'une référence à la notion de réalité *en soi* soit un ingrédient nécessaire à l'opération. C'est seulement "après coup", pourrait-on dire, que nous assimilons les éléments marquants de la représentation en question à des éléments du réel. Mais il faut souligner que les données que nous privilégions ainsi à partir de notre expérience sont assez diverses et que les réalistes ne conservent pas tous exactement les mêmes. C'est ce qui donne naissance aux divers réalismes ci-dessous sommairement décrits.

Réalisme des accidents (alias réalisme objectiviste, alias ontologie galiléenne)[2].

L'élément *représentation* de ce réalisme procède en premier lieu d'une importance particulière accordée à certains groupes d'impressions, dont la relative stabilité a certainement été notée par l'homme depuis les temps les plus anciens et qui ont été rassemblées par lui sous la forme des idées d'objets, de grandeurs, de valeurs possédées par ces grandeurs et ainsi de suite. Ce sont ces groupes d'impressions qui sont érigés en représentants d'éléments de réalité. En philosophie, le mot "accident" a souvent servi à désigner les propriétés contingentes (et éventuellement transitoires) des choses perçues, telles que leur multiplicité, leurs formes, leurs positions ou leurs mouvements (en physique, ces dernières sont aussi parfois qualifiées de *propriétés dynamiques*). C'est pourquoi l'appellation de "réalisme des accidents" est adéquate pour désigner ce réalisme. Mais une autre caractéristique fondamentale de la représentation en question est la prise en compte, et l'élévation au statut de trait de la réalité, d'une observation extrêmement générale et elle aussi, de toute évidence, très ancienne, celle de la grande utilité, au moins pratique, de la

---

1. Le "réalisme ouvert" fait exception, et il en va de même de ma "conception du réel voilé" (voir chapitre 10) qui se rattache à celui-ci.

2. On se gardera, bien entendu, de confondre le "réalisme des accidents" avec le "réalisme" des grands textes de philosophie. Il s'agit de conceptions opposées. Le réalisme des accidents confère le statut d'entités réelles aux objets individuels qui tombent sous nos sens (et, bien sûr, à leurs constituants) alors que le "réalisme" au sens le plus couramment accepté en philosophie confère au contraire ce statut avant tout aux concepts généraux, dans la ligne du platonisme.

notion de *contrafactualité*. Schématiquement un exemple de pensée contrafactuelle consiste, par exemple, à se dire : « En faisant telle ou telle opération (disons, en "allant voir") j'ai constaté que telle grandeur a telle valeur ; je pose que cette grandeur aurait cette valeur, même si je n'avais pas fait l'opération dont il s'agit. » La contrafactualité permet d'avoir confiance dans la validité de certaines propositions évoquant une observation ou une action que l'on pourrait faire à la place de ce que l'on fait réellement. Or notre sentiment de la réalité des choses est fortement lié à cette confiance. Il est clair que lorsque je déjeune, l'assertion « si j'étais dans mon bureau je verrais mes livres dans ma bibliothèque et pourrais les y consulter » a un sens et est vraie. Et qu'elle l'est, pour moi, de façon certaine si je suppose que les objets situés dans mon bureau ne subissent pas, durant ce temps, d'actions extérieures. Que, en particulier, aucune influence "cachée" ne se propage de ma salle à manger à mon bureau. Il est clair aussi que savoir cela me conforte inconsciemment dans l'idée d'une *réalité* de mes livres. Par contraste, comme on le verra, dans la conception de Bohr, centrée sur des formes différentes (moins "ataviques") de l'expérience humaine, beaucoup d'assertions contrafactuelles de forme voisine de celle-ci n'ont pas de sens.

Sur le plan scientifique les caractéristiques du réalisme des accidents (ou "objectiviste") qui viennent d'être exposées demandent, bien entendu, à être précisées. Le poids que ce réalisme confère aux notions d'objets, de grandeurs et de valeurs de ces grandeurs s'y exprime par le principe selon lequel à chaque instant l'état objectif de tout "système physique" quel qu'il soit (corpuscule, champ, objet macroscopique, etc.) est caractérisé (se distingue des autres états concevables) par un certain nombre de données, connues ou inconnues, connaissables ou inconnaissables, *qui sont de la nature de nombres réels* (il est vraisemblable que, parmi les innombrables doctrines qui furent proposées par diverses écoles philosophiques, il s'en trouve certaines qui sont conformes au réalisme des accidents en tout point à l'exception de celui-ci[1] ; par définition nous ne les rangeons pas sous la rubrique "réalisme des accidents"). Et quant à la contrafactualité elle peut s'énoncer en disant que si P est une proposition relative à un certain système physique et si nous avons acquis la certitude que P est vraie par le moyen d'une mesure *non perturbative* faite sur ce système (ou sur un système en corrélation stricte avec lui), alors P serait vraie même si cette mesure n'avait pas été effectuée.

---

1. Certaines formes d'animisme constituent des exemples approximatifs.

Pour le réalisme des accidents, l'espace et le temps sont eux aussi essentiellement des réalités, et cela même si la relativité galiléenne tend à priver de signification la notion de position absolue d'un objet dans l'espace. En effet, dans le cadre de ce réalisme les positions instantanées des divers objets les uns par rapport aux autres sont des exemples types d'"accidents", et sont par conséquent éminemment réelles. Inhérente au réalisme des accidents est ainsi l'idée d'une certaine localité — au moins relative — et, partant, celle d'un certain "principe de localité", cette expression, définie plus précisément au chapitre 3, signifiant en gros, on le sait, qu'en moyenne les objets interagissent d'autant moins les uns avec les autres que leurs distances mutuelles sont plus grandes.

Tel qu'il vient d'être spécifié, le réalisme des accidents (ou "objectiviste") paraît avoir été la position de Galilée et il semble qu'il soit aussi la position adoptée plus ou moins instinctivement par la majorité des scientifiques d'aujourd'hui. Cela est vrai, même si, notons-le, aux yeux des physiciens relativistes la notion d'événement est plus fondamentale que celle d'objet. Le *réalisme des événements*, réalisme le mieux adapté à la théorie de la relativité, peut être considéré comme n'étant qu'un "raffinement" du réalisme des accidents.

Réalisme einsteinien
(alias réalisme mathématique ; alias encore, pythagorisme)

C'est l'idée que la notion d'une réalité indépendante de nous (d'une "réalité en soi") a bien un sens, que cette réalité est connaissable, mais que les concepts familiers ne permettent pas de l'atteindre et que, pour ce faire, il faut en utiliser d'autres, empruntés aux mathématiques. Par exemple, on confère en général une réalité intrinsèque à l'espace-temps quadridimensionnel de la relativité restreinte ou à l'espace à courbure de la relativité générale.

Notons que ces deux relativités sont des théories classiques, que la cohérence de la physique exige qu'elles soient quantifiées, mais que, aussi longtemps qu'on ne vise pas cet objectif, il reste possible de leur donner une interprétation réaliste au sens ci-dessus explicité : et cela en dépit de la méthode heuristiquement opératoire qui permit au jeune Einstein de — concurremment avec Poincaré et Lorentz — mettre sur pied la première de ces théories. Parfois, cette possibilité d'interprétation réaliste est contestée sous le prétexte qu'en relativité des notions physiquement aussi importantes que celle de simultanéité à distance ne peuvent être définies que par référence à celle d'observateurs. Mais une telle objection résiste mal à la constatation que les entités fondamentales de la théorie, événements, intervalles spatio-temporels, peuvent, si on le souhaite, être érigées (certains diraient "hypostasiées") en éléments de la réalité en soi. Les événements — êtres "locaux" par excellence — y sont indépendants de notre connaissance et de la manière dont nous les regroupons par la pensée. C'est pourquoi Einstein, vers la fin de sa vie et ayant certainement son œuvre présente à l'esprit, pouvait légitimement écrire : « Il y a quelque chose comme "l'état réel" d'un système physique, qui existe objectivement, indépendamment de toute observation ou mesure » (Einstein, 1953) (on sait qu'il déplorait que la mécanique quantique ne s'harmonise pas, telle quelle, avec ces vues). Ceci n'empêche pas, bien entendu, que ces théories débordent manifestement le cadre des concepts familiers[1].

Signalons pour mémoire que ce réalisme einsteinien n'est pas à confondre avec le "réalisme mathématique" compris au sens des mathématiciens, car ceux-ci désignent par ces mots une conception que certains d'entre eux se font des mathématiques et qui n'est en rien relative à la physique. De même, le mot "pythagorisme" pourrait prêter à confusion. Bien entendu, il renvoie seulement ici à la phrase célèbre déjà citée « les nombres sont l'essence des choses », à l'exclusion de toute "mythologie", ou mystique, des nombres. Il va également de soi qu'on peut l'utiliser dans une acception large, ne faisant aucune référence aux théories élaborées par Einstein.

Réalisme objectiviste

C'est exactement la même chose que le réalisme des accidents. La nuance est seulement que l'on emploiera de préférence l'expression "réalisme objectiviste" quand on désirera mettre l'accent plus sur l'existence des *objets* que sur celle des *propriétés*.

Réalisme ontologique

Le mot "ontologie" signifie "connaissance de l'être". Le réalisme ontologique est, en conséquence, la doctrine qui pose en principe que nous pouvons accéder, grâce à la science, à une connaissance

---

1. Il est cependant vrai que ce que nous appelons le réalisme einsteinien n'est pas *nécessairement* un "réalisme" au sens le plus fort, le plus "ontologique" du terme. Aux yeux d'Einstein il semble l'avoir été (encore qu'avec des nuances!). Mais on peut en donner une interprétation non ontologique, consistant à dire qu'il s'agit seulement d'un langage synthétisant par l'entremise de notions mathématiques l'essentiel de notre expérience.

à la fois exacte et exhaustive de la réalité ultime. A l'heure actuelle même les partisans du réalisme objectiviste ou du réalisme einsteinien reconnaissent, pour beaucoup d'entre eux, qu'une prise de position aussi tranchée a quelque chose de présomptueux. Autrement dit, le réalisme ontologique inspire, dans l'ensemble, une certaine réserve. Mais il semble que pour un certain nombre de scientifiques celle-ci soit plus de forme que de fond.

Réalisme ouvert

C'est la thèse — effectivement très "ouverte" ! — selon laquelle : *il y a "quelque chose" dont l'existence n'est pas tributaire de la pensée.*

Ce "quelque chose" est-il un ensemble d'objets, d'atomes, d'événements ? est-il Dieu ? est-il l'ensemble des Idées platoniciennes ? est-il quelque autre chose encore ? Le "réalisme ouvert" ne le spécifie pas. Autrement dit, il n'y faut voir qu'un point de départ pour une analyse ultérieure, visant précisément à resserrer cet éventail. Il dit seulement "quelque chose", au sens le plus large du mot "chose". Il est ouvert au point d'être compatible avec tous les systèmes philosophiques, à la seule exception de l'idéalisme radical.

Réalisme physique

Il est commode de donner ce nom à l'idée qu'en dernière analyse la physique — conçue comme le "noyau dur" des autres sciences — est, en droit, qualifiée pour décrire, exhaustivement et en détail, le réel "tel qu'il est vraiment", et que, sauf avis contraire, les descriptions qu'elle fournit doivent être comprises ainsi. La — peu considérable — différence entre ce réalisme et le réalisme ontologique réside en ce que, d'une part, le réalisme physique fonde son attente spécifiquement sur les sciences que nous connaissons et d'autre part qu'il ne s'agit, dans cette doctrine, que d'une expectative à très long terme : la connaissance "exhaustive" y est conçue comme un objectif très lointain, pouvant n'être atteint qu'asymptotiquement dans le temps. Le réalisme physique a entre autres pour variantes le réalisme des accidents et le réalisme einsteinien[1].

Il est clair que, tout en étant beaucoup plus général que le réalisme des accidents, le réalisme physique constitue, comme lui, un cadre dans lequel la contrafactualité se comprend assez aisément.

---

1. Comme on le voit, le réalisme physique est un cadre conceptuel très général. Rien n'y est supposé *a priori* concernant la structure de la réalité physique, la nature des éléments qui la composent et les grandeurs physiques attachées à ceux-ci.

Réalisme proche

Il s'agit de la doctrine mécaniciste dont on a rappelé ci-dessus sa présentation par Descartes là où, dans les *Principes de philosophie*, celui-ci explique qu'il a considéré toutes les notions claires et distinctes qui peuvent être dans l'entendement touchant les choses matérielles, et qu'il n'en a pas trouvé d'autres que celles qu'ont les hommes des figures, des grandeurs, des mouvements et des règles régissant leurs combinaisons (la géométrie et les mécaniques). Il en infère (on l'a dit) qu'il faut que toute la connaissance que les hommes peuvent avoir de la nature soit tirée de cela seul, que toutes leurs descriptions du monde physique doivent être formulées en termes de figures, grandeurs et mouvements, et qu'il n'y a donc pas de différence entre les objets naturels et les machines fabriquées... sinon (c'est ici qu'apparaissent les mots très forts déjà cités) que les divers *tuyaux et ressorts* composant ces dernières sont gros « au lieu que les tuyaux ou ressorts qui causent les effets des corps naturels sont ordinairement trop petits pour être aperçus de nos sens ».

Ce mécanicisme touchant la matière est appelé par moi *réalisme proche*. "Réalisme" parce qu'on y prétend traiter de la réalité matérielle ultime, "telle qu'elle est vraiment", et "proche" parce qu'on y décrit cette dernière au moyen des seules notions claires et distinctes, autrement dit, exclusivement au moyen de certains concepts familiers — figures, grandeurs, mouvements et leurs rapports. On le voit, il s'agit d'une forme radicale du réalisme objectiviste, limitant l'ensemble des accidents possibles à celui, extrêmement restreint, des concepts que l'on vient d'énumérer.

Réalisme structural

Il s'agit de la thèse selon laquelle premièrement, seules les "structures" sont réelles (le contingent n'est que phénoménique) et, deuxièmement, ces structures sont, en principe, connaissables.

Il est à noter que rien n'empêcherait de prendre en considération une conception dans laquelle cette seconde condition serait affaiblie ou inexistante. Dans laquelle les structures en question ne seraient connaissables qu'approximativement, ou pas du tout. Mais il reste que ce que l'on entend généralement par "réalisme structural" est la doctrine selon laquelle les stuctures sont, "en droit", accessibles à la connaissance.

Réalisme transcendantal et idéalisme transcendantal

Comme on le sait, dans le cadre de la philosophie kantienne les objets d'une expérience possible pour nous ne sont pas autre chose que des phénomènes, c'est-à-dire de simples représentations.

Leurs attributs n'ont pas, en dehors de nos pensées, d'existence fondée en soi. C'est ce point de doctrine que Kant désigne sous le nom d'*idéalisme transcendantal* (*Critique de la raison pure*, Antinomie des raisonnements dialectiques, sixième section). Et il met cette conception en contraste avec l'attitude du réaliste transcendantal qui, nous dit-il, fait de ces modifications de notre sensibilité des choses subsistant par elles-mêmes (autrement dit des choses en soi). On peut dire par conséquent qu'en philosophie kantienne l'expression *réalisme transcendantal* désigne une conception très voisine de celle dénommée ci-dessus *réalisme objectiviste* (ou *des accidents*).

Réalité indépendante (alias : "le réel")

Le "quelque chose" auquel renvoie le réalisme ouvert, pour pouvoir en parler il faut bien lui donner un nom. On le dénommera soit "le réel" soit, selon l'expression déjà introduite, "la réalité indépendante[1]", étant entendu que ces termes sont seulement de désignation et n'impliquent l'attribution d'aucun caractère particulier. Afin d'éviter les ambiguïtés pouvant provenir d'autres acceptions du mot *réel* (celle en particulier que l'on trouve chez les kantiens et néo-kantiens), on le placera entre guillemets ("réel") quand il sera pris dans le sens ici précisé.

Réel (comme adjectif)

Tout comme le nom de *réalité*, l'adjectif *réel* a deux sens, correspondant aux deux concepts de réalité indépendante et de réalité empirique (voir ci-dessous). Mais comme la pensée courante identifie implicitement ces deux concepts, le langage ordinaire, quand il emploie le qualificatif *réel*, ne fait pas la distinction. Il laisse entendre comme allant de soi qu'est *réel* tout objet sur lequel nous pourrions agir, et il érige "instinctivement" cette qualité en donnée intrinsèque, pleinement indépendante de nous. Comme il se trouve que, dans les analyses relatives aux fondements conceptuels de la mécanique quantique, cette confusion entraîne aisément des erreurs, il convient, lors de la lecture des ouvrages développant de telles analyses, de rester sur ses gardes quant aux glissements de sens qui pourraient s'y trouver en raison d'un usage non suffisamment précautionneux du qualificatif — banal et non problématique en apparence — de *réel*.

---

1. Il est regrettable que l'expression anglaise *mind-independent reality* n'ait pas son équivalent exact en français car elle rend le concept tout à fait clair.

Variantes possibles du discours réaliste

Il s'agit des différents sens que peut revêtir un discours énoncé dans le *langage* réaliste.

D'une part, ce discours peut, soit être à visée authentiquement réaliste ("ontologique" au sens fort), soit ne prétendre qu'au "comme si".

D'autre part, il peut faire implicitement référence, soit au réalisme des accidents, soit au réalisme einsteinien (dans ces deux variantes le contingent est conçu comme descriptible et connaissable), soit encore au réalisme structural (dans lequel tel n'est pas le cas).

D'autres expressions, dont nous n'aurons pas besoin dans l'immédiat, apparaîtront dans le courant de cet ouvrage. Elles seront définies en temps voulu mais, pour faciliter la lecture, on indique ici les passages où les principales de ces définitions sont énoncées.

Contextualité

Voir section 5.2.4.

Objectivités forte et faible

Voir section 4.1.

Réalisme de signification

Voir section 9.7.

Réalité empirique (ou "contextuelle")

Voir section 4.2.1 et avant-dernier paragraphe de la section 4.2.3 (schématiquement, il s'agit de l'ensemble des phénomènes).

Réalités épistémologiques

Voir section 8.1.1.

2

Le dépassement du cadre
des concepts familiers

2-1. Introduction

Nous avons déjà eu un aperçu de la nature du dépassement dont il s'agit et des raisons qui en font une nécessité. Le coup d'œil, cependant, a été rapide et à plusieurs égards le thème demande à être examiné plus en détail. Tel est l'objet de ce chapitre. On y constatera qu'un excès de confiance en nos idées simples nous fait, dans certains cas, admettre des "évidences" qui n'en sont pas, et que notre grande soif de "descriptif" peut nous conduire, même en science, à de surprenantes hypostases. Mais auparavant, étant donné que l'histoire de ce dépassement a suscité des analyses touchant, en fait, à la nature même de celui-ci, quelques pages seront consacrées à l'examen de sa genèse.

2-2. De l'ontologie d'Aristote au réalisme proche de Descartes et à l'ontologie galiléenne

On se rend aujourd'hui mieux compte que, lors des grands conflits d'idées du début du XVIIe siècle, les adversaires principaux avaient, en réalité, en commun une foi assez robuste dans les données des sens. Pour ce qui est des disciples d'Aristote, cela est clair. Aristote lui-même leur avait (on l'a dit) été très fidèle. Il répugnait (rare mérite !) à se laisser griser par les idées éblouissantes. Aux conceptions qu'il développait il imposait, autrement dit, d'être fondées sur du sérieux et, tout comme nos scientifiques actuels, il repérait ce sérieux essentiellement dans les faits, autrement dit dans les données de l'expérience (pour lui, plus spécifiquement, dans celles de l'observation).

Or il faut bien voir que, chez Galilée aussi, l'essentiel est le fait. Il est vrai que l'on trouve dans ses ouvrages — où la polémique occupe une place considérable — des arguments fondés sur des philosophies assez diverses. A certains endroits il affirme que, grâce aux mathématiques, nous possédons *a priori* les bons concepts, ce qui conduisit Alexandre Koyré à considérer que sa théorie de la connaissance fut celle d'un pur platonicien. Et il faut reconnaître que lorsque Galilée écrit : « Ce livre immense [l'Univers] [...] est écrit en langage mathématique », on pourrait donner à son assertion une signification platonicienne voire "pythagoricienne", du type « les nombres sont l'essence des choses ». Mais à l'opposé, Maurice Clavelin (1968) fait remarquer avec raison qu'en son apport fondamental — à savoir l'établissement des principes de conservation et de relativité — Galilée se référa de façon cruciale à l'expérience (celle des plans inclinés et celle des navires en mouvement respectivement). Clavelin (*loc. cit.*, p. 400) note également le rejet par Galilée des raisonnements construits « comme si les corps commençaient à exister quand nous commençons, nous, à les découvrir et à les connaître » (*Lettre à Mgr Dini*, 1611) et il attire notre attention sur la présence dans les écrits de cet auteur de phrases telles que : « Quant à moi je crois plutôt que la nature a d'abord produit les choses à son gré, puis fabriqué la raison humaine... » (*Dialogue II*), qui sont des affirmations de type réaliste-objectiviste. Et, bien entendu, il ne manque pas de souligner à ce propos la distinction fondamentale introduite, comme chacun sait, par Galilée entre, d'une part, beaucoup de traits — couleur, odeur, saveur, etc. — que les objets présentent pour nous mais dont les caractères qualitatifs émanent essentiellement de nous et, d'autre part, des traits plus fondamentaux (formes, localisation, mouvement, etc.) qui, au contraire, lui apparaissent comme des propriétés intrinsèques que ces objets *ont*. Compte tenu, en particulier, de ce dernier point il appert, en définitive, que Galilée développa une rationalité non dogmatique revenant à estimer qu'une connaissance de ce qui *est* se dégage de l'observation dès qu'on écarte de celle-ci certains aspects que l'on juge inessentiels. Sa phrase sur les mathématiques est donc en réalité à comprendre comme signifiant que celles-ci sont indispensables pour établir des *rapports* entre un petit nombre d'idées simples qui ne sont ni purs produits de la pensée ni simples synthèses de nos impressions, que nous dégageons par la réflexion de notre expérience, et qui se réfèrent à du réel. L'ensemble nous autorise à parler d'une véritable "ontologie" galiléenne. On notera que celle-ci est à peu de chose près la conception nourrie, encore de nos jours, plus ou moins instinctivement, par la plupart des scientifiques. Elle n'est autre que celle décrite plus haut sous le nom de réalisme des accidents.

On retrouve au moins le "squelette" de l'ontologie en question chez cet autre grand fondateur de notre science que fut Descartes. Avec cette différence seulement que ce dernier était, corrélativement, un philosophe, qui, en tant que tel, tint à mettre en question, à analyser et, en définitive, à justifier rationnellement son réalisme. On connaît les grandes lignes de son raisonnement. C'est l'argument du *cogito* ; c'est, sur cette base, l'argument ontologique prouvant l'existence d'un être infini qui ne saurait nous égarer ; c'est le corollaire : « Tout cela est vrai que nous connaissons clairement être vrai » ; et c'est enfin la constatation que les notions de figures, grandeurs et mouvements sont des idées claires, donc vraies. Avec même la précision additionnelle que, dans le domaine de la matière, elles sont les seules à être dans ce cas[1]. Les différences dans l'argumentation sont importantes mais elles n'empêchent pas les messages de nos deux auteurs d'être, sur le fond, très semblables et, pour l'époque, pareillement révolutionnaires. Redisons-le à nouveau, à l'ontologie foisonnante et qualitative d'Aristote ils substituent l'un et l'autre une vision des choses fondée sur un petit nombre de concepts élémentaires qu'ils considèrent comme premiers, et sur des mathématiques introduites en tant qu'élément structurant. Toutefois, comme on l'a souligné dès le départ, ils ne rompent pas avec Aristote aussi totalement qu'on le dit souvent. Comme lui, ils sont, philosophiquement parlant, des réalistes objectivistes et même "multitudinistes". Selon eux, les concepts en question renvoient, non pas simplement à des représentations humaines mais bien à la réalité plurielle des choses.

D'un autre côté, nous devons tenir compte aussi d'une différence appréciable dans les deux messages (explicable peut-être par la différence des approches). Il s'agit de la présence dans celui de Galilée — et de l'absence dans celui de Descartes — du principe de relativité du mouvement que nous appelons maintenant "la relativité galiléenne". Le grand raisonnement métaphysique de Descartes pouvait bien garantir qu'en matière de formes, de positions et de mouvements notre jugement ne nous trompe pas. Mais on ne voit pas comment il aurait pu déboucher sur la conclusion que les mouvements sont relatifs. Or cette notion de relativité galiléenne est d'une importance considérable. Elle est

---

1. On notera cependant que les premiers cartésiens furent loin d'être unanimes à suivre Descartes jusqu'au bout dans ce type de raisonnement. « Pour être pleinement convaincus — écrivait Malebranche — qu'il y a des corps, il faut qu'on nous démontre non seulement qu'il y a un Dieu et que ce Dieu n'est point trompeur, mais encore que Dieu nous a assurés qu'il en a effectivement créés, ce que je ne trouve point dans les ouvrages de M. Descartes » (*Recherche de la vérité, VIᵉ éclaircissement*). Curieusement, en restreignant la liste des idées claires et distinctes à un tout petit nombre de concepts familiers, Descartes renonçait à voir en ces mathématiques qu'il introduisait en physique une matrice possible de grands concepts fondamentaux correspondant à la structure du "réel".

l'ancêtre de la relativité einsteinienne, génératrice des vastes bouleversements conceptuels que l'on connaît. Et par elle-même elle était déjà virtuellement porteuse de sérieux changements de cet ordre. En effet, elle s'étend à l'idée de position. Dans la mécanique classique que Newton, puis d'autres, développèrent à partir d'idées philosophiques proches de celles qu'on vient de voir, il n'existe pas plus de position "absolue", "en soi" (et cela, n'en déplaise au Stagirite !) qu'il n'existe de mouvement "absolu", "en soi". Déjà à l'orée du XVIIIe siècle ces caractéristiques amenèrent un esprit de l'envergure d'un Leibniz à émettre l'hypothèse de la pure et simple idéalité de l'espace. Tout ceci montre bien que l'ontologie galiléenne n'est en rien une appréhension banale et "allant de soi" de la nature, et que c'est seulement l'habitude que nous en avons — due à l'éducation et aux services qu'elle nous rend — qui nous la fait voir sous ces traits.

2-3. Petite digression sur l'ontologie

Peut-on, dans ces conditions, aller plus loin encore ? Au premier chapitre il a été signalé (on y reviendra en détail) que la physique actuelle conduit à mettre en doute la possibilité d'un langage objectiviste universel. A l'évidence, la validité de la notion d'ontologie — et plus généralement de tout "réalisme scientifique" — se trouve par là gravement compromise et nous aurons à réfléchir longuement sur le sens de cette mutation intellectuelle. Mais c'est ici le lieu de noter qu'au vu de ce qui vient d'être rapporté certains esprits contestent, sinon l'ampleur, du moins la soudaineté de la "mutation" en question, et cela en se proposant de faire valoir que c'est dès le début du XVIIe siècle, au titre de conséquence implicite de la révolution cartésiano-galiléenne, que la notion d'ontologie a, de fait, été dépassée.

Cette manière de voir a pour elle certains arguments. On l'a constaté : aussi bien Galilée que Descartes (et ensuite Newton et leurs successeurs) limitèrent strictement le nombre des propriétés considérées comme intrinsèques (les "qualités premières" ainsi qu'on les appela ensuite). Avec la conséquence que selon eux — déjà ! — toutes les autres propriétés (dites ensuite "qualités secondes"), celles qui, de fait, "composent" essentiellement le monde sensible, ont leur vraie origine en nous. En outre — aussi important sinon plus — l'approche de Galilée était en rupture totale avec la grande idée directrice de l'Antiquité et du Moyen Age selon laquelle la seule méthode de recherche rationnellement valable était d'aller de l'universel au particulier, autrement dit de construire d'abord, dans notre esprit, des conceptions ontologiques cohérentes et d'en déduire ensuite, par des méthodes purement logiques, les multiples aspects de la nature[1]. On peut être tenté d'estimer qu'à un tel discours, visant — comme l'écrit Michel Bitbol (1998, p. 132) — « à énoncer les déterminations intrinsèquement possédées par les étants naturels », Galilée et ses successeurs substituèrent une « objectivité conçue comme légalité », se proposant moins d'expliquer les phénomènes à partir d'une réalité sous-jacente que simplement d'« identifier [leur] ordre légal » et de « définir l'objectivité à partir de là ». Si l'on ajoute à tout cela la relativité galiléenne, on peut ainsi se sentir porté à juger, contrairement à nos assertions, que c'est dès la révolution cartésiano-galiléenne que la physique s'est écartée de toute "vraie" ontologie.

L'idée a été émise, notamment par Jean Petitot (1997, pp. 203-204). Selon cet auteur « le fait que la mécanique [classique] décrive une réalité spatio-temporelle (i) subordonnée de façon déterminante à un principe de relativité et (ii) réductible à des mouvements d'entités dont les propriétés matérielles se réduisent à la masse, disjoint irrémédiablement son objectivité de toute ontologie ». Pour motiver son dire Petitot insiste sur le point (i), c'est-à-dire sur la relativité galiléenne. Dans sa manière de voir, celle-ci rend manifeste le fait que l'espace et le temps sont des « formes mentales désubjectivisées ». Partant de là, il reconnaît que, certes, la réalité décrite par la physique classique (newtonienne ou relativiste) est indépendante au sens que les mesures n'interfèrent pas avec les phénomènes. Mais — nous dit-il en substance — il est exclu qu'elle soit indépendante de leur "formatage" spatio-temporel.

Devons-nous aller jusque-là ? Personnellement je pense que non. Tout d'abord, en ce qui concerne les faits, il me paraît clair que, même si Galilée a limité considérablement le nombre des propriétés intrinsèques il en a conservé certaines ; et cela en leur attribuant à la fois un rôle essentiel et un statut radicalement autre que celui de simples "représentations humaines". Autrement dit il a adopté, je le répète, à leur égard l'attitude philosophique d'un réaliste. Ensuite, en ce qui concerne l'enchaînement des idées je tiens qu'ici comme partout il faut soigneusement distinguer les indications et les preuves. Certes on reconnaîtra qu'en mécanique rationnelle il est inutile — donc, en un sens, oiseux — de se représenter le centre de gravité d'un corps isolé comme ayant à

----

1. Cf. par exemple E. Agazzi (1988, p. 11).

chaque instant, dans l'absolu, une position bien spécifiée dans un espace considéré comme préexistant lui-même à toute visée de connaissance. J'accorde que n'y ont de sens scientifique véritable que les positions relatives de ces corps les uns par rapport aux autres. Et qu'il n'y a donc aucun *inconvénient technique* à ne voir dans l'espace qu'une condition de possibilité de l'expérience : une pure et simple « forme mentale désubjectivisée », selon les termes de Petitot. Une telle manière de voir est par conséquent scientifiquement acceptable. Et on peut même dire qu'elle est féconde, en ce qu'elle invite à s'affranchir d'images inutiles risquant d'égarer la recherche et qu'elle focalise notre attention sur la relativité galiléenne laquelle, grâce au théorème de Noether, débouche sur des invariants essentiels.

Il n'en reste pas moins, d'une part que dans cette mécanique classique les positions *relatives* (comme les mouvements relatifs) des points matériels (ou des objets) sont considérées comme des données parfaitement réelles, au sens le plus banal (les philosophes diraient "naïf") du terme, et d'autre part que, corrélativement, l'identification de l'espace à une « forme mentale désubjectivisée » ne s'y impose aucunement. Si quelque réaliste, disciple de Newton, choisit de se représenter l'espace comme étant l'arène ultime, existant en soi et dans laquelle les points matériels existent et se meuvent, chacun ayant, à chaque instant, dans l'absolu, une position et une vitesse bien définies, ne dépendant de celles des autres que par des forces décroissant avec la distance (ces positions et vitesses étant connues ou inconnues, connaissables ou inconnaissables, là n'est point du tout la question), nous ne pouvons pas, en mécanique rationnelle, lui prouver qu'il se trompe et lui montrer que sa conception a des conséquences contraires aux faits. Elle n'en a pas. D'abord, il est bien évident que de telles hypothèses ontologiques n'impliquent aucunement un retour à la physique aristotélicienne. Mais ce qui, ici, surtout compte, c'est qu'elles ne *contredisent* en rien la relativité galiléenne. En effet, elles sont (cela va de soi !) pleinement compatibles avec l'énoncé des trois lois fondamentales de la mécanique newtonienne, desquelles, précisément, découle — mais à titre de conséquence ! — l'impossibilité de *savoir* si tel point matériel considéré isolément est, à tel instant, au repos ou non. Il est inutile de souligner qu'aux yeux d'un réaliste "pur et dur" cette impossibilité de savoir, mise en évidence par Galilée, n'est qu'un trait de notre nature d'êtres humains — ou d'êtres vivants — et qu'il serait absurde de prétendre tirer d'elle des conséquences touchant aux lois mêmes de l'Univers.

En d'autres termes, l'argumentation de Jean Petitot est, certes, non seulement intéressante mais même grandement éclairante. Ses observations jettent, reconnaissons-le, sur le problème un jour nouveau. Toutefois — comme il arrive souvent dans le domaine philosophique — elles ne vont pas, me semble-t-il, tout à fait jusqu'à amener "l'adversaire loyal" à résipiscence. Compte tenu de la plausibilité apparente du réalisme non critique, un tel opposant exige davantage. Le fait que toute argumentation visant à *prouver* la réalité "en soi" de l'espace se révèle avoir de graves lacunes ne l'impressionne pas suffisamment. Pour se déclarer ébranlé il attend de voir apparaître de véritables arguments "contre", c'est-à-dire des données factuelles difficiles ou impossibles à concilier avec la position dont il s'agit. Or à ce résultat, seule, selon moi, une réflexion sur la physique du XXe siècle est susceptible de nous conduire... on verra comment.

2-4. Un dépassement progressif

Par rapport au réalisme proche cartésien, n'admettant que figures, grandeurs et mouvement, l'ontologie galiléenne, plus souple, évoque déjà comme une amorce d'évolution. Bientôt apparaîtra en physique la notion de force, et même celle de force à distance, qui suscita tout de suite, comme on le sait, de grands débats. Mais cette notion-là se présente encore — au moins à l'époque — comme n'étant qu'une propriété (des objets) : l'existence d'un objet en un lieu donné crée, à distance, une force, si l'objet disparaît la force disparaît donc aussi. A cette notion vient, au XIXe siècle, se substituer en partie le concept de champ, qui, lui, fait figure de réalité autonome. Le champ électro-magnétique peut exister en l'absence de "sources", donc, pour ainsi dire, "dans le vide" (lequel, du coup, n'en est plus un).

C'est déjà là un dépassement très net du cadre des concepts familiers. Plus haut j'ai observé que l'on serait en peine d'en trouver un de même ampleur dans le domaine des sciences autres que la physique (mathématiques exceptées). Ces autres sciences pullulent certes de notions complexes. Mais celles-ci sont dérivées. Elles s'obtiennent toutes, me semble-t-il, par combinaison de notions plus simples, relevant tout bonnement du réalisme des accidents. On notera également que les champs en question conservent malgré tout quelques aspects du "monde des choses". Certains se les représentent comme des espèces de gélatines... et ils le peuvent du fait qu'à tout instant ces champs possèdent, en tout point de l'espace, une valeur (scalaire, vectorielle ou tensorielle) bien définie. En cela le contraste est grand avec une notion apparue plus tard, celle de fonction d'onde d'un système de plusieurs particules en interaction (celle d'un atome, par exemple). En effet, de telles fonctions sont en fait fonctions d'autant de tri-coordonnées x,y,z qu'il y a de particules dans le système, de sorte que parler de la valeur qu'aurait la fonction en un point donné n'a tout simplement pas de sens. Le monde des choses ici s'estompe.

Mais quelque peu avant la mécanique quantique (dont les fonctions d'onde relèvent) la relativité est apparue, ou plutôt les deux relativités, la restreinte et la générale. Et c'est, peut-on dire, dans le cadre de ces théories que le "chosisme universel" a subi le coup décisif. Toutefois il va de soi qu'un tel chosisme n'est qu'une version assez naïve du réalisme, et, de fait, on doit considérer que celui-ci — même sous sa forme "objectiviste" — put sortir quasiment indemne de la révolution relativiste. Les relativités ne sont, en effet, aucunement "antiréalistes". Elles sont l'une et l'autre susceptibles d'une interprétation ontologique. Certes, leurs "êtres" de référence ne sont plus des "objets", au sens habituel du terme. Ce sont (on l'a noté) des "événements" (et, pour la seconde, des "géométries"). Mais, alors même que, dans ces théories, beaucoup d'énoncés n'ont de sens que par rapport au référentiel de l'"observateur", événements et géométries peuvent, eux, être pensés indépendamment de telles références, en d'autres termes « en eux-mêmes ». C'est pourquoi il a ci-dessus été considéré qu'au total le "réalisme des événements" est une forme élaborée du réalisme des accidents.

En particulier, étant donné qu'en relativité les choses ne sont autres que des suites d'événements et qu'il y a continuité de la théorie newtonienne à la théorie relativiste, l'adoption de cette dernière théorie ne constitue pas, en soi, un obstacle à la visée d'une description des phénomènes fondée sur l'hypothèse de choses cachées posées comme descriptibles par concepts familiers. Cette approche-là, cependant, comporte, en provenance d'autres horizons, des difficultés très considérables. La section suivante les expose.

2-5. Trajectoires et fausses évidences

Dans les débats pour ou contre le réalisme, ce qui, dans le monde scientifique, fit longtemps très nettement pencher la balance en faveur de ce réalisme (physique, objectiviste ou autre) fut le succès que les explications du "visible complexe" par de l'"invisible simple" rencontraient dans tous les domaines. Par "simple" il faut essentiellement entendre : « pouvant être décrit par idées claires et distinctes ». Aussi pense-t-on souvent — encore aujourd'hui — que l'hypothèse de l'existence individuelle des objets que la science évoque ne peut qu'aider dans la recherche. Dans cet esprit, certains épistémologues semblent, par exemple, soutenir que le fait de dire que tout électron existe par lui-même — avec telles ou telles propriétés individuelles, connues ou non — est encore le meilleur moyen de comprendre les phénomènes où interviennent les électrons.

Il importe de savoir qu'il n'en est rien. Que, en fait, ainsi systématisée, cette prise de position ne nous aide pas et peut même induire en erreur. Que, par exemple, dans le cas d'un atome, l'idée que chacun de ses électrons se trouve individuellement dans un état (quantique) déterminé (sur telle "orbite" *ou* sur telle autre) est contraire à la vérité (selon la seule image opérationnellement non trompeuse, chacun d'eux se trouve sur toutes les "orbites" à la fois). Autrement dit, il existe des situations où le vocabulaire employé — en particulier les mots d'*électron*, de *particule*, etc. — suggère des "évidences" qui ne sont, en définitive, que, vraiment, de *fausses* évidences.

Qui plus est, il existe même des situations où ces fausses évidences ne sont pas dues, tout simplement, à un langage défectueux mais sont des interprétations apparemment immédiates de ce qu'on voit. On prendra un exemple simple, celui, déjà évoqué, d'une chambre à bulles et des traces dans une chambre à bulles. Une chambre à bulles, c'est essentiellement une boîte à parois transparentes dans laquelle se trouve un liquide contenant un gaz en dissolution. Comme c'est le cas dans les bouteilles d'eau minérale gazeuse, ce gaz a tendance à faire des bulles. Supposons qu'un petit corps électrisé traverse cette chambre. Cet objet va exciter les atomes qui se trouvent sur son passage et c'est l'excitation de ces atomes qui va engendrer des bulles. Il va donc se créer toute une enfilade de petites bulles le long de la trajectoire de l'objet, et l'on verra ainsi une trace du passage de celui-ci.

Cela étant, voyons comment on utilise cette chambre à bulles dans des recherches portant sur, par exemple, le rayonnement cosmique. On sait que celui-ci nous vient des espaces intersidéraux, et arrive donc sur la Terre plus ou moins à la verticale. Pour l'étudier on met une chambre à bulles en état de marche et on attend. Bientôt on constate, dans cette chambre, l'apparition de traces ainsi orientées. On se dit alors : « Nous savons maintenant ce qu'est le rayonnement cosmique. C'est un rayonnement de nature corpusculaire. C'est une pluie de corpuscules qui passent l'un ici, l'autre ailleurs. Et — ajoute-t-on — ceci nous montre à l'évidence qu'avant que la particule n'ait pénétré dans la chambre à bulles elle avait déjà bel et bien une trajectoire, qu'on ne pouvait voir faute d'instruments, mais dont le prolongement a engendré la trace verticale vue dans la chambre. » On a l'impression que c'est le bon sens qui dicte de telles conclusions. On pense que tout se passe de la même manière que lorsque, voyant une traînée blanche sortir d'un nuage dans un ciel bleu, on se dit qu'un avion à réaction en est la cause, et que celui-ci a parcouru une certaine trajectoire, pour nous invisible, dans le nuage avant de se manifester ainsi.

Or — le croira-t-on ? — cette explication, qui paraît "l'évidence même", n'est pas la bonne ! Elle souffre du même défaut que celle qui rapporte la succession des jours et des nuits à une rotation du Soleil autour de la Terre. Tout comme cette dernière, elle renvoie à une théorie — ici, la mécanique classique — qui, si elle explique (qualitativement en tout cas) le fait constaté, a le défaut rédhibitoire d'être en contradiction avec un grand nombre d'autres faits. On doit donc l'écarter — comme on a écarté la théorie géocentrique — au profit d'une autre théorie qui, elle, dans le domaine en jeu, rend bien compte de *tous* les faits. Cette théorie, c'est la mécanique quantique, et dans cette mécanique il n'y a tout simplement *pas* de trajectoires réelles continues.

Comment — dira-t-on — pas de trajectoire ! Mais alors, que faites-vous des traces ? Votre assertion que les trajectoires n'existent pas n'est-elle pas en contradiction évidente avec le fait qu'on voit, indubitablement, ces traces ? Eh bien non, pas du tout. La mécanique quantique nous fournit bien une explication de celles-ci. Et l'explication (Mott, 1929) est très simple, même si elle est inattendue.

Pour la comprendre il faut savoir que cette mécanique comporte des règles très générales de prédiction (en probabilité) de ce qui sera observé. L'expression de ces règles met en jeu des mots (ondes, particules, etc.) qui sont des reflets de notre expérience. Mais — pour des raisons que la section suivante explicitera — on s'y garde de qualificatifs trop imagés et en particulier de ceux de "corpusculaire" et d'"ondulatoire" lorsqu'il s'agit de rayonnement. Cela étant, la mécanique quantique prévoit que lorsqu'un rayonnement (cosmique ou autre) entre en interaction avec un objet atomique quelconque (ici, un atome du liquide) il y a une certaine probabilité (qu'elle permet de calculer) pour qu'il excite cet objet (entendons : pour que cet objet apparaisse comme excité), ce qui va engendrer très vite l'apparition de bulles dans son voisinage immédiat.

Maintenant, posons-nous la question : « Quelle est la probabilité pour que deux atomes du liquide soient (toujours en ce sens) excités simultanément par le rayonnement considéré ? » Ici, de nouveau, le calcul fournit une réponse claire. Cette probabilité est très faible si les deux atomes ne sont pas alignés — au moins approximativement — dans la direction de propagation du rayonnement, c'est-à-dire ici à la verticale. Elle est, au contraire, fort appréciable quand ils le sont. Ceci se généralise aisément à trois, quatre,…, N. atomes. En conséquence, même dans les cas où, au total, il y a une probabilité élevée pour que beaucoup d'atomes soient excités, la probabilité que ceux-ci ne se trouvent *pas* alignés est, elle, quasi négligeable. Dans l'immense majorité des cas, autrement dit, ce seront des atomes situés (dans notre exemple) sur une même verticale qui seront excités simultanément, et on verra donc apparaître une trace ainsi orientée.

On le voit : la théorie explique bien les phénomènes observés, et elle y parvient sans du tout faire appel à l'idée "classique" que la particule incidente aurait à chaque instant une position et parcourrait par conséquent une trajectoire.

Ainsi donc, dans le domaine du très petit, le traitement de l'observation par le truchement d'idées "claires et distinctes" (au sens cartésien de ces termes) nous a trompés. Ce que l'on croit que de tels raisonnements simples établissent en toute clarté, en fin de compte ils ne l'établissent pas. Et comme l'hypothétique "invisible" par lequel on voudrait décrire le visible est, la plupart du temps, conçu à l'aide de concepts familiers, c'est-à-dire d'idées de cette espèce, on voit qu'il faut, à l'égard d'une telle méthode, demeurer franchement circonspect.

2-6.　De l'existence (ou non) des choses cachées ; particules et mer de Dirac

On peut avoir été surpris de ce que, à propos du rayonnement cosmique qui vient de servir d'exemple, le mot de "corpuscule" ne soit, pour ainsi dire, même pas apparu. Certes, comme tout ce qui relève de la mécanique quantique — la lumière par exemple — ce rayonnement présente certains aspects corpusculaires. Et ce sont même eux qui, en lui, se manifestent de la manière la plus aisément perceptible. Mais — justement — c'est à très bon escient qu'on utilise le plus souvent, dans de tels contextes, le mot, assez neutre, d'*aspect*. De fait, si, en ce domaine, l'on veut éviter des difficultés bien connues de tous les experts il faut prendre ce mot-là dans l'acception "aspects pour nous". Et donc éviter les tacites attributions d'*existence de propriétés* (la propriété d'*être* une particule, la propriété d'*être* une onde, la propriété d'*être* un composé de particules *et* d'une onde...). En particulier, les aspects corpusculaires ne peuvent être considérés comme impliquant qu'un photon (ou toute autre particule) a une vraie trajectoire "en soi". Une telle notion n'apparaît nulle part dans la théorie (même si certaines règles quantiques de calcul mettent en jeu la notion toute formelle de "chemin", qui superficiellement y ressemble[1]) ; et supposer, par exemple, qu'un photon a nécessairement une trajectoire compliquerait infiniment l'explication de données aussi banales que, disons, l'existence de franges dans l'expérience des fentes de Young. A cet état de choses, le fait que, contrairement aux photons, les quanta du rayonnement considéré ont ce qu'on appelle une masse au repos (on sait que ce sont des protons) ne change rien. C'est toujours le traitement par la mécanique quantique — donc avec "fonctions d'onde", "opérateurs", etc. — qui permet d'étudier quantitativement les interactions de ces quanta, qu'on les décore ou non du nom de "particules" ; et il se trouve que la notion de vraies trajectoires, continues, ne peut être rendue cohérente avec ce type de traitement. C'est le point qu'il faut retenir.

« Mais — dira-t-on peut-être — vous vous référez là à une théorie donnée, conçue au premier chef selon la thèse que ce qui est significatif c'est la *prévision des résultats d'observation*. Ne peut-on espérer une théorie qui décrirait *ce qui se passe*, et réhabiliterait, par le fait même, cette notion de trajectoire ? Pour dire les choses plus crûment, ne serait-ce pas parce que les physiciens s'obstinent à parler non de l'être mais seulement de la connaissance que, dans le cas des particules, ils écartent cette notion de trajectoire ? »

Ceci — accordons-le — fut, un temps, un peu vrai. Il ne serait pas entièrement abusif de dire qu'à Copenhague la notion en question fut écartée, en partie, pour cette raison (ou, plus

---

1. Ces règles s'apparentent de près à la théorie de Feynman, déjà mentionnée au chapitre 1. Sur le plan prévisionnel, celle-ci est, on le sait, pleinement équivalente à la théorie quantique des champs, bien qu'elle mette en jeu des méthodes de calcul fort différentes dont le principe sera décrit en sections 2.7 et 9.6. On notera seulement ici qu'elle s'écarte autant qu'elle des concepts familiers (puisqu'elle introduit la notion de particules se propageant de l'avenir vers le passé). Certains éléments des formules qu'elle met en jeu ont reçu des noms qui évoquent le réalisme ("particule virtuelle" entre autres), mais on va bientôt voir qu'il s'agit seulement d'une apparence. Et plus généralement nous constaterons plus loin (section 9.6) qu'une interprétation réaliste de cette théorie se heurterait aux mêmes obstacles que celle de la mécanique quantique ordinaire, dont elle épouse les principes. La théorie dite "des supercordes" est une extension de ce formalisme.

exactement, sur la base de l'idée que ce que l'on ne peut connaître n'a pas de sens). Mais on en sait plus aujourd'hui. En effet, des physiciens se sont explicitement donné pour tâche de dépasser ce niveau de l'opératoire et certains ont effectivement réussi à construire des théories ontologiquement interprétables. Louis de Broglie (1927), en particulier, proposa une théorie dite "de l'onde pilote", plus tard redécouverte par David Bohm (1952), qui retrouvait quantitativement l'essentiel des prédictions quantiques tout en étant exprimée en langage objectiviste. Et, dans certaines de ces théories, la notion de trajectoire fait, il est vrai, retour. C'est ainsi, par exemple, que dans des articles de Bohm[1] on peut voir des figures très instructives, démontrant quantitativement que l'action de l'onde sur les particules conduit à la formation de franges sur l'écran[2]. Toutefois, on peut considérer aussi des phénomènes plus complexes. Supposons par exemple qu'au sein du dispositif émetteur deux particules sont, lors de chaque émission élémentaire, émises simultanément par la même source atomique ; et supposons qu'à chaque fois une seule est retenue pour l'expérience dont il s'agit. Le calcul fondé sur la théorie montre alors que la trajectoire de cette dernière s'avère dépendre d'une manière tout à fait cruciale de ce qu'il advient à l'autre, quelque éloignée qu'elle soit : et, du coup, les franges en question disparaissent[3]. C'est là un des nombreux effets de la non-localité dont le théorème de Bell nous apprendra qu'on ne peut s'en débarrasser en changeant, simplement, de théorie. En définitive, par conséquent, même au sein des modèles théoriques qui lui sont le plus favorables, la notion de trajectoire se trouve noyée dans une sorte de Grand Tout où elle perd, sinon tout sens, du moins beaucoup de sa valeur et même quasiment tout lien avec ce que nous mettons sous le mot.

Tout ceci fait qu'un jugement tel que : « la théorie ne dit pas qu'il n'y a pas de trajectoire, elle dit seulement qu'elle n'en parle pas » devrait aujourd'hui être — à tout le moins ! — fortement relativisé. "Normalement" la théorie n'en parle pas, cela est vrai. Mais quand on l'interroge à ce sujet elle n'est pas muette, loin de là. Elle a des réponses à fournir et celles-ci, on vient de le voir, sont fortement déconcertantes.

---

1. Voir par exemple Bohm *et al.* (1993).

2. La trajectoire de chaque particule est calculée à partir de la théorie. On constate alors que, sous l'influence de l'onde, ces trajectoires se regroupent de telle manière que, sur l'écran, des franges se forment.

3. Mais des effets similaires, en plus complexe, sont observables. Ils mettent en jeu les deux particules à la fois, bien qu'elles soient distantes l'une de l'autre.

Cela dit, les conclusions de la section précédente et les commentaires qui viennent d'en être faits invitent à grandement élargir le débat. Ce que l'exemple étudié ci-dessus a conduit à mettre en question c'est, en somme, l'idée qu'il est utile — ou même, tout simplement, approprié ! — de concevoir les particules, ou les objets de la physique en général, comme ayant tout un jeu de propriétés contingentes particulières, telles que localisation, vitesse, trajectoire, etc. Mais on pourrait se demander si ceci est applicable au concept d'existence lui-même : à la notion d'existence des particules et, plus généralement, des objets. On pourrait se dire : « Peut-être est il abusif de penser les objets dont il s'agit comme ayant certaines propriétés contingentes particulières, mais ne peut-on pas cependant continuer à penser ces objets eux-mêmes — ces particules, etc. — comme ayant tout au moins une *existence* permanente et individuelle ? »

Il faut reconnaître la très grande force — à tout le moins psychologique — des arguments qui nous poussent vers la réponse "oui". Notre expérience d'une certaine permanence des choses participe de l'indubitable, et il nous paraît assuré qu'elle implique celle de leurs constituants. Au reste, l'idée rejoint tout naturellement celle d'invariance, qui joue un si grand rôle en science. D'un autre côté, il est impossible d'ignorer ces incontestables données expérimentales que sont les créations de particules dans les chocs à haute énergie. Un des grands intérêts de la théorie de Dirac fut de concilier ces exigences apparemment contradictoires (son autre mérite, plus impressionnant encore, étant, bien entendu, d'avoir *prédit* de telles créations !). Elle ne rend pas compte de toutes les créations de particules mais seulement de celles des fermions[1]. A cet effet elle s'appuie sur le fait que, lorsque des fermions sont "créés", ils le sont toujours conjointement avec l'"anti-particule" correspondante (un électron avec un positron, etc.)[2]. Dans ses très grandes lignes, elle consiste à postuler l'existence d'une "mer" remplie de fermions invisibles, non localisés, et à interpréter la "création" d'une paire comme n'étant qu'une apparence : comme étant l'émergence d'un fermion hors de cette "mer", l'anti-fermion conjointement apparu n'étant autre que le "trou" ainsi créé.

---

1. On sait que les particules les plus importantes du point de vue de la constitution de ce que nous appelons "la matière" — les quarks, les électrons, etc. — ont des traits communs qui font qu'on les appelle collectivement des "fermions". Les autres (photon, pion, etc.) ont reçu le nom de "bosons".

2. Comme, encore une fois, Dirac l'avait prédit. A tout fermion correspond un anti-fermion, ayant même masse, même "spin" et charge électique opposée.

Comme on le voit, cette (vénérable) théorie ne porte pas atteinte à l'idée d'une permanence de chaque fermion. Mais c'est à un "prix conceptuel" qu'on peut juger exorbitant. D'une certaine manière, en effet, il semble être au moins aussi difficile de "croire vraiment" à l'existence physique de la mer de Dirac que de donner son adhésion aux plus délirantes mythologies. C'est là une des raisons qui firent que, dans la panoplie des outils de travail des physiciens, cette théorie fut vite remplacée, pour la plupart des tâches, par la théorie quantique des champs, qui est plus générale (elle s'applique aussi aux bosons, elle rend bien compte du manque d'individualité des particules, etc.) et qui, plus abstraite, n'oblige pas l'esprit à se colleter avec des images aussi déroutantes que celle de la mer (encore aujourd'hui, cependant, les physiciens n'hésitent pas à remettre en service la théorie de Dirac lorsqu'elle leur paraît pouvoir inspirer certains calculs intéressants).

En ce qui concerne la question de l'existence des particules en tant qu'entités permanentes, le coup d'œil jeté au chapitre 1 sur la théorie quantique des champs nous a déjà appris que cette théorie, au contraire de celle de Dirac, assimile l'existence d'une particule à un état, c'est-à-dire finalement à une simple propriété. Que, en ce qui concerne les particules, il *n'y a donc pas*, selon elle, de séparation conceptuelle nette entre propriétés et existence. Nous avons constaté que ce point de vue rend bien compte de la "création", dans les chocs, de particules (y compris des bosons) qui, antérieurement, n'existaient pas. Qui n'existaient pas plus que n'existait la *position* instantanée d'une particule cosmique, avant qu'elle ne se manifeste à nous par une trace dans la chambre à bulles.

Il y a là un saut conceptuel certes difficile à effectuer, notamment pour les personnes à qui le postulat de l'existence en soi de chaque particule individuelle paraît porteur. Mais celles-ci devront prendre note de ce qu'en fait leur postulat s'accorde mal à l'expérience, laquelle prouve au contraire la non-individualité des particules de même type se trouvant dans le même état[1]. Et elles noteront que, à l'inverse, la théorie quantique des champs rend automatiquement compte (je le répète) de cette absence d'individualité puisque les états physiques y sont caractérisés par le seul *nombre* des particules. Les physiciens voient en cela, à juste titre, une confirmation, parmi d'autres, de cette théorie et nous

---

1. On pense ici aux vérifications expérimentales de la mécanique statistique quantique, lesquelles infirment la statistique dite "de Boltzmann" au profit de celles "de Bose-Einstein" et "de Fermi-Dirac".

qui, ici, nous intéressons aux concepts, nous devons y voir, aussi bien, une confirmation du mouvement de pensée qui la sous-tend.

Celui-ci, on vient de le voir, a pour effet de nous empêcher de concevoir la particule comme un être existant en soi. L'"entité" à laquelle — au vu des données que nous avons déjà énumérées — on pourrait encore songer à attribuer cette existence est, notions-nous plus haut, le "quelque chose" — non multiple mais unique ou quasi unique — qui, au moment d'une "création" de particule, change d'état[1]. Encore est-il vrai que ce "quelque chose" lui-même présente des traits qui rendent délicate une telle interprétation[2]. Il est naturel, dans ces conditions, que la majorité des physiciens quantiques hésitent à se livrer à des spéculations "existentielles" de ce type et préfèrent se cantonner dans l'écriture de formules permettant de prédire les observations. C'est là une attitude dont la suite de cet ouvrage montrera que, tout compte fait, elle n'est pas exempte de sagesse.

On comprend néanmoins qu'elle puisse apparaître comme un renoncement, et nous savons déjà que dès l'apparition de la mécanique quantique une minorité de chercheurs exprima une grande insatisfaction à cet égard. Einstein fut l'un des plus critiques. De la physique il attendait, comme on l'a dit, qu'elle décrive la réalité. Au vu des axiomes de la mécanique quantique il constatait que celle-ci ne visait pas authentiquement cet objectif, et pour cette raison il la trouvait déficiente. Lui-même, il est vrai, ne construisit jamais une théorie de remplacement. Mais d'autres physiciens, comme nous l'avons vu, le firent. Malheureusement, la limpidité conceptuelle de toutes ces théories est contrebalancée par de sérieux inconvénients. Ainsi, par exemple, en théorie de l'onde pilote il est fort délicat de rendre compte du phénomène de création de particules dans les chocs. On n'y parvient — et encore ! — qu'en renonçant à systématiquement considérer les particules comme les éléments constituants du réel. Une remarque similaire vaut en ce qui concerne la question, connexe, des effets observables de l'indiscernabilité quantique. Du fait, précisément, que ces théories sont motivées par des considérations de nature conceptuelle et non pas strictement physique, de tels bouleversements conceptuels y sont particulièrement "voyants", et le fait qu'ils sont nécessaires compromet donc sérieusement la crédibilité des théories en question, en donnant l'impression qu'elles sont, finalement, artificielles et *ad hoc*.

---

1. On peut noter son nom technique : "vecteur d'état de l'espace de Fock".
2. Il généralise le concept de "fonction d'onde", donc est "réduit" lors d'une mesure, etc.

L'exemple des traces et les considérations de cette section ont été présentés pour faire déjà un peu saisir un point qui apparaîtra encore mieux plus loin : à savoir que les tentatives de description réaliste du monde de la physique quantique sont extraordinairement plus difficiles à mettre en œuvre qu'on ne l'aurait cru au premier abord. Dans la suite de cet ouvrage nous constaterons que, par méconnaissance de la physique, beaucoup d'épistémologues se font des illusions quant à l'utilité et même la possibilité de faire appel à la notion d'existence de choses cachées (au sens banal du mot "chose").

2-7. Une ontologie fabriquée

Chez les physiciens de telles illusions n'ont guère cours. Ceux, en tout cas, dont les théories fondamentales constituent le domaine d'étude sont, à présent, bien convaincus que réalisme proche et réalisme des accidents sont des conceptions dépassées. Au reste, on a déjà noté que leur premier souci est de construire des modèles mathématiques très englobants, rendant compte correctement d'une expérience prédictive aujourd'hui grandement affinée par l'acuité des instruments. Et on a vu aussi qu'en contrepartie ils laissent en général ces constructions extrêmement "ouvertes" en ce qui concerne les concepts. En vérité, il en va ainsi à un point tel que même un artisan en ces matières — rompu, donc, à saisir l'enchaînement des équations et la déduction de leurs conséquences — s'il s'avise de vouloir départager ce qui, dans ces théories, renvoie à des idées et ce qui n'est que l'exposé d'ingénieuses méthodes de calcul, se trouve vite noyé dans un océan de difficultés. Pour tout dire, une lecture des textes présumés clarifier ce point conduit presque toujours à la conclusion que leur véritable sujet est la description de méthodes (mot qui y figure à répétition), que les idées — nombreuses et brillantes — qui y apparaissent sont quasiment toujours des idées de procédés calculatoires, et que les mots semblant se référer à des concepts n'y servent, au fond, qu'à désigner des éléments constitutifs et récurrents de ces méthodes.

Cet état de choses, qui dure depuis deux générations au moins, a eu une conséquence à la fois curieuse et déconcertante. Il a engendré chez les physiciens en question une pseudo-ontologie. Ce n'est pas ici le lieu d'entrer dans les détails techniques qui fourniraient une vue précise de celle-ci, mais on peut quand même signaler qu'elle fut tout entière construite à partir des travaux du physicien Richard Feynman. Le formalisme élaboré par ce dernier

— et sur lequel nous reviendrons dans le chapitre 9 — est conceptuellement assez différent de celui de la théorie quantique des champs (en particulier, il n'y est pas question du fameux "quelque chose" qui change d'état). Mais du point de vue des prévisions d'observation il lui est mathématiquement équivalent. L'avantage qu'il présente sur elle n'est que d'ordre computationnel. Cet avantage, toutefois, est immense du fait que, dans un tel cadre, certains calculs très compliqués de la théorie peuvent être représentés graphiquement. Plus précisément, les calculs en question utilisent des formules mathématiques qui sont des produits de plusieurs facteurs eux-mêmes complexes, mais la manière dont se combinent ces derniers se trouve être visuellement représentable, au sein du formalisme de Feynman (1949), au moyen de schémas — dits diagrammes — constitués de segments de droites dont chacun figure un de ces facteurs. Feynman a eu l'idée (assez naturelle dans le formalisme qu'il emploie) d'associer par la pensée à chaque segment le mouvement fictif d'une particule, qui est soit l'une de celles participant au processus étudié soit une particule elle-même fictive. Si, par exemple, le diagramme a la forme de la lettre H, le segment "barre horizontale", qui n'a pas de "bouts libres", correspond, dans la formule, à un facteur de la nature d'un dénominateur et est associé par Feynman à une particule fictive, dite "particule virtuelle". Et quant aux autres segments, ceux à bouts libres, ils sont associés par la pensée aux deux particules dont on s'est proposé de calculer le comportement lors de leur rencontre.

Ce procédé, qui équivaut à remplacer temporairement une formule longue et abstraite par une image, mobilise ainsi, au profit de la tâche à effectuer, les facultés de représentation visuelle (qui sont grandes) de notre cerveau. De ce fait, il facilite le calcul au point de rendre possibles des évaluations qui, autrement, seraient irréalisables. On comprend donc que, peu à peu, les physiciens qui le pratiquent aient construit autour de lui une sorte d'ontologie fictive consistant à interpréter, par exemple, le diagramme en H en disant (sans vraiment y croire) : « L'une des particules incidentes (l'un des piliers du H) se propage jusqu'à un certain point, émet, là, une particule virtuelle (la barre horizontale) et continue son chemin tandis que la particule virtuelle en question est absorbée par l'autre particule (l'autre pilier du H). » Notons bien que le physicien qui s'exprime ainsi ne prend pas ses propres paroles "au pied de la lettre" (pas plus que nous ne le faisons nous-mêmes quand nous disons que, le soir, le Soleil "se couche" !). Si, sur ce point, vous le pressez un peu, il se hâtera de préciser, d'abord que, de toute manière, il s'agit là de processus non déterministes et ensuite que les quantités qu'un diagramme donné permet de calculer sont, non pas des probabilités — comme l'exigerait une interprétation réaliste — mais bien des "amplitudes de probabilité". Et il concédera tout de suite qu'il s'agit là d'une notion typiquement quantique dont l'interprétation est délicate. Il n'empêche, cependant : ce langage semi-allégorique est si commode et efficace qu'il faut se contraindre pour ne pas hypostasier ses référents ; j'entends : pour ne pas voir dans ces divers segments de droite des sortes de vraies trajectoires parcourues par des particules. Telle est "l'ontologie fabriquée", sujet de la présente section. On est un peu peiné de constater que des esprits d'un grand mérite se sont philosophiquement interrogés sur le "statut d'être" de ces particules virtuelles dont nous venons de constater qu'elles ne sont que les représentations imagées de dénominateurs figurant dans une "recette". Mais il faut reconnaître à leur décharge que le langage courant des physiciens des particules ne pouvait que les inciter à se poser cette question.

2-8. Orientations pour la suite

L'émergence, en physique, de "l'ontologie fabriquée" illustre une tension qui, de nos jours, s'établit aisément dans l'esprit d'un physicien conscient de l'intérêt de l'analyse des idées. D'une part, la physique est une science empirique. Nous la pensons comme étant avant tout une opération de synthèse de notre expérience communicable. Mais d'autre part, nous avons aussi une tendance, très normale et très forte, au réalisme physique, voire ontologique. De sorte qu'à certains moments de notre existence il peut nous sembler quasi obligatoire d'*interpréter* cette synthèse. D'y voir la *description* d'une réalité indépendante de nous et connaissable (puisque, par hypothèse, on la décrit). Or ne voilà-t-il pas que les résultats de la physique elle-même rendent ce mouvement rationnellement délicat ! Il s'ensuit que certains chercheurs mettent aujourd'hui l'accent sur l'idée "physique, description de l'expérience", et relèguent franchement au second plan la conception "physique, description de la réalité", alors que d'autres, plus attachés à "l'évidence réaliste", adoptent la position inverse sans trop se soucier des difficultés qu'elle implique. Le propos de la section présente est de mettre en lumière le fait que, selon que nous adhérons à l'une ou à l'autre de ces approches, nous nous constituons des bases de raisonnement très différentes. Trois de ces différences sont spécialement à noter, vu le rôle qu'elles auront dans la suite de notre étude.

La première concerne la notion d'*objectivité*. Pour être objectif un énoncé doit, selon la seconde approche ("réaliste"), satisfaire à des conditions bien plus fortes que celles que requiert la première. Ce point sera développé dans la section 4.1.1.

La deuxième différence concerne la notion d'*explication*. Dans la conception "physique, description de la réalité" une explication fait normalement référence à l'existence d'objets (au sens large : particules, champs, etc.) et aux propriétés qu'*ont* ces objets ; et elle peut parfaitement être fondée sur les propriétés instantanées qu'ont des objets non observés (lorsque, par exemple, celles-ci sont induites, par appel à des lois connues, de celles observées en des circonstances différentes). Dans la plupart des cas une explication de ce type suppose la contrafactualité, donc le réalisme physique (au minimum !). Dans ces cas-là, par conséquent, quelqu'un qui, à l'inverse, serait partisan de la conception "physique, description de l'expérience" et refuserait ce réalisme ne saurait faire appel à ce genre d'explications (par propriétés instantanées d'objets non observés). Non que la conception "physique, description de l'expérience" soit, par nature, imperméable à toute notion d'explication. Des explications authentiques y sont fournies. Mais elles se construisent par référence à des *lois générales*. Dans ce cadre, expliquer, c'est montrer que le phénomène en question est conforme à de telles lois.

La troisième différence concerne le *principe de complétude* de la mécanique quantique — il s'agit d'un principe hautement proclamé par les fondateurs de cette discipline et qui décrit la mécanique quantique comme une théorie complète du réel. Les tenants de la conception "physique, description de la réalité" l'explicitent en disant que la fonction d'onde — le "vecteur d'état" — d'un objet quantique réunit en elle *tous* les nombres qui, selon le réalisme physique, correspondent à la structure de cet objet. En d'autres termes, le principe est à leurs yeux l'affirmation qu'il n'existe pas de variables supplémentaires (dites, souvent, "cachées"). C'est là ce que l'on peut appeler la "version forte" du principe. Les partisans de la conception « la physique n'est qu'une description synthétique de notre expérience » ne peuvent pas souscrire à une telle interprétation puisque celle-ci, on vient de le voir, fait référence à la notion de *tous* les paramètres qui, indépendamment de notre connaissance, sont supposés caractériser l'état d'un objet, et que cette notion déborde, à l'évidence, du cadre de l'expérience possible. Mais cela ne les oblige pas à renoncer à l'idée même de complétude. Simplement, leur définition de celle-ci doit être différente. Son expression la plus claire a été donnée par le physicien Henry Stapp. Selon cet auteur il s'agit du principe selon lequel « nulle construction théorique ne peut fournir de prédictions — portant sur des phénomènes atomiques — qui ne puissent pas être dérivées des lois de la physique quantique et qui soient expérimentalement vérifiables » (Stapp, 1972). Notons que l'existence de cette formulation "faible" du principe permet, si on le juge bon, de conserver le "noyau dur" de la notion de complétude sans prendre parti *a priori* sur la question de l'existence — ou non — de variables supplémentaires[1].

Telle est la manière de voir, pleinement conforme au "réalisme ouvert" (section 1.2), que nous adopterons dans notre étude de la mécanique quantique. Dans un esprit d'"agnosticisme éclairé", nous nous garderons donc d'exclure la possibilité que la structure du "réel" soit imaginable par l'homme et même qu'elle comporte des paramètres (on dit aussi des "variables") étrangers à la mécanique quantique (donc "supplémentaires" par rapport à celle-ci). C'est dire qu'à l'égard des modèles postulant de tels paramètres notre position comportera — très logiquement — deux faces. D'une part nous admettrons sans réticence que, même s'ils sont pauvres en contenu empirique, ceux de ces modèles qui ne comportent pas de conséquences contraires aux faits *peuvent* être vrais : sont "compatibles avec la vérité". Mais d'autre part, en vertu du principe de complétude faible nous considérerons qu'aucune expérience de physique ne nous pemettra jamais de déterminer s'ils sont, ou ne sont pas, vrais. A première vue, une telle impossibilité pourrait faire croire qu'en ce qui concerne l'analyse des implications conceptuelles de la mécanique quantique la prise de position qu'on vient de décrire ne saurait être que stérile. Mais on constatera au cours des chapitres suivants qu'en définitive elle est, au contraire, éclairante.

---

1. Le caractère "crypto-ontologique" du principe de complétude fort est bien illustré par le fait que, dans le cadre de nombre d'expériences (celles, par exemple, de corrélation à distance décrites au chapitre suivant) il impliquerait à lui seul la propagation d'influences à vitesse supraluminale. La facilité avec laquelle il "réfute" ainsi une grande loi de la physique doit nous inciter à ne pas en faire un *a priori*.

3

Non-séparabilité et théorème de Bell

3-1.   Corrélations à distance. Théorème de Bell

Nous avons vu que la théorie quantique des champs met sérieusement en doute la conception multitudiniste de la nature. Nous avons constaté qu'elle suggère, au contraire, une certaine globalité. Toutefois, ce n'est là qu'une simple indication. N'oublions pas l'existence des deux autres formulations. Aussi est-il temps maintenant de faire intervenir dans notre étude les faits qui, dans une approche réaliste, rendent la thèse de la globalité (convenablement précisée) indépendante, non pas seulement de la théorie quantique des champs mais même de toute théorie particulière. Philosophiquement, le point est d'une importance capitale. Il mérite donc d'être considéré avec une attention spéciale.

Ces développements sont centrés sur la notion de corrélation. Réfléchissons, par conséquent, pour commencer, sur cette notion. Prenons tout d'abord un exemple simple. Supposons que chaque fois que le téléphone sonne chez moi il sonne aussi chez mon voisin. Si je constatais un tel phénomène j'en chercherais évidemment la cause. Et — point important pour la suite ! — ce qui m'inciterait à cette quête ce ne serait pas exclusivement le désir pragmatique de remédier au phénomène. Même s'il ne me gênait en rien, j'éprouverais quand même le besoin intellectuel d'en découvrir l'explication. Certes, dans la pratique je me fierais à l'induction. Je me dirais qu'étant donné que cette corrélation a eu lieu maintes et maintes fois elle a toutes les chances de réapparaître. Mais je ne m'en tiendrais pas là. Je n'estimerais certainement pas que cette "règle de prédiction d'observations" constitue en elle-même une explication. Confronté à une corrélation observée partout et toujours, l'esprit humain aspire *a priori* à ce qu'on lui trouve une cause "réelle". Bien entendu il ne postule pas pour autant que l'un des phénomènes observés doit nécessairement être à l'origine de l'autre. Il y a de très nombreux exemples de corrélations à distance dans lesquels, de toute évidence, ce n'est pas là ce qui se passe. Mais dans de tels cas l'esprit humain se met en quête d'une cause commune aux deux, et il n'est vraiment satisfait que s'il la découvre.

En physique, aussi bien classique que quantique, de tels phénomènes de corrélation sont très fréquents et ils sont, la plupart du temps, immédiatement expliqués de cette façon : on s'aperçoit tout de suite que les événements entre les deux séquences desquels une corrélation est constatée ont une cause commune à la source. Pour l'étude d'idées qui va suivre il est commode de se constituer à cet égard un petit modèle très simple. Imaginons d'abord une paire de fléchettes, du type de celles utilisées dans le jeu du même nom. Supprimons, par la pensée, toute pesanteur et supposons que ces deux fléchettes sont initialement côte à côte — en un lieu qu'on appellera "source" — et pointent dans la même direction. Imaginons maintenant que, suite à la détente de quelque ressort minuscule, ces deux fléchettes se séparent et se mettent en mouvement, l'une vers "la gauche", l'autre vers "la droite", tout en conservant l'une et l'autre leur commune orientation initiale. Posons enfin qu'il y avait initialement à la source non pas une mais bien un très grand nombre de telles paires, orientées dans tous les sens possibles, et qui, toutes "éclatent" les unes après les autres de la manière qu'on vient de dire.

Dans ces conditions il existe évidemment une corrélation stricte à distance entre les "vecteurs orientations" des deux fléchettes issues d'une même paire initiale, puisque ces deux vecteurs sont parallèles. On pourrait aisément constater cette corrélation au moyen d'appareils éloignés du lieu de l'éclatement et symétriquement disposés par rapport à lui, qui détecteraient d'abord les orientations des deux fléchettes provenant de la première paire ; puis, plus tard, celles des deux fléchettes provenant de la seconde et ainsi de suite. Au reste, pour obtenir une corrélation entre résultats observés il n'est pas même besoin d'appareils détectant l'orientation précise de chaque fléchette. Il suffit d'appareils dont chaque exemplaire définit une direction dans l'espace et détecte le signe de la projection, sur cette direction, de l'orientation d'une fléchette. Si l'appareil de droite et l'appareil de gauche sont orientés dans la même direction, les paires de signes observés correspondant à une même paire seront évidemment toujours soit deux signes + soit deux signes –, de sorte que la corrélation statistique observée sur l'ensemble des paires sera une corrélation positive stricte (jamais de +– ni de –+). Et quant à la cause de cette corrélation, elle résidera à l'évidence dans ce qui se passe "à la source". Dans le fait qu'au départ les fléchettes d'une même paire sont parallèles.

Pour des raisons qui deviendront claires plus loin, on a étudié, depuis une trentaine d'années, des corrélations d'apparence très similaire mais qui mettent en jeu des paires, non pas de fléchettes mais de photons, les deux photons d'une même paire étant créés ensemble lors de la désexcitation d'un même atome. Les mesures ont porté sur leurs "polarisations[1]" (jouant, *grosso modo*, le rôle de l'orientation des fléchettes). Les expériences correspondantes furent menées à bien par diverses équipes de par le monde mais du point de vue de la crédibilité des résultats (précision, qualité des statistiques, etc.) l'étape cruciale fut franchie, à l'Institut d'optique, par le groupe d'Alain Aspect (Aspect *et al.*, 1982). Pour faire bref, nous désignerons donc l'ensemble de ces expériences sous le nom "générique" d'expériences du type d'Aspect (ou plus brièvement d'expériences d'Aspect).

Dans ces expériences la situation est la même que dans celles, imaginaires, "des téléphones" et "des fléchettes". Les photons y proviennent eux aussi, deux à deux, d'une source commune (l'atome émetteur) et la recherche de la cause s'oriente donc, au départ, tout naturellement de ce côté-là. D'autre part, puisque les systèmes en jeu sont des photons, il est naturel de chercher une explication fondée sur les connaissances dont nous disposons relativement aux photons. Comme ceux-ci sont des "systèmes quantiques" nous porterons par conséquent en premier lieu notre attention sur les éléments qui, en mécanique quantique, jouent le rôle fondamental en ce qui concerne la prévision des observations, autrement dit sur les "fonctions d'onde" relatives à de tels systèmes. Ici toutefois une surprise nous attend. Alors qu'en physique classique quand deux fléchettes proviennent d'une même paire, chacune d'elles possède sa propre orientation (et, plus généralement, ses propres propriétés, dont la connaissance éventuelle permet de prévoir les observations qui seront faites ultérieurement sur cet objet), dans le cas de nos deux photons issus d'un même atome et "corrélés" il n'est pas vrai que chacun d'eux soit descriptible, même "en droit", par une fonction d'onde qui lui soit propre. Mathématiquement, dans un tel cas de telles fonctions d'onde individuelles n'existent tout simplement pas. Seule existe — comme support possible des corrélations — la fonction d'onde de la paire. Dans de telles situations on parle de *non-séparabilité* de la fonction d'onde, ou d'*enchevêtrement* (ou, quelquefois, d'*imbrication*) de fonctions d'onde.

Cette circonstance ne porte en rien atteinte à l'efficacité de la mécanique quantique lorsque ce que l'on se propose de faire est de prédire par le calcul les corrélations (entre polarisations par exemple) qui seront observées sur de telles "paires de photons" (ces

---

1. Pour suivre le raisonnement fait ici il n'est pas nécessaire de savoir ce qu'est la "polarisation". Et l'on peut très bien se passer de toute connaissance relative aux fontions d'onde.

observations étant faites par l'entremise de deux appareils, éloignés l'un de l'autre et de la source comme dans le cas des fléchettes). Pour cela, on a même le choix entre deux méthodes de calcul, une *descriptive* et l'autre *prédictive*. Mais ni l'une ni l'autre ne satisfont à tout ce que, intuitivement, nous attendons d'une théorie. Sans nous perdre dans aucun détail il nous faut ici, pour la suite de l'argument, sommairement indiquer l'idée directrice de l'une et de l'autre.

Méthode descriptive

Cette méthode est la suivante. Supposons que le "photon de droite" soit le premier à arriver sur l'appareil de mesure correspondant (parce que celui-ci est plus proche de la source que l'autre). On utilise alors une certaine prescription du formalisme, laquelle énonce que, au moment où cet événement-mesure se produit, la fonction d'onde de la paire doit être "réduite" selon certaines règles — mathématiquement bien spécifiées par ce formalisme — qui font qu'à ce moment-là le photon de gauche *acquiert* une fonction d'onde individuelle. Celle-ci permet de calculer les probabilités des divers résultats des mesures possibles portant sur ce photon de gauche, compte tenu du résultat qu'a fourni l'appareil de mesure de droite. On obtient ainsi des prédictions de corrélations qui sont bien en accord avec les résultats fournis par les expériences d'Aspect, et cela — notons cette généralisation — pour *n'importe quelle* orientation *relative* des "polariseurs" (c'est-à-dire pour n'importe lesquelles des directions de l'espace selon lesquelles la polarisation de *chaque* photon est mesurée).

Le calcul dont on vient d'esquisser les traits peut être qualifié de "descriptif" ou, si l'on préfère, de "réaliste". En effet, l'on peut se former l'image d'une réalité qui le sous-tendrait, cette image consistant à considérer que les fonctions d'onde sont "réelles" (et donc que leur "réduction" est elle-même un phénomène bien réel). Dans cette manière de voir, la non-séparabilité est évidemment elle-même, avant la première mesure, un attribut réel du système des deux particules. La description, cependant, est déconcertante en ce que, comme on vient de le voir, l'opération de mesure effectuée sur le photon de droite (en un point qu'on appellera A) entraîne immédiatement un effet à longue distance : l'acquisition par le photon de gauche d'une fonction d'onde (donc d'une "réalité") qu'il n'avait pas, jusqu'alors, par lui-même et qui déterminera le résultat de la mesure de polarisation faite sur ce photon en un point B (évidemment distant de A). Dans cette conception la règle fondamentale de la théorie de la relativité, selon laquelle aucune influence ne peut se propager à une vitesse supérieure à celle de la lumière, se trouve, par conséquent, violée.

Méthode prédictive

L'autre méthode qui peut être choisie consiste à ne jamais faire intervenir d'autre fonction d'onde que celle de la paire. A l'expression mathématique de cette fonction on applique directement certaines règles de calcul, lesquelles, d'après le formalisme, fournissent la *probabilité conjointe* d'observer tel résultat relatif au photon de droite *et* tel résultat relatif au photon de gauche quand on décide de faire telle et telle mesures spécifiées. Le calcul ainsi conduit permet de prédire quelles corrélations seront observées entre les résultats fournis par les instruments situés en A et en B. Fort heureusement, ces prédictions sont identiques à celles obtenues par la première méthode (ce qui confirme que la mécanique quantique est une théorie mathématiquement cohérente !).

Notons que, dans le cadre de cette seconde méthode, aucune influence plus rapide que la lumière n'est explicitement mentionnée. Mais cette constatation est inséparable du fait que la méthode en question est purement *prédictive* et ne prête à aucune image interprétative[1]. Elle consiste, on vient de le voir, en l'application pure et simple d'un système de *règles de prédictions d'observations* (celles de la mécanique quantique) dont il a été constaté qu'effectivement elles ont jusqu'ici bien prédit les résultats des observations qu'on a effectuées. Autrement dit, elle est fondée sur l'application pure et simple du principe de l'induction, détaché de toute référence, même implicite, à une interprétation réaliste susceptible de l'étayer. A première vue, on peut, par conséquent, se demander si elle fournit véritablement une *explication* des corrélations observées. De fait, il faut voir là une première illustration de la différence, signalée en section 2.8, entre l'explication telle que la pense le réaliste objectiviste (le réaliste que chacun de nous est d'instinct) et l'explication telle que la conçoit le partisan de la conception "physique, description de l'expérience". Indéniablement, dans le cadre de leur activité professionnelle la plupart des physiciens théoriciens diront sans hésiter que cette référence aux règles quantiques constitue bien une explication authentique du phénomène. Ils en jugeront ainsi parce que, spontanément et implicitement, ils adhèrent, dans de tels contextes, à la seconde des conceptions ci-dessus rappelées et qu'ils savent que

---

1. Ayons présent à l'esprit le fait qu'en mécanique quantique un ensemble statistique de paires décrit par la "fonction d'onde de la paire" n'est en aucun cas identifiable à un mélange statistique de paires dont les orientations dans l'espace seraient bien définies et isotropiquement réparties. Relativement à la plupart des mesures de corrélations, ces deux ensembles conduisent à des prédictions de résultats quantitativement différentes.

les règles quantiques constituent des généralisations de grande ampleur, ayant coûté de grands efforts. *A contrario*, dans "l'exemple du téléphone" l'énoncé « dans le passé la corrélation a été observée à tous les coups » ne présente pas ces caractéristiques. Cette différence justifie le fait que l'assertion de notre abonné au téléphone : « dans le passé la corrélation a été observée à tous les coups, on prévoit donc qu'elle aura lieu la prochaine fois » n'apparaît à personne comme ayant une quelconque valeur explicative alors que l'application des règles quantiques est, elle, vue, en physique, comme en ayant une. Il n'en est pas moins vrai que l'une et l'autre ne renvoient qu'à des règles prédictives.

Poursuite de la "quête conceptuelle"

D'un autre côté, d'instinct nous sommes, je le répète, des réalistes objectivistes. Des "explications" fondées sur de simples règles prédictives d'observations ne répondent guère à notre attente. Nous nous persuadons volontiers que nous devons en exiger qui soient conformes aux canons du réalisme des accidents, c'est-à-dire où l'*explicans* soit chose qui "existe vraiment". Et notre revendication paraît d'autant plus fondée que, dans le cas classique correspondant, l'explication des corrélations entre éléments d'une même paire a bien ce caractère-là, comme on l'a constaté sur l'exemple des fléchettes. La corrélation constatée entre résultats d'observations y *provient*, en effet, d'une corrélation établie à la source entre des orientations de fléchettes existant bien réellement ; et le fait que chaque appareil enregistre des + et des – implique alors que, initialement, les paires de fléchettes ne sont pas "identiques en tout" : elles diffèrent par leurs orientations. Très naturellement, cette remarque conduit à l'idée qu'il pourrait y avoir, dans le cas des paires de photons, une explication similaire. Elle suggère que, bien qu'elles aient toutes la même fonction d'onde, les paires en question pourraient ne pas être toutes identiques les unes aux autres. Tout comme dans le cas classique, il existerait des variables — ici elles sont dites "cachées" — qui, dès le départ, différencieraient réellement ces paires les unes des autres comme le font, de toute évidence, les diverses orientations des paires de fléchettes ; et le comportement ultérieur de chacun des deux photons d'une même paire serait déterminé, ou tout au moins influencé, par les valeurs que ces variables ont sur cette paire particulière.

Qualitativement une explication de cette sorte séduit par sa simplicité. Encore faut-il pourtant, cela va de soi, qu'elle ne soit en désaccord quantitatif avec aucun des faits que l'on peut observer. Et en outre, si l'on souhaite qu'elle respecte la règle de non-propagation instantanée des influences il faut, bien entendu, que celle-ci ne soit pas violée par la *nature même* des variables dont il s'agit, ce qui implique qu'elles soient "locales", c'est-à-dire relatives, à chaque instant, à un lieu bien déterminé.

C'est précisément à cette étape qu'intervient un théorème qui est central dans toute tentative d'interprétation de la physique fondamentale contemporaine et auquel il a déjà été fait allusion. Il a pour nom "théorème de Bell". Pour appliquer ce théorème nous n'avons pas besoin, pour l'heure, de recourir à sa formulation explicite et aux concepts qu'elle met en jeu. Il nous suffit de faire usage d'un des principaux points qu'il établit : à savoir qu'*aucune* théorie à variables cachées locales ne peut reproduire *dans le détail toutes* les prédictions de la mécanique quantique que les expériences d'Aspect ont, effectivement, vérifiées[1]. Comme, encore une fois, les expériences en question ont effectivement corroboré ces prévisions, elles établissent, compte tenu du théorème, qu'*aucune* théorie à variables cachées locales n'est compatible avec les faits. Autrement dit, elles *réfutent* cette explication par variables cachées locales qui, à première vue, nous semblait séduisante. C'est le fait même de cette réfutation qui est, en la matière, le point significatif. Il est important de bien voir qu'il ne s'agit pas là d'un rejet motivé par un principe philosophique *a priori* mais, au contraire, d'une réfutation fondée sur les faits.

La conclusion est maintenant beaucoup plus générale. Dans le cadre d'une conception du monde conforme au réalisme objectiviste, ni l'attribution de réalité aux fonctions d'onde ni l'hypothèse alternative de l'existence de variables cachées locales ne nous permettent de conserver notre mode "instinctif" ("évident" pensions-nous) de compréhension des corrélations à distance. Oui mais — dira-t-on peut-être — qui sait s'il n'existerait pas quelque tierce hypothèse qui le permettrait ? Eh bien, à cette question la réponse est "non". En effet nous verrons que dans sa formulation explicite le théorème de Bell débouche sur une incompatibilité entre les résultats des expériences du type Aspect et *n'importe quelle* conception du "réel" conforme au principe de *localité*, lequel pose en somme (*grosso modo*) que si un événement est proche d'un autre dans le temps, il n'est susceptible de l'influencer que s'il en est suffisamment voisin[2]. Si "raisonnable" qu'il paraisse être, ce "principe" se révèle donc être violé dans la nature, et c'est cette

---

1. Rappelons "pour mémoire" que chronologiquement les développements ici rapportés se présentèrent dans l'ordre inverse : c'est la découverte, par John Bell, de son théorème qui suscita les expériences d'Aspect *et al.*

2. Relativement à cette notion, un peu délicate, d'influence, voir *infra*, sections 3.2.2 (remarque 6), 3.3.1 et 14.7.

violation que l'on nomme *non-localité* quand on la considère en elle-même, indépendamment de toute théorie. Mais, bien entendu, il serait artificiel d'oublier le lien très fort qu'elle a avec la mécanique quantique. Rappelons-nous notre analyse de l'expérience des deux photons. On a là introduit la notion de *non-séparabilité*. Dans son acception la plus générale la non-séparabilité implique que l'on doit, soit reconnaître la non-localité (dont une définition précise est donnée ci-dessous), soit — comme le formalisme quantique le suggère avec une grande force — se résigner à une "relativisation de nos concepts" plus forte encore qu'il n'est aisé d'imaginer. A une relativisation allant jusqu'à l'abandon de l'idée (qui semblait cependant bien claire !) que la "réalité indépendante de nous" est divisible (au moins par la pensée), qu'elle est immergée dans un espace (à métrique non "pathologique") existant lui-même indépendamment de toute connaissance qu'on en peut avoir, et que ses parties n'interagissent pas les unes avec les autres indépendamment des distances qui les séparent.

Premiers commentaires philosophiques

1) Dans le premier chapitre de cet ouvrage, et encore au début de cette section, nous avons rappelé que le formalisme quantique met gravement en question des conceptions telles que la "vision multitudiniste" du réel. A ce propos notons qu'en la matière on ne doit surtout pas se fier aux mots qu'on lit. Presque tous ceux utilisés dans le formalisme en question (pensons à ceux de "particule", "état", "probabilité de *présence*", etc.) furent empruntés à la science classique (car il fallait bien s'exprimer !) et sont par le fait même porteurs des idées de localité et de séparabilité. Mais la tonalité qu'ils donnent ainsi à la pensée est fort trompeuse. Si, au-delà des mots, on considère le formalisme quantique lui-même, on constate qu'il comporte, non seulement l'identification des créations à des changements d'états mais aussi l'impossibilité déjà notée de traiter les particules au moyen de la statistique classique de Bolzmann (l'obligation de faire appel aux statistiques de Bose-Einstein et de Fermi-Dirac, lesquelles excluent l'idée que les "particules" soient des corpuscules ayant, chacun, son identité propre), la nécessité, lorsqu'on évoque une probabilité "de présence" en un lieu, de ne signifier, en fait, par là que la probabilité *qu'on a de détecter* une particule en ce lieu, etc. : toutes idées peu ou point du tout compatibles avec celles de multitude et de localité. L'ensemble de ceci fait que les succès prévisionnels toujours renouvelés de la mécanique quantique constituent déjà une très forte indication en faveur de l'idée que les notions de multitudinisme et de localité sont inadéquates à la description du "réel".

2) Toutefois, une indication, même très forte, n'est pas une preuve. Encore une fois les philosophes ont bien raison de parler, à ce sujet, de la "sous-détermination des théories par l'expérience". Au reste, dans le passé il ne fut pas rare qu'une grande théorie riche en succès prévisionnels soit renversée au profit d'une théorie ayant les mêmes conséquences, plus riche encore en prédictions... et cependant basée sur des notions toutes différentes. Il est parfaitement possible qu'un jour la mécanique quantique subisse le même sort, c'est-à-dire soit remplacée par une théorie reposant sur d'autres concepts et dans laquelle, par conséquent, les difficultés conceptuelles qui lui sont propres n'auront pas de raisons de subsister. Cette remarque étant importante, on n'insistera jamais trop sur ce qu'au vu des développements qui viennent d'être mentionnés (le théorème de Bell complété par les expériences du "type Aspect") la violation de la localité est maintenant une donnée émanant très directement de l'expérience, indépendante de la mécanique quantique, et dont il est donc assuré qu'elle survivra à cette dernière.

Restent cependant admissibles, notons-le bien, les conceptions qui sont fidèles au réalisme mais ne supposent pas cette localité. Lors de notre discussion de la notion de trajectoire (section 2.6) nous avons déjà rencontré de telles théories et nous en examinerons bientôt certains aspects.

3-2. La localité et le théorème de Bell

La section précédente nous a fait prendre connaissance des problèmes concernant la localité. Nous savons en quoi ils consistent. Nous devons maintenant en faire une analyse conceptuelle plus détaillée et plus précise.

3-2-1. La notion de localité

A plusieurs reprises, dans les pages qui précèdent, nous avons pris acte du penchant — de nature rationnelle ou instinctive, peu importe pour le moment — que, tout naturellement, nous éprouvons à l'égard du réalisme physique, c'est-à-dire envers l'idée que d'une manière ou d'une autre la physique devrait être une description de la réalité "telle qu'elle est vraiment". Pour faire bref, nous appellerons désormais cette conception la "vision réaliste". De fait, nous tendons même d'instinct vers l'idée, non seulement qu'il y a, sous-jacente à notre expérience, une réalité indépendante de celle-ci, mais encore que cette réalité est conforme à de grands principes qui nous paraissent "incontournables" tant nous les jugeons évidents. Et nous cultivons donc l'idée que ces derniers dessinent, en quelque sorte, à l'avance les grands traits généraux des structures dont la physique nous révélera le détail.

Parmi les grands principes qui semblent ainsi s'imposer à nous, il y a celui — méthodologique avant d'être ontologique — de *divisibilité par la pensée*. Certes c'est là une conception qui n'est pas "innée à l'espèce humaine". Les peuples primitifs nourrissent plutôt une vision globalisante. Mais il est indéniable que le développement de la science depuis Galilée et Descartes s'est en grande partie effectué grâce au rejet de la vision en question et à la mise en application du principe opposé — explicitement prôné par le second de ces penseurs —, celui d'une division par la pensée des problèmes et de leurs objets. En vérité, le succès de cette méthode a, au cours des siècles, été si grand que, très normalement, nous en sommes venus à y voir un indice de ce que la réalité elle-même est essentiellement divisée, autrement dit nous avons développé la conception "multitudiniste" de la nature. C'est tout naturellement, aujourd'hui, que, dans le cadre de la thèse "physique, description de la réalité", nous nous représentons cette réalité comme composée d'objets plus ou moins localisés dans l'espace et de champs "locaux[1]".

Il est vrai qu'à ce stade cette vision est encore qualitative et assez vague. Mais il se trouve que, par l'entremise des notions d'événement et de cône de lumière, la théorie de la relativité restreinte (classique) a, un temps, permis de lui conférer une forme beaucoup plus précise. En effet, en théorie de Maxwell, par exemple, les valeurs des champs électrique et magnétique en toute région finie R de l'espace-temps sont déterminées par celles que ces champs ont dans le cône de lumière arrière[2] de R, et même, plus simplement, par celles qu'elles ont dans une région V limitée — "localisée" par conséquent — obturant complètement ce cône arrière (voir fig. 1). Il en résulte que *si l'on connaît les champs dans V on peut prédire tout ce qui se passera dans R, ces prédictions ne pouvant aucunement être altérées par des informations supplémentaires provenant d'observations effectuées dans l'ailleurs[3] de la région R.*

---

1. On appelle "locales" les fonctions dont les variables d'espace sont les coordoonnées d'un seul point et "non locales" celles qui dépendent de plusieurs points à la fois.

2. On sait qu'on appelle "cône de lumière arrière" d'une région finie R de l'espace-temps l'ensemble des points de l'espace temps d'où peuvent partir des mobiles — photons compris — susceptibles de rejoindre R.

3. On sait qu'on appelle *ailleurs de R* la partie de l'espace-temps située en dehors du cône de lumière de R.

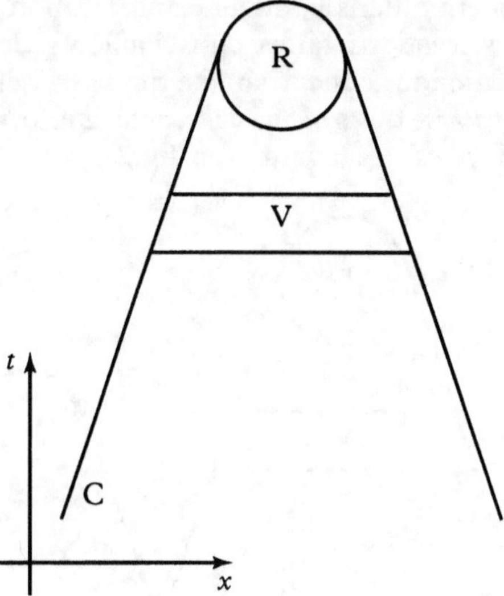

Figure 1. *Une région d'espace-temps* R, *son cône de lumière arrière* C *et une région* V *de ce dernier qui l'obture complètement. Afin de permettre une représentation graphique les trois dimensions de l'espace ordinaire sont ici symbolisées par une seule, l'axe des* x. *Les unités de mesure de longueur et de temps sont supposées choisies de telle sorte que les lignes droites obliquement inclinées sur la figure soient susceptibles de représenter graphiquement le mouvement rectiligne d'objets dont la vitesse serait celle de la lumière.*

V étant limitée, comme *R*, on peut considérer la phrase mise ci-dessus en italique comme l'énoncé d'un "principe classique de localité". Certes l'énoncé ne correspond que de loin à ce à quoi intuitivement on pense quand on prononce des mots tels que "localisation" ou "localité" puisque, dès que l'on envisage des distances et des laps de temps macroscopiques, la région *V* présente une extension considérable. Mais en revanche l'énoncé en question présente l'avantage d'être rigoureux : de ne mettre en jeu aucun à-peu-près.

En d'autres termes, ce "principe classique de localité" était, en physique classique, inattaquable. Nous savons toutefois aujourd'hui que le déterminisme auquel il faisait appel ne peut plus, en physique, être posé en axiome. Cela n'entraîne pas l'abandon radical du principe en question mais nécessite du moins une reformulation de celui-ci. L'idée générale de celle envisagée par John Bell est que pour exprimer cette même notion de localité dans le cadre d'une théorie indéterministe comme la mécanique quantique, il convient de poser, comme ci-dessus, que si nous connaissions *tous* les paramètres (cachés ou non) qui se rapportent à la réalité contenue dans *V*, aucune information supplémentaire provenant d'observations faites dans l'ailleurs de *R* ne pourrait affecter nos prédictions concernant ce qui se passera dans *R*. Nous appellerons *hypothèse* ou *principe de localité* la reformulation dont il s'agit. Son énoncé est le suivant (voir fig.2).

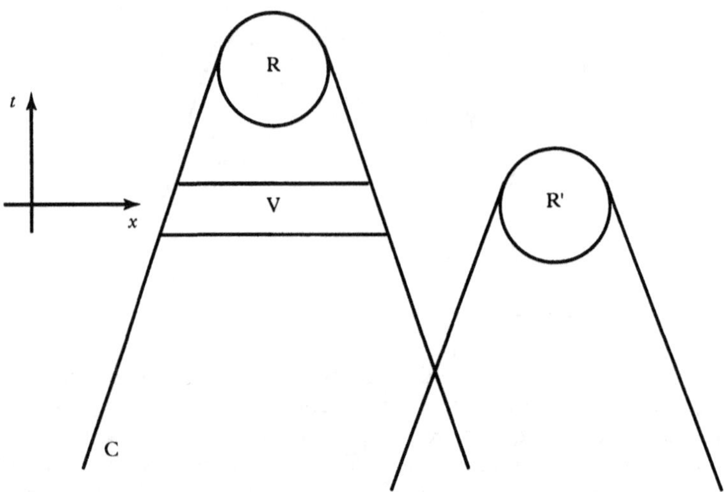

Figure 2. *Deux régions d'espace-temps,* R *et* R', *spatialement séparées l'une de l'autre, leurs cônes de lumière arrière et une région* V *répondant aux spécifications du texte.*

Principe (ou "hypothèse") de localité[1,2]

Une théorie satisfait à la localité si les probabilités d'événements se produisant dans une certaine région d'espace-temps R *ne sont pas modifiées par une information concernant des événements qui se produisent dans une région d'espace-temps* R' *spatialement séparée[3] de* R, *lorsque ce qui se produit dans le cône de lumière arrière de* R *est déjà suffisamment spécifié :* par exemple par une spécification

---

1. Ce principe a été appelé "causalité locale" par John Bell (dont on suit ici le mode de présentation [Bell, 1987]) parce qu'il généralise la causalité einsteinienne au cas des théories probabilistes. Les lecteurs philosophes pourront être surpris du glissement sémantique qui fait que, dans le nom d'une hypothèse mettant en jeu des probabilités, figure le mot "causalité". L'explication est fournie en section 14.3.

2. A ne pas confondre avec un autre principe, purement formel celui-là, auquel, en théorie quantique des champs, est parfois (un peu abusivement!) donné ce nom et qui consiste à poser que les observables relatives à une région *R* de l'espace-temps sont compatibles avec toutes celles relatives à une région *R'* spatialement séparée de *R*.

3. Deux régions sont dites spatialement séparées quand le cône de lumière de l'une ne contient aucun élément de l'autre.

complète de tous les événements qui ont lieu dans une région V séparant totalement R de l'intersection des cônes de lumière arrière de R et R'.

Commentaire d'ordre général

Le membre de phrase souligné est, bien entendu, essentiel car on s'attend évidemment à ce qu'une information relative à un événement de *R'* modifie une probabilité relative à *R* qui serait simplement relative à notre ignorance (dans le cas des fléchettes la probabilité d'un résultat + à droite est 1/2 lorsque le résultat à gauche est ignoré et elle est 1 ou zéro quand il est connu). Mais il est au contraire normal de supposer qu'une telle information ne modifie pas une éventuelle probabilité qui serait conditionnelle et intrinsèque, c'est-à-dire relative à une situation où, par hypothèse, sont fixées les valeurs de *tous* les paramètres susceptibles, selon la relativité, d'affecter ce qui se produit dans *R*.

Commentaire à l'usage des physiciens "du quantique"

En mécanique quantique, un réaliste qui adhérerait au principe de complétude au sens fort (pas de variables cachées, voir section 2.8) pourrait se demander si l'énoncé du principe de localité a bien un sens. En effet, il est axé sur la notion d'événement et il est clair et bien connu que (sauf s'agissant de ces événements très particuliers que sont les mesures) le concept d'événement — qui évoque l'idée de ce qui se passe en un point — s'accorde mal avec l'idée que la fonction d'onde — entité peu localisée — constituerait l'unique réalité. Au reste, dans un tel cadre conceptuel, l'existence de fonctions d'onde étendues (et réduites lors d'une mesure), et — plus encore ! — celle de fonctions d'onde non séparables telles que celles de la paire de photons considérée dans la section 3.1, condamneraient d'emblée tout idée de localité prise dans un sens réaliste. Toutefois, comme nous le savons (section 2.8), il est cohérent avec l'esprit général de la mécanique quantique de substituer au principe de complétude fort un principe de complétude faible, à la Stapp. Et cela permet de conjecturer que la "réalité vraie" des systèmes physiques n'est ni leur fonction d'onde ni les opérateurs hermitiques associés à leurs observables mais bien un ensemble d'autres paramètres, dits "supplémentaires" ou "cachés", dont les valeurs à chaque instant constituent autant d'"événements". *A priori* on pourrait alors espérer donner aux corrélations expérimentalement observées (exemple des paires de photons) une explication conforme à l'esprit de la vision réaliste ; et cela, simplement en invoquant des corrélations établies entre paramètres dès le départ — à la source, autrement dit — tout comme dans l'exemple des fléchettes. On voit donc bien que, *a priori* toujours (c'est-à-dire avant l'intervention du théorème de Bell), le principe de localité ne paraît aucunement inconciliable avec la mécanique quantique.

Remarque — Étant donné que le principe de localité fait intervenir la notion d'événement au sens relativiste du terme, il est clair que sa formulation suppose vrais certains aspects du réalisme (et même du réalisme objectiviste). La question de savoir quels sont au juste ces aspects est un peu délicate. Elle sera abordée en section 3.3.4.

Définition — Pour désigner une réalité qui satisferait à la localité l'expression *Réalité locale* sera parfois utilisée.

3-2-2. Le théorème de Bell, la non-localité

De ce théorème (Bell, 1964, 1987) nous avons déjà une "première idée". De façon plus précise il consiste en une démonstration du fait que, *indépendamment de tout formalisme théorique, l'hypothèse de "localité" (impliquant celle de "réalité") et celle de "choix libre des expériences" ont, si on les fait ensemble, pour conséquence que doivent être satisfaites certaines inégalités — dites "inégalités de Bell" — portant sur les résultats de telles et telles mesures possibles.* L'importance de ce théorème réside tout entière dans le fait que ces inégalités sont *violées*, aussi bien par certaines prédictions (de résultats de mesures) fournies par la mécanique quantique que, directement, par les résultats de mesures obtenus lors des expériences du type Aspect. Les mesures en question interviennent, on le sait, dans le cadre d'expériences de corrélations à distance.

Notons que les prémisses du théorème sont calquées sur le "sens commun". Personne ne sera donc surpris d'apprendre que dans l'immense majorité des cas de corrélations à distance les inégalités de Bell sont automatiquement vérifiées par l'expérience. Mais en physique atomique, moléculaire et photonique les règles quantiques de prévision d'observations prédisent, on vient de le noter, qu'il y a des expériences dans lesquelles les inégalités en question doivent être *violées* par les résultats des mesures. Et les "expériences d'Aspect" confirment qu'il en va bien ainsi. Le théorème implique alors qu'il nous faut renoncer à au moins une de ses prémisses. Hélas, elles paraissent toutes très assurées. Mais comme celles de réalité et de choix libre des expériences apparaissent à la plupart des physiciens comme des "évidences premières", c'est en général la localité qui apparaît comme devant être sacrifiée. On dit qu'il y a *non-localité*.

Cela dit, quelques remarques vont permettre de préciser le contenu "conceptuel" du théorème.

Remarque 1

La condition du choix libre des expériences est souvent laissée implicite car on la considère comme allant de soi. Ce point de vue se justifie, étant donné qu'il s'agit, en dernière analyse, de la condition même de possibilité de toutes les sciences, mathématiques pures exceptées. Si on la mentionne ici, c'est parce qu'une analyse approfondie de la démonstration des inégalités de Bell montre que, subtilement, elle y intervient (quant à cette démonstration elle-même, elle met en jeu certains calculs ; on la trouvera exposée dans l'appendice 1).

Remarque 2

Cette remarque vise à revenir sur le fait que, sous la forme sous laquelle il est ici considéré, le théorème de Bell suppose bien, pour l'essentiel, le *réalisme objectiviste* tel qu'il a été défini au chapitre 1. En effet, les « événements situés dans le cône arrière de R » sont caractérisés par des nombres. Autrement dit, le théorème suppose bien que l'état objectif microscopique instantané de tout système physique est spécifié par la donnée d'un ensemble *suffisamment grand* (discret ou continu) de paramètres, connaissables ou *inconnaissables* mais ayant la nature de nombres réels (dans l'exemple des fléchettes il s'agit de ceux qui fixent l'orientation initiale de la paire). Et le théorème suppose également que le fait, pour ces paramètres, d'avoir telles ou telles valeurs a des conséquences observables (ici ces conséquences prennent la forme de "probabilités de résultats de mesure"). On l'a dit, on pourrait sans doute concevoir des philosophies réalistes ne s'inscrivant pas dans le cadre ainsi défini mais le théorème de Bell n'y serait pas applicable (en tout cas pas dans l'acception où on l'entend dans ce livre, voir plus loin section 3.3.3).

Remarque 3

De ce qui a été rapporté ci-dessus il résulte que le théorème de Bell est essentiellement *négatif*. Par lui-même, il ne nous apprend ni que la notion de "réalité indépendante de la connaissance" possède un sens, ni que cette réalité présente telle ou telle caractéristique. Il nous apprend seulement que des données de fait nous interdisent de nous représenter cette réalité — si nous "y croyons" — de telle ou telle manière trop naïve.

Mais "en compensation", si l'on peut dire, le théorème de Bell ne dépend pas d'une théorie particulière. On a déjà noté cet avantage. Même si la théorie quantique, un jour, s'effondre, les conclusions du théorème resteront vraies puisqu'elles ne dépendent pas de cette théorie.

Remarque 4

A propos du théorème de Bell, une erreur de compréhension très souvent commise consiste à croire que les inégalités qu'il met en jeu portent sur des quantités attachées — à titre de propriétés — aux choses elles-mêmes. A s'imaginer, par exemple, qu'elles portent sur « les polarisations qu'*ont* les (deux) photons avant impact sur les instruments de mesure ». S'il en était ainsi le théorème en question prêterait le flanc à toutes sortes de critiques, du type : « qu'est-ce qui vous permet de penser que chaque photon possède, en soi, une polarisation déterminée ? » ; ou, en plus incisif : « en supposant ainsi que chaque photon possède une polarisation (ou une impulsion ou, etc.) déterminée vous faites une hypothèse implicite forte, laquelle réduit radicalement la vraie portée du théorème ». Il faut savoir que de telles critiques manquent totalement leur cible car le théorème de Bell ne porte pas sur des quantités supposées *possédées* par les photons. De fait, c'est même par une simple commodité de langage qu'on y parle de photons ou d'autres "particules". Les nombres figurant dans les inégalités mises en jeu (et appelés "résultats de mesure" par conformité à l'usage) sont de simples résultats *d'observation*. Ce sont — bruts de toute interprétation en termes de valeurs possédées par des "grandeurs" — les nombres de "clics" enregistrés par les appareils détecteurs[1].

Plus généralement on notera ici que la surprise — justifiée — causée par le théorème de Bell a donné naissance à une vaste recherche critique, visant à découvrir quelque hypothèse qui, implicitement, aurait été utilisée pour le démontrer et qu'il suffirait d'écarter pour en invalider les conclusions. Il est excellent, cela va de soi, que de telles investigations soient faites. Encore faudrait-il que leurs auteurs ne manquent pas eux-mêmes de cet esprit critique dont ils soupçonnent l'absence chez autrui. A la base de la preuve, un auteur n'a-t-il pas cru déceler une hypothèse d'absence de « paramètres cachés locaux qui détermineraient les propriétés des particules et seraient responsables des propriétés observées » (Boutot, 1998) ? Oubliant simplement que toute la puissance du

---

1. L'examen critique des conditions de validité du théorème de Bell a suscité une abondante littérature scientifique spécialisée. Le lecteur intéressé en trouvera les principales références dans l'Appendice 1.

théorème de Bell tient au contraire à ce qu'il est démontré même dans l'hypothèse où de tels paramètres locaux existent. Ce n'est là qu'un exemple parmi plusieurs. Parfois la supposée "hypothèse implicite" est de nature assez subtile. Parfois, au contraire, elle est de celles dont le premier venu aurait immédiatement l'idée. Mais, jusqu'ici, l'examen attentif de tels articles a toujours révélé que, comme dans cet exemple, l'hypothèse prétendument tacitement faite ne l'a, en fait, nullement été. De même, d'autres auteurs laissent parfois entendre qu'il suffirait que les résultats de mesure (sur chaque photon) soient déterminés seulement en probabilité pour que la séparabilité soit réobtenue. C'est oublier que le théorème de Bell s'étend à ce cas (voir Appendice 1). De même encore, certains penseurs se référant à la notion d'*inférence vers la meilleure explication* (voir section 5.1.2), suggèrent que d'autres théories pourraient exister, qui retrouveraient à la fois les prédictions quantiques et la séparabilité. C'est oublier la nature particulière du théorème de Bell, notée dans la remarque précédente (et analysée plus à fond en section 3.3.4). On le voit, le théorème de Bell n'est pas de ces idées liées à une technique particulière et dont on vient à bout sans difficulté par la mise en cause des présupposés de celle-ci.

Remarque 5
Bien entendu, la violation de la localité mise en évidence par le théorème de Bell (et les données expérimentales y afférentes) n'est pas directement équivalente à la non-séparabilité telle que nous l'avons rencontrée (non-séparabilité de la fonction d'onde de la paire). Disons plutôt que celle-ci a mis sur la piste de celle-là. Au reste, on a noté plus haut, section 3.1, leur parenté. Qualitativement, celle-ci se saisit bien sur l'exemple étudié plus haut de deux photons qui étaient ensemble et se sont ensuite séparés. Car si ces deux photons (qui pourraient aussi être, plus généralement, deux particules) continuent à ne faire qu'une seule "réalité", comme le suggère la non-séparabilité (dans le cadre d'une interprétation réaliste de la fonction d'onde), il n'est pas surprenant que cela se reflète dans l'existence d'influences instantanées "de l'un sur l'autre" (plus exactement : "de ce qui advient à l'endroit où a lieu l'une des mesures sur ce qui se produit en l'autre"). Pour être plus précis il faut toutefois ajouter que la non-localité, et donc l'existence d'influences supraluminales, n'ont été, l'une, définie, l'autre, inférée qu'au sein du réalisme objectiviste, lequel, *grosso modo*, suppose que le "réel" est situé dans un espace-temps lui-même réel. Si l'on abandonne ces positions, cela n'a plus grand sens d'évoquer les notions de localité et de non-localité, alors que, en

revanche, conçue en tant que propriété structurelle du formalisme prédictif de la mécanique quantique, la non-séparabilité demeure.

Remarque 6

Le concept d'influence est très proche de celui de cause, lequel, pour des raisons connues (qui seront rappelées en section 14.2) soulève des problèmes conceptuels complexes auxquels, évidemment, celui d'influence n'échappe pas. Aussi est-il important d'observer que ni l'un ni l'autre de ces concepts ne figurent dans la définition du principe de localité et que, de ce fait, la violation de ce principe par l'expérience ne peut être réduite à une simple erreur qui serait supposée avoir été été commise quant au "vrai sens" de ces derniers. En dernière analyse nous constaterons cependant qu'il est quasiment impossible de ne pas interpréter la violation dont il s'agit comme révélant l'existence d'influences se propageant à vitesse supraluminale. (Voir ci-dessous et sections 3.3.1 et 14.7.)

3-2-3. Le théorème complémentaire

Aucune étude sérieuse de la portée philosophique des développements qui précèdent ne peut faire abstraction d'une donnée (d'Espagnat, 1975, note 30 ; Eberhard, 1978 ; Ghirardi *et al.*, 1980) à laquelle, en vue de références ultérieures, il est opportun de donner un nom. On l'appellera le "théorème complémentaire" (complémentaire au théorème de Bell, bien sûr). Ce théorème est une conséquence assez simple des lois *prédictives* de la mécanique quantique, c'est-à-dire de ce qui, dans cette théorie, ne peut être remis en cause. Son énoncé est le suivant : *Dans la mesure où le théorème de Bell est interprété en termes d'existence d'influences se propageant à vitesse supraluminale, ces influences ne peuvent en aucun cas transmettre ni matière, ni énergie, ni quelque signal utilisable que ce soit.*

Si par "influences à distance" on décidait d'entendre exclusivement la transmission de signaux utilisables (comme le voudrait, peut-être, l'idéaliste radical), alors, bien sûr, il faudrait conclure de ce théorème que les influences inférées du théorème de Bell n'existent pas véritablement. Mais dans le cadre de la conception réaliste-objectiviste, définir un phénomène physique à partir des seules possibilités humaines est manifestement inadéquat. Et, dans ce cadre, la possibilité demeure de définir, sinon, de manière pleinement générale la notion d'influences à distance elle-même, du moins, dans des situations particulières, des cas dans lesquels on affirmera que de telles influences existent. En fait, nous vérifierons quelque peu en détail plus loin (section

14.7) que, lorsqu'on a affaire à des événements se produisant dans deux régions de l'espace-temps spatialement séparées l'une de l'autre, de tels cas correspondent à ceux dans lesquels le principe de localité est violé (voir aussi section 3.3.5).

Remarque 1

Pour expliciter davantage la teneur de ce théorème observons que, si la violation du principe de localité établit bien que le résultat de la mesure faite "à gauche" dépend de celui de la mesure faite "à droite" (et cela d'une manière qui exclut toute explication réaliste par "causes communes"), en revanche elle n'établit pas qu'il dépende du *choix* fait par l'expérimentateur "de droite" de la grandeur physique qu'il mesure à cet endroit. On parle, en la matière, de "dépendance par rapport au résultat" et d'"indépendance par rapport aux paramètres" (sous-entendu : « qui caractérisent le choix en question »).

Remarque 2

Du point de vue de la sémantique il est bon de savoir que les auteurs de recherches en ces matières n'emploient pas tous le même langage. En particulier, certains choisissent de définir la localité comme étant le respect du seul principe d'indépendance par rapport aux paramètres, ce qui leur permet de considérer que la violation des inégalités de Bell n'est pas une violation de la localité. Bien entendu, toute définition est affaire de convention. Néanmoins il semble clair qu'au moins pour qui se situe dans une perspective réaliste la "dépendance par rapport au résultat", telle que précisée ci-dessus, constitue une vraie atteinte à toute notion à laquelle le mot de "localité" puisse être attaché sans que son sens soit altéré. C'est pourquoi, avec la majorité des auteurs, nous usons ici du mot de localité pour désigner le principe qui a, ci-dessus, reçu ce nom.

Remarque 3

La relativité restreinte pose en principe que la vitesse de la lumière est la vitesse limite de propagation des signaux. Dans le cadre d'une interprétation réaliste de la physique, cadre dans lequel l'énoncé des lois ne doit aucunement faire intervenir les facultés humaines, la signification du mot "signal" ne peut guère, en physique pure, que coïncider avec celle du mot "influence" et dans ces conditions la remarque 6 de la section précédente paraît signifier que le théorème de Bell implique une violation du principe relativiste dont il s'agit. D'un autre côté, toutefois, nous constaterons au chapitre suivant que la mécanique quantique favorise une interprétation non pas *réaliste* mais bien *instrumentaliste* de la physique. Dans une telle interprétation, centrée sur les possibilités d'action et de perception humaines, il est difficile — encore une fois — de, même, *définir* la notion d'influences à distance sans faire appel à celle de signal. Il en résulte que la notion d'influences à distance ne permettant pas la propagation de signaux devient obscure. On voit par là que si la théorie de la relativité est prise elle aussi, comme la mécanique quantique, dans une acception instrumentaliste, le théorème complémentaire permet en quelque sorte sa réconciliation avec les données exposées dans ce chapitre.

3-2-4. Portée conceptuelle de ces résultats

Le théorème de Bell et le théorème complémentaire sont à considérer sous des angles très différents selon que l'on croit ou non à la validité universelle des lois prédictives (entendons : "prédictives d'observations") de la mécanique quantique (les plausibilités relatives de ces deux hypothèses seront examinées plus loin).

Si l'on ne croit pas à cette universalité, c'est-à-dire si l'on pense que les lois quantiques ne concernent que — en gros — le "monde microscopique", on n'a *a priori* aucune raison de supposer que la non-localité concerne aussi le "monde macroscopique". En effet les prémisses du théorème de Bell sont calquées sur le sens commun, lequel (tout comme la physique classique) reflète notre expérience de ce monde macroscopique. Et ceci fait qu'en ce qui concerne les phénomènes de ce monde-là les prémisses en question apparaissent automatiquement comme satisfaites (on a constaté cela sur l'exemple des fléchettes). Autrement dit, dans l'hypothèse considérée l'existence du théorème de Bell ne fournit aucune raison de même *suspecter,* dans le cas des phénomènes macroscopiques, l'existence de faits (tels que la possibilité de signaux supralumineux utilisables) qui révéleraient une quelconque non-séparabilité. Certes ceci n'implique pas que de tels phénomènes soient rigoureusement impossibles. Il est concevable qu'à la frontière entre les mondes "macro" et "micro" il y ait certains phénomènes qui échapperaient aux lois de la physique classique tout en n'étant que partiellement sous l'emprise des lois quantiques, de sorte que la non-séparabilité (des fonctions d'onde) s'appliquerait et que le théorème complémentaire, lui, ne s'appliquerait pas. Mais on voit bien qu'il s'agit là d'une hypothèse tout artificielle et gratuite, autrement dit invraisemblable dans l'état actuel de nos connaissances.

Reste à examiner, toujours dans le cadre d'une philosophie réaliste, l'autre hypothèse, celle de l'universalité des lois quantiques. Dans ce cas, la violation de la localité doit être considérée comme une donnée universelle. Mais en contrepartie le théorème complémentaire, lui aussi, est, dans cette hypothèse, d'une validité universelle, de sorte que, dans ce cas-là non plus, il ne peut y avoir de signaux supralumineux utilisables. Autrement dit, dans cette seconde hypothèse, une théorie s'inscrivant dans le cadre du réalisme et en accord avec les faits comporte certes une violation du principe de localité (qu'il est difficile de ne pas interpréter en termes d'influences supraluminales) mais cette violation (et ces influences) ne peuvent pas être utilisées ni, par conséquent, détectées de façon directe. En termes plus généraux : dans toute telle théorie la réalité obéit à une forme de non-séparabilité alors que les phénomènes observés mettent, eux, en œuvre des "objets perçus" bien distincts. Ces données mettent en évidence un point qui — vu l'attrait éprouvé par les physiciens pour l'hypothèse d'universalité (on verra les raisons qui les font différer à cet égard de la majorité des philosophes) — est important. Elles montrent que si l'on pose, dans le cadre de cette hypothèse, le réalisme (le "réalisme ouvert", bien sûr), on ne peut identifier les phénomènes au "réel" dont on a introduit l'idée. Cela rend plausible l'idée que les phénomènes nous mettent en jeu nous-mêmes, par le biais de nos actions possibles et des limitations de nos aptitudes à percevoir. On s'étonne moins, alors, que certaines de ces "descriptions de phénomènes" que sont, très généralement, les lois physiques ne soient formulées, dans la "mécanique quantique des manuels", qu'au moyen d'énoncés nous impliquant nous-mêmes (cela par l'intermédiaire du concept d'opération de mesure, érigé en concept premier).

Une telle physique ne peut — à l'évidence ! — être présentée sous la forme purement descriptive, détachée, correspondant au seul usage du strict langage objectiviste tel que défini au chapitre 1. Relativement à l'image du monde — et de nos rapports avec lui — que donnait la physique classique, ceci, philosophiquement, est une révolution. Il existe des moyens d'y échapper : ce sont les théories ontologiquement interprétables et non locales dont l'existence a déjà été signalée. Mais, vu ce qui a été noté (voir section 2.6) à propos de celle de Bohm, on devine sans peine que cet itinéraire, lui aussi, est semé de difficultés.

Remarque concernant la "téléportation" et la cryptographie quantique
Par un choix de mots que certains jugeront téméraire (car il ouvre la porte aux malentendus) des physiciens (Bennett *et al.*, 1993) ont trouvé bon de donner le nom de "téléportation" — emprunté, reconnaissent-ils, à la science-fiction — à un processus ingénieux conçu par eux, qui, en dépit de ce que ce vocable suggère, est pleinement compatible avec le théorème complémentaire car il

n'implique aucun transfert plus rapide que la lumière. Comme ils le soulignent eux-mêmes dans l'article cité, il s'agit de la résolution d'un problème qui, en physique classique, ne présenterait aucune difficulté particulière, à savoir la reproduction à distance — à vitesse infra-luminale — de l'état d'un système physique donné. Pour fixer les idées, il s'agirait par exemple d'un vecteur de longueur et d'orientation données (un clou, disons), qu'on se proposerait de reproduire ailleurs. En physique classique l'opération est toute simple : il suffit de mesurer cette longueur et cette direction et de les reproduire au nouveau lieu. Mais en physique quantique il en va autrement. Si ce vecteur est, par exemple, un spin, nous ne pouvons pas faire les mesures en question (nous pouvons seulement mesurer une composante, au choix, de ce vecteur, mais, ce faisant, nous perturbons les autres). Ce que les auteurs en question ont découvert, c'est un procédé permettant de tourner la difficulté, au prix d'ailleurs d'une destruction de l'état quantique de départ, les états quantiques ne pouvant pas être clonés. Le travail est intéressant pour le spécialiste car il met bien en lumière certains aspects non évidents de la mécanique quantique. Malheureusement, le mot même de "téléportation" a, dans quelques périodiques de vulgarisation, donné naissance à des assertions s'écartant beaucoup de la vérité.

En revanche, la violation de l'hypothèse de localité a révélé à d'autres auteurs (Bennett et Brassard, 1989 ; Ekert, 1991) certaines possibilités théoriques de cryptographie inviolable fondées sur les principes de la mécanique quantique. Il se pourrait que ces idées-là conduisent à d'importants développements.

3-3. Discussion et implications philosophiques[1]

Le contenu des pages qui précèdent est de nature à soulever quelques questions. L'objet de la présente section est d'analyser en détail celles qui, plus que d'autres, méritent examen.

3-3-1. Et s'il s'agissait de corrélations très banales ?

Et si ces termes, insolites en physique, de "globalité", "non-séparabilité", etc., qu'on vient de présenter comme étant porteurs d'idées neuves, ne recouvraient, en fait, que des phénomènes de corrélation d'une très grande banalité ? C'est là une thèse qui fut

---

1. Le lecteur désireux de se former une vue d'ensemble des problèmes avant d'aborder l'analyse fine de leurs éléments peut sans inconvénient reporter la prise de connaissance du contenu des sections qui suivent à une lecture ultérieure.

soutenue. Et il faut reconnaître que le théorème complémentaire lui apporte quelque apparence de confirmation car, assurément, les indices tangibles susceptibles de révéler une influence à distance sont — par définition même, pourrait-on dire — de l'ordre de l'échange de "signaux". Si le phénomène étudié n'ouvre pas la possibilité, au moins théorique, d'un échange de cette espèce, son originalité ne devient-elle pas contestable ? Un exemple illustrant cette objection a déjà été rapporté dans *Le réel voilé* mais on l'examinera ici plus en détail.

L'exemple se fonde sur le dispositif suivant : on imagine un phare extrêmement puissant entouré d'un mur circulaire centré sur lui et de rayon tellement grand que le "spot" lumineux créé par le faisceau tournant du phare se déplace sur ce mur à une vitesse supérieure à celle de la lumière. Pour l'analyse qui va suivre il est même commode de supposer que la commande de la lanterne émettrice tournante permet d'imposer au faisceau de faire un tour complet puis de s'arrêter, et que le gardien actionne cette commande à la demande.

A propos d'une telle "expérience de pensée" plusieurs "choses" peuvent être notées. La première est qu'entre l'événement "illumination par le spot d'un certain point A du mur" et l'événement "illumination par le spot d'un autre point, B, de ce mur, distant de A", il y a une corrélation : chaque fois que le premier événement, appelons-le A', se produit, le second, B', se produit aussi quelques instants après. La seconde est que B' se produit tellement vite après A' que, pour pouvoir être présent, d'abord en A' puis ensuite en B' un objet (ou n'importe quoi) devrait, comme le spot, aller plus vite que la lumière ; nous exprimerons ceci en disant que « la corrélation entre A' et B' est "quasi instantanée" ». La troisième chose à noter est que le montage expérimental ici imaginé ne permet en aucune manière d'envoyer un signal utilisable de A en B (impossible, par exemple, de l'utiliser pour transmettre un commandement, puisque le passage du spot en A n'est pas sous le contrôle de la personne située en A[1]). Enfin, la quatrième chose est que, de toute évidence, notre "expérience du phare" relève d'une physique très banale et purement classique et que toutes les observations des participants y sont très simplement expliquées au moyen de cette physique. Dans cette expérience de pensée, par conséquent, les notions nouvelles de non-séparabilité, etc., n'ont pas même de sens.

---

1. Cette personne pourrait songer à mettre elle-même le dispositif en action. Mais elle devrait, pour cela, envoyer au phare un message — radio ou autre — qui ne peut être instantané. Il en résulte que le signal ainsi envoyé en B par cette personne ne peut aller plus vite que la lumière.

L'objection qu'il s'agit d'examiner est qu'il en irait, au fond, de même en ce qui concerne l'expérience "du type Aspect". Effectivement, là aussi des corrélations quasi instantanées sont observées entre les deux événements-mesures portant sur les deux photons d'une même paire ; et là aussi ces corrélations ne permettent pas l'envoi de signaux. Certes, dans ce dernier cas, l'image physique que nous suggérait plus ou moins la théorie était celle d'une *influence* quasi instantanée (pensons par exemple à la méthode de calcul, mentionnée en section 3.1, consistant en une réduction, par la première mesure, de la fonction d'onde de la paire, cette réduction conférant à distance une fonction d'onde au second photon). Mais, diraient les tenants de la critique en question, il faut ne voir là que l'interprétation subjective que suggère un mode de calcul, ce qui est objectif étant simplement la corrélation. Même si l'expérience d'Aspect et celle "du phare" s'analysent, à l'évidence, au moyen de calculs techniquement très différents, il n'y aurait, par conséquent, pas lieu de considérer que la première met en jeu de grandes idées générales qualitativement différentes de celles qui fondent l'analyse de la seconde. Tel serait, essentiellement, l'argument des personnes qui, au moyen de cette comparaison, prétendraient démontrer que les termes de non-localité, etc. ne font, en fait, que qualifier de faux problèmes.

L'objection est intéressante. Mais dans le fond elle n'est pas pertinente car entre le modèle du phare et l'expérience d'Aspect il y a, en fait, des différences essentielles. La principale est que, dans le cas du spot, la corrélation observée entre les illuminations temporaires de deux points tels que A et B est évidemment due à un système de causes communes (les paramètres qui fixent, à chaque instant, l'orientation de la lampe). De fait, la structure physique de l'ensemble du dispositif implique que, pour quelqu'un qui, par hypothèse, connaîtrait *exactement* les valeurs de ces paramètres, la probabilité (égale alors soit à 0, soit à 1 dans ce cas de physique classique) pour qu'un lieu tel que B soit éclairé à un instant donné ne saurait être modifiée par une information supplémentaire sur ce qui s'est passé en A. En conséquence, la localité n'est aucunement violée dans l'expérience du phare. Au contraire — et c'est là le point crucial — elle l'est dans le cas de l'expérience d'Aspect, où les inégalités de Bell se trouvent violées. On voit ainsi que la violation de la localité interdit d'expliquer certaines des corrélations observées de la manière dont on a toujours, jusqu'à aujourd'hui, expliqué les corrélations, c'est-à-dire (lorsque, comme ici, une causalité directe est hors de question) par "causes communes à la source[1]". Indéniablement cette violation, révélée par les expériences d'Aspect, est donc bien quelque chose de neuf. Et l'on peut ajouter au vu des indications de la section 3.2.3 : quelque chose qu'il paraît naturel d'interpréter en termes d'influences supraluminales.

3-3-2.   Le théorème de Bell ne postule pas les variables cachées

L'existence de théories à variables cachées reproduisant exactement les prévisions observables de la mécanique quantique "standard" (ou "des manuels") a déjà été mentionnée. Dans la section 9.3.2 on explicitera les raisons pour lesquelles elles sont restées assez "en marge" du développement de la physique quantique proprement dite. Les variables cachées qu'elles mettent en jeu sont non locales et, comme on l'a vu, le théorème de Bell fait que toute telle théorie doit effectivement être non locale.

Connaissant l'existence de ces théories, certains physiciens non spécialisés dans ces domaines ont cru que le théorème de Bell n'était applicable que moyennant une hypothèse d'existence de variables cachées et, corrélativement, que la violation de la localité mise en évidence par ce théorème concernait les seules théories posant explicitement cette existence. Qu'en ce qui concerne l'interprétation de la mécanique quantique "standard", celle réellement utilisée, la notion de localité au sens de Bell, laquelle implique, répétons-le, l'essentiel des vues réalistes, restait valable. Une telle idée n'est pas défendable. En effet, ou bien on adhère au principe de complétude fort (section 2.8), ou bien on n'y adhère pas. Dans le premier cas, la fonction d'onde de la paire constitue à elle seule, dans l'exemple de la section 3.1, la réalité de cette paire. Au sein de l'ensemble des données contenues dans le cône arrière de l'événement "mesure à gauche", celles en provenance de la paire se réduisent donc à la fonction en question, et le tout fournit une certaine probabilité — disons 1/2 — d'obtenir à gauche un résultat +, sans qu'aucun raffinement des données intérieures au cône en question puisse rien changer à cela. En revanche, une information concernant le résultat de la mesure faite à droite modifie cette probabilité, puisque, dans l'exemple, elle la rend égale soit à 1, soit à 0. Il y a donc bien violation du principe de localité. Si l'on n'adhère pas au principe de complétude fort, ce raisonnement ne tient pas puisque, comme on l'a noté, dans le cadre de la

---

1. En d'autres termes, dire, comme certains le font, que le théorème de Bell ne porte que sur une question de corrélations, c'est passer à côté des aspects majeurs du problème.

conception réaliste où nous nous plaçons il peut y avoir des variables cachées (le principe de complétude faible spécifiant seulement qu'elles le sont vraiment), ce qui fait que le jeu des données relatives au cône de lumière arrière ne se réduit plus à l'ensemble constitué par la fonction d'onde de la paire et les données non relatives à celle-ci. Mais le théorème de Bell s'applique parfaitement dans ce cadre et, compte tenu des résultats de l'expérience, il montre que le principe de localité est violé.

3-3-3.   Le théorème de Bell suppose-t-il le réalisme ?

Quoi de plus évident, en apparence, que l'idée de réalité, si ce n'est l'expérience que nous avons de celle-ci ? Et pourtant, de tout temps les philosophes ont reconnu que la question de la relation entre expérience et réalité est difficile et primordiale. Il ne serait pas abusif de dire qu'elle est au centre même de la philosophie. Depuis une trentaine d'années, le théorème de Bell est venu enrichir et complexifier cette problématique, laquelle, de ce fait, reste, plus que jamais, ouverte. Ici, il est impossible de présenter dans toute leur subtilité les thèmes de réflexion qui se trouvent, par là, activés. Cette section-ci et la suivante visent seulement à fournir quelques données en la matière.

Délicate est la question de savoir si le théorème de Bell suppose ou non le réalisme. En effet, les inégalités de Bell ont été démontrées de plusieurs manières, fondées sur divers jeux de prémisses. Certains de ceux-ci définissent explicitement la localité dans le cadre de la vision réaliste : tel est celui détaillé en sections 3.2.1 et 3.2.2. Mais ce n'est pas le cas de tous. Ceux qui ne le font pas donnent matière à des démonstrations dont il a été prétendu qu'elles ne sont basées que sur une hypothèse de localité elle-même définie sans référence à une quelconque "hypothèse réaliste". Au cas où, effectivement, il en irait ainsi, cela impliquerait une vraie disjonction entre le théorème de Bell et le problème « *physique, description de la réalité* ou *physique, description de la (seule) expérience* ». Le théorème ne concernerait que la question d'une localité adéquatement redéfinie, et n'aurait aucune incidence sur les problèmes concernant la représentation de la réalité.

Alors, qu'en est-il ? Pour tenter de clarifier cette question il est bon de noter que les démonstrations différant nettement, en substance, de celle de Bell sont, schématiquement, de deux espèces.

La première — proposée par Henry Stapp (1977), Eberhard, (1977, 1978) et d'autres auteurs — se fonde sur la contrafactualité et essentiellement sur elle seule. Plus précisément, sur le plan des prémisses elle fait l'économie de l'élément de la représentation réaliste qu'est — on l'a vu en section 1.2, rubrique "réalisme des accidents" — la notion d'objet. Son concept de "détermination contrafactuelle" (*counterfactual definiteness*) a connu plusieurs explicitations différentes, mais toutes axées sur le principe que si, en un lieu A, on observe tel ou tel événement, on l'observerait aussi si, en un autre lieu B d'où ne peut émaner aucune influence agissant sur A, on observait autre chose que ce qu'on y observe en fait. *A priori,* cette idée paraît, d'une part, quasi évidente, et, d'autre part, affranchie de toute référence au réalisme puisqu'il n'y est question que d'observations. Mais les débats suivis auxquels elle a donné lieu[1] ont conduit à la conclusion (qui, sans faire l'unanimité, semble avoir recueilli l'assentiment de la majorité des participants) que, compte tenu de la manière dont le principe est appliqué dans la dérivation des inégalités (du fait, en particulier, qu'il doit y être itéré, qu'il faut considérer le contrafactuel du contrafactuel), la contrafactualité qu'il invoque suppose une sorte de représentation réaliste, implicite et sous-jacente.

La seconde — dont l'idée directrice est due à E.Wigner (1970) et dont j'ai moi-même précisé les prémisses (d'Espagnat, 1979, 1980) — est décrite en détail dans l'appendice 1 (section B). On sait qu'elle ne s'applique qu'aux cas, assez particuliers, de corrélations tout à fait strictes, telles que celles qui existent entre les fléchettes de notre exemple ou entre les photons de l'expérience d'Aspect quand celle-ci est "idéale" (ce qu'elle n'est jamais vraiment, en raison de diverses contraintes expérimentales). Bien que cette démonstration ait été développée dans le cadre du réalisme objectiviste, au premier abord on pourrait croire, au vu de sa structure, qu'elle ne dépend en rien de cette prémisse, mais ce serait là, dans ce cas aussi, une erreur. En fait, l'hypothèse du réalisme y intervient, même si c'est d'une manière un peu subtile. Elle est nécessaire à l'endroit de la preuve où (voir Appendice 1) il est avancé que la corrélation dont il s'agit « requiert une explication[2] ». Quand on cherche cette explication on ne peut, au vu des données, éviter d'avoir à introduire l'idée d'une prédétermination des résultats, et l'inégalité de Bell, alors, s'ensuit. Mais, comme on l'a noté en section 2.8, la notion d'explication n'a pas le même contenu selon que l'on se place ou non dans le cadre d'une conception réaliste-objectiviste. Si, explicitement, on écarte cette manière de voir, alors la seule explication que l'on soit en

---

1. Voir en particulier Clauser et Shimony (1978) et Shimony et Stein (2001).

2. Sous-entendu : une explication non purement formelle. Une explication fondée sur un état de choses concevable.

droit de demander est une explication par référence à une *loi* obtenue par généralisation de données expérimentalement vérifiées dans un très grand nombre de cas. Or ici, la seule loi dont nous disposons est celle qui prédit que, lorsque la question posée est la même à gauche et à droite, les réponses doivent être stictement corrélées. Mais il n'est possible, ni de déduire la prédétermination des résultats de cette seule loi (par un raisonnement mathématique qui ne ferait pas le moindre appel implicite à l'idée d'existence ou de "réalité"), ni même de trouver une manière de combiner celle-ci avec l'idée d'absence d'influences à distance de façon à obtenir la dérivation en question. Il apparaît en conséquence que la pertinence de la représentation réaliste doit être posée si l'on veut obtenir les inégalités de Bell par cette méthode.

En résumé, il résulte de tout ceci que la question constituant le titre de cette section est assez subtile mais qu'en dernière analyse la réponse à lui apporter paraît devoir être positive. Une physique cantonnée dans un opérationnalisme des plus stricts ne permettrait pas de pleinement justifier les énoncés contrafactuels qui, dans l'approche considérée, conduisent, à partir de l'idée de localité, aux inégalités qui se révèlent être violées dans les expériences d'Aspect.

3-3-4. En quoi le théorème de Bell concerne-t-il la réalité indépendante... et le peut-il ?

La conclusion de la section précédente soulève cependant des questions. Il s'agit des objections à la notion de « non-localité du "réel" » que peuvent soulever les philosophes de tendance kantienne ou néo-kantienne. La principale est bien connue. Elle consiste en la remarque que, pour savoir si une représentation obtenue à partir de phénomènes observés exprime correctement un trait de la réalité indépendante, il faudrait pouvoir effectuer une comparaison — comparer la représentation et la réalité. Ce qui, soulignent-ils, est, de toute évidence, impossible puisque nous n'avons accès qu'aux seuls phénomènes et point du tout à la réalité en soi. C'est en se fondant sur cette remarque que les philosophes dont il s'agit (dont les idées seront considérées au chapitre 13 plus en détail) affirment que la science ne peut rien nous dire concernant la réalité en question. Leur raisonnement ne porte pas atteinte à la validité de la science en général — et en particulier à celle de la physique classique et des autres sciences — car ces discipnes peuvent parfaitement être considérées comme portant sur une "réalité empirique" (la notion sera retrouvée au chapitre 4) constituée par définition de l'ensemble de ce qui est accessible, directement ou indirectement, à l'expérience. Mais la situation, dans le problème qui nous occupe, apparaît comme différente. En effet, dans les sections précédentes la non-localité nous est apparue comme étant étroitement liée à ce que nous avons appelé une "vision réaliste". D'où la question : « Est-il cohérent, est-il même concevable, qu'un développement théorique susceptible de vérifications expérimentales, donc portant sur des phénomènes, puisse être fondamentalement basé sur une hypothèse de nature ontologique, comme l'est celle du réalisme ? » Comme toute expérience, celle d'Aspect ne concerne bien évidemment que les phénomènes. Est-il pensable que les informations qu'elle nous apporte aillent au-delà des phénomènes ? Qu'elles nous renseignent sur une réalité conçue comme première par rapport à ceux-ci, autrement dit, diraient certains, qu'elles aient des conséquences "métaphysiques" ?

La réponse à cette énigme se trouve dans le fait, signalé en section 1.2, que toute conception "réaliste", au sens philosophique usuel, se compose, au fond, de deux éléments. L'un d'eux est l'hypothèse selon laquelle nous avons, grâce à l'expérience, un certain accès à la réalité en soi, hypothèse qui, on l'a dit, est indémontrable. L'autre est la *représentation* de cette réalité, que nous nous construisons à partir des phénomènes et qui, elle, est édifiée sans emprunts à l'ontologique, autrement dit à l'*en-soi*. Et l'on a souligné que certaines des données tirées ainsi de l'expérience et que le penseur à tournure d'esprit réaliste intègre à sa conception du réel sont des notions de nature très (l'idéaliste dirait sans doute « trop ») générale. En ce qui concerne le *réalisme objectiviste* on a vu que ces données sont, d'une part, la stabilité de groupes d'impressions nommés "objets", "positions et dimensions d'objets", "valeurs numériques de ces grandeurs", etc., et d'autre part la contrafactualité. La raison qui fait que cette "structure" du réalisme objectiviste résout effectivement notre problème tient dans le fait suivant : si l'on récapitule ce qui a été exposé plus haut concernant le théorème de Bell et ses modes de démonstration[1], on constate que seul l'élément *représentation* du réalisme objectiviste, c'est-à-dire cette paire de données *non ontologiques* que l'on vient d'expliciter, y intervient. Pour dire les choses autrement : ce qui est utilisé dans les démonstrations dont il s'agit, ce n'est pas le concept "métaphysique" de la réalité en soi, c'est la représentation qui en

---

1. Et si l'on complète l'examen par celui, détaillé, des démonstrations proprement dites (voir Appendice 1).

est construite par l'esprit. C'est, en particulier, le fait que la réalité indépendante y est *pensée* comme représentée par un ensemble — discret ou continu — de nombres réels. Il est vrai que l'on n'a aucune connaissance, ni des valeurs prises par ces nombres, ni même de la nature physique des quantités dont ces nombres expriment les grandeurs. Mais ce que le théorème de Bell démontre c'est que *quelles que soient cette nature et ces valeurs*, si l'on impose telles et telles conditions très générales (celles stipulées dans l'hypothèse de la localité) à une fonction dont ces valeurs sont les variables (à savoir la fonction probabilité conditionnelle de la survenance de l'événement), ceci a des conséquences pouvant être soumises au verdict expérimental.

Il n'y a rien là qui viole la grande règle de l'idéalisme philosophique selon laquelle seule une idée peut être comparée à une autre idée. En effet, c'est dès la première étape — l'hypothèse que la réalité indépendante est représentable par certains paramètres, connus ou inconnus et relativement auxquels la contrafactualité s'applique — que l'on a effectué le saut décisif, celui de l'insaisissable concept d'une réalité en soi à l'idée (ici un ensemble de nombres) supposée représenter la réalité en question. Le reste n'est plus qu'une question de calcul et de comparaison à l'expérience. Pour dire les choses autrement : la composante du réalisme objectiviste qui sert à la démonstration peut s'exprimer en posant que la réalité des événements intérieurs au cône de lumière arrière de l'événement considéré est bien dépeinte par *une parmi une infinité* de possibles représentations du type "ensembles de nombres", sans que nous puissions savoir, ni de façon certaine ni même en probabilité, laquelle de ces représentations idéelles est *la* représentation fidèle. Et la beauté du théorème de Bell est, précisément, de montrer que, de cette connaissance qui nous échappe nous n'avons, en fait, pas besoin. Il prouve que quelle que soit celle, parmi toutes ces représentations, qui est la représentation fidèle — et même : quelle que soit la probabilité, petite ou grande, pour que "la fidèle" soit celle-ci ou celle-là — imposer, relativement à elle, la condition de localité a (s'il y a choix libre des expériences) des conséquences vérifiables (les inégalités de Bell). Ainsi l'on ne doit pas être autrement surpris si, en définitive, l'objection philosophique considérée ne s'applique pas vraiment au théorème de Bell.

Une question liée à la précédente est celle de savoir si, comme certains physiciens l'ont proposé (Lévy-Leblond, 1997), il est possible de transformer la notion négative de non-localité en une notion positive. La réponse est qu'en fait ce n'est pas sans raisons sérieuses que la notion dont il s'agit est exprimée d'une manière négative. Comme l'analyse précédente le montre, le théorème de Bell ne déduit aucunement des phénomènes une *propriété* qui, transcendant ceux-ci, atteindrait la réalité indépendante. Il démontre seulement que si, de celle-ci, on se forge une image phénoménale simpliste (celle correspondant à la localité), on arrive à des conclusions que l'expérience contredit. Vouloir exprimer ceci positivement risque de conduire à la description d'une prétendue propriété (qui serait alors, essentielle, fondamentale) de la réalité indépendante. Pour les raisons ci-dessus données, une telle démarche serait injustifiée. Elle ne serait valable que dans le cadre d'un modèle ontologique particulier comme par exemple le modèle Broglie-Bohm (voir section 3.3.7). Si l'on ne donne pas dans un tel ralliement, on doit s'en tenir à une formulation négative.

Pour qui a le souci d'éviter les extrapolations implicites immotivées, ce dernier point est important. Afin de l'expliciter davantage encore, on insistera sur le fait, aujourd'hui universellement reconnu ou presque, que l'hypothèse selon laquelle l'expérience nous donne des informations relatives au réel en soi — autrement dit à l'absolu — est une simple conjecture. Certes, en tant que telle elle n'a rien d'illégitime. On verra plus loin qu'au contraire elle est plausible, au moins dans sa version la plus "ouverte". Mais elle n'est pas démontrable. Et il importe de bien voir que cela rend sujettes au doute, aussi bien les informations négatives que les informations positives qu'il est possible d'en inférer. Autrement dit, si nous prétendions tirer des données de l'expérience la preuve, énoncée sur le mode de l'affirmation, que la réalité en soi n'est pas locale, on pourrait à bon droit, répétons-le, nous objecter que puisque l'hypothèse de l'accès au réel en soi n'est qu'une simple conjecture elle est susceptible d'être fausse, et qu'il se peut, par conséquent, que les expériences scientifiques en général, et celles d'Aspect en particulier, ne nous renseignent aucunement sur la réalité telle qu'elle est en soi, mais seulement sur la représentation phénoménale que nous construisons de celle-ci.

L'objection est rationnellement recevable mais, encore une fois, elle n'atteint pas l'assertion (négative) selon laquelle toute tentative de représentation de la réalité indépendante (ou "en soi") incluant le principe de localité est erronée ou dénuée de sens. Cette assertion reste pleinement valable. En effet, les expériences d'Aspect sont des expériences comme les autres. Au vu de leur résultat (et du théorème de Bell) on ne peut donc soutenir que la réalité en soi est locale sans devoir du même coup tenir pour *fausse* l'idée générale que l'expérience nous informe valablement concernant cette réalité. Or si cette idée-là est fausse, toute assertion portant sur la réalité en soi est scientifiquement vide de sens… y compris, en particulier, celle selon laquelle cette réalité serait locale ! En définitive impossible donc, on le voit, d'échapper au dilemme : « Toute représentation de la réalité en soi incluant le principe de localité est soit erronée (si l'on croit que l'expérience nous "dit quelque chose" relativement à la réalité en soi), soit dénuée de sens (si l'on fait l'hypothèse inverse). »

Remarque

Comme on l'a noté en section 1.2, l'élément *représentation* du réalisme objectiviste paraît consister en notions émergeant de notre expérience ancestrale, reconnues comme étant d'une efficacité sans faille et lentement érigées, pour cette raison, en "vérités d'évidence" au cours de l'hominisation. Vus sous cet angle les travaux dont il est ici rendu compte peuvent être considérés de la manière que voici. Petit à petit, au cours de son histoire et, surtout, de sa préhistoire, l'homme se sera construit, à partir de son expérience, une représentation de la réalité dont il avait toutes les raisons de croire qu'au moins certains de ses aspects très généraux — idée d'objets, contrafactualité etc. — étaient "corrects", c'est-à-dire, en termes opérationnels, en accord avec *toutes* les expériences *concevables*. La découverte de la non-localité n'est autre que la constatation, que nous faisons grâce au théorème de Bell et aux expériences correspondantes, qu'en toute rigueur il n'en est rien. Ainsi comprise la non-localité se trouve "purgée" de toute "composante métaphysique". Mais il faut reconnaître que c'est au prix d'un ébranlement considérable de nos "points fixes" conceptuels.

3-3-5. Théorème de Bell et contrafactualité

Que le théorème de Bell suppose la contrafactualité, cela apparaît comme évident lorsqu'on considère celle de ses preuves que l'on trouvera rapportée dans la section B de l'Appendice 1, sous le titre de "preuve simplifiée". Dans cette preuve, en effet, après avoir établi la prédétermination de certains résultats de mesure portant sur des particules qui sont éléments de paires dont l'autre élément subit effectivement une mesure, on admet, par induction, que cette prédétermination a lieu aussi en ce qui concerne les particules n'entrant pas dans ce cas de figure. Ou, ce qui revient au même, qu'elle aurait lieu, même si la particule-sœur ne subissait pas de mesure. Dans le cadre de la preuve décrite dans la section A de l'appendice en question, le rôle de la contrafactualité est peut-être moins directement évident mais il n'en est pas moins réel. Il tient au fait que l'hypothèse de localité est sous-tendue par une hypothèse de réalisme (des événements) qui suppose elle-même la contrafactualité. Au chapitre 1 on a déjà eu l'occasion de faire remarquer que les notions de réalité et de contrafactualité sont, de toute évidence, étroitement apparentées.

Ce lien, on le constate aussi *a contrario* en prenant connaissance du fait qu'il y a des théories valables (autrement dit : donnant les mêmes prédictions d'observations que la mécanique quantique) qui s'énoncent dans un langage à la fois pseudo-réaliste et local, et dont le caractère non réaliste apparaît principalement en ceci qu'elles ne satisfont pas à la contrafactualité. Tel est par exemple le cas de la théorie dite "des histoires cohérentes" proposée par Murray Gell-Mann et James B. Hartle (1989) et popularisée par l'ouvrage de Gell-Mann *Le quark et le jaguar* (1995). Ce livre est rédigé de telle manière qu'à sa lecture une personne non spécialement informée en ces matières n'a pratiquement aucun moyen de découvrir que la théorie en question n'est pas, au même titre que la physique classique, une théorie "réaliste, locale" dans le sens adopté dans le présent livre (et dans mes précédents ouvrages). Et cependant, de l'avis explicite d'au moins l'un de ses deux auteurs, elle ne l'est pas[1]. La raison est que cette théorie ne satisfait pas à la condition de contrafactualité à laquelle toute théorie à prétention réaliste doit, à l'évidence, satisfaire[2].

Il est à noter par ailleurs que, comme il a été rappelé, dans le cadre des approches positivistes, opérationnalistes, etc., de la science (dont il sera question à plusieurs reprises plus loin), on définit volontiers le sens à partir des possibilités de l'action (la notion de définition opérationnelle est une application de cette idée). Dans l'esprit de ces approches positivistes on serait donc, je le répète, assez naturellement porté à définir la notion même d'influences à distance par référence aux possibilités d'action. Or ici, comme on l'a noté, nous nous trouvons dans une situation différente, dans laquelle nous sommes amenés à parler d'influences à distance qui ne correspondent à aucune possibilité d'action. Les analyses qui précèdent montrent que la chose n'a rien de paradoxal. Elle tient simplement, au moins pour l'essentiel, à ce que, après avoir, par une extrapolation approximative de notre expérience courante, tacitement forgé la notion de contrafactualité, nous (j'entends, l'homme préhistorique et nous-mêmes en tant que ses successeurs) l'avons érigée en une sorte de principe universel, allant presque jusqu'à l'incorporer à notre logique. Dans ces conditions, ses violations dans le cadre de certaines expériences de corrélations

---

1. Lettre du 27/2/1997 de James B. Hartle à l'auteur.
2. Pour plus de détails voir l'Appendice 2.

à distance constituent nécessairement pour nous des cas *d'influence* à distance, même si, comme c'est effectivement le cas, ces influences ne peuvent porter des signaux.

3-3-6.   Non-localité *versus* "principe de l'analyse"

Dans les sciences dites "dures" ou "de la matière" le principe d'analyse, sommairement rappelé en section 1.2, s'identifie à celui de *divisibilité par la pensée* rencontré plus haut et, schématiquement, s'énonce comme suit :

Tout système physique étendu — qu'il s'agisse d'un système de particules, de champs ou mixte — peut être considéré comme composé de parties qui, en droit, sont connaissables et sont localisées dans des régions de l'espace distinctes les unes des autres (bien que, très souvent, contiguës). Et, supposée connue la loi des forces qui relient ces parties les unes aux autres, une connaissance complète des valeurs des grandeurs physiques attachées à chacune de ces dernières fournit ipso facto *la connaissance du tout du système composé lui-même.*

Il est indéniable que dans toutes les sciences, physique classique comprise, cette idée paraît être juste. En physique classique figurent, il est vrai, des grandeurs, telles que l'énergie potentielle d'un système de deux corps, qui, par définition, sont "non locales" puisqu'elles ne peuvent être rattachées à l'un ou l'autre des composants (à l'un ou l'autre des deux corps). Mais ces quantités ne sont que des grandeurs dérivées. Leur existence ne permet pas de réfuter l'énoncé que l'on vient de lire puisque la connaissance de la loi de forces et des positions relatives des deux corps permet, justement, de les calculer. D'autre part, il est évident que, dans la pratique, ce principe reste encore aujourd'hui d'une importance fondamentale puisque toute la physique classique semble s'y conformer. Et cependant — bouleversement considérable ! — nous allons vérifier qu'au vu des données des sections qui précèdent l'idée en question ne peut plus être incorporée aux assises d'une ontologie.

De fait, aussi longtemps que l'on cherche à fonder l'ontologie sur la notion de fonction d'onde (que l'on dit : « les fonctions d'onde sont des réalités physiques »), l'impossibilité d'ériger la divisibilité par la pensée en principe universel est, quand on y songe, assez manifeste. Pour le voir, reprenons l'exemple des paires de photons de la section 3.1 (mais il peut s'agir aussi bien de paires de particules autres que des photons). Pour que le principe soit satisfait il faudrait, comme dans le cas de l'énergie potentielle, que nous puissions calculer, au moins en droit, la fonction d'onde de la paire à partir de propriétés possédées par chacun des photons séparément. Mais quelles propriétés ? Leurs fonctions d'onde individuelles ? Non puisque, comme on l'a vu, dans la situation envisagée celles-ci n'existent tout simplement pas. D'autres propriétés ? Dans le formalisme de la mécanique quantique il n'en est aucune susceptible de jouer ce rôle. De fait, la fonction d'onde de la paire y est obtenue par des procédés de calcul qu'il ne convient pas de développer ici mais qui, conceptuellement, relèvent d'idées toutes différentes.

Pour tenter de "sauver" la divisibilité par la pensée on peut alors songer à décharger la fonction d'onde du rôle de "support de réalité" et à attribuer celui-ci à tel ou tel autre élément du formalisme de la mécanique quantique. Dans cette perspective quelques auteurs misèrent naguère beaucoup sur certains "êtres mathématiques" attribuables, eux (dans l'exemple), à *chaque* photon et que, dans notre jargon de physiciens, nous dénommons "matrices-densité". Mais cette tentative devait échouer, et cela en raison du fait qu'une connaissance, même supposée parfaite, de ces matrices-densité et des lois de force en jeu ne permet pas, selon le formalisme lui-même, de connaître certaines corrélations que les fonctions d'onde, elles, prédisent (et qui sont, au reste, observées)[1].

Reste à considérer l'idée consistant, en la matière, à ne pas totalement se fier aux suggestions de la mécanique quantique. A ne pas vouloir à tout prix que ce soit parmi ses outils prévisionnels que gise toute entité "adéquate au réel". Sauf à être un positiviste de tout à fait stricte obédience, c'est — *a priori* — très légitimement qu'on cherchera à inventer une nouvelle représentation du "réel", non construite sur ces notions seules et dont, tout simplement, on exigera qu'elle ne débouche pas sur des contradictions avec les prévisions quantiques et l'expérience. Est-il possible d'édifier dans cet esprit une théorie universelle conforme au "principe d'analyse" tel qu'interprété ci-dessus, autrement dit à la "divisibilité (spatiale) par la pensée" ?

Il est vraisemblable que tel fut, au moins pour une part, l'espoir des créateurs des théories à variables cachées. Et, au premier abord, on peut bien avoir l'impression que leur attente fut satisfaite. Considérons, par exemple, une fois encore le célèbre "modèle de l'onde pilote" de Louis de Broglie et David Bohm, qui reproduit correctement toutes les prédictions quantiques, du moins à l'intérieur du domaine non relativiste. Ce modèle repose

---

1. Dès 1965 j'ai, dans *Conceptions de la physique contemporaine*, attiré l'attention sur ce point. Le lecteur curieux de ces choses trouvera des détails dans (d'Espagnat, 1965, 1976 et 1994).

sur l'idée que la réalité physique est "essentiellement" constituée d'une nuée de corpuscules, chacun ayant à tout instant une position et une vitesse bien déterminées. A cet égard il y a donc bien divisibilité par la pensée. D'un autre côté cependant, nous n'avons pas le droit d'oublier que ces corpuscules sont supposés guidés par une "onde pilote" qui est elle aussi une composante essentielle du modèle, qui y fait, au même titre que les corpuscules, figure de réalité, et qui, elle, n'est pas divisible par la pensée en parties localisées[1]. Au total, donc, il serait faux de dire que la réalité considérée par le modèle est conforme à la divisibilité spatiale par la pensée. Jusqu'à l'avènement du théorème de Bell on pouvait encore espérer que ce n'était là qu'une particularité propre à ce modèle. Mais la violation du principe de localité établie par ce théorème montre qu'en fait il n'en est rien. Toute théorie visant à décrire la réalité telle qu'elle est et non contredite par les faits, est nécessairement, en quelque manière, en désaccord avec le principe de l'analyse dès que l'on entend celui-ci, comme explicité ci-dessus, selon le mode de la spatialité.

Remarque

Au sujet de la non-séparabilité — ou non-localité — de l'onde pilote ou de certaines fonctions d'onde, rappelons-nous que, dans le langage ici employé, une onde "ordinaire" (sur l'eau, dans l'air, etc.) est toujours "locale", bien que son support soit étendu. Et que, de même, le champ électrique (ou magnétique) de la physique classique est "local". Ces entités sont à qualifier ainsi parce qu'elles sont fonction, outre du temps, des tri-coordonnées x,y,z d'un seul point de l'espace. A l'opposé, l'onde pilote, de même que les fonctions d'onde de paires de particules considérées dans la section 3.1, sont, elles, fonction, outre du temps, de 3N variables, N étant le nombre de particules en jeu (on dit qu'elles sont fonction d'un point de l'espace abstrait à 3N dimensions qui a pour nom "espace de configuration"). Ce fait est digne d'être souligné car il montre combien il serait erroné de prendre la non-localité pour un attribut de la théorie électromagnétique classique ou de n'importe quelle théorie classique des champs.

---

1. Au lieu d'une "onde pilote" Bohm parle d'un "potentiel quantique" global, ce qui ne change rien au fond, la non-localité résultant simplement du fait que l'évolution du système est représentée par celle de son point représentatif *dans l'espace de configuration*. Et dans ses derniers textes (Bohm et Hiley, 1993) Bohm se réfère, lui aussi, à l'état quantique (non local) comme étant, non une émanation des particules, mais une réalité en soi.

3-3-7.   Non-séparabilité et atomisme

Contester l'atomisme peut paraître assez surprenant. N'est-il pas établi que l'hypothèse de l'existence des atomes explique un nombre considérable de faits dans les domaines les plus divers ? N'a-t-on pas compté les atomes ? Ne les a-t-on pas, plus récemment, "vus" ? Mieux encore, "manipulés" ?

Et cependant, une telle contestation a lieu d'être. Non certes qu'il s'agisse d'émettre des réserves quant à *l'utilité* de la représentation atomique ou, plus généralement, corpusculaire. Il y a d'immenses domaines où cette utilité est manifeste, autrement dit où, pour décrire les expériences que l'on fait et les résultats qu'on observe, il est nécessaire de parler d'atomes. Mais l'utilité n'est jamais ni une preuve, ni même une indication pleinement convaincante d'existence. Soit un individu ayant parfaitement assimilé la théorie de la relativité générale et convaincu que cette théorie décrit fidèlement *la* vérité. Il sait que la gravitation n'est qu'affaire de métrique spatiale. Que la force de gravitation, partant, la pesanteur, en tant que force, n'existe pas. Et cependant, s'il décide de construire une maison, c'est la notion de force de pesanteur, et non celle de courbure spatiale, qu'il aura à utiliser. Cette force a beau ne pas être, c'est elle — et donc une vision des choses qui imagine son existence — qu'il devra mettre en œuvre dans ses calculs de résistance et d'équilibre. L'exemple est de nature à nous remettre en mémoire la "sous-détermination des théories par l'expérience" déjà évoquée. Pour fourni que soit le faisceau des opérations (expériences de physique en particulier) que l'atomisme nous permet d'inventer et d'interpréter, l'idée reste concevable qu'une autre théorie, toute différente, nous le permettrait aussi bien.

Cette remarque, dira-t-on peut-être, n'est pas opposable au fait que d'une certaine manière on peut à l'heure actuelle "voir" des atomes individuels (grâce au "microscope à effet tunnel") et qu'on peut même les déplacer, un par un et à volonté. Certes, mais concernant ce dernier groupe d'arguments il convient d'observer, d'une part qu'ils ne prouvent pas que les atomes "existent" même en dehors des circonstances particulières mises en jeu (atomes de la surface d'un réseau cristallin), et d'autre part, beaucoup plus généralement, qu'il n'y a *jamais* appréhension rigoureusement certaine d'aucun objet. L'"illusion d'optique" est toujours possible, comme en témoigne, tout bonnement, le bâton semi-immergé que la vue fait croire brisé. Et quant au pouvoir de manipuler les objets, lui non plus ne démontre pas leur existence, comme il appert du fait que la "brisure" du bâton, bien que "non existante" selon nos idées habituelles, se manipule, elle aussi, fort aisément (en soulevant un peu le bâton ou en l'abaissant).

Assurément, des observations de ce type paraîtraient relever de l'art de la chicane si, du point de vue scientifique, l'atomisme philosophique pouvait être adopté en tant que cadre conceptuel universel, autrement dit si c'était là un cadre où les diverses sciences viendraient tout naturellement s'inscrire. Mais l'existence même de la mécanique quantique laisse déjà bien voir que tel n'est pas le cas. S'il y a un aspect de celle-ci qui attire l'attention dès le premier coup d'œil, c'est bien le fait que les fonctions d'onde qu'elle utilise sont presque toujours "étalées". Que le support de celle des électrons d'un atome ou d'une molécule recouvre le plus souvent le volume entier de cet atome ou de cette molécule, ou au moins une fraction fort étendue de celui-ci. Qu'au surplus cette fonction d'onde n'est généralement pas factorisable, ce qui signifie que, comme dans l'exemple des paires de photons de la section 3.1, cela n'a pas de sens de parler de la fonction d'onde de chaque électron individuel : le "support" en question n'est donc pas à trois mais bien à 3N dimensions, N étant le nombre d'électrons en jeu. Comme on le voit, c'est dès le premier abord de cette discipline que l'on y voit l'abstraction mathématique suggérer une vision contraire à l'idée, caractéristique de l'atomisme, de divers corpuscules situés, à tout instant, en des lieux différents d'un espace à trois dimensions.

A ce type de remarques on peut être tenté d'opposer l'idée que les corpuscules libres, eux, du moins, "existent", en tant précisément que corpuscules à chaque instant localisés. Que la preuve en est que, dans les chambres à bulles, on voit les traces laissées individuellement par chacun d'eux. Hélas ! en dernière analyse cette preuve-là n'en est pas une, elle non plus. On ne reviendra pas ici sur l'explication quantique de ces traces décrite plus haut[1]. On rappellera seulement qu'elle est la seule à s'inscrire dans une théorie générale, et qu'elle ne fait appel ni à la notion de trajectoire ni à celle d'une quelconque localisation instantanée du "quelque chose" dont la marque est enregistrée.

---

1. Michel Bitbol (1998) m'a courtoisement reproché d'avoir, à ce sujet, écrit le mot : *explication*. En cela je n'ai fait que me conformer à l'usage constant des physiciens qui, quand ils parviennent à rendre compte des résultats statistiques d'une expérience au moyen d'un calcul mettant en jeu une fonction d'onde, croient pouvoir sans outrecuidance qualifier d'*explication* leur résultat. Au reste, cette attitude est cohérente. On a vu en section 2.8 que dans la conception "physique, description de l'expérience" c'est bien la référence à une loi générale qui constitue l'explication. Nous reviendrons plus loin sur ces questions.

Reste, bien sûr, que l'argument "sous-détermination des théories par l'expérience", utilisé ci-dessus pour mettre en question l'atomisme, est une arme à double tranchant ; et qu'un esprit resté à l'écart des développements de la physique pourrait songer à l'employer pour, à l'inverse, affaiblir la portée des critiques anti-atomistes. Impossible, soulignerait-il, d'exclure *a priori* l'idée d'une théorie encore à découvrir qui serait différente de la mécanique quantique mais fournirait les mêmes prédictions d'information, tout en ne mettant en jeu que des corpuscules localisés liés entre eux par des forces de type habituel.

Effectivement, on constate qu'un tel argument est fréquemment mis en avant dans la littérature relative à de tels problèmes. Et, au reste, on peut concéder qu'il est juste quand on y donne un sens suffisamment restrictif à l'expression *a priori*. Il suffit d'entendre l'assertion : « On ne saurait exclure *a priori* » comme ne signifiant rien d'autre que : « on ne saurait exclure *tant qu'on reste dans le cadre des seules idées philosophiques générales* ». Autrement dit : aussi longtemps qu'on n'a pas pris une connaissance précise de telles ou telles données quantitatives. Malheureusement, c'est là se fixer des œillères. Les données en question peuvent fort bien déboucher sur des contraintes qui réfutent la conclusion. Ici nous savons déjà que c'est effectivement le cas, puisque le théorème de Bell existe.

Dans quelle mesure l'atomisme philosophique se trouve-t-il, par là, réfuté ? Pour en juger, le mieux est de considérer le très remarquable modèle de l'onde pilote — dû à Louis de Broglie et généralisé par David Bohm — dont, à la fin de la section 3.3.6, il a déjà été question. Comme il a été noté, on trouve bien, dans ce modèle, l'idée de l'existence "en soi" d'une multitude de corpuscules à tout instant localisés, autrement dit, la grande idée de l'atomisme. Mais on l'y trouve très fortement édulcorée et ayant perdu, peut-on dire, ce qui, du point de vue philosophique, constituait son essence même, à savoir l'idée que *tout* ce qui existe est composé de cette manière. Selon le modèle, en effet, l'onde pilote existe, comme on l'a vu, elle aussi. Et *elle*, nous le notions, n'est pas "séparable par la pensée" : elle forme un grand tout, n'ayant de réalité que dans un espace à N dimensions, N étant considérablement plus grand que 3. Cette existence "en soi" d'une entité éminemment non locale est, dans le modèle, ce qui explique les comportements "ordonnés à grande distance" que nous avons vu être ceux de paires de photons créés ensemble (et qui sont aussi ceux de paires, ou multiplets, de particules non photoniques). Elle est par conséquent un élément essentiel du modèle dont il s'agit. Et elle fait qu'en définitive, contrairement aux apparences immédiates, le modèle n'est pas atomistique. Le théorème de Bell étant parfaitement général, il est bien clair que cette conclusion, valable pour le modèle de l'onde pilote, est généralisable à tout modèle s'inscrivant dans le cadre du réalisme objectiviste : tout tel modèle doit, compte tenu du théorème, nécessairement présenter une non-localité essentielle, irréconciliable avec l'atomisme.

Il est vrai que, dans le modèle de l'onde pilote, ce qui est directement perçu ce sont les corpuscules, autrement dit les variables usuellement appelées "cachées" (appellation, de ce point de vue, bien trompeuse, reconnaissons-le !) et non pas du tout l'onde pilote. En d'autres termes, il est vrai que celle-ci ne fait, pourrait-on dire, que "tirer les ficelles", sans jamais apparaître sur le devant de la scène à la lumière des projecteurs. De ce fait, les personnes pour qui le modèle en question représente le paradigme de toute théorie ontologiquement interprétable ont quelquefois tendance, dans leurs raisonnements philosophiques, à oublier l'existence de cette onde pilote non séparable et à dire par exemple que tout ce qui existe est composé d'atomes. S'agissant, précisément, de considérations de portée philosophique, c'est là, on le voit bien, une simplification inexcusable[1]. Ainsi donc, tout ce qu'on peut dire si l'on veut, malgré tout, sauver quelque chose de la ligne de pensée "ontologique" qui conduisit à l'atomisme c'est qu'il existe des modèles (tels que celui de l'onde pilote) pouvant être interprétés comme décrivant la "réalité en soi" et dans lesquels figurent au moins *certaines* entités (les corpuscules) jouissant des propriétés conventionnellement attribuées à l'atome philosophique.

On reviendra sur l'atomisme à propos du matérialisme (section 12.3).

3-3-8.   **Remarque sur le rôle de l'onde pilote**

C'est, sinon la non-séparabilité proprement dite, du moins le caractère "étendu dans l'espace" de l'onde pilote qui explique comment il se fait que le modèle Broglie-Bohm ne soit pas en contradiction avec la célèbre expérience des fentes de Young. Dans ce modèle le corpuscule ne passe, bien sûr, que par une seule des deux fentes. Mais il subit l'action de l'onde pilote qui, elle, passe par les deux, et qui, après traversée du diaphragme, n'est donc pas la même selon que l'autre fente est ouverte ou fermée. L'état de choses relatif à un lieu qui est "loin" (à l'échelle atomique) de la trajectoire du corpuscule influence ainsi, d'une façon que l'on peut qualifier de

---

1. Quasiment aussi abusive que celle qui consisterait à enseigner que le corps humain *est composé* d'un tronc et de deux jambes.

non locale (bien qu'il ne s'agisse pas, ici, d'enchevêtrement), le comportement de ce dernier.

On notera qu'il serait évidemment absurde, dans ce modèle, de prendre prétexte de ce que le corpuscule se trouve, à un instant donné, dans une et une seule des deux fentes pour lui attribuer, à cet instant, une fonction d'onde qui ne serait non nulle que dans cette fente-là, et de prétendre calculer selon ce schéma les prévisions d'observation. Ces dernières sont, dans le modèle, sous la seule dépendance de l'onde pilote telle que définie par les conditions globales de l'expérience (source, diaphragme, etc.). De façon plus générale, même si le corpuscule du modèle a, à chaque instant, des propriétés définies, ce ne sont pas elles qui déterminent son évolution future mais bien la fonction d'onde globale. C'est là ce qui explique que certaines difficultés conceptuelles propres à la forme "standard" de la mécanique quantique et que nous rencontrerons plus loin (section 8.1) ne se présentent pas dans le modèle dont il s'agit.

4

Objectivité et "réalité empirique"

4-1. Objectivités "forte" et "faible" (alias "intersubjectivité")

Tel qu'il a été annoncé, notre programme de départ est en voie d'accomplissement. Le dépassement du cadre des concepts familiers a formé le thème du chapitre 2, la globalité celui du chapitre 3. Reste à considérer la question philosophiquement la plus délicate et qui nous retiendra le plus longtemps : celle de savoir s'il faut ou non abandonner l'idée que le langage objectiviste est, en physique, d'application universelle, autrement dit celle de savoir si, au bout du compte, le "réalisme physique" peut ou non être conservé, au moins au titre d'un "tout se passe comme si". Ces trois sujets relèvent bien sûr de l'épistémologie. Pourtant, en ce qui concerne les deux premiers c'est sur des faits, et non exclusivement sur des idées, que nous avons fondé leur examen. Fidèles à cette méthode, nous agirons de même relativement à celui-ci.

4-1-1. Interférences quantiques et objectivité seulement "faible"

La grande donnée sur laquelle au départ, nous nous appuierons sera ici celle de l'existence de *phénomènes d'interférence* mettant en jeu des particules.

On sait ce dont il s'agit. Soit un diaphragme percé de deux fentes parallèles[1]. Lorsqu'un faisceau de particules traverse ce dispositif et est recueilli sur un écran, des franges, dites "d'interférence" (alternance de bandes sombres et de bandes éclairées), apparaissent sur ce dernier, qui seraient inexplicables si les particules obéissaient à la mécanique classique et semblent révéler que celles-ci ont des caractères ondulatoires. En raison de sa parenté avec l'expérience de Young (relative à la lumière) il est courant, par extension, de désigner cette mise en évidence de franges sous le nom d'"expérience des fentes de Young", même quand elle porte sur des particules autres que des photons, et c'est

---

1. En fait, pour des raisons pratiques, on utilise un "réseau".

la convention qui sera adoptée. Notons tout de suite que, pour que ces franges soient véritablement présentes il faut que, sur le trajet des particules, celles-ci ne subissent pas d'interactions appréciables. Si, par exemple (je schématise), un gaz était insufflé entre le diaphragme et l'écran, avec la conséquence que certaines des particules pourraient heurter les molécules de ce gaz, les franges s'estomperaient. A la limite des hautes densités, entendons, si de telles interactions devenaient la règle, le comportement *observé* des particules simulerait celui qui serait le leur si elles obéissaient à la mécanique classique : on constaterait, autrement dit, que les impacts sur l'écran se répartiraient en deux taches, correspondant respectivement à chacun des deux "pinceaux" (pinceaux lumineux s'il s'agit de photons) définis par chacune des fentes[1].

L'apparition de phénomènes d'interférences tels que les franges ci-dessus décrites est un fait massif, "incontournable", et dont la portée conceptuelle est d'autant plus considérable qu'il rejoint d'autres faits tout aussi insolites au sein d'un ensemble de données dont rend compte un même "formalisme mathématique" — la mécanique quantique — d'une très haute généralité. L'expression "rend compte" doit cependant être ici comprise — nous le savons — au sens minimal : la mécanique quantique synthétise ces faits, les enserre dans ses équations, donne des règles pour les prédire, mais l'éclairage qu'elle jette sur eux ne va pas au-delà de ce qui vient d'être dit. Si nous voulons mieux comprendre "ce qui se passe", à nous donc — concurremment avec maints curieux de ces choses ! — de chercher à le découvrir.

Une première donnée à noter c'est qu'on n'observe jamais une "fraction" de particule. Sur l'écran, les impacts individuels sont toujours ceux de particules "à part entière". Si l'on s'avise d'en "capturer" une au passage, par une quelconque mesure, c'est toujours une particule entière qu'on observera. Et pourtant, si elles conservaient toujours, même en l'absence d'observation, ce statut de vraies "particules", autrement dit d'objets à chaque instant localisés, chacune d'elles devrait ne passer que par une seule fente, donc tomber sur l'écran au droit de cette fente, ce qui fait qu'au total, une fois toutes les particules passées, on devrait voir leurs

---

1. Le schéma "avec gaz" ne représente à ce jour qu'une simple "expérience de pensée". Y sont décrites des prévisions d'observations qui découlent, sans ambiguïté, des règles prédictives de la mécanique quantique lorsque la "particule" est supposée interagir avec l'environnement, ici symbolisé par la présence d'un gaz. Pour plus de détails et des références aux expériences réellement faites (sur des neutrons, etc.), voir par exemple Giulini *et al.* (1996, p. 67).

impacts sur l'écran groupés dans les deux taches dont il était question plus haut. Alors que, comme on l'a noté, en l'absence de gaz on voit des franges. Pour tenter de lever l'énigme ainsi apparue deux approches sont envisageables.

Pour être comprise la première ne requiert — du moins au stade où nous voici — pas le moindre effort conceptuel. En effet, elle consiste à admettre que, effectivement, les particules conservent leur statut de particules même quand elles ne sont pas observées, que chacune passe donc par une seule fente, mais qu'elles sont pilotées par une force *sui generis* — on parle d'un *champ* ou d'une *onde* — qui courbe d'une certaine manière leur trajectoire. Il est alors concevable que cette force soit influencée par l'existence de l'autre fente, celle que la particule ne traverse pas, et la difficulté conceptuelle est ainsi levée. On a reconnu là le principe du modèle Broglie-Bohm (dont ce n'est pas ici le lieu d'exposer les aspects quantitatifs et qui sera examiné plus loin).

L'autre approche paraît, superficiellement, plus étrange car elle se fonde sur une vérité dont on n'a, dans la vie courante, jamais l'usage et à laquelle, par conséquent, on ne pense guère : le fait que le domaine de validité de tout concept peut fort bien être limité. La prise en compte, ici, de cette vérité conduit à remarquer que même si le concept de particule localisée est bien adapté à la description de notre expérience lorsqu'il s'agit de traiter d'émissions, d'impacts et, plus généralement, de "ce qui se passe" lorsqu'une observation quelconque, directe ou indirecte, est en jeu, cela ne garantit aucunement qu'il le soit de façon pleinement générale, et, en particulier, dans les intervalles entre observations. Dans le cadre de cette seconde manière de voir, qui centre la physique sur l'expérience plus que sur "l'être", l'usage des concepts classiques — celui de *particule* (qui implique la localité), ceux de *vitesse* (ou d'*impulsion*), de *champ*, de *force*, etc. — n'est pas banni mais il ne *s'impose* pas indépendamment des circonstances, au titre de nécessité rationnelle. Dans le cas présent on doit considérer que, lorsqu'il s'agit de la plus simple des expériences décrites plus haut, celle où l'espace entre le diaphragme et l'écran est vide de gaz, le concept de particule est applicable au point d'impact sur l'écran, éventuellement à l'émission, mais non dans l'intervalle. Pour ce qui est de la question « qu'est-ce qui se passe donc dans cet intervalle ? », elle est à prendre avec circonspection. Ayant préparé le faisceau de particules utilisé, le physicien a des informations à son sujet, informations qu'il rassemble en une donnée mathématique — appelons-la D — conventionnellement dénommée "fonction d'onde initiale" par les uns et "vecteur d'état initial" par les autres. De plus, il dispose d'une équation générale (l'équation de Schrödinger) qui lui permet de déduire de D, pour chaque instant ultérieur t, une nouvelle "donnée" mathématique — appelons-la D_t — conventionnellement dénommée "fonction d'onde (ou vecteur d'état) dépendant du temps". Et il dispose aussi d'une règle très générale dite *règle de Born* (dont la seule, mais très recevable, justification est de fournir des prédictions toujours confirmées par l'observation) qui, à partir de D_t, permet de calculer des probabilités. Non pas, à vrai dire, des probabilités de présence de la particule à tels ou tels endroits et instants puisque l'hypothèse d'une particule "en soi" localisée n'est pas posée, mais du moins les probabilités des divers résultats observables de l'opération, c'est-à-dire, dans notre expérience, les densités des impacts sur l'écran. La prévision ainsi obtenue est en plein accord avec les constatations concernant les franges : leur existence, leurs distances mutuelles, etc.

Du fait que la donnée mathématique D_t rassemble toute son information, le physicien est fortement tenté de l'hypostasier, et de dire que, entre émission et impact, les particules "sont" des fonctions d'onde, ou, plus brièvement, "des ondes". Mais, on l'a bien compris, c'est là un discours qui prête le flanc à la critique. En effet celui qui le tient prétend décrire quelque chose qui n'est pas d'un accès direct à l'observation, pour cela il se voit obligé de faire appel à un vocable, autrement dit à un concept, et rien ne garantit que celui-ci est bien utilisé à l'intérieur de son domaine de validité. L'attitude d'objectivisation naïve et incontrôlée impliquée par ce langage n'est pas pleinement dans l'esprit de l'approche considérée.

Les deux approches ci-dessus décrites ont, l'une et l'autre, été développées par des générations de physiciens. On a indiqué plus haut (chapitres 2 et 3) les raisons qui font que la première n'a, finalement, la faveur que d'une petite minorité de ces derniers. Nous y reviendrons cependant plus tard (et, malgré tout, nous lui trouverons de l'intérêt). Mais tournons-nous pour l'heure vers la seconde. Dans son cadre il est intéressant de voir ce à quoi conduit l'application des remarques qui précèdent au cas de "l'expérience de pensée" des fentes *avec* insufflation de gaz. Lorsque, avons-nous dit, la densité du gaz est suffisante, on s'attend à ce que les interactions particules-molécules du gaz fassent disparaître les phénomènes d'interférence. En d'autres termes, on s'attend à ce que, entre leur traversée du diaphragme et leur impact sur l'écran, les particules aient, au niveau des apparences (ou, si l'on préfère, "des phénomènes"), un comportement identique à celui qui serait le leur si elles obéissaient à la mécanique classique. Une personne qui, momentanément oublieuse des conditions de production du faisceau, ne considérerait que le comportement des particules dans cette zone-là pourrait donc être tentée de leur attribuer dès ce moment, par la pensée, des propriétés classiques, position, vitesse, etc. A l'intérieur de quelles limites conceptuelles cette manière de penser est-elle valable ? C'est là une question subtile mais de grande portée, comme on le constatera un peu plus loin.

En la matière, la première chose à noter c'est que, en droit et en toute rigueur, la manière de penser dont il s'agit (l'attribution de propriétés classiques aux particules dans les conditions spécifiées) n'est pas véritablement acceptable. Il est vrai que, lorsqu'on insufle un gaz dense, les franges d'interférence que l'on observait sur l'écran doivent disparaître et que disparaissent aussi toutes possibilités concevables de susciter et d'observer des phénomènes d'interférences *mettant en jeu les seules particules composant le faisceau*. Mais si les particules étaient *vraiment* classiques ce ne sont pas seulement ces possibilités-là qui seraient absentes. Ce sont aussi celles de nature similaire mais mettant en jeu, outre les particules en question, toutes les molécules du gaz avec lesquelles celles-ci ont interagi. Techniquement parlant, mettre en évidence des phénomènes quantiques de cette espèce est une opération qui paraît extraordinairement compliquée et dont on n'imagine pas comment, dans la pratique, elle pourrait être menée à bien. Mais il n'empêche que des manipulations similaires dans le principe à celle-là sont, au moins, "pensables", qu'en ce qui les concerne la règle de Born (généralisée) prédit l'apparition de phénomènes analogues aux interférences, et que cette considération théorique suffit, indépendamment de toute autre, pour empêcher le physicien informé de la teneur des lois quantiques et détenteur de la donnée D de se figurer qu'après traversée du diaphragme chacune des particules du faisceau initial se trouve *réellement* dans un et un seul des deux pinceaux définis par chacune des fentes.

Nous avons vu qu'en vertu des règles et équations du formalisme, cette donnée D, qui reflète la manière dont l'ensemble statistique de particules a été formé — autrement dit la préparation du système —, permet de calculer la probabilité que l'on a d'observer des impacts en tel ou tel point de l'écran. Etant donné qu'un impact observé peut être assimilé à une mesure de position et qu'on est libre de placer l'écran là où l'on veut, on peut aussi dire, en généralisant, que la donnée D_t calculée à partir de D fournit la probabilité pour que, si l'on met en place en un certain lieu un dispositif de mesure permettant d'éventuellement y observer une particule, on obtienne la réponse "particule observée". Naturellement, comme l'énoncé qu'on vient de lire paraît contourné, on est tenté de le simplifier et de dire tout bonnement que D_t fournit la probabilité pour que la particule *se trouve* au lieu considéré. Mais cette simplification serait fortement abusive. Elle ne serait pas seulement, comme déjà noté, étrangère à l'esprit de l'approche ici étudiée. Le contenu du paragraphe précédent montre qu'elle serait, dans tous les cas, inacceptable. Dans la configuration "absence de gaz" l'erreur serait tout à fait manifeste car l'énoncé simplifié sous-entend qu'à chaque instant la particule, même non observée, a une certaine probabilité de se trouver en tel ou tel lieu (disons, en toute rigueur, en telle ou telle région de l'espace, si petite soit-elle), donc est une particule localisée, ce qui nous ramènerait à la première approche et — en l'absence des mécanismes très particuliers qui sont partie intrinsèque de celle-ci — interdirait la formation des franges observées. Mais l'argument développé ci-dessus montre que la "simplification" serait une erreur même dans le cas d'une présence de gaz puisqu'elle est incompatible avec la survenue des phénomènes analogues aux interférences — phénomènes certes compliqués mais observables en principe — qui sont prévus par le formalisme appliqué à D.

De tout ceci une très importante leçon peut être tirée concernant la notion d'objectivité. Que la science soit objective, c'est là une affirmation que — contrairement à certains épistémologues ! — nous tenons ici pour incontestable. Mais lorsqu'on l'a émise on n'a pas encore tout dit car le mot "objectif" a en fait deux sens, qu'il importe de distinguer. Dans l'un, un énoncé scientifique est objectif si sa formulation ne fait intervenir que les objets mêmes sur lesquels il porte, sans aucune référence au *sujet* qui connaît, ou acquiert, ou vérifiera son contenu. Nous conviendrons de dire de tels énoncés qu'ils sont objectifs au sens fort, ou — mieux — interprétables en termes d'objectivité forte. Dans l'autre, un énoncé est objectif si sa valeur de vérité est la même pour n'importe qui : s'il est vrai pour n'importe qui ou faux pour n'importe qui. Nous dirons de tels énoncés qu'ils sont objectifs au sens faible. En physique, les exemples d'énoncés interprétables en termes d'objectivité forte pullulent : de fait, pratiquement tous les énoncés de la physique classique, ou au moins tous ses énoncés de base, sont dans ce cas, si bien que l'on a pu croire un moment qu'il n'y avait d'objectivité que de cette espèce. Mais à cette conjecture les considérations des paragraphes précédents fournissent un remarquable contre-exemple. Qu'y a-t-il, en effet, de plus fondamental, au sein de la physique contemporaine, que cette règle quantique "de Born" qui, sous sa forme la plus générale, donne les probabilités pour que si, sur un système physique préparé de telle ou telle façon, on effectue telle ou telle mesure on obtienne tel ou tel résultat ? Or il s'agit là d'une règle énoncée, manifestement, en termes d'objectivité faible et, sur l'exemple particulier de la grandeur "position", nous venons de voir que, dans le cas des "particules", elle n'est pas traduisible en termes d'objectivité forte. Conclusion : sauf à récuser la ligne de recherche majeure de la physique d'aujourd'hui au profit d'un de ces modèles ontologiquement interprétables dont on a mentionné les difficultés, il faut bien dire que l'objectivité seulement faible apparaît comme étant un des traits saillants de la physique contemporaine. Retenons sa définition :

Objectivité faible

Un énoncé est dit "à objectivité faible" quand il met la notion d'observateur en jeu mais se pose lui-même comme vrai pour n'importe quel observateur.

4-1-2. L'exemple des traces

La théorie quantique, sommairement décrite au chapitre 2, des traces produites par les "particules" dans les chambres à bulles — ou les plaques photographiques — fournit une bonne illustration du rôle de l'objectivité faible et du *prédictif d'observation* en physique quantique. A première vue — nous le notions — ces alignements de bulles nous apparaissent comme analogues aux traînées blanches laissées par un avion à réaction dans un ciel bleu. En conséquence, dans les cas où la source de "particules" est extérieure à la plaque photographique ou à la chambre, non seulement nous attribuons à chaque "particule", à l'intérieur de ce dispositif, une trajectoire bien définie (coïncidant avec la "trace" observée), mais nous n'hésitons pas à, par la pensée, prolonger cette trajectoire vers l'arrière en direction de la source de cet objet. S'il s'agit de rayons cosmiques, comme dans l'exemple mentionné au chapitre 2, nous les concevons, de ce fait, comme des objets cheminant à travers l'espace d'un mouvement rectiligne et uniforme, et qui donc occupent à chaque instant, au moins à une bonne approximation, un lieu bien déterminé. Or, on l'a dit, cette image ne s'accorde pas avec la mécanique quantique (ni d'ailleurs avec le modèle Broglie-Bohm, où le corpuscule subit à chaque instant des déviations imposées par la fonction d'onde de tout l'Univers). Et, au reste, elle est certainement inadéquate puisque dans le cas où la plaque photographique utilisée serait séparée de la source par un diaphragme percé de deux fentes rapprochées l'image en question nous conduirait à affirmer que la "particule", ayant une trajectoire, n'a pu passer que par une seule des deux fentes, ce qui ne s'accorde évidemment pas avec ce que révèle l'expérience des fentes de Young. L'explication correcte des alignements constatés n'est donc pas à chercher du côté de telles idées, quelle que soit la force avec laquelle notre intuition réaliste nous les suggère. Elle réside essentiellement dans le fait que, les conditions initiales étant données, la mécanique quantique permet de prédire ce qui sera *observé*. Elle le fait, on l'a vu, en introduisant des symboles mathématiques auxquels la coutume a donné des noms (fonctions d'onde, vecteurs d'état...) dont plusieurs, il est vrai, évoquent des images. Mais, encore une fois, ce sont des images *non fiables,* inutiles pour le calcul. Ce qu'elle fournit, en fait, ce sont les probabilités pour qu'à flux incident donné on observe, dans la plaque photographique ou la chambre, des micro-taches en tel et tel endroits. Et, comme nous le savons, le calcul montre que ces probabilités sont considérablement plus grandes pour le cas de micro-taches alignées dans la direction d'incidence que pour toute autre configuration. Autrement dit, ce que la mécanique quantique prédit c'est que l'on verra dans le dispositif des alignements (de micro-taches ou de bulles) conformes à ceux que nous observons et que nous interprétions naïvement comme des "traces". On comprend le pourquoi des guillemets mis plus haut au mot "particule" : ici, comme dans la section précédente, "particule" est, à l'évidence, un simple nom, emprunté par commodité au vocabulaire de la physique d'autrefois mais qu'il faut se garder de charger du sens qu'il avait alors. Et l'on voit aussi sur un tel exemple qu'une théorie simplement prédictive d'observations peut très valablement concurrencer une théorie descriptive quant au sentiment d'explication qu'elle est capable de nous donner.

4-1-3. Commentaires

En raison de l'orientation délibérément philosophique du présent ouvrage, des précautions ont ci-dessus été prises qui n'apparaissent que rarement dans les traités. De fait, il est déjà exceptionnel que ceux-ci mentionnent la notion de "domaine de validité" d'un concept. Et il n'en est pratiquement aucun qui fasse valoir que notre équipement conceptuel peut fort bien ne pas être complet dès le départ ; autrement dit, qu'il peut se présenter des cas où la situation n'est tout simplement pas descriptible au moyen des concepts qui nous sont familiers. En ce qui concerne le problème des interférences, ces omissions ont pour conséquence que les manuels en question — et les physiciens qui les utilisent — se trouvent portés d'instinct à — si l'on ose dire — "remplir les blancs" ; c'est-à-dire qu'ils tendent à décrire les particules au moyen de notions connues, et cela même à des moments où elles ne sont, par hypothèse, pas observables. Ceci conduit la plupart d'entre eux à prendre en quelque sorte au pied de la lettre les expressions déjà introduites de "fonction d'onde" ou de "vecteur d'état" et à considérer que dans l'intervalle entre production et observation les particules, soit « sont des ondes » soit, au minimum, « se trouvent » dans un « état » adéquatement représenté par le « vecteur » correspondant. Reconnaissons que c'est là un langage commode, indispensable même en pratique lorsque l'on a à effectuer des calculs car il dispense de longues circonlocutions qui en compliqueraient le déroulement. Mais rappelons et soulignons que conceptuellement cette manière de voir débouche inévitablement sur le problème de l'opération de mesure, qui est rendu par elle inextricable. Il en sera question plus loin. Assurément, user du langage en question permet, jusqu'à un certain point au moins, de faire l'économie de la notion d'objectivité faible. Dans le cas, par exemple, de l'expérience considérée plus haut certains préfèrent dire que l'interaction qui se produit à un certain moment entre la particule et l'écran équivaut "d'une certaine manière" à une "mesure" "effectuée" par le second sur la première ; que celle-ci "réduit" l'onde qu'*est* alors la "particule" ; qu'elle la rend ponctuelle ; et que donc la probabilité prédite par le formalisme est bien une probabilité que la particule "soit" à l'endroit qu'on considère. Mais, comme on le voit, dans un tel cadre la restauration de l'objectivité forte n'est obtenue qu'au prix de l'introduction d'idées aussi peu satisfaisantes pour l'esprit que celles de réduction soudaine de l'onde et d'assimilation arbitraire de certaines interactions à des "mesures", au demeurant mal définies. Il est bien clair que ce sont là des "incongruités ontologiques" qu'il importe d'éviter, si on le peut.

Dans cet esprit, certains physiciens théoriciens partisans de l'approche quantique "orthodoxe" (visée descriptive, sans variables cachées ni modifications de l'équation de Schrödinger) mirent, un temps, quelque espoir dans des formulations de la mécanique quantique différentes de celle-ci mais fournissant à tous égards les mêmes prévisions d'observations. L'une d'elles, utilisée depuis longtemps (en particulier en théorie quantique des champs), est connue sous le nom de "représentation de Heisenberg". Sa particularité est de représenter les observables par des "opérateurs hermitiques *dépendant du temps*". Une autre — qui, au reste, revêt plusieurs formes différentes — consiste à tenter de sauvegarder le réalisme en altérant, à certains égards, la logique. Les recherches menées en ces domaines ont permis de mieux pénétrer la structure logico-mathématique du formalisme, ce qui est d'un grand intérêt. On doit cependant constater que, pour des raisons qu'on explicitera plus loin (sections 9.5 et 9.6, remarque), à elles seules elles ne permettent pas cette restauration de l'objectivité forte dont il est ici question.

D'un autre côté, il est indéniable que — malgré cette persistante difficulté de cohérence, que les plus lucides reconnaissent — les physiciens s'en tiennent, pour la plupart, à un point de vue réaliste et descriptif qui ne peut que rendre la notion d'objectivité faible inacceptable à leurs yeux. Et, au reste, il faut concéder qu'ils disposent, pour justifier cette attitude, d'arguments qui ne sont pas à négliger. En fait, cruciale est la question de savoir si, sous une forme ou sous une autre, le réalisme objectiviste — fondamentalement axé sur la notion de description de ce qui est — ne s'imposerait pas comme une sorte d'exigence minimale de la pensée. Toutefois c'est là une problématique qui relève principalement de l'analyse philosophique. Son examen nous écarterait des données de physique observationnelle qui fondent les considérations de ce chapitre et dont d'autres éléments restent à noter. Convenons donc de le reporter au suivant, lequel lui sera consacré en entier.

4-1-4. Remarques diverses

1) L'objectivité faible de la mécanique quantique est très bien mise en lumière par la citation suivante de Niels Bohr :

> La description des phénomènes atomiques a [...] un caractère parfaitement objectif dans le sens qu'aucune référence n'est faite à un observateur individuel et que, par conséquent, [...] il n'intervient aucune ambiguïté dans la communication de l'information (Bohr, 1958).

Cette objectivité — définie par l'accord intersubjectif — diffère à l'évidence de l'objectivité forte[1] ; et, déjà dans des ouvrages antérieurs, je l'ai dénommée "faible" pour la distinguer de celle-là[2].

---

1. Son domaine de validité est plus étendu : tous les énoncés à objectivité forte de la physique peuvent être réexprimés en termes d'objectivité faible (en faisant référence aux observations correspondantes) alors que la réciproque n'est manifestement pas vraie.

2. En introduisant ce terme j'ai agi dans l'esprit des mathématiciens, qui parlent de convergences forte et faible sans que cela implique un quelconque "jugement de valeur". Mais en vérité le choix du qualificatif importe peu. Ce qui importe, c'est de reconnaître franchement la chose. Or on ne peut pas ne pas être surpris en constatant le nombre élevé des commentateurs, et même des commentateurs qualifiés, de Bohr, qui n'en conviennent qu'à demi-mot et en des termes ambigus. Il semble que, finalement, ces derniers ne parviennent pas à se résigner à l'idée que Bohr n'a pas été un réaliste.

2) On peut dire que la notion d'objectivité faible coïncide avec celle d'intersubjectivité, mais ce qu'il faut bien remarquer c'est qu'il ne s'agit pas là d'une intersubjectivité seulement partielle, comme l'est celle que philosophes et sociologues semblent viser quand ils utilisent le mot. Ce qu'ils ont, eux, présent à l'esprit c'est un accord intersubjectif relatif à des *perceptions*, c'est-à-dire à des sensations déjà très fortement interprétées (il y a là une fleur, un astre sortant des flots, un fantôme, etc.). Et ils soulignent avec raison que de tels accords relèvent grandement d'une communauté de savoirs et ne peuvent, par conséquent, être tenus pour universels. Les énoncés à objectivité faible sont, eux, au contraire, très proches de la sensation inanalysée. Ils sont du type : « dans telle et telle circonstance une sensation lumineuse est éprouvée ». Des énoncés de cette espèce ne font référence à aucune culture. Le fait qu'une certaine théorie soit fondée sur eux n'implique donc en rien qu'elle ne soit qu'un simple reflet d'une culture déterminée. Elle peut être tout aussi universelle qu'une théorie ontologiquement interprétable.

Cela dit, il peut y avoir plusieurs types d'énoncés à objectivité faible et ce sera une de nos tâches de les définir (section 4.2.4).

3) Le fait que la mécanique quantique "orthodoxe" (celle correspondant à la "deuxième approche" définie plus haut) comporte des axiomes, telle la règle de Born, dont l'objectivité est seulement faible permet d'évaluer la pertinence d'une analogie à laquelle il a été, au chapitre 1, fait appel. Il s'agit de savoir si la "révolution conceptuelle" qu'engendre la physique de notre temps peut ou non être comparée, du point de vue de son importance, à celle qu'imposa, au XVIe siècle, l'apparition de la théorie de Copernic. Dans les milieux de la recherche on penche plutôt vers une réponse négative. Beaucoup de scientifiques tendent à dire qu'en la matière il faut garder la tête froide, leur argument étant que la physique classique peut être vue comme une approximation de notre physique d'aujourd'hui, ce qui manifestement n'était pas le cas de la cosmologie géocentrique par rapport à l'héliocentrique. Mais il convient de souligner ici que cet argument est très souvent mis en avant par des tenants du réalisme physique et que dans leur bouche il n'est, en toute rigueur, pas acceptable. Il est vrai (nous le constaterons en détail au chapitre 8) que d'un point de vue opératoire les phénomènes de la physique classique s'expliquent à partir de la mécanique quantique au moyen de certaines approximations. Mais les personnes dont il s'agit ne seraient pas logiques avec elles-mêmes si elles acceptaient de ne percevoir leur science que sous un jour

opératoire. Par principe, elles aspirent à y voir une approche (progressive) du réel tel qu'il est vraiment. Or, comprise de cette manière (c'est-à-dire comme une description en termes d'objectivité forte), la physique classique n'apparaît pas du tout comme une approximation de la mécanique quantique "orthodoxe" (celle des manuels), puisque celle-ci (sauf à tomber dans l'"incongruité ontologique" notée plus haut) est à objectivité seulement faible. Si l'on adopte la manière de voir de ces scientifiques l'argument en question est donc sans valeur. Il faut en conclure que quiconque tendrait à partager les conceptions de ces derniers devrait logiquement considérer le triomphe de la mécanique quantique "orthodoxe" comme — potentiellement tout au moins — une révolution conceptuelle comparable en ampleur à la révolution copernicienne.

4) On notera bien que, comme le montre l'analyse de l'expérience des fentes de Young développée dans la section précédente, le formalisme de la mécanique quantique n'est pas, en soi, prédictif (en probabilités) d'*événements*. Il est prédictif (en probabilités) d'*observations*. Autrement dit, son innovation majeure, par rapport à celui de la mécanique classique, ne réside pas dans le fait qu'il fait intervenir des probabilités intrinsèques mais bien dans ce que ses énoncés probabilistes sont à objectivité seulement faible. Le point est d'autant plus à souligner que les commentateurs, même les plus autorisés, ne mettent que rarement l'accent sur lui. On reviendra sur la question en section 14.5.

5) Dans le prolongement de la remarque 3 de la section 3.2.3 on remarquera que l'objectivité seulement faible du formalisme permet de lever la difficulté qu'il semble y avoir à concilier la non-localité, vue comme impliquant certaines influences supraluminales, avec la relativité restreinte. Le point est que, bien entendu, n'importe quelle théorie ou pure et simple assertion peut être énoncée sous forme de simples règles prédictives d'observations (au lieu de dire "ce chiffon est rouge" on peut toujours dire que si vous, moi ou n'importe qui observions ce chiffon, nous éprouverions la sensation "rouge"), et que la relativité ne fait pas exception. Si l'on décide d'énoncer celle-ci — et plus généralement l'ensemble de notre savoir — de cette manière, la fameuse loi relativiste de vitesse finie des influences devient, comme on l'a noté, une simple loi de vitesse finie des *signaux*, et cela au sens littéral du mot "signal", lequel, en dernière analyse, renvoie aux actions humaines (et ne doit donc pas être confondu avec celui, plus général, du mot

"influence" tel que peut l'entendre le réaliste). De ce fait, dès que l'on adhère à cette manière "à objectivité faible" de concevoir la connaissance scientifique, le concept même d'une influence ne pouvant transmettre aucun signal devient un concept dénué de sens à proprement parler scientifique, et dans ces conditions le théorème complémentaire (section 3.2.3) lève bien la difficulté signalée.

6) Sur le plan philosophique la notion d'objectivité faible n'a rien de neuf. Depuis toujours — mais surtout depuis Kant — les philosophes soulignent la fragilité de toute prétention à décrire, au-delà de la simple représentation humaine, "la réalité telle qu'elle est, jusqu'en ses détails contingents". Comme nous l'avons vu, ils font observer qu'une telle prétention — qu'on lit encore entre les lignes de la plupart des textes scientifiques — ne peut être étayée par aucune *démonstration* de validité. Ils pourraient donc croire que, pour un physicien, renoncer à prétendre à toute force insérer la physique quantique dans le carcan de l'objectivité forte c'est, pour l'essentiel, tout simplement se rallier à une conception bien connue d'eux depuis longtemps. Toutefois ce jugement ne serait pas pleinement exact, car il se trouve que les philosophes minimisent eux-mêmes à l'excès la portée de leur propre observation. Ils posent en effet en principe que la représentation humaine dont il s'agit est toujours exprimable dans le *langage* réaliste, et que donc "tout se passe comme si" la réalité "en soi" était telle que décrite dans le discours du physicien classique. En la matière, ce que la physique contemporaine nous enseigne de neuf — dans la mesure où son interprétation en termes d'objectivité seulement faible s'impose à nous par son élégance formelle — c'est qu'il nous faut aller plus loin et renoncer à ce "comme si", ou tout au moins à son universalité.

4-2. Problème de la mesure et réalité empirique

4-2-1. Remarque relative à la "complémentarité"

On a cité une phrase de Bohr qui montre très clairement que sa conception de l'objectivité était celle que nous sommes convenus d'appeler *objectivité faible*. Il n'en est pas moins vrai qu'antérieurement à l'époque où cette phrase a été écrite, Bohr avait introduit sa fameuse notion de *complémentarité*, et que certains auteurs ont pensé discerner dans ce nouveau concept le moyen de construire une sorte de réalisme rénové et original.

La principale difficulté, en ce domaine, tient au fait que Bohr lui-même n'a jamais fourni "noir sur blanc" une définition explicite de la complémentarité. Mais ce qui, de toute façon, est indéniable, c'est que le mot "complémentarité", quand il apparaît sous la plume de Bohr, n'est pas à prendre au sens usuel. Quand, dans la vie courante, nous parlons de deux descriptions complémentaires d'un même objet, nous voulons dire que ces descriptions sont partielles mais nullement antagonistes. Qu'elles sont comme deux photographies prises de l'objet, l'une de face l'autre de profil, de sorte qu'il est possible de les combiner et que, tout naturellement, cela procure une connaissance plus détaillée de l'objet. Or — chacun le sait — ce n'est pas cette idée banale que Bohr donne pour référent au mot en question. Selon lui, il est certes vrai que bien qu'aucun concept classique ne couvre complètement la réalité qu'il sert à décrire, cependant chacun d'eux nous procure un certain type d'information et peut être utilisé, en liaison avec d'autres concepts (que l'on dit *compatibles* avec le premier), pour construire une certaine représentation du réel. Mais l'image ainsi obtenue n'est valable que dans le cadre de conditions expérimentales déterminées, correspondant à la possibilité de mesures conjointes des grandeurs physiques représentées par ces concepts. Elle est incompatible — contradictoire — avec celle que, sous certaines autres conditions expérimentales, il conviendrait de se faire du même réel. Impossible, autrement dit, de combiner ces deux images aux fins d'obtenir une description plus détaillée que celle offerte par chacune d'elles séparément. Si l'on voulait poursuivre l'analogie photographique, on avancerait peut-être que les choses se passent comme si l'on voulait photographier un paysage comportant des plans différents au moyen d'un appareil à très grand angle d'ouverture : si l'on focalise sur l'un des plans, l'image des autres plans est floue. Une telle analogie, cependant, serait imparfaite et même, en dernière analyse, trompeuse : car implicitement elle suppose l'existence simultanée — indépendante des décisions du photographe — de tous les objets situés en ces divers plans et des détails de configuration de ces objets ; alors que dans la conception de Bohr — bien au contraire — les détails en question et, finalement, les objets eux-mêmes sont sous la dépendance des conditions expérimentales.

Tel est le principe de complémentarité de Bohr. Comme, dans cette conception, toute description d'objet (classique ou quantique) s'exprime en termes de concepts classiques (une nécessité, d'après Bohr, pour que soit possible un échange d'informations) on pourrait être tenté de voir dans la complémentarité une sorte de retour au réalisme ; non, certes, au réalisme naïf (que réfute l'idée d'images *contradictoires*) mais, peut-être, au matérialisme dialectique et à son thème central de "contradictions dans les choses". L'expression "ontologies régionales" — empruntée à Husserl par François Lurçat (1990) aux fins d'approfondir la complémentarité bohrienne — peut d'ailleurs suggérer la même idée. Mais on doit, malgré cela, se garder de tout amalgame. Quand on réfléchit sur les conceptions de Bohr il ne faut jamais oublier le rôle essentiel qu'y jouent les conditions expérimentales, les « conditions qui définissent le type des prédictions possibles sur le comportement futur du système » pour employer les mots mêmes de Bohr. En effet, selon ce dernier, ces conditions (je cite Bohr [1935]) « constituent un élément inhérent à la description de tout phénomène auquel le terme de réalité physique » peut être attaché. Or ces conditions sont choisies par l'homme. Elle sont donc « humaines en quelque façon » comme Lurçat lui-même l'écrit (*loc. cit.*, p. 162). La "réalité physique" à laquelle pense Bohr ne peut donc en aucune manière être assimilée à une réalité "indépendante de l'homme" ou "en soi". Il s'agit indéniablement d'une réalité *empirique* ou *contextuelle*, autrement dit, d'une représentation du réel qui a en elle beaucoup d'humain. Et l'objectivité correspondante ne peut donc être que du type "faible" selon la définition donnée plus haut.

Récemment, d'intéressants développements théoriques dus à Roland Omnès (1988) ont été interprétés par leur auteur comme constituant un affinement des idées de Bohr. Il s'agit de l'introduction de la notion de "logiques partielles" et de son application à l'interprétation de la mécanique quantique. Ces travaux ayant été abondamment décrits et commentés dans d'Espagnat (1994), on se limitera ici à une brève remarque sur le sujet. Il s'agit du fait que, tout comme les théories apparentées de Griffiths (1984) et Gell-Mann et Hartle (1989), celle d'Omnès s'énonce dans un langage à tonalité réaliste. Il y est question d'événements, de suites d'événements, etc. Et, de fait, il semble qu'au départ les quatre auteurs aient, les uns explicitement visé une sorte de restauration du réalisme, les autres considéré qu'à tout le moins une telle attitude philosophique pouvait sans incohérence être conservée en tant que toile de fond, pour ainsi dire, de leur édifice théorique. Mais au fur et à mesure que leur construction progressait — et s'affinait au contact de critiques variées — il apparut de plus en plus clairement qu'une telle compatibilité était difficile à défendre. Dans l'approche d'Omnès en particulier (mais on pourrait en dire quasiment autant concernant les autres, susnommées) les "événements" microscopiques ne sont pas susceptibles en général de faire l'objet de ces propositions contrafactuelles dont on a vu (chapitre 1 et section 3.3.5) qu'elles constituent une composante essentielle du réalisme conventionnel. On a là un exemple parmi beaucoup d'autres du fait qu'en ces matières le langage de la science induit presque inévitablement en erreur l'esprit qui n'est pas sur ses gardes. Cela est dû au fait que le scientifique doit évidemment s'exprimer, qu'il le fait au moyen du langage qu'il a, et que ce langage, pour des raisons banales et évidentes, est composé de termes empruntés presque tous au réalisme des accidents.

En fait, et comme il l'a lui-même reconnu (voir la citation rapportée en section 4.1.4) c'est, en substance, dans le cadre d'une objectivité seulement *faible* (du moins en ce qui concerne le domaine du microscopique) que Bohr a toujours situé sa pensée. Il en est résulté qu'au sein de la communauté physicienne la notion de complémentarité n'a, en definitive, reçu qu'un accueil assez mitigé. Souvent saluée de façon formelle, elle n'a été que rarement utilisée et, en particulier, les théoriciens qui se sont intéressés au problème de la mesure n'y ont quasiment jamais eu recours. Pour des raisons qui apparaîtront peu à peu d'elles-mêmes nous nous conformerons, dans ce qui suit, à leur exemple.

4-2-2.   Mesure et superposition quantique

Déjà mentionnée en section 3.2.4, l'hypothèse de l'universalité de la mécanique quantique s'appuie sur des arguments très solides, dont la force nous apparaîtra de façon de plus en plus nette au fur et à mesure que nous progresserons dans notre étude. S'y ajoute la constatation que la conception réaliste-descriptiviste a, on l'a vu, la faveur de la plupart des physiciens, et que, dans son cadre, les instruments et leurs aiguilles indicatrices étant constitués d'atomes, doivent nécessairement eux aussi être des systèmes quantiques, tout de même d'ailleurs que leur environnement. Or ce caractère quantique des instruments de mesure conduit à des difficultés. Celles-ci seront analysées un peu plus en détail aux chapitres 8 et 9 (elles le sont d'une manière systématique mais faisant appel aux mathématiques dans *Le réel voilé*). Ici, je ne ferai que mentionner celle qui commande, en fait, les autres. Son caractère central tient à ce qu'elle se présente comme une conséquence directe — apparemment "inéluctable" — de ce qui constitue le pivot même de tout le formalisme quantique, à savoir *l'effet — ou "principe" — de superposition*.

Pour — sans mathématiques — esquisser les grandes lignes de celui-ci, rappelons seulement que, dans le cadre de la conception "descriptiviste" dont il s'agit, un système physique — pensons, pour fixer les idées, à un électron — est susceptible d'exister sous plusieurs états (de mouvement, en particulier), que le formalisme décrit ceux-ci par des symboles mathématiques appropriés — disons $a,b,c...$ —, conventionnellement désignés du nom de "vecteurs d'état", et qu'il arrive (chose qui n'a pas d'équivalent "classique") que tel ou tel de ces symboles soit la somme de deux ou plusieurs autres. c, par exemple, peut être égal à $a + b$, a,b et c décrivant, je le répète, trois états possibles de l'électron[1,2]. On dit alors que c est une "superposition quantique" de a et b. Si les instruments de mesure, y compris, bien sûr, leurs aiguilles indicatrices, sont des systèmes quantiques comme les autres, on peut s'attendre à ce qu'en ce qui les concerne il en aille plus ou moins de même. Ainsi par exemple, on peut imaginer une opération de mesure qui, quand elle est effectuée sur un électron dans l'état a, met l'aiguille de l'instrument dans l'état A correspondant et qui, quand elle est effectuée sur un électron dans l'état b, met l'aiguille dans l'état B. Mais alors, qu'arrive-t-il à l'aiguille quand on décide de faire la même opération de mesure mais cette fois sur un état de l'électron décrit par le symbole $a + b$? Sans surprise, le formalisme répond alors, imperturbable : « après la mesure l'aiguille doit être dans l'état A + B », état que l'on appelle "superposition quantique de A et B" (pour simplifier au maximum la notation, on a supposé que l'électron est absorbé dans la "matière" de l'instrument, hypothèse dont il va sans dire que nous devrons bientôt nous affranchir).

Or, hélas, non seulement cette réponse ne reflète pas notre expérience mais encore on ne voit pas ce que, physiquement, elle signifie ! Premièrement, elle ne reflète pas notre expérience car, lorsqu'on effectue véritablement l'opération de mesure en question sur un grand nombre de systèmes tous dans l'état c, on observe chaque fois un résultat "net et sans mystère", à savoir : tantôt A, tantôt B. Et, deuxièmement, on ne voit pas "ce que la réponse signifie" car : à quel état de l'aiguille — à quelle position

---

1. C'est à dessein que l'on n'utilise ici ni les notations ψ, f, |>, ... ni les noms attachés d'ordinaire à ces symboles. Tous, pour le "profane", sont inadéquatement suggestifs et donc générateurs de fausses énigmes et de perspectives en trompe l'œil.

2. Par exemple, a, b et c (ou, mieux: a, b et $2^{-1/2}c$) peuvent décrire trois "états de spin" (rotation propre, type toupie) de la particule autour d'axes orientés différents.

de celle-ci sur le cadran — peut bien correspondre le symbole A + B ? Manifestement à aucun !

On pourrait être tenté de considérer cet "imbroglio conceptuel" comme une invite au rejet pur et simple du formalisme, ou tout au moins comme la preuve que l'hypothèse d'universalité est intenable et que le formalisme en question n'a pas de sens en dehors de sa "zone d'utilité", la physique du microscopique. Mais ce serait faire trop bon marché de ce que des effets de superposition quantique mettant en jeu des objets macroscopiques sont observés dans toutes les situations — assez rares, il est vrai — où les calculs théoriques peuvent être menés à bien et les prévoient. Comment concilier cela avec le fait — qu'on vient de voir — que l'on n'observe jamais l'aiguille que dans un intervalle de graduation déterminé ?

La question est difficile, même si la théorie comporte un point auquel on peut espérer rattacher une explication de l'énigme. Il s'agit de ce que, au niveau quantique, les systèmes macroscopiques interagissent fortement avec leur environnement. En conséquence, quand les dimensions de l'un des systèmes en jeu approchent des dimensions macroscopiques (disons : quelque 10^{-6} cm, ou plus), son environnement ne se laisse plus oublier ; et de ce fait les dispositifs que requiert la mise en évidence d'effets de superposition quantique sont si complexes qu'ils sont toujours très difficiles à assembler. Dans l'immense majorité des cas, et en particulier dans celui des aiguilles des instruments, cette difficulté équivaut, en pratique, à une véritable impossibilité. Cette donnée est à l'origine de la théorie de la décohérence, qui retiendra plus loin notre attention. Ici, notons seulement qu'elle a la conséquence suivante. Supposons que nous écartions, "par *fiat*", tous ces tests pratiquement impossibles à faire à cause de la complexité des instruments qu'ils requerraient. Alors le formalisme théorique nous dit que dans un ensemble de mesures[1] (de quelque nature que soient celles-ci pourvu qu'elles ne soient pas de celles que l'on vient d'écarter), ce que nous verrons après qu'elles auront eu lieu sera compatible avec une description selon laquelle l'aiguille se trouve dans certaines épreuves dans la position A et dans d'autres dans la position B. Autrement dit, selon la formule célèbre, la théorie, alors, « sauve les apparences ».

Pour nettement saisir, au niveau des idées, la situation ainsi apparue le plus simple est de la comparer avec celle relative à l'expérience de pensée des "fentes de Young" en présence de gaz.

---

1. Chacune étant effectuée sur un électron différent et, en principe, par un instrument différent.

La similarité entre les deux problèmes est évidente. Dans l'un comme dans l'autre le formalisme débouche sur tout un jeu de prédictions de résultats d'observations que, *en principe*, on pourrait faire (mais parmi lesquelles il faut choisir) ; et, ici comme là, les observations dont il s'agit se regroupent pratiquement en deux familles. L'une d'elles se compose des observations susceptibles d'être effectuées très aisément : impacts sur l'écran et positions de l'aiguille indicatrice ; l'autre contient celles qu'il est très difficile, voire dans la plupart des cas pratiquement impossible de faire : mesures de corrélations faisant intervenir à la fois les particules et les molécules du gaz, et mises en évidence d'effets de superpositions quantiques impliquant simultanément l'aiguille indicatrice et son environnement. Dans les deux cas, nous avons remarqué que faire abstraction de la seconde famille permet une vision des choses conforme à nos représentations classiques. En effet, l'abstraction en question permet d'imaginer, sans contradiction démontrable avec aucune donnée expérimentale, que chaque particule, après traversée du diaphragme mais avant impact sur l'écran, se trouve "tout entière" dans l'un des deux pinceaux définis par les fentes ; et que, de même, l'aiguille est, après la mesure, soit "totalement" dans l'état A, soit "totalement" dans l'état B. Et dans les deux cas ces énoncés sont pleinement conformes au témoignage de nos yeux (absence de franges, aiguille localisée). La différence réside uniquement dans le fait que, dans le cas des particules, compte tenu de notre savoir, nous *ne croyons pas* à ce témoignage de nos yeux : nous jugeons impensable l'idée que la simple présence d'un gaz entre diaphragme et écran puisse forcer les particules à ne passer (et même, plus exactement, à "n'être passées" !) que par une seule fente. A l'inverse, dans le cas de l'aiguille, ne disposant pas du même "garde-fou conceptuel", nous nous trouvons presque invinciblement portés à croire que ce que nous voyons est d'une vérité absolue.

Sur ce point cependant un peu de réflexion doit nous inciter à être prudents. Encore une fois : lorsque je regarde un bâton obliquement semi-immergé je vois bien, à l'œil nu — "directement" ! — qu'il est brisé... alors que, cependant, je juge qu'il ne l'est pas[1]. Aussi dois-je douter de l'existence d'observations qui seraient à ce point "directes" que je serais certain qu'elles révèlent la réalité "telle qu'elle est vraiment". Il s'ensuit que, lorsque je vois l'aiguille d'un instrument s'arrêter en un certain point de la graduation, ce dont je suis sûr c'est seulement que j'ai

---

1. « Ma raison le redresse » a — superbement ! — écrit La Fontaine.

vraiment cette impression lumineuse : ce n'est pas que l'aiguille "est réellement" là où je la vois : pas, du moins, dans une interprétation ontologique du verbe "être".

4-2-3.   Notion de réalité empirique

D'un autre côté, toute la science est édifiée sur de telles données observationnelles. Considérer comme "irréels" des faits aussi massifs que la position d'une aiguille indicatrice sur un cadran équivaudrait par conséquent à un rejet catégorique de toute la connaissance scientifique et, en définitive, de tout savoir. Il est clair, dans ces conditions, que l'interprétation de la mécanique quantique qui, en un sens, s'impose à nous consiste à prendre les "impressions" dont il vient juste d'être question le plus possible "au sérieux". Que, en d'autres termes, elle est de dire qu'après une opération de mesure (toujours supposée effectuée sur un état du type de c) l'aiguille indicatrice "se trouve réellement" dans une position déterminée (A ou B). La raison qui fait que, malgré tout, une telle assertion est sensée, c'est qu'elle ne laisse pas d'être objective au sens faible : la mécanique quantique ne jette en effet aucun doute sur l'idée que vous, moi ou n'importe qui verrions l'aiguille dans une position déterminée si nous regardions l'appareil. La difficulté conceptuelle où nous nous trouvons tient seulement au fait que l'assertion n'est pas objective au sens fort. En effet, qui dit "objectivité forte" dit par là même "contrafactualité", comme on l'a vu ; alors que, on l'a vu aussi, dans le cas considéré certains tests compliqués — irréalisables, on l'accorde — paraissent concevables, qui donneraient des résultats incompatibles avec l'assertion en question. Que de tels tests soient pratiquement impossibles à effectuer ne résout pas, c'est ce qu'il faut bien voir, la difficulté rencontrée. En effet, cette notion même de "pratiquement impossible" renvoie à l'homme et à ses aptitudes. On ne peut donc pas, sans faute logique, faire appel à elle pour justifier la cohérence d'une prétendue description du réel en soi.

Si l'on croit réellement à l'universalité de la mécanique quantique on n'échappe donc pas à la conclusion que l'assertion « l'aiguille se trouve réellement, etc. » est d'une objectivité *seulement* faible. Corrélativement il faudra alors dire que l'expression « se trouve réellement » n'est pas à y prendre au sens ontologique. Puisque l'on est bien obligé de considérer qu'elle renvoie, malgré tout, à une "réalité", on devra dire qu'il s'agit d'une "réalité empirique" (ou "contextuelle"), définie (un peu "à la Kant") comme étant un ensemble de *phénomènes,* dans lesquels entre de l'humain. Nous avons déjà vu apparaître une telle notion dans le cadre de la complémentarité bohrienne. Nous constatons ici sa pertinence relativement au problème de la mesure.

D'un autre côté, affirmer ainsi que finalement la physique est le compte rendu de tels phénomènes et non la description d'une réalité en soi c'est tourner le dos au réalisme physique sous toutes ses formes. Reste par conséquent une question philosophiquement très importante : celle de savoir si oui ou non l'on peut ainsi faire fi des arguments, apparemment fort convaincants, qui plaident en faveur de ce réalisme. Ce point, redisons-le, fera l'objet du chapitre suivant.

Remarque

Ainsi donc, pour la compréhension du phénomène de la mesure, le rôle de la notion d'objectivité faible est important. Aussi importe-t-il de bien comprendre ce que cette notion recouvre. Sa différence d'avec l'objectivité forte est évidente, d'après sa définition même (section 4.1). De fait, si l'on ne craignait certaines confusions on pourrait aussi bien l'appeler "intersubjectivité". Toutefois, un point qu'il faut bien saisir c'est que cette intersubjectivité est totalement différente de la pure et simple subjectivité.

Pour voir clairement cela, revenons à l'expérience des fentes de Young (sans gaz). On lit très souvent dans les livres qu'une condition pour que, sur l'écran, des franges se forment est qu'on ne cherche pas à vérifier par quelle fente passent les particules. *Grosso modo* cette manière de s'exprimer n'est pas inexacte, mais elle fait trop appel à la subjectivité (pure et simple) et pour cette raison elle est ambiguë. Ainsi, imaginons que nous cherchions effectivement à détecter les particules passant par l'une des fentes et supposons que notre essai soit négatif : que nous n'en détections, en fait, aucune. En conclurons-nous que dans ces conditions *il doit y avoir* des franges sur l'écran ou dirons-nous que ce qui compte c'est le fait que nous nous sommes honnêtement efforcés de repérer les particules en question, et que donc il n'y a pas de franges ? En fait, de la manière dont le problème nous est posé nous n'avons pas assez d'éléments pour en décider. Si le manque de détection a été dû au fait que notre appareil détecteur, mal orienté, n'a pas interagi avec les particules, les franges doivent être là. Si, au contraire, il a été provoqué par le mauvais fonctionnement d'un élément quelconque interne à l'appareil en question, il ne doit pas y avoir de franges. Autrement dit, ce qui détermine l'apparition, ou non, de franges ce n'est aucunement la subjectivité de l'observateur. C'est la disposition physique de l'ensemble de l'appareillage.

Alors, objectivité forte ? Non point. Les raisons exposées au début du chapitre interdisent cette conclusion. Certes un résultat de mesure — la position, disons, d'une aiguille sur un cadran — n'est pas (nous venons de le constater) sous la dépendance d'une subjectivité individuelle. Il appartient au domaine public. Mais ce qu'il faut avoir bien présent à l'esprit c'est que dans l'expression "domaine public" il y a, précisément, le mot "public", lequel renvoie à une collectivité de *personnes,* observateurs ou acteurs. En définitive, c'est là l'essence même de la notion d'objectivité seulement faible. Beaucoup des physiciens qui traitent de la mécanique quantique n'ont pas une vue nette de ceci. Pour eux, la notion même de "résultat d'une mesure" implique l'idée que ce résultat est ce qu'il est tout à fait indépendamment de *l'existence même* d'être susceptibles de le percevoir, autrement dit qu'il est objectivement réel au sens de l'objectivité forte. S'ils avaient raison cela signifierait évidemment que le réalisme physique est une conception devant être tenue pour démontrée, et plus précisément que l'accord intersubjectif en prouve la véracité. Au chapitre suivant nous constaterons toutefois qu'il n'en va pas ainsi, que l'accord en question ne fournit pas la preuve supposée, et donc que rattacher les résultats de mesure à une notion de réalité seulement empirique est une démarche cohérente.

4-2-4. Deux types d'objectivité faible

Les "tests compliqués" dont il a été question et qui, s'ils étaient pratiquement faisables, révéleraient la superposition quantique des états finals de l'aiguille sont, je le répète, d'une complexité inimaginable et dans l'immense majorité des cas, pratiquement impossibles à faire (ils devraient mettre en jeu non seulement l'objet "mesuré" et l'instrument de la mesure mais encore toutes les molécules d'air les ayant frôlés, etc.). On peut, en revanche, songer à beaucoup d'autres tests plus simples, qu'on ne fait pas en général mais qu'on pourrait faire en pratique (comme de contrôler la position de l'aiguille à l'aide d'un appareil annexe, etc.). Or, même dans les cas qui nous intéressent (cas du type *c,* voir plus haut), les résultats de ces tests seraient *tous compatibles* avec l'idée que l'aiguille est sur tel ou tel intervalle de la graduation. Autrement dit, cette dernière idée (que l'aiguille est à tous les coups dans un état bien défini) est conciliable avec la condition de contrafactualité imposée par le réalisme sous la seule réserve — capitale du point de vue logique mais néanmoins des plus "académiques" du point de vue du "praticien" — que soient exclus du domaine contrafactuel certains tests en pratique impossibles à faire. Nous exprimerons ceci en disant que les énoncés correspondants ont une valeur de vérité (vérité ou fausseté) *empirique forte*, ou qu'ils sont *empiriquement* vrais (ou faux). Leurs référents (objets de l'expérience quotidienne, champs classiques, etc.) sont les éléments qui composent notre réalité *empirique* ou *contextuelle* telle qu'elle vient d'être définie.

Ces énoncés "empiriquement vrais" passeraient pour des assertions à objectivité forte aux yeux de qui ignorerait la physique quantique ou ne tiendrait pas cette théorie pour universelle. Dans notre terminologie il est donc approprié de nettement les distinguer des énoncés dont l'*objectivité faible* est manifeste par construction : ceux, définis plus haut (section 4.1), qui sont explicitement formulés en termes de prédictions d'observations. De ces derniers — dont certains figurent, on le sait, parmi les "axiomes" de la mécanique quantique conventionnelle — nous dirons donc, pour les distinguer des premiers, qu'ils sont *épistémologiquement* vrais (ou faux). Ici, l'adverbe "épistémologiquement" signifie une opposition à l'ontologie plus forte qu'"empiriquement". Le radical *épistémo-* sert à marquer clairement la référence *explicite* à la connaissance humaine que comportent de tels énoncés, référence rendant manifeste l'impossibilité de toute interprétation ontologique.

4-3. Les "règles quantiques" et la "chaîne de von Neumann"

Dans ce chapitre il nous a été donné de constater que ce qui différencie fondamentalement la mécanique quantique de la physique classique ce n'est pas tant la présence de probabilités dans ses axiomes que le fait que cette mécanique n'est pas descriptive mais bien seulement prédictive (de résultats d'observation). On peut dire qu'en conséquence son "noyau dur" se réduit à un jeu de règles. Rappelons ici combien le principe de celles-ci est simple.

Dans une première étape on rassemble toutes les impressions qu'on a eues à un moment donné t_0 relativement à ce qui nous apparaît comme étant un "système physique" et on "code" ces informations au moyen d'un symbole mathématique qui, si ces informations ont la précision maximale envisageable, prend la forme d'une "fonction d'onde" (ou "vecteur d'état") définie au temps t_0. Dans une deuxième étape on calcule, au moyen de l'équation de Schrödinger, ce que devient cette fonction d'onde à l'instant t auquel a lieu la mesure de la grandeur à laquelle on s'intéresse. Et dans une troisième on calcule la probabilité que l'on a d'avoir l'impression de lire telle ou telle valeur sur l'instrument utilisé pour la mesure, ce calcul étant fait par application d'une formule, la "règle de Born", qui, au même titre que l'équation de Schrödinger, doit être considérée comme partie intégrante du jeu des règles en question.

Assurément, si ces règles sont simples à énoncer cela n'implique pas qu'elles soient, telles quelles, d'une application à la fois facile et automatique. En particulier, formulées comme ci-dessus elles suscitent tout de suite la question : « Que devons-nous, initialement, incorporer dans "le système" ? » La réponse est — en principe — « tout ce sur quoi portera notre impression (autrement dit notre "prise de conscience") ». Or ceci soulève tout de suite une difficulté car il faut bien se rendre compte que cette prise de conscience porte essentiellement sur l'instrument et que celui-ci, macroscopique comme il l'est, est chose complexe. Devons-nous incorporer ses paramètres dans la fonction d'onde initiale ? Heureusement, un simple examen du formalisme mathématique montre que ce n'est pas nécessaire et qu'on ne risque pas de modifier le résultat si au lieu de procéder à cette incorporation, on fait comme si l'instrument lui-même était le "sujet percevant". *A fortiori*, il découle du même examen que, dans l'écriture de la fonction d'onde, on n'a pas à introduire des paramètres relatifs à la structure de l'œil de l'observateur, des neurones de son nerf optique, etc.

De fait, dans cet ordre d'idées le formalisme en question fournit une information plus générale. Supposons, par exemple, que l'on ait affaire à un système composé constitué d'un microsystème S (une particule, un atome...), d'un instrument de mesure I réglé de telle sorte que la position L de son aiguille indicatrice soit corrélée avec la valeur G d'une grandeur appartenant à S, d'un deuxième instrument I' réglé de façon que son aiguille L' prenne une position corrélée avec celle de L, d'un troisième instrument I" programmé de même à l'égard de L', etc., jusqu'à, finalement, un instrument I_f dont on observe l'aiguille indicatrice. En physique classique l'observation en question nous informerait, indirectement, de la valeur que la grandeur G possédait, avant toute mesure, sur S. En physique quantique le problème est de calculer avec quelle probabilité on aura l'impression d'indirectement percevoir, grâce à I_f, telle ou telle valeur de G. Le formalisme montre que, pour ce faire, on peut, en principe, procéder de diverses manières équivalentes. On peut, par exemple, incorporer les paramètres de I et de I' dans la fonction d'onde et traiter le grand système macroscopique composé de I",...,I_f comme s'il était le "sujet percevant". Ou on peut faire de même en laissant I du "côté quantique" — du côté de la fonction d'onde — et en mettant I' du côté "sujet percevant". Ou enfin, et c'est le plus simple, on peut ne mettre que S du côté quantique, ce qui revient à ne pas du tout faire intervenir dans la fonction d'onde initiale les paramètres des instruments. Tout se passe alors comme si le grand système macroscopique composé des I,I',I",...,I$_f$ constituait le "sujet percevant". Cette équivalence de principe entre divers procédés de calcul a été pour la première fois signalée par von Neumann et la suite des I,I',I",...,I$_f$ se nomme pour cette raison "chaîne de von Neumann".

En revanche, bien entendu, si on se posait la question plus générale de savoir, par exemple, quelle corrélation on observerait (au moyen d'instruments appropriés) entre telle ou telle grandeur de S et telle ou telle grandeur appartenant à I, mettre I du "côté classique" ne serait pas approprié. Il faudrait, pour faire le calcul, utiliser une fonction d'onde faisant figurer les paramètres aussi bien de I que de S.

Enfin, en ce qui concerne les règles quantiques notons que, selon la convention adoptée dans ce livre, si leur jeu inclut bien celle donnant la probabilité d'observation de telle ou telle valeur (d'une quantité physique quelconque) lorsqu'on connaît la fonction d'onde (la "règle de Born généralisée"), en revanche il n'inclut pas le procédé de calcul auquel allusion a été faite en section 4.1.3 et qui porte le nom de "réduction de l'onde" (ou "de la fonction d'onde"). La précision n'est pas inutile car, dans beaucoup de textes, les deux sont décrits de concert et ne sont pas bien distingués. En fait, si le procédé en question est souvent utile il n'est jamais indispensable (en section 3.1 on a déjà vu sur un exemple comment on peut en faire l'économie), et de plus, il pose des problèmes d'interprétation considérables, comme on le constatera dans les chapitres 8 et 10. Ce sont là les raisons qui motivent, ici, sa mise à l'écart du jeu des règles fondamentales.

Tout ce qui précède confirme, s'il en était besoin, que l'analyse des fondements de la mécanique quantique renouvelle la question philosophique du réalisme et la rend plus brûlante qu'elle ne le fut jamais. Il n'est donc que temps que nous l'abordions.

5

Physique quantique et réalisme

5-1. Objectivité forte et réalisme

Plus haut, il a été noté que l'idéal d'un compte rendu "objectif au sens fort" de l'ensemble des phénomènes reste très vivace encore aujourd'hui. Pour une part cela tient à ce que cet idéal n'est aucunement "purement instinctif" . Bien au contraire, il s'appuie sur des arguments dont on ne peut nier qu'ils ont du poids et auxquels il convient de porter attention. Tel est l'objet de ce chapitre.

5-1-1. Réalisme objectiviste et contrafactualité

Certains philosophes définissent le réel comme ce sur quoi on peut agir. Mais la définition ne saurait être prise à la lettre puisqu'elle implique que les étoiles n'existent pas ! Il faut donc l'élargir, et cela suppose l'introduction du conditionnel. Au titre d'élément minimal de définition de ses vues, le réaliste objectiviste pose donc que "est certainement réel ce sur quoi on pourrait agir ou qui pourrait agir sur nous".

Assurément, cet élargissement paraît tout à fait naturel. Quand nous pensons à l'existence réelle d'une chose nous avons tous, intuitivement, une telle idée présente à l'esprit. Il convient pourtant de noter que les propositions conditionnelles relèvent de la logique modale, c'est-à-dire qu'elles échappent à la logique formelle *classique*. La logique modale, en effet, est une branche de la logique formelle dont le développement est relativement récent, et la logique des propositions conditionnelles, qui s'y rattache, est plus encore dans ce cas. Cette simple remarque est déjà une indication du fait que le réalisme objectiviste, s'il est l'attitude philosophique de beaucoup la plus répandue, est cependant une conception qui, finalement, est moins "évidente et élémentaire" qu'elle n'en a l'air. Cherchons donc à la préciser. On peut le faire en notant que quand le réaliste objectiviste dit qu'une chose — ou une propriété quelconque d'une chose — est "réelle" cela implique, dans son esprit, la vérité de propositions telles que "si l'on faisait telle ou telle observation — ou "mesure", ou, plus généralement, "opération" — *que, en réalité, on ne fait pas*, on observerait ceci ou cela. Le caractère distinctif d'assertions de ce type réside dans le "que, en réalité, on ne fait pas". C'est pourquoi (nous le savons déjà) on parle, à leur sujet, de propositions *contrafactuelles*.

Toutefois, malheureusement pour ce réaliste, dans le formalisme de la mécanique quantique de telles propositions contrafactuelles trouvent mal leur place en général. Ce formalisme est très puissant quand il s'agit de répondre à des questions telles que "si, grâce à une mesure, on acquiert la certitude qu'un système physique a une certaine propriété, qu'en déduit-on ?". Mais il ne nous garantit aucunement que l'information ainsi obtenue aurait également été vraie si l'on avait fait une mesure autre que celle qu'on a, de fait, effectuée : et cela — chose surprenante ! — même si nous pouvons démontrer par des arguments apparemment convaincants que la mesure en question n'a pas perturbé le système[1]. Telle est l'origine des tensions entre physique quantique et réalisme objectiviste. Mais quoi qu'il en soit de celles-ci, il reste que la contrafactualité est bien le noyau, non certes de toute espèce de réalisme, mais de ce réalisme-là.

En vue des discussions qui suivront, notons enfin que la contrafactualité inhérente à ce réalisme impose évidemment aux énoncés à objectivité forte une très stricte condition de validité : ils doivent être tels que ne soit fausse aucune des conséquences qu'ils entraîneraient si le système sur lequel ils portent était ultérieurement soumis à une quelconque des épreuves qu'il peut éventuellement subir.

5-1-2. De l'argument du "non-miracle"

Mais — diront certains — pourquoi ces arguties ? Dans le domaine, au moins, du macroscopique l'idée de réel n'est-elle pas, de toutes, la plus claire et n'existe-t-il pas une quantité d'arguments simples, élémentaires, qui rationalisent cette évidence ? Etrangement, la réponse est "non", comme les philosophes le savent bien. Il n'est sans doute pas inutile de montrer rapidement en quoi une telle rationalisation se révèle plus délicate qu'il ne semble au premier abord.

L'argument réaliste le plus convaincant en apparence, celui qui, en un sens, résume tous les autres, est connu sous le nom

---

1. L'étude du "problème E.P.R." (problème, dit "paradoxe", d'Einstein, Podolsky et Rosen) permet d'illustrer très clairement ce point : cf. *Le réel voilé*, chapitre 9 et, ici, section 7.1.1.

d'*inférence vers la meilleure explication,* et aussi sous celui, peut-être un peu trop "percutant" mais évocateur, d'*argument du non-miracle.* Il vise à justifier le réalisme des accidents. Ses tenants se fondent sur le fait, unanimement reconnu, que si une théorie scientifique permet de faire un très grand nombre de prédictions et si pratiquement toutes ces prédictions se trouvent confirmées dans les faits, ceci engendre une présomption extrêmement forte de justesse de la théorie ou d'une théorie équivalente. Bien entendu, notre raison d'estimer qu'il en va ainsi est que ce serait une coïncidence inouïe, un vrai miracle, si toutes les prévisions que nous déduisons de la théorie se trouvaient tomber juste par le simple fait du hasard. Or, font remarquer les tenants en question, des prévisions en nombre immense sont faites à longueur de journée par des milliards d'individus sur la base de la "théorie" que les objets physiques existent, ont telles et telles propriétés, etc. Et ces prévisions tombent juste quasiment toutes. Comment ne pas voir là une éclatante confirmation du bien-fondé de la théorie en question ?

Mais, de fait, l'argument n'est convaincant qu'en apparence. C'est la mention "ou d'une théorie équivalente" qui le rend, en définitive, inopérant. Cette mention — qui, manifestement, s'impose du point de vue de la logique — appelle ici la question : « dans le problème qui nous occupe existe-t-il une théorie différente du réalisme des accidents, *non* fondée sur l'idée que les objets existent par eux-mêmes avec telles ou telles propriétés, mais fournissant, elle aussi, les fameuses "prévisions en nombre immense" dont il s'agit ? ». Or la réponse est « oui ». On sait maintenant que, conçue comme universelle, la mécanique quantique "standard" (sans variables cachées postulées) est une telle théorie. En effet, cette mécanique ne comporte aucunement dans ses "axiomes" l'idée que les objets physiques existent par eux-mêmes séparément les uns des autres — avec formes, positions, etc., bien spécifiées. Et cependant il peut être montré (voir par exemple la référence Omnès [1994b] et plus généralement la théorie de la décohérence dont il sera question plus loin) qu'elle constitue pour les objets à notre échelle une théorie *équivalente* à la "théorie du sens commun", celle qui veut, justement, que ces objets aient, à chaque instant, existence individuelle, formes, positions, etc. "Equivalente" n'est, bien sûr, pas à prendre ici au sens d'équivalence "ontologique" mais veut seulement dire (et cela nous suffit) qu'elle conduit *aux mêmes prédictions d'observations.* En conséquence, contrairement à ce que l'argument du non-miracle semblait montrer, le succès des prédictions dont il s'agit ne prouve pas que la théorie du sens commun est la bonne. Ce peut être la physique quantique.

Et pourtant l'argument du non-miracle semble *a priori* aller tellement de soi qu'il s'élabore spontanément dans notre esprit, alors même que nous nous croyons en train de penser à tout autre chose qu'à une justification du réalisme objectiviste ! Aussi son échec ci-dessus prouvé en la matière soulève-t-il à bon droit quelques questions. Deux de celles-ci seront ici très brièvement mentionnées.

Première question : cet échec était il démontrable *a priori*, c'est-à-dire sans référence à cette "théorie équivalente" qu'est la mécanique quantique, par le moyen d'une argumentation exclusivement philosophique ?

Nombre de philosophes estiment, semble-t-il, que tel est le cas. Un de leurs arguments (voir par exemple J.Worall [1989]) est que le parallélisme sur lequel l'argument repose est moins rigoureux qu'il ne semble. Si l'explication des orbites planétaires fournie par Newton nous apparaît si convaincante c'est parce qu'elle explique plus que ces orbites elles-mêmes : elle rend compte de la pesanteur, du mouvement de la Lune, des marées, du retour de la comète de Halley, etc. Autrement dit, elle se trouve confirmée par des observations indépendantes qui en vérifient la valeur (pour un partisan de la cosmologie de Descartes, par exemple, la comète de Halley n'avait aucune raison de revenir à telle date plutôt qu'à telle autre). Or, en ce qui concerne le fait que le réalisme des accidents "explique" nos succès de la vie courante on ne voit guère quel pourrait être l'équivalent de confirmations de cette sorte.

L'objection est sensée mais on est en droit d'estimer qu'elle n'est pas rédhibitoire. Elle conteste la valeur de l'explication réaliste mais s'en tient là, sans proposer aucune explication de remplacement. On reviendra sur elle en section 13.3.3.

Une autre objection "purement philosophique" à l'argument du non-miracle repose sur la constatation que, de toute manière, ce qui est observé doit être interprété (ainsi : il serait faux de dire que le Soleil gravit le matin les collines de l'Est et plonge, le soir, dans les flots de l'Ouest), et que, en conséquence, la réalité que l'argument a à prouver est celle des entités *introduites* par nos théories interprétatives (intuitives ou élaborées). Dans le cadre du réalisme — aussi bien "des accidents" que "einsteinien" — il découle de là une évidente critique de l'argument considéré, fondée sur le fait qu'à la suite de révolutions théoriques (ou de simples évolutions des mentalités) les entités dont il s'agit changent quelquefois (et du tout au tout !) de nature. Que, encore une fois, l'on songe au remplacement de la théorie newtonienne par la relativité générale. Dans la conception réaliste, de tels bouleversements impliquent une révision déchirante de notre description du monde, puisque telle entité qui dans la théorie ancienne paraissait fondamentale et donc éminemment réelle — dans l'exemple : la force de gravitation — apparaît tout à coup comme inexistante. On comprend que des réalistes en soient venus à mettre en doute le caractère cumulatif de la science (cette question est reprise au chapitre 11). Il y a même des cas où, pour le réaliste, la situation est plus embarrassante encore. Ce sont ceux dans lesquels le formalisme mathématique de la théorie — le formalisme qui permet les prévisions observationnelles — s'exprime en deux (ou plusieurs) structures différentes, mettant en jeu des entités elles-mêmes toutes différentes, mais débouchant quand même sur exactement les mêmes prévisions. Dans une telle configuration les personnes convaincues par l'argument du non-miracle de la véracité du réalisme sont dans la position de l'âne de Buridan : elles n'ont aucun moyen rationnel de décider si c'est le jeu des entités correspondant à la première ou à la seconde structure qui décrit la réalité.

En conclusion on peut donc dire que oui, effectivement, à elle seule la philosophie permet déjà de minimiser sérieusement le poids de l'argument du non-miracle. Mais ses arguments à cet effet sont, on vient de le voir, essentiellement négatifs. Leur existence n'enlève donc rien à l'intérêt que présentent en la matière l'existence de la théorie quantique et le fait que celle-ci est un vrai substitut prévisionnel au réalisme des accidents.

Seconde question : le caractère non convaincant de l'argument du non-miracle lorsqu'il s'agit de justifier le réalisme objectiviste doit-il nous inciter à renoncer à toute espèce de réalisme et d'explication réaliste ?

La réponse est "non", et cela pour une raison que la section suivante explicitera.

5-1-3. De la nécessité du réalisme ouvert

Les objections philosophiques au réalisme qui viennent d'être rapportées font implicitement référence au fait que le réaliste fonde son explication du succès de nos prévisions sur ce que les objets sont, "réellement comme ceci" ou "réellement comme cela". Autrement dit ces objections renvoient au caractère *descriptif* du réalisme. Elles visent essentiellement "l'inférence vers la meilleure explication" qu'on prétend fonder sur ses descriptions. Mais dans le réalisme, compris au sens large, il n'y a pas que cet aspect-là.

Dans le cadre d'un prolongement de la discussion qui précède nous ne parlerons plus, maintenant, de "meilleure explication". Nous focaliserons notre attention sur l'argument "pro-réalisme" présenté sous la forme : "ce serait vraiment un miracle si…". Notre réponse à la "seconde question" ci-dessus posée (en fin de la section précédente) sera alors "non" ; et nous la fonderons, justement, sur le fait que, formulé ainsi, l'argument en question ne fait aucunement appel à la notion de "description". Certes, au vu des objections ci-dessus notées l'argument du non-miracle s'avère toujours impuissant à justifier les réalismes conventionnels (le réalisme des accidents et le réalisme einsteinien), réalismes qui reposent sur le postulat d'existence d'éléments de réalité spécifiques et bien désignés. Mais il n'en résulte aucunement que l'argument dont il s'agit est sans portée.

On a noté que la mécanique quantique conduit, en ce qui concerne les phénomènes courants, à des prédictions observationnelles équivalentes à celles des réalismes conventionnels et permet donc de faire l'économie du postulat de la réalité intrinsèque *des objets* et *des attributs*. Mais si, effectivement, elle conduit à ces prédictions et par conséquent à ce résultat, c'est parce qu'elle comporte des lois. Or, qu'elles soient descriptives ou seulement prédictives, ces lois furent *découvertes*[1] et non pas inventées. Plus exactement, même s'il est vrai que les hommes leur ont donné une certaine forme qui pourrait être différente, celle-ci ne pourrait être *arbitrairement* différente. Autrement dit, il y a quelque chose qui modère les pulsions imaginatrices de notre créativité. Comme déjà noté ailleurs, nos équations seraient plus simples si le champ électrique était un scalaire plutôt qu'un vecteur mais objectivement tel n'est pas le cas. Opérer "par *fiat*" une substitution de ce type détruirait l'accord de la théorie avec l'expérience. Les lois de la physique ne dépendent donc pas totalement de nous, ce qui signifie qu'elles dépendent aussi d'autre chose. En fait, nier radicalement l'existence de cet "autre chose", dire que la notion correspondante n'a pas même de sens, ferait immédiatement surgir de fort sérieuses difficultés conceptuelles (dont une analyse sera entreprise au chapitre 17) relativement à la nature, et à l'existence même, de ces lois. En définitive par conséquent, même si le postulat "il n'y a pas perpétuel miracle" est impuissant à justifier les réalismes conventionnels, il constitue un

---

1. Ce qui, bien entendu, ne signifie pas qu'elles ont émergé, purement et simplement, de l'expérience. Comme nombre d'auteurs le soulignent à juste titre, l'imagination a été nécessaire pour les façonner. Mais le point essentiel est que ne furent conservées que celles d'entre elles que corroborèrent les faits.

argument valable lorsqu'il s'agit de justifier l'idée que la notion de réalité indépendante a un sens, autrement dit le réalisme que nous avons appelé "ouvert".

5-2.   L'accord intersubjectif

En parallèle à l'argument "du non-miracle" il en existe un autre qui, lui aussi, semble à première vue démontrer la validité du réalisme des accidents mais dont — de même — on peut montrer par référence à la mécanique quantique qu'en dernière analyse il ne fournit pas cette démonstration. Il s'agit de celui fondé sur l'accord intersubjectif. C'est lui que nous étudions maintenant. Précisons tout de suite qu'ici nous nous intéresserons seulement à l'accord intersubjectif concernant l'observation de données contingentes. Il s'agit simplement du fait que lorsque, par exemple, il y a une théière sur la table nous sommes tous d'accord pour juger qu'il y a là une théière et une seule.

5-2-1.   Discussion philosophique

L'accord intersubjectif ainsi entendu est un fait d'expérience dans lequel on est, *a priori*, tenté de voir une preuve décisive de la validité du réalisme objectiviste, car si Anne et Benoît affirment que, vers les cinq heures, ils ont vu une théière sur la table, l'hypothèse qu'il y en avait, à ce moment-là, *réellement* une a tout l'air d'être la meilleure explication imaginable de cette convergence de jugements. Si (comme apparemment le voudraient les tenants des diverses Ecoles opposées à ce réalisme) l'énoncé "la théière *existe réellement*" n'avait, pour Anne, pas d'autre sens que celui d'expliciter la manière dont elle organise mentalement certaines de ses sensations (et même chose pour Benoît, bien entendu), alors le fait qu'ils ont éprouvé tous les deux la même sensation au même moment serait énigmatique : comme une sorte de miracle, constamment renouvelé dans toute vie en société. Le raisonnement est si simple qu'il paraît difficile à réfuter.

Et cependant les philosophes ont mis au point deux objections à son encontre. La première — appelons-la (1) — repose sur le fait que l'explication proposée se fonde sur des similarités postulées entre les images mentales d'Anne et le monde réel R d'une part, les images mentales de Benoît et ce même monde réel R d'autre part. Pour que l'explication soit valide il faudrait donc qu'une relation cause-effet existe entre R et les images mentales d'Anne (ainsi, bien sûr, qu'entre R et les images mentales de Benoît). Or R n'est, lui-même, nullement observé, ni même, en soi, observable. *R* ne fait pas partie des phénomènes mais bien des noumènes, pour parler le langage de Kant. L'explication "type théière" nous emmène donc très au-delà de ce qui est bien établi concernant le domaine de validité de la notion de causalité, puisqu'on ne peut espérer vérifier celle-ci qu'en ce qui concerne des relations de phénomène à phénomène.

Dans le fond, l'autre objection — appelons-la (2) — se rattache à l'objection (1), mais elle en diffère dans la forme. Elle n'est autre, en définitive, qu'une transposition de celle déjà rencontrée plus haut à propos de "l'argument du non-miracle" (section 5.1.2). Elle se fonde sur le principe que pour qu'une explication en soit véritablement une — pour qu'elle ne soit pas purement *ad hoc*, c'est-à-dire du genre "vertu dormitive" — il faut que l'*explicans* rende compte, en fait, de plus de "types de phénomènes" que de, seulement, celui qu'il s'agit d'expliquer. Or tel n'est pas le cas ici. Pour "expliquer" l'accord intersubjectif on invoque l'idée d'un réel premier par rapport aux phénomènes alors que l'on n'invoque cette idée-là dans aucune autre proposition d'explication ; et qu'en particulier elle n'intervient dans aucune de celles que la science élabore, lesquelles sont toujours de phénomène à phénomène.

Ces deux objections sont sensées mais on est en droit, cependant, de considérer qu'elles sont de nature à ne pas convaincre tout le monde. L'une et l'autre — la première, manifestement, la seconde, indirectement, — se fondent sur la distinction entre phénomènes et noumènes. Elles ne persuadent pas, par conséquent, le réaliste objectiviste qui nie, dès le départ, cette distinction. En outre, comme en ce qui concerne les objections philosophiques à l'argument du non-miracle, on remarque que ni l'une ni l'autre n'offre une quelconque explication de rechange[1]. Aussi est-il *a priori* bien raisonnable d'estimer qu'elles ont, au total, moins de poids que le sentiment intuitif — mais universellement répandu, y compris chez les scientifiques — selon lequel l'accord constaté entre nous tous à chaque instant relativement aux objets et événements que nous voyons prouve sans contestation possible, avec la netteté de l'évidence, qu'ils sont réels.

---

1. Curieusement, peu de philosophes se sont penchés sur ce problème. Dans la littérature correspondante, seul l'accord intersubjectif relatif aux notions générales ou mathématiques est extensivement discuté. Certes, il y est expliqué que nous avons tous la notion de triangle parce que nous sommes tous similairement constitués. Mais on ne saisit pas comment le fait qu'Anne et Benoît sont similairement constitués explique qu'ils voient tous deux une théière au même endroit. Seul, peut-être, parmi les philosophes, Husserl s'est intéressé à la question dans la cinquième des *Méditations cartésiennes* (1969). Mais son analyse est si complexe et, pour tout dire, si embrouillée qu'il est difficile de la tenir pour concluante.

5-2-2. Discussion scientifique

Du point de vue scientifique le problème, toutefois, requiert un surcroît d'attention. A cet effet, commençons par rendre l'argument réaliste "de base" plus accessible à l'analyse en le reformulant en termes de possibilités de prédictions (cf. *Le réel voilé*, p.31). Il s'énonce alors comme suit :

« Si Anne croit au réalisme objectiviste elle juge que la théière est réellement sur la table et que Benoît, par conséquent, la voit aussi à cet endroit. Elle peut donc prédire que lorsque qu'ils viendront à se rencontrer leurs souvenirs de l'événement (les notes, disons, prises dans leurs carnets) coïncideront : prédiction qui se trouve, effectivement, vérifiée. Alors qu'au contraire, si elle ne croyait pas à l'existence, indépendante d'elle, des objets, elle n'aurait aucune raison de supposer que Benoît, lui aussi, voit la théière sur la table. Rien ne l'inciterait donc à faire cette prédiction et, lors de la comparaison des notes prises dans les deux carnets, la constatation de la coïncidence ne pourrait être, pour elle comme pour Benoît, qu'une surprise inexplicable. Le réalisme (objectiviste) est donc bien une explication : *l'explication.* »

Aux yeux du physicien quantique ce n'est aucune des deux objections philosophiques précédemment examinées, c'est ce "rien ne l'inciterait donc" qui est le point faible de l'argument. Certes, si Anne ne dispose ni du réalisme objectiviste *ni d'une théorie équivalente quant au point précis qui nous intéresse*, elle doit, effectivement, juger que la coïncidence constatée est inexplicable. Mais[1] elle n'éprouvera aucunement ce sentiment si elle connaît une théorie de remplacement prédisant la coïncidence. Or ici encore la mécanique quantique, si on admet qu'elle est universelle, remplit l'office, car elle est justement une telle théorie. Pour s'en convaincre il suffit de remplacer la théière par l'aiguille indicatrice de l'instrument de mesure considéré dans la section 4.2.2 et de supposer qu'Anne et Benoît observent cette aiguille après que l'on a fait interagir l'instrument avec un électron initialement préparé dans l'état quantique $a + b$ (selon les notations utilisées dans cette section). Dans un tel cas, le formalisme quantique ne permet pas, comme on le sait, de prévoir à l'avance ce qui sera observé. Mais ce qui nous importe c'est que, on l'a vu, son contenu observationnel émane de ses règles de prédiction sans qu'il y ait aucun besoin de faire appel à la "conjecture réaliste" que l'aiguille est toujours et nécessairement dans une position bien définie. Ce contenu nous autorise seulement à affirmer que lors d'une

---

1. Comme déjà noté dans *Le réel voilé* (sections 1.4 et 14.9).

observation de l'appareil l'aiguille *sera vue* soit dans l'état A, soit dans l'état B (et donne les probabilités correspondantes). Mais en revanche il fournit avec certitude (c'est ce qui est ici à retenir !) la prédiction qu'Anne et Benoît verront tous les deux l'aiguille dans le même état : ou bien ils la verront tous les deux dans l'état A, ou bien ils la verront tous les deux dans l'état B, mais les formules donnent une probabilité égale à zéro pour que l'un d'eux la voie dans l'état A, l'autre la voyant dans l'état B. Autrement dit : le formalisme prédit l'accord intersubjectif. Et il le fait sans aucunement impliquer l'idée qu'antérieurement aux observations l'aiguille "est réellement" dans l'état observé (en section 16.2.1, à propos du phénoménalisme et de l'opérationnalisme, nous utiliserons ce résultat).

5-2-3. Discussion de la discussion

Il est intéressant d'expliciter un peu ce qui fait que le formalisme implique effectivement l'accord intersubjectif. Pour cela, rappelons-nous en premier lieu qu'il n'y a pas d'observation vraiment "directe". Même lorsqu'il s'agit d'observer une théière ou l'aiguille d'un instrument, l'observateur se sert toujours de photons et de ses yeux (voire de lunettes s'il est myope) en tant qu'instruments auxiliaires. Et notons que, donc — du moins selon l'hypothèse d'universalité (étudiée plus à fond en section 6.5) — le problème est conceptuellement le même quelles que soient les dimensions de, disons, l'aiguille. Simplement, si celles-ci sont trop petites les instruments auxiliaires devront être choisis de manière appropriée. Si "l'aiguille" se réduit à un seul électron, Anne et Benoît devront utiliser ceux qui conviennent pour la mesure de la position d'un électron. Les équations correspondant à ces mesures peuvent être écrites et elles montrent que les indications fournies par ces deux instruments coïncideront. Il est vrai que dans le cas de l'électron ce traitement nous oblige à penser les deux mesures comme non rigoureusement simultanées, alors que dans le cas d'une véritable aiguille les deux spectateurs observent simultanément. Mais peu importe car de telles observations macroscopiques durent toujours un temps fini, ce qui fait qu'elles peuvent aussi bien être considérées comme des séquences d'observations plus courtes effectuées alternativement par chacun des deux spectateurs.

On vient d'examiner un cas où, relativement à une "observation de position d'objet", la mécanique quantique prédit l'accord intersubjectif, et cela en dépit du fait que, selon la version "standard" (sans "variables cachées") de cette mécanique, l'objet en question n'a pas, avant l'observation, une position déterminée (dans l'approche descriptive conventionnelle l'électron a une fonction d'onde mais celle-ci est étalée). Cela montre bien qu'il y a des cas où l'accord intersubjectif ne prouve pas le réalisme objectiviste. On pourrait certes se demander s'il ne se trouve pas d'autres situations — qualitativement différentes de celle imaginée dans cet exemple — dans lesquelles il n'y aurait pas d'autre moyen d'expliquer l'accord que celui consistant à postuler, conformément aux vues courantes, que l'objet observé possède, avant l'observation, la propriété observée. Ici encore, c'est le formalisme qui donne la réponse et celle-ci est négative. On ne saurait trouver de cas où l'accord intersubjectif existe et où il serait impossible d'invoquer le formalisme quantique pour, en principe, en rendre compte. On peut même ajouter — mais là la démonstration est plus compliquée (Omnès, 1994b) — que, lorsqu'il s'agit de systèmes macroscopiques, ce formalisme prédit une évolution de ce qui sera observé (par Anne, Benoît et n'importe qui !) reproduisant les lois de la physique classique.

Sur le plan conceptuel ces conclusions dépassent de beaucoup celles des philosophes. En la matière, les développements de ceux-ci visaient seulement à invalider l'explication de l'accord intersubjectif que le réaliste objectiviste pensait fournir. Ils étaient muets en ce qui concerne la ou les explications de remplacement. De fait, à cet égard ils se bornaient à suggérer que la notion d'explication elle-même pourrait bien être surannée (ce qui ressemble un peu à l'aveu d'une défaite !). Ici, non seulement le résultat négatif des philosophes est retrouvé mais, en plus, une explication positive nous est donnée, du moins si on considère (voir section 2.8) que la référence à des lois prédictives universelles, vérifiées dans maints domaines, constitue une "explication".

On se rappelle par ailleurs (section 5.1.3) que ces lois semblent bien ne pas dépendre totalement de nous, ce qui confère créance à la conception du réalisme ouvert. De ce fait, on peut dire qu'en définitive la constatation de l'accord intersubjectif contribue à rendre plausible une philosophie ne plaçant pas le concept d'existence sous l'entière dépendance de la notion d'esprit humain. Et cela même si, comme on a vu que c'est le cas, l'existence en question ne peut être, compte tenu de la mécanique quantique, que celle d'une "réalité" située très au-delà du perceptible.

Notons enfin à ce propos que, comme on le sait, une des difficultés rencontrées par l'idéalisme "radical" (lequel érige la prise de conscience en donnée première) est la pluralité de, précisément, les consciences, autrement dit la multiplicité des "moi". Cette difficulté (appelée "le paradoxe arithmétique" par Schrödinger [1990]) consiste essentiellement dans le fait que, dans le cadre de l'idéalisme en question, on ne voit pas ce qui pourrait rendre compte de l'accord intersubjectif entre tous les "moi", sauf à introduire la notion d'un "moi universel" n'ayant plus, en fait, de "moi" que le nom. Du fait que la conception ici présentée ne coïncide pas avec cet idéalisme radical la difficulté dont il s'agit y est, si l'on peut dire, moins aiguë. On ne peut prétendre qu'elle disparaît entièrement car le caractère impersonnel de la règle de prédiction (en probabilités) d'observations a un aspect un peu énigmatique (voir section 5.2.5). Elle est cependant moins choquante car nous sommes habitués depuis longtemps à l'idée que les lois physiques sont universelles et nous ne sommes, en conséquence, guère surpris de constater que cette universalité s'étend à celles qui ne sont prédictives que d'observations.

5-2-4. L'accord en modèle Broglie-Bohm, "calcul de Bell" et *contextualité*

La situation qui vient d'être décrite contraste avec celle qui régnait en physique classique puisque, là, l'accord intersubjectif reposait, peut-on dire, *directement* sur une existence observée, celle des choses. Dans l'hypothèse d'universalité de la mécanique quantique l'explication de cet accord, telle qu'on la conçoit ici, continue bien de renvoyer, en dernière analyse, à la notion d'une existence, celle du "réel" ; mais ce lien est indirect et plus "pensé" que constaté puisque, nous l'avons vu, le détour par la notion de loi, et même de loi prédictive d'observations, apparaît comme indispensable. Il est intéressant de rechercher comment les choses se présentent dans les modèles — crédibles ou non, là n'est pas du tout la question — qui sont, si l'on peut dire, conceptuellement classiques et prédictivement quantiques, du fait qu'ils reproduisent exactement les prévisions de la mécanique quantique tout en étant, comme la physique classique, ontologiquement interprétables. Et, naturellement, il est approprié de se tourner, pour cette étude, vers le modèle de Louis de Broglie et David Bohm.

Etant donné, précisément, que ce modèle partage avec la physique classique le caractère d'être ontologiquement interprétable, on s'attend très naturellement à ce que, tout comme en physique classique, l'accord intersubjectif y repose *directement* sur la réalité des choses. Et, en un sens, tel est effectivement le cas. Mais "en un sens" seulement. En effet, quand nous disons "choses" nous pensons "choses réelles", donc "réalité perceptible". Mais nous pensons aussi "objets localisés". Dans le modèle, la réalité perceptible correspond aux "variables supplémentaires" (dites, bien à tort, "cachées"), et, selon lui, c'est bien le fait que ces variables supplémentaires (ou du moins certaines d'entre elles) ont des valeurs déterminées, collectivement perçues par nous, qui génère l'accord intersubjectif. Mais, contrairement aux "choses" de la physique classique, ces variables supplémentaires ne sont pas "locales[1]" ; ce qui a pour effet que, au moins pour certaines configurations, l'accord intersubjectif revêt des formes fort insolites. Dans ces cas-là, son explication se distingue radicalement, comme on va le voir, de l'explication du "type théière" et, corrélativement, se rapproche de celle — par lois prédictives — décrite dans la section précédente à propos de la mécanique quantique "usuelle".

Pour construire un tel "cas de figure", imaginons qu'au lieu qu'Anne et Benoît fassent leurs mesures sur le même objet — par exemple une particule — chacun d'eux mesure une certaine grandeur sur un objet différent, ces deux objets — et donc aussi les deux grandeurs y attachées — étant strictement corrélés, comme c'est le cas dans le modèle des fléchettes ou dans une expérience de "type Aspect". Dans notre idée, bien sûr, cette corrélation stricte doit faire que, du point de vue de l'accord intersubjectif, tout se passe comme si les deux mesures étaient faites sur le même objet. Nous nous disons : « "à droite" (chez Anne) comme "à gauche" (chez Benoît) la valeur qu'a la grandeur qui fait l'objet de la mesure sur la particule qui la porte détermine le résultat de cette mesure (le chiffre affiché sur l'écran), et comme ces valeurs sont les mêmes (du fait de la corrélation établie au départ) les résultats en question sont aussi les mêmes ».

Or, fort curieusement, cette explication de l'accord observé n'est pas la bonne. C'est là la conclusion qui ressort sans conteste d'un calcul relativement simple — mais conceptuellement de grande portée — fait par John Bell dans les années soixante et auquel, pour permettre de s'y référer, on donnera ici le nom de "calcul de Bell" (Bell, 1966, 1987, chapitres 1 et 15 ; *Le réel voilé*, section 13.3)[2]. Ce

---

1. Elles ne sont "locales" que dans l'espace de configuration. Or dans cet espace un petit déplacement du point représentatif correspond en général à des déplacements simultanés de points de l'espace ordinaire extrêmement éloignés les uns des autres.

2. [Note à l'usage des théoriciens.] On ne s'étonnera pas de ce que la variable appelée x par Bell soit identifiée par lui à une des coordonnées de la particule en son chapitre 1 et à la variable-instrumentale en son chapitre 15. En effet, dans une mesure "à la Stern-Gerlach" c'est la coordonnée de la particule parallèle au champ magnétique qui joue le rôle de variable instrumentale (remarque applicable au contenu du *Réel voilé*, section 13.3).

qui se passe c'est que, dans le modèle Broglie-Bohm, les particules sont pilotées par la fonction d'onde qui est une entité explicitement non locale. Dans certains montages[1] ceci entraîne — le calcul en question le montre — que lorsque Anne, disons, a fait sa mesure, le résultat de celle que fera ensuite Benoît est déterminé, non pas exclusivement, comme on l'aurait cru, par les variables cachées spécifiant les position et vitesse initiales de la particule qui se dirige vers Benoît mais, si étrange que cela paraisse, également par les divers paramètres relatifs à la mesure faite, au loin, par Anne. Dans un tel cas, l'accord intersubjectif existe bien mais, comme on le voit, la non-localité y intervient, ce qui fait qu'il ne relève aucunement des mécanismes de corrélation de type classique. De plus, alors que dans le cas des fléchettes l'accord intersubjectif nous apparaît comme directement explicable par un *fait*, à savoir la corrélation établie au départ (les lois en jeu, telles que la conservation de l'orientation dans le temps, étant si simples qu'on peut les passer sous silence) dans le cas ici étudié cet accord nous apparaît au contraire comme résultant du jeu d'une *loi* mathématiquement complexe posée par hypothèse — dans le modèle — comme constituant une structure du "réel". Sur le plan conceptuel le modèle nous offre ainsi une sorte de cheminement par étapes, partant de l'explication élémentaire de l'accord intersubjectif par référence à la réalité des choses, nous faisant concevoir, en prenant appui sur l'"échafaudage provisoire" que constitue l'hypothèse de validité du modèle Broglie-Bohm, la possibilité que cet accord résulte plutôt de structures intimes du "réel", et enfin, dernière étape, nous suggérant de conserver l'idée tout en abandonnant l'échafaudage, jugé peu fiable. L'échafaudage en question étant écarté ainsi que tous les autres de même nature, les structures intimes en question ne peuvent plus être dites connues, sinon, mais très obscurément, par le biais des lois prédictives d'observations dont elles sont les sources cachées.

La contextualité

Tout à fait indépendamment de la question de l'accord intersubjectif, le "calcul de Bell" offre la possibilité d'introduire de façon simple une notion intéressante, celle de contextualité. A cette fin, il suffit de faire la remarque qu'au vu de ce qui a été noté ci-dessus, le résultat de la mesure faite par Benoît n'est pas déterminé par les paramètres relatifs à la particule qui se dirige vers son

---

1. Celui considéré par Bell est tout simplement constitué de deux particules de spin 1/2 se trouvant dans un état de spin total donné et s'écartant l'une de l'autre à l'instar des fléchettes de l'exemple de la section 3.1.

instrument et les caractères de celui-ci. Il dépend de ce qui se passe chez Anne et des détails de fonctionnement de l'instrument qu'elle utilise.

Plus généralement, on sait maintenant[1] que les théories ontologiquement interprétables ne préservent leur accord avec les données expérimentales qu'en acceptant que les résultats de la mesure d'une grandeur soient affectés par la décision éventuellement prise de mesurer concurremment telles ou telles grandeurs mesurables simultanément avec la première, et par le choix de celles-ci. Cette donnée a pour nom *contextualité*. Non-séparabilité et contextualité sont les deux éléments fondamentaux qui limitent les possibilités d'interprétation des phénomènes quantiques — au sens le plus large de l'expression — en termes de réalisme objectiviste.

5-2-5. Une explication quantique par probabilités personnalisées

Telle qu'elle figure dans les règles quantiques de la section 4.3 la probabilité est non seulement intrinsèque mais radicalement impersonnelle. Elle est celle que *l'on* a d'avoir telle ou telle impression. Autrement dit, c'est une probabilité qui nous est commune à *nous tous*. C'est cette universalité qui fait qu'en fin de compte nous percevons tous les mêmes événements ; que si, lors d'une opération de mesure, Anne et Benoît regardent ensemble l'instrument ils percevront l'aiguille indicatrice comme occupant une seule et même position sur le cadran. C'est elle aussi qui fait que si, sur deux objets distants, Anne et Benoît mesurent deux grandeurs quantiquement corrélées par leur fonction d'onde commune — comme dans le montage expérimental considéré en section 5.2.4 — les résultats qu'ils obtiendront seront effectivement en corrélation. *A priori*, il n'est pas interdit de s'étonner de l'existence d'une loi de probabilité impersonnelle à ce point, fonctionnant de concert pour deux ou plusieurs individus que séparent des distances arbitrairement grandes. Aussi est-il bon de savoir qu'à la limite[2] on peut ramener cette règle de probabilité "universelle" à une loi "personnalisée", c'est-à-dire définie individuellement pour chaque personne, indépendamment de toutes les autres. Il suffit pour cela d'adopter une interprétation de la mesure

---

1. Grâce aux travaux de Bell (1966) mais également de Kochen et Specker (1967).

2. J'entends : si l'on ne met *a priori* aucune borne à l'extravagance apparente des conséquences de l'option.

dont la possibilité logique a été signalée il y a quelques lustres (d'Espagnat, 1976) et dont la particularité est de conceptuellement distinguer l'état de conscience de l'observateur de son état en tant qu'objet physique. L'idée directrice en est, tout simplement, que, lors d'une opération de mesure, l'enregistrement du résultat obtenu consiste en ce que la conscience de l'observateur se place, soit dans un état E_A correspondant à A, soit dans un état E_B correspondant à B (notations de la section 4.2.2), et cela avec les probabilités données par la mécanique quantique.

Ce modèle — originellement inspiré par une théorie hautement spéculative, celle d'Everett (section 8.4) mais qui, sur le plan des idées, s'écarte beaucoup de celle-ci — a été repris par Albert et Loewer (1988, 1992) et, plus récemment par Hervé Zwirn (2000) qui, pour des raisons qui apparaîtront plus loin, l'appelle le *solipsisme convivial*[1]. Il reproduit exactement les prédictions de la mécanique quantique mais présente cependant certains traits remarquables, et cela, précisément, en ce qui concerne l'accord intersubjectif. Afin de voir simplement en quoi il consiste, il est commode de partir du fait qu'il arrive souvent qu'un système composé de deux (ou plusieurs) sous-systèmes, par exemple de deux particules U et V, se trouve dans un "état" quantique dit "enchevêtré" (ou "imbriqué"), par exemple du type $u_+v_+ + u_-v_-$, les "états" u_+ et u_- correspondant à deux valeurs distinctes, U_+ et U_-, d'une certaine grandeur $\mathbb{U}$ attachée à U et les "états" v_+ et v_- correspondant de même à deux valeurs distinctes, V_+ et V_-, d'une grandeur $\mathbb{V}$ attachée à V. Bien entendu, conformément aux règles de la mécanique quantique le modèle suppose, dans ce cas, que si Anne mesure $\mathbb{U}$ sur U elle peut obtenir soit le résultat U_+ soit le résultat U_-, ce qui, dans le modèle, signifie que sa conscience peut se retrouver soit dans un certain état, que nous désignerons par le symbole A_+, soit dans un autre état, que nous désignerons par le symbole A_-. Et — *mutatis mutandis* bien sûr — de même en ce qui concerne Benoît. Mais le modèle suppose en outre que, *quel que soit le résultat ainsi obtenu par Anne*, si Benoît mesure $\mathbb{V}$ sur V sa conscience peut, de même, se retrouver soit dans l'état B_+ soit dans l'état B_-.

A première vue une telle hypothèse paraît être en contradiction avec les prédictions de la mécanique quantique, qui prévoient, dans ce cas, une stricte corrélation. Mais en réalité il n'en est rien car supposons qu'après leurs mesures Anne et Benoît se trouvent dans les états de conscience A_+ et B_- respectivement et qu'Anne demande à Benoît de lui faire connaître ce qu'il a lui-même

---

1. Et l'étend à la théorie de la décohérence, dont il sera question plus loin.

observé. La demande doit passer par les canaux du son, de la voix, éventuellement du téléphone, des nerfs auditifs, bref d'organes purement physiques. Elle prend donc inévitablement la forme d'une "mesure" faite par Anne, non pas, directement, sur la *conscience* de Benoît, mais bien sur le système neuronal et enregistreur de celui-ci. Et comme ce système est, selon l'hypothèse, entièrement régi par la mécanique quantique, on peut montrer, tout simplement en appliquant le formalisme, que la réponse qu'entendra Anne ne sera pas : « j'ai obtenu le résultat V_- » mais bien : « j'ai obtenu le résultat V_+ ». De nouveau, *dans ce qu'il a de vérifiable* l'accord intersubjectif est prédit. Mais il faut avouer qu'il se présente là sous des couleurs inattendues. Certes, poètes et moralistes proclament depuis longtemps que chacun d'entre nous éprouve d'une manière unique ce qui le touche au plus profond… Il faut cependant faire effort pour en venir à croire que la constatation s'étend à notre observation des aiguilles indicatrices des instruments ! Nous savons bien que la physique quantique est chose étrange, mais l'est-elle à ce point ? Il est, malgré tout, permis d'en douter.

5-3. Accord intersubjectif et réalité empirique

Il y a certes déjà longtemps que les philosophes des Ecoles berkeleyienne, kantienne, néo-kantienne, etc., nous ont fait prendre conscience de ce qu'un renoncement au réalisme objectiviste (au "réalisme transcendantal" dans leur langage) est concevable sans incohérence. Ils ont su mettre en évidence l'impossibilité d'établir que la science (et plus généralement la connaissance) porterait sur l'Être plutôt que, simplement, sur notre expérience. Et il faut donc leur reconnaître la paternité de la notion de réalité empirique, conçue comme n'étant rien d'autre que le "tout" — décrit dans un *langage* objectiviste — de l'expérience humaine régulière et communicable. Que la non-séparabilité nous conduise à des idées de cette sorte n'a donc pas de quoi les surprendre. Malgré cela, il faut bien convenir que la situation où nous nous trouvons présente un aspect neuf et étonnant. Cela tient au fait que ce qui, dans le discours des philosophes, rendait la notion de réalité empirique acceptable et assimilable était, comme nous l'avons déjà noté, l'idée concomitante du *comme si.* C'était l'idée qu'on pouvait ne voir, dans cette "relativisation du réel", qu'une manifestation de saine lucidité philosophique. Et que, pour le reste, on pouvait, en toute matière, raisonner exactement comme si l'on avait affaire à une réalité au sens intuitif, autrement dit à une réalité en soi. Le choix que nos philosophes avaient fait du procédé linguistique consistant à gommer l'épithète "empirique" dans la désignation du concept ainsi introduit aidait, au reste, psychologiquement beaucoup à rendre attrayante leur position. Celle-ci une fois adoptée, le scientifique se sentait autorisé à, finalement, mettre entre parenthèses le *distinguo* entre "en soi" et "empirique", et cela, non seulement dans le cadre de ses calculs et édifications de théories, mais même au sein de sa manière intuitive de s'expliquer le fait que lui et ses collègues s'accordent toujours à dire qu'ils perçoivent, autour d'eux, les mêmes objets. C'est sans même y porter la moindre attention, tant il jugeait cela légitime, qu'il construisait intuitivement des déductions du type : « Nous voyons tous un verre sur cette table c'est donc que, réellement, il y a un verre sur cette table. »

Doit-il — devons-nous — renoncer à des inférences de cette sorte ? Evidemment non ! Et pourtant, si, comme notre aiguille de tout à l'heure, notre verre était remplacé par un électron la déduction serait, on l'a vu, erronée dans son principe. Vraisemblablement, c'est l'observation elle-même qui met l'électron dans l'état où elle le décèle. La déduction n'est donc valable que quand elle porte sur des objets qui nous apparaissent comme macroscopiques ; et sa conclusion n'a donc de sens qu'à condition de prendre le mot "réellement" dans une acception affaiblie, renvoyant à cette notion de "réalité empirique" dont on a vu qu'elle est, pour une bonne part, relative à nous. En d'autres termes l'inférence de l'accord intersubjectif à ce que nous appelons "réalité" n'a qu'un domaine de validité limité et fortement sous la dépendance de nos facultés. Il y a là confirmation du fait qu'au vu de la physique la notion, reliée à l'expérience et donc "philosophiquement saine", de réalité empirique ne peut être *universellement* substituée à celle — tenue par beaucoup pour abusivement métaphysique — de "réalité" tout court. Attendu que le sentiment du réel (pensons à l'explication "type théière" de l'accord intersubjectif) est comme l'éminence grise de la pensée usuelle (le ressort caché qui la meut) une rupture apparaît, qui crée problème. Ce qui se produit est que, puisque la manière usuelle de penser (reposant sur ce "sentiment du réel") se révèle n'être pas d'une validité universelle, elle ne peut évidemment plus être implicitement considérée comme une sorte de donnée première "axiomatique". L'exemple étudié montre donc que serait vain l'espoir selon lequel, une fois accompli le saut philosophique du concept de réalité en soi à celui de réalité empirique, on pourrait appliquer à ce référent "purgé de métaphysique" l'ensemble des notions et modes de pensée caractéristiques du réalisme objectiviste.

5-4. Aperçus conceptuels ; Carnap, Quine, Primas ; ontologies relatives ?

Les considérations précédentes sont fondées sur des données physiques qui n'ont pu être ici que sommairement décrites mais qui sont précises et quantitatives et constituent un tout remarquablement cohérent. Manifestement elles conduisent à des remaniements conceptuels de grande ampleur, et c'est à l'examen de ces derniers que la seconde partie de ce livre sera consacrée. Mais pour nous former une vision équilibrée du thème des deux derniers chapitres il nous faut, dès à présent, nous demander comment les notions d'objectivité forte et faible se situent par rapport à certaines recherches philosophiques du XXe siècle.

Bien entendu, dans cette visée on pense d'abord à Wittgenstein, au rôle qu'il attribue au langage et à ses célèbres axiomes : "Le monde est l'ensemble des faits, non pas des choses" et "Nous faisons des tableaux des faits". Il faut bien, pourtant, reconnaître que, aux yeux d'un physicien actuel, nourri de relativité et (surtout) de quanta, la terminologie de Wittgenstein comporte certaines obscurités, à commencer par celle recouvrant le mot "fait" lui-même. En vérité, à la lecture du *Tractatus* (Wittgenstein, 1961) on a quelquefois l'impression que son auteur vise délibérément à ne pas lever une certaine, subtile ambiguïté par lui introduite entre les acceptions réaliste et mentaliste d'un même vocable. Or même dans l'hypothèse où une ambiguïté de cette espèce serait, en quelque sorte, le point d'aboutissement de la réflexion de ce philosophe, l'impression en question donne au lecteur physicien le sentiment qu'après de tels textes il reste encore beaucoup à éclaircir. C'est pourquoi ici, plutôt qu'aux thèses de Wittgenstein, nous nous intéresserons à une certaine idée, due à Carnap (1950) et reprise — modifiée — par Quine (1953) dont l'avantage en la matière est justement qu'elle est, elle, dénuée de toute ambiguïté, même apparente. Il s'agit de la notion de "cadre linguistique", ou d'"ontologie relative" selon la terminologie du dernier auteur cité.

Carnap, en bon positiviste soucieux avant tout de la signification référentielle des expressions qu'il emploie, considère comme privée de sens la notion de réalité en soi. Pour lui, par conséquent, la notion d'objectivité forte telle que définie plus haut n'a pas non plus de signification. N'en peuvent avoir que les notions se rapportant en quelque façon à notre expérience ; d'où, pour lui comme pour Wittgenstein, l'importance extrême du langage, idée qui finalement le conduit au concept de *cadre linguistique*. Pour Carnap, le cadre linguistique n'est pas ce qu'il était pour Kant : un moule descriptif intangible, constitué de catégories arrêtées une fois pour toutes. Selon lui, le cadre utilisé relève d'un choix. Celui qui sert normalement dans la vie courante est celui du "monde des choses", mais — nous rappelle-t-il — les philosophes peuvent légitimement faire appel à d'autres, tel celui des données des sens. Et c'est seulement à l'intérieur d'un cadre linguistique déterminé que l'on peut poser — et résoudre par des modes adaptés d'investigation — la question de *l'existence* de tel ou tel objet ou de telle ou telle propriété. A l'évidence, les énoncés "empiriquement vrais" et les énoncés "épistémologiquement vrais" selon les définitions de la section 4.2.4 correspondent — dans la terminologie de Carnap — aux énoncés qui sont vrais dans, respectivement, le cadre linguistique du monde des choses et celui des données des sens. Quant à Quine, quand il évoque « l'ontologie à laquelle l'emploi d'un langage par une personne lie cette personne », il exprime une idée manifestement voisine de celle de Carnap (bien qu'en des termes que ce dernier jugeait trompeurs). On peut donc penser qu'à ses yeux nos énoncés "empiriquement" et "épistémologiquement" vrais s'inscriraient fort naturellement, les premiers dans une certaine "ontologie relative", les seconds dans une autre, tout aussi légitime que la première.

Cette expression d'*ontologie relative* rappelle un peu celle d'*ontologie régionale*, considérée plus haut en liaison avec la thèse de la complémentarité. Malheureusement, aux yeux d'un physicien quantique le plus frappant dans cette ressemblance c'est le fait qu'en fin de compte les expressions en question ne désignent, ni l'une ni l'autre, des ontologies véritables. En ce qui concerne la première cela est clair d'emblée, comme — dès son apparition sous la plume de Quine — Carnap le souligna avec bon sens en rappelant qu'elle ne spécifiait rien d'autre que la détermination d'une forme de langage. En ce qui concerne la seconde cela est peut-être moins clair tant qu'on ne se réfère qu'à l'emploi qu'en faisait Husserl, son "inventeur". Mais si l'on songe, pour elle, à un usage à la Lurçat, en liaison avec la complémentarité bohrienne, alors, de nouveau on lui trouve pour assise une référence à l'activité humaine, par le biais du choix, décisif, du montage expérimental. Dans l'un et l'autre cas cette référence ultime à l'humain n'est, de toute évidence, pas compatible avec une visée (justifiable ou non) de description de l'être en soi, visée que le mot d'ontologie avait, tout justement, été forgé pour exprimer. Pour un penseur comme Quine, qui a choisi de n'attacher aucun sens au mot "ontologie" pris dans ce sens traditionnel, le réemploi qu'il propose de ce vocable ne présente pas d'inconvénient sémantique. Pour nous, qui n'avons pas pris une telle décision, il en présente, en revanche, un, qui est de nous obliger, lors de chaque utilisation du mot, à préciser quel sens nous lui donnons. A cet égard, une convention commode et qui commence à se répandre consiste à affecter le mot "Ontologie" d'une majuscule quand on l'emploie au sens traditionnel. Elle sera adoptée ici.

Cela dit, et quoi qu'il en soit de cette question de vocabulaire, on ne peut qu'être frappé par une certaine "convergence à l'arrivée" entre deux explorations pleinement indépendantes l'une de l'autre : d'une part celle qui a été décrite jusqu'ici dans ce livre, fondée sur des données physiques (non-localité, réconciliation de la relativité avec la mécanique quantique sur la base d'un repli sur l'objectivité faible) et d'autre part celle poursuivie par une pléiade de philosophes (comprenant, outre Quine, des penseurs tels que Putnam, van Fraassen, etc.) qui, sans du tout se fonder sur des données scientifiques, jugent eux aussi (et pour certains, comme Putnam, à la suite d'une analyse argumentée) que notre connaissance discursive ne peut avoir pour référent ultime une quelconque réalité en soi.

Aux yeux des tenants de "l'intelligibilité du réel" (sous-entendu : "en soi") cette convergence a de quoi surprendre. Mais notons bien, à son sujet, qu'elle n'est que relative. Entre les deux "points d'arrivée" *deux* différences en fait subsistent. L'une se trouve dans le fait que les philosophes — Carnap en tout cas — parlent explicitement d'un vrai, libre choix entre plusieurs cadres linguistiques. Le physicien, au contraire, même s'il accepte de parler de choix (voir les deux "approches" de la section 4.1.1), souligne l'existence de contraintes très fortes liées à ceux-ci. En effet, s'il décide de s'exprimer, à toute échelle, dans le langage du monde des choses il devra, on l'a vu, tenir le plus grand compte de la non-localité. Or, quel que soit le modèle choisi, cette dernière a des conséquences déconcertantes. Dans, par exemple, le modèle Broglie-Bohm l'une de ces soi-disant "choses" est l'onde pilote, autrement dit un champ mais — c'est là le *hic* ! — un champ non séparable, entendons une fonction, non pas de trois coordonnées d'espace, comme le sont les champs usuels, mais d'un nombre immense de telles coordonnées (celles de toutes les particules de l'Univers). Autrement dit, il s'agit là d'une entité dont il est postulé qu'elle est réelle et qui, pourtant, n'a absolument rien de commun avec ce que nous appelons une "chose"… même quand, par une extension du langage, nous convenons d'appeler "choses" les champs électriques, magnétiques, etc. On le voit : de telles contraintes restreignent en fait considérablement le "libre choix" postulé par le philosophe. Toute discussion philosophique sérieuse portant sur le relativisme philosophique devrait tenir compte de leur existence.

Quant à la seconde des deux différences signalées, elle consiste en une divergence d'évaluation de la nature du "point d'arrivée" lui-même ; divergence qui provient du fait que les points de départ sont très différents, comme le sont aussi les procédés de raisonnement. Chez la plupart des philosophes de la tendance dont il s'agit, l'idée que nous ne pouvons accéder à la connaissance objective (au sens fort) d'une entité susceptible d'être appelée "réalité en soi" s'identifie implicitement à la vue selon laquelle la notion même d'une telle réalité n'a pas de sens. Et une tradition philosophique plus que centenaire, remontant aux néo-kantiens, fait que, dans de tels cercles, cette identification ne surprend pas et que n'y sont nullement présentes à la pensée les objections qu'à tort ou à raison les "gens de l'extérieur" peuvent lui faire. On y considère donc comme allant plus ou moins de soi que des mots du vocabulaire classique tels que "réalité", "ontologie", etc. — qu'il serait regrettable d'abandonner — sont à redéfinir en fonction de ces données-là ; ce qui, en une certaine mesure, justifie l'étrange association, sous la plume de Quine, du mot "ontologie" avec l'adjectif "relatif". Le mot "ontologie" sert là à mettre l'accent sur le fait que les impératifs de la vie quotidienne de nos contemporains civilisés les obligent à constamment utiliser le langage du monde des choses et qu'ils ne peuvent dériver que des avantages à considérer ces dernières comme des étants existant en soi, même si, aux yeux du penseur, c'est là, en fait, une illusion.

Dans les milieux scientifiques c'est, bien entendu, la tradition inverse qui domine. Galilée, Descartes, Newton étaient incontestablement des réalistes objectivistes et c'est sur la base de leurs idées que les sciences se sont construites. Corrélativement, beaucoup de vocations scientifiques sont engendrées par le désir de lever le voile des apparences afin de découvrir le réel tel qu'il est vraiment. Nous avons vu, au long des chapitres et sections qui précèdent, que les avancées de la physique elle-même sont de nature à tempérer ces ambitions ; que notre science ne paraît aucunement armée pour une levée totale du voile. Reste que chez les scientifiques règne un fort sentiment de l'existence, qu'étayent des arguments solides dont on a déjà eu quelque aperçu. Aussi partagent-ils, dans l'ensemble, l'opinion très générale que le verbe n'est pas tout. Que tout ne se réduit pas à des mots.

Tous les physiciens — et il s'en faut ! — ne se donnent pas la peine d'approfondir le problème philosophique ainsi surgi. Mais certains le font avec précision et lucidité. Tel est en particulier le cas du physico-chimiste Hans Primas (1981). D'un côté, en une démarche qui pourrait rappeler les vues de Quine, Primas insiste sur le fait que, nonobstant le caractère holistique — globalisant — de la physique quantique, nous parlons couramment de molécules et autres systèmes physiques partiels en leur attribuant par la pensée des formes et des positions définies et ainsi de suite ; et qu'il nous est rigoureusement impossible de ne ne pas faire usage d'un tel langage objectivant. Ceci le conduit, parallèlement à Quine toujours, à accoler le qualificatif "ontique" à de tels systèmes partiels et aux propriétés dynamiques de ces systèmes. Mais d'un autre côté — et c'est bien là l'essence de sa problématique — il souligne lui-même que les systèmes et propriétés dont il s'agit ne sont finalement qu'intersubjectifs. Ils dépendent, écrit-il, des abstractions que nous faisons mais « quiconque fait les mêmes abstractions tombe sur les mêmes phénomènes ». Dans certains articles ultérieurs (voir, en particulier, Primas [1994]) il a développé davantage encore ce point en qualifiant ces « aspects ontiques de la nature » d'*ontologisations exophysiques ou encore d'ontologies contextuelles*. Chez lui la notion s'oppose, d'un côté à celle de pures et simples *interprétations statistiques* (lesquelles portent sur des prédictions d'observation) et de l'autre à celle d'*endophysique* (sorte de description — conjecturale ! — de la réalité en soi). Quant aux "abstractions" dont il s'agit, elles reviennent à délibérément s'abstenir de tenir compte de telles ou telles corrélations quantiques. Plus exactement elles consistent à — pour reprendre les notations de la section 4.2.2 — traiter un ensemble statistique de systèmes se trouvant tous dans l'état A + B comme s'il s'agissait d'un mélange de systèmes dans l'état A et de systèmes dans l'état B[1]. A l'évidence, les propositions relatives à de telles ontologisations empiriques ne sont autres que les propositions "empiriquement vraies" (ou "fausses") définies en section 4.2.4. Ces propositions, autrement dit, sont celles qui, dans le vocabulaire de cette section, ont une valeur de vérité "empirique forte".

Dans ces sections 4.2.2 et 4.2.4 de telles propositions "empiriquement vraies" sont apparues dans le cadre de la théorie quantique de la mesure et sont relatives à des positions d'aiguilles indicatrices. Mais on en conçoit aisément de relatives à un cadre plus général. Selon Primas, ce sont même toutes nos assertions relatives à des objets macroscopiques particuliers qui sont, en fait, de cette nature. Elles ne peuvent en effet s'inscrire dans le cadre de

---

1. Ce processus d'abstraction correspond à ce que, pour ma part, j'ai appelé "mettre en œuvre l'axiome de réalité empirique" (d'Espagnat, 1989).

l'endophysique — porter, autrement dit, sur la réalité en soi — puisque celle-ci forme un Grand Tout inséparable. Toutes ces assertions, en d'autres termes, dépendent d'abstractions que nous faisons. A partir de ceci[1], Primas propose même une idée séduisante, qui est que de telles opérations d'abstraction, puisqu'elles sont effectuées par nous, pourraient bien dépendre — après tout ! — de *notre* manière de voir les choses. Plus précisément, sa thèse est que, selon ce dont nous décidons de faire abstraction, c'est l'une ou l'autre de deux ou de plusieurs ontologisations exophysiques incompatibles qui se trouve validée. Les exemples qu'il donne sont frappants. L'un d'eux est constitué du couple de concepts "structure moléculaire" *versus* "température". A partir de la réalité endoquantique indivisible nous parvenons à une "description exophysique" en termes de molécules en opérant une certaine abstraction et à une "description exophysique" en termes de températures en opérant une autre abstraction, incompatible avec la première. De sorte qu'aucune de ces deux descriptions n'est plus "fondamentale" que l'autre.

Sous cette forme ou sous une autre, nous verrons, dans la suite de notre étude, réapparaître à maintes reprises ce qui constitue le substratum de ces idées, à savoir le fait que le "réel" est d'une existence indéniable mais qu'il nous apparaît sous des jours dépendant beaucoup de nous-mêmes et des "abstractions" que nous opérons.

---

1. Plus, il faut le noter, une généralisation théorique de la mécanique quantique appelée par Primas "mécanique quantique algébrique".

6

L'idée de lois universelles
et la "question du réel"

6-1. La notion de théorie-cadre

Le désir de mieux comprendre ce qui rend tels ou tels des problèmes posés par la physique plus importants et significatifs, me semble-t-il, que tous les autres m'a amené (1985) à considérer comme fondamentale la notion de *théorie-cadre*, contrastant avec celle de *théorie au sens usuel*.

Pour saisir la nature et le bien-fondé de cette distinction il suffit de se tourner vers l'histoire des sciences. Celle-ci, en effet, fournit un exemple élémentaire et tout à fait net de la distinction en question, qui met en jeu les deux plus célèbres découvertes de Newton : la mécanique newtonienne et la gravitation universelle. La première constitue un cas paradigmatique de "théorie-cadre". Ce que j'entends par là c'est que les trois "lois de Newton" qui composent cette mécanique sont des énoncés supposés pleinement généraux — s'appliquant à tout — mais qui, corrélativement, ne comportent pas les informations détaillées dont la connaissance est indispensable pour calculer un phénomène, quel qu'il soit. En particulier, ils ne comportent pas la stipulation de la loi des forces. La loi de la gravitation, au contraire, est un exemple de ce que — faute d'un nom meilleur — j'ai appelé "théorie au sens usuel". Par définition, une telle théorie comporte assez de spécifications pour permettre la détermination effective des grandes lignes de divers phénomènes. Celle de la gravitation universelle le fait en stipulant la loi des forces. Au cours de la longue période durant laquelle ces deux découvertes de Newton furent considérées comme absolument vraies l'une et l'autre, des forces autres que gravitationnelles furent découvertes, obéissant à d'autres lois et responsables d'autres phénomènes (électriques, magnétiques, etc.). Il fallut donc considérer que la théorie de la gravitation n'était pas assez générale pour concerner ces phénomènes-là. Mais tous les phénomènes, y compris ceux pour lesquels la loi de forces n'est pas celle de Newton, continuèrent à être considérés comme s'inscrivant dans le cadre de la mécanique newtonienne. L'attraction, par exemple, continua à y être considérée comme proportionnelle à la force, quelle que fût la loi régissant celle-ci. Et le coefficient de proportionnalité (la "masse") continua à y être vu comme un invariant de l'objet.

La différence entre *théories-cadres* et *théories au sens usuel* étant bien établie sur cet exemple, reste à savoir si l'introduction de cette distinction est susceptible d'être utile encore aujourd'hui. La question équivaut à se demander si, dans nos sciences, devenues tellement complexes, il est encore possible de discerner une authentique théorie-cadre, autrement dit, un système de lois générales ayant vraiment un caractère universel. Il s'agit là d'une problématique un peu complexe, que dans les sections qui suivent je tenterai d'analyser. Notons seulement ici que nos connaissances ont évolué de telle manière que les possibilités ont, à cet égard, beaucoup changé. Il y a un siècle, la physique classique pouvait être considérée comme fournissant une assise — conceptuelle et, pour une part, méthodologique — aux autres sciences et paraissait donc susceptible de devenir, avec le temps, le fondement d'une explication complète de l'ensemble des phénomènes. Et il faut reconnaître qu'une certaine vulgate scientifique garde encore aujourd'hui l'empreinte — ou doit-on dire la nostalgie ? — de cette idée. Dans les faits, cependant, celle-ci a dû être abandonnée puisque la physique classique a émis des prédictions fausses au sein de ce qui, en principe, constituait le cœur même de son sujet, à savoir la structure intime de la matière. Par contraste, la mécanique quantique n'a, dans aucun domaine, jamais fourni de prédictions observationnelles contredites par l'expérience, et cela alors qu'elle trouve à s'appliquer au sein des disciplines les plus diverses. Il résulte de cela que s'il est, aujourd'hui, une théorie-cadre, celle-ci ne paraît pouvoir être que la mécanique quantique ou, plus précisément, les lois générales de cette mécanique, autrement dit les grandes règles prédictives d'observation qui en constituent l'ossature solide et qu'on peut appeler le *cadre quantique*. Tout comme autrefois la mécanique newtonienne, le système de ces règles ne spécifie aucunement la "loi des forces" (plutôt que de "loi des forces" les physiciens, dans leur jargon, préfèrent parler d'"hamiltonien" ou, quelquefois, de "lagrangien" mais peu importe). Cette loi des forces n'est pas la même selon que l'on a affaire à des atomes (ou à des molécules), au champ électromagnétique quantifié, à des cristaux, à des quarks, etc. Dans chacun de ces domaines elle est mise en lumière par les recherches correspondant à ce domaine et forme ainsi le noyau d'une *théorie au sens usuel* qui, dans les cas énumérés, prend respectivement les noms de *physique quantique non relativiste*, d'*électrodynamique quantique*, de *physique des solides*, de *théorie des particules élémentaires*, etc. Mais de quelque manière que les théories en question représentent, ou plutôt généralisent, le concept de force, elles présupposent *toutes*, sans exception, le "cadre quantique" dont il vient d'être question.

Reste cependant à savoir si ce sont bien là des raisons suffisantes de croire à une substantielle universalité d'au moins certaines lois. On sait que, d'une façon très générale, cette idée d'universalité a, de nos jours, mauvaise presse. Des penseurs de renom ont — pertinemment ! — fait valoir que, transposée des sciences de la matière au domaine autrement complexe des sciences humaines, l'idée en question y a suscité des extrapolations simplifiantes, génératrices de véritables catastrophes. Ceci explique qu'une tendance se soit développée chez les philosophes, visant à soumettre la notion même d'universalité à une critique serrée, et cela dans tous les divers domaines où elle est apparue, y compris celui des "sciences dures". Dans les sections suivantes de ce chapitre nous chercherons à étudier les différents aspects de la problématique qui se présente ainsi à nous.

6-2. Anti-universalisme et réalisme des entités

Il semble que la plupart des personnes qui embrassent une carrière scientifique soient mues, au départ, par quelque idée d'universalité. Mais, je le répète, une telle notion est à présent fréquemment critiquée au motif qu'elle a engendré, sous certains régimes, des modes de gestion simplistes, inadaptés à la complexité du monde. A vrai dire, sur le plan des faits l'objection est — pour dire le moins ! — quelque peu difficile à suivre même si elle est juste en tant que remarque ; et tout le monde reconnaîtra que, logiquement, l'idée d'universalité ne peut être réfutée à partir d'elle. Cela reviendrait, en effet, à juger d'un fait objectif (les lois scientifiques sont-elles ou non universelles ?) sur la base des bonnes ou mauvaises conséquences que le fait en question implique pour les humains. Un peu comme si l'on voulait décider de la présence ou de l'absence d'eau sur Mars en prenant pour critère l'évaluation des avantages et des inconvénients que pourra avoir cette présence pour les astronautes du futur...

Mais, naturellement, d'autres objections méritent plus que l'on s'y arrête. C'est ainsi qu'au premier abord il paraît difficile de ne pas partager le scepticisme de l'épistémologue Ian Hacking quand celui-ci écrit : « Sur un propectus publicitaire du *Scientific American* figurait l'annonce des quatre articles suivants : "Comment porter un coup de karaté à mains nues ?", "L'horloge à enzymes",

"L'évolution des galaxies-disques", "Les os de divination des dynasties Shang et Chow". Comment pourrait-il y avoir une théorie complète de ces quatre sujets ? Sans parler même d'une théorie complète de *tout* (y compris ces quatre sujets) » (1989).

A l'évidence, cette remarque "de bon sens" invite à sérieusement s'interroger quant à l'universalité des lois. Mais il doit être clair aussi que, sauf pour une pensée très ingénue ou fortement marquée par l'idée d'efficacité, cette interrogation ne débouchera pas automatiquement sur un rejet. Dans la pratique il est, certes, indéniable que les quatre sujets considérés relèvent de savoirs différents et que pour les traiter il faut avoir ces connaissances particulières. Mais, au moins en principe, ces connaissances elles-mêmes ne peuvent-elles être dérivées d'autres connaissances, à la fois moins hétéroclites et plus profondes ? Le champ électrique qui assure la cohésion des atomes des muscles de l'adepte du karaté n'assure-t-il pas aussi celle des atomes des horloges, celles à enzymes comprises ? Tout comme celle des atomes des "os de divination" des dynasties Shang et Chow ? Doutera-t-on de son rôle dans l'évolution des galaxies-disques ? Et niera-t-on, enfin, que lui, les atomes eux-mêmes, leurs assemblages, etc. obéissent à des lois qui sont de nos jours bien connues ? A lui seul, l'argument de Hacking ne constitue donc pas une réfutation de la notion d'universalité (et, au reste, son auteur ne lui confère évidemment pas une telle portée !). En toute rigueur, il n'en réfute même pas la forme la plus extrême (qu'on ne cherche pas ici à défendre), celle qui consiste à poser qu'un esprit d'une totale agilité, connaissant parfaitement les lois universelles du monde (supposées en nombre restreint), serait capable de fidèlement reconstituer — par la pensée et le calcul — aussi bien les structures détaillées des muscles de l'adepte du karaté que celles des enzymes, des galaxies-disques et des os de divination. Cette forme de l'idée d'universalité vient d'être qualifiée d'extrême parce que d'autres, aux prétentions moindres, existent. En fin de section 5.4 on en a déjà rencontré un exemple assez remarquable avec la théorie de Hans Primas, celle-ci ayant l'incontestable intérêt de faire apparaître comme naturelle — et nullement en contradiction avec une universalité de niveau supérieur — l'existence dans chacune de nos diverses disciplines scientifiques (physique, chimie, biologie, neurologie, etc.) d'un sous-système de lois essentiellement propres à la discipline en question. Cela étant, la boutade de Hacking a cependant, on le verra, plus de portée que ces remarques ne le suggèrent.

Cela dit, ni en sa version radicale ni même sous sa forme affaiblie l'universalisme n'a jamais rallié l'unanimité des réalistes traditionnels (les "réalistes naïfs", diraient beaucoup de philosophes). C'est ainsi qu'autrefois ceux d'entre eux que l'on appelait les "vitalistes" soutenaient que la "matière vivante" obéit, non pas aux lois de la physique — entendons, aux lois gouvernant la matière inanimée — mais à des principes entièrement différents. Ils n'étaient donc pas universalistes. Bien entendu ils s'opposaient aux matérialistes qui soutenaient la thèse inverse et qui étaient, eux, universalistes pour la plupart.

Aujourd'hui, parmi les philosophes réalistes de la mouvance traditionnelle il est approprié de distinguer, à la suite de Hacking (*loc. cit.*), les *réalistes à propos des théories* et les *réalistes à propos des entités*. Les premiers estiment que nos théories — du moins, bien sûr, celles qui sont justes — expriment l'ordre vrai du monde. Ils sont universalistes pour la plupart car, pour eux, ne pas l'être impliquerait la nécessité de tracer des frontières entre les domaines de validité de théories diverses, conçues comme radicalement étrangères les unes aux autres, et cela — on l'a dit — est fort délicat. Les réalistes à propos des entités affirment, eux, l'existence réelle des objets. A leurs yeux les objets individuels — macroscopiques mais aussi bien microscopiques — existent vraiment. Aussi longtemps que l'épistémologue fait le choix de raisonner exclusivement sur les idées, c'est-à-dire de considérer que les données de la physique concernent une discipline non susceptible d'interférer avec la sienne (position qui, dans cette branche, paraît assez courante), le réalisme à propos des entités est pour lui une thèse aussi défendable qu'une autre. Et, lorsqu'on ne l'associe pas au réalisme à propos des théories, il constitue une vue des choses qui éloigne de l'universalisme, en raison justement de la primauté d'existence qu'il donne à chaque objet *individuel*. En science, en effet, il n'y a que les lois, principes, etc. dont il soit possible de conjecturer le caractère universel. Si l'on pose que les lois mentent, il n'y a rien à quoi attacher ce dernier.

6-2-1. Le critère "réel puisque déplaçable"

La force de conviction — au moins apparente — du "réalisme à propos des entités" tient à ce que, pour reconnaître si un objet est ou non "réel", nous disposons d'un critère qui, à première vue, semble infaillible : le fait de pouvoir ou non le manipuler. Je puis douter de l'existence des fantômes, des ovnis, et même du quasar que je vois — ou crois voir — dans mon télescope, mais, affirment certains philosophes, je ne saurais douter de celle de la pierre que je peux soulever et lancer. Et pas davantage de celle des électrons dont j'oriente le faisceau à volonté. Mais, à l'opposé, nous devons — nous qui connaissons un peu la physique — inscrire au *passif* du réalisme des entités le fait que — comme nous l'avons vu au chapitre 1 — selon la théorie quantique des champs une particule — un électron — n'est pas une réalité en soi. C'est plutôt un élément, fugace, d'une représentation théorique intersubjectivement très efficace. Le point est essentiel car l'idée que tout électron est un petit objet permanent, doué d'une individualité propre (autrement dit "reconnaissable", sinon en fait, du moins en droit), entraîne inévitablement, quand on essaie de prévoir ce que l'on observera dans l'étude des atomes ou des molécules, des inférences contraires aux faits. Alors qu'au contraire, renoncer à cette vision, comme la mécanique quantique nous y invite, permet de faire, par l'entremise de celle-ci, beaucoup de prévisions qui, toutes sans exception, s'avèrent correctes. La balance penche donc nettement en *défaveur* du réalisme des entités. Et cela est d'autant plus net que le soi-disant "critère infaillible" de réalité que l'on vient de mentionner n'est en fait aucunement probant. Pour s'en convaincre il suffit de reprendre la fameuse expérience du bâton brisé rappelée en section 3.3.7 et de remarquer à nouveau que rien n'est, pour nous, plus aisé que de déplacer la brisure à notre gré le long du bâton : il suffit pour cela de lever un peu celui-ci ou de l'abaisser. Si le critère était aussi infaillible qu'à première vue il paraît l'être, nous devrions conclure de cette expérience que la brisure existe bien. Or dans ce cas précis nous disons le contraire. Il est donc clair que le critère n'est pas crucial et que le seul fait de pouvoir agir sur une "entité" et constater le résultat ne suffit pas pour garantir que cette entité est "réelle".

Le point est important car le (prétendu) critère en question est souvent utilisé de façon implicite et considéré comme déterminant. On a ainsi noté (section 3.3.7) qu'une récente invention, celle du "microscope à effet tunnel", a permis de manipuler des atomes individuels à la surface de réseaux cristallins et que ceci a été considéré — par application tacite du critère — comme une "preuve évidente" de l'existence réelle des atomes en tant qu'objets localisés. Ce que nous avons remarqué toutefois à cet égard, c'est d'abord que, compte tenu de toutes les "bizarreries conceptuelles" auxquelles la physique du très petit nous a habitués, nous devons être fort prudents. De l'expérience dont il s'agit nous ne pouvons tirer la conclusion que les atomes sont des objets localisés *même en dehors* du cadre de celle-ci. Mais c'est surtout l'analogie avec la "brisure du bâton" — qui n'est pas "réelle" mais que cependant nous sommes capables de manipuler — que nous avons vu être révélatrice. Elle montre que, même à l'intérieur du cadre en question, le "fait manifeste" invoqué n'est — je le répète — aucunement probant. Pouvoir faire se déplacer quelque chose que nous voyons —"atome" ou "brisure" — ne prouve pas que ce quelque chose est plus qu'une simple apparence.

6-2-2. A mi-chemin entre le réalisme objectiviste et le positivisme logique

Observons, plus généralement, que le problème ici apparu soulève *en lui-même* des questions de méthode de raisonnement, car on peut concevoir deux approches pour le résoudre, lesquelles correspondent, en fait, à deux manières de le formuler.

La première est de demander, naïvement : « est-ce que le bâton *est* brisé ou non ? ». Dans cette approche-là on admet implicitement que l'interrogation ne porte pas sur notre représentation humaine, collective, du bâton, mais bien sur ce dernier tel qu'il est "en réalité" ; autrement dit, on admet qu'en vertu de la configuration en soi du bâton la brisure soit existe, soit n'existe pas. Si on adopte cette manière de voir on sera amené à souligner que la simple observation du bâton semi-immergé est une expérience grossière, incomplète, et qu'il convient donc de la compléter par d'autres — comme par exemple la palpation directe de l'objet dans toute sa longueur — avant de se forger une opinion. Le tenant de cette approche concédera sans doute qu'en toute rigueur on n'atteint pas ainsi à la complète certitude (ni quant au bâton ni quant aux atomes à la surface des cristaux) mais il fera valoir qu'on peut ainsi s'en approcher beaucoup. Et que si on procède à la palpation en question, si on refait l'observation initiale avec une lumière de fréquence telle que l'indice de réfraction du liquide soit, pour elle, voisin de 1, etc., on finira par se convaincre que le bâton n'est, très probablement, pas brisé (et parallèlement, mais avec un degré de vraisemblance beaucoup moins élevé, que les atomes existent bien).

L'autre approche consiste à faire preuve, dès le départ, d'un agnosticisme conceptuel plus grand. La plupart des ouvrages de philosophie — et en tout cas tous ceux que des philosophes de renom écrivirent pour le grand public — débutent par un chapitre destiné à faire bien voir qu'en ce qui concerne le monde physique les apparences sont trompeuses. Il y est montré qu'entre la table sur laquelle j'écris — objet solide, plein, coloré, résistant, etc. — et la table que la physique, même classique, me dit être la vraie, composée de noyaux, d'électrons et surtout de vide (ne parlons même pas des descriptions quantiques qui, nous le savons, nous entraîneraient encore plus loin) il n'y a, en termes d'image, aucun rapport. Il y est parfois souligné aussi que les neutrinos, particules qui traversent, pratiquement, tous les obstacles, composent, en fait, la plus grande part de l'Univers, et que, si nous étions sensibles à leur présence plutôt qu'à celle des photons de la bande visible de fréquences, tout nous apparaîtrait sous un jour radicalement autre. A de telles remarques, très justes, s'ajoute encore ce que nous savons — par exemple — quant au caractère en grande partie illusoire de constatations qui paraissent pourtant évidentes, comme celle des trajectoires des particules, que l'on dit être "vues" dans les chambres à bulles (voir sections 2.5 et 4.1.2). Plus généralement, on notera que si, à juste titre, beaucoup de penseurs insistent sur la primordiale importance des faits, nombre d'entre eux, surtout à présent, soulignent — ce qui est une restriction de grande portée philosophique — que la notion de "fait" ne prend son plein sens qu'au niveau du macroscopique. Dans la physique ancienne, classique, cette idée était loin d'être dominante. On y supposait volontiers que les "faits macroscopiques" sont sous-tendus par des "faits microscopiques" non directement observables, et que les seconds comme les premiers sont totalement indépendants de notre "manière humaine de voir". Aujourd'hui on saisit mieux ce que cette hypothèse a de hautement conjectural (elle obligerait à se tourner vers des modèles ontologiquement interprétables du type Broglie-Bohm, avec les difficultés qu'ils présentent). C'est pourquoi l'on préfère, en général, ne parler de "faits" que "macroscopiques". Mais — rappelons-le — la frontière entre les deux domaines du macroscopique et du microscopique est floue et, surtout, elle n'est objective qu'au sens faible : elle est assez clairement (que l'on pense, de nouveau, à ce que nous dirions si nous étions sensibles aux neutrinos) sous la dépendance de nos facultés.

Tout ceci ne peut que jeter le doute sur la validité de ce qui était le point de départ implicite de la première approche, à savoir le réalisme proche, l'idée que, d'emblée, nous disposons des bons concepts, permettant d'énoncer des questions valables concernant la nature d'une réalité existant en soi. La seconde approche consiste essentiellement dans le rejet de cette idée, c'est-à-dire dans l'affirmation du fait que notre connaissance discursive consiste au premier chef en un ordonnancement synthétique de notre expérience collective humaine.

Noter que "au premier chef" ne signifie pas "exclusivement". Pour dire ceci autrement : nous ne sommes aucunement dans la nécessité logique de faire intégralement nôtres les vues des philosophes positivistes de la première moitié du XXᵉ siècle, ceux du Cercle de Vienne en particulier. L'un des principes mis en avant par ces penseurs était que le sens de tout énoncé scientifique doit, en dernière analyse, pouvoir être explicité dans les termes d'un langage *observationnel* (consistant en assertions du type « l'aiguille indicatrice de tel instrument *est vue comme étant* dans tel intervalle de la graduation »). Lorsque l'on pose ainsi un grand principe, on se place dans l'obligation de le respecter. *Eux*, par conséquent, étaient fidèles à eux-mêmes en affirmant que toutes les lumières que nous pouvons avoir consistent *exclusivement* en un ordonnancement de notre expérience humaine collective. Mais ici il n'est pas question de prendre pour point de départ le positivisme ou quoi que ce soit de semblable. Dans ce livre, nous nous laissons guider le plus possible par la physique, et n'avons garde d'oublier que cette physique fut construite — et est animée encore aujourd'hui — par des esprits qui, pour la plupart, furent, ou sont, intuitivement portés vers le réalisme. C'est la physique, on l'a vu, et non une réflexion philosophique *a priori*, qui, insensiblement, nous a amenés à reconnaître les sérieuses déficiences des versions admises de ce réalisme. Et donc, sauf le respect des faits, aucun axiome ne nous tient. Encore une fois, il n'est donc pas question pour nous d'écarter *par principe* toute interprétation réaliste ou, plus généralement, toute admixtion de notions non opérationnellement définies. Simplement, nous devons tenir compte de cette puissante synthèse de notre expérience communicable qu'est la physique contemporaine et nous devons donc écarter les vues qui, soit la contredisent, soit ne s'harmonisent avec elle que partiellement, et seulement à coup d'artifices.

Parmi ces vues figurent, on l'a vu, le réalisme proche et son très proche "cousin", le réalisme à propos des entités. En conséquence, l'approche qui focalise l'attention sur la réalité individuelle des objets demeure pour nous inacceptable. Elle ne peut être prise en considération que dans sa *forme*, c'est-à-dire si elle est détachée de toute référence, même implicite, au réel en soi et si elle n'est présentée que comme une description d'une part de notre expérience communicable : la part — dénommée "réalité empirique" en section 4.2.3 — dont il peut être rendu compte dans un langage objectiviste. La notion carnapienne (déjà rencontrée en section 5.4) de "cadre linguistique du monde des choses" permet de préciser ceci. Comme Carnap l'explique, *une fois choisi ce cadre* on peut légitimement poser les questions d'existence et d'attributs qui viennent normalement à l'esprit, et y répondre par les moyens d'investigation appropriés. Par exemple on peut effectuer les diverses opérations décrites plus haut aux fins de savoir si le bâton est effectivement brisé ou non, et c'est légitimement que l'on conclura, en général, qu'il ne l'est probablement pas.

Peut-on faire de même en ce qui concerne l'existence des atomes situés à la surface de réseaux cristallins ? Oui sans doute, avec les réserves signalées concernant une éventuelle généralisation à des contextes différents. Mais dans les deux cas il faut naturellement se rappeler qu'il ne s'agit pas d'une affirmation d'existence dans l'absolu. Conceptuellement, la définition même de ce cadre du monde des choses renvoie à nous. Au reste, ce point se voit bien clairement si, dans le cadre de l'expérience du bâton brisé, on imagine un monde peuplé d'ordinateurs-robots intelligents qui n'auraient pas la mobilité et les possibilités d'expérience (de palpation, etc.) qui sont les nôtres. Constatant le pouvoir qu'ils ont de manipuler la brisure, ces ordinateurs appliqueraient le critère "manipulable *donc* réel" et affirmeraient en conséquence que les "brisures de bâton" dont il s'agit sont des entités « réelles d'après la définition même du réel (empirique) ». Selon les vues de Carnap, ils auraient pleinement raison. Mais nous ne sommes pas ces ordinateurs, nous avons d'autres facultés, et c'est pourquoi notre réalité empirique diffère de la leur.

Ces considérations nous ont conduits à nous détourner du réalisme des entités, c'est-à-dire, on l'a vu, de la conception au sein de laquelle l'anti-universalisme s'insère le plus naturellement. Elles nous incitent donc à nous intéresser aux vues qui s'opposent le plus immédiatement aux conceptions en question, à savoir, le réalisme à propos des théories et la thèse de l'universalité. C'est, sous les noms de "pythagorisme" ou d'"einsteinisme", la première de ces vues qui va être maintenant commentée.

6-3. Le "pythagorisme" (l'"einsteinisme")

Dans *Énigmes et controverses*, Jean Largeault (1980) faisait la remarque que chez les scientifiques le positivisme pur n'existe pas et qu'il n'est qu'une création d'épistémologues. Il notait : « Le physicien théoricien est à la fois enfoncé dans l'empirisme et attentif aux symétries. Il tempère l'instrumentalisme par le pythagorisme. » Nous reviendrons plus bas sur l'instrumentalisme, mais avant cela, et, pour ce qui est du pythagorisme, il nous faut souligner combien Largeault avait raison de mettre l'accent sur l'importance accordée par les physiciens à la notion de symétrie. Il est à peine exagéré de dire que toute la physique théorique du XXe siècle a été dominée par ce concept... et plus encore, si c'est possible, par son frère jumeau, celui de *brisure* de symétrie. Le fait est patent en physique des particules mais il se manifeste aussi ailleurs. En maints domaines c'est la recherche de symétries et la mise en évidence de petites violations de celles-ci qui ont été à l'origine des plus importantes découvertes. Le nom de "pythagorisme" est approprié pour qualifier ce type de démarche puisque c'est effectivement dans les symétries entre nombres et harmonies entre rapports que les pythagoriciens du VIe siècle avant Jésus-Christ cherchaient à repérer l'essence des choses. Il a pour seul inconvénient d'avoir un champ de significations trop étendu, allant d'une discutable mystique des nombres jusqu'au réalisme mathématique cher à beaucoup de mathématiciens purs. Aussi, si l'on n'était conscient des inconvénients de l'abus des néologismes, appellerait-on volontiers "einsteinisme" la variante particulière du pythagorisme, adoptée par beaucoup de physiciens théoriciens, qui consiste à être pleinement conscient de l'échec du mécanicisme cartésien (voir chapitre 1) mais à estimer qu'un recours aux mathématiques doit nous permettre de mettre — enfin ! — la main sur les concepts "vrais", ceux qui, vraiment, sont adaptés à une description fidèle de "ce qui est".

On remarquera que ce "pythagorisme, version Einstein" (que beaucoup d'épistémologues ont, jusqu'ici, fort ignoré) s'écarte radicalement, dans son esprit, tant du réalisme objectiviste que du positivisme. Il s'écarte du premier du fait que c'est dans le jeu des rapports harmonieux ("élégants", aurait dit le grand physicien Dirac) entre entités mathématiquement définies qu'il discerne l'essence première de la physique contemporaine et que, selon lui, ce qui a l'existence au suprême degré ce n'est pas un ensemble d'objets, simples ou complexes, mais bien les entités et les rapports dont il s'agit. Et il se distingue du positivisme par le fait que, corrélativement, les énoncés "protocolaires" (du type « l'aiguille indicatrice de tel instrument est vue comme se trouvant dans tel intervalle de la graduation ») ne représentent pas, eux non plus, pour lui, l'élément premier et constitutif de la connaissance. De fait, il n'est pas abusif de dire qu'aussi bien dans sa version "réalisme mathématique" — chère aux mathématiciens "platoniciens" — que dans sa version "einsteinisme" — que professent nombre de physiciens théoriciens — le pythagorisme, à l'inverse du positivisme, est essentiellement une ontologie. Ainsi, il paraît clair qu'aux yeux d'Einstein (celui de l'âge mûr) une théorie telle que la relativité générale nous faisait vraiment accéder à des concepts (espace à courbure, lignes d'univers géodésiques, etc.) exprimant adéquatement la structure même du "réel". Certes cette appréciation mérite d'être nuancée. En ces matières essentiellement philosophiques les physiciens sérieux répugnent aux jugements abrupts et, comme Michel Paty l'a fort bien fait valoir dans son ouvrage (1993), il y a des textes d'Einstein qui nuancent son réalisme. Selon eux, ce n'est qu'à un *système* de concepts — et non à un concept isolé — que l'on peut accorder une valeur de vérité. L'important, ce qui donne son sens à la physique, c'est donc de *vérifier la cohésion* de tout un ensemble indissociable d'idées, de concepts et de résultats d'expériences. Et, ajoutait Einstein, ceci vaut même pour les concepts de réalité physique, de réalité du monde extérieur et d'état réel d'un système. « *A priori*, écrivait-il, il n'est pas plus légitime de les supposer indispensables (à la pensée) que de les rejeter. Seule la vérification[1] permet de trancher la question » (cité par M. Paty, *loc. cit.*, p. 439).

Dans une telle approche le pythagorisme-einsteinisme n'est pas posé comme un cadre ontologique *a priori* et l'on s'attend plutôt à ce qu'il apparaisse comme le résultat d'une quête de cohérence réussie. Ainsi c'est, à n'en pas douter, parce que, selon les vues d'Einstein, la réussite de la quête en question était effectivement — en partie tout au moins — acquise qu'une prise de position essentiellement "réaliste" lui a paru hautement fondée. Mais ce qui compte c'est qu'en définitive il l'a jugée telle[2] (et que beaucoup de physiciens ont fait de même). Au total, nous sommes donc justifiés à *définir* l'einsteinisme comme étant l'interprétation ontologique des (ou de certaines des) entités définies mathématiquement par la physique contemporaine.

Or aujourd'hui cet einsteinisme doit lui aussi faire face, au sein de la physique elle-même, à de sérieuses difficultés. Déjà au chapitre 2 nous avons constaté que si la physique feynmanienne donne, dans l'esprit des physiciens, facilement naissance à des images onto-logiques celles-ci ne forment, en fin de compte, qu'une pseudo-ontologie. De même, en section 3.2.3 nous avons incidemment remarqué que l'option en faveur de l'instrumentalisme (impliquant l'abandon de toute ontologie, y compris l'einsteinienne) serait susceptible de faire disparaître les influences supraluminales qui, dans le cadre du réalisme, paraissent incompatibles avec la relativité. Enfin, dans les chapitres 4 et 5 nous avons pris connaissance des considérables difficultés qu'entraîne toute tentative visant à conférer une interprétation ontologique aux symboles mathématiques qui forment l'ossature de la mécanique quantique.

Certains physiciens théoriciens ne se laissent pas décourager par ce faisceau de très sérieuses difficultés. Ils rejoignent les mathématiciens "platoniciens" dans l'affirmation de l'existence "vraie" d'un monde des mathématiques pures, extérieur à la pensée

---

1. Au sens ci-dessus.

2. En témoigne, par exemple, la citation de lui donnée en section 1.2 sous la rubrique "Réalisme einsteinien". Einstein y souligne que, selon lui, *l'état réel* d'un système physique est chose qui existe objectivement, indépendamment de toute observation ou mesure. Et qui — ajoute-t-il — peut en principe se décrire par des moyens d'expression, existant ou encore à inventer, qui relèvent de la physique.

humaine et exploré par celle-ci. Et l'intérêt qu'ils portent à la physique théorique tient à ce qu'ils y voient un chemin — détourné sans doute mais, finalement, praticable — d'accès à ce monde jugé "plus réel encore" que ce monde-ci. C'est là une intuition belle et porteuse. On est tenté de la tenir, dans ses très grandes lignes, pour vraie. Dans sa partie "physique" — lien avec les données de l'expérience, donc foi en la pertinence de celle-ci — il semble néanmoins clair qu'il faille renoncer à l'espoir d'un accès *total*. Encore une fois, au vu de toutes les données jusqu'ici passées en revue il semble incontestable que le formalisme mathématique de la théorie-cadre appelée physique quantique n'est pas interprétable comme étant une vraie saisie de la réalité indépendante. Et, manifestement, en ce qui concerne toutes les "théories au sens usuel" fondées sur cette théorie-cadre — supersymétrie, théorie des supercordes, etc. — il ne peut qu'en aller de même.

Cela dit, notons bien que même si, en définitive, la structure du "réel en soi" s'avère non susceptible d'une description sûre et exhaustive en termes de physique mathématique, le pythagorisme — la recherche des symétries, etc. — semble demeurer un guide fiable pour la recherche ; chose qui donne à penser que les grandes lois mathématiques qui constituent son "grain à moudre" pourraient bien refléter quelque chose de ce "réel".

6-4.   Remarques concernant deux macroréalismes

Tous les physiciens savent très bien que dans sa version générale (celle qui plaît aux esprits ingénus !) le réalisme à propos des entités n'est pas scientifiquement défendable (même le modèle Broglie-Bohm s'en écarte de façon significative !). Mais certains tentent d'en défendre une version réduite au domaine macroscopique. Dans cette approche l'universalité est niée. Le monde macroscopique, celui des objets à notre échelle, des instruments de mesure, etc. y est considéré comme régi par les lois de la mécanique classique et décrit par elles tel qu'il est. A l'opposé, le monde "microscopique" — celui des atomes, des électrons, etc. — est dit ne pas nous être ainsi connu. En ce qui le concerne, ce macroréalisme se divise en plusieurs variantes, dont deux (au moins) valent d'être signalées.

Dans la première (voir par exemple M. de Muynck, 1995) la physique quantique, loin de décrire le monde microscopique "tel qu'il est", est reconnue comme nous donnant seulement des règles prédisant ce que nous observerons *sur nos instruments* (macroscopiques évidemment) quand nous ferons telles ou telles mesures. De sorte que les résultats de celles-ci sont dits devoir être interprétés comme ne se rapportant qu'indirectement à ce monde et comme ne nous donnant aucune analyse vraiment fiable de celui-ci. Les partisans de cette manière de voir se qualifient souvent eux-mêmes d'empiristes. Et ils n'ont pas tort car, à certains égards, cette conception se rapproche effectivement des versions anciennes — pré-berkeleyiennes et pré-kantiennes — de l'empirisme, qui ne mettaient aucunement en doute la réalité intrinsèque des diverses particularités du monde observé (limité alors au macroscopique) tout en insistant sur l'idée que toute connaissance vraie nous vient des sens. Vue sous un autre angle, la conception en question peut recevoir le nom de "réalisme de signification" et elle sera (sous cette appellation) discutée en section 9.7. Pour les raisons qui seront détaillées à cet endroit elle paraît maintenant difficile à défendre.

Dans l'autre variante du macroréalisme à laquelle on pense, le monde microscopique est considéré comme étant, en un sens, connu lui aussi "tel qu'il est", mais seulement par l'intermédiaire de logiques différant à certains égards de la logique habituelle. Cette variante recouvre elle-même plusieurs approches dont, à vrai dire, les ambitions dépassent toutes le cadre du macroréalisme au sens étroit, puisque, précisément, même les grandeurs microscopiques s'y voient attribuer des valeurs ayant leur existence propre. Certaines des approches en question — telles celles faisant appel à des logiques de tiers inclus — ne dépassent guère le niveau du qualitatif, autrement dit celui de simples programmes. D'autres — telle la théorie des logiques partielles (Omnès, 1988) — sont au contraire des théories ayant fait l'objet d'analyses mathématiques et conceptuelles élaborées. Mais celles-ci ont montré qu'en fait les théories en question ne sont pas vraiment compatibles avec une vision réaliste[1].

6-5. La mécanique quantique, une théorie-cadre universelle

Nous avons noté que s'il y a aujourd'hui une discipline susceptible de faire figure de théorie-cadre universelle, ce ne peut être que la mécanique quantique ou, plus exactement, le *cadre quantique* constitué par les grandes règles prédictives d'observation

---

1. Le lecteur intéressé trouvera dans *Le réel voilé* (chapitre 12) une analyse plus détaillée de cet aspect de la question.

qui en constituent l'ossature. Mais nous avons noté aussi que, vu les critiques — souvent justifiées — auxquelles, de nos jours, l'idée d'universalité se trouve soumise, la question de savoir si la notion même d'une telle théorie-cadre peut être conservée prête à discussion. Ici nous devons donc examiner les arguments pour et contre l'idée que le cadre quantique est une telle théorie.

Bien entendu, une condition que toute théorie candidate à ce rôle doit nécessairement remplir est celle de la généralité. De ce point de vue la mécanique quantique apparaît comme inattaquable car, édifiée en premier lieu en tant que théorie des atomes et des molécules, elle s'est progressivement avérée pertinente dans tous les domaines de pointe de la physique. En faveur de son universalité, c'est là un argument puissant. Mais naturellement il est trop vague pour convaincre à lui tout seul, et la question se pose donc de savoir si l'on peut en quelque façon le compléter.

La réponse est positive mais pour établir qu'elle l'est on doit faire un peu attention car, allant dans ce sens, il existe un argument qui à première vue paraît bon et auquel cependant on ne peut, ici, faire appel. Pour pouvoir ci-dessous m'y référer, je l'appellerai "argument du basique". L'argument du basique se fonde sur la remarque que tout, dans le monde matériel, apparaît comme étant constitué d'atomes, que ceux-ci sont eux-mêmes constitués de particules et de champs, et que la théorie quantique est précisément celle qui rend compte du comportement des particules et des champs. Dès lors, conclut-il, cette théorie est nécessairement universelle, en ce sens, au moins, que ses lois s'appliquent à tout.

Même si, intuitivement, l'on peut soupçonner l'argument d'être trop simple pour être juste, il faut reconnaître qu'à première vue il paraît assez pertinent. En réalité, cependant, il est hautement discutable, et cela en raison de certaines des données établies au cours des chapitres précédents. L'une de celles-ci est la non-localité. En effet, si l'argument du basique nous apparaît à ce point convaincant c'est parce que tacitement nous le fondons sur le principe cher à Descartes de divisibilité par la pensée, autrement dit sur l'idée qu'il existe une "réalité extérieure" indépendante de nous et de nos possibilités d'appréhension, et que celle-ci se compose de maintes petites parties interagissantes mais distinctes. Sous la forme — la non-séparabilité — qu'elle revêt en physique quantique la non-localité ruine le principe en question, ce qui fait qu'en toute rigueur l'argument du basique ne peut plus être ainsi compris. Si l'on tentait, malgré tout, de le conserver, on ne pourrait le faire qu'en le reformulant en termes de réalité empirique mais il est clair que cette transformation lui enlèverait tout son pouvoir de conviction.

Une autre donnée rendant discutable l'argument en question est, bien entendu, l'objectivité seulement faible de la mécanique quantique "orthodoxe", c'est-à-dire le fait, constaté au chapitre 4, que la règle de Born ne saurait y être interprétée comme fournissant la probabilité que tel ou tel événement arrive, et ne peut l'être que comme exprimant celle de tel ou tel *résultat d'observation*. Il en résulte que la physique quantique ne fournit pas de véritables descriptions de ce qui est, mais seulement des prévisions observationnelles. Mais s'il en est ainsi, de nouveau, l'argument du basique perd sa substance. Plus exactement, il ne peut même plus être formulé.

Rappelons enfin pour mémoire une troisième donnée allant dans le même sens. Il s'agit du fait, signalé en section 3.2.3, remarque 3, et rappelé plus haut, que le recours à une interprétation essentiellement instrumentaliste de la physique permet de réconcilier la théorie de la relativité avec les résultats des expériences de "type Aspect". De fait, il semble bien que ce soit là l'unique possibilité de parvenir à une telle réconciliation, pourtant conceptuellement nécessaire. C'est là une raison supplémentaire pour interpréter la physique fondamentale essentiellement comme productrice de prévisions d'observations. En ce qui concerne l'argument du basique cette conclusion va manifestement dans le même sens que l'objection précédente et la corrobore.

Finalement donc, l'argument du basique n'est pas valable. Toutefois il se trouve que les raisons mêmes qui viennent d'être évoquées et qui font qu'il en est ainsi fournissent par ailleurs les bases d'un nouvel argument — tout différent et très puissant — en faveur de l'universalité.

Pour saisir en quoi celui-ci consiste, tirons d'abord, de ce qui vient d'être rappelé, la conclusion qui s'impose : elle est que, comme déjà souligné à plusieurs reprises, la mécanique quantique est une théorie beaucoup plus prédictive que descriptive. Ce qui est vraiment solide en elle, ce n'est pas son ontologie — qui, au contraire, est chancelante — ce sont ses règles de prévision d'observations. Or si la physique microscopique, dont nul ne conteste que la mécanique quantique la gouverne, se réduit à des règles de prévision d'observations, vis-à-vis de la physique macroscopique l'attitude d'esprit la plus raisonnable — ou en tout cas la plus prudente — que nous puissions adopter consiste manifestement à mettre, au moins provisoirement, entre parenthèses son interprétation ontologique et à focaliser notre attention sur ses règles de prévision d'observations (de la validité desquelles il est impossible de douter). Dans ces conditions, la question de l'universalité de la mécanique quantique prend une forme nette et non ambiguë. Elle se résume à la question de savoir si les règles prédictives du macroscopique se ramènent ou non aux règles prédictives du microscopique. Or nous constaterons plus loin (sections 8.2.1 et 8.2.2) que, grâce à de récentes recherches, on sait maintenant que la réponse est positive. En dernière analyse, par conséquent, il apparaît que l'universalité peut raisonnablement être considérée comme établie.

Naturellement, cette universalité ne fait que renforcer l'analogie entre le "cadre quantique" et les grandes lois de la mécanique newtonienne, qui apparaissaient, elles aussi, comme universelles. Et, à son tour, cette analogie nous permet de bien repérer, à l'intérieur du domaine quantique, quelles sont les questions les plus fondamentales. De toute évidence, ce ne sont pas celles qui se rapportent aux théories au sens usuel mais celles qui concernent la théorie-cadre elle-même. C'est là la raison pour laquelle on ne trouvera, dans ce livre, aucune discussion relative au classement des quarks, à la question de l'unification des quatre forces fondamentales, au grave problème de l'harmonisation (encore à réaliser) entre mécanique quantique et relativité générale, et à d'autres sujets du même ordre. Tous, quelle que soit leur importance, relèvent de "théories au sens usuel". Et ces dernières s'ancrent en dernière analyse — *via* la théorie quantique des champs ou autrement — dans les règles quantiques fondamentales de prédiction d'observations (pour telles ou telles, dans la version relativiste de ces règles), c'est-à-dire dans le "cadre quantique" défini plus haut.

6-6. L'antiréalisme

Le vocable "antiréalisme" est utilisé par divers auteurs pour désigner des prises de position non toutes identiques entre elles mais ayant comme trait commun de s'opposer au réalisme. C'est ainsi, par exemple, que certains textes qualifient d'antiréaliste le réalisme limité au macroscopique présenté ci-dessus (section 6.4) comme une variante de l'empirisme. Une définition assez différente mais beaucoup plus nette du terme est fournie par l'épistémologue M. Dummett. Partant de la remarque que les problèmes relatifs aux notions de réalité, d'existence, etc. ont manifestement des liens étroits avec ceux qui concernent la notion de *vérité des énoncés,* ce philosophe estime (Dummett, 1978) que c'est par référence à ces derniers que réalisme et antiréalisme peuvent être, au mieux, caractérisés. Dans cet esprit, il fait tout d'abord observer qu'il existe diverses classes d'énoncés, mathématiques, physiques, etc. Ici seules deux de ces classes sont *a priori* susceptibles de nous intéresser : celle des énoncés concernant les lois générales — appelons-la la « classe L » — et celle des énoncés portant sur les faits contingents — appelons-la la « classe F » (au reste, nous serons, en définitive, amenés à concentrer notre attention essentiellement sur cette dernière). Dummett définit le réalisme relatif à une classe donnée comme étant « la conviction que les énoncés de [cette] classe possèdent une valeur de vérité indépendante des moyens dont éventuellement nous disposons pour la connaître ; ils sont vrais ou faux en vertu d'une réalité existant indépendamment de nous ». A l'inverse, ce même auteur définit l'antiréalisme relatif à la classe considérée comme étant l'assertion que le fait d'avoir ou de ne pas avoir un sens est, pour un énoncé de cette classe, directement lié à l'existence ou la non-existence de données permettant d'apprécier sa validité ; de sorte que « un tel énoncé, s'il est vrai, ne peut l'être qu'en vertu de quelque chose que nous pourrions éventuellement savoir ».

Tel que défini par Dummett, le réalisme recouvre une classe plus vaste de "vues du monde" que ne le fait le réalisme des accidents (alias "objectiviste") car la condition de représentabilité par quelque ensemble de nombres réels (connaissables ou non) n'y est pas posée. Et c'est, d'ailleurs, ce qui permet à cet auteur de faire valoir que l'antiréalisme n'est pas un point de vue bizarre, illogique ou paradoxal. A cette fin, il prend pour exemple l'énoncé « Un tel (qui vécut autrefois) était brave » (à savoir, justement, une assertion dont la signification n'est pas soumise à la condition que l'on vient de dire), et il fait observer que si, par hypothèse, "Un tel" n'a jamais eu l'occasion de fournir une preuve de bravoure ou de couardise, l'énoncé dont il s'agit sera en général considéré, conformément à la position antiréaliste, comme étant dénué de sens. (Le réaliste soutiendrait, lui, qu'"Un tel" était "brave en soi" ou ne l'était pas, et cela indépendamment de toute éventuelle manifestation de la chose ; mais il est clair que, aux yeux de beaucoup de personnes, cette opinion ne s'impose pas.)

L'approche de Dummett souffre d'une limitation, qui tient à ce qu'elle ne considère que globalement les énoncés, alors que tout énoncé se compose, bien sûr, de mots, lesquels représentent des concepts. Aussi longtemps que les concepts en jeu sont tous connus et familiers — comme cela est le cas de celui de "bravoure" — ce n'est pas là une source de difficultés. Mais il est tout à fait impossible d'énoncer la physique contemporaine seulement au moyen des bons vieux concepts familiers. Il faut par conséquent en introduire de nouveaux, définis, le plus souvent, au moyen d'une combinaison de mathématiques et de références expérimentales.

Par suite, il apparaît qu'au moins dans le cadre de la physique il est fréquemment nécessaire de définir ce que les mots "réalisme" et "antiréalisme" signifient en ce qui concerne les concepts eux-mêmes.

C'est là un problème qui, à l'évidence, aura à retenir notre attention (voir en particulier la notion de définition opérationnelle, section 7.2.2). Notons en bref que, de la manière dont il se pose ici, il n'est pas sans rapport avec la question — connue des philosophes — de savoir s'il faut ou non identifier la signification d'un mot avec la totalité de ses références. Un antiréaliste conséquent tendra, naturellement, à faire sienne une telle identification. Il posera que la signification d'un concept — son contenu en termes de représentation intellectuelle — ne saurait excéder l'ensemble des *données de fait* que ce concept a été forgé pour décrire. Et en général il aura, en cela, pleinement raison car cette règle de prudence lui permettra d'éviter les chausse-trapes intellectuelles où l'on risque toujours de tomber dès que l'on applique un concept hors de son domaine exploré de validité. Dans le principe, cependant, il faut bien reconnaître que qui dit "données de fait" dit "expérience", que la règle dont il s'agit s'inspire donc essentiellement de la vieille idée de la *tabula rasa* chère aux vieux empiristes anglais ("rien ne se trouve dans l'esprit qui ne soit, d'abord, passé par les sens"), et que cette dernière idée, pour digne d'attention qu'elle soit, n'est, après tout, qu'un pur et simple postulat. En dernière analyse, rien ne nous dit que certaines notions très générales, telles que celle d'*existence,* n'échappent pas à cette règle. Rien ne permet, autrement dit, de *démontrer* qu'elles ne sont pas des *idées nécessaires.* Pour les raisons mentionnées en particulier en sections 5.1.3 et 5.2.3 je considère pour ma part que celle d'existence *est,* effectivement, *nécessaire.*

Notons cependant que cette mienne opinion ne va pas à l'encontre de l'antiréalisme sous toutes ses formes. Dans *Introduction à l'épistémologie* Léna Soler (2000) souligne bien, en effet, que l'antiréaliste scientifique peut sans contradiction nier ou affirmer le réalisme métaphysique. La seule chose, explique-t-elle, qui lui est interdite, c'est de concevoir le lien entre la théorie et son référent comme une correspondance. Elle ajoute même que « cet interdit n'empêche nullement l'antiréaliste d'admettre que le référent extra-linguistique exerce certaines contraintes sur l'élaboration des théories scientifiques, c'est-à-dire influe sur le contenu de ces théories », par exemple en éliminant « certains modèles conceptuellement possibles ». Il est clair que les prises de position du présent livre sont compatibles avec un antiréalisme ainsi compris.

7

Antiréalisme et physique ; problème E.P.R. ; l'opérationnalisme, méthode inéluctable

7-1. La notion de valeur d'une grandeur physique dans le cadre antiréaliste

Les données passées jusqu'ici en revue nous ont montré que la physique contemporaine ne s'accommode aisément ni du réalisme objectiviste — le "réalisme" des philosophes réalistes ou *a fortiori* matérialistes — ni, non plus, d'un pythagorisme conçu comme une ontologie. En conséquence (et sans encore prendre parti quant aux questions métaphysiques), il n'est pas sans intérêt d'examiner ici dans quelle mesure l'antiréalisme est susceptible de constituer le cadre conceptuel cohérent où viendraient naturellement s'inscrire les descriptions phénoménales que cette physique nous fournit.

A cette fin il est approprié de recourir à la définition de l'antiréalisme par Dummett déjà mentionnée en section 6.6 et reproduite ci-dessous par commodité.

Définition

L'antiréalisme relatif à une classe donnée d'énoncés stipule que la signification d'un énoncé de cette classe est intimement liée à ce qui compte comme élément de preuve à son égard. Plus précisément : un énoncé de cette classe « s'il est vrai, ne peut l'être qu'en vertu de quelque chose que nous pourrions connaître et qui compterait comme élément de preuve de sa validité ».

Rappelons que la classe d'énoncés qui nous intéresse est celle des énoncés portant sur les faits contingents (ceci écarte, par exemple, de notre analyse les énoncés factuels du type « le proton possède une charge électrique ») et plus spécialement la classe des propositions qui assignent une valeur à une grandeur physique (type : « la vitesse de tel objet est de x kilomètres à l'heure »). Ces propositions sont pratiquement toujours relatives à des situations bien spécifiées, dans le temps comme dans l'espace. En ce qui les concerne la définition ci-dessus se particularise en : « Pour qu'une telle proposition ait une valeur de vérité (soit vraie ou soit fausse), il faut que, dans la situation considérée, cette grandeur soit mesurable, directement ou indirectement. »

On peut se demander si la condition est suffisante. La question n'est pas sans intérêt. En effet, même si elles soulignent que toute grandeur que l'on conçoit n'a pas nécessairement un sens, les personnes qui voient la science comme une synthèse de l'expérience — bref qui ont quelque inclination pour les positions antiréalistes — tendent du moins à considérer que quand une grandeur est mesurable cela garantit bien qu'elle en a un. Malheureusement, en physique atomique la question dont il s'agit débouche sur une ambiguïté, car qu'entend-on par "mesurable" ? Ainsi, par exemple, nous disposons en principe d'instruments permettant de mesurer, à un instant donné et avec une précision arbitrairement grande, les coordonnées de position d'un électron. Si cependant cet électron est celui d'un atome d'hydrogène dans son état fondamental, nous ne saurions en inférer que la proposition « à tel instant les coordonnées de position de l'électron ont telles et telles valeurs » a une valeur de vérité (est vraie ou fausse). Cela tient à ce que, dans de tels cas, la mesure en question, si elle est faite, ne nous informe que sur les valeurs des coordonnées *après* qu'elle a eu lieu. En effet, selon les théories et les modèles elle a, en général, soit créé soit modifié ces valeurs, elle ne les a pas, tout simplement, enregistrées.

7-1-1. La problématique E.P.R.

Bien entendu, la remarque précédente ne signifie pas à elle seule qu'il soit impossible, dans le cadre antiréaliste, de formuler une condition suffisante de vérité des propositions relatives aux valeurs des grandeurs physiques. Elle montre seulement que celle-ci, pour être valable, doit être plus stricte que la simple mesurabilité. Et elle suggère que la solution serait à chercher du côté des mesures non perturbatives. Considérons donc la proposition ci-dessous, qu'on appellera *proposition P*.

Proposition P

Pour que l'énoncé « Sur le système S la grandeur physique A vaut *a* » ait une valeur de vérité il suffit qu'il soit, en principe, possible de mesurer A *sans perturber S*.

[*Précision* : "qu'il soit possible" doit être ici pris dans le sens : « qu'on puisse, au moins en théorie, imaginer des moyens par lesquels la mesure serait effectivement faite au cas où on déciderait de la faire ».]

Indéniablement, cette proposition *P* est pleinement dans l'esprit de l'approche antiréaliste. Sommes-nous sûrs pour autant qu'elle soit correcte ? Telle est la question. Celle-ci soulève, bien entendu, une question préliminaire : existe-t-il des mesures qui soient à coup sûr non perturbatives ? A cette demande, Einstein et deux de ses élèves, Podolsky et Rosen, apportèrent jadis une réponse simple (1935). Ils firent valoir que, dans certains cas, au moins selon nos modes habituels de pensée, un tel moyen existe bien. Il consiste à faire des mesures indirectes, en utilisant des paires de systèmes corrélés. Pensons, de nouveau, à nos paires de fléchettes corrélées du chapitre 3. Quelque temps après "l'explosion" initiale les deux fléchettes d'une même paire sont éloignées l'une de l'autre et par conséquent il est intuitivement clair que les opérations que l'on peut faire sur celle "de gauche" ne perturbent en rien celle "de droite" (et inversement). Mais d'autre part leurs orientations sont les mêmes. Il est donc manifeste que l'on peut mesurer indirectement l'orientation de, disons, la fléchette "de droite" rien qu'en mesurant celle de la fléchette "de gauche", et qu'on ne perturbe pas la fléchette "de droite" en faisant cela.

On s'attendrait à ce qu'il en aille de même lorsque, par la pensée, on remplace les fléchettes par des photons et leurs orientations par les polarisations de ces photons (ou qu'on remplace les fléchettes par des protons et leurs orientations par certains vecteurs que, sous le nom de "spins", les physiciens attachent à ces particules). En mécanique quantique, en effet, on peut mesurer le signe (+ ou −) de la polarisation d'un photon selon telle ou telle direction que l'on choisit à volonté, et l'on sait (corrélation) que si l'on mesurait ainsi les signes des polarisations de deux photons d'une même "paire d'Aspect" selon une même direction, on obtiendrait des résultats identiques pour l'un et pour l'autre. On peut par conséquent imaginer de faire, indirectement, une mesure non perturbative du signe de la polarisation du photon de droite selon une direction choisie **n** en mesurant le signe de celle du photon de gauche selon la même direction. Et, d'après la proposition *P*, cette simple *possibilité que l'on a* devrait suffire à garantir que l'énoncé « le signe de la polarisation du photon de droite dans la direction **n** est + » a une valeur de vérité (est vrai ou faux).

Malheureusement, une telle inférence nous met tout de suite en porte à faux relativement aux grands principes de la mécanique quantique ! En effet, étant donné qu'elle est fondée, non sur une opération réellement faite (la mesure portant sur le photon de gauche) mais sur la simple possibilité que nous aurions de la faire "si l'envie nous en prenait", le raisonnement qui précède peut être répété à l'identique mais en changeant par la pensée la direction **n** en une autre direction **m**. D'où l'inévitable conclusion que, aussi bien le signe de la polarisation selon **m** que celui de la polarisation selon **n** (du photon de droite toujours) ont une valeur de vérité. Or, en matière de polarisation, le formalisme quantique implique que l'une au moins de ces quantités ne pourrait être qu'une de ces "variables cachées" dont l'antiréaliste ne va pas jusqu'à nier, dogmatiquement, l'existence mais dont il ne saurait admettre qu'on les mesure. En substance, c'est là ce qu'on appelle souvent le "paradoxe" d'Einstein, Podolsky et Rosen (E.P.R.)[1]. Il montre que pour les systèmes "microscopiques", ou "quantiques" les conditions énoncées dans la proposition *P* ne sont pas encore assez restrictives. Si nous voulons, pour eux aussi, une définition de la vérité des assertions relatives aux valeurs qui soit conforme aux idées-forces de l'antiréalisme il nous faut fonder celle-ci sur quelque autre condition. Dans cette visée on peut prendre en considération la proposition que voici, où la notion de possibilité, c'est-à-dire d'appel au conditionnel, est remplacée par celle d'actualité, autrement dit par l'usage de l'indicatif.

Proposition E

Pour que l'énoncé : « Sur le système S la grandeur physique A vaut *a* » ait une valeur de vérité il suffit que, dans la situation considérée, l'on dispose *en fait* de données permettant de prédire avec certitude la valeur que l'on trouverait si l'on mesurait A.

Par exemple : si A est une constante du mouvement et si l'on a déjà mesuré A, on connaît avec certitude la valeur qu'on trouverait si l'on mesurait A une deuxième fois puisque c'est la même (dans le jargon quantique, on dit alors que S est dans un "état propre" de A). Donc, selon la proposition *E,* après la première mesure l'énoncé « A a cette valeur » est vrai. Bien entendu, cette première mesure peut aussi avoir été indirecte, à la Einstein, Podolsky et Rosen. Mais le point est que la difficulté n'existe pas ici, car on ne dispose jamais *à la fois* des données (relatives au photon de gauche) qui permettraient de prédire avec certitude la valeur que l'on obtiendrait si l'on mesurait la polarisation du photon de droite selon **n** *et* des données qui permettraient de faire une prédiction du même type mais mettant en jeu la direction **m**. Par exemple si, sur le photon de gauche, je mesure la polarisation selon **n**, je perturbe ce photon et détruis, par cela même, la corrélation entre les photons de la paire, de sorte qu'une mesure ultérieure, sur ce photon de gauche, de la polarisation selon **m** ne pourra rien m'apprendre concernant le photon de droite.

---

1. E.P.R. ont proposé de le lever en rejetant le principe de complétude fort. Mais, comme on le sait, Bell a ensuite prouvé que certaines prédictions observables de la mécanique quantique ne peuvent alors être conservées que moyennant la non-localité.

Ainsi notre analyse débouche sur la conclusion — significative — que la définition antiréaliste avancée par Dummett de la vérité d'un énoncé n'est qu'une condition nécessaire, qu'elle ne suffit pas, dans le cas quantique, à garantir qu'un énoncé a une valeur de vérité et que, pour cela, il convient de s'appuyer sur une proposition telle que E. Il est vrai que le raisonnement ci-dessus semble prendre indirectement quelque appui sur la version "forte" ou "ontologique" du principe de complétude alors qu'aux yeux d'un antiréaliste conséquent c'est seulement sa version faible qui est pertinente. Toutefois si, au vu de cette remarque, on décidait de s'en tenir à la proposition P et donc d'accepter celle de ses conséquences qui a été montrée plus haut — le fait que les polarisations d'un même photon selon plusieurs directions différentes ont simultanément des valeurs bien définies — on ne pourrait pas échapper à la conséquence que ce — supposé — "fait" entraîne à son tour (voir Appendice 1, section B), à savoir les inégalités de Bell, et par suite on se trouverait en désaccord, comme on l'a vu, avec les données expérimentales. Indéniable est donc bien l'insuffisance de la proposition P.

7-1-2. Connaissance et prédiction (d'observations)

En définitive, notre analyse montre qu'il est possible, dans un cadre antiréaliste, d'énoncer une condition suffisante pour que l'énoncé « Sur le système S la grandeur physique A vaut a » ait une valeur de vérité. Mais elle montre aussi que dans le cas des systèmes microscopiques cette condition prend une forme assez différente de celle qui procéderait de la définition de l'antiréalisme due à Dummett, et qu'elle est qualitativement plus restrictive que cette dernière. En effet, la définition à la Dummett est d'une application très générale et largement indépendante du contexte de nos connaissances. La proposition E, au contraire, renvoie très spécifiquement au savoir dont nous disposons dans les circonstances précises dans lesquelles il s'agit de se prononcer.

Un autre point significatif est que l'antiréalisme à la Dummett focalise l'attention sur la notion de sens des énoncés et départage ceux susceptibles ou non d'en avoir un, au moyen d'un critère relatif à nos possibilités de *prise de connaissance*. Comme nous venons de le constater, la proposition E nous fait aller plus loin dans cette voie, en nous amenant à conférer une importance particulière à la notion de possibilité de *prédictions d'observations*. A n'en pas douter, elle nous pousse ainsi vers les positions opérationnalistes. Au point où nous en sommes, il convient donc que nous réfléchissions un peu sur cette manière-là d'approcher le savoir.

7-2. L'opérationnalisme (alias "instrumentalisme")

Cette section vise à établir que, contrairement à une opinion répandue, un opérationnalisme bien compris constitue une manière de voir qui confirme la valeur et la "certitude" de la science.

7-2-1. Fiabilité de la science dans les domaines de la synthèse et du prédictif

Comme on l'a constaté à plusieurs reprises, l'apparition de nouveaux concepts est une très importante donnée de la physique. Par "nouveaux concepts" il ne s'agit pas simplement, cela va de soi, de noms pour de nouveaux *objets*. Tels que l'imagerie courante les dépeint, c'est-à-dire comme des corpuscules, les quarks ne représentent pas un nouveau concept, même s'ils présentent la "nouveauté" d'avoir des charges fractionnaires. A un moment donné de l'histoire de la science un concept n'est vraiment nouveau que s'il nécessite, pour être compris et admis, un réel effort de pensée. Ce fut le cas, au temps de Newton, pour celui de force à distance, ensuite pour celui de champ, plus tard encore pour ceux d'espace à courbure, de fonction d'onde, etc. Issus, en général, de l'union de l'expérience et de la réflexion théorique — l'édification d'un jeu d'équations — les nouveaux concepts furent longtemps interprétés selon le mode réaliste. Au reste, c'est encore ainsi qu'ils sont présentés dans l'enseignement. Une expérience comme celle d'Œrsted démontre, explique-t-on, l'existence d'une interaction entre le courant électrique et les aimants ; une théorie — en l'occurrence celle d'Ampère — permet de décrire quantitativement cette interaction grâce à certaines équations mettant en jeu un certain champ ; celui-ci est dès lors conçu comme étant une réalité physique existant en soi ; et le tout permet de prédire tels et tels effets, que des expériences ultérieures se chargeront de vérifier.

Nonobstant certaines réserves tôt apparues — déjà du temps d'Ampère et même avant — ce schéma conceptuel a longtemps semblé, dans l'ensemble, assez justifié. Au point qu'il fut considéré comme décrivant la nature même de la science par la grande masse des commentateurs de celle-ci, épistémologues compris. Mach et ses disciples, puis les positivistes logiques, firent certes exception mais de nos jours les philosophes des sciences considèrent, pour la plupart, le positivisme comme dépassé. Et la lecture de leurs ouvrages montre que la plupart donnent une importance essentielle à des notions jouant un rôle fort similaire à celui qu'ont, dans le cadre du réalisme objectiviste, les notions fondamentales de celui-ci (voir aussi section 11.2).

D'autre part on sait que, pour la plupart, ils jugent la science sévèrement. Et ils ne le font pas, bien sûr, sans avoir quelques bonnes raisons. On ne mentionnera que pour mémoire celle, souvent avancée, selon laquelle les produits de la science sont, au total, mauvais pour l'homme. Comme il a déjà été observé, même si tel était le cas, cela ne prouverait en rien que les découvertes scientifiques sont inexactes ou sans portée. La vraie, solide raison qu'ont ces personnes pour contester la science est autre. Elle consiste en ceci que la science a souvent remis ses propres fondements en question ou, du moins, a semblé le faire. Déjà du temps de Poincaré l'abandon de la théorie de Fresnel concernant la nature de la lumière, la conversion du monde scientifique à la théorie de Maxwell, avait, à cet égard, suscité de fortes inquiétudes auxquelles, dans *La science et l'hypothèse*, cet auteur tint à répondre, comme on le sait. Mais, depuis, de tels cas se sont multipliés. On a déjà mentionné l'un des plus étonnants, le remplacement de la théorie newtonienne de la gravitation par la relativité générale d'Einstein. L'élément fondamental de la première était sans conteste la force de gravitation. Or ne voilà-t-il pas que la relativité générale nie jusqu'à l'existence de celle-ci en tant que force, et la remplace par un concept tout différent, celui de courbure de l'espace ! Et de telles "révolutions conceptuelles" ne furent pas rares. Comme on l'a déjà noté (section 5.1.2), leur analyse systématique conduisit nombre d'épistémologues — et, à leur suite, de sociologues — à conclure que la science n'est pas cumulative et que les théories scientifiques ne sont en définitive rien de plus que de simples produits culturels, reflets d'un contexte social.

Ici, ce n'est pas encore le lieu d'entamer une discussion détaillée de cette conception. On relèvera simplement un point rarement signalé dans les études correspondantes. Il s'agit du fait que nous venons de voir se dégager : à savoir que, tout bien considéré, toute cette critique de la science s'avère implicitement basée sur des vues qui — indirectement — se rattachent encore à un réalisme assez naïf, en particulier en ce qui concerne l'interprétation des nouveaux concepts que cette science met en jeu ; autrement dit qu'elle se fonde sur une interprétation descriptive des lois de cette dernière.

Il faut bien avouer que, dans un tel cadre, la critique, effectivement, porte. Quel crédit accorder à une recherche scientifique qui, après avoir fait de la force de gravitation un des piliers de sa description du monde, proclame que cette force n'existe pas ? Qui, après avoir affirmé que la lumière est composée de particules, prétend qu'elle est de nature ondulatoire, puis, de nouveau, qu'elle est constituée de particules, puis, enfin (?), qu'elle n'est ni de cette espèce-ci ni de celle-là mais un peu des deux à la fois ? A ces objections on pourrait, bien sûr, tenter de répondre qu'elles caricaturent les faits, qu'il s'agit, en réalité, d'une maturation progressive de notre connaissance de données qui, par elles-mêmes, sont très complexes, et aucunement réductibles à nos notions familières. Mais il n'empêche : nous savons aujourd'hui que les théories à visée descriptive sont comme les civilisations de Paul Valéry : elles sont mortelles. Nous n'ignorons plus qu'une théorie fondée sur certains concepts a bien des chances d'être, un jour ou l'autre, remplacée par une autre, prenant assise sur des concepts pleinement différents. Si vraiment la science a pour vocation le descriptif, savoir ceci peut, à bon droit, nous rendre sceptiques à son égard.

Mais dans la science y a-t-il uniquement cela ? Doit-elle même être comprise comme étant "avant tout" cela ? De grands esprits ne l'ont pas cru. Au sujet de la préférence accordée, en son temps déjà, à la théorie de Maxwell sur celle de Fresnel, Poincaré écrivait : « Cela veut-il dire que l'œuvre de Fresnel a été vaine ? Non, car le but de Fresnel n'était pas de savoir s'il y a réellement un éther, s'il est ou non formé d'atomes, si ces atomes se meuvent réellement dans tel ou tel sens ; c'était de prévoir les phénomènes optiques. Or cela, la théorie de Fresnel le permet toujours. » Et il continuait en soulignant que les équations de Fresnel sont toujours vraies et que donc restent justes les prévisions que l'on peut faire à partir d'elles. Ceci illustre bien un fait aujourd'hui méconnu, la remarquable fiabilité de la science dans le domaine du prédictif.

On relève parfois que sur ce point la relation entre la théorie de Fresnel et celle de Maxwell est quelque peu particulière et qu'en général les équations de la première de deux théories successives ne coïncident pas parfaitement avec celles de la seconde. Qu'elles n'en sont que des approximations, valables dans un certain domaine des variables. Mais même dans ce cas plus général, le fait noté par Poincaré conserve toute sa signification. On peut l'exprimer en disant que la richesse du contenu de la science ne réside pas principalement dans les descriptions, fluctuantes, que celle-ci nous propose de la "matière" (ou, plus généralement de la "réalité"), mais bien dans son aptitude à nous fournir une synthèse rationnelle — donc éclairante pour l'esprit — des phénomènes observés ; ce qui veut dire, en particulier, une synthèse de notre capacité à les prédire. Et il faut souligner qu'en cela la progression de la science a jusqu'ici été sans faille et continue. Comme il arrive souvent en pareils cas, les censeurs de la science passent volontiers ce dernier point sous silence, laissant subtilement entendre à leurs lecteurs que, vu qu'il saute aux yeux, il serait inutile de le noter. Mais il est clair que laisser dans l'ombre un point important sous prétexte qu'il est évident n'est pas un procédé qui sied à une argumentation rationnelle.

Au demeurant, il ne faut pas confondre cet accent mis ici sur la (toujours croissante) capacité de prédiction de la science avec un banal utilitarisme. Certes, vu l'abondance et le caractère, assez souvent spectaculaire, des applications de cette science il est à peu près inévitable qu'auprès des "profanes" celle-ci passe de plus en plus pour une entreprise totalement axée sur l'utile. Une telle opinion n'en est pas moins fausse, comme les scientifiques eux-mêmes le savent très bien. D'abord et avant tout, la science est connaissance. Mais comme beaucoup de grandes notions — pensons, par exemple, à celle de "cause" — celle de "connaissance" est plus subtile qu'il n'y paraît. Elle ne peut se ramener à celle, toute simple, de "description des choses" que quand les termes nécessaires à la formulation de cette description ont tous, déjà, un sens répertorié et assuré. Lors des grandes avancées de la physique tel n'est pas le cas en général. Et — on le sait — l'une des manières les plus efficaces de surmonter cette difficulté est, pour le scientifique, de centrer sa visée sur le compte rendu synthétique de l'expérience humaine communicable. Or — nous y revoilà ! — un tel compte rendu requiert à l'évidence l'emploi de phrases du type « si l'on fait ceci, on observe cela », c'est-à-dire d'énoncés du type prédictif. Il n'y a donc aucune raison de se refuser à considérer de telles phrases comme exprimant de très authentiques connaissances.

7-2-2. Examen des critiques faites à l'opérationnalisme

Nous avons ainsi été progressivement amenés à donner un véritable "poids cognitif" aux énoncés et lois dont la nature est prédictive. Et, bien entendu, c'est là une prise de position que la prise en considération de la mécanique quantique ne peut que renforcer encore, compte tenu du rôle qu'y jouent les règles de prédiction d'observations. En conséquence, il nous faut nous intéresser à l'approche philosophique appelée *opérationnalisme* et à la classe des théories que désigne l'épithète *instrumentalistes*. En bref, l'opérationnalisme ou instrumentalisme (on ne cherchera pas ici à distinguer ces deux approches) est la conception selon laquelle le véritable "noyau dur" d'une théorie — l'on pense ici principalement aux théories de la physique mathématique — est sa capacité à jouer le rôle d'instrument relativement à la prédiction d'observations.

L'opérationnalisme a été vivement attaqué par nombre de penseurs de toutes obédiences. Avant de faire une analyse des principales de ces critiques — et afin que le sens des commentaires qu'elles motiveront soit bien perçu — il convient que soit rappelé ce qui a été noté plus haut à propos de l'explication dans la section 5.1.3 relative au réalisme ouvert. On a montré là que, même si les grandes lois de la physique dépendent en partie de nous, la thèse d'une dépendance pleine et entière se heurte à de sérieuses invraisemblances et qu'on n'échappe donc que difficilement à l'idée que ces lois dépendent aussi d'autre chose. L'argument appelle — cela va sans dire — une discussion plus étoffée encore, qui sera développée en temps voulu. Mais sa teneur — cela a été mis en évidence — ne relève d'aucune conjecture quant à l'accessibilité de cet "autre chose". En vue de la discussion qui va suivre l'hypothèse intéressante (et qui est logiquement valable même si, à première vue, elle paraît insolite, on y reviendra) est celle selon laquelle l'"autre chose" dont il s'agit n'est pas scientifiquement connaissable mais a cependant des structures qui, indirectement, influent sur nos lois. Ce qui fait que cette sorte d'insaisissable "réalité indépendante" ou "ultime" peut être pensée comme une "explication d'existence" de ces dernières.

Bien entendu, quand, dans le cadre d'une théorie opérationnaliste, on est amené à utiliser le terme de "réalité", ce n'est pas à cette réalité-là que l'on renvoie. C'est à la notion introduite en section 4.2.3 de réalité *empirique*, c'est-à-dire à l'ensemble de l'expérience humaine régulière et communicable. Gardons cependant présent à l'esprit que le mot de réalité n'est pas véritablement univoque et qu'il renvoie — ou peut renvoyer — à l'un ou à l'autre de ces deux concepts : la remarque nous servira.

Ceci étant noté, examinons les principales objections faites à l'opérationnalisme.

L'une d'elles est, justement, relative à la notion d'explication. Mario Bunge, par exemple (1990), note que, selon l'opérationnalisme, hypothèses et théories ne sont que des concentrés d'expériences et que, en d'autres termes, aucun vrai rôle explicatif ne leur est conféré ; alors que, aux yeux de cet auteur, le rôle principal d'une théorie est, au contraire, d'expliquer. Ceci, affirme-t-il, les théories ne le font que parce qu'elles nous fournissent à tout le moins une première esquisse de la réalité.

L'argument n'est pas sans valeur. Lors de notre discussion de "l'argument du non-miracle" (sections 5.1.2 et 5.1.3) nous nous sommes nous-mêmes rendu compte que, sauf — précisément — à voir des miracles partout, on ne peut nier l'existence d'un certain "quelque chose", dans lequel s'enracinent les lois.

Toutefois, en ces mêmes endroits et ailleurs nous avons déjà constaté que (pour, entre autres, les raisons développées dans les chapitres 3 et 4) il est fort téméraire — voire impossible — d'identifier ce "quelque chose" à une réalité *scientifiquement et expérimentalement accessible*. Le point faible de la critique émise par Bunge et présentement analysée réside tout entier dans l'irréalisable exigence qu'elle pose d'une telle identification. Si l'on renonce à cette dernière on peut parfaitement concilier le discours de l'opérationnaliste avec une exigence *d'existence* d'une explication. On dira, avec lui, que les théories sont une simple synthèse de notre expérience ; qu'elles sont avant tout prédictives d'observations communicables ; qu'il se trouve que dans certains domaines — vastes mais limités — on peut cependant les formuler en faisant appel au *langage objectiviste*, lequel est syntaxiquement descriptif ; et enfin que la réalité empirique est le référent de cette description. On reconnaîtra, sans réserve aucune, qu'ainsi conçue la réalité empirique est trop anthropocentrique pour pouvoir être l'explication des lois. Mais c'est ce qu'on n'exigera pas. Et on ne l'exigera pas, non parce qu'on se serait résigné à un abandon radical de tout espoir d'explication, mais parce qu'on aura reconnu que l'explication dont il s'agit ne peut se trouver que dans le "quelque chose" dont il a ci-dessus été question[1]. Certes un réaliste objectera peut-être qu'il s'agit là d'une explication purement *ad hoc*. Mais nous avons vu (section 5.1.2, "première question" : critiques philosophiques à l'argument du non-miracle) que c'est là une objection qui, en définitive, s'adresse valablement aussi à l'explication "réaliste". Et comme ce que les opposants à l'opérationnalisme cherchent à établir c'est la supériorité du réalisme, il est clair qu'une objection qui joue aussi bien contre le réalisme que contre l'opérationnalisme ne saurait sans incohérence être utilisée par eux.

Au reste, une autre objection exprimée par le même auteur consiste tout simplement en un *acte de foi* envers le réalisme des accidents. Bunge, bien sûr, reconnaît que la validation des idées de la physique repose sur des expériences de types divers. Mais il n'en maintient pas moins que celles-ci ne sont pas pour autant la "référence" de cette science. « Toute idée physique — écrit-il — réfère explicitement à un objet réel et l'idée en question perd toute valeur s'il s'avère que cet objet n'est pas réel. » Au vu des données de la physique une assertion aussi générale paraît extrêmement

---

1. Autrement dit, la critique formulée par Mario Bunge n'est pertinente qu'à l'égard d'un opérationnalisme, ou instrumentalisme *de principe*. Elle n'atteint pas l'opérationnalisme purement méthodologique ici défendu.

difficile à soutenir. Dans l'énoncé de ses lois entrent, en effet, en jeu maintes idées dont il est inapproprié de dire qu'elles réfèrent à un objet. Tel est par exemple le cas de la notion de probabilité, dont on peut seulement dire, soit qu'elle réfère à un ensemble *imaginé* d'objets, soit (interprétation subjective) que son "objet" est une pensée, et donc échappe à la physique. Et si l'on entre un peu dans le détail, cette limitation ne fait que se préciser.

Considérons, par exemple, simultanément deux idées : l'idée d'électron — particule ponctuelle — et l'idée de fonction d'onde. Si nous disons que l'un des deux objets auxquels elles réfèrent n'est pas réel, cela, d'après Bunge, implique que l'idée correspondante perd toute valeur. Mais en physique quantique il est impossible de poser que l'idée d'électron-particule est dénuée de toute valeur, et il en va de même concernant celle de fonction d'onde, qui y joue un rôle essentiel. Si l'on suit cet auteur il faut donc affirmer que les objets correspondants sont l'un et l'autre pleinement "réels", simultanément ou, au minimum, alternativement. Si c'est "simultanément" on est contraint de se rallier à l'interprétation de la mécanique quantique fournie par le modèle Broglie-Bohm, lequel rencontre, on l'a dit, des difficultés (voir par exemple *Le réel voilé*, chapitre 13 ou, ci-dessous, chapitre 9). Mais il y a plus, car même ce modèle, quand on y regarde de près, est difficilement compatible avec l'exigence posée par Bunge. En effet, considérons le vecteur impulsion **p** d'un électron tel qu'on peut le mesurer en faisant appel à l'effet Compton (on trouvera une description détaillée de l'opération dans F. Belinfante [1973]). Pour un adepte du réalisme des accidents cette entité, parfaitement mesurable, contrôlable, etc. est bien évidemment réelle. Or le modèle Broglie-Bohm nous dit que ce n'est pas elle la "vraie" impulsion de l'électron. Par définition même, l'impulsion d'une particule est, comme on le sait, le produit de sa masse par sa vitesse et cette impulsion-là — appelons-la π — est en général, nous apprend le modèle, tout à fait différente de **p**. Ainsi par exemple, selon le modèle toujours, si un atome d'hydrogène se trouve dans son état fondamental son électron est au repos (la force de Coulomb est exactement compensée par celle issue du "potentiel quantique" caractéristique de ce modèle), ce qui fait que son π est nul, alors que, selon les règles de prédiction d'observations que comporte le modèle, le **p** de ce même électron, lui, ne l'est pas. Selon le modèle c'est π qui est réel mais c'est **p** qui est observable. On doit reconnaître que dans ces conditions le principe selon lequel "toute idée physique réfère explicitement à un objet réel" est, pour dire le moins, peu éclairant, car au lieu de nous aider à construire une explication visualisable des phénomènes il s'avère susciter d'inutiles questionnements métaphysiques.

L'autre possibilité consisterait, bien sûr, à rendre le principe moins strict, à considérer que c'est tantôt la particule "électron" tantôt la fonction d'onde qui est "réelle", et à poser que la seconde se transforme dans la première par "réduction du paquet d'ondes". De fait, il existe plusieurs modèles qui concrétisent cette idée mais sur le plan quantitatif eux aussi (voir *Le réel voilé*, chapitres 10 et 13) rencontrent des difficultés. Et quant à l'idée que la réalité résiderait uniquement dans la fonction d'onde, elle doit faire face aux difficultés redoutables que nous connaissons et qui ont noms "non-séparabilité" et "problème de la mesure" (voir sections 8.1.1 et 8.4 pour les détails). Tout ceci fait qu'au total le principe posé par Bunge apparaît comme étant abusivement dogmatique. Il ne constitue assurément pas une objection scientifiquement valable à la prise en considération d'une approche opérationnaliste de la physique.

D'autres objections sont en partie de nature psychologique. Du fait que l'opérationnalisme vise la synthèse de l'expérience humaine communicable, ses adversaires le présentent souvent comme impliquant qu'invention et spéculation ne jouent aucun rôle en physique. Cette opinion n'est que très partiellement exacte. Certes le théoricien d'un domaine relevant — disons — des lois quantiques n'essayera pas d'inventer de naïves théories mécanistiques dont il sait à l'avance qu'elles sont vouées à l'insuccès (cela du simple fait qu'elles s'ancrent sur des concepts de réalisme proche inconciliables avec les données établies). Mais ce théoricien — opérationnaliste, peut-on dire, par nécessité — n'en pourra pas moins exercer son imagination et ses capacités spéculatives. Il a deux manières de le faire, qui furent l'une et l'autre pratiquées — et souvent simultanément — par les plus productifs des physiciens du XXe siècle. La première consiste à se laisser guider — ou, pour mieux dire, inspirer — par des images et des notions assez naïves, tout en sachant qu'elles le sont. Un exemple fut l'idée, proposée par Dirac, d'une "mer" d'électrons à énergie négative, ainsi que sa suggestion conjointe de "trous" pouvant se produire dans cette "mer" et simulant, par conséquent, des particules à charge positive. La notion, si féconde tant scientifiquement que philosophiquement, d'antimatière est née de là.

Mais il faut bien voir aussi que l'idée en question était sous-tendue par un formalisme mathématique qui était précis et en même temps — jusqu'à ce que les vérifications fussent faites — conjectural. Ceci met en lumière la seconde manière qu'a notre théoricien opérationnaliste de faire jouer son imagination. Elle consiste à réfléchir sur les formules mathématiques, à se demander s'il est possible de les rendre soit plus générales, soit plus élégantes (et souvent les deux vont de pair), à en repérer les éventuelles symétries cachées et, si possible, à les étendre ; et tout cela, toujours sous le contrôle, mais *a posteriori*, de l'expérience. En somme, nous retrouvons ici l'attitude pythagoricienne et nous vérifions à nouveau qu'elle n'est pas, à proprement parler, assujettie au réalisme. Même si le physicien théoricien qui pratique ces méthodes penche presque toujours (et de façon parfois irréfléchie) vers une sorte de réalisme einsteinien, ce réalisme ne lui est guère utile dans son travail et n'est donc pas ce qui, en pratique, le guide.

Enfin, outre certaines autres objections mineures et réfutables dans l'analyse desquelles il serait fastidieux d'entrer, l'opérationnalisme doit faire face à une critique de fond de nature philosophique. Celle-ci, on va le voir, résulte d'une interprétation consistant à étendre abusivement le domaine d'application de cette thèse. Elle est néanmoins importante à connaître. Elle porte sur la notion de définition et plus précisément de définition opérationnelle. Elle part des données — indéniables — premièrement, que l'opérationnaliste met fortement l'accent sur la nécessité de *définir* les concepts dont il fait usage et, deuxièmement, qu'il utilise pour ce faire les définitions opérationnelles. Qu'il pose, autrement dit, qu'*une quantité physique ne peut complètement se définir de façon fiable qu'en explicitant la nature des opérations qu'il faut faire pour la mesurer.* C'est sur ces deux points que ses adversaires l'attaquent.

D'abord, ils font remarquer qu'il est strictement impossible de définir tous les concepts. Comme Mario Bunge le souligne très bien (*loc. cit.*), « lorsqu'un concept peut être défini, cette définition fait intervenir d'autres concepts, ce qui implique nécessairement que certains concepts restent non définis ».

Ce fait est clair et il doit nous faire mieux voir que l'opérationnalisme n'est pas à envisager comme une thèse philosophique posée *a priori* et autosuffisante. Comme Giuliano Toraldo di Francia le fait valoir (1981) il faut avant tout le considérer comme une composante d'une *méthode,* visant à édifier une certaine connaissance, plus assurée et plus étendue que celle qu'on peut acquérir autrement. Or, ce que l'on attend d'une méthode c'est d'être efficace, et de ce point de vue l'objection ne tient pas. Après tout, chacun sait bien que les dictionnaires ont le défaut dont il s'agit. Ils ne peuvent définir tous les mots dont ils font usage, ce qui fait qu'on les dit "circulaires". Cela n'empêche pas que les dictionnaires sont utiles. Pour dire les choses autrement : il ne faut pas demander à l'opérationnalisme de définir *tous* les concepts. Il convient, au contraire, de reconnaître que nous disposons au départ de *certains* concepts qui nous paraissent clairs et allant de soi. Sont-ils innés ? Furent-ils forgés par l'évolution et la sélection naturelle ? Peu importe, ici, la réponse. Ce qui est significatif, c'est que c'est en nous servant d'eux que nous construisons les définitions des autres concepts. Mais il faut immédiatement ajouter que, comme nous l'avons vu (et contrairement à ce que pensaient aussi bien Descartes que Kant !), ces concepts premiers ne sont pas *sûrs*. Et il faut également noter que, corrélativement, ce ne sont pas des *absolus*. Même du point de vue — pragmatique — de ce qu'on peut "faire avec eux", ils n'ont qu'un domaine fini de validité. Cela n'empêche cependant pas de s'en servir pour, par exemple, décrire la structure et le fonctionnement d'un instrument de mesure car, toujours du point de vue pragmatique, la description en question s'inscrit à l'intérieur du domaine de validité des concepts qui y sont utilisés. C'est précisément là ce qui permet de donner les définitions des autres concepts, par le moyen des définitions opérationnelles dont il va être question plus en détail. Et il peut même arriver que ce dernier procédé de définition soit applicable à la redéfinition d'un concept qu'on avait cru être premier. L'article d'Einstein de 1905 sur la relativité est la meilleure illustration imaginable de cette possibilité. En analysant la manière dont le temps peut être mesuré et la simultanéité de deux événements établie, Einstein montra que ce temps, qui passait pour l'absolu par excellence, est, dans une certaine mesure, relatif à l'opérateur. Comme Toraldo di Francia le fait observer, aucune réflexion *a priori* concernant la "nature du temps" n'aurait jamais conduit à un résultat d'une telle ampleur.

La seconde "ligne d'attaque" des adversaires de l'opérationnalisme concerne plus particulièrement encore la notion de *définitions opérationnelles*. Ce mode de définition utilise la notion d'opération de mesure et les deux critiques majeures qui en sont faites sont, d'une part que nous disposons en général de plusieurs procédés radicalement différents les uns des autres pour mesurer une même grandeur, la température par exemple (d'où la question : comment, dans cette approche, justifier notre conviction qu'il s'agit d'une même grandeur ?), et d'autre part qu'une mesure consiste en l'obtention d'un nombre. Or la valeur numérique d'une grandeur, ou d'une quantité physique, ne représente que l'un des aspects de l'objet.

On a déjà répondu, au moins en partie, à ces objections. Elles seraient opposables à un système philosophique qui prétendrait que l'esprit humain est, au départ, *tabula rasa* et qu'il construit ses concepts *uniquement* au moyen de mesures. Mais l'opérationnalisme par nous considéré ici n'est rien de tel. Il y est admis — on l'a vu — qu'avant toute définition opérationnelle l'esprit humain a déjà à sa disposition certains concepts qu'il a acquis, ou s'est forgés, tout autrement. Quand, par exemple, Bunge fait valoir que le champ électrique est une fonction, que des mesures ne nous fournissent qu'un simple échantillon de points sur un graphique, et que donc ce n'est pas l'opération de mesure qui nous donnera la notion de champ si nous ne l'avons pas déjà, on ne peut que souscrire à sa remarque. Oui, certes, nous avons des idées provenant d'autres sources que de mesures de nombres. Mais, cela admis, reste à déterminer dans quels cas ces idées sont vraiment susceptibles de représenter, scientifiquement parlant, des grandeurs physiques. A ce stade, nous devons affronter le fait que même si telles de nos idées sont corroborées par l'expérience cela ne saurait être qu'à l'intérieur d'un certain domaine de validité. Supposons par exemple qu'en appliquant à l'expérience (laquelle est toujours, en définitive, à l'échelle humaine) notre — pré-acquise — notion de fonction, nous ayons défini deux champs. Tout naturellement, nous tendons alors à penser qu'en un point quelconque de l'espace-temps chacun de ces champs possède une valeur précise. Pouvons-nous conserver cette idée dans une théorie bien construite ? Pour répondre à une telle question l'opérationnalisme propose sa règle : selon lui, par définition, la réponse est "oui" si rien ne s'oppose à ce que, en principe, nous puissions mesurer simultanément les deux champs. Elle est "non" dans le cas contraire. Plus généralement, l'opérationnalisme pose que, dans le domaine des grandeurs physiques proprement dites (qui concerne, bien sûr, la réalité empirique), le non-mesurable n'a pas de sens.

En résumé, l'appel aux définitions opérationnelles doit donc être compris, non du tout comme un procédé permettant *d'avoir l'idée* de quelque grandeur physique intéressante non encore considérée mais bien plutôt comme un garde-fou : une sorte de rambarde qui nous empêche d'adhérer à des idées trompeusement claires et de procéder à l'extension inconsidérée de celles qui se sont avérées valables dans un domaine déterminé. On a rappelé le rôle joué par cette approche dans l'édification de la théorie de la relativité restreinte. Mais c'est surtout en mécanique quantique que sa mise en œuvre fut déterminante, comme nous l'avons vu à propos des conceptions de Niels Bohr et comme nous aurons d'autres occasions de le constater.

7-3.　"Signification" et "prédiction"

En physique classique, la signification d'un concept est la plupart du temps liée à l'idée de réalité de l'entité désignée par ce concept. Comme nous le notions ci-dessus, un raisonnement combinant des hypothèses théoriques et des données de l'expérience y conduit, en général, à construire un concept, celui de champ électrique par exemple, dont on pose qu'il désigne une réalité physique. On dit alors : "il existe" un champ électrique ayant telles et telles propriétés, obéissant à telles et telles équations ; et on déduit de là des conséquences qu'on compare avec l'expérience. On obtient ainsi une signification du concept intimement liée à l'idée de sa réalité.

D'un autre côté, la discussion qui précède a mis en lumière le fait que cette notion de signification soulève des questions. On y a certes constaté que ce n'est pas à partir d'une simple accumulation d'opérations que la signification peut jaillir. Mais corrélativement on a noté aussi que, contrairement à ce que prétendent certains "réalistes", il y a des concepts que leurs relations avec l'expérience rendent significatifs et qui cependant ne se rapportent pas de façon univoque et incontestable à une réalité physique spécifique. Ainsi, par exemple, considérons de nouveau, en mécanique quantique, la fonction d'onde d'un système. Il faut reconnaître que c'est là une notion d'une très grande utilité, qu'elle a, donc, sans conteste, une signification, mais il est néanmoins délicat (pour, entre autres, des raisons liées à la non-séparabilité) de voir en elle la réalité du système, ou même seulement un élément de la réalité physique de ce système. Dans un tel cas il est naturel que, pour expliciter la signification de la notion, nous nous tournions vers l'idée de *prédiction*. Déjà en physique classique les concepts avaient un rôle prédictif. Il est évident que celui, par exemple, de "champ électrique" aide à prévoir tels et tels effets observables. Mais ce rôle apparaissait là comme secondaire : comme simple conséquence du fait qu'un tel champ "est réel". En physique quantique la situation est différente car la fonction d'onde y joue deux rôles bien distincts selon qu'elle intervient dans le traitement de phénomènes stationnaires ou dans la prévision d'observations contingentes. Si elle ne jouait que le premier rôle on pourrait tenter de reprendre, *grosso modo*, à son sujet ce qui vient d'être noté concernant le champ électrique[1]. Mais elle joue aussi le second, et là les choses se

---

1. Entre la fonction d'onde de l'atome d'hydrogène et la fonction "champ électrique à l'intérieur de telle et telle cavité" il est permis de ne pas voir une grande différence conceptuelle.

présentent tout autrement car les axiomes quantiques mis en jeu sont essentiellement à objectivité faible. Pris dans ce qu'on pourrait appeler leur "pureté initiale" — c'est-à-dire avant les diverses (et laborieuses) tentatives d'interprétation auxquelles il a été fait allusion — ces axiomes (en particulier la fameuse "règle de Born" qui donne les probabilités quantiques) fournissent des informations, non sur ce qui *sera*, mais bien sur ce qui sera *observé*, plus précisément sur les résultats qu'on lira sur les appareils. Qui plus est, ces mêmes axiomes posent que, corrélativement, la fonction d'onde doit être modifiée d'une manière qui tienne compte du résultat de la mesure. Dans ces conditions, attribuer une réalité à cette fonction se révèle être une source de difficultés et il devient plus naturel de rattacher sa signification à celle de prédiction d'observations.

Nous avons vu que s'il y a une théorie-cadre universelle ce ne peut être la mécanique classique — newtonienne ou relativiste — qui est à objectivité forte mais que, dans certains domaines, les faits réfutent. Nous avons noté qu'en revanche ce pourrait être la mécanique quantique, qui se présente dans le contexte d'une objectivité qui n'est que faible mais dont aucune prédiction n'a jamais été contredite par l'expérience. Nous avons vu également, en section 7.2.1 en particulier, que la critique négativiste contemporaine de la science est fondée sur une interprétation sinon explicitement réaliste, du moins assez "descriptiviste" de celle-ci ; que dans ce cadre elle n'est pas dénuée de pertinence ; mais qu'il n'en reste que peu de chose dès que l'on renonce à juger la science sur la base d'un tel critère et qu'on lui préfère l'aptitude à fournir une synthèse des phénomènes et à les prédire. Nous avons constaté enfin qu'en dernière analyse les objections à l'opérationnalisme (méthodologique) ne sont pas convaincantes. En fait on peut considérer qu'elles relèvent pour beaucoup d'une aspiration au réalisme objectiviste, laquelle est certes compréhensible mais dont on s'aperçoit de plus en plus, à mesure que le temps s'écoule, qu'elle s'adapte fort mal aux faits. Tout cela indique que les théories prédictives d'observations sont finalement à la fois plus puissantes et plus robustes que celles à visées explicitement réalistes. Il serait donc paradoxal de leur dénier une (forte) valeur significative, même si on considère (comme le fait l'auteur de ces lignes !) que, isolées de tout contexte notionnel dépassant le cadre qu'elles offrent, elles n'ont pas *par elles-mêmes* l'ultime pouvoir *explicatif*.

En résumé : les aspirations des adversaires de l'opérationnalisme en physique sont compréhensibles et respectables. Assurément il serait, en un sens, bien satisfaisant pour l'esprit que tout fût descriptible en termes de réalisme objectiviste : que — comme Einstein semble, au fond, l'avoir espéré — il y ait intelligibilité complète du "monde en soi". Mais, d'une part, "satisfaisant" ne signifie pas "nécessaire". Et d'autre part la physique "telle qu'elle est" s'éloigne fort, pour l'heure, de cet idéal. Les indications qu'elle nous fournit suggèrent en fait que les adversaires de l'opérationnalisme prennent là leurs désirs pour des réalités.

8

Mesure, décohérence, universalité revisitée

8-1. Introduction

Comment savons-nous qu'il y a une pierre sur le chemin ? Manifestement en y allant voir, ce qui consiste à faire une mesure. Et de fait, si nous étions extrêmement attentifs à ne pas émettre de jugements téméraires, au lieu d'affirmations péremptoires telles que « il y a une pierre sur le chemin », peut-être devrions-nous dire : « je sais que si nous allions sur le chemin nous y verrions une pierre ». En elle-même une telle manière de nous exprimer n'impliquerait pas une prise de position "antiréaliste" ; elle ne serait qu'un procédé prudent, visant à nous prémunir contre d'éventuelles critiques de philosophes.

Dans la vie courante, faire usage d'expressions à ce point longues et compliquées est manifestement impraticable. Que, philosophiquement parlant, nous soyons ou non "réalistes" c'est donc très légitimement que nous utilisons dans la pratique des énoncés beaucoup plus brefs, décrivant les objets comme "étant réellement" ici ou là. Mais dans le domaine quantique il faut être plus circonspect car les choses s'y présentent différemment. Il y a — il est vrai — des situations dans lesquelles on sait avec certitude que si, sur un système physique, on mesurait telle ou telle grandeur bien spécifiée on obtiendrait tel ou tel résultat. Par exemple, si une particule est libre après avoir été accélérée de telle ou telle manière, on connaît exactement (aux erreurs de mesure près) la valeur que l'on obtiendrait si on mesurait son impulsion (et, dans le formalisme, la particule se voit, en conséquence, attribuer une fonction d'onde plane correspondant à cette valeur). Dans de tels cas (voir la proposition E de la section 7.1.1) il est commode et sans inconvénient d'employer un *langage* réaliste et de dire tout simplement que la grandeur (ici l'impulsion) "a" cette valeur. Mais alors le formalisme nous interdit de même penser que, dans le système physique en question, telles et telles autres grandeurs ont, elles aussi, des valeurs précises, que nous ignorons mais que des mesures nous révéleraient. On peut montrer qu'une conjecture qui paraît tellement "inoffensive", si, malgré tout, on la faisait, conduirait, dans le cadre du même formalisme, à des prédictions incohérentes. Nous sommes obligés de nous en tenir à des énoncés de nature prédictive et probabiliste, portant sur ce qui serait observé si on mesurait ces grandeurs.

Lorsque, ayant posé l'universalité du formalisme quantique, on applique celui-ci au domaine macroscopique il faut s'attendre à ce que cette diversité de situations possibles se trouve étendue au domaine en question. Ainsi, dans l'exemple étudié en section 4.2.2, si nous savons que l'électron était initialement dans l'état *a*, alors, avant même de regarder l'instrument, nous savons avec certitude que quand nous le regarderons nous aurons l'impression de voir son aiguille indicatrice dans l'état A, et dans ce cas, tout comme dans celui de la pierre sur le chemin, nous pouvons, sans inconvénient, convenir de dire tout bonnement que, postérieurement à l'interaction électron-instrument, l'aiguille *est* ou *se trouve* dans l'état A. Bien entendu, il en va de même si les symboles *a* et A sont remplacés par les symboles *b* et B respectivement. Mais lorsque nous savons qu'initialement l'électron était dans l'état *c* (de la section 4.2.2) nous ne pouvons plus parler ce langage. Nous ne pouvons aucunement dire avec certitude à l'avance quelle impression nous éprouverons quand nous regarderons l'instrument. Nous ne pouvons donc plus appliquer mécaniquement la règle sémantique adoptée plus haut à propos de la pierre dans le chemin. Plus précisément, à son égard deux prises de position différentes s'offrent à nous, selon la quantité de connaissances préalables que nous estimons avoir. Et ces deux approches débouchent sur des conclusions différentes.

L'une de ces approches — appelons-la l'"option numéro 1" — consiste à rester fidèle à la philosophie du réalisme des accidents et à juger que la raison pour laquelle nous voyons les objets macroscopiques comme ayant à chaque instant des formes et des localisations bien définies est que ces objets ont précisément, et pleinement indépendamment de nous, ces formes et ces localisations. Nous les voyons en des lieux définis parce que, tout à fait indépendamment de nos facultés perceptives et intellectuelles, ils *sont* en ces lieux. En conséquence, nous ne savons pas seulement à l'avance que, quand nous regarderons, disons, une aiguille indicatrice, nous la verrons toujours dans un intervalle (inconnu de nous à l'avance mais) bien défini de la graduation. Nous savons — ce qui est plus ! — que cette aiguille *est* en soi dans un tel intervalle bien défini (quoique encore inconnu de nous). Dans le cadre de l'option numéro 1 nous sommes, autrement dit, amenés à tenir pour évident et pour acquis qu'une aiguille ne peut jamais être à la fois dans deux intervalles distincts de la graduation et plus généralement qu'un objet macroscopique ne peut jamais être à la fois dans deux états macroscopiquement différents. On en infère que le symbole mathématique qui, dans le cadre du formalisme quantique, est supposé décrire l'aiguille de l'instrument ne peut à aucun moment être de ceux qui décrivent une superposition de tels états[1]. Si ce symbole est un vecteur d'état, ce vecteur ne peut donc être du type A + B, selon les conventions et notations de la section 4.2.2.

Et pourtant, comme nous l'avons vu dans cette section, si le symbole en question est effectivement un vecteur d'état (ce qui est l'idée de beaucoup la plus immédiate), en vertu de l'équation quantique qui gouverne son évolution (l'équation de Schrödinger) il est, dans certains cas, automatiquement de ce type ! C'est là la grande difficulté à laquelle se sont heurtées toutes les théories de la mesure, car toutes, pratiquement, ont été développées dans le cadre conceptuel de l'"option numéro 1". Elles ont alors tenté de résoudre le problème en décrivant les instruments par des symboles différant des vecteurs d'état et par bien d'autres artifices mais, comme je l'ai montré en détail dans un livre déjà ancien (d'Espagnat, 1976 ; pour une contribution récente à cet argument voir Bassi *et al.*, 2000), l'entreprise n'est, en fait, pas réalisable.

Reste, alors, une autre option, qu'on appellera l'"option numéro 2". Celle-ci est fondée sur une position philosophique adoptée par nombre de penseurs antiques (Platon au premier chef), prise en tant que point de départ (bien que finalement abandonnée) par Descartes, vigoureusement prônée par Kant et à laquelle les données explicitées au cours des chapitres précédents confèrent indéniablement du poids. En gros, cette position consiste à considérer que les témoignages de nos sens sont trompeurs et qu'il faut grandement s'en méfier. Plus précisément, elle revient à poser (contrairement à l'opinion de Galilée, de Descartes et de Locke) que, en définitive, les qualités que Locke qualifiait de "premières" (forme, position, mouvement...) doivent être considérées comme dépendant tout autant de nous que celles qu'il appelait "secondes" (la couleur, la saveur, l'odeur, etc. : le goût d'un fruit dépend du fruit mais il dépend aussi de nous). Dans l'esprit de cette approche (tenue pour être la plus raisonnable par, sans doute, la majorité des philosophes de notre temps), le fait que nous percevons certaines "choses", à savoir les objets macroscopiques, comme se trouvant toujours en des lieux bien définis est dû, en partie tout au moins,

----

1. Dans le cadre de l'option numéro 1 un moyen d'échapper à cette inférence serait d'admettre la possibilité d'une description seulement incomplète des systèmes par les vecteurs d'état. Mais ceci conduit à des théories de type Broglie-Bohm, lesquelles, on le sait, ont elles-mêmes leurs difficultés.

à la structure de notre appareil sensoriel et intellectuel. C'est commettre une extrapolation injustifiée que d'y voir une propriété des "choses" elles-mêmes. Autrement dit, dans le cadre de cette option numéro 2, seul est tenu pour assuré le jeu des règles prédictives d'observations.

On voit que, dans cette option, la difficulté majeure qu'ont rencontrée les théories de la mesure et qui a été signalée plus haut n'existe tout simplement pas. Toutefois cela ne veut pas dire, bien entendu, que, à elle seule, l'option numéro 2, dont l'énoncé est essentiellement qualitatif et général, fait s'évanouir toutes les questions qui viennent légitimement à l'esprit dans le domaine de la mesure. Deux d'entre elles se posent ici d'une manière spécialement aiguë. La première concerne le fait évident que notre existence ne paraît pas se résumer en une succession de prédictions (éventuellement "probabilistes") d'impressions futures, que nous ferions à partir d'impressions passées. Disons à tout le moins qu'il nous est prodigieusement *commode* de penser en termes de réalité empirique (voir section 4.2.3), c'est-à-dire de nous *représenter* les choses — en tout cas les macroscopiques — comme ayant vraiment des propriétés, même avant tout regard porté sur elles. Et la seconde est que ces choses macroscopiques dont nous avons ainsi le sentiment qu'elles existent avec des propriétés, par exemple spatiales, bien définies, nous avons aussi le sentiment de très bien comprendre leur comportement grâce à des lois connues (celles, essentiellement, de la physique classique) qui prolongent notre intuition. Or *a priori* le formalisme quantique paraît être, en lui-même, fort éloigné de ces idées. En ce qui concerne la première cela dérive du fait qu'il suscite, comme on l'a vu, l'apparition de termes du type A + B et, en ce qui concerne la seconde, de ce que ses lois diffèrent grandement des lois classiques, qu'elles sont probabilistes au lieu d'être déterministes, etc. Dans les sections suivantes nous examinerons ces problèmes, mais auparavant il nous faut préciser en quoi consiste ce qui, en mécanique quantique, porte le nom d'"opération de mesure" (ou, plus simplement, de mesure) bien que, en certains cas, il ne s'agisse pas vraiment de mesures au sens habituel.

8-1-1. Définition de l'opération de mesure

Au chapitre 5 nous avons remarqué qu'en tant que principe explicatif le réalisme objectiviste, contrairement aux apparences, ne s'impose pas. Nous avons fait valoir que le jeu des règles quantiques de prédiction d'observations en constitue un substitut d'une portée plus générale puisqu'il s'étend au domaine atomique et subatomique. Ici, enfin, nous avons constaté qu'un abandon d'un présupposé bien spécifié du réalisme objectiviste (l'option numéro 1) élimine ce qui constituait la difficulté majeure de la théorie de la mesure, constatation qui donne à espérer des progrès significatifs dans l'intelligence du phénomène.

L'abandon en question entraîne une certaine focalisation sur les règles quantiques de prédiction. Ces règles sont appliquées aux informations qu'on possède, lesquelles, avons-nous noté (section 4.1.1), sont condensées sous la forme de symboles mathématiques (fonctions d'ondes ou autres). Dans les manuels ces symboles sont en général interprétés comme décrivant les états dans lesquels "se trouveraient", indépendamment de notre savoir, les objets quantiques étudiés, mais nous savons qu'une telle interprétation "ontologisante" est grosse de difficultés conceptuelles de plusieurs sortes. Nous continuerons donc à l'éviter, et à ne considérer les symboles en question que comme représentatifs de certaines connaissances que nous sommes susceptibles d'avoir[1]. Par une extension naturelle du vocabulaire introduit en section 4.2.4 nous dirons d'eux qu'ils représentent des *réalités épistémologiques*, le qualificatif "épistémologique" signifiant, ici comme là, une opposition à l'ontologie plus accentuée encore que celui d'"empirique". Afin d'éviter les néologismes nous continuerons cependant, selon la coutume, à utiliser le mot *état* pour désigner telle ou telle de ces "réalités", mais, pour bien marquer qu'il ne s'agit pas d'états au sens usuel, nous écrirons le mot entre guillemets.

Qu'appellera-t-on, selon ces vues, "opération de mesure[2]" (d'une certaine grandeur) en physique des particules ? Dans le cadre de la mécanique quantique il est approprié de définir cette notion comme étant une opération (i) conduisant à la prise de conscience d'une donnée et (ii) au sujet de laquelle il est acquis que, si on la répète sur le même objet, on obtiendra, à nouveau, cette même donnée[3].

---

1. Et, précisons bien, une connaissance qui est *prédiction de résultats d'observation*. Autrement dit, la conception ici prise en compte n'a rien à voir avec celle, souvent évoquée, de fonctions d'onde nous fournissant des informations partielles relatives aux états contingents d'un "réel" supposé exister en soi.

2. Il convient, bien entendu, de soigneusement distinguer la notion de mesure prise au sens d'opération effectuée par quelqu'un au moyen d'un instrument approprié (anglais : *measurement*) de celle de mesure au sens de nombre spécifiant la valeur possédée par une grandeur (anglais : *measure*). Dans le présent ouvrage le mot "mesure" ne sera utilisé que dans le premier de ces deux sens.

3. Éventuellement après une correction spécifiée dans le "mode d'emploi" de l'instrument.

Cette définition de la mesure présente, à dessein, un caractère essentiellement "observationnel" (centré sur la notion d'observation). Ce caractère ne doit pourtant pas nous faire oublier que, pour l'expérimentateur qui entreprend l'opération, celle-ci est d'abord un processus physique, à savoir l'interaction d'un "micro-objet" (un électron, par exemple) et d'un instrument de mesure (ce dernier étant construit de manière à ce que la condition (ii) soit satisfaite en toutes circonstances). Pour faire bref nous appellerons le déroulement de cette interaction, tout simplement, *le processus*, réservant le mot de "mesure" pour la séquence du processus *et* de la prise de conscience dont il vient d'être question.

Notre hypothèse d'universalité nous invite, bien entendu, à considérer que les instruments de mesure obéissent, comme tout système, à la mécanique quantique. Au chapitre 4 et ici, de nouveau, dans la section 8.1, nous avons eu un aperçu des questions qui se trouvent, de ce fait, posées. Pour en aborder l'analyse, débarrassons-nous d'abord de l'hypothèse simplifiante posée en section 4.2.2, selon laquelle l'électron est absorbé par l'instrument. Et notons qu'alors, si, sur un électron se trouvant dans un "état" *a,* une mesure est effectuée dans les conditions précisées en section 4.2.2, le processus correspondant met — selon le formalisme quantique — le système composé "électron-instrument" dans un "état" final, noté aA, relativement auquel nous avons deux certitudes. La première est que quand nous observerons l'aiguille (si nous l'observons) nous aurons l'impression de la voir dans l'état A (c'est-à-dire dans l'intervalle de la graduation de l'instrument conventionnellement désigné par la lettre A). Et la seconde est que si, derrière l'instrument considéré (appelons-le I_1), nous en disposions un autre, I_2, en tout identique à I_1 et opérant sur l'électron sortant, et si nous regardions I_2, nous aurions l'impression de voir son aiguille dans l'état A. Comme il s'agit, ici comme là, d'une certitude, conformément à la convention de langage justifiée au début de la section précédente nous pouvons alors, tout bonnement, dire premièrement que, après l'interaction entre I_1 et l'électron, l'aiguille de I_1 est dans l'état A, et deuxièmement — cette fois par une extension toute naturelle de la convention en question et de l'usage du verbe être —, que l'électron "est" alors dans l'"état" *a.* Remarquons cependant, à propos de l'extension en question, que, même si notre usage de I_2 joue relativement à l'électron un rôle tout à fait parallèle à celui que joue, relativement à l'aiguille, "l'impression de la voir dans un certain état", il y a quand même une différence. Car I_2 lui-même n'a aucunement l'impression de voir quelque chose. C'est nous qui, regardant I_2, avons cette impression ; et ce que nous avons alors l'impression de voir, ce n'est pas l'électron, c'est seulement l'aiguille de I_2. En d'autres termes, rien ni personne n'a jamais "l'impression de voir" l'électron lui-même. Aussi a-t-on ci-dessus écrit "état" avec guillemets là où le mot se référait à l'électron[1]. Il le fallait car il est clair que, après que l'électron est sorti de I_1, le symbole a qu'on lui attache n'a, dans notre analyse, qu'un rôle purement prédictif, celui du résultat d'une éventuelle observation,

Bien entendu, tout ce qu'on vient de lire concernant a et A peut être répété mot pour mot en ce qui concerne b et B. Ici, comme en section 4.2.2, le cas qui soulève des problèmes intéressants est celui où l'électron est initialement dans l'"état" $c = a + b$. Et ce qu'il faut savoir c'est que, selon le formalisme quantique (indirectement confirmé, on ne le répétera jamais assez, par mille et mille succès dans les domaines les plus variés), le processus correspondant met le système composé dans l'"état" $aA + bB$[2]. Sur le plan expérimental, ce que l'on observe alors est très similaire à ce qui a déjà été noté en section 4.2.2 relativement au cas, légèrement plus simple, où l'électron est absorbé. En ce qui concerne l'aiguille il n'y a, en fait, qu'à répéter ce qui a été dit à cet endroit. Le formalisme prédit, et l'expérience confirme, que si, sur tout un ensemble de systèmes composés "électron + instrument", on observe, après l'interaction entre l'électron et l'instrument, l'aiguille de celui-ci, on a l'impression de la voir, pour certaines dans l'état A et, pour les autres, dans l'état B. Autrement dit, lorsqu'on n'opère qu'avec un seul de ces systèmes composés, on a une certaine probabilité p d'avoir l'impression de voir l'aiguille dans l'état A et une autre p' d'avoir l'impression de la voir dans l'état B ($p = p' = 1/2$ dans notre exemple). En ce qui concerne l'électron il nous faut, pour expliciter les données de fait, avoir, comme plus haut, recours à l'idée, ou à la fiction, d'un second instrument I_2 disposé, comme ci-dessus, à l'arrière de I_1. Nous savons qu'alors, sur certains des éléments, ainsi complétés, de notre ensemble nous aurons l'impression de voir l'aiguille de I_2 dans l'état A et, sur les autres, de la voir dans l'état B. Et cela, qui plus est, en corrélation parfaite avec ce qui aura été observé quant à l'aiguille de I_1 : si l'aiguille de

---

1. Il est bien normal que, dans une théorie qui confère un rôle central à la prévision d'observations, la notion de prise de conscience soit irréductible à tout autre. Et notons qu'en toute rigueur, avec nos conventions, on ne devrait écrire le mot *état* sans guillemets que dans l'expression "avoir l'impression de voir X dans l'état Y", laquelle ne sous-entend aucune attribution de nature ontologique.

2. Cela résulte d'une propriété très simple et très générale, qui s'appelle "linéarité", des équations fondamentales de la mécanique quantique (ici, pour simplifier la notation, les "états" sont écrits non normalisés).

I$_1$ est vue en position A celle du I$_2$ correspondant sera également vue en position A. Et de même en ce qui concerne les positions B.

Dans ces conditions, si nous voulons à toute force attribuer un "état" à l'électron seul, le rapprochement de ces divers éléments de notre savoir prédictif nous invite très naturellement à dire que, dès la fin du fameux "processus" d'interaction entre l'électron et I$_1$ (donc avant qu'aucune prise de conscience n'ait eu lieu), l'électron "se trouvait" déjà, avec la probabilité p, dans l'"état" a, autrement dit que, de façon générale, le "processus" a la probabilité p de mettre dans l'"état" a tout électron initialement dans l'"état" c. En nous exprimant ainsi, en effectuant cette "réduction de la fonction d'onde", puisque c'est ainsi qu'on la nomme, nous faisons usage d'un langage qui, formellement, est descriptif. Rappelons-nous bien, cependant, qu'il ne l'est *que* formellement ; que le processus en question ne crée qu'une "réalité épistémologique" ; que c'est seulement dans le cadre conceptuellement restrictif ainsi défini qu'il est légitime ; et enfin que la réalité épistémologique ainsi introduite est essentiellement relative.

Beaucoup de physiciens, comme nous l'avons noté, sont des adeptes d'un réalisme — éventuellement mathématique — excluant toute notion d'objectivité faible et donc de réalité seulement empirique. Ils considèrent par conséquent que fonction d'onde ou vecteur d'état (ces deux expressions sont, on le sait, équivalentes) désignent vraiment des réalités existant en soi. Comme il a été noté (section 4.1.3), ceci les conduit à admettre l'idée d'une réduction soudaine de la fonction d'onde, considérée, je le répète, comme une réalité physique, lors d'une "mesure". De telles réductions, si elles ont vraiment lieu, constituent par elles-mêmes, ainsi que von Neumann l'a souligné, une seconde loi d'évolution, discontinue et totalement différente de celle que nous avons jusqu'à présent considérée, laquelle est continue (et gouvernée par une équation différentielle, en l'espèce celle de Schrödinger). L'une des questions que soulève cette manière de voir est celle de savoir à quelle étape se produit cette "réduction" (ou cette "coupure" ou ce "saut" comme on dit aussi). Dans le cadre de la théorie de la mesure dont on a ci-dessus esquissé les traits il est, bien entendu, naturel de considérer qu'elle a lieu au moment de l'interaction entre le système quantique mesuré et l'instrument. Mais de ce fait l'hypothèse de cette réduction se trouve, d'une certaine manière, en contradiction avec celle de l'universalité : car si les instruments sont vraiment des systèmes quantiques, s'ils obéissent comme tous les autres aux lois de la physique quantique il n'est pas compréhensible qu'ils aient eux, et eux seuls, le pouvoir de réduire les fonctions d'onde. Et de plus, comme on le verra (section 8.2), l'hypothèse débouche sur de sérieuses difficultés de cohérence.

Pour tenter de rémédier à ce type de défauts, von Neumann a proposé (conformément à l'idée directrice de sa fameuse chaîne, voir section 4.3) que la coupure soit considérée comme mobile. Si, par exemple, on a affaire à un système composé constitué d'un microsystème S (une particule, un atome...), d'un instrument I, d'un second instrument I' qui fait des mesures sur S et sur I, d'un troisième instrument I'' qui fait des mesures sur S, I et I', etc., pour calculer ce qu'on observera sur le système S seul on peut mettre la coupure soit entre S et I, soit entre I et I', soit entre I' et I'' : on montre que les prédictions seront les mêmes quel que soit le choix. En revanche, pour calculer l'ensemble de tout ce qu'en principe on pourra observer sur S et I, considérés comme formant ensemble un "grand système", on ne pourra mettre la coupure que soit entre I et I', soit entre I' et I'', et ainsi de suite.

Du point de vue de la prédiction d'observation, cette méthode de "coupure mobile" est parfaitement adéquate. Au reste, dans bien des cas elle correspond à la pratique des calculs (on remarque son analogie avec la coexistence de deux "méthodes" notée en section 3.1). Il faut toutefois observer que si elle est adoptée, c'est au prix de l'abandon de l'ambition réaliste et descriptiviste qui a ci-dessus motivé l'idée même de la coupure. En effet, si la réalité indépendante obéit véritablement à deux lois d'évolution totalement distinctes, comme le postule, au départ, la théorie envisagée, il faut, pour la cohérence, que soient bien définies une fois pour toutes, et indépendamment de ce que *nous* nous proposons de faire, les circonstances dans lesquelles chacune entre en jeu. En fait, sur le plan du jeu des idées ce que tout ceci nous révèle c'est, semble-t-il — prise sur le vif —, la tension que suscite la coexistence, dans l'esprit de la majorité des physiciens, d'une forte conviction réaliste et d'une méthode de travail opérationnelle par nécessité. Dans le cas présent la tension en question aboutit, on vient de le voir, à une sorte d'incohérence logique puisque l'idée d'une coupure fixe, idée suscitée par le réalisme mais impossible à vraiment prendre au sérieux vu l'arbitraire de sa localisation, se voit, pour cette raison, transformée en celle d'une coupure mobile, pleinement conforme à la pratique du physicien mais inconciliable, elle, avec le réalisme physique.

Remarque 1

On voit que, dans le cas où l'électron est initialement dans un "état" du type c, l'opération ci-dessus décrite ne révèle rien de cet "état". Si la quantité observée — la position de l'aiguille — révèle quelque chose concernant l'électron, ce quelque chose ne peut être relatif qu'à l'"état" *final*, *a* ou *b*, de celui-ci. Il résulte de ceci que ce que l'on nomme "l'opération quantique de mesure" est, dans de tels cas, une opération bien différente de ce qu'on appelle normalement une mesure, puisque, dans la vie courante, une mesure est supposée nous informer sur la valeur que la grandeur mesurée avait avant que l'opération ne soit effectuée. Curieusement, certains physiciens, Griffiths (1984) parmi d'autres, soit ayant mal réalisé le caractère inéluctable de cette conséquence du formalisme, soit estimant possible de dépasser, en cela, le formalisme lui-même, ont cherché à restaurer dans toute sa généralité la notion d'une mesure nous renseignant sur l'état de choses antérieur. Mais leurs développements, intéressants à maints égards, ne sont, il faut le dire, guère convaincants sur ce point-là.

Remarque 2

Rappelons par parenthèse que dans le cadre du langage abusivement descriptif dont il était, ci-dessus, question, certains ont cédé à la tentation d'aller plus loin encore, de faire valoir que, en dépit de certaines particularités, les instruments de mesure ne sont, pour l'essentiel, que des systèmes macroscopiques comme les autres, de dire donc, par extension, que l'interaction de l'électron avec un système macroscopique *quelconque* constitue — sous certaines conditions relativement larges — une transition d'un "état" à un autre "état" et, par analogie avec le "processus" ci-dessus décrit, de qualifier cette transition de "mesure" effectuée, *par* ce système, *sur* cet électron. Dans la section suivante nous pourrons constater que cette manière de s'exprimer — récemment apparue sous la plume de nombre d'auteurs — est, effectivement, à certains égards, défendable. Qu'elle l'est au moins en ce sens qu'elle synthétise d'une manière simple et évocatrice les principales données qui confèrent consistance et poids à la notion de réalité empirique. Mais nous noterons aussi les dangers qu'elle comporte (et que ce que nous venons de voir nous laisse déjà pressentir) en fait de possibles glissements conceptuels.

8-2. La notion de décohérence

Nous savons que si, après le processus d'interaction étudié ci-dessus, il nous est loisible de poser que l'objet quantique (l'électron) est dans l'"état" *a* que d'éventuelles nouvelles mesures nous montreraient être le sien, en général c'est seulement au titre de la réalité épistémologique — au titre de "ce qui apparaît" — que nous pouvons émettre un tel jugement. C'est seulement à ce titre parce que, contrairement à ce qui est le cas en physique classique (où les événements observés se déroulent conformément aux équations de la théorie), le jugement en question est en dissonance avec le contenu du formalisme général (qui conduit, lui, à un "état" $aA + bB$). Ce qui fait que (sauf à postuler la déconcertante réduction de l'onde que nous aimerions éviter) ce jugement ne peut prétendre être une description de ce qu'il advient à la réalité indépendante. Une telle dissonance est, à elle seule, considérée comme une difficulté conceptuelle grave par ceux des physiciens qui, réalistes "purs et durs", refusent la notion de réalité épistémologique et les notions équivalentes et qui, en même temps, pensent, comme Galilée et Einstein, que, le livre de la Nature étant écrit en langage mathématique, le formalisme est la fidèle image de ce qui est. Il est vrai que d'autres physiciens "réalistes" sont moins catégoriques sur ce dernier point, admettent volontiers que certains traits du formalisme peuvent ne correspondre à rien de "réel", et attendent seulement des descriptions scientifiques qu'elles soient logiquement cohérentes au niveau des faits et des prédictions. A tort ou à raison ces physiciens-là peuvent ne pas être très troublés par la dissonance qu'on a notée. En revanche ils ont à faire face à une autre source de questionnement, à laquelle allusion a déjà été faite en section 4.2.2 mais dont la nature va maintenant être analysée plus en détail. Elle se rapporte au fait déjà noté qu'il nous est prodigieusement *commode* de nous représenter les choses — en tout cas les macroscopiques — comme ayant vraiment des propriétés, même avant tout regard porté sur elles.

Pour examiner ce problème, rappelons d'abord que si l'on veut vérifier la validité d'une théorie physique mettant en jeu des probabilités, il n'y a pas d'autre manière de procéder que de faire appel à la loi des grands nombres, ce qui implique d'exécuter, du moins "par la pensée", tout un ensemble d'expériences du même type. A cet effet, envisageons un ensemble statistique E obtenu en imaginant que le processus considéré dans la section précédente a lieu à un très grand nombre N d'"exemplaires", chacun des N électrons interagissant avec un et un seul des N instruments. Le formalisme quantique nous dit, rappelons-le encore, qu'après l'interaction l'"état" de chacun des systèmes composés "aiguille + électron" est représenté par le symbole $aA + bB$, appelé "superposition quantique" des "états" aA et bB. Si l'on voulait donner à cette assertion un sens "descriptif", voire "ontologique", on serait, on l'a vu, en difficulté puisqu'on ne connaît pas d'état physique correspondant. Au reste, l'on sait que, dès les débuts de la mécanique quantique, Schrödinger fit bien ressortir toute l'acuité du problème en remplaçant, en substance et, encore une fois, "par la pensée", l'aiguille par un chat et les états A et B de celle-ci par les états "chat mort" et "chat vivant" respectivement. Considérer l'"état" quantique aA + bB comme un véritable état physique, au sens ontologique du terme, reviendrait à admettre qu'un chat peut être en même temps vivant et mort. Aussi éviterons-nous soigneusement une telle manière de voir. Fondamentalement, de tels "états" ne sont pour nous, je le répète, que les représentations symboliques de nos informations touchant la préparation des systèmes, c'est-à-dire de nos connaissances concernant telles et telles observations ou manipulations ayant eu lieu antérieurement. Ce que le formalisme nous apprend véritablement, et que l'expérience vérifie, c'est que la connaissance de l'"état" en question permet de prédire les résultats de diverses observations possibles effectuées, soit visuellement sur les aiguilles, soit sur les électrons par instruments interposés (voir section 8.1.1), soit enfin sur les systèmes composés des deux.

Il n'empêche : nous savons que si nous choisissons d'observer les aiguilles nous aurons la sensation d'en voir certaines dans l'état A et de voir les autres dans l'état B[1] ; et, encore une fois, il nous est extrêmement commode de les concevoir comme étant "réellement" dans ces états, même si ce mot de "réellement" n'est à prendre qu'au sens de la réalité empirique, autrement dit d'un "comme si". Dans cette voie des difficultés, cependant, nous guettent car, on l'a vu, il se trouve que le formalisme — trop puissant ! — nous donne également des informations concernant des observations possibles autres que celle-là, et que les informations en question ont certains aspects dérangeants. Pour voir clairement ce dont il s'agit, imaginons quelques instants — pour simplifier — que les aiguilles considérées sont des systèmes microscopiques comme, par exemple, des atomes[2]. Chaque élément de l'ensemble final est alors un système composé "électron

---

1. Et le formalisme nous indique même (aux possibles fluctuations près) dans quelles proportions nous obtiendrons l'un et l'autre de ces résultats. Dans l'exemple ces proportions sont, je le répète, de 1/2 et 1/2 et cette prédiction est bien conforme à l'expérience.

2. Il est bien entendu qu'ici comme ailleurs c'est l'hypothèse selon laquelle la mécanique quantique est une théorie universelle qui nous intéresse. Dans ce cadre, la seule différence "de fond" entre un système macroscopique tel qu'une aiguille et un système microscopique tel qu'un atome est que, comme il est signalé plus loin, les systèmes macroscopiques interagissent fortement avec leur environnement. Dans l'état final, décrit au prochain paragraphe, de l'analogie ici proposée cette différence s'effacera puisque l'atome y sera supposé interagir appréciablement avec autre chose (une "grosse molécule").

+ atome". Sur de tels systèmes on peut aisément, par l'emploi d'instruments appropriés, faire des mesures plus complexes que les simples prises de conscience des *positions* des atomes ; et le formalisme nous fait connaître les proportions des divers résultats possibles que nous devrions obtenir, au cas où nous ferions effectivement de telles mesures. Toutes ces proportions sont-elles celles qu'on obtiendrait si on faisait un calcul analogue, non sur l'ensemble statistique considéré (celui de systèmes composés se trouvant tous dans le même "état" quantique aA $+ b$B ; un tel ensemble est appelé un *cas pur*) mais sur un ensemble statistique, dit "mélange propre" (d'Espagnat, 1965, 1966)[1] de N/2 systèmes composés se trouvant dans l'"état" aA et de N/2 systèmes composés se trouvant dans l'"état" bB ? La réponse est donnée par le formalisme et elle est "non". Autrement dit, nous sommes dans une situation bizarre. Nous savons que si, sur les divers atomes de l'ensemble, nous faisions directement les mesures "banales" correspondant, dans le cas des aiguilles, à une observation directe de position, nous obtiendrions, ici comme là, une répartition conforme à la représentation simple : « tant d'atomes (ici N/2) dans l'état A et les autres dans l'état B » (représentation reflétant l'idée du mélange et que j'appellerai la « représentation R »). Et cependant, si toutes les prévisions de la mécanique quantique sont justes quant à ce que l'on *pourrait* observer au moyen de n'importe quel instrument (ce qui, soulignons-le, est notre hypothèse de travail), nous *n'avons pas* le droit de considérer que l'ensemble statistique dont il s'agit *est* un mélange propre de "systèmes composés" dans l'"état" aA et de "systèmes composés" dans l'"état" bB. Remplaçant, allégoriquement, nos atomes par des chats nous nous retrouvons donc aux prises avec le paradoxe de Schrödinger, mais émergeant maintenant, non plus de la simple structure d'un symbole mathématique mais bien de prédictions vérifiables au moins en principe (on verra plus loin que dans le cas des chats elles ne le sont pas "en pratique" ; mais dans celui des atomes elles le sont, bel et bien). Pour pouvoir nous y référer, et en

---

1. Les mélanges propres existent-ils ? La question est un peu plus subtile qu'il n'y paraît (voir par exemple *Le réel voilé*, section 7-3, remarque 5) mais elle n'est aucunement cruciale. Ce qui compte, c'est qu'en raison de notre tournure d'esprit intuitivement réaliste, lorsque nous pensons à un ensemble statistique dont tous les éléments ne sont pas identiques c'est la notion que recouvre le terme "mélange propre" qui nous vient naturellement à l'esprit. Et ce qu'il importe de savoir c'est que certains mélanges quantiques *ne sont pas* des mélanges propres. Pour des réponses détaillées et argumentées à des objections récemment émises concernant la notion de mélange propre, voir d'Espagnat (1998b, 2001).

hommage à Schrödinger, nous appellerons cette difficulté conceptuelle le *problème du chat*.

Pour faire face à cette difficulté on procédera par étapes. La première sera d'imaginer que chacun des atomes considérés interagit avec un autre système que nous concevrons comme un peu complexe : pour fixer les idées, disons, une grosse molécule. Nous supposerons toujours qu'on peut faire toutes les mesures concevables sur les atomes, mais en revanche nous poserons par hypothèse qu'il nous est impossible de faire des mesures impliquant les molécules (ou que nous n'avons pas la patience de les faire). Le formalisme révèle alors que *en pratique* la difficulté n'existe plus. Il prédit en effet qu'au moins à une très bonne approximation les résultats des "mesures plus complexes" dont il était ci-dessus question, celles, relatives au système électron-atome, qui créaient la difficulté, ne sont plus, dans ces conditions, incompatibles avec la représentation R. Il nous apprend que seules les mesures qui feraient resurgir la difficulté en question seraient celles — que nous venons d'éliminer par hypothèse — de quantités hautement complexes (donc effectivement fort délicates à mesurer[1]) mettant en jeu, dans chaque élément de l'ensemble, à la fois l'électron, l'atome *et la molécule*. En conséquence, alors que le "superphysicien" (imaginaire) qui saurait faire les mesures en question (les "tests pratiquement impossibles" de la section 4.2.2) ne pourrait pas considérer l'ensemble E de systèmes "électron-atome" comme étant un mélange (propre) de systèmes dans l'"état" aA et de systèmes dans l'"état" bB, du point de vue du simple "physicien humain" — supposé dénué de cette aptitude — cet ensemble se présente comme s'il était vraiment un tel mélange (on dit, pour cette raison, qu'il s'agit d'un "mélange impropre", voir d'Espagnat [1965, 1966]). Tel est, pour l'essentiel, le phénomène de la *décohérence*, ainsi nommé par allusion à la "cohérence" dont le vocabulaire de la physique gratifie les états quantiques de type aA + bB.

Si maintenant — seconde étape — nous revenons à notre problème initial, celui relatif aux aiguilles des instruments (ou, si l'on préfère, aux "vrais" chats), nous constatons qu'une telle décohérence s'y produit car les aiguilles et les systèmes macroscopiques en général ne sont jamais totalement isolés. Ils interagissent avec d'autres systèmes, comme ci-dessus nos

---

1. Dans certains cas limites de systèmes à un nombre infini de degrés de liberté on a pu montrer (Hepp, 1972) que ces quantités sont elles-mêmes *infiniment* complexes, donc vraiment impossibles (non pas seulement "en fait" mais "en droit") à mesurer, et peuvent être, de ce fait, tenues pour dénuées de sens physique.

"atomes" avec nos "molécules". Déjà Emile Borel avait, en 1910, fait la remarque étonnante qu'en raison, tout bonnement, de la force de gravitation, le déplacement, sur l'étoile Sirius, d'une masse de seulement quelques kilogrammes suffirait à perturber appréciablement le mouvement des molécules de l'atmosphère de la Terre. Du point de vue de la physique quantique, ce qui, en ce domaine, est crucial est que les objets de dimension macroscopique ont des niveaux d'énergie extrêmement serrés, de sorte que même une toute petite perturbation peut les faire passer d'un de ces niveaux à un autre. On a calculé (Zeh [1970], Joos et Zeh [1985]) que même un simple grain de poussière perdu dans les espaces interstellaires n'est, à cet égard, pas complètement isolé, et cela du fait de la présence du rayonnement résiduel intergalactique. Autrement dit, tout système macroscopique interagit d'une manière non négligeable avec son environnement[1]. Or celui-ci est d'une complexité qui saute aux yeux. Elle exclut que puissent être faites, sur le système formé par l'électron, l'aiguille et l'environnement en question, des mesures analogues à celles — déjà très complexes, on l'a vu — qu'il faudrait faire sur le triplet électron-atome-molécule si l'on voulait réfuter la représentation R par l'observation. En d'autres termes, du point de vue observationnel (ou "opératoire"), tout, pratiquement, se passe comme si l'ensemble statistique E défini au deuxième paragraphe de la présente section était un mélange *propre* et comme si corrélativement, les ensembles statistiques des aiguilles d'une part et des électrons d'autre part étaient, eux aussi, des mélanges propres, l'un d'aiguilles dans l'état A et d'aiguilles dans l'état B, l'autre d'électrons dans l'"état" *a* et d'électrons dans l'"état" *b*. En d'autres termes encore, dans ces conditions, quelles que soient les mesures complexes que, postérieurement à l'interaction électron-instrument, l'on pourrait imaginer de faire sur les paires électron-aiguille, tout, vraiment, *se présentera comme si* l'instrument de mesure avait mis l'électron, soit dans l'"état" *a*, soit dans l'"état" *b*, transformant ainsi l'ensemble initial en un mélange.

Incidemment on peut noter qu'en réalité, dans ce processus, le rôle principal est tenu, non par l'instrument de mesure (qui ne fait que mettre le système composé dans l'état *a*A + *b*B) mais bien par l'environnement (par les "molécules" dans l'allégorie qu'on vient de lire). On comprend donc bien, maintenant, pourquoi certains auteurs choisissent de dire que l'environnement "mesure

---

1. Auquel s'ajoute d'ailleurs, avec des effets significatifs, ce qu'on appelle parfois "l'environnement intérieur" du système, à savoir les myriades de degrés de liberté relatifs aux atomes, etc. le composant.

constamment" le système physique (ici l'aiguille) sur lequel il agit. Le seul danger de cette manière de s'exprimer est qu'elle risque d'être interprétée au sens du réalisme objectiviste, c'est-à-dire comme signifiant que l'environnement fait subir à répétition des sauts quantiques à une "réalité indépendante" constituée en objets distincts, conception qui, on vient de le voir, est en contradiction avec les implications générales du formalisme[1].

Bien entendu, c'est précisément cet effet de décohérence qui conduit aussi aux prévisions observationnelles exposées ici en section 4.1.1 à propos de "l'expérience des fentes de Young avec gaz". Dans l'expérience des fentes de Young normale (*sans* gaz), l'observation de franges d'interférence est ce qui traduit de façon observable le fait que l'ensemble statistique des particules n'est pas assimilable à un mélange propre de particules étant passées par la fente du haut et de particules étant passées par la fente du bas. Mais dès que les particules sont supposées interagir appréciablement avec d'autres systèmes qui, eux, échappent en pratique à toute mesure — dans le cas en question, avec les molécules du gaz —, la situation prévisionnelle devient analogue à celle qui vient d'être analysée, les molécules du gaz jouant le rôle de nos "molécules" imaginées. L'ensemble des systèmes partiels observés — ici les particules — constitue alors un mélange impropre qui, normalement, ne peut être distingué du mélange propre correspondant par aucune observation portant sur lui seul.

Cette analogie est intéressante car elle éclaire bien un aspect un peu subtil du rôle de la décohérence dans l'opération de mesure. Remarquons en effet que, dans le cas de l'expérience des fentes de Young avec gaz, nous disposons, en fait, de deux manières de nous représenter (ou, au moins, d'"évoquer") les particules de l'ensemble au moment où elles se trouvent entre le diaphragme et l'écran. Si nous pensons à la manière dont elles sont arrivées là, autrement dit à la "loi d'évolution" qui les y a conduites (et dans le cas de l'expérience en question il est difficile de ne pas avoir ce passé présent à l'esprit), nous considérons que, tout comme dans le cas de l'absence de gaz, chacune d'elles est passée, sous forme ondulatoire, par les deux trous et se trouve à la fois dans les deux faisceaux. Et, dans le sillage de Platon, nous disons alors que nos sens nous trompent dans la mesure où ce que nous voyons suggère le contraire. Autrement dit, nous mettons là à l'œuvre l'option numéro 2 de la

---

1. On est en droit de regretter que même des commentateurs très sérieux s'expriment assez souvent de telle manière que cette conception erronée est l'interprétation de la décohérence qui paraît découler le plus naturellement de leurs propos.

section 8.1 et nous nous appuyons sur la règle de Born pour expliquer que l'observation effective des particules nous donne, malgré tout, l'impression de les voir en des lieux précis. Dans ce cadre, la décohérence n'intervient évidemment pas. Mais, toujours dans cette expérience des fentes de Young avec gaz, il existe, je le répète, une autre manière d'évoquer — toujours entre diaphragme et écran, seule zone qui nous intéresse — les particules dont il s'agit. Une manière qui est davantage "pseudo-réaliste" et où la décohérence intervient. En effet, si nous oublions, cette fois (à dessein), la manière dont les particules sont arrivées dans cette zone et si nous récapitulons l'ensemble des apparences qu'elles peuvent offrir, nous constatons qu'en vertu de la décohérence elles sont telles que certaines particules semblent être tout entières dans le faisceau du haut et les autres tout entières dans le faisceau du bas. Nous pouvons donc dire qu'*au sens de la réalité empirique* — ou "phénoménale" — elles "sont" tout entières soit dans l'un, soit dans l'autre, et cela avant même que leur présence ne soit effectivement enregistrée (par quelqu'un ou — peut-on dire aussi en évoquant la chaîne de von Neumann — par le simple jeu de l'écran). Tout ceci se transpose sans difficulté au cas des opérations de mesure telles que celles considérées dans ce chapitre, la seule différence (qui n'est que d'ordre psychologique) étant, comme noté plus haut, que dans ce cas-là notre tendance à confondre la réalité empirique avec la réalité indépendante — avec le "réel" — est beaucoup plus forte que dans le cas des particules. Mais on voit bien qu'en fait c'est la décohérence qui "fait surgir" la réalité empirique ; qui nous fait sentir — éprouver — un monde d'objets. La section qui suit étayera encore, s'il en était besoin, cette conclusion.

8-2-1. Décohérence et apparence classique du monde

Si l'on entend par "théorie nouvelle" une théorie fondée sur des principes nouveaux, comme ce fut le cas pour la mécanique newtonienne, la relativité ou la mécanique quantique, la décohérence n'a rien d'une théorie nouvelle. Elle n'est pas autre chose que l'application correcte des axiomes fondamentaux de la mécanique quantique au fait que les systèmes macroscopiques interagissent avec leur environnement (y compris "intérieur[1]") d'une manière très appréciable. Il n'en reste pas moins que, comme de récents calculs (Joos et Zeh [1986]) l'ont établi, les effets de décohérence s'avèrent jouer un très grand rôle en ce qui

---

1. Il s'agit, encore une fois, du nombre immense de leurs degrés *internes* de liberté.

concerne notre perception du monde et en particulier relativement au fait que les objets macroscopiques nous apparaissent comme étant localisés, c'est-à-dire situés en des lieux définis. Dans l'hypothèse ici considérée de l'universalité de la mécanique quantique ceci, comme on le sait, requérait justification. En vérité, étant donné les caractères fondamentaux de cette mécanique et les conséquences très générales qu'ils impliquent — comme l'enchevêtrement des fonctions d'onde —, la localité des objets macroscopiques telle que nous la percevons est une propriété, non seulement qui ne va pas de soi mais qu'il serait même hautement contestable de leur attribuer au titre de la réalité indépendante. Sans doute faut-il y voir une universelle apparence. Mais, du moins, la théorie de la décohérence ouvre — et c'est, d'un point de vue philosophique, son intérêt fondamental — une voie vers une justification de cette apparence. Cette avancée tient à ce que, lorsqu'on a affaire à un ensemble statistique de systèmes physiques — appelons-les S — dont on connaît le mode de préparation et l'interaction avec l'environnement, on sait écrire une représentation mathématique de ce même ensemble qui tient compte de l'interaction en question[1]. L'intérêt de cette représentation (parfois appelée *état réduit*) est qu'une fois obtenue elle ne met plus l'environnement explicitement en jeu, autrement dit qu'elle ne porte que sur les systèmes S eux-mêmes. C'est pour cela qu'elle est utile, puisque l'environnement, avons-nous dit, est pratiquement inaccessible à nos mesures. Il est vrai que cet avantage a un prix, qui est que la représentation mathématique en question est compatible avec, non pas une seule mais bien une infinité de représentations *physiques* de l'ensemble dont il s'agit, lesquelles sont autant de mélanges. Fort heureusement, d'une part ces représentations n'impliquent aucun effet non local qui soit véritablement observable et d'autre part, il en est au moins une parmi elles qui décrit explicitement l'ensemble des S comme composé de systèmes localisés, les uns ici, les autres là[2]. Si l'on admet que la structure de notre entendement nous oblige à percevoir le monde "sous les espèces" de la localité, il va de soi que c'est cette représentation-là qui, pour nous, sera la représentation "correcte". Autrement dit, la théorie de la décohérence établit bien la compatibilité entre les prédictions quantiques d'une part et cette forme *a priori* de notre sensibilité (pour user du langage de Kant) qu'est la localité, de l'autre.

---

1. L'opération porte le nom technique de "calcul d'une trace partielle".

2. Ce point a été établi par Joos (1987) et, indépendamment, retrouvé par moi-même, cf. *Le réel voilé*, section 12.3.

Pour parfaire le tableau, notons que l'intérêt de la décohérence ne se limite pas à ce qui précède. Elle contribue, par exemple, à expliquer le phénomène du frottement entre objets macroscopiques. Elle a également été évoquée pour rendre compte de celui — remarquable — de la *chiralité*, qui consiste en ce que, les plus petites exceptées, les molécules apparaissent en général sous deux formes qui, telles nos deux mains, ne peuvent être superposées par rotation. La décohérence se révèle donc être, en physique, une notion aux applications protéiformes. Elle a récemment fait l'objet d'expériences très ingénieuses (Brune *et al.*, 1996). Un processus de mesure généralisé du type de ceux envisagés en section 4.2.2 et 8.1.1 y met soudainement un système macroscopique (ou, plus précisément, mésoscopique) dans un "état" de type A + B, lequel n'a pas de raisons d'être en équilibre avec l'environnement. L'expérience est conçue de telle manière que le système manifeste alors ses propriétés quantiques. On peut ensuite mesurer le temps — extrêmement court mais non nul — que la décohérence met à s'établir ; autrement dit le temps qu'il faut au système considéré pour revêtir, grâce à sa "rencontre" avec l'environnement, les apparences classiques sous lesquelles (à cause de l'interaction, normalement constamment présente, avec l'environnement en question) nous le percevons d'habitude. C'est là un argument très fort en faveur de l'universalité quantique. En effet il est difficile de ne pas y voir l'indication convaincante du fait qu'il n'y a aucune différence de nature entre les systèmes quantiques et ceux que nous percevons comme classiques, et que ce n'est qu'à cause de leur couplage avec l'environnement que ces derniers sont perçus comme tels.

En section 5.4 on a déjà noté qu'une fois choisi le cadre linguistique du monde des choses on peut légitimement poser (dans le cas des systèmes macroscopiques) les questions usuelles concernant l'existence des entités et leurs éventuels attributs. La théorie de la décohérence a l'avantage de nous aider à préciser quantitativement ceci, puisqu'elle nous permet de comprendre dans le détail *pourquoi* le langage réaliste (celui du "monde des choses") est utile en ce qui concerne les objets de la vie courante (qui sont tous, effectivement, du domaine macroscopique).

8-2-2.   Les lois classiques filles des quantiques

Quand on désire s'expliquer les apparences d'un monde classique à partir des règles quantiques on ne peut, avons-nous noté, se contenter de constater que l'équation de Schrödinger rend compte des niveaux d'énergie des atomes et des molécules.

Indéniablement, grâce à la mécanique classique, nous avons le sentiment de très bien comprendre le *comportement* des objets macroscopiques, entendons : leur évolution dans le temps, leurs interactions, etc. Nous attachons — cela va de soi — un grand prix à ce sentiment de compréhension. Et pour que, dans notre nouvelle manière de voir, centrée sur la physique quantique, ce sentiment puisse persister, une condition nécessaire est que les lois quantiques rendent compte de ce comportement aussi bien que les lois classiques. Il s'agit de montrer qu'il en va bien ainsi.

Le programme paraît ambitieux et, étant donné que ce domaine de recherche est maintenant en plein développement, il serait téméraire de vouloir en donner une vue d'ensemble. Néanmoins quelques idées-forces d'ores et déjà se dégagent. La principale est relative au fait que tout objet macroscopique — table, caillou, etc. — comporte un nombre immense de degrés de liberté qu'on peut se représenter, si l'on veut, comme étant ceux de tous les atomes constituant l'objet. Il est naturel de classer ces paramètres en deux "jeux", d'une part celui des grandeurs physiques accessibles à notre échelle, longueurs, largeurs, positions, vitesses, etc. — on les appellera "variables collectives" — et d'autre part l'ensemble des autres. Si nous supposons — à titre de première approximation — que ces deux "jeux" n'interagissent pas l'un avec l'autre, nous pouvons concentrer notre attention sur le premier. Réduit à sa plus simple expression le problème est alors ceci. Puisque nous partons de l'idée que le formalisme quantique est la théorie-cadre fondamentale, ces variables collectives doivent être décrites dans le cadre de ce formalisme : il faut donc qu'elles soient représentées par des "opérateurs" dont l'évolution dans le temps[1] est fournie par le formalisme en question. Mais d'autre part, en physique classique ces mêmes variables sont représentées par des nombres, et c'est la mécanique classique qui en prédit l'évolution. Il s'agit de montrer la conformité l'un à l'autre de ces deux modes de description. Autrement dit, partant du formalisme quantique, qui donne des prévisions d'observations, il convient d'établir que la manière classique de représenter de telles variables et de calculer leur évolution fournit finalement, à leur sujet, des prévisions d'observations ne s'écartant en rien de celles fournies par ce formalisme. Si l'on exige que l'explication soit convaincante — avec ce que cela implique de rigueur — le programme ainsi défini n'est pas de réalisation facile, et, de fait, ce n'est que depuis peu qu'il a été mené à bien. Mais, grâce en particulier aux travaux de Roland

---

1. En "représentation de Heisenberg" (section 4.1.3).

Omnès (1994b) la chose maintenant paraît acquise. En conséquence, il n'existe plus de raisons sérieuses de penser qu'il y a, d'un côté, les systèmes microscopiques obéissant à une certaine physique — la "quantique" — et de l'autre les systèmes macroscopiques obéissant à une physique toute différente — la "classique" — n'ayant rien à voir avec la première. On doit dire au contraire que c'est au titre de *conséquences des lois de la mécanique quantique* (et dans telles et telles conditions précises, généralement réalisées dans la pratique), que les règles de calcul de la mécanique classique fournissent les prévisions d'observations, que nous connaissons[1].

Autrement dit (et pour entrer quelque peu davantage dans les détails), supposons que, sur un système macroscopique, on ait, à un certain instant, rassemblé un ensemble d'informations. On pourrait, alors, représenter celles-ci au moyen d'un système de données mathématiques du type de celles désignées au chapitre 4 par le symbole D, calculer, par les règles quantiques et pour n'importe quel instant t ultérieur, la donnée D_t correspondante, et en déduire ce qu'on constaterait si l'on observait, à cet instant t, le système. Mais, vu le résultat des études mentionnées plus haut, on peut aussi bien traduire ces informations initiales en un jeu de nombres auxquels on donne par convention des noms tels que "positions", "vitesses", etc., et calculer par le moyen des règles de la mécanique classique les nombres correspondant à l'instant t. D'après ce qui vient d'être noté, les indications fournies par ces nombres coïncideront avec celles qu'aurait fournies la première méthode. En d'autres termes, ces nombres décriront correctement, eux aussi, ce que l'on constaterait si on faisait, à ce moment, les observations en question. Comme la seconde méthode est beaucoup plus simple que la première, c'est elle, bien entendu, qu'on utilise. Et notre habitude ancestrale d'y faire appel jointe à son succès renouvelé fait que, tout naturellement, nous réifions par la pensée les divers référents des nombres introduits. Il y a certes certains cas bien repérés — quand, par exemple, notre système macroscopique est un accélérateur de particules associé à une chambre à bulles — dans lesquels le couplage entre les variables collectives et les autres n'est pas négligeable et où la théorie quantique ne prévoit pas le parallélisme ci-dessus décrit. Mais ces cas sont, dans l'ensemble, exceptionnels. Dans les situations courantes la théorie quantique elle-même nous indique que les prédictions observables de la physique classique tomberont juste.

---

1. Les vénérables "théorèmes d'Ehrenfest" donnaient déjà des indications en ce sens, mais bien trop vagues et générales pour pouvoir servir de fondement aux idées ici présentées.

Celles-ci étant déterministes, on comprend que, tout naturellement, la notion d'un lien cause-effet soit apparue. Nous savons que telle observation que nous faisons a pour conséquence que si, plus tard, nous décidions de faire telle mesure nous obtiendrions tel résultat. Ceci nous suggère la réciproque : au vu de telle observation actuelle nous posons que, dans le passé, si nous avions fait telle mesure nous aurions obtenu tel résultat, nous hypostasions cette vue, et l'érigeons en représentation du passé conçu comme cause du présent, etc.[1]. Autrement dit, notre construction d'une réalité empirique ne concerne pas seulement le présent mais aussi bien le passé et l'avenir (mais, encore une fois, que l'apparition du mot "construction" n'induise pas l'amalgame entre cette interprétation et l'idéalisme intégral ; nous construisons la réalité empirique un peu comme le jardinier et la libellule construisent chacun leur vision du jardin, et comme ces visions sont différentes il en est sûrement une au moins qui n'est pas le reflet fidèle de la réalité ; mais reconnaître cela, ce n'est pas nier la réalité du jardin).

Remarque concernant la contrafactualité

Etant donné les liens étroits que nous avons reconnus entre contrafactualité et réalisme, on doit considérer que l'opération de réification par la pensée ci-dessus décrite ne rend véritablement compte de notre expérience macroscopique que si elle permet de "récupérer" la contrafactualité. Il est donc naturel de se demander s'il en va bien ainsi. La réponse n'est pas évidente car si l'on considère le ou les traitements quantiques — tels que mentionnés en section 3.1 — des expériences de corrélations à distance portant sur des paires de particules, on constate que la contrafactualité n'y a aucunement sa place : entendons que lors de toute tentative d'interprétation réaliste de ces expériences elle se révèle violée (voir sections 7.1.1 et 7.1.2 : la proposition P comporte l'élément de contrafactualité "qu'il soit *en principe possible* de mesurer A", et nous avons dû lui substituer la proposition E qui ne comporte pas cet élément). En va-t-il de même si, conformément aux idées exprimées plus haut, on applique le traitement quantique à des expériences de corrélations à distance portant sur des paires d'objets macroscopiques telles que les fléchettes de la section 3.1 ?

A première vue on pourrait le craindre. Heureusement, il n'en est rien. Une manière de s'en assurer consiste à se placer dans le cadre du modèle Broglie-Bohm (en faisant appel au fait bien établi

---

1. « Qu'est-ce que nos principes naturels, sinon nos principes accoutumés? » se demandait déjà Blaise Pascal (*Pensées*, article II), qui ajoutait un peu plus loin : « J'ai grand-peur que cette nature ne soit elle-même qu'une première coutume... »

que, dans le domaine non relativiste qui nous occupe, ce modèle fournit les mêmes prédictions observables que la mécanique quantique). Dans le modèle dont il s'agit le "calcul de Bell" — section 5.2.4 — montre comme on l'a vu que, dans le domaine "microscopique" (ou "des particules"), pour déterminer la grandeur physique "à droite" ce n'est pas seulement la valeur des paramètres locaux à cet endroit qui intervient, c'est aussi ce qui arrive à la particule "de gauche". Et l'on voit aisément que c'est là ce qui, dans le modèle, correspond à la violation de la contrafactualité qui vient juste d'être rappelée. Or si l'on se demande comment le modèle Broglie-Bohm rend compte de la corrélation entre objets *macroscopiques* tels que nos fléchettes on constate que le mécanisme ci-dessus décrit n'y joue aucun rôle. Les orientations des fléchettes sont des quantités macroscopiques et, en cette qualité, elles ne sont autres que des moyennes prises sur des variables "cachées" en nombre immense, si bien que les effets microscopiques tels que celui ci-dessus en jeu s'y trouvent noyés par compensations mutuelles. Ce qui subsiste, c'est seulement le fait que le modèle donne, au total, les mêmes prédictions que la mécanique quantique et donc ici, par le raisonnement précédent, que la mécanique classique. Lorsque, par la pensée, nous réifions ces prédictions on ne voit donc pas ce qui pourrait nous interdire d'associer la notion de contrafactualité à la réification en question.

8-3. Décohérence et fiabilité des "états"

En section 3.2.4 (remarque) on a déjà noté que l'"état" quantique d'un système microscopique *individuel* n'est, en général, pas connaissable. Il ne l'est pas, au sens que si une particule (par exemple) est donnée avec la seule information qu'elle est bien décrite par une fonction d'onde (ou, ce qui revient au même, par ce que nous, physiciens, nous appelons un "vecteur d'état"), il est impossible en général de découvrir, par des mesures effectuées sur la particule, quelle est, précisément, cette fonction d'onde ou ce vecteur d'état. Certes, en mesurant ce qu'on appelle un "ensemble complet d'observables compatibles" nous pouvons connaître l'"état" quantique où se trouve la particule *après* que ces mesures ont été effectuées ; mais, vu les perturbations que celles-ci induisent, cela ne nous éclaire qu'insuffisamment sur ce que cet "état" était *avant*. Plus généralement, on peut dire que lorsqu'on a affaire à un système individuel microscopique — et donc pratiquement non soumis à décohérence — il est impossible en général de concevoir une stratégie permettant à un observateur non informé de découvrir dans quel "état" quantique ce système est, et d'être bien sûr qu'il ne l'y a pas mis lui-même — à la Procuste ! — par les opérations qu'il a dû faire à cet effet. Au contraire — comme Zurek (1998) l'a fait valoir — une stratégie fournissant une telle garantie est possible en ce qui concerne les systèmes suffisamment "macroscopiques" pour être soumis à décohérence, cela à condition que l'on caractérise le système en question, non plus par son "état quantique" proprement dit mais par son *état réduit*. La notion d'"état (quantique) réduit" a déjà été rencontrée en section 8.2.1 à propos d'ensembles statistiques de systèmes macroscopiques. Il s'agit, on le sait, d'un symbole mathématique (une "matrice") qui donne, de l'ensemble, une certaine description symbolique, tenant compte de sa préparation, de son évolution, mais aussi, "en bloc", de son interaction avec l'environnement. Le point qui nous intéresse ici relativement à cette notion est le suivant. On montre qu'il existe certaines grandeurs physiques dont les valeurs[1] ne sont pas modifiées par l'opération de mesure quand celle-ci est effectuée sur des ensembles décrits par de tels "états réduits" et qu'il est possible de déterminer quelles sont ces grandeurs même si l'on ignore l'état initial de l'ensemble statistique considéré. Si, donc, on dirige son attention sur l'un des éléments composant ce dernier, on voit que l'observateur sait à l'avance quelles grandeurs physiques il peut mesurer sur ce système en ayant la certitude que, ce faisant, il n'en changera pas la valeur. Dès lors, s'il fait effectivement ces mesures-là il a bien davantage le sentiment d'apprendre quelque chose relativement au système lui-même avant la mesure que s'il se voyait faisant des mesures "à la Procuste". Conceptuellement parlant, il y a là encore une application importante de la notion de décohérence. Grâce à elle on comprend mieux l'impression de "réalité" que nous donnent les systèmes macroscopiques car, très certainement, celle-ci est lié à l'idée que les propriétés que nous les voyons avoir, ils les avaient dès avant notre observation.

8-4.   L'approche "semi-réaliste" d'Everett-Zurek

Dans le déroulement général de notre étude la présente section constituera, en quelque sorte, une parenthèse. En effet, dès le chapitre 4 nous avons reconnu que la part véritablement solide de la mécanique quantique réside dans le jeu de ses règles de

---

1. Au sens, ici encore, de "valeurs qu'on obtiendrait si…".

prédiction d'observations ; et à mesure que nous progressions nous avons pu vérifier combien, effectivement, il est difficile de donner une interprétation de cette théorie conforme au réalisme physique. Dans la présente première partie, notre étude d'une mécanique quantique débarrassée en quelque sorte du "boulet" de la quête à tout prix d'une telle interpétation se poursuivra, mais nous ne saurions cependant oublier que les physiciens continuent — et très légitimement bien sûr — à être préoccupés par la question du réalisme. Aussi devons-nous, à certaines étapes, jeter un regard sur les tentatives esquissées en vue de la préservation de celui-ci. Avant d'aborder, au chapitre 9, celles visant à un réalisme physique "pur et dur", c'est ici le lieu, dans le prolongement du thème de la section précédente, de donner, pour information, quelques rapides indications concernant une approche combinant une certaine visée réaliste avec un insigne respect de la "lettre" du formalisme.

On sait que, de façon générale, l'axiomatique de la mécanique quantique fait grandement appel à la notion d'ensemble statistique ; et, au courant des pages qui précèdent il est clairement apparu que la théorie de la décohérence ne fait pas exception à cet égard. En effet, l'élément caractéristique de son formalisme n'est autre, comme on l'a vu, que la représentation mathématique d'un ensemble de systèmes en interaction avec leur environnement. Il n'en est pas moins vrai que notre expérience porte sur des systèmes macroscopiques *individuels* et que ce qui est attendu de la théorie c'est en définitive des assertions, descriptives ou prédictives, s'inscrivant dans ce cadre-là. Malheureusement, dans le formalisme quantique, dès que l'on vise à dépasser, en direction du réalisme, le cadre des pures et simples règles de prédictions d'observations, le passage de *l'ensemble* à *l'individuel* fait apparaître des étrangetés. La plus marquante est sans doute le fait que, alors que dans un symbole mathématique tel que $a\mathrm{A} + b\mathrm{B}$ figurent à la fois A *et* B nous n'observons jamais que A *ou* B. Ce remplacement de la conjonction *et* par la conjonction *ou* — parfois appelé "problème *et-ou*" ou encore "problème de l'unicité" — n'est en rien suggéré par le formalisme ; à ce titre, certains considèrent qu'il constitue une énigme, et il est de fait qu'en ce qui concerne celle-ci la théorie de la décohérence n'a pas, à elle seule, permis de substantielles avancées. Cela tient — peut-on estimer — à ce que les problèmes dont il s'agit sont de nature plus conceptuelle que mathématique. A titre d'introduction aux recherches menées dans cette direction on signalera toutefois une approche intéressante, qui fait explicitement appel à l'idée de décohérence. Il s'agit de celle de Zurek (*loc. cit.*).

Cette approche se fonde sur celle, antérieure, d'Everett (1957). S'il fallait résumer la substance de celle-ci en quelques mots, on noterait d'abord que la différence plus haut proposée entre les concepts d'état et d'"état" n'y a pas cours. La théorie proposée, au cours des années 1950, par le physicien H. Everett — et dénommée par lui "de la relativité des états" — était explicitement à prétentions réalistes. Néanmoins il y était considéré que lors d'une opération de mesure effectuée sur un état du type c — les notations étant celles de notre chapitre 4 — il ne se produit pas de "réduction de l'onde". Le symbole mathématique décrivant l'état de choses final y est, autrement dit, aA + bB. Mais cet état quantique est conçu comme étant, en quelque façon, dédoublé : entendons que, simultanément, il existe alors deux "branches", l'une aA, dans laquelle l'aiguille est dans l'état A et l'électron dans l'état a, l'autre, bB, dans laquelle l'aiguille est dans l'état B et l'électron dans l'état b, l'observateur lui-même étant dédoublé (toujours "en quelque façon"). L'assertion d'Everett est loin d'être claire mais elle est suggestive et a fait couler beaucoup d'encre dans le monde relativement clos des physiciens théoriciens.

Ce n'est pas ici le lieu d'entrer dans les détails d'une discussion de cette théorie (voir par exemple *Le réel voilé*, chapitre 12). Certes sa notion de base d'une réalité divisée ("dédoublement", "branches", etc.) paraît à première vue fantasmagorique. Si, cependant, nombre de physiciens la prennent au sérieux ce n'est pas sans quelques motifs. Cette théorie revient en effet, on vient de le voir, à prendre le formalisme quantique totalement "au pied de la lettre". A ne lui offrir aucune résistance d'ordre conceptuel. Or il peut être prouvé que, si on suit la théorie sans réticence sur ce point, il est *impossible de démontrer* qu'il n'y a qu'une réalité : chaque observateur, sur sa "branche d'univers", voit celle-ci comme étant unique et le formalisme lui-même interdit qu'il puisse prendre conscience de l'existence des autres branches.

La vérité oblige à dire que pour les physiciens la théorie d'Everett a toujours constitué une sorte de casse-tête conceptuel. Une chose, en tout cas, est sûre : dans l'esprit de son auteur ces "branchements" n'ont rien à voir avec une intervention de la conscience et ne se produisent pas seulement lors d'une opération de mesure. Ils ont lieu en maintes et maintes occasions, si bien que la théorie implique une prolifération de branches d'univers qui dépasse, en fait, l'entendement. Cela étant, comment concevoir ces branches ? Certains y ont vu des mondes en soi, autrement dit ont estimé qu'à chacune des occasions en question l'Univers (y compris les observateurs) se trouve dédoublé ou plus généralement démultiplié. D'autres ont fait remarquer que cette idée de multiplication des univers ne figure pas dans l'article d'Everett et ont tenté de donner au contenu de celui-ci de moins déconcertantes interprétations. Malheureusement, aucune de celles-ci ne peut prétendre être à la fois pleinement cohérente et véritablement satisfaisante pour l'esprit. Nombre de physiciens théoriciens demeurent cependant séduits par la théorie en question en raison de son caractère à la fois élégant (historiquement, font-ils valoir, se fier au formalisme plus qu'au bon sens a conduit à certaines avancées majeures telles que les deux relativités einsteiniennes) et expérimentalement irréfutable.

Ces motivations les incitent en général à ne pas s'attarder sur le problème conceptuel que l'on vient de voir apparaître et à plutôt s'intéresser à celui de l'accord formel entre la théorie et certaines grandes données de notre expérience, telles que notre sentiment de la réalité et de la permanence des objets. C'est dans cet esprit, semble-t-il, que Zurek (1998) s'est proposé d'éclairer la conception d'Everett par celle de la décohérence et vice versa. Il se fonde pour cela sur son importante remarque rappelée en section 8.3. Elle lui permet de considérer que dans chaque branche d'univers la personne qui se dispose à faire telle ou telle observation banale peut — grâce à la décohérence et lorsqu'il s'agit de systèmes macroscopiques tels que nos aiguilles d'instruments — penser, comme en physique classique, à l'état dans lequel le système *est,* et que révélera cette observation, sans, encore une fois, qu'il y ait à craindre que (à la manière des mesures de Procuste) l'observation ne fasse que dépeindre un état créé par elle à l'instant même. Et c'est cette fiabilité que — moment décisif, selon nous, de sa thèse — Zurek décide de prendre comme *définition même de la réalité.* Pour qualifier le concept ainsi introduit, il propose l'expression d'*existence relativement objective.* Certes il reconnaît lui-même qu'il s'agit là d'une espèce d'oxymoron (le réaliste pur et dur s'exclamerait : « Mais la pluralité des branches est toujours là ! »). Toutefois, déclare-t-il, c'est un oxymoron délibéré.

Compte tenu de la difficulté exceptionnelle (et reconnue comme telle depuis longtemps) du problème qu'elle cherche à résoudre, cette théorie de Zurek est tout à fait intéressante. Il n'en est pas moins vrai que les aspects conceptuels qu'elle laisse dans l'ombre font que malgré tout elle semble vouée à laisser le partisan du réalisme sur sa faim.

8-5.　L'universalité revisitée

Objectivement on doit reconnaître que, dans le monde des physiciens, les jugements concernant la notion de décohérence — sa portée, sa signification, son intérêt — sont contrastés. Les personnes qui émettent une opinion à ce sujet se répartissent, schématiquement, en trois groupes. Il y a les réalistes objectivistes qui, constatant que la décohérence n'explique que les apparences, se voient forcés d'admettre qu'elle ne répond pas à leur attente. Il se trouve aussi — il faut bien le dire — un certain nombre de réalistes objectivistes qui, confondant apparences et réalité, s'imaginent à tort que la décohérence résout, en termes réalistes, le problème de la mesure[1]. Et il existe enfin une troisième catégorie de personnes qui considèrent comme exagérément ambitieuse l'aspiration des susnommés à atteindre la réalité en soi, qui ne jugent pas que tel est le but de la science, qui, autrement dit, ne sont ni des réalistes objectivistes ni même des adeptes du réalisme physique, et aux yeux de qui, en conséquence, la décohérence constitue bien un jalon essentiel puisqu'elle ouvre la voie à une explication scientifique des *phénomènes*.

Le chapitre 10 exposera cette troisième position avec détails. Auparavant il convient — et c'est l'objet de cette section — que soit correctement explicitée la contribution que la décohérence apporte à l'approfondissement d'une question déjà abordée : celle de l'universalité de la physique quantique.

Pour reprendre ce problème dans ses très grandes lignes, rappelons d'abord que, comme il a été noté, un argument d'un très grand poids en faveur de cette universalité est que les règles générales de la mécanique quantique trouvent leur application dans pratiquement tous les domaines de pointe de la physique et n'ont jusqu'ici jamais été prises en défaut. Au chapitre 6 nous remarquions qu'à cette observation on pourrait être tenté d'ajouter

---

1. Il se pourrait que certains y soient incités par un fait d'ordre... linguistique. Il se trouve que le mot anglais *appearance*, outre le sens qu'a le mot français *apparence*, revêt aussi celui qu'a notre mot français *apparition* dans des expressions telles que « les mammifères firent leur apparition à l'ère tertiaire ». De ce fait, une certaine confusion s'établit aisément, chez les anglophones, entre les deux concepts eux-mêmes. Comme la plupart des livres et des articles scientifiques concernant la décohérence sont rédigés en langue anglaise, l'affirmation qu'ils contiennent selon laquelle la décohérence explique « *the appearance of a classical world* » est assez souvent comprise par leurs lecteurs comme signifiant que la décohérence rend compte de la formation d'objets classiques à partir de systèmes quantiques. Cette exégèse satisfait, bien évidemment, le réaliste objectiviste, mais c'est au prix d'un contresens.

un argument d'apparence plus simple encore, consistant à dire que la mécanique quantique est la théorie des atomes et des particules subatomiques, que tous les corps sont composés de tels atomes et particules et qu'il s'ensuit que cette mécanique est bien la théorie universelle ("argument du basique"). Mais nous notions aussi une sérieuse faiblesse de cet argument, liée à son caractère implicitement "ontologique". Encore une fois, il suppose — à titre de condition nécessaire de validité — que la théorie envisagée est descriptive. Qu'elle décrit, vraiment, tels qu'ils sont en soi, les éléments de base dont les objets complexes sont constitués. Or notre étude nous a révélé de multiples raisons qui empêchent de considérer que la mécanique quantique "orthodoxe" est de ce type. Nous avons vu, par exemple, que, contrairement aux probabilités classiques, celles qu'introduit la mécanique quantique ne sont pas de pure ignorance. Que la règle de Born, loin de fournir une pure et simple "probabilité de présence", n'est auto-cohérente qu'interprétée comme fournissant la probabilité pour que, si une mesure est effectuée en un certain lieu pour savoir si la particule étudiée s'y trouve, le résultat soit positif. De même, nous avons constaté le gouffre existant entre, d'une part, une réalité indépendante non susceptible d'être représentée par une théorie locale, en laquelle, donc, la mécanique quantique ne nous laisse entrevoir qu'une sorte de grand Tout non séparable, et d'autre part les phénomènes, qui nous apparaissent comme éminemment localisés. Tout ceci montre bien que — encore une fois ! — tout ce que la physique quantique nous propose de façon claire et indubitable c'est un réseau de règles de prévisions d'observations. Mais alors, on l'a dit, la physique macroscopique pourrait bien, elle aussi, se réduire à un réseau de règles observationnelles, où les termes désignatifs ne seraient rien d'autre que des abréviations commodes se référant à des séquences fréquentes d'opérations-observations. Et dans cette hypothèse l'argument considéré est sans valeur : *a priori* on pourrait aussi bien concevoir que les règles de prévision relatives au macroscopique ne se ramènent pas à celles, quantiques, du microscopique.

Alors, justement, s'y ramènent-elles ? Pour savoir si la mécanique quantique est universelle c'est, finalement, cette question-là qui est cruciale. Or nous allons voir que, à une nuance près, la réponse est "oui", et cela même si, au départ, les apparences plaident plutôt pour une réponse "non" (puisque, encore une fois, la mécanique quantique est non locale alors que les objets macroscopiques nous apparaissent comme localisés, etc.). De fait, on a longtemps cru au rapport inverse. C'est, à l'évidence, l'idée d'une primauté du langage classique qui sous-tend la pensée de Bohr et c'est elle également qu'exprime un mot souvent cité du grand physicien russe Landau : « La mécanique quantique a besoin de la mécanique classique pour sa propre formulation. »

En fait, l'élément qui a retourné, sur ce point, la situation, c'est, précisément, l'apparition de la théorie de la décohérence. Grâce à elle, en effet, et à des travaux de Roland Omnès, on explique maintenant très bien, comme il a été exposé plus haut, les apparences classiques d'un monde quantique. Et ce qui est plus remarquable encore à cet égard c'est la manière dont ces théories ont été confirmées par l'expérience. On a déjà noté (en section 8.2.1) les raisons qui font que l'expérience du groupe Haroche (Brune *et al.*, 1996) constitue un argument véritablement convaincant en faveur de l'universalité quantique[1].

On a pourtant fait allusion à une nuance. On ne saurait inférer de ce qui précède l'idée que les diverses sciences du complexe, la chimie, la biologie, etc. pourraient se déduire purement et simplement de la mécanique quantique. La théorie de la décohérence n'implique nullement qu'un ange qui ne connaîtrait que la mécanique quantique et un jeu adéquat de conditions initiales pourrait, par le calcul, prédire ce qu'il verrait s'il descendait dans notre monde. Il n'en est rien pour les raisons rappelées plus haut en section 5.4. Pour passer, même de la physique quantique à, tout simplement, la chimie, il faut déjà faire "à la main", si l'on ose dire, des abstractions. Il faut délibérément laisser de côté certains termes, dont la mécanique quantique nous affirme pourtant qu'ils existent. C'est seulement à ce prix qu'on peut "déduire" de la mécanique quantique des choses telles que la "forme" des grosses molécules, etc., comme Primas (1981, 1994) l'a pertinemment souligné. Autrement dit, en dernière analyse la mécanique quantique réussit l'exploit de réconcilier l'universalisme des lois avec une vision du monde non réductrice, où notre manière humaine de voir joue un rôle crucial dans la détermination de ce que, en définitive, on perçoit.

---

1. Entendue, toutefois, au sens large, c'est-à-dire sans écarter les mécaniques quantiques "à termes supplémentaires" décrites plus bas (section 9.8). Manifestement, l'argument n'exclut pas celles-ci, même si, tant qu'aucun "préjugé ontologique" n'est pris en compte, l'introduction des termes en question peut, au vu de la décohérence, apparaître comme n'étant qu'une stérile complication.

9

Tentatives réalistes diverses

9-1. Introduction

Ce chapitre sera, à nouveau, un détour et, à certains égards, une digression dérangeante ; car quand l'esprit se trouve polarisé, comme l'est ici le nôtre, par la recherche d'une conception des rapports de l'homme et du monde en harmonie avec les nouveaux fondements du savoir, l'idée d'un regard en arrière ou sur les côtés — risquant d'embrouiller le fil de la quête ! — est *a priori* peu plaisante. Mais dans le cas présent il s'agit d'une nécessité car la vigilance s'impose. Pour des raisons qui ont déjà été abondamment explicitées, la vision qui a pris corps au fil des précédents chapitres s'est grandement écartée des formes conventionnelles du réalisme. Or il se trouve que, nonobstant l'existence des raisons en question, diverses tentatives "réalistes" ont vu le jour, qui ont rallié plus d'un chercheur. Nous ne saurions omettre d'en faire une analyse critique, ne serait-ce que pour nous assurer de la justesse de notre propre cheminement. Certes, une revue systématique de ces approches ne serait pas dans l'esprit du présent ouvrage. Elle ferait, au reste, un peu double emploi puisqu'un spectre étendu des plus structurées de celles-ci a été examiné naguère ailleurs (*Le réel voilé*, chapitres 11, 12 et 13 en particulier). Dans ce qui suit je me limiterai donc à l'examen des plus intéressants — à mes yeux — de ces développements. Mais avant cela je tâcherai de faire saisir les raisons qui font que, personnellement, je sympathise *a priori* avec les partisans du réalisme et ne me sépare d'eux (et encore pas totalement !) qu'*a posteriori* : à la fin — et non au début — de mon analyse.

9-2. Du besoin intellectuel de réalisme

Même si le réalisme physique n'est aucunement démontrable (les philosophes savent depuis toujours qu'en toute rigueur il n'y faut voir qu'une simple option métaphysique), on doit bien reconnaître que la voix de ses partisans trouve un puissant écho dans nos esprits. Il leur suffit de faire valoir le caractère apparemment absurde de la position opposée. De noter, par exemple, que nul ne parvient réellement à croire que la Lune n'existe pas quand il n'y a personne pour l'observer. Certains physiciens et non des moindres — à la fin de son existence Einstein fut, semble-t-il, sans aucune réticence, des leurs ! — sont totalement convaincus par ces arguments de "bon sens". De même, John Bell persista, encore après la découverte de son théorème, à les tenir pour contraignants et continua à croire à une réalité en droit connaissable — au réalisme physique, en fait —, se contentant, pour tenir compte de la découverte en question, de concevoir cette réalité comme non locale. La même attitude d'esprit se retrouve chez Sokal et Bricmont (1997) bien que ces auteurs soient, par ailleurs, fort au courant des classiques objections *philosophiques* que le réalisme physique rencontre. Toute cette problématique présente, pour ces raisons, des aspects un peu déroutants. Aussi, pour tenter d'y jeter un peu de lumière, n'est-il pas inutile d'en reprendre le fil dès le départ. Je me représente donc un physicien — je l'appelle Jacques — qui, réservé à l'égard des systèmes philosophiques, porte un regard neuf sur la question. Et je l'imagine se construisant les deux "temps" du petit raisonnement qui suit.

Premier temps

Jacques part du fait qu'il y a une réalité extérieure donnée. Bien entendu, il ne suppose pas que la réalité dont il s'agit coïncide avec les apparences immédiates. Mais il juge que nous pouvons nous proposer de découvrir ses véritables traits en faisant des expériences qui en révéleront les structures. Songeant à des découvertes telles que celles de l'atome, des ondes herziennes ou encore du code génétique, il constate que jusqu'à maintenant la réalisation d'un tel programme a, dans la plupart des domaines, produit d'indéniables succès. Et il estime que, n'en déplaise aux mânes de Berkeley, de Kant et de Hegel, la seule manière raisonnable, non artificiellement contournée, d'expliquer les multiples succès en question consiste à dire qu'en procédant de cette manière on a vraiment, dans les domaines en jeu, levé en grande partie le voile des apparences : en d'autres termes, que l'on est parvenu à décrire des éléments de la réalité peu ou prou tels qu'ils sont véritablement. Jacques se voit par là convaincu que le vrai rôle des scientifiques est de continuer dans cette voie, sans se laisser décourager par d'éventuelles difficultés ; et que se satisfaire de simples descriptions de "représentations humaines" des phénomènes serait donc, de la part de la communauté des scientifiques, un véritable renoncement. Il juge, autrement dit, qu'il n'y a aucune commune mesure entre une théorie pouvant être comprise comme décrivant la réalité en elle-même et toutes les théories, si élégantes soient-elles, qui ne font que donner un compte rendu synthétique des représentations humaines des choses. Il pose que, même si la première paraît étrange ou s'avère longtemps stérile, c'est elle et elle seule qui constitue un vrai savoir.

Deuxième temps

Bien entendu, Jacques est conscient des objections que l'on est en droit de faire à sa thèse. L'une d'elles est ancienne (elle remonte à Hume) et très générale. Elle consiste à faire valoir que nos expériences nous révèlent seulement nos sensations : comment savoir si celles-ci sont adéquates à la réalité ? S'inspirant de Sokal et Bricmont (*loc. cit.*), Jacques refuse l'argument en se fondant sur, précisément, sa trop grande généralité. Certes, dit-il, le scepticisme de Hume est irréfutable. Mais en droit il s'applique à tout, y compris même aux connaissances les plus banales, celles qui jalonnent notre vie quotidienne. Or, dit-il, de ces dernières je ne doute pas. Pourquoi douterais-je alors de ce que la science m'apprend ?

Une variante moderne de l'objection humienne consiste en la remarque qu'une fois nos expériences faites il est nécessaire de décrire ce qu'elles nous apprennent concernant la réalité, que pour cela il faut des mots, et que, ici encore, rien ne nous garantit que les mots dont nous disposons — entendons les concepts que ceux-ci désignent — correspondent de façon bi-univoque à des "moellons" de la réalité. A ceci Jacques répond de nouveau dans le même esprit. Il constate que nous possédons effectivement un assez grand nombre de concepts très fondamentaux et très simples — tels ceux d'objet, de position, de mouvement, etc. — qui "marchent" admirablement, qui nous permettent de bien gérer, à chaque instant, notre "être au monde" ; de décrire mille et mille choses avec le sentiment de les comprendre ; et il juge que l'unique explication saine de tout ceci, la seule qui ne soit pas déraisonnable et "sophistique", est que, au moins pour l'essentiel, ces concepts-là ont effectivement leurs correspondants dans la réalité elle-même. Ainsi, se dit-il, nous avons effectivement tout un jeu de concepts dont il est hautement vraisemblable — disons pratiquement certain — qu'ils correspondent à du réel. Mettant tout ce qui précède bout à bout, Jacques conclut, à ce stade, que si, par chance, on trouve une théorie générale rendant bien compte de l'expérience et formulée au moyen des concepts en question c'est elle qu'il faut tenir pour vraie — même si elle est, pour l'heure, "stérile" — et non les développements centrés sur des conceptions apparentées de près ou de loin à l'idéalisme ou au criticisme kantien. Comme il constate que tel est justement le cas de la théorie de Louis de Broglie et David Bohm il se sent fort porté vers cette dernière. Poursuivant sa réflexion, Jacques, cependant, constate avec regret que la plupart des gens qui prétendent être de son avis — qui disent adhérer au réalisme physique tout comme lui — ne sont pas vraiment cohérents puisqu'ils acceptent les formulations de la mécanique quantique orthodoxe et demeurent aveugles au fait que certains de ses énoncés de base s'avèrent, à l'analyse, être à objectivité seulement faible. Et il s'attriste, bien entendu, de constater que, en conséquence, sa propre exigence de stricte cohérence conceptuelle fait de lui, au sein de sa propre communauté de travail, un personnage un peu à part. Nous supposerons toutefois qu'il n'est pas d'instinct fortement grégaire et que, donc, il surmonte cette difficulté un peu particulière. L'analyse qui suit de la théorie de Broglie et Bohm va nous permettre d'apprécier dans quelle mesure celle-ci répond à ses attentes à son égard.

9-3.   L'approche Broglie-Bohm

Dans les chapitres précédents nous avons à maintes reprises eu à nous tourner vers le modèle dont il s'agit, ce qui montre à quel point cette théorie constitue un utile "laboratoire théorique". Entendons un cadre conceptuellement clair, permettant d'adéquatement appréhender la nature et, en même temps, le caractère inhabituel de notions nouvelles — telle la non-séparabilité — que la physique actuelle impose à notre réflexion. Mais, à chaque fois, la nécessité de ne pas rompre le fil de la discussion engagée a empêché que soit dépassé le niveau de la mention rapide ou de la simple esquisse d'arguments. C'est ici le lieu de — sans, bien sûr, entrer dans des "détails techniques" toujours trop longs — combler un peu une telle lacune informative. Essentiellement, ce qu'il s'agit de voir c'est pourquoi un nombre restreint, mais significatif, de physiciens continuent — tel notre Jacques — à tenir ce modèle pour séduisant et quelles sont les difficultés qui font que, cependant, aux yeux de la plupart, il ne constitue pas *la* solution.

9-3-1.   Avantages

Il y en a plusieurs.

1) Comme on sait, le modèle — au moins dans le cadre non relativiste — retrouve exactement les prédictions quantiques tout en étant ontologiquement interprétable. Il traite ou prétend traiter,

non pas, au premier chef, de prévisions de résultats d'observations à faire sur les choses mais bien de ces choses elles-mêmes, et des évolutions qu'elles subissent (autrement dit, il y est question non pas seulement d'"états" mais bien d'états, sans guillemets !). Au chapitre 5 nous avons certes pu nous convaincre de ce que, contrairement à notre intuition, cette visée ne s'impose pas. Le réalisme physique ne peut être démontré et ne s'appuie, en fait, que sur de simples arguments de plausibilité, fragilisés, au demeurant, par le fait qu'en dernière analyse même eux reposent sur de l'humain (sur des manières humaines de voir, sur des habitudes de pensée et sur des commodités pour l'action). Il n'en est pas moins vrai que, quelque "humaines" qu'elles soient, ces assises sont prodigieusement solides dans notre esprit ; que même le philosophe le plus soucieux de les relativiser n'y parvient jamais totalement au fond de lui-même (et que dire alors de l'homme de la rue ou du physicien ?) ; et qu'il est, de ce fait, tout naturel que le caractère ontologiquement interprétable d'une théorie soit considéré par beaucoup comme constituant un très substantiel atout.

2) A ce premier avantage s'en rattache un autre, tout aussi général, à savoir le fait que le modèle procure un sentiment d'explication bien plus immédiat et intense que celui qui peut émaner de la mécanique quantique conventionnelle. Plus loin dans cet ouvrage — en particulier au chapitre 15 — nous aurons l'occasion d'examiner en détail cette notion d'explication et nous verrons combien elle est complexe. Mais il est bien certain qu'une théorie telle que le modèle Broglie-Bohm, qui vise à décrire tels qu'ils sont les constituants des objets, qui rend compte de la manière dont ils évoluent au cours du temps et qui fait tout cela exclusivement à l'aide de concepts familiers, connus de tous (particules et ondes), ne peut pas ne pas nous donner, au premier abord tout au moins, un sentiment d'explication particulièrement net et satisfaisant. Par exemple, il donne à ses partisans la possibilité d'expliquer l'existence et la forme des os *actuels* de dinosaures — que nous contemplons au musée — par le moyen d'un discours portant authentiquement sur le *passé*, exposant ce qui s'est réellement produit, tout à fait indépendamment de nous, il y a 65 millions d'années. Contrairement à ce que croient nombre de physiciens, ce n'est pas là le genre de discours qu'autorise la mécanique quantique dite "orthodoxe" — pas plus sous sa moderne forme feynmanienne que sous une autre — car l'ontologie fabriquée que suggère cette mécanique n'est, on l'a vu, qu'une pseudo-ontologie (en section 9.6 nous reviendrons plus en détail sur le sujet). Or, même si, au bout du compte, ce sentiment

d'explication s'avère d'une pertinence contestable, son pouvoir de séduction est évident, de sorte qu'il doit être rangé, lui aussi, parmi les avantages du modèle en question.

3) Enfin, un avantage du modèle Broglie-Bohm qui, au jugement de tout théoricien du quantique à conviction réaliste, ne peut être que d'un grand poids est que le "problème *et-ou*" mentionné en section 8.4 n'y apparaît pas. En effet, dans l'espace de configuration le "point représentatif" du système est unique et le demeure[1]. Dans le cas d'une opération de mesure il vient occuper une et une seule des "branches" de la fonction d'onde (dans l'exemple de la section 8.1.1, soit la "branche" aA, soit la "branche" bB)[2]. Les autres sont "vides". Le fait est significatif car il montre bien que le problème *et-ou* ne constitue pas une réfutation générale du réalisme (puisqu'il existe au moins *une* possibilité d'interprétation "ontologique" des phénomènes dans laquelle il n'apparaît pas). Bien que nous ayons des raisons de conjecturer que la description de la réalité indépendante fournie par le modèle n'est pas "la bonne" (voir ci-dessous), cette donnée est rassurante. Elle nous encourage à considérer que, même si une telle réalité n'est ni connue ni connaissable, il n'y a, en provenance de la physique contemporaine, aucun obstacle fondamental à la *penser.*

9-3-2. Inconvénients

Cela dit, les raisons en question — celles justifiant un scepticisme très répandu — existent bien.

1) Est parfois ressentie comme telle l'apparition, dans certains cas, de branches vides de la fonction d'onde. Mais, à vrai dire, à une époque, la nôtre, où il est devenu tout à fait clair qu'aucune théorie conforme à nos intuitions élémentaires ne pourra jamais rendre compte du réel, cette particularité peut difficilement être vue comme constituant un défaut majeur du modèle.

2) Déjà très nettement plus significative à cet égard est la stérilité de celui-ci, lequel, en plus de soixante-dix ans d'existence, n'a

---

1. L'*espace de configuration* d'un système est, on le sait, un espace abstrait à 3N dimensions, N étant le nombre de particules composant le système. Le jeu des 3N coordonnées de celles-ci y correspond donc à un point, appelé *point représentatif* de ce système.

2. Mais il faut quand même admettre ici que le dispositif expérimental détermine de façon univoque la distribution de ces branches. Le modèle n'est guère explicite quant au mécanisme en jeu.

jamais conduit à d'originales prédictions expérimentalement vérifiables et vérifiées. Certes les phénomènes vérifiables qu'il prédit sont effectivement vérifiés ; mais ils étaient déjà prédits, et d'une manière mathématiquement bien plus simple, par la mécanique quantique orthodoxe qui, de plus, présente l'avantage d'en prédire d'autres auxquels le modèle n'aurait, à lui tout seul, jamais conduit.

3) De même, on peut trouver étrange qu'un modèle qui, au départ, se fonde avant tout sur des concepts familiers, locaux — ceux de corpuscule, de trajectoire, etc. — se révèle finalement être non local. Si nous jugeons que le sentiment d'explication claire émanant du modèle est d'abord dû à l'usage qui y est fait de concepts évidents pour nous, cette présence, en définitive, dans le modèle d'une non-localité complètement étrangère à tout ce qui est conceptuellement familier est susceptible de nous faire estimer que ce sentiment d'explication était en partie fallacieux. De fait, cette tournure prise par le modèle peut même le faire juger peu cohérent, du moins par les personnes qui mesurent le degré de confiance inspiré par une théorie à l'adéquation entre grandes idées directrices et résultats. Reconnaissons pourtant que cette critique n'est pas de nature à ébranler le crédit donné au modèle par les personnes qui, en dépit des arguments présentés au chapitre 5, continuent à voir dans le réalisme physique l'expression d'une irréfragable vérité et ne peuvent donc faire créance qu'à des théories s'y inscrivant.

4) A la difficulté précédente s'en rattache une relative au problème de la création des particules. De fait, on a déjà noté (section 2.6) que, pour permettre au modèle Broglie-Bohm de rendre compte de telles créations (en fait, dans son cadre on devrait plutôt dire "apparences de créations"), il faut y changer, au moins en partie, la nature des éléments que la théorie considère comme constituants du réel. Dans ce rôle il convient, en l'espèce, de remplacer une certaine catégorie de particules — photons, pions, etc., on sait qu'on les appelle des "bosons" — par des quantités abstraites qui sont des composantes de Fourier de certains champs (ou, dans une version équivalente, par les champs eux-mêmes). Or, indépendamment des problèmes de rigueur mathématique (qui, dans cette approche, sont bien réels), le fait que les photons y soient, comme dans la théorie pré-einsteinienne de Max Planck, réduits au statut de simples apparences est considéré par beaucoup comme un renoncement à l'idée inspiratrice du modèle ; et ce renoncement imposé par les faits ne peut pas ne pas être porté

quelque peu à son discrédit. En ce qui concerne l'autre catégorie de particules — protons, électrons, etc., on les appelle des "fermions" — le modèle n'est pas en meilleure posture, au contraire. Certaines raisons techniques font qu'il est délicat de les traiter comme on le fait pour les bosons et, au total, le problème est, en ce qui les concerne, moins avancé, bien que d'intéressantes suggestions aient été faites[1].

Mais les difficultés les plus troublantes du modèle sont ailleurs.

5) Une de celles-ci tient au fait que, de tels modèles, il y en a plusieurs, qui tous, par construction, reproduisent les prédictions statistiquement vérifiables de la mécanique quantique et entre lesquels il paraît par conséquent bien difficile d'expérimentalement discriminer. Manifestement, c'est là un domaine dans lequel le démon de la sous-détermination des théories est tout particulièrement menaçant.

6) Une autre est que, tout en ne mettant en jeu, je le répète, que des concepts familiers, empruntés à l'observation courante, le modèle se voit obligé de leur conférer des sens qui, dans bien des cas, les font se rapporter à des quantités tout à fait différentes de celles qui sont observées et désignées par les même noms. De ceci on a vu un exemple en section 7.2.2, avec la notion d'impulsion : l'impulsion qui, selon le modèle, est la "vraie" n'a rien à voir avec l'impulsion mesurable. De même on peut montrer, en tant que conséquence du modèle, que dans certains cas les détecteurs doivent être "trompés", c'est-à-dire répondre comme s'ils venaient de recevoir une particule alors que ce n'est pas le cas (Brown *et al.*, 1995). Dans un ordre d'idées similaire, il se trouve que, selon le modèle, une particule située à une distance arbitrairement grande de tout centre de force ne se propage pas en ligne droite en général, car elle est soumise à l'action — non décroissante avec la distance — de toutes les autres particules de l'Univers. De ce fait, sa trajectoire est manifestement non calculable. Autrement dit, comme Michel Bitbol le note avec justesse : « Les structures

---

1. L'une d'elles consiste essentiellement à faire retour à la représentation dite "de la mer de Dirac", mentionnée en section 1.1 et qui, historiquement, a précédé la théorie quantique des champs. Une autre revient à considérer les fermions, eux aussi, comme des "apparences", au moins en ce sens qu'ils n'ont pas une existence continue : une singularité se forme en un site, puis disparaît, une autre se forme en un site immédiatement voisin puis disparaît, etc. Et le tout donne une apparence de trajectoire. Cette seconde idée se rapproche de la notion d'ordre implicite (voir note p. 235).

descriptives que [de tels modèles] greffent sur le formalisme prédictif de la mécanique quantique sont [...] telles qu'elles impliquent d'elles-mêmes l'inaccessibilité à l'expérimentation » (Bitbol, 1998, p. 231).

7) Une autre très sérieuse difficulté du modèle, de nature voisine de celle de la précédente, est liée à la contextualité, en particulier dans la forme spectaculaire sous laquelle le "calcul de Bell" (section 5.2.4) nous la révèle. Les équations auxquelles ce calcul conduit ont à dessein été laissées par Bell sous une forme assez générale. Mais il est instructif d'en examiner en détail une application particulière, à savoir la description, dans le cadre du modèle Broglie-Bohm, d'expériences de "type Aspect". On s'intéressera ici à la configuration expérimentale la plus simple : celle dans laquelle les deux polarisateurs-analyseurs situés respectivement "à droite" et "à gauche" sont orientés dans la même direction. On sait qu'alors la théorie prévoit une corrélation stricte, au reste, confirmée par l'expérience, entre les résultats obtenus à droite et à gauche (tout comme dans le cas correspondant des deux fléchettes). Et ce que permet le calcul (ici présenté dans l'Appendice 3) c'est de voir bien exactement par quel "mécanisme" cette corrélation s'établit. Il montre que dans le modèle en question (qui est déterministe, comme on le sait) il existe une asymétrie essentielle entre ce qui détermine le résultat de la première mesure et ce qui détermine celui de la seconde. En effet, il prouve que ce sont les valeurs initiales des paramètres relatifs à la particule sur laquelle la mesure est faite en premier qui commandent le résultat, non seulement de cette mesure-là *mais aussi de l'autre*, et cela quelle que soit la distance entre les localisations de ces mesures.

Il résulte de là que, quelle que soit cette distance, les résultats individuels obtenus sur une paire donnée dépendent de l'ordre temporel dans lequel les mesures sont effectuées.

Pour voir cela, considérons un cas où les valeurs initiales des paramètres cachés en jeu sont telles que si les particules en question ne faisaient pas partie d'une paire « corrélée», les résultats des mesures en question seraient + pour celle de gauche et – pour celle de droite. Alors, si la mesure faite en premier est celle de gauche, le résultat à gauche sera +, et le calcul détaillé montre que, conformément à ce que la corrélation stricte prévoit, le résultat à droite sera, lui aussi, +. Si, au contraire, la mesure faite en premier est celle de droite, son résultat sera – et, pour la même raison, celui de la mesure à gauche sera, lui aussi, –. Dans ces conditions il est bien clair que le savoir partiel acquis au moyen de mesures de ce genre ne saurait être comptabilisé comme un élément à ajouter à d'autres, acquis de semblable manière, aux fins de construire une connaissance authentique des aspects contingents du monde des particules "tel qu'il est vraiment". La conséquence est, ici encore, qu'en définitive le modèle lui-même est un moule qui apparaît comme gravement "déconnecté" de toute expérience sensible concevable, autrement dit comme plus proche de la métaphysique que de ce qu'on entend d'habitude par les mots "science" ou "physique".

8) Quant à la question d'un accord entre le modèle et la relativité — problème dit de "l'invariance relativiste" — on conçoit bien, sans qu'il y ait besoin de longues formules, que la bizarrerie qui vient d'être signalée suscite le scepticisme à l'égard de sa possibilité. En effet, en relativité restreinte, si deux événements se trouvent dans l'ailleurs l'un de l'autre, leur ordre temporel n'est pas intrinsèquement défini mais dépend du référentiel dans lequel *on* décide de se placer. Dans ces conditions, si, sous les mêmes hypothèses que ci-dessus, je considère les deux événements-mesures à partir d'un référentiel animé d'une vitesse telle que, pour moi, l'événement de gauche soit antérieur à l'événement de droite, d'après ce qui précède les résultats *seront* tous deux + ; alors que si je voyage dans un référentiel se déplaçant en sens inverse ils *seront* tous deux –. Or il s'agit du *même* couple d'événements, tels qu'enregistrés par des dispositifs tous deux au repos par rapport à la source. Et le modèle, redisons-le, vise à décrire choses et événements tels qu'ils "sont vraiment". Un événement réel, enregistré, peut-il être à la fois lui-même et son contraire ? Le moins que l'on puisse dire est que cette idée n'est pas dans l'esprit du recours aux seules notions familières qui rendait le modèle originellement si séduisant.

Bien entendu, des anomalies telles que celle-là peuvent toujours être corrigées par certaines modifications *ad hoc* de la théorie et ce qu'on constate ici c'est surtout que, comme la difficulté numéro 4 le laissait déjà pressentir, le passage à une formulation relativiste du modèle n'est envisageable qu'accompagné d'une refonte quasi totale de celui-ci. De fait, ce qui, à l'heure actuelle, émerge des recherches engagées dans cette direction, c'est que malgré tout, dans le modèle, en flagrante opposition avec l'idée directrice de la relativité, on ne peut éviter d'avoir à postuler l'existence d'un repère privilégié dans l'espace, donc d'attribuer un sens à la notion de repos absolu. En contrepartie, le modèle peut alors être généralisé, selon les lignes plus haut sommairement décrites, de telle sorte que toutes les *apparences* vérifiables prédites par la relativité (résultat négatif de l'expérience de Michelson et Morley, etc.) y soient préservées. Mais les physiciens qui aspirent à une théorie ontologiquement interprétable ont bien du mal, naturellement, à se satisfaire de ceci[1].

Si maintenant nous revenons au personnage imaginaire que j'ai plus haut appelé Jacques, nous constatons que les raisons qu'il avait d'adhérer au modèle Broglie-Bohm — essentiellement celles avancées par Sokal et Bricmont dans l'ouvrage cité — ne peuvent, en fait, être retenues. Ces raisons, en effet, reposent essentiellement sur le fait que le modèle en question est formulé au moyen de concepts très simples, dont le succès dans la vie courante est considéré comme établissant la validité. Or la difficulté étiquetée "inconvénient numéro 4", corroborée par la situation paradoxale mentionnée sous la rubrique 8, montre que ce retour à des concepts simples n'était, finalement, qu'une illusion. Ce fait est d'importance pour ce qui concerne la structure du raisonnement ci-dessus attribué à Jacques car il ruine la validité de l'argument opposé par ce même Jacques aux positions sceptiques de Hume et d'autres. Cet argument était, on se le rappelle, que puisque les concepts simples marchent à la perfection dans le domaine, très vaste, de la vie courante il est arbitraire et "sophistique" de, tout d'un coup, ne plus leur faire confiance ailleurs. A l'évidence cet argument n'a plus de point d'application lorsque, comme ici, il s'avère que les concepts simples sont inadéquats.

On inférera sans doute de ces diverses difficultés qu'il est bien difficile de vraiment *croire* au modèle, autrement dit de le considérer comme ayant une assise scientifique comparable à celles dont jouissent les théories universellement tenues pour validées. Mais on notera parallèlement qu'en revanche elles ne rendent aucunement le modèle en question *incompatible* avec les données de notre savoir. En d'autres termes, le modèle constitue, dans l'ensemble, une manière certes non convaincante mais du moins *cohérente* de synthétiser ces données, y compris dans ce qu'elles ont de déroutant. Ce fait a, en pratique, deux conséquences. L'une d'elles est que si, dans l'analyse d'un problème posé par la mécanique quantique, on a à faire face à une apparente aporie et si l'on constate que dans le modèle Broglie-Bohm celle-ci ne se

---

1. L'ensemble de ces difficultés a incité David Bohm à envisager une nouvelle théorie, fondée, non plus sur la notion de corpuscule mais sur celle d'un *ordre implicite*, distinct de l'*ordre explicite* qui se manifeste dans les phénomènes. Les deux approches bohmiennes, certes très différentes, ont en commun la visée de fournir une théorie ontologiquement interprétable, ce qui interdit, malgré tout, de radicalement les opposer.

présente pas, on pourra considérer que, du coup, l'aporie en question n'existe pas en tant que telle : après tout, en effet, le monde est *peut-être* tel que le modèle le décrit, même si rien ne nous assure que c'est le cas (fût-ce seulement parce que d'autres modèles encore inconnus peuvent avoir la même propriété). En section 10.3 nous aurons l'occasion d'appliquer cette remarque. Et l'autre conséquence est qu'il est parfaitement légitime — et cela peut, comme on l'a noté, être éclairant — d'utiliser le modèle comme pierre de touche relativement à tel ou tel nouveau concept ; entendons : d'examiner la forme que ce concept doit revêtir dans le modèle et d'étudier si, dans ce cadre, il se concilie avec les acquis précédents. Et que le modèle soit métaphysique ne saurait justifier sa condamnation car — comme nous avons commencé à le constater — les données de la physique actuelle nous obligent, dès que nous refusons l'idéalisme intégral, à nous orienter vers des conceptions tellement éloignées de notre expérience habituelle — la "scientifique" comprise — que l'épithète "méta-physique" vient naturellement à l'esprit pour les qualifier.

9-4.   L'interprétation dite "modale"

Il s'agit là d'un schéma interprétatif assez récent. La paternité en revient au philosophe Bas van Fraassen (1972, 1974) qui lui donna ce nom pour souligner le fait que (comme, à vrai dire, plusieurs autres) il fait intervenir la notion de probabilités intrinsèques (notion qui, comme on le sait, relève, non de la logique formelle classique, mais de la logique modale). L'idée de van Fraassen a été reprise par plusieurs groupes de physiciens théoriciens, qui l'ont développée selon des directions diverses de sorte qu'il existe à l'heure actuelle non pas une mais une famille d'interprétations modales, toutes, d'ailleurs, en pleine évolution. En conséquence il n'est ici possible que de donner quelques indications qualitatives sur les traits qui leur sont communs. Les principaux consistent en ce que ces théories nourrissent une visée réaliste (bien que van Fraassen lui-même ne souscrive pas, à proprement parler, au réalisme) et ont pour but d'éviter de devoir postuler la réduction de l'onde lors d'une mesure. A cet effet, elles dissocient les deux rôles que l'interprétation réaliste élémentaire confiait à la fonction d'onde (ou aux symboles qui, dans le formalisme quantique, généralisent celle-ci), à savoir, celui de décrire la réalité et celui de nous faire connaître quelles valeurs (des diverses quantités physiques) les mesures peuvent révéler, et les probabilités de celles-ci. Des deux, elles ne lui attribuent plus que le second. Elles lui refusent le premier, autrement dit elles rejettent l'idée selon laquelle la fonction d'onde d'un système physique constituerait dans tous les cas la représentation la plus fine possible de la réalité de ce système. Au contraire, elles postulent explicitement l'existence réelle — en certaines circonstances qu'elles spécifient — d'états plus fins, dans lesquels des valeurs précises sont attribuées à des grandeurs physiques qui, dans le formalisme quantique "orthodoxe", n'en auraient pas. En cela elles ressemblent au modèle Broglie-Bohm et, tout comme ce dernier, on doit les considérer comme des théories à variables supplémentaires ou — selon la terminologie reçue — "cachées". Mais, contrairement à ce modèle, ces théories sont indéterministes.

Si l'on fait abstraction de détails techniques conceptuellement parlant non essentiels et qui, en conséquence, ne nous concernent pas ici, on peut schématiser leur commune idée directrice au moyen de l'exemple décrit en section 4.2.2 (et repris en section 8.1.1). Ces théories posent que dans un tel "cas de figure", postérieurement à l'interaction entre l'électron et l'instrument le système considéré (dans l'exemple, l'aiguille) a une probabilité 1/2 d'*être* dans l'état A et une probabilité 1/2 d'*être* dans l'état B, l'état quantique (autrement dit, dans cet exemple, la fonction d'onde) étant, lui, toujours, A + B.[1] Le mot important c'est ici, bien sûr, le petit mot "être". Il ne s'agit plus seulement, comme en mécanique quantique "orthodoxe", de pures données mathématiques permettant de prévoir des probabilités d'observations. Il s'agit de propriétés dont il est dit que, avec les probabilités indiquées, le système, véritablement *les possède*.

Mais alors, demandera-t-on, qu'en est-il des "tests sensibles" évoqués dans la section 4.2.2, autrement dit que faut-il prévoir relativement à d'éventuelles mesures de grandeurs difficilement accessibles, telles que celles mentionnées en section 8.2 ? Si ces grandeurs sont pratiquement impossibles à mesurer dès que des systèmes macroscopiques (aiguilles d'instruments par exemple) sont en jeu, elles n'en sont pas moins théoriquement mesurables, même dans ce cas. Et, qui plus est, les théories modales dont il s'agit sont supposées s'appliquer même aux systèmes microscopiques, c'est-à-dire même dans des contextes où les mesures correspondantes sont parfaitement concevables en pratique. Faut-il dire que, pour de telles mesures, les théories modales prévoient des résultats en contradiction grossière avec ceux que prédit la

---

1. On se rappelle que (dans une visée de simplicité maximale de l'écriture) l'électron, au chapitre 4, était encore supposé être absorbé par l'instrument.

mécanique quantique ? Cela serait la ruine immédiate de ces théories car nous savons bien que les prédictions observables de la théorie quantique sont justes.

Mais, on s'en doute, les théories modales ont été conçues aux fins, précisément, d'être réalistes sans tomber dans ce "piège" élémentaire. Ce qui fait qu'elles lui échappent se comprend assez aisément. En mécanique quantique orthodoxe — c'est-à-dire sans variables cachées — quand nous disons qu'un système est dans l'état A cela revient à dire qu'il est dans *l'état quantique* A. Cela ne peut rien signifier d'autre puisque, dans cette théorie, il n'y a pas de description plus fine de la réalité des choses que la description quantique (par fonctions d'onde ou par symboles mathématiques essentiellement équivalents). Dire que, dans un ensemble statistique de systèmes, certains sont dans l'état A et d'autres dans l'état B c'est donc dire que l'ensemble en question est un mélange propre, au sens rappelé en section 8.2. De là découle, comme on l'a souligné, une contradiction avec certaines prédictions (vérifiables et vérifiées) que l'on déduit directement du formalisme quantique (sans faire aucune attribution conjecturale de cette nature). Mais dès qu'on admet l'existence de variables plus fines encore que la fonction d'onde, la situation devient différente. On peut alors dire qu'un système est dans l'état A — caractérisé, disons, par une certaine valeur d'une variable supplémentaire, on parle d'*état de valeur* — sans rien impliquer quant à son état quantique. Or selon les théories modales c'est justement à ce dernier état, identique à l'état quantique de la mécanique quantique orthodoxe (autrement dit à la fonction d'onde ou à ses succédanés formels), que l'on doit faire appel pour ce qui est des prévisions d'observations. Sans surprise, ces théories retrouvent par conséquent les prédictions de la mécanique quantique orthodoxe. On notera la parenté entre ce mécanisme et celui décrit en section 3.3.8 à propos du modèle Broglie-Bohm et de la production de franges.

Le grand intérêt que les physiciens partisans de ces théories voient en elles réside dans le fait qu'elles sont ontologiquement interprétables. Dans leur cadre, font-ils valoir, on peut légitimement considérer — au sens de l'objectivité forte — qu'après une mesure quelconque, fût-elle du type généralisé étudié dans les sections 4.2.2 et 8.2 (problème du "chat de Schrödinger"), l'aiguille de l'instrument est réellement, avant même que quiconque ne l'observe, dans un intervalle bien déterminé de la graduation (ou qu'un chat est toujours soit vivant, soit mort). On peut cependant se demander — et la question vaut aussi en ce qui concerne le modèle Broglie-Bohm — dans quelle mesure ce gain va au-delà d'une pure et simple convention de langage. Ce qui rend légitime une telle interrogation c'est le fait que, comme on l'a déjà noté, les notions d'objectivité forte et de réalité sont assez intimement liées à celles de prévision et même de contrafactualité. Notre sentiment que telle ou telle chose a *réellement* telle ou telle propriété paraît être sous-tendu d'une manière déterminante par l'idée que, *en raison de cette propriété*, il peut lui advenir ceci ou cela, ou qu'elle réagirait de telle et telle manière à ce qui, éventuellement, lui arriverait. Au moins tant qu'il s'agit d'êtres inanimés, on n'écarte que malaisément l'impression que des attributions de propriétés qui n'entraîneraient aucune implication de cette nature auraient quelque chose de gratuit ou même de "métaphysique". Selon une telle ligne de pensée on s'attendrait donc à ce que le fait, pour les variables supplémentaires, d'avoir "réellement" telles ou telles valeurs précises entraîne des conséquences spécifiques. Or on vient de voir qu'il n'apparaît pas que ce soit le cas.

A part cette question — qui relève du domaine des grandes idées générales — les théories dont il s'agit rencontrent d'autres difficultés, plus techniques, que les spécialistes eux-mêmes signalent. Le sujet est en cours d'étude dans plusieurs centres de recherche, aussi serait-il prématuré de prétendre tirer de son examen des conclusions tout à fait tranchées. Notons simplement les deux ou trois points principaux qui, en la matière, font actuellement l'objet de débats.

Tout comme dans le cas du modèle Broglie-Bohm, l'un de ceux-ci est relatif à la conciliation avec la relativité restreinte. Ici, de nouveau, c'est la non-localité qui, bien entendu, fait problème. Pour l'heure, les conclusions des experts sont pessimistes. Ils ont beau retourner le problème dans tous les sens, la non-localité des théories modales leur apparaît comme étant "vraiment en conflit avec l'interprétation orthodoxe de la théorie de la relativité" (Dickinson *et al.*, 1998).

Un autre point délicat — et un peu plus inattendu — touche à l'attribution, simultanément à un système et à ses sous-systèmes, de propriétés définies. Lorsqu'on considère un système et l'un de ses sous-systèmes (une automobile et une de ses roues, un atome et l'un de ses électrons), tant le sens commun que la physique classique, la logique conventionnelle *et même la mécanique quantique* nous apprennent que si, à un instant donné, le sous-système a une propriété bien définie (spécifiable par une valeur donnée d'un certain nombre), le système dans son ensemble a *ipso facto* la propriété en question. Or, curieusement, l'application du formalisme mathématique des théories modales montre que, en ce qui les concerne, il n'en va pas ainsi dans tous les cas (Vermaas, 1998). En conséquence, les tenants de ces théories se voient contraints à une curieuse distinction logique que le physicien F. Arntzenius (1990) a illustrée au moyen d'une amusante analogie. Il nous propose de penser à une table dont la partie de gauche est peinte en vert. Cet état de fait peut être exprimé soit par la proposition : « la moitié gauche de la table est verte », soit par la proposition « la table est verte en ce qui concerne sa moitié gauche ». Or, fait-il observer, d'un point de vue purement logique et formel ces deux propositions peuvent être considérées comme des constatations de deux propriétés différentes, à savoir : « être vert » et « avoir sa moitié gauche verte », relatives à des objets eux-mêmes différents, qui sont « la moitié gauche de la table » et « la table tout entière » respectivement. Il paraît établi — certains appellent cela le « paradoxe de la table » — que la cohérence interne des théories modales ne peut être sauvée que par un tel *distinguo* et que la première proposition peut être vraie sans que, nécessairement, la seconde le soit. Mais manifestement, il n'est pas interdit à un réaliste d'estimer que la subtilité du *distinguo* dont il s'agit passe les bornes de l'admissible.

Enfin, ces théories rencontrent aussi quelques difficultés — que l'on se contentera ici de signaler — concernant l'analyse du problème de la mesure. Selon certains auteurs il y aurait des cas dans lesquels le formalisme correspondant prédit que l'indication fournie par l'aiguille de l'instrument ne sera pas conforme à la valeur de la quantité mesurée. Face à l'ensemble de ces déficiences et bizarreries l'observateur impartial est bien forcé de conclure que ces attributions de propriétés aux micro-systèmes ne sont guère convaincantes. Il n'en est pas moins vrai qu'à certains égards le modèle peut être inspirant (voir section 10.3).

9-5. La représentation de Heisenberg ne donne pas à elle seule la solution

De façon générale, le modèle Broglie-Bohm et — bien que dans une moindre mesure — l'interprétation modale s'écartent appréciablement de la physique quantique exposée dans les manuels. Une question qui vient normalement à l'esprit est celle de savoir si un changement d'une telle ampleur est vraiment une condition nécessaire à la préservation du réalisme. Les chercheurs qui ne se sont pas spécifiquement penchés sur les problèmes de ce type peuvent se montrer sceptiques, *a priori*, à cet égard et, dans cette section-ci et la suivante, nous examinerons leur point de vue.

En particulier certains parmi eux se demandent si les difficultés conceptuelles que nous avons assez longuement analysées (chapitres 4 et 8) ne pourraient pas être simplement levées par un recours à la représentation de Heisenberg. Le mode de représentation de la mécanique quantique qui a été largement évoqué, et dans lequel la fonction d'onde (alias le "vecteur d'état") dépend du temps, porte le nom de "représentation de Schrödinger". Dans son cadre la fonction d'onde a un double rôle. D'une part, précisément, elle évolue dans le temps (selon l'équation de Schrödinger dépendante du temps), tout comme le fait le système étudié lui-même, et par conséquent elle est, on l'a déjà noté en section 4.1.3, souvent considérée comme représentant, entre deux mesures, la "réalité physique" de celui-ci. Mais d'un autre côté elle décrit aussi notre *connaissance* du système ; et c'est en raison de ce rôle-là qu'elle doit être soudainement "réduite" lorsqu'une mesure faite sur le système change notre connaissance de ce dernier. Il serait à première vue concevable que cette dualité de rôles soit à l'origine des difficultés rencontrées. Dans la représentation de Heisenberg, dont on sait qu'elle est opérationnellement équivalente à celle de Schrödinger, les deux rôles en question se trouvent, au contraire, nettement séparés et dévolus à deux entités différentes. Dans l'une et l'autre représentations les grandeurs physiques dites "dynamiques" (position, vitesse, etc.) sont mises en correspondance avec des symboles mathématiques appelés "opérateurs", mais dans celle de Heisenberg ces opérateurs dépendent du temps — de fait, ils obéissent aux mêmes équations que les grandeurs dynamiques correspondantes de la mécanique classique — et peuvent de ce fait être conçus comme *étant* les grandeurs physiques dynamiques. Et quant à la fonction d'onde, elle est indépendante du temps aussi longtemps qu'aucune mesure n'est faite et change subitement lors d'une mesure, ce qui paraît s'accorder bien avec l'idée que son rôle serait seulement de décrire notre *connaissance* du système physique. Du fait que la représentation de Heisenberg distingue ainsi de façon très nette ce qui se produit dans le monde physique de l'éventuel accroissement de nos connaissances, on peut avoir le sentiment que dans cette représentation les difficultés ici étudiées se résolvent d'elles-mêmes, et cela dans le cadre d'une vision réaliste.

Malheureusement, si l'on examine la question d'une manière un peu approfondie on s'aperçoit qu'une telle interprétation de la représentation de Heisenberg n'est pas possible. En effet, lors de la mesure (non perturbative) d'une grandeur appartenant à un système, ce que nous lisons sur l'instrument c'est un nombre, autrement dit une *valeur* — et une valeur évidemment contingente, en ce sens qu'elle ne se déduit pas des seules lois de la physique mais dépend aussi des conditions initiales. Pour que, conformément au réalisme physique, la mesure ne soit pas la création d'une valeur mais une simple prise de connaissance, il est nécessaire que, sur le système, la valeur contingente en question ait préexisté à la mesure (ou, si l'opération de mesure est perturbative, que, du moins, il y ait eu, sur le système, une certaine valeur contingente préexistante). Or une telle idée n'est pas compatible avec la représentation de Heisenberg. Dans celle-ci, un opérateur hermitique dépendant du temps est bien associé à chaque grandeur dynamique, mais cet opérateur n'est pas en correspondance avec quelque état — contingent — du système, qui serait spécifié à tout instant par les *valeurs* de ses grandeurs dynamiques. Il se rapporte, simultanément et sans distinction, à toutes les valeurs concevables de ces grandeurs. Et ce qui, dans la représentation, correspond au plus près à l'élément *spécifiant* l'état, c'est la fonction d'onde initiale. En conséquence, la répartition des rôles (entre l'opérateur hermitique et la fonction d'onde) n'est pas, dans cette représentation, celle qui en permettrait l'interprétation réaliste envisagée ci-dessus. Le rôle de l'opérateur hermitique y est trop modeste, puisque cet opérateur ne caractérise pas l'état contingent, et celui de la fonction d'onde y est, corrélativement, trop important, puisqu'il ne se limite pas à une simple description de notre connaissance. Alors qu'en physique classique les symboles tels que $\mathbf{E}$ (champ électrique), $\mathbf{B}$ (champ magnétique) ϱ (densité), etc. représentent à la fois des grandeurs et les valeurs à chaque instant de ces grandeurs, rien de semblable n'est possible en mécanique quantique, non pas même en représentation de Heisenberg, et l'analyse qui précède montre que c'est cette différence qui est la cause de l'impossibilité signalée.

Une analyse quantitative de la manière dont une opération de mesure se trouve décrite en représentation de Heisenberg illustre assez bien l'impossibilité dont il s'agit. On la trouvera dans la section 10-8 du *Réel voilé*.

9-6. Reformulation feynmanienne et "ontologie fabriquée"

Aujourd'hui certains physiciens des hautes énergies commencent à se poser, relativement au réalisme physique, quelques questions. Mais la plupart des membres de cette collectivité en sont restés, en de telles matières, aux vues qui furent courantes chez leurs devanciers du "classique". Ils estiment que le réalisme physique va de soi, et, on l'a dit, ils sont sceptiques à l'égard de l'idée que la préservation de celui-ci nécessiterait de leur part une conversion au modèle Broglie-Bohm ou quelque autre évolution de comparable ampleur. Leur optimisme — ou leur conservatisme — en la matière tient, selon moi, à leur adhésion intuitive à l'"ontologie fabriquée" dont les traits ont, en section 2.7, rapidement été décrits. Et cette adhésion s'explique elle-même par le fait que l'ontologie en question se présente, effectivement, sous des couleurs fort séduisantes. Pour mieux s'en rendre compte il n'est pas inutile d'entrer à son sujet dans quelques détails, ce qui sera fait ci-dessous.

Un point à souligner en premier lieu est qu'elle émane tout entière de la reformulation de la physique quantique découverte par Richard Feynman (1949). Dans le domaine des hautes énergies cette reformulation est d'une utilité considérable, ce qui, on s'en doute, va de pair avec le fait que certains développements techniques (entendons : de technique mathématique) y jouent un rôle de premier plan. En conséquence, l'exposer comme si l'on devait s'en servir nous entraînerait beaucoup trop loin. Fort heureusement, démêler ses aspects conceptuels de ceux qui sont purement calculatoires est chose relativement aisée. Or ce sont seulement les premiers que l'on doit connaître si l'on veut, d'un point de vue philosophique, comprendre la nature de l'"ontologie fabriquée" et voir si elle est authentique (si c'est une vraie ontologie, sans guillemets). Essayons de saisir en quoi ils consistent.

Pour procéder par ordre, sachons d'abord que la reformulation feynmanienne est, schématiquement, structurée par trois grandes idées ; à savoir : 1) l'application de la notion d'amplitude de probabilité à une analyse de la propagation des particules dans l'espace, 2) une interprétation originale de la notion d'anti-particules et 3) la notion de particules virtuelles médiatrices d'interactions. Ce sont là (le dissimuler serait vain !) trois idées conceptuellement un peu difficiles, auxquelles même les physiciens qui ont à les utiliser dans l'exercice de leur métier ont normalement quelque mal à s'accoutumer. La substance de celle qui porte le numéro 3 a déjà été décrite en section 2.7. Reste à considérer les deux autres.

1) Pour saisir la nature de la première le plus simple est de, au départ, se reporter à l'expérience dite des fentes de Young, déjà rencontrée au chapitre 4, dans laquelle un faisceau de photons (*i.e.* de lumière) ou d'autres particules est reçu sur un écran après avoir franchi un diaphragme percé de deux fentes. Nous avons vu que, dans ces conditions, des franges dites "d'interférence" se forment sur l'écran et que ceci laisse supposer que le faisceau a des aspects

ondulatoires. Le phénomène est parfaitement général. Pour l'interpréter, les physiciens dans leur majorité (et Feynman en particulier) écartent — sans même le dire ! — l'idée "broglienne" d'une onde qui piloterait des particules ; et ils font remarquer que dans ces conditions il est impossible de parler de la « probabilité qu'a telle ou telle particule incidente de passer par une certaine fente » — autrement dit d'évoquer la probabilité qu'elle aurait de réellement se trouver, à un certain moment, à l'intérieur d'une fente donnée. Si, en effet, ce langage était pertinent, cela impliquerait, comme on l'a vu (chapitre 4), que, dans le faisceau, chaque particule individuelle passe effectivement par une fente et une seule (même si, initialement, rien ne détermine laquelle des deux sera "choisie"), et dans ces conditions il est clair qu'on observerait nécessairement, non pas des franges mais deux taches, situées, sur l'écran, au droit des fentes[1]. En mécanique quantique on écarte donc, on le sait, une telle idée et on introduit, à sa place, la notion de *fonction d'onde*, fonction des trois coordonnées d'espace et du temps dont le *carré* (plus précisément le module élevé au carré) fournit une certaine probabilité. Probabilité de quoi au juste ? Non pas, bien sûr, de présence, au temps considéré, de la particule au lieu que ces coordonnées spécifient. Mais probabilité pour que, si un dispositif de détection se trouve — ou, plus généralement, se trouv*ait* — en ce lieu, il donne — ou, respectivement, donne*rait* — le signal "objet détecté". Après la traversée de l'écran la fonction d'onde totale est la somme des deux ondes partielles passées chacune par l'une des deux fentes et un petit calcul classique montre alors que sur l'écran (jouant le rôle du dispositif en question) l'on obtient bien les franges observées.

Comme on vient de le rappeler, le module au carré de la fonction d'onde est une probabilité. Cette relation entre deux grandeurs est familière en physique classique (électrodynamique, etc.) où, dans le cadre de phénomènes très divers, l'intensité se présente comme le module au carré d'une amplitude. Pour cette raison on désigne parfois la fonction d'onde sous le nom d'*amplitude de probabilité*. Dans l'expérience des fentes de Young, si B est un point de l'écran, on doit donc dire, dans ce langage, qu'il « y a une amplitude de probabilité (égale, justement, à la fonction d'onde) de trouver la particule en cet endroit », sous entendu « si on l'y cherche » (et la présence même de l'écran fait qu'au point B cette dernière condition est bien remplie :

---

1. Incidemment, ceci montre bien à quel point l'expression "probabilité de présence" est, en physique quantique, inadéquate. Les anglophones utilisent dans ce contexte l'expression "probability *to be found*" — probabilité d'être trouvé(e) — qui, elle, n'est susceptible d'entraîner aucune méprise.

en effet elle équivaut à la mise en place à cet endroit d'un dispositif détecteur). Pour construire sa si remarquable reformulation, Feynman, qui était très conscient des difficultés d'interprétation de la mécanique quantique mais qui semble avoir, jusqu'au bout, répugné à les discuter, utilisa cette manière de s'exprimer mais en la généralisant et en la simplifiant vigoureusement. En fait, tel un prestidigitateur de haute volée, il choisit de parler de « l'amplitude de probabilité qu'a la particule *d'arriver* à un point donné B[1] », et cela sans aucunement restreindre le domaine de définition de B (ainsi que nous venons de le faire) à être l'écran ou quelque zone où les dispositifs d'enregistrement en place permettraient de détecter la particule. Bien entendu, la fonction d'onde est mathématiquement bien définie en tout point C de l'espace et, par exemple, dans les petites régions qui entourent chacune des deux fentes, régions où, par hypothèse, n'est disposé aucun instrument détecteur. On peut par conséquent valablement parler de la valeur de l'amplitude de probabilité en un tel point C. Mais peut-on parler de « l'amplitude de probabilité qu'a la particule d'y *arriver* » ? Sur le plan sur lequel Feynman se plaçait — celui, encore une fois, de la recherche d'une méthode opérationnelle — la réponse est oui et le succès même de l'entreprise feynmanienne montre l'intérêt de ce choix. Mais sur le plan conceptuel on ne peut porter le même jugement car, en fait, le verbe "arriver" a, tout autant que le verbe "être", une connotation réaliste. Lorsqu'il s'agit d'un "point intermédiaire", tel que C, ou bien l'emploi de ce verbe signifie que la particule y arrive véritablement — ce qui, "amplitude" ou pas "amplitude", empêcherait les effets quantiques de se produire — ou bien il n'a pas en fait d'autre sens que celui de permettre la formulation rapide et imagée de ce qui n'est en fait qu'une pure et simple recette de calcul. Comme la méthode sert justement à *prédire* ces effets quantiques c'est la seconde réponse, naturellement, qui est la bonne. On voit donc bien que la physique feynmanienne des particules — tout comme la mécanique quantique dont elle n'altère en rien les grands principes — est à caractère essentiellement prédictif (entendons, "prédictif *d'observations*") et non descriptif ; et que si elle revêt l'apparence d'une théorie descriptive ce n'est qu'en vertu d'un glissement sémantique relatif au verbe "arriver".

---

1. En réalité, mais c'est là un détail technique sans importance pour la question qui nous occupe, plutôt que d'utiliser directement les fonctions d'onde Feynman préféra employer les "noyaux" ou "fonctions de Green" correspondants. Le procédé permet une expression élégante et très générale du formalisme mais, du point de vue conceptuel, les deux modes de présentation sont rigoureusement équivalents.

2) Il nous reste à considérer la si féconde interprétation feynmanienne des antiparticules comme des particules remontant le temps. Et là nous allons assister au phénomène — philosophiquement bien instructif ! — de l'*engendrement d'une idée par une méthode*. Non certes par une méthode "considérée à l'état pur", mais par une méthode appliquée à une donnée. Ici il s'agit d'une donnée "technique" bien précise. Celle que les fermions (protons, électrons, etc.) sont décrits par une équation (l'équation "de Dirac") qui présente la curieuse propriété de n'avoir pas seulement des solutions "à énergie positive" — appropriées à la description de la propagation de telles particules — mais également des solutions dites "à énergie négative" qui, au départ, ne semblent correspondre à rien. Comme les règles quantiques de calcul des probabilités prédisent que si un état à énergie négative est "libre" (autrement dit, accessible) une particule a, dans certains cas, une chance non nulle d'y "tomber", et qu'il y a là un non-sens, Dirac, autrefois, avait fait l'hypothèse que normalement les états à énergie négative sont tous occupés. Comme on le sait (section 2.6), cette hypothèse, dite "de la mer de Dirac", présente l'intérêt majeur de permettre de décrire la création de paires particule-antiparticule comme n'étant autre que l'émergence d'une particule hors de cette "mer", jointe à l'apparition du "trou" correspondant (qui est, justement, l'antiparticule). Et, historiquement, c'est cette hypothèse, rappelons-le, qui amena à soupçonner l'existence même de tels phénomènes de création.

Tout ceci a des conséquences en ce qui concerne la reformulation feynmanienne car il va de soi que le "non-sens" dont il vient juste d'être question à propos d'un problème de probabilités surgit aussi relativement aux amplitudes de probabilité. Calculées selon les règles qui paraissent au départ les plus naturelles, les amplitudes de probabilité de transition vers des états à énergie négative ne sont, dans la plupart des cas, pas nulles, comme on le sait. Il se trouve cependant que le formalisme mathématique utilisé dans l'approche feynmanienne est assez souple pour permettre de lever cette difficulté d'une manière différente de celle avancée par Dirac. Plus précisément, il permet de faire disparaître ces amplitudes dénuées de sens, au prix de l'introduction de nouveaux termes (nouveaux, *ad hoc*, mais dénués d'effets pervers, donc totalement acceptables) dans les formules. Or il se trouve que la structure mathématique de ces nouveaux termes est remarquable. En fait, elle est telle que, par comparaison avec d'autres expressions mathématiques déjà connues, elle invite à donner aux termes en question une interprétation qui, dans notre langage habituel, n'aurait pas de sens. Une interprétation (déjà signalée, section 2.6, en note) selon laquelle ces termes représentent la *propagation d'une particule de l'avenir vers le passé*. Dans cette nouvelle allégorie, les antiparticules ne sont plus des "trous" dans la "mer". Ce sont des particules ordinaires "se propageant" vers les temps décroissants.

Le grand intérêt de cette idée se saisit facilement si l'on considère, par exemple, le phénomène un peu complexe consistant en la création d'une paire particule-antiparticule à l'instant t_1 suivie d'une annihilation se produisant à l'instant t_2 entre l'antiparticule et une tierce particule préexistante. Dans la perspective ici décrite ce phénomène est susceptible d'une interprétation extrêmement simple. Celle-ci consiste, en effet, à considérer qu'on n'a, en fait, affaire qu'à une seule particule — la "tierce particule" que l'on vient d'évoquer —, mais que l'itinéraire de celle-ci connaît deux coudes : l'un, à l'instant t_2, la fait se rabattre vers les temps décroissants, l'autre, à l'instant t_1, la ramène vers les temps croissants. Pour faire comprendre cette interprétation, Feynman lui-même fit appel à une suggestive analogie : celle d'un avion survolant une route à basse altitude. Soudain, le pilote qui suivait celle-ci des yeux voit, à proximité, apparaître deux autres routes. Puis, un peu plus loin, il voit l'une d'elles confluer avec celle qu'il surveillait et les deux disparaître ensemble. Et à ce moment il comprend qu'il n'y a jamais eu qu'une seule route et que ce qu'il a survolé était, tout simplement, un important lacet de celle-ci.

Notons enfin pour mémoire un point scientifiquement et philosophiquement très important : comme Feynman l'a établi, en ce qui concerne les prédictions d'observations il y a équivalence parfaite entre la reformulation feynmanienne et le formalisme de la théorie quantique des champs[1].

Remarque

L'approche par diagrammes de Feynman concerne essentiellement la théorie des particules, autrement dit le "monde microscopique" (les phénomènes macroscopiques relèvent d'une autre problématique) ; et, comme on le sait, elle respecte à la lettre les axiomes fondamentaux de la mécanique quantique (ainsi par exemple, contrairement à d'autres développements théoriques dont il sera question plus loin, à la limite non relativiste elle retrouve l'équation de Schrödinger sans aucune adjonction *ad hoc*). Dans ces conditions, il n'est pas étonnant qu'elle soit incompatible avec le

---

1. On le sait, c'est là un exemple de ces équivalences opératoires entre formalismes conceptuellement différents qui rendent peu convaincantes les interprétations étroitement "réalistes" des notions nouvelles introduites par les théories. Voir, par exemple, la fin de la section 5.1.2.

réalisme objectiviste puisque celui-ci se fonde sur une hypothèse tacite de localité qui, on l'a vu, est réfutée par le théorème de Bell.

La même observation peut être faite concernant certains développements théoriques de la seconde moitié du XXe siècle, qui portèrent sur les rapports entre physique et logique. Comme on le sait, le formalisme mathématique de la mécanique quantique ne peut être exprimé d'une manière générale qu'à l'aide de la notion d'un espace abstrait à une infinité de dimensions appelé "espace de Hilbert". A un tel espace peut être très naturellement associée une logique non booléenne. Ce fait a suscité un très grand nombre de beaux travaux de physique mathématique qui, tout comme l'approche feynmanienne bien qu'en plus radical encore, visaient à reformuler la mécanique quantique dans ses fondements sans rien changer à ses prédictions d'observations. Certaines de ces tentatives, chronologiquement antérieures à l'apparition du théorème de Bell, étaient, à n'en pas douter, inspirées par un secret espoir plus philosophique que scientifique : l'espoir qu'au sein de cette formulation nouvelle il serait possible de faire porter le formalisme sur des quantités associées aux objets eux-mêmes et non plus seulement sur les résultats pouvant être obtenus lors de mesures. L'espoir, donc, de rouvrir ainsi la porte à un retour du réalisme objectiviste. Cet espoir-là, naturellement, a été déçu. La reformulation de la mécanique quantique en termes de logique non booléenne ne change rien de significatif au problème de la non-séparabilité, ou plus exactement de la non-localité, laquelle y reste présente, comme dans toute autre construction rendant compte des faits observés, puisqu'elle ne fait qu'exprimer une donnée de l'expérience (la violation des inégalités de Bell), indépendante de toute théorie. En conséquence, même si le formalisme de la logique quantique est d'une rare élégance — et instructif à maints égards — il faut bien reconnaître qu'il n'est pas plus que d'autres interprétable comme une description des microsystèmes eux-mêmes.

Une autre approche est celle que l'on doit (avec des variantes significatives) à Griffiths, à Gell-Mann et Hartle et à Omnès. Elle consiste, comme on le sait, en l'introduction des notions (apparentées) de "logiques partielles" et d'"histoires décohérentes". Bien que très différente de la précédente cette démarche vise, elle aussi, à reformuler la mécanique quantique dans ses fondements sans rien changer à ses prédictions d'observations. Toujours pour la même raison, elle n'est donc pas compatible avec le réalisme objectiviste. De fait, comme il a été exposé en sections 4.2.1 et 3.3.5, et bien plus en détail dans *Le réel voilé* (chapitres 11 et 12), ces développements ne débouchent même pas sur une restauration du réalisme physique tel que défini au chapitre 1. Leur intérêt se trouve ailleurs.

9-7.   Un "réalisme de signification" ?

Il résulte des analyses de ce chapitre que le réalisme physique est décidément difficile à concilier avec l'ensemble des données expérimentales. Mais le réaliste peut cependant encore ne pas baisser les bras. Comme nous l'avons constaté au chapitre 8 la décohérence rend bien compte de l'apparence classique des choses. Il peut se demander si quelque appel à la réflexion philosophique ne permettrait pas de faire au moins un petit pas de plus : de rapprocher, en quelque sorte, cette idée d'apparence de l'idée de réalité.

Pour étudier cette question, remarquons en premier lieu que, comme déjà noté et contrairement à d'autres tentatives d'interprétation, la théorie de la décohérence n'apporte du "neuf" que dans le domaine du macroscopique. En ce qui concerne les systèmes microscopiques elle ne peut prétendre fournir aucune indication allant au-delà des assertions de la mécanique quantique "orthodoxe", dont le "noyau dur" (entendons : ce qui paraît définitivement hors de doute) est à objectivité seulement "faible", comme on l'a vu. Une conséquence philosophiquement intéressante de ceci, c'est qu'appliquer cette théorie à la question du réalisme oblige à s'orienter vers une problématique du sens plutôt que vers une recherche portant sur des questions d'existence. Si, en effet, on compte sur la décohérence et sur elle seule pour justifier le réalisme objectiviste, ce qu'on vient de noter implique que l'on envisage une telle justification seulement dans le domaine macroscopique. Or dans une visée vraiment existentielle il paraîtrait difficilement concevable qu'un objet puisse être réel sans que le soient les éléments microscopiques le constituant.

Au vu de cette remarque il est certes raisonnable d'attendre surtout du concept de décohérence la justification (dans le cadre macroscopique) d'un simple *langage* objectiviste. D'une sorte d'universel « tout se présente comme si… ». Et telle sera, on le verra, tout bien considéré, notre position. Mais on ne saurait définitivement s'y fixer sans s'être d'abord interrogé sur le degré de cohérence d'une autre option. *A priori*, en effet, comme on va le voir, le réaliste pourrait encore songer à se référer à une définition du réalisme telle que celle proposée par M. Dummett (section 6.6) : il pourrait espérer trouver moyen de conférer, à chaque énoncé pris séparément, un sens défini par des « conditions objectives de vérité » : autrement dit par des conditions qui « sont réalisées ou ne le sont pas de façon tout à fait indépendante de la question de savoir si nous sommes ou serons jamais en mesure de reconnaître qu'elles le sont ou ne le sont pas » (J. Bouveresse, 1997)[1].

Le point essentiel est que dans cette approche, centrée sur la notion de "signification des énoncés" et non pas sur celles de substance ou d'être, il n'y a pas de raison logique de s'attendre à ce que la question du réalisme reçoive la même réponse pour toutes les catégories de propositions. L'adopter devrait donc permettre au réaliste objectiviste de mettre à l'arrière-plan l'espèce de paradoxe esquissé plus haut (objectivité forte pour ce qui touche aux systèmes macroscopiques, objectivité faible pour ce qui regarde leurs constituants). Dans cette visée d'un réalisme qu'on peut appeler "de signification" — ou encore "macroréalisme" — plusieurs motifs de préoccupation, pourtant, demeurent. L'un d'eux touche à la notion même d'objet macroscopique et porte sur le fait qu'elle est, comme on le sait, mal définie. Les tentatives les plus sérieuses à cet égard font appel à l'irréversibilité mais celle-ci n'est elle-même comprise qu'à partir de notions de mécanique statistique qui renvoient aux limites des capacités d'observation des êtres humains, ce qui rend ces tentatives de définition insatisfaisantes pour le réaliste soucieux de rigueur et de cohérence. Une autre problématique, plus générale, touche au fait qu'il paraît bien difficile d'accepter un concept de vérité qui soit complètement dissocié de celui de la reconnaissance possible de la vérité. Comme Jacques Bouveresse le fait pertinemment observer (*loc. cit.*), même les réalistes les plus stricts ne le font pas. D'où, dans cette approche, la difficulté de définir les "conditions objectives de vérité". Comment penser celles-ci en évitant aussi bien le piège de l'ontologie explicite (qui nous ramènerait au réalisme objectiviste, dont on a reconnu le quasi-échec) que celui consistant à ne voir en elles que de banales conditions de vérifiabilité centrées sur l'homme (ce qui déboucherait sur l'antiréalisme) ? La moins mauvaise solution à ce dilemme est sans doute de faire appel à un — bien classique ! — "démon de Laplace". Plus précisément, elle consiste à utiliser la notion, chère à l'antiréaliste, de "reconnaissable comme vrai", mais en attribuant par la pensée la fonction de reconnaissance à un sujet imaginaire dont les capacités de connaissance sont de considérables extensions ou idéalisations des nôtres. Pour poursuivre selon cette voie il faudra donc poser que sont vrais ou faux tous les énoncés pouvant être reconnus comme tels par un démon ainsi conçu.

---

1. Ici et dans ce qui suit nous appliquons à la décohérence les pertinentes considérations mises en avant par Jacques Bouveresse relativement aux définitions de Dummett : voir sa contribution à *Physique et réalité*.

Sous ces réserves, nous pouvons revenir à la question ici étudiée, celle de savoir si, à elle seule, la théorie de la décohérence satisfait aux attentes du physicien partisan de l'universalité quantique et visant à fonder sur elle un macroréalisme cohérent. Compte tenu d'une de nos précédentes remarques il est bien clair que si ce macroréalisme est entendu par lui au sens existentiel classique la réponse ne peut être que négative : on ne saurait concevoir des êtres réels dont les composants ne le seraient pas tout autant qu'eux-mêmes. Mais on voit également que s'il est compris dans une acception davantage axée sur la notion de signification la réponse négative ne s'impose plus d'emblée. C'est, dans ce cas, la physique qu'il convient d'interroger. C'est à elle qu'il faut demander si une réponse positive est compatible avec les conditions objectives de vérité imposées par une telle approche.

A cette fin, nous venons de le constater, le seul moyen d'obtenir une réponse nette paraît bien être d'imaginer une sorte de démon de Laplace ; entendons : un être "aux sens exquis", dont les capacités d'observation et de mesure ne seraient en rien limitées par des considérations d'ordre pratique. Qui, par exemple, pourrait mesurer simultanément les positions de toutes les molécules d'un gaz classique contenu dans une enceinte, ou, plus généralement, toutes les grandeurs physiques concevables satisfaisant à la double condition d'être opérationnellement définissables (au moyen de procédés de mesure idéalisant des méthodes connues) et mutuellement compatibles au sens de la mécanique quantique. Nous devons imaginer que, comme nous-mêmes, ce démon se penche sur des "processus de mesures", au sens défini en section 8.1.1, et exécute, sur les ensembles de systèmes qu'ils mettent en jeu, toutes les mesures qu'il peut faire. La réponse à notre question sera alors positive ou négative selon que la *difficulté du chat* explicitée et étudiée en section 8.2 sera, ou non, levée pour le démon, comme nous avons là constaté qu'elle l'est, pratiquement, pour nous, vu notre inaptitude aux mesures par trop complexes.

Malheureusement, la question de décider ce qu'il en est vraiment à cet égard est délicate, et cela au point que les physiciens théoriciens ne sont pas tous du même avis quant à la réponse à lui apporter. Le principal point litigieux concerne l'étendue des aptitudes qu'il convient d'accorder à ce démon. Doit-on ou non considérer que celles-ci peuvent être limitées par des données purement factuelles ? Que, par exemple, le démon ne saurait faire des mesures dont la complexité exige des instruments si importants que, pour les construire, il lui faudrait davantage de nucléons et d'électrons qu'il n'en existe dans l'Univers ? La question est discutable. Certains physiciens estiment que la limitation s'impose au démon, tout comme à nous-mêmes. Leurs calculs leur montrent alors que la "difficulté du chat" est, par là, levée, également pour lui (Omnès, 1994b). En effet, compte tenu de l'interaction des systèmes macroscopiques (telles les aiguilles) avec leur environnement et de l'immensité de ce dernier, ce démon se trouve alors incapable autant que nous-mêmes d'observer les grandeurs complexes que l'on peut appeler "dérangeantes" : entendons celles dont la mécanique quantique démontre que les résultats de leurs (éventuelles) mesures seraient incompatibles avec l'hypothèse du mélange propre. Sans risquer l'incohérence on peut alors poser que ces grandeurs n'existent pas véritablement. De ce fait, l'ensemble statistique E de la section 8.2 peut être considéré, conformément à la vision réaliste du sens commun, comme étant un mélange propre constitué d'un certain nombre d'aiguilles d'instruments se trouvant dans l'état A, les autres aiguilles de l'ensemble se trouvant dans l'état B[1].

D'un autre côté, on peut aussi considérer que quand il s'agit, comme ici, de donner une définition aussi fondamentale que celle des conditions d'attribution de la qualité de réel, il est incohérent de faire intervenir des données contingentes en provenance, justement, de cette réalité qu'on se propose de définir. Selon ce second point de vue (qu'on jugera peut-être le plus raisonnable), pour une définition cohérente du "réalisme de signification" les aptitudes du démon ne peuvent être limitées que par la double condition explicitée ci-dessus (que les grandeurs qu'il mesure simultanément soient opératoirement définissables et mutuellement compatibles)[2]. Mais dans ce cadre il n'est pas possible de démontrer l'inaccessibilité à toute mesure des grandeurs "dérangeantes", donc de justifier leur inexistence physique. Pour certains modèles de décohérence il a même été prouvé (*Le réel voilé*, section 10.6) que telles ou telles de ces grandeurs sont effectivement mesurables (du moins "en principe", autrement dit, "par le démon"), donc bien réelles.

---

1. Noter que, pour les cas limites considérés par Hepp (1972), ce "réalisme de signification" est justifié indépendamment de la limitation des "aptitudes démoniaques" dont il est question dans le texte. Même dans ce cadre des problèmes délicats se posent cependant, relatifs à l'ordre dans lequel on fait tendre vers l'infini certaines données relatives aux systèmes et certaines données relatives aux instruments (Bell, 1975).

2. Naturellement, cette double condition n'est, de toute évidence, aucunement équivalente à une hypothèse beaucoup plus forte et, de fait, intenable : celle selon laquelle tous les opérateurs hermitiques de la mécanique quantique représenteraient des quantités physiques.

S'agissant, enfin, de la localité, reste une dernière difficulté. Elle se rapporte au fait, connu, que la représentation *mathématique* (par "trace partielle") d'un ensemble de systèmes S interagissant avec leur environnement est compatible avec une infinité de représentations *physiques* de l'ensemble dont il s'agit. L'une de ces représentations décrit, on le sait (voir section 8.2.1), l'ensemble comme composé de systèmes apparemment localisés, ce qui va au-devant de notre attente. Mais il n'en va pas de même des autres (Joos, 1987 ; d'Espagnat, 1994, section 12.3). Pourquoi est-ce celle-là qui est "la vraie" ? Ci-dessus on a, relativement à cet aspect-là du problème, introduit l'idée d'une localité considérée comme une forme *a priori* de notre sensibilité et souligné que la décohérence rendait celle-ci compatible avec les prédictions quantiques. Mais il est clair que le partisan d'un réalisme — fût-ce seulement "de signification" et "macro" — peut difficilement se sentir satisfait par des considérations de ce genre. Il tend à exiger que les assertions qu'il émet relativement aux localisations des objets macroscopiques soient vraies en vertu d'états de fait indépendants de *nos* aptitudes et de la structure de *notre* esprit. Il ne semble pas que la théorie de la décohérence puisse à elle seule satisfaire à une telle demande.

La conclusion est que, combinée avec la notion de décohérence, l'idée d'un *réalisme de signification* fournit bien, en un sens, une sorte d'ouverture en direction d'une interprétation réaliste de la physique mais qu'elle y parvient seulement dans une version où les concepts de reconnaissance possible de la vérité et de formes *a priori* de l'aperception, loin d'avoir été mis totalement sous le boisseau, jouent au contraire un rôle explicite. Au total, l'idée qui se dégage de l'étude menée en cette section c'est donc, semble-t-il, que la physique macroscopique décrit une réalité empirique dont nous comprenons mieux pourquoi elle s'avère à ce point robuste mais qui n'en reste pas moins empirique dans le principe.

9-8. Théories réalistes à équations non linéaires

Reste, enfin, à mentionner une dernière approche visant explicitement à restaurer le réalisme. Elle se fonde sur la constatation que c'est essentiellement la linéarité (au sens mathématique du terme) qui est responsable des difficultés conceptuelles liées à l'opération de mesure. Et elle consiste à — en désespoir de cause, pourrait-on dire — modifier de façon plus ou moins *ad hoc* la loi quantique d'évolution, c'est-à-dire (dans le cadre non relativiste) l'équation de Schrödinger, par l'adjonction de petits termes non linéaires. Il a été montré qu'il est possible d'en concevoir des modifications assez faibles pour que les prévisions observables de la mécanique quantique usuelle ne soient pas appréciablement altérées, mais suffisantes cependant pour que, lorsqu'on a affaire à un système de dimensions macroscopiques, des réductions spontanées et aléatoires de la fonction d'onde du centre de gravité de ce système aient lieu à cadence rapide. L'hypothèse permet d'attribuer à la fonction d'onde en question une signification ontologique sans que cela débouche sur "l'incongruité" d'une réduction de celle-ci provoquée par l'acte de mesure. Dans le détail, plusieurs théories différentes ont été construites sur ce principe. Dans certaines d'entre elles, comme celle de Ghirardi, Rimini et Weber (1986) les termes supplémentaires sont introduits *ad hoc*. D'autres conceptions, celle, par exemple, de Karolihasy (1966) ou celles dans lesquelles Penrose (1995) dit mettre son espoir, visent à, d'une manière ou d'une autre, les relier à la gravitation. On n'exposera pas ici ces divers modèles, qui se ressemblent et dont le premier cité a été analysé assez en détail dans *Le réel voilé*.

Etant donné que, par construction, ces théories fournissent, en ce qui concerne les systèmes microscopiques, les mêmes prédictions que la mécanique quantique, elles sont, bien évidemment, non locales. En particulier, elles prédisent correctement les résultats des expériences du "type Aspect". Mais cette non-localité qu'elles comportent est conceptuellement moins gênante qu'elle ne l'est au sein de la mécanique quantique orthodoxe car les réductions spontanées font qu'elle ne s'étend pas à l'ensemble des objets à notre échelle. En revanche, ces tentatives doivent faire face à d'autres obstacles, tant techniques que conceptuels. Sans entrer ici dans aucun détail on mentionnera simplement que la plupart des théories en question ne sont compatibles avec le principe de conservation de l'énergie qu'en un sens approximatif, et surtout qu'elles rencontrent de très graves difficultés du côté de la relativité (restreinte). A cette objection leurs partisans répondent qu'il en va de même de la mécanique quantique orthodoxe — théorie quantique des champs comprise — dès que l'on cherche à rendre compte de l'opération de mesure. Une telle réponse n'est toutefois valable que moyennant qualifications. Plus précisément, elle l'est aux yeux de quiconque se place, explicitement ou implicitement, dans le cadre d'une vision conforme au réalisme physique, c'est-à-dire adopte une conception dans laquelle, soit la position de l'aiguille de l'appareil de mesure, soit, au minimum, les grandeurs physiques attachées aux neurones de l'observateur prennent, en fin de compte, des valeurs bien définies, considérées comme des *en-soi*. Mais, à l'inverse, la réponse n'est pas recevable si — évitant, ainsi que nous l'avons fait dans ce livre, de nous placer dans le cadre de la vision en question — nous considérons ces quantités comme étant simplement des traits d'une réalité qui n'est qu'empirique (voir section 18.4.1 pour plus de détails). C'est là un exemple de plus d'une sorte de loi dont nous avons déjà rencontré diverses manifestations concrètes : c'est l'exigence du réalisme, objectiviste ou physique, qui fait échec à la conciliation mécanique quantique-relativité.

Enfin, il est intéressant de relever que ces théories présentent un parallélisme — purement formel mais, à cet égard, tout à fait net — avec celle de la décohérence. Tout comme dans le cas de cette dernière leurs prévisions observationnelles spécifiques ne concernent que les systèmes macroscopiques. Et sur le plan *strictement* opérationnel il n'y a, en fait, pas de différences qualitatives appréciables entres les inférences en provenance de l'une et des autres. Ici comme là il s'agit de justifier rationnellement, à partir d'une théorie universelle, les notions d'objet, de forme, de position, de mouvement etc. qui, dans le cadre macroscopique, forment le fondement des opérations tant du sens commun que de la physique classique. On ne sera donc pas surpris d'apprendre que le formalisme mathématique de celles de ces théories qui sont assez élaborées pour en avoir développé un est très voisin de celui de la décohérence. La différence entre les théories dont il s'agit et celle de la décohérence gît esssentiellement dans le conceptuel. Mais là elle est assez considérable puisque selon la décohérence les notions d'objet etc. rentrent dans la catégorie des phénomènes, autrement dit des apparences valables pour tous, et relèvent donc de l'idée de réalité empirique, alors que, selon les théories en question, ce sont des notions à objectivité forte, relevant de l'idée de réalité indépendante (ou « en soi »). On notera toutefois que le parallélisme ici décrit soulève une question philosophiquement significative. On a vu en effet (section 8.2.1) que, en vertu de la seule décohérence, un système macroscopique qui, pour une raison ou pour une autre, se trouve dans un état où ses propriétés quantiques sont manifestes (dans le cadre des théories ici considérées ceci correspond à une situation où la réduction spontanée n'a pas encore eu lieu) revient à une situation où toutes les apparences classiques sont sauvegardées dans un délai extrêmement bref. Et cette évolution, souvenons-nous-en, a lieu automatiquement, du seul fait du jeu de la mécanique quantique « orthodoxe », sans aucune admixture de termes *ad hoc*. Dans ces conditions on est réellement en droit de se demander ce que l'hypothèse de réductions spontanées dues au « petit terme *ad hoc* » apporte de plus. Il y a, certes, une réponse qui est évidente. Ce « plus », c'est qu'elle transforme « l'apparence » en « réalité ». Mais, demanderont bien des philosophes, si nous disposons d'un jeu d'apparences valables pour tous et universelles, cela ne nous suffit-il pas ? est-il réellement rationnel de vouloir aller au-delà et de s'efforcer, par un artifice, de transformer ces apparences en d'ontologiques réalités ? N'est-ce pas donner dans une « métaphysique du pauvre » ? N'est-ce pas, finalement, une démarche de pur verbalisme ?

9-9. Conclusion

Si ayant écarté les théories réalistes à équations non linéaires sur la base des considérations qu'on vient de lire — qui mettent fortement en relief leur caractère malgré tout extrêmement artificiel —, on jette un regard d'ensemble sur les attentes du réaliste conventionnel, on doit conclure qu'elles semblent quasiment impossibles à satisfaire. Même lorsqu'on se résigne à des formes de réalisme inattendues et surprenantes, on constate en effet, au bout du compte, le caractère soit non convaincant, soit tout simplement non réaliste (sauf en apparence !) de la construction que l'on s'efforçait de mettre sur pied. Et, de toute manière, il est établi que la thèse d'une sorte de "lisibilité au premier degré du réel", qui *grosso modo* était, au départ, celle de notre Jacques imaginaire, est contredite par les faits.

Cette leçon est sans doute à considérer comme une contribution de la science non seulement à la pensée mais même à la méthodologie de la pensée. On peut dire d'elle qu'elle nous fait "toucher du doigt" la distance qu'il y a de l'*a priori* à l'*a posteriori* et de ce qui paraît juste et évident à ce qui se révèle, en fin de compte, être le vrai. Plus précisément, elle nous oblige à reconnaître que le problème du réalisme est un de ceux que, à elle seule, la raison échoue à résoudre. Aux yeux de certains, les purs idéalistes mais aussi les kantiens, la raison, livrée à ses seules forces, permet, sans le secours de l'expérience, de démontrer la vanité de toute Ontologie, au sens traditionnel du terme. Selon d'autres — on se rappelle le raisonnement de Jacques explicité ici en section 9.2 — elle montrerait au contraire avec la force de l'évidence que le réalisme physique s'impose : qu'il est la seule attitude de pensée qui ne soit pas un jeu byzantin de l'esprit. Les philosophes tentent de franchir cet obstacle uniquement par la réflexion, et il faut convenir qu'ils parviennent ainsi à beaucoup le débroussailler. Mais, dirai-je, sans plus. Sans, finalement, arriver à quoi que ce soit de convaincant. Aussi l'intervention de la physique est-elle utile. Certes elle ne réfute pas toutes les formes du réalisme (comme son nom l'indique, la conception du réel voilé est un réalisme et elle n'est pas réfutée) mais elle pose à celui-ci des conditions finalement très strictes, excluant en fin de compte, on l'a vu tout au long de ce chapitre, justement celles de ses versions que l'homme qui se considère comme "sérieux", "raisonnable", "prosaïque" et "d'esprit rassis" jugerait conformes au bon sens. Convenons que c'est là un irremplaçable apport au dossier[1].

D'un autre côté, reconnaissons aussi que lorsque l'esprit humain est en quête d'explications rationnelles ce sont celles de type réaliste, pour ne pas dire "mécanistique" (au sens large) qu'il construit le plus aisément et qui lui font l'effet d'être les plus compréhensibles. En conséquence, comme il a été noté à propos du modèle Broglie-Bohm, lorsque se présente une difficulté conceptuelle sérieuse, s'il s'avère qu'une explication de type réaliste est susceptible de la lever, cela est à compter comme un point positif, même dans les cas où cette explication est, par elle-même, non convaincante. Mais une telle position n'est paradoxale qu'en apparence puisqu'il paraît bien assuré que l'on ne pourra jamais tout, complètement, "tirer au clair".

---

1. Comme Hervé Zwirn le dit très bien, « il semblerait que, pour la première fois dans l'histoire de la philosophie, le choix de croire qu'il existe un monde extérieur à tout observateur et grossièrement conforme à ce que nous en percevons ne soit plus possible, sauf à adopter une attitude irrationnelle » (Zwirn, 2000, p. 232).

10

"Chat de Schrödinger", "ami de Wigner" et "réel voilé"

10-1. Introduction

Allusion a déjà, à plusieurs reprises, été faite au fait que, pour rendre compte des phénomènes, c'est un "schéma à deux étages" que les données semblent favoriser. L'étage que l'on pourrait appeler "scientifique au sens strict" consiste à expliquer la régularité des phénomènes et l'accord intersubjectif par référence à des lois. Ceci n'est rien d'autre que le point de vue normalement adopté en science, à la nuance près cependant qu'en physique classique ces lois étaient objectivement interprétables — autrement dit, elles apparaissaient comme décrivant ce qui existe — alors qu'en physique quantique il s'avère qu'elles ne sont que des règles prédictives d'observations. Cet état de choses inhabituel soulève deux problématiques bien distinctes. L'une d'elles consiste en ce que certaines des prédictions ainsi obtenues paraissent à première vue grossièrement contraires à ce que nous révèle l'observation la plus banale. C'est le problème du chat de Schrödinger déjà mentionné en section 8.2. L'autre tient à ce que l'énoncé d'une règle, quelle qu'elle soit, appelle inévitablement la question de sa justification. Ici, l'on aimerait savoir "qu'est-ce qui fait" que les règles quantiques réussissent plutôt que n'importe quelles autres. Dans le présent chapitre, qui est de transition entre une première partie consacrée surtout à l'information et des pages plus spéculatives, distinction sera nettement faite entre ces deux problématiques. Les sections 10.2 et 10.3 seront consacrées à la première et la section 10.4 à la seconde.

10-2. Aiguilles et chats

En section 8.2 nous avons constaté que la théorie de la décohérence rend compte dans une très large mesure des apparences classiques du monde. Mais en section 8.4 nous avons remarqué qu'elle n'y parvient qu'en faisant un usage systématique de la notion d'ensemble statistique alors que nos observations portent, en définitive, sur des systèmes individuels ; et la question s'est alors posée de savoir s'il n'y avait pas, de ce fait, une lacune dans l'explication proposée. Certes, la théorie nous garantit que si nous expérimentons sur un ensemble statistique de chats nous n'obtiendrons jamais aucun résultat de mesure contredisant l'idée que certains de ces chats sont vivants et que ceux qui ne le sont pas sont morts, mais, après tout, les êtres auxquels nous avons normalement affaire ne sont pas des ensembles statistiques de chats mais bien tel chat ou tel autre. De même, nous n'utilisons jamais des ensembles statistiques d'instruments mais bien des instruments individuels. Et à ce "niveau de l'individuel" on a bien l'impression que le "problème *et-ou*" (section 8.4) — à savoir le paradoxe que l'"état" aA + bB paraît bien impliquer la coprésence de aA et de bB plutôt que l'alternative aA ou bB — n'est pas encore résolu. Alors, en définitive, est-il soluble ?

Il existe deux manières, assez différentes au niveau des idées, de répondre à cette question, et toutes deux conduisent à une réponse affirmative. La première — appelons-la "l'approche A" — consiste à s'en tenir strictement à l'interprétation purement prédictive de la mécanique quantique adoptée au chapitre 4. Cette approche, je le rappelle, s'oppose au réalisme objectiviste ou même physique. Selon elle, les fonctions d'onde (alias les vecteurs d'état) ne représentent aucune réalité physique. Elles ne sont que de simples instruments permettant l'application des règles quantiques prédictives (rappelées en section 4.3). Or les règles en question, du fait qu'elles servent au calcul de probabilités d'*observations*, comportent nécessairement, outre l'équation de Schrödinger dépendante du temps (qui décrit l'évolution de la fonction d'onde entre deux mesures), également la règle (dite règle de Born généralisée) qui donne précisément ces probabilités d'observations. Et comme la notion de probabilité implique essentiellement une alternative, un "ou", il n'y a pas, dans notre approche, à fournir une justification particulière de ce "ou". Sa présence fait partie intégrante des règles que nous nous sommes données dès le départ. Au stade où nous en sommes (explication des phénomènes par les règles) il n'y a donc pas à l'expliquer[1]. Ce

---

1. Ailleurs (d'Espagnat, 1997b) j'ai présenté la théorie très simple (appelée "théorie opérationnelle") correspondant à cette manière de voir comme étant une simplification de la théorie des "logiques partielles" ou des "histoires cohérentes" (Griffiths, 1984 ; Omnès, 1988 ; Gell-Mann et Hartle, 1989) ; et je pense avoir montré que cette simplification est toute naturelle dès que l'on renonce à l'objectif, de toute façon trop ambitieux, tendant à inscrire la théorie en question dans le giron du réalisme.

point de vue (qu'il n'y a pas à fournir une explication *scientifique* des règles) acquerra à nos yeux une pertinence encore plus grande lorsque nous aurons constaté un peu en détail — au chapitre 15 — qu'à un certain niveau de fondamentalité la notion même d'explication devient, en fait, problématique.

L'autre manière — appelons-la "l'approche B" — de répondre à notre question consiste à atténuer le caractère implicitement ontologique de la conception "orthodoxe" en ne formulant le principe de complétude que dans sa version *faible* (voir section 2.8). En conséquence, l'hypothèse de l'existence de variables supplémentaires — dites "cachées" — spécifiant des structures plus fines que les fonctions d'onde reste ouverte, et l'idée selon laquelle le modèle Broglie-Bohm serait juste n'est plus exclue. Or ce modèle fournit bien une théorie réaliste, cohérente de l'opération de mesure. En effet, considérons à nouveau l'exemple d'une interaction électron-instrument du type de celle étudiée aux chapitres 4 et 8 (c'est-à-dire une "opération de mesure généralisée" : l'"état" initial de l'électron y est supposé être une superposition, telle que c, de ceux, a et b, auxquels l'instrument est, par construction, adapté). En modèle Broglie-Bohm, l'onde pilote est la représentation du vecteur d'état dans l'espace de configuration et, dans le cas d'une opération de mesure telle que celle-ci, le domaine de cet espace dans lequel, au temps t (défini comme postérieur à l'interaction électron-instrument), l'onde pilote a une intensité appréciable se trouve scindé en deux parties, appelons-les R_1 et R_2, nettement séparées l'une de l'autre, en correspondance, l'une avec aA, l'autre avec bB. En d'autres termes, l'onde pilote peut être considérée comme une superposition de deux ondes, appelons-les O_1 et O_2, correspondant aux "vecteurs d'état" aA et bB respectivement, l'intensité de O_1 n'étant appréciable qu'en R_1 et celle de O_2 qu'en R_2. Comme, dans le modèle, le module au carré de cette onde pilote est, par hypothèse, la probabilité de présence du point représentatif, cette probabilité n'est appréciable, au temps t, qu'à l'intérieur de ces deux domaines[1]. Il est donc bien vrai que, dans le modèle en question, le point représentatif se trouve, après l'interaction électron-instrument, soit dans R_1, soit dans R_2. Et que, donc, l'aiguille de l'instrument est alors soit dans l'un, soit dans l'autre des deux intervalles de la graduation correspondant respectivement à A et à B.

---

1. Le lecteur qu'intéresserait la structure du calcul quantique correspondant la trouvera exposée avec quelques détails dans, par exemple, le chapitre 14 de Bell (1987).

Il faut comprendre qu'entre les manières A et B de répondre à la question il n'y a aucunement opposition et qu'il n'y a pas même à faire un choix. L'approche A consiste à dire qu'on ne sait rien sur le "réel" et, en particulier, sur la nature, réelle ou non, des fonctions d'onde, et que, par conséquent, aussi longtemps que les prévisions observationnelles qu'on tire d'elles sont vérifiées, le détail de leur composition ne peut pas créer de problème existentiel. Les structures inconnues du "réel" sont telles que ces prévisions sont satisfaites : c'est là tout ce qu'il y a à savoir. L'approche B doit être comprise comme, en somme, une illustration de ceci. Elle revient, en effet, à donner un exemple possible de structuration de ce "réel", exemple consistant à postuler que variables cachées et fonction d'onde de l'univers sont réelles, et à montrer que, dans ce cadre particulier, la difficulté, effectivement, s'évanouit.

Ainsi, il est clair que les approches A et B sont toutes deux adéquates, chacune au sein de ses présupposés propres, aussi longtemps qu'il n'est question que d'aiguilles d'instruments, ou d'autre "objets" dont il est manifeste que nul ne les connaît "de l'intérieur". On ne peut, en revanche, en dire autant lorsque cette condition n'est pas remplie ou ne l'est pas d'une manière évidente. Il est de fait que l'on éprouve alors, au contraire, de sérieuses difficultés à y souscrire. Tel est, par exemple, le cas du fameux apologue de Schrödinger, où le rôle de l'aiguille est tenu par un animal[1]. *A fortiori* en va-t-il de même lorsque ce rôle est tenu par un être humain. Ces situations requièrent donc une étude particulière.

10-3. "L'ami de Wigner"

Bien entendu, si l'on admet que les états de conscience ne sont que des états de la matière il n'y a pas lieu de distinguer entre objets "animés" et "inanimés". Comme c'est là une façon de voir qu'appuient des arguments sérieux, qui est assez communément admise dans les milieux scientifiques et qui, dans le public éclairé, fait quasiment figure de vérité reçue (son étude critique sera entreprise au chapitre 18), il peut être tentant d'estimer que l'analyse de la section précédente s'applique d'une manière tout à fait générale, que les systèmes considérés soient animés ou

---

1. Du moins si l'on n'adhère ni à la théorie des animaux-machines de Descartes ni à celle dite de "l'identité" (voir section 18.4.1).

inanimés. A la réflexion on s'aperçoit cependant vite que ce raisonnement est trop rapide. La raison en est que l'analyse dont il s'agit a, pour l'essentiel, été conduite dans le cadre d'une approche au sein de laquelle la notion de base — celle à laquelle les autres s'ancrent — n'est pas du tout celle de matière mais bien celle de "avoir l'impression de voir" (ou, plus généralement, d'appréhender par le moyen des sens).

Certes, on n'aura pas tort de faire remarquer — à ce stade de l'argument — que la nécessité d'une référence ultime au témoignage de nos sens est reconnue depuis des siècles et qu'elle n'a pourtant jamais empêché nombre de biologistes et neurologistes de ramener implicitement la conscience à la matière. Mais c'est que, jusqu'à une époque récente, le grand principe du "tout se passe comme si", cher à Berkeley mais aussi à Kant et aux néo-kantiens classiques, paraissait vrai. Tout se passe, pensait-on alors, comme si, à toute échelle, les axiomes classiques étaient justes. Et comme ceux-ci sont ontologiquement interprétables, tout le monde jugeait légitime de raisonner *comme si* nous avions accès à l'ontologie. Comme si, par conséquent, la référence à un ou des êtres conscients et qui perçoivent pouvait être mise totalement entre parenthèses.

Aujourd'hui le grand principe en question s'est révélé faux, comme nous l'avons vu. La validité de la mise entre parenthèses dont il s'agit n'est donc aucunement prouvée. Et, au reste, il suffit de reprendre l'argumentation de la section 10.2 pour constater, comme nous l'avons déjà observé plus haut, que, dans ce cas, elle suscite un malaise intellectuel, susceptible de se muer rapidement en objection. En effet, il nous est difficile de ne pas estimer que le chat de Schrödinger doit avoir lui-même sa petite idée sur la question de savoir s'il est vivant ou s'il est mort. Et au reste, si, malgré tout, fidèle à Descartes, nous persistons à ne voir en lui qu'une machine, rien ne nous empêche de le remplacer par la pensée par un être humain — par un "ami", propose Wigner (1961) — éprouvant telle impression ou telle autre dans les conditions dans lesquelles le chat de Schrödinger meurt ou survit. La question est alors : « Dans ce cadre, que faut-il penser de nos deux approches, A et B (section 10.2) ? Y sont-elles encore valables ? Plus précisément : est-il cohérent avec la mécanique quantique d'attribuer en toutes circonstances des états de conscience bien définis à la fois à l'expérimentateur extérieur et à "l'ami" ? »

Pour étudier la chose, il importe d'abord de bien cerner la nature du "malaise" dont il était question plus haut. A cet effet, il n'y a pas d'autre moyen que celui consistant à imaginer que l'expérimentateur reproduit l'expérience à des millions d'exemplaires, avec des acteurs chaque fois autres, tous initialement dans le même état. Si ces acteurs sont assez simples (des microbactéries, disons, à la place des amis) on pourrait alors supposer que l'expérimentateur fait, sur l'ensemble global ainsi constitué, des mesures fines de contrôle (destructrices, évidemment) permettant de vérifier que cet ensemble n'est pas un mélange propre d'éléments se trouvant chacun dans un "état", aA ou bB, bien défini. Le malaise en question résulte du fait que l'idée que les amis ont des états de conscience précis paraît justement suggérer que l'ensemble en question est un tel mélange.

Cela étant, pour progresser dans l'analyse il y a ici avantage à s'intéresser d'abord à l'approche B car, on l'a vu, celle-ci permet malgré tout de saisir un peu concrètement la situation. Cette approche permet de supposer la validité du modèle Broglie-Bohm. Or dans ce modèle le point représentatif du système global — incluant "l'ami" tout entier — est au temps t à l'intérieur de l'une ou l'autre des deux régions R_1 et R_2 (notations de la section précédente). Il est donc bien vrai que, dans le modèle l'ami est — et se "sent être" — soit dans un de ses états possibles, soit dans l'autre. Dans le cadre d'une théorie quantique pleinement "orthodoxe", conforme, donc, au principe de complétude fort, c'est-à-dire sans variables cachées, ce dernier fait — le fait que l'ami est soit dans un état bien défini, soit dans l'autre — aurait rigoureusement pour conséquence la contradiction dont l'existence éventuelle nous préoccupe. Un ensemble statistique constitué à partir de tels éléments y serait inévitablement, non pas un cas pur mais bien un mélange propre. Mais dans le cadre du modèle Broglie-Bohm les choses se présentent autrement. Cela est dû à ce que, dans le modèle, le fait que le point représentatif soit dans une région bien déterminée — disons R_1 — n'a aucun effet sur la fonction d'onde. Celle-ci reste en tout temps la fonction d'onde totale, obtenue, sans "réduction", à partir de la fonction d'onde initiale par application de l'équation de Schrödinger. Le comportement ultérieur de l'ensemble statistique considéré — et donc les résultats des mesures susceptibles d'être faites sur lui — sont par conséquent conformes à ce que prédit le cas pur. La contradiction envisagée ne survient pas[1].

Notons ici — en guise, disons, de parenthèse — un point qui nous servira à une étape ultérieure de l'argument. Il s'agit du fait

---

1. Le parallélisme entre ceci et le contenu de la section 3.3.8 est instructif.

que, en vertu de la décohérence, si les "amis" sont macroscopiques, pour calculer ce qui adviendra à l'ensemble statistique considéré (dont chaque élément comporte un électron, un outil détecteur, par exemple une aiguille, et un "ami") il suffit *en pratique* (c'est-à-dire en ce qui concerne toutes les expériences pratiquement réalisables) de traiter cet ensemble comme un mélange propre, dont certains éléments sont représentables par le "vecteur d'état" aA et peuvent donc se voir associer l'onde pilote réduite O_1 alors que les autres sont représentables par le "vecteur d'état" bB et peuvent se voir associer l'onde pilote réduite O_2, la proportion des uns et des autres étant donnée par la règle de Born généralisée. Manifestement, une telle association a pour effet de conférer artificiellement à l'état de conscience dans lequel se trouve chaque "ami" individuel quelque chose comme une "valeur prédictive", dont les états de conscience en question sont entièrement dépourvus lorsque l'ami n'est pas macroscopique (cas de nos microbactéries).

Si on aime les analogies on pourra noter le parallèle existant entre la situation que nous venons d'analyser et l'interprétation, en modèle Broglie-Bohm, de l'expérience de pensée des fentes de Young avec gaz. Si l'on imagine que, dans cette expérience, les particules sont douées de conscience l'opération de pensée ci-dessus décrite revient à remplacer par la pensée, en ce qui concerne chacune des particules — considérée individuellement et aux instants où elle se trouve entre le diaphragme et l'écran —, la fonction d'onde véritable par une onde fictive ayant passé par l'une ou par l'autre des fentes selon que la particule est (et se "sent être") dans l'un ou l'autre des faisceaux. Si le gaz est dense (ce qui correspond à l'hypothèse que l'ami est de dimensions macroscopiques) cette substitution ne fait courir aux particules qu'un risque négligeable d'erreur de prévision. En effet, elle implique la réduction à zéro des probabilités d'impact des particules hors des zones de l'écran où celles-ci peuvent arriver quand une seule des fentes est ouverte. Or, si le gaz est dense, ces probabilités sont infimes de toute façon.

Reste à étudier l'approche A. Les observations qui viennent d'être faites montrent que dans son cadre un problème surgit. En effet, la caractéristique de cette approche est, avons-nous dit, d'être purement prédictive, sans nul élément descriptif, ou "ontologique". En conséquence, la connaissance qu'a l'expérimentateur de, en particulier, la fonction d'onde du système n'a de sens que par rapport aux possibilités de prédiction qu'elle lui donne. Mais cette connaissance est un "état de conscience" comme un autre, et il est tentant de voir en elle l'exemple type de ce que peut être un état de conscience : autrement dit d'affirmer très généralement que tout état de conscience n'a de sens que relativement aux prédictions qu'il permet. Le problème est alors que dans l'approche B — qui n'est, encore une fois, qu'une sorte d'illustration particulière et concrète de l'approche A — si l'ami n'est pas macroscopique ses états de conscience n'ont, nous venons de le constater, aucun rôle prédictif. On peut donc craindre que, dans cette approche A, la notion même d'état de conscience de l'ami soit vide de sens. L'écueil du solipsisme n'est, de nouveau, pas loin.

Les notions de conscience, de prise de conscience, d'état de conscience, etc. seront examinées un peu en détail au chapitre 18, mais ce que, d'ores et déjà, j'entends noter est que, selon moi, si le sens *scientifique* de la notion d'état de conscience doit être limité au prédictif ce ne peut être que parce que la science elle-même est ainsi limitée de par sa nature ; et que cela n'empêche en rien les états de conscience — de l'existence desquels nous avons une connaissance immédiate — d'avoir, en tant que données strictement personnelles, un sens susceptible de déborder les limites du prédictif. Si l'on admet ceci, alors il est clair qu'attribuer au chat de Schrödinger ou à la microbactérie la conviction d'être en état de vie — même lorsqu'il ou elle participe à un élément d'un cas pur de type aA + bB — n'implique aucune conséquence de caractère scientifique et donc aucune contradiction avec les mesures que l'expérimentateur fait ou fera.

Il est intéressant de remarquer que cette manière de voir a des points communs avec l'interprétation dite "modale" décrite en section 9.4. La fonction d'onde — à caractère essentiellement prédictif — y correspond à ce qui, dans cette interprétation, est appelé "l'état quantique", et l'impression de l'ami y est décrite par l'*état de valeur*[1]. De fait, un tel parallélisme apparaît plus nettement encore quand on entre quelque peu dans le détail de l'interprétation modale. En effet, le symbole aA + bB, qui, dans notre expérience, représente l'état cognitif de l'expérimentateur, a la particularité de ne pas comporter de "termes croisés", tels que aB ou bA (bien entendu, c'est leur absence qui fait que l'expérimentateur en question peut, à partir de ce qu'il observe, inférer quelque chose concernant l'électron). Or, selon l'interprétation modale, c'est précisément dans ces conditions qu'existent des "états de valeur". On peut même dire que, dans le cadre de l'extension de

---

1. Ce parallélisme a été souligné par Michel Bitbol (2000, p. 280). Noter que, sans être réaliste, Bas van Fraassen demande quand même que soit possible une sorte de représentation du monde rédigée dans un langage réaliste. Ici nous écartons cette exigence.

l'interprétation modale au problème de "l'ami de Wigner", le caractère paradoxal de la situation qui a été appelée le "paradoxe de la table" se trouve grandement affaibli. En effet, l'équivalent de la proposition « la moitié gauche de la table est verte » y est l'assertion stipulant que l'ami est dans tel état cognitif bien défini, et cette assertion a, dans notre schéma, une valeur de vérité précise (elle est vraie ou fausse), connue de l'ami. Alors que l'équivalent de la proposition « la table est verte en ce qui concerne sa moitié gauche » est une assertion de caractère prédictif, donc testable en principe par l'expérimentateur, mais qui, dans notre exemple, n'a pas de valeur de vérité (si elle était soumise au test la probabilité qu'elle soit trouvée vraie ne serait ni 1 ni 0). Le sentiment de bizarrerie qu'en interprétation modale nous inspiraient de telles distinctions ne se retrouve pas ici. En effet, dans le présent cadre nous voyons bien que les deux assertions considérées portent sur des "objets" tout à fait différents, à savoir les impressions de l'"ami" et celles de l'expérimentateur.

10-3-1. Conversation avec "l'ami"

Si, l'expérience une fois terminée, l'expérimentateur demande à son ami ce qu'il a vu, celui-ci lui répondra, évidemment, qu'il a observé ceci ou qu'il a observé cela, autrement dit qu'il a eu une impression bien déterminée. Si nous remplaçons par la pensée (pour éliminer l'"effet d'effacement" provoqué par l'environnement) l'ami par une microbactérie (supposée douée de conscience et même de langage !), nous pouvons, ici encore, imaginer que l'expérimentateur reproduit l'expérience à des millions d'exemplaires et qu'il pose à chaque fois la question à la bactérie. Il recevra, tantôt la réponse correspondant à l'un des deux états cognitifs possibles, tantôt celle correspondant à l'autre. Autrement dit, il aura l'impression d'avoir affaire à un mélange propre... ce qui, à première vue, semble être incompatible avec le fait que, par hypothèse, l'ensemble statistique est un cas pur (le cas pur aA + bB). Plus précisément (car, en ces matières, il convient de donner un sens opératoirement défini aux expressions utilisées) il semble qu'il y ait contradiction entre sa susdite impression et la garantie (fournie par les règles quantiques de prédiction d'observations) que, s'il faisait sur l'ensemble statistique toutes les mesures qui permettent de vérifier que l'ensemble est un cas pur il constaterait qu'effectivement tel est le cas. Mais en réalité cette contradiction n'existe pas car le fait, pour l'expérimentateur, de poser la question dont il s'agit à une bactérie revient à effectuer sur celle-ci une mesure et cette mesure n'est pas compatible avec toutes celles qui viennent d'être envisagées[1].

10-3-2. Le cas de multiples "amis de Wigner"

La généralisation des approches A et B au cas de plusieurs amis de Wigner est intéressante à étudier. La question concerne par exemple les situations où plusieurs personnes (plusieurs "amis") regardent à la fois la même aiguille d'instrument. Dans ce cas, nous nous attendons, non seulement à ce que, suite à leurs observations, ces personnes se trouvent chacune dans un état de conscience bien défini — et cela même lorsque cet état n'est pas déterminé à l'avance par les conditions initiales : c'est la question ci-dessus traitée — mais encore à ce que ces états de conscience soient les mêmes. Et une question tout à fait similaire se pose aussi dans des situations un peu plus complexes, telles celles que présentent les expériences de "type Aspect" (section 3.1). Là aussi, lorsque les deux "amis" situés à grande distance l'un de l'autre ont orienté leurs polariseurs dans une même direction, leurs observations les mettent dans *le même* état de conscience, bien défini quoique, en général, non prédéterminé.

Dans le cadre, purement prédictif, de notre "approche A" ces accords intersubjectifs sont, comme on l'a vu au chapitre 5, garantis par la règle de Born généralisée car (comme on l'a noté en section 5.2.5), celle-ci est impersonnelle. Son référent n'est pas la probabilité qu'a telle ou telle personne d'avoir une certaine impression mais bien la probabilité que nous avons *nous*, collectivement, d'avoir l'impression en question. Ainsi, dans le cas des expériences de "type Aspect" elle est supposée s'appliquer à des mesures faites par des personnes situées loin les unes des autres et, encore une fois, c'est elle et elle seule qui prédit les corrélations observées. Or, dans un tel cadre, il n'est pas illégitime de s'interroger à son sujet. On peut se demander ce qui la justifie. En effet, elle semble y sous-entendre l'existence d'une sorte de lien immatériel entre des personnes arbitrairement éloignées les unes des autres.

De ce point de vue, il paraîtrait de prime abord assez tentant de se rallier au modèle sommairement décrit en section 5.2.5, c'est-à-

---

1. Comme on le sait, en mécanique quantique, lorsque deux mesures ne sont pas compatibles, celle qui est faite en second perturbe inévitablement l'"état" quantique dans lequel se trouve le système consécutivement à la première, alors que, pour que la contradiction soupçonnée soit véritable, il faudrait qu'aucune telle perturbation ne se produise.

dire de substituer à cette règle de probabilité, délocalisée et abstraite, une loi individuelle, définie pour chaque personne indépendamment. On voit que, dans ce cadre, le nom de "solipsisme convivial" que Hervé Zwirn confère au modèle en question apparaît comme bien adapté puisque, dans l'esprit du modèle, il n'y a effectivement à postuler la règle de Born que relativement à *un* individu, qui devra se considérer (de ce point de vue !) comme seule conscience existante. Comme on le sait, pour prédire tant ce qu'il observera lui-même que ce que les autres lui diront avoir observé, l'individu dont il s'agit doit — en principe ! — appliquer tout bonnement l'équation de Schrödinger à l'ensemble des systèmes physiques, capables ou non de conscience, sans jamais procéder à la moindre "réduction" bien sûr. Et, cela fait, il n'a qu'à calculer, par la règle de Born, ses *propres* probabilités d'observations (y compris celles des messages qu'il peut recevoir), sans du tout se soucier des états de conscience de ses congénères. Ce qui justifie l'adjectif "convivial" dans la dénomination du modèle c'est, bien entendu, que nous sommes tous aussi qualifiés les uns que les autres pour mener à bien cette suite d'opérations, et que, les règles quantiques étant ce qu'elles sont, jamais aucun désaccord ne pourra, de ce fait, se faire jour entre nous à propos de données observationnelles, même si, dans nos fors intérieurs, nos impressions sont divergentes.

A priori, disais-je, il peut paraître séduisant d'appliquer ces idées au problème qui nous occupe. Elles nous amèneraient à considérer que les états de conscience des divers amis de Wigner n'ont pas à être corrélés. Que chacun d'eux a l'impression d'un unisson qui, en réalité, n'existe pas. *A posteriori*, cependant, deux arguments me dissuadent, quant à moi, de m'engager sur cette voie. Le premier est qu'il est à craindre qu'elle ne nous entraîne vers des représentations dont l'étrangeté soit au-delà de tout contrôle : et cela simplement du fait qu'à chacune de ces représentations correspond, en général, une évolution — macroscopique — différente. Il me semble que, très vite, le solipsisme en question n'a plus de "convivial" que le nom. La seconde est que, comme on va le voir, elle n'est pas conforme aux indications que fournit l'approche B. Or je continue à considérer que le modèle Broglie-Bohm est une bonne "rambarde conceptuelle".

Je viens d'anticiper sur le résultat de l'examen qui nous restait à faire, celui de la généralisation de l'approche B au cas des "amis de Wigner" multiples. De fait, cet examen ne présente aucune difficulté. Dans le modèle Broglie-Bohm, sur lequel cette approche se fonde, le point représentatif est unique par définition et il est, au temps t, soit dans R_1 soit dans R_2. Ses coordonnées dans l'espace de configuration n'étant autres que l'ensemble des variables correspondant à toutes les diverses parties du système, il en résulte que dans une expérience où il y a non pas un mais plusieurs "amis de Wigner" regardant simultanément l'aiguille de l'instrument, ces amis la voient tous située dans le même intervalle de la graduation. Et de même, dans une expérience de "type Aspect" les états de conscience des deux observateurs situés en des lieux différents sont automatiquement corrélés, du seul fait que le point représentatif est unique et ne peut donc être que dans une seule "région" de l'espace de configuration (dans le modèle, le hasard n'intervient pas à nouveau lors de chaque mesure : il est constitutif de la donnée d'ensemble).

Au total, on le voit, ce problème des "amis de Wigner multiples" est intéressant car il nous met face à une option philosophique qu'il ne paraît pas possible de lever par arguments démonstratifs. Qui, en d'autres termes, ne semble pas relever "du vrai et du faux". Pour ma part, et pour les raisons que j'ai dites, je penche, tout bien considéré, pour la branche de l'alternative qui n'est pas celle du solipsisme convivial. A tout prendre il me semble préférable, puisque alternative il y a, de nous en tenir à la notion, un peu mystérieuse il est vrai mais déjà reconnue par les philosophes, de *nous*, ou de *moi collectif*, regroupant "tout ce qui perçoit".

10-3-3. États de conscience et prédictivité

Comment la prévision de résultats d'observations fonctionne-t-elle dans une "société d'amis de Wigner" ? La raison qui fait que la question se pose est que, plus haut, on a noté que l'état de conscience de l'ami n'est, en principe, pas prédictif. Que, dans le schéma expérimentateur-ami, c'est l'"état" quantique qui a pour rôle de permettre les prédictions. Mais on a cependant noté que, en pratique, la décohérence permet à l'ami (s'il est macroscopique) de faire usage pour ses prévisions d'observations de son propre état de conscience (seule donnée, bien sûr, qui lui soit accessible) sans risquer d'erreur décelable. Cette possibilité s'étend-elle aux prédictions d'observation que les divers amis de Wigner voudraient se faire les uns aux autres, autrement dit, peut-elle servir de fondement à une sorte d'accord intersubjectif dans cette société d'amis ?

Pour tenter de répondre à ce type de questions il est commode, ici encore, de se placer d'abord dans le cadre de l'approche B. Dans celle-ci — et toujours dans le cadre de l'exemple $aA + bB$ — le point représentatif est, nous le savons, soit dans la région R_1 soit dans la région R_2. Supposons qu'il soit dans R_1. Tous les amis le voient alors dans R_1 et, s'ils sont macroscopiques, ils peuvent donc en pratique, comme on l'a noté en section 10.3, faire, pour leurs prédictions d'observations, usage de l'onde O_1. De toute évidence, cette possibilité s'étend aux prédictions qu'ils peuvent vouloir se faire les uns aux autres. On voit donc qu'en dépit des restrictions signalées plus haut concernant, sur le plan de la prédiction, le rôle des états de conscience, la société des amis de Wigner dispose bien, sur la base de l'état de conscience qui est commun à tous ses membres, d'un outil prédictif, "à usage interne" si l'on peut dire, constitué par cette fonction d'onde O_1.

Munis de ces indications nous ne rencontrerons aucune difficulté si, maintenant, nous étudions le même problème en nous plaçant dans le cadre de l'approche A. Nous partirons du fait d'expérience que si, toujours dans le cadre de "l'expérience $aA + bB$", plusieurs personnes (les "amis" de l'expérimentateur) contemplent l'aiguille de l'instrument, ils la voient tous au même endroit, disons celui numéro 1. Sur cette base (et sachant, qualitativement, en quoi consiste l'expérience), ils construisent la fonction d'onde dénommée D au chapitre 4 et O_1 ici. Ils l'appellent l'"état" initial, ils lui appliquent l'équation de Schrödinger dépendante du temps, comme décrit au chapitre 4, et ils se prédisent ainsi les uns aux autres (en probabilité, bien sûr, et grâce à la règle de Born généralisée) ce qu'ils observeront. La décohérence aidant, ils ne risquent pas — on l'a vu déjà à propos des amis pris un à un — de faire d'erreurs par eux décelables. Et cela bien que, du point de vue de l'expérimentateur qui a construit toute l'expérience et en gère de haut le déroulement, la fonction d'onde qu'ils ont construite n'est pas "la bonne", vu que leur état de conscience collectif n'est pas, selon lui, une réalité.

Cette étude d'une "société d'amis de Wigner" s'avère intéressante si l'on se place du point de vue de la philosophie spéculative. Il est en effet concevable que notre société humaine — ou plutôt celle de l'ensemble des êtres vivants et conscients — soit finalement de ce type. Au chapitre 18 nous reviendrons brièvement sur cette idée.

10-4. L'hypothèse du réel voilé

Nous voici arrivés à l'instant de la transition. Les sections qui précèdent ont permis d'établir — ce qui *a priori* n'était pas évident compte tenu de la nature même du problème — que l'hypothèse de l'universalité des règles quantiques de prédiction d'observations n'entre pas en contradiction avec telles et telles notions qui, au départ, paraissaient être d'évidentes données de nos sens. Il reste maintenant, conformément au programme esquissé au début du chapitre, à tenter de comprendre le *pourquoi* de ces règles. La question nous préoccupera tout au long de la seconde partie de cet ouvrage. Elle est délicate à plusieurs égards et en particulier du fait que ses contours sont flous. Certains, les instrumentalistes "purs et durs", vont jusqu'à nier qu'elle se pose. Dans un domaine si général l'idée d'explication, disent-ils, n'est aucunement pertinente. Nous avons des règles prédictives qui "marchent", il n'y a rien à demander de plus. D'autres, dans une ligne de pensée un peu kantienne, acceptent la visée d'une explication des règles mais cherchent celle-ci dans l'humain. D'autres enfin ne se satisfont ni de l'une, ni de l'autre approche. Conformément au *réalisme ouvert* (section 1.2), ils aspirent à un mode de compréhension fondé sur la notion de "réel" — autrement dit : "ce qui existe vraiment" — tout en étant conscients du fait que la physique contemporaine oppose d'insurmontables obstacles aux tentatives trop naïves faites en ce sens. C'est cette manière de voir les choses que j'ai développée et me suis efforcé de justifier en plusieurs ouvrages et notamment dans *Le réel voilé*. Dans la seconde partie je la confronterai à diverses positions philosophiques et fournirai à son sujet les précisions que ces mises en parallèle appelleront ; mais déjà ici la nécessité m'apparaît d'en brosser une rapide synthèse. Je crois devoir le faire en esquissant les grandes lignes de l'argumentation qui m'y a conduit, mais, bien sûr, sans entrer encore dans la discussion philosophique élaborée à laquelle elle peut être soumise.

10-4-1. Réalisme ouvert et causalité élargie

En guise d'introduction je noterai d'abord que, pour saisir l'ampleur des problèmes actuels relatifs à la connaissance, on doit avoir bien présente à l'esprit la distance qui sépare, en la matière, le plus grand nombre des philosophes de la majorité des scientifiques. Elle consiste, encore une fois, en ce que les premiers penchent vers des formes de pensée liées au kantisme ou, franchement, à l'idéalisme, ce qui chez les seconds est peu fréquent. Les premiers soulignent le rôle manifestement essentiel de nos capacités d'appréhension sensorielles et intellectuelles dans la construction de notre représentation du monde. Ils en infèrent qu'il n'y a pas d'objets "en soi" ou que, s'il y en a, ils nous sont inconnus. Cette table, ce livre, ce papier, tous ces éléments de notre expérience quotidienne sont essentiellement des objets "pour nous" et les lois qui en traitent ne font que refléter notre manière humaine d'organiser cette expérience. Les seconds leur répondent par un appel à l'évidence du bon sens. Ils leur montrent les os d'un dinosaure et leur demandent s'ils croient vraiment que cet animal vieux de soixante-cinq millions d'années a existé seulement "pour nous". A Kant, beaucoup de philosophes ne reprochent que son manque d'audace : il n'aurait pas dû conserver, estiment-ils, la notion de chose-en-soi. Nombre de scientifiques considèrent au contraire que le paysage de nos connaissances a immensément changé depuis Kant et qu'obsolètes sont les raisons que celui-ci avait de dénier à l'homme la possibilité d'une connaissance du "réel même".

En ce qui me concerne, je souscris à cette dernière observation mais seulement si on ne lui fait dire que ce qu'elle dit expressément. Il est indéniable que sont (en partie) obsolètes les raisons que Kant lui-même a avancées... et qu'au reste il était, lui, tout à fait fondé à tenir pour justes puisqu'il ne connaissait ni l'évolution (des espèces et de l'Univers), ni notre actuelle physique mathématique. Mais justement, ce sont là des connaissances que, nous, nous avons. Et, pour des raisons qui apparaîtront plus explicitement au chapitre 13, je considère effectivement (comme nombre de scientifiques d'ailleurs) qu'elles entraînent que les arguments de Kant et de ses successeurs ne sont plus vraiment convaincants. Toutefois (et c'est là, à mes yeux, le point important) j'estime que, par d'autres voies que celles de Kant, par des arguments qui se fondent, eux aussi, sur les connaissances nouvelles que nous possédons (mais en étendant celles-ci jusqu'aux acquisitions les plus récentes), l'on retrouve *grosso modo* un certain "noyau dur" des vues de Kant. On n'y parvient pas par les voies kantiennes, mais on y accède par d'autres. Il me paraît clair, en effet, qu'au vu du contenu des chapitres qui précèdent la conception kantienne d'une science ayant pour objet non la connaissance du "réel" mais simplement celle des phénomènes retrouve sa validité.

Qu'il soit toutefois bien clair que dépasser de cette manière le réalisme traditionnel n'est pas la même chose que rejeter toute notion de réalité indépendante de l'humain. Ni Platon (pour qui les Idées sont des êtres) ni Kant (qui conserve la notion de chose en soi) n'adhèrent à un tel rejet, bien qu'ils ne soient ni l'un ni l'autre des réalistes objectivistes. Et, pour des raisons qu'on connaît déjà en partie (elles sont précisées ci-dessous) j'ai estimé qu'à cet égard il est concevable, et même vraisemblable, qu'ils n'aient pas tort. Aussi ai-je trouvé approprié d'adopter comme point de départ de mon raisonnement un postulat de réalisme minimal, celui du réalisme ouvert. Comme on le sait, je me suis ensuite convaincu — par des arguments que nous avons vus en détail — premièrement, que le réalisme des accidents se trouve être exclu et, deuxièmement, que les tentatives visant à le dépasser tout en restant dans le cadre (plus général) du réalisme physique, sont, pour diverses raisons, non véritablement satisfaisantes.

Il résulte de cela que la physique ne peut être interprétée comme étant une description fidèle du "réel". Ce qui la réduit — et avec elle la science en général — à n'être qu'un ensemble de descriptions de phénomènes au sens philosophique du terme. Un ensemble de descriptions de ce qui a été appelé la "réalité empirique" (au sens défini en section 4.2.3). J'ai toutefois fait mienne la remarque que certaines grandes lois mathématiques de la physique, telles les équations de Maxwell, sont demeurées remarquablement stables et pertinentes à travers les nombreuses variations et vicissitudes qui affectèrent leur interprétation physique au cours du temps. L'hypothèse prudente selon laquelle ces lois nous donneraient quelques aperçus non totalement trompeurs relativement à la structure générale du "réel[1]" n'est donc, elle, nullement contredite par les données de la physique. Cette hypothèse s'exprime aussi en disant qu'au-delà de la causalité au sens de Kant, qui s'exerce entre phénomènes, il doit exister une "causalité élargie" représentée par des influences — impossibles, sans doute, à cerner quantitativement — exercées par le "réel" sur les phénomènes. Je ne peux certes avancer cette idée qu'au titre de conjecture : c'est dire que je lui accorde considérablement moins d'importance qu'au fait, établi, lui, par les recherches susmentionnées, que réalisme des accidents et même réalisme einsteinien sont tous deux, en définitive, des visions erronées des choses. Cependant, si l'on n'est pas un "idéaliste radical" au sens précisé en section 1.2 on pourra estimer que certaines données physiques rendent, tout au moins, assez plausible ma conjecture. J'ai exprimé celle-ci, sous une forme imagée, en énonçant que le "réel", au lieu d'être un pur x totalement inconnaissable, n'est que voilé. Comme toutes les métaphores celle-ci est ambiguë, et elle a suscité d'assez vives critiques, en partie pour cette raison. Les principales d'entre elles sont examinées au chapitre 17 mais je précise déjà ici que dans mon esprit la métaphore ne vise aucunement à établir quelque vague

---

1. Hypothèse beaucoup moins forte, notons-le, que celle du *réalisme structural fort* selon laquelle les grandes lois de la physique exprimeraient fidèlement les structures mêmes de la réalité indépendante. Le fait que, dans un tel contexte conceptuel, la loi de propagation non supraluminale des influences, qui est une de ces grandes lois, apparaît comme étant violée (du fait de la non-séparabilité) met ce réalisme structural fort en sérieuse difficulté.

similitude entre le "réel" et notre "expérience vécue". En particulier, je n'ai garde d'oublier que — vu le théorème de Bell et les expériences d'Aspect — la conjecture « le "réel" est dans l'espace-temps » débouche sur la non-localité ; et cette donnée fondamentale me fait juger que la conjecture en question démontre par là sa propre non-plausibilité. Je penche donc vers l'idée que le "réel" — la "réalité indépendante" — n'est pas immergé dans l'espace-temps et que, bien au contraire, l'espace-temps est (comme le pensait Kant de l'espace et du temps pris séparément) de nature non pas nouménale mais phénoménale : que c'est une "réalité pour nous[1]".

Comme on le voit, il y a un assez haut degré de convergence entre mes conclusions et celles de nombre de philosophes, même si, je le répète, je parviens aux miennes par des voies différentes des leurs. Relativement à ces conclusions — qui nous sont communes, qui vont à l'encontre d'une vulgate scientifique encore très forte et qui sont essentielles à la possession d'une conception équilibrée de la place de l'homme dans le monde — les différences entre ma conception et celles des philosophes en question sont relativement secondaires. Mis à part une certaine divergence un peu subtile (réel "voilé" plutôt que "pur x") que les chapitres ultérieurs analyseront, elles concernent essentiellement mon postulat du réalisme ouvert, lequel me sépare, non pas bien sûr de tous les philosophes, mais du moins de ceux d'entre eux (néo-kantiens, etc.) que j'ai appelés (de façon peut-être quelque peu sommaire) "idéalistes radicaux". Ce postulat, il n'est, pour moi, pas question, bien sûr, de le démontrer comme on pourrait le faire d'un théorème. C'est bien pourquoi je lui donne le nom de "postulat". J'estime cependant pouvoir établir que — contrairement à une opinion répandue chez les philosophes — il n'est en rien arbitraire ; que militent en sa faveur des arguments sérieux (dont on a déjà vu certains) résistant bien aux objections qu'on leur adresse ; et qu'au total, il est, par conséquent, bien difficile à rejeter.

---

1. Je ne mentionnerai ici que pour mémoire une intéressante tentative de U. Mohrhoff (2000, section IV ; 2001). Cet auteur cherche à conserver la notion d'un espace physique qui serait objectif au sens fort tout en présentant certaines au moins des caractéristiques de l'espace phénoménal. Au vu d'expériences du type "fentes de Young" il admet qu'on ne peut les conserver toutes, et celle qu'il propose de sacrifier est l'idée que les divers "lieux" de l'espace existent en eux-mêmes, indépendamment des objets pouvant ou non s'y trouver (autrement dit, que l'espace physique *est* un ensemble transfini de triplets de nombres réels). A ses yeux, le *lieu* où un objet se trouve être est comparable à sa *couleur* en ce que celle-ci n'est pas séparable de l'existence même de l'objet.

Quels sont dans le détail ces arguments que je propose ? Au cours du temps, et à la suite d'échanges de vues divers, ils ont quelque peu évolué, mais, en fin de compte, de façon guère considérable. Dans la seconde partie, nous serons amenés à en faire l'analyse critique mais il convient pour la clarté qu'ils soient rappelés dès à présent. Les voici dans leur nudité.

1) Primauté de la notion d'existence par rapport à celle de connaissance. Le truisme « si la pensée n'existait pas nous n'aurions aucune connaissance » met en évidence le fait — oublié par bien des penseurs ! — que la notion d'existence est première par rapport à celle de connaissance. N'en déplaise à Descartes, ce que — à mon sens — le *cogito* prouve ce n'est ni l'existence d'un moi individuel, ni la primauté de la pensée sur l'étendue, ni même l'indépendance de la première relativement à la seconde. C'est l'indéniable validité de la notion d'existence (l'existence d'au moins une "entité", à savoir la pensée) et sa primauté par rapport aux notions d'expérience et de connaissance qui n'ont de sens qu'en vertu d'elle. Avec le corollaire que, même s'il est légitime et sain de faire dépendre l'idée de l'existence de telle ou telle chose particulière de celle de la connaissance possible de cette chose, il n'est pas cohérent de rapporter la notion même d'existence (en soi) à celle de connaissance possible (Platon et Kant s'en sont gardés et il va de soi qu'ils ont eu raison).

2) En physique il arrive communément que des théories géné-rales qui sont pleinement cohérentes et même d'une indéniable élégance mathématique s'effondrent sous les coups de boutoir de l'expérience : en trop de domaines elles ont des conséquences vérifiables que l'expérience contredit. Dans ces conditions il faut bien avouer qu'il y a quelque chose qui dit "non" et que ce "quelque chose" n'est pas réductible à "nous".

3) Les concepts sur lesquels la science reposait du temps de Kant — espace euclidien, temps universel, déterminisme — étaient si proches de notions, idéalisées, du sens commun que ce philosophe pût voir en eux des *a priori* de la connaissance humaine, ce qui lui permit de rejeter tout rapport de la science à un hypothétique réel en soi. Mais aujourd'hui la physique est construite sur des bases nouvelles — espaces courbes, espace-temps, indéterminisme — fort différentes des précédentes. De ce fait, celui qui se propose de suivre Kant dans le rejet dont il s'agit est obligé de prendre en considération certaines questions ardues relatives à la notion d'*a priori*. Peut-on, sans tomber dans l'auto-

contradiction, parler d'un *a priori* qui *évoluerait* sous l'effet d'un accroissement des connaissances ? Faut-il faire appel à l'idée d'une réserve de concepts *a priori,* dans laquelle chaque époque puiserait ceux qui lui conviennent ? Un concept qui, à une époque, est un *a priori* de la pensée peut-il ne plus l'être un siècle ou deux plus tard ? Je trouve, pour ma part, difficile de répondre à de telles questions autrement que négativement.

4) On l'a vu : à l'analyse (et contrairement à notre intuition), tant l'argument du "non-miracle" que celui fondé sur l'accord intersubjectif se révèlent impuissants à démontrer — ou même, tout simplement à étayer — quoi que ce soit qui ressemble au réalisme des accidents. Mais cela n'empêche pas que, comme on l'a montré (sections 5.1.3, 5.2.3 et 5.2.4), l'un et l'autre étayent bien l'idée que les lois de la physique ne dépendent pas exclusivement de nous, ce qui, évidemment, appelle la notion d'un quelque chose qui n'est pas nous.

Encore une fois, dans la littérature spécialisée les objections à ces arguments ne manquent pas. Dans la seconde partie elles seront explicitées et discutées dans les contextes appropriés. Celles qui m'ont été nommément adressées feront, comme il convient, l'objet d'une attention particulière. Leur analyse critique sera présentée dans les chapitres 17 et 19.

10-4-2. Deux précisions

La conception du réel voilé prête, je l'ai concédé, à d'authentiques discussions, et le contenu des chapitres suivants fournira matière à celles qui seront développées en fin d'ouvrage. Mais cette même conception a malheureusement aussi donné lieu à quelques purs et simples malentendus. Ici je désire, spécifiquement, en dissiper deux (j'ajouterai ensuite une remarque plus générale).

Malentendu 1

Il se découvre au détour d'une analyse par ailleurs amène et compréhensive de mes vues, due à la plume — et au sympathique intérêt — de Roland Omnès (1994b, chapitre 12). Cet auteur a eu l'intéressante idée de rappocher ma conception de celle de Nicolas de Cuse [*La docte ignorance,* première édition, 1440]). Dans les grandes lignes cette observation est très juste en ce qui concerne l'aboutissement de ma quête, dont je reconnais que le titre du livre cité l'exprime avec un bonheur étonnant. Mais il m'est hélas impossible de suivre Roland Omnès quand il affirme que les *arguments* de l'auteur cité et les miens sont "remarquablement semblables". Premièrement, en effet, mon admiration pour le titre en question ne m'empêche pas de trouver, après avoir lu le livre lui-même, que, dans le détail, les "déductions" mathématico-physiques de Nicolas de Cuse ont quelque chose de, disons… assez surprenant ! Et deuxièmement, poser un parallélisme entre les arguments de ce dernier et les miens revient, de toute manière, à faire abstraction de la totalité de mes "arguments négatifs", puisque ceux-ci se fondent sur le fait qu'un réalisme non voilé, objectiviste ou einsteinien, n'est pas compatible avec la physique *d'aujourd'hui*. Personnellement, j'attribue, au contraire, à ces arguments-là un très grand poids. En effet, il me paraît clair que, en ces matières, qui voudrait s'en tenir à la physique pré-quantique serait naturellement conduit à développer plutôt une analyse du type "d'alembertien" ou "laplacien" dans laquelle la notion même de *docte ignorance* ferait figure d'oxymore.

Toutefois, dans l'analyse d'Omnès, bien plus préoccupante encore est, à mes yeux, la manière dont il présente ma définition du réalisme physique et surtout, dans ce cadre, la distinction qu'il m'attribue entre « un "réalisme fort" où la réalité est connue en elle-même et un "réalisme faible" où cette connaissance n'est que *partielle*[1] ». Au cas où j'aurais utilisé, littéralement, ces expressions, cela n'a pu être qu'épisodiquement (de façon générale, je parle *d'objectivités* forte et faible et, pour le réalisme, j'utilise, on l'a vu, d'autres adjectifs). Mais peu importe le choix des épithètes. Ce qui compte est que je n'évoque — je crois ! — nulle part l'idée d'une "connaissance seulement partielle" du réel, et que ma notion de réel voilé est, en fait, toute différente de ce qu'Omnès entend par l'idée en question. Ceci se voit clairement si l'on se réfère à l'exemple qu'il utilise pour bien la faire comprendre. Il considère les niveaux d'énergie de la matière composant la Tour Eiffel et note qu'il nous est impossible de savoir si, oui ou non, cette matière se trouve, à un instant donné, dans tel ou tel état, correspondant à un niveau quantique rigoureusement spécifié. Telle est sa notion de connaissance nécessairement incomplète et, d'après lui, ce serait l'impossibilité de la compléter qu'exprimerait l'idée de "réel voilé". Il importe de bien voir qu'il s'agit là d'une méprise. Le contenu des sections précédentes (comme, au reste, celui de mes ouvrages

---

1. Bien entendu, il est tout simplement "de la nature des choses" que l'auteur d'une œuvre, quelle qu'elle soit, juge peu fidèles les compte rendus qu'en donnent les tiers. Mais d'un autre côté les occasions de mises au point sont tellement rares qu'un auteur ne peut se permettre de ne pas les saisir au vol, et c'est ce que je fais ici.

antérieurs) montre clairement que la thèse du *réel voilé* n'est pas celle-là. Elle ne comporte pas l'idée qu'il y aurait, dans la réalité en soi, certaines "choses" (les lois, les structures, le fait que la Tour Eiffel se trouve à Paris) que l'on connaîtrait vraiment telles qu'elles sont, et d'autres qu'on ne pourrait connaître. Elle est la conjecture — toute différente ! — que le réel en soi a des structures, que nos grandes lois physiques sont des émanations — sans doute peu représentatives — de celles-ci et, enfin, que les objets ne sont nullement des "choses en soi".

L'origine du malentendu pourrait se trouver, au moins en partie, dans le fait que la plupart des hommes de science ne se soucient que peu de la distinction kantienne entre réalisme transcendantal et réalisme empirique. Intuitivement ils adhèrent, comme "Monsieur Tout-le-Monde", au premier de ces réalismes, mais face à telle ou telle difficulté ils se rabattent, dans leur discours, sur le second, sans vraiment bien appréhender l'ampleur du saut conceptuel qu'ils effectuent. Comme, à mes yeux, cette ampleur est considérable, j'ai, pour ma part, dirigé le gros de mes efforts vers une tentative visant à montrer que la physique elle-même, abstraction faite de la philosophie, impose maintenant le saut en question. Roland Omnès, quant à lui, est sans doute conscient du saut, mais, manifestement, il n'est pas obsédé autant que moi par son ampleur. Les expressions "réalité indépendante" et "réalité empirique" ne figurent pas dans son vocabulaire. Il se pourrait, par conséquent, qu'il n'ait pas pleinement saisi la nature même de ma problématique. Constatant cependant l'existence dans mes écrits d'une distinction entre deux familles de réalismes, il aura forgé cette notion de "réalisme faible" (c'est-à-dire, selon lui, de connaissance seulement partielle des détails) pour l'expliquer[1]. En fait, on l'a compris, c'est la distinction entre réalité indépendante et réalité empirique qui est au cœur de ma notion de réel voilé. Et la réalité empirique n'est pas le fragment connaissable de la réalité

---

1. Le tout récent ouvrage de Roland Omnès, *Alors l'un devint deux : la question du réalisme en physique et en philosophie des mathématiques* (Paris, Flammarion, 2002), me conduit à affiner cette conjecture. La thèse défendue dans ce livre est celle de l'existence de *deux* réalités aussi fondamentales l'une que l'autre : la *physis* (en gros : la nature observée) et le *logos* (en gros : les mathématiques). Ce qui nous rapproche, Omnès et moi, c'est la notion qu'il développe, à travers celle du "logos", d'un "réel" (ou d'un élément du "réel") absolument irréductible à la réalité empirique. Ce qui nous sépare, c'est le fait qu'il confère à la *physis* et au *logos* le même statut ontologique. N'ayant pas l'audace (il dirait sans doute "la folie") de faire de la première une simple "réalité pour nous" — et sa bienveillance lui interdisant d'attribuer une idée à ce point... saugrenue à son prochain ! — il n'avait pas d'autre ressource que d'interpréter mes écrits comme il l'a fait.

indépendante. En vérité, elle ne l'est pas davantage que les phénomènes ne sont, chez Kant, des bouts connaissables de noumènes. Et cela, même si, comme je viens de le rappeler, je n'exclus pas l'idée (qui sera discutée plus loin) que nos principales lois mathématiques reflètent de façon vague les grandes structures du "réel".

Malentendu 2

Les expressions de "réel voilé" ou d'"incertaine réalité" que j'utilise étant, à dessein, suggestives d'un "quelque chose qui échappe", la tentation peut surgir chez certains de rattacher à elles *n'importe quelle* idée un peu vague. Comme, dans ce registre, les possibilités sont infinies, il n'est pas surprenant que les prophètes des visions ésotériques les plus variées aient, à l'occasion, prétendu relier leurs intuitions à mes idées. Il va de soi que, de ces tentatives, je n'endosse aucune sans examen, et que cet examen, quand j'ai la possibilité de l'effectuer (quand j'ai connaissance de la chose), débouche le plus souvent sur une conclusion négative.

Cela dit, des exceptions sont possibles. En tout cas il existe des sortes de "cas intermédiaires", je veux dire des approches au sein desquelles des idées valables et intéressantes se trouvent intimement mêlées à des conjectures que je tiens pour hasardeuses. Fréquemment ces dernières prennent la forme de "prises d'altitude" mal assurées, fascinantes à certain égards du fait qu'elles utilisent des mots "porteurs", mais dont, à l'examen, la rigueur me semble contestable. Ces "cas intermédiaires" me posent, on le conçoit, un douloureux problème. Par exemple : comment n'éprouverais-je pas de la sympathie pour les auteurs qui — tel Thierry Magnin (1998) — confèrent une place de choix à la notion de *niveaux de réalité*, dont j'expliquerai plus loin pourquoi je la juge importante (et cela même si, comme on le verra, je lui donne un sens différent du sien) ? Mais, d'un autre côté, comment approuverais-je des passages de son livre tels que « L'imprédictictibilité et le chaos redonnent sa place au temps et permettent son rôle constructif d'une "incertaine réalité" (Bernard d'Espagnat) » ? Comme il appert du contenu de toutes les pages précédentes, ce n'est aucunement (et n'a jamais été !) sur le "rôle constructif du temps" — et encore moins sur le chaos — que je fonde l'idée que la réalité indépendante est "incertaine" (voilée). De même, il m'est difficile d'accepter l'assertion de cet auteur selon laquelle « oser parler d'objectivité "faible" comme Bernard d'Espagnat par exemple, c'est aussi oser redéfinir le concept de "neutralité" du scientifique », redéfinition que l'auteur rattache à l'idée que les choix d'hypothèses de base sont « souvent guidés [...] par le contexte social de l'époque où ils sont proposés ». La question de savoir si des choix guidés de cette manière influent ou non sur l'objectivité de la science est abordée au chapitre qui suit, mais je dois dès maintenant souligner de toutes mes forces que — comme, de nouveau, les chapitres précédents le montrent — ma notion d'objectivité seulement "faible" n'a rien à voir avec un quelconque "guidage par contexte social".

Remarque générale

Dans un tout autre registre il m'apparaît enfin que, pour compléter la présente introduction à la conception du réel voilé, une mise en garde est nécessaire. Il m'est revenu en effet que la conception en question a suscité, chez certains lecteurs de mes précédents livres, une conjecture qui est, en fait, un contresens. Il s'agit de l'idée que la conception en question fournirait un cadre propice à une explication, et par là à une plus grande prise en considération, de, vrais ou supposés, *phénomènes anormaux*. Certes, nous avons tous entendu parler de phénomènes paraissant défier, dans tel ou tel domaine, les lois de la science. Etant donné que, dans les vues d'un très grand nombre de personnes, la science s'identifie purement et simplement à une approche mécaniciste de la nature, il n'est pas étonnant que, lorsqu'un auteur — moi ou un autre — fait valoir à quel point le mécanicisme est dépassé, bien des esprits croyant à l'existence des phénomènes en question cherchent une justification de leur thèse dans les conceptions que cet auteur défend. Toutefois il faut savoir que, s'agissant de mes vues, une telle association d'idées est erronée. En ce qui concerne, par exemple, la non-localité, la petite discussion présentée en section 3.2.4 montre, à mes yeux, combien l'hypothèse qu'elle pourrait expliquer des effets bizarres (magiques ?) d'action à distance est artificielle et peu vraisemblable. Beaucoup plus généralement, loin de douter de la solidité des lois scientifiques je tiens, comme on l'a vu, pour hautement vraisemblable l'idée que toutes les prédictions qu'elles permettent de faire sont correctes et universelles. Et de façon plus générale encore, je dirai que situer l'intérêt de la conception du réel voilé dans une hypothétique explication de, vrais ou supposés, *phénomènes* anormaux — "phénomène" signifiant "ce qui est observable" — est faire complètement fausse route. L'intérêt de la conception en question est, à mon sens, exclusivement de l'ordre de la compréhension et plus précisément de la compréhension philosophique.

II

Approche philosophique

11

Science et philosophie

11-1. L'impossible divorce

Dans les pays anglo-saxons, être titulaire d'un doctorat ès sciences se dit avoir un "Ph.D", qui signifie "diplôme en philosophie". Ce reliquat du temps passé, conservé par la tradition, nous rappelle que jusqu'aux XVIIe-XVIIIe siècles science et philosophie n'étaient pas vraiment séparées, que des Descartes, Pascal, Leibniz et autres cultivaient brillamment les deux, bref que les penseurs les plus authentiques n'hésitaient pas à mêler recherche scientifique et considérations métaphysiques. Mais on sait aussi que, au cours du XVIIIe siècle, sous l'effet d'un début de spécialisation au sein des sciences comme aussi de la réflexion critique de philosophes tels que Hume, ce mode de recherche prit fin. Que, dans les faits, s'instaura peu à peu une nette séparation des rôles entre scientifiques et philosophes. Le principe de cette séparation pouvait, au début du XIXe siècle, s'énoncer de façon très simple. Il consistait à remettre aux mains du philosophe toutes les questions portant sur la nature des choses et à considérer que le scientifique devait seulement étudier leur comportement. Une illustration paradigmatique de ce point de vue nous est fournie par la théorie de Fourier de la propagation de la chaleur. A l'époque de Fourier il y avait compétition entre diverses théories rivales concernant la *nature* de la chaleur : la théorie du calorique, celle, déjà, de l'agitation moléculaire, d'autres encore... Tout à fait dans la ligne du principe ci-dessus noté, le point de vue adopté par Fourier fut de ne pas prendre parti à ce niveau, c'est-à-dire de ne pas s'occuper de la nature de la chaleur, et de s'intéresser exclusivement à son *comportement* quantitatif. C'est ce qui lui permit d'écrire l'équation de la propagation de la chaleur. Et cette équation est vraie et le restera, précisément parce qu'elle est indépendante de toute spéculation concernant la nature fondamentale de l'objet étudié et traite exclusivement de son évolution.

Cette répartition des rôles était intellectuellement satisfaisante et il y a beaucoup de domaines où elle demeure pertinente. Il n'en est pas moins vrai qu'elle est loin, aujourd'hui, de répondre à toutes les situations. En fait, ce qu'il faut voir c'est que, dans cet exemple, la focalisation du scientifique sur le seul *comportement* de l'entité étudiée n'est possible qu'en raison du fait que tout le monde a une idée de ce qu'est le chaud et de ce qu'est le froid ; et que la théorie peut par conséquent faire l'économie d'une définition de la chaleur. Mais, lorsqu'il s'agit de la métrique d'un espace courbe, de champs quantiques, etc., ceci n'est plus possible. Et il serait absurde de prétendre parler exclusivement du comportement de ces entités sans les avoir, en premier lieu, définies. En ce qui les concerne le physicien doit donc, soit abandonner la règle de limitation au comportement, c'est-à-dire accepter, en fin de compte, de se prononcer sur des réalités existentielles, soit affiner beaucoup la teneur de ladite règle, en précisant que par "comportement" l'on entend seulement, en définitive, un jeu de résultats d'observations faites par nous. Mais ce dilemme signifie qu'en dernière analyse le physicien est contraint de jeter un œil dans le domaine si délicat du philosophe : car dans le premier cas il touche à l'ontologie et dans le second il frôle l'opérationnalisme.

Ainsi, de même que le philosophe qui s'intéresse à la question du réel peut difficilement ignorer ce qu'a à dire le physicien, le physicien qui aspire à un autre rôle que celui de pur technicien de la physique ne peut guère échapper, à l'heure actuelle, à certaines questions philosophiques. Au reste, c'est bien là ce que nous avons déjà constaté. Dans cette seconde partie les priorités seront inversées, autrement dit c'est aux questions philosophiques prises en elles-mêmes que nous nous intéresserons directement, mais en les éclairant, bien entendu, par ce que nous savons de la physique.

11-2. L'épistémologie de la fin du XXe siècle

Il est naturel qu'une étude ainsi comprise débute par un regard porté sur la philosophie de la connaissance et particulièrement de la connaissance scientifique. Abordons donc ici l'épistémologie.

Dans ce domaine, l'un des faits qu'on remarque très vite est que les épistémologues actuels forment une galaxie d'auteurs d'opinions fort contrastées. Il n'en a pas toujours été ainsi. Il y a une quarantaine d'années les néo-positivistes, nul ne l'ignore, occupaient à eux seuls presque toute la scène épistémologique, brandissant une théorie de la connaissance que l'on peut contester mais dont il est impossible de nier la structure unifiée, élaborée et cohérente. Depuis ce temps, l'assaut de critiques variées — les unes justifiées, les autres moins — les a fait tomber dans un discrédit, temporaire peut-être, mais incontestable[1]. Et leurs successeurs, les épistémologues qui tinrent le haut du pavé durant des dernières décennies du XXe siècle, fondèrent leurs investigations sur des conceptions philosophiques qui ne présentent guère les susdits caractères. Si, malgré tout, on voulait rechercher quelques traits communs à beaucoup d'entre eux, je pense qu'on n'en trouverait que deux. Le premier, le plus visible, est un attitude de grande sévérité — d'agressivité même, souvent — à l'égard de la science, jointe à un scepticisme prononcé ("tout va") à l'égard de la connaissance en général. L'autre est le fait que, dans leur analyse, un rôle essentiel est joué par des notions — celle de "paradigme" par exemple — qui, présupposés ontologiques en moins, ont d'indéniables affinités avec celles (conceptualisation rigide, etc.) qui servent de fondement au réalisme objectiviste.

J'ai déjà noté (section 7.2.1) les raisons qui me font juger que le premier de ces deux traits est en grande partie une conséquence du second : les interprétations réalistes des données expérimentales de la physique ont — c'est un fait — varié beaucoup au cours de l'histoire, et il est clair que cela n'inspire pas confiance en celles qui revêtent aujourd'hui les mêmes habits. Mais, je le répète, on peut s'étonner du mutisme des épistémologues actuels relativement à deux points qui, pour le physicien, sont à la fois évidents et fondamentaux : la permanence des équations — lesquelles, par-delà leurs changeantes interprétations, préservent leur valeur tant heuristique que prédictive (que l'on pense, par exemple, à celles de Maxwell) — et, corrélativement, le fait que la physique développe un pouvoir toujours croissant de prévision des phénomènes. On peut, certes, épiloguer longtemps sur ces thèmes, développer à leur sujet des considérations élaborées, dénoncer des truismes, etc., mais il est impossible de nier les faits. Quels que soient les bouleversements conceptuels, les équations que l'on a une fois établies continuent à fournir des prévisions justes (et dans bien des cas, fort utilisables) dans le domaine qui est le leur. Et le champ dans lequel nous sommes capables de faire nos prévisions s'accroît toujours. Il y a là deux données que

---

1. Rappelons ici très brièvement les raisons valables de ce discrédit. Il s'agit principalement de l'échec de deux tentatives : celle de justification du principe de vérifiabilité et celle de construction d'une logique inductive ; ainsi que de l'impossibilité de la mise à l'épreuve d'un énoncé isolé (thèse de Duhem-Quine). Pour plus de détails voir par exemple Zwirn (2000).

je tiens pour remarquables... et que, ce me semble, il incombait aux épistémologues de, précisément, remarquer[1].

Cette réserve posée, il n'est pas question, bien entendu, de nier l'existence, dans l'apport de ceux-ci, d'aspects positifs tout à fait appréciables. Le plus marquant d'entre eux est certainement la mise en évidence de ces changements de principes de base — de "paradigmes" pour employer l'expression de Thomas Kuhn — auxquels allusion a déjà été faite. Longtemps les épistémologues ont cru en une progression continue des sciences. *Grosso modo,* ils les concevaient comme sous-tendues par des théories croissant sans heurts en généralité et qui expliquaient toujours plus de phénomènes, précisément parce que leurs concepts et lois croissaient en généralité et en puissance. Les épistémologues du dernier demi-siècle ont balayé à juste titre cette vision en faisant voir sa naïveté. Historiens des idées pour la plupart, et se fondant sur une riche documentation, ils montrèrent d'une manière très convaincante qu'en réalité les choses ne se sont aucunement présentées ainsi, et que les avancées majeures résultèrent, en fait, de *défaites* infligées aux théories admises par de nouvelles venues *fondées sur des principes tout différents.*

Nul n'ignore le retentissement considérable qu'eut cette "révélation" dans la communauté des philosophes, et, plus encore (il faut bien le dire !), dans celle des faiseurs d'opinion. En vérité, le sentiment s'y répandit comme une traînée de poudre qu'il s'agissait d'une découverte véritablement révolutionnaire... Encore que, comme il n'est pas rare en pareils cas, il y ait eu un précurseur. De fait, sous le nom de "ruptures épistémologiques", Gaston Bachelard (1949) avait, nettement avant Kuhn, fait la découverte en question. Il est vrai que, contrairement à ce dernier, il ne l'avait prolongée, ni par l'affirmation d'une interprétation sociologique (du type : "triomphe la théorie qui est le plus en résonance avec la mentalité et les appétits de l'époque"), ni par celle, concomitante, d'un arbitraire de la science. Et il est vrai aussi que ce sont de telles assertions qui firent la fortune de la conception kuhnienne... Mais je crois malgré tout pouvoir affirmer sans crainte que, en la matière, celui qui sut le mieux raison garder fut Bachelard et non pas Kuhn, non plus que les disciples de ce dernier. Car, en réalité, n'en déplaise à tant et tant

---

1. Il va sans dire qu'il n'y a pas de contradiction entre cette constatation et le point 2 de la section 10.4.1 (réfutations de théories par l'expérience). Sont réfutées par l'expérience, soit (parfois) des théories *descriptives* (exemple : la théorie géocentrique), soit (assez fréquemment) d'ingénieuses suggestions proposées par tel ou tel aux fins de prolonger ou remplacer certaines théorie existantes. Mais il s'agit alors du très court terme. Dans de tels cas la réfutation expérimentale s'inscrit à l'intérieur du processus normal de gestation de la science.

d'épistémologues contemporains, les deux affirmations en question sont purement et simplement fausses, me semble-t-il.

En fait, l'apparence de justesse de la première relève essentiellement du glissement de sens. Il est tout à fait vrai, bien sûr, que certaines conditions sociologiques sont plus favorables que d'autres à l'activité de recherche. Il est tout aussi évident que l'effet de mode — le fait qu'en un lieu et un temps donnés telles et telles idées sont en faveur — peut orienter la recherche vers telles et telles questions et la détourner de telles et telles autres. Mais il ne suit aucunement de là que les *résultats* des recherches effectivement entreprises en ces lieux et temps sont, eux aussi, affectés par ces éléments sociologiques et culturels. Le furent-ils ? La réponse relève de l'examen minutieux des événements. Or, hélas, si les exemples d'influences socio-culturelles que les épistémologues nous proposent sont nombreux et probants lorsqu'il s'agit de la *nature* des recherches entreprises ici ou là (sur ce point ils sont éloquents et fort persuasifs), on peine à en trouver, dans leurs écrits, de convaincants qui porteraient, authentiquement, sur les *résultats* de ces recherches.

Quant à la seconde affirmation, celle d'un vrai arbitraire dans les résultats en question, la raison qui a fait que ses auteurs y ont eux-mêmes cru réside, à mes yeux, dans leur métier d'historiens, qui les a incité à s'attacher principalement aux événements — qu'ils connaissaient dans le détail — et, en conséquence, au court terme. Or il est vrai que, considérée dans le court terme, l'évolution d'une science, surtout dans une période féconde, a quelque chose de chaotique. Les conflits sont aigus, les préjugés tenaces, les nouvelles découvertes expérimentales ne sont encore ni corroborées ni infirmées, des idées nouvelles paraissent s'opposer entre elles qui, plus tard, se révéleront être la même thèse vue sous des angles différents, et ainsi de suite. Tout ceci est incontestable mais il est indéniable aussi que peu à peu l'ensemble se décante. La question demeure donc ouverte de savoir si, dans le long terme, la victoire se décide ou non sur des critères objectifs.

La réponse — négative — de Kuhn et des philosophes de son bord a été construite sur deux axes. Le premier consiste à émettre des remarques à la fois sceptiques et irréfutables, du type : « Quel groupe dira jamais que le résultat de sa victoire n'a pas été véritablement un progrès ? », laissant ainsi entendre que les révolutions qui secouent la science peuvent fort bien ne pas être d'authentiques progrès. Mais n'est-ce pas là, un peu, un comportement de sophiste ? Encore une fois, la vraie question me paraît être celle-ci : est-il exact ou faux que la théorie qui, en fin de compte, l'emporte est celle qui rend compte *et* des faits expliqués par les autres théories *et* de faits additionnels, que ces autres n'expliquent pas ? Et ce ne sont pas des remarques à coloration psychologique telles que celle qu'on vient de lire qui nous éclaireront sur ce point.

Le second axe de leur "réfutation" est d'apparence plus redoutable. Il consiste, justement, à répondre par une négation argumentée à la question ci-dessus posée, autrement dit à affirmer, preuves à l'appui, que le remplacement d'une théorie ancienne par une nouvelle comporte généralement des *pertes de pouvoir explicatif*. S'il en allait vraiment ainsi, cela, évidemment, serait très grave. Cela confirmerait la validité d'une thèse que toute cette école de pensée a grandement contribué à populariser : à savoir l'idée qu'il y a de hauts savoirs scientifiques — de valeur comparable (supérieure ?) au nôtre — qui furent littéralement perdus. Mais en fait, heureusement, on voit fort aisément que l'affirmation de départ est fausse, et cela simplement en analysant les cas d'espèce qui furent mis en avant pour l'étayer. Considérons par exemple celui que l'épistémologue Larry Laudan (1987) emprunte au domaine de la physique. Il porte sur la biréfringence de la lumière. Il consiste en l'observation que ce phénomène était bien expliqué par la théorie ondulatoire de Huygens et que celle-ci fut supplantée par celle, corpusculaire, de Newton, qui, elle, ne l'expliquait pas. Voilà bien un cas manifeste, nous dit, en substance, Laudan, de perte de pouvoir explicatif.

Certes, on peut concéder que, sur le plan des événements et du court terme, Laudan a raison. Mais ce qui compte, ce n'est pas cela. C'est le long terme. La seule question valable est de savoir si, *aujourd'hui*, notre théorie de la lumière échoue encore à nous fournir une explication de la biréfringence, ou nous en donne une qui serait de moindre portée que celle autrefois fournie par Huygens. Or à cette question, la réponse, clairement, est non car, de fait, tout le contenu informatif et explicatif de cette théorie a maintenant été intégré dans une théorie beaucoup plus vaste et plus subtile, l'électrodynamique quantique, qui prend en compte aussi bien les aspects ondulatoires que les aspects corpusculaires de la lumière, et "explique", en particulier, la biréfringence. Prétendre que la théorie de Huygens constitue un savoir perdu serait une pure et simple ineptie.

Etant donné que les épistémologues de cette école récusent pour la plupart l'idée d'universalité, ils pourront toujours soutenir que la réfutation qu'on vient de lire de leurs idées concerne le seul champ de la physique. Bien que partisan (pour les raisons données en première partie) de cette universalité, il m'est difficile de les déloger d'une telle position de repli car (on l'a vu en fin de section 5.4) l'universalité que je défends laisse quand même une place importante à la spécificité des diverses sciences. Je ne saurais donc complètement écarter l'idée qu'en certaines de celles-ci il y ait eu une perte durable de pouvoir explicatif. Peut-être cela s'est-il produit dans celles de ces disciplines qui sont très proches des techniques (car, qu'il y ait eu oubli de certaines techniques, principalement artisanales, est une conjecture plausible). Je n'en suis cependant pas convaincu car les exemples que cite Laudan en la matière ont deux défauts : d'une part, comme le précédent, ils ne concernent que des états de chose temporaires, relatifs à une tranche d'histoire déterminée, et d'autre part leur auteur tend à confondre perte de pouvoir explicatif avec désintérêt momentané pour telle ou telle classe de problèmes, amalgame qui n'est, à l'évidence, pas acceptable.

Enfin je rappellerai pour terminer le grand point faible de la conception de tous les kuhniens, feyerabendiens, etc. Du fait de leur adhésion implicite, les uns au réalisme objectiviste, les autres à un constructivisme prenant pour "moellons" des concepts très voisins de ceux de ce réalisme, tout remplacement d'un de ces concepts par un autre fait figure à leurs yeux de véritable effondrement de la théorie qui fut édifiée sur ce concept. Leur idée d'une non-cumulativité des sciences paraît tacitement fondée sur cette pseudo-évidence. Or on n'insistera jamais assez sur le fait que, au moins en épistémologie de la physique, c'est là s'engager sur une piste tout à fait fausse. Si l'on garde en mémoire la véritable perennité des équations et l'accroissement quasi continu du pouvoir prédictif des hommes, on ne peut pas ne pas conclure que cette physique est cumulative.

En résumé, ce que, personnellement, j'ai retiré de l'étude des épistémologues de cette école c'est un mélange de satisfactions de détail et de scepticisme — pour ne pas dire plus — quant aux fins. Il m'apparaît qu'ils combinent des informations en général parfaitement justes et intéressantes concernant les méthodologies, les traditions de recherche, etc. avec des vues sur le contenu du savoir qui sont, pour la plupart, simplistes et arbitraires, et semblent révéler une indéniable méconnaissance des parties les plus avancées des sciences[1]. Cela dit, des études critiques très poussées des thèses kuhnienne, feyerabendienne, etc., ont depuis longtemps été proposées par nombre d'auteurs. Tous les arguments "pour" et "contre" ont, sans

---

1. Ils semblent, en particulier, méconnaître la force du ciment que, à l'intérieur de chacune de ces parties, constituent les grandes lois de celles-ci. Après les avoir lus, des étudiants en philosophie demandent, par exemple : "qui a été l'auteur de telle ou telle formule ?", sans réaliser que cette dernière n'est qu'une application élémentaire d'équations pleinement générales.

doute, été développés et il va sans dire que le rapide coup de projecteur qui précède n'a aucunement pour visée de se substituer à ces pertinentes — et longues — analyses. Par lui, j'ai seulement voulu faire ici connaître les raisons qui font que, personnellement, je suis plus que réservé à l'égard de telles idées, et qui donc justifient mon intérêt pour d'autres itinéraires de pensée, bien différents.

11-3. Regards sur certaines idées générales

Si l'approche kuhnienne a, ces dernières décennies, grandement attiré l'attention, elle est très loin d'avoir mobilisé tous les esprits férus d'épistémologie. En fait le dernier demi-siècle a vu, en ce domaine, un vrai foisonnement de points de vue. De ceux-ci il n'est pas question de produire ici une analyse systématique qui demanderait des volumes et qui, au total, pourrait bien nous égarer plus qu'elle ne nous éclairerait. Beaucoup moins ambitieusement, je me bornerai, dans cette section et les suivantes, à proposer telles ou telles remarques critiques d'ordre général.

i) On me pardonnera de souligner la nécessité qu'il y a, lorsqu'on lit des textes de philosophes (épistémologues compris !) de conserver un esprit critique en éveil. Que, comme les autres disciplines, la philosophie ait son langage professionnel (son jargon), il n'est rien, certes, de plus normal. Mais, dans ces autres disciplines, l'un des plus signalés services que rend le langage en question est d'interdire les glissements de sens. Il serait bon qu'il en aille de même en philosophie. Or on ne peut que constater que, dans certains textes philosophiques, le langage professionnel, loin d'empêcher ces glissements, bien au contraire les favorise. Dans tels ou tels cas l'opération est délibérée : l'auteur du glissement en question attend de lui que, tout comme dans la poésie, il débouche sur de l'ineffable, porteur de sens. Mais le plus souvent il s'agit seulement d'effets non voulus, parasites, dus à l'abus de vocables à plusieurs sens, ou à un certain goût pour le style précieux, abusivement confondu avec la finesse d'analyse. Toujours est-il qu'en toute lecture philosophique il importe beaucoup de rester sur ses gardes, de ne jamais se laisser bercer par les mots, et de systématiquement juger par soi-même si le texte est, ou non, significatif. C'est là la contrepartie de l'irremplaçable apport de certains très grands philosophes à notre appréhension du monde.

ii) Il est de fait qu'à propos des connaissances scientifiques quelques épistémologues usent de longs détours, parlent abondamment de visées, de conflits, de conséquences psycho- ou sociologiques, et, en définitive, s'expriment très peu sur le problème central : celui de bien voir ce que la science vraiment dit — et ne dit pas.

iii) Les adversaires de Rousseau lui ont bien souvent reproché d'avoir érigé en principe une idée arbitraire qu'il avait eue — celle que l'homme est naturellement bon — et d'avoir très correctement déduit de celle-ci, en particulier en histoire (nous dirions "en préhistoire"), des conséquences factuellement fausses. Les auteurs qui écrivent sur la philosophie des sciences courent toujours le risque de se comporter de cette manière : poser, au départ, un principe clair et séduisant et en déduire ensuite mille choses, mais en oubliant en chemin que c'est seulement à partir du principe qu'ils ont *posé* que ces choses sont démontrées. Il y a plusieurs exemples de ce type de comportement. Les empiristes ont pris pour principe que toute connaissance vient des sens. Ils ont tellement raisonné ensuite sur la base de cet axiome qu'il est devenu vérité première à leurs yeux. Même chose pour les positivistes et leur principe de vérifiabilité, dont ils ont développé à l'infini les conséquences et qui fait qu'ils abhorrent *a priori* l'idée de variables cachées. On voit bien qu'ils la jugent irrationnelle, alors qu'elle est seulement incompatible avec le principe posé. Même chose enfin pour les réalistes, qui, à l'inverse, érigent en dogme l'idée d'une réalité à la fois indépendante de nous et connaissable, en principe, telle qu'elle est véritablement, ses structures contingentes comprises ; et qui ont à ce point brodé sur cette idée qu'ils ne conçoivent même pas qu'elle puisse n'être qu'une hypothèse.

iv) Les épistémologues ont appris à tenir compte de la relativité. Mais ils ne se méfient pas assez de la mécanique quantique. Elle peut avoir pour conséquence l'inexactitude de certains, justement, de ces principes qu'ils prennent comme assises à leur quête. C'est, bien entendu, pour les épistémologues à orientation réaliste que le danger est le plus grand. On l'a vu, certains croient pouvoir poser que toute entité que l'on peut manier et utiliser est un objet possédant l'existence individuelle dans toutes les circonstances où il se trouve. D'autres — ou les mêmes — énoncent que les particules ont par définition des trajectoires continues, etc. On peut se demander si une part non négligeable de la littérature épistémologique n'est pas à écarter, tout simplement parce que des idées s'y trouvent développées qui sont incompatibles avec notre savoir actuel.

v) S'agissant, justement, de la mécanique quantique, on a vu au chapitre 4 que son objectivité est du type que nous avons dénommé "faible" ; et, en section 4.1.4, une phrase de Bohr a été citée qui montre qu'effectivement c'était là le type d'objectivité que les fondateurs de cette mécanique avaient dans l'esprit. Les tenants du réalisme objectiviste estiment, bien sûr, qu' il y a là une difficulté, mais selon une thèse assez répandue celle-ci relèverait seulement de l'histoire. Elle se dissoudrait, rien que par l'observation de ce qu'à l'époque de la construction de la mécanique quantique — dans les années 1920-1930 — le positivisme logique était à l'honneur : l'idée était répandue que seul l'humainement vérifiable avait un sens. Et dans ces conditions, les pères fondateurs de la mécanique quantique n'auraient fait que suivre le mouvement. Je voudrais ici souligner le fait qu'en réalité cette explication par "psychologie collective" n'explique rien, justement parce qu'elle ramène tout à la psychologie sociale. Aujourd'hui la "mode" a beaucoup changé. La découverte du code génétique, celles relatives aux neurosciences, ont redonné une substantielle "plausibilité *a priori*" aux thèses réalistes. Si l'explication dont il s'agit était la bonne il devrait suffire aux physiciens théoriciens d'adopter une manière de voir conforme à l'air du temps, au réalisme objectiviste, pour résoudre les problèmes d'interprétation. Or nous avons bien vu qu'il n'en est rien. Certes, des modèles ont été construits — reproduisant les prévisions quantiques — qui visent à être scientifiquement crédibles et ontologiquement interprétables. Mais, comme nous l'avons constaté, ceux qui sont scientifiquement crédibles ne sont pas véritablement "ontologiquement interprétables", et ceux qui sont ontologiquement interprétables échouent à être scientifiquement crédibles. La thèse "historiciste" ici considérée est donc dénuée de valeur.

11-4. Physique et linguistique

On connaît la célèbre définition de Føllesdal, qui nous propose de considérer le *sens* comme étant « l'intersection de toutes les données dont peuvent disposer les personnes qui, dans leur vie quotidienne, communiquent ». Bien qu'elle ne surprenne guère au premier abord, à la réflexion elle se révèle percutante. Elle implique, en effet, que tout ce qui ne relève pas de la communication, donc du langage, n'a pas de sens. Que, par suite, aussi bien notre logique que notre appréhension des choses (connaissance scientifique comprise), doivent, pour avoir un sens, dépendre du langage.

Cette position centrale que pourrait bien avoir le langage explique l'intérêt que, tout au long du XXe siècle, nombre de philosophes — et certains physiciens — lui ont porté. Pour Cassirer (1972), par exemple, le langage est effectivement l'une des principales « modalités de donation du sens », car il contribue de façon décisive à la production des *formes symboliques* « élaborées par l'homme afin — comme l'écrit P. Uzan (1998) — d'accéder à la signifiance ». Ces mots caractérisent avec concision et exactitude l'idée fondatrice du vaste effort collectif d'exploration philosophique du langage poursuivi au cours des dernières décennies, effort qui, en vérité, n'est pas raisonnablement dissociable de ladite idée. Celle-ci — que l'on retrouve aussi chez Putnam et chez van Fraassen — n'est autre, on le voit bien, que la thèse idéaliste (que nous aurons à évaluer) selon laquelle, en quelque domaine que ce soit — physique comprise — la signification émane de l'homme. Avec la précision additionnelle, qui la distingue du kantisme, que cette signification ne proviendrait pas de formes innées — donc figées — mais bien d'un véritable processus d'élaboration.

Ce n'est pas ici le lieu d'entrer dans une discussion générale de ces thèses. En ce qui concerne les rapports entre la logique et le langage on notera simplement la pertinence de la remarque de Jean Largeault (1980, p. 16) que « la pensée n'est pas un phénomène public directement observable ». Remarque que cet auteur fait suivre de l'assertion : « La logique que l'on connaît en Occident ne se rapporte à la pensée que par l'intermédiaire du langage. » C'est pourquoi — explique-t-il — beaucoup de linguistes « ont abandonné la conception que les langues seraient des vêtements qui se superposeraient à une pensée pure comme une forme à un contenu », et estiment plutôt que c'est la langue qui façonne le cœur même de notre pensée, autrement dit, notre logique. L'idée cependant est troublante car les langues n'ont pas toutes la même structure et il s'en faut. S'il était vrai que notre logique est liée à celle des langues indo-européennes (et que les autres civilisations se seraient contentées de l'emprunter), cela impliquerait donc un relativisme radical : l'obligation pour nous d'abandonner jusqu'à l'idée de l'unité de la raison.

Dans ce cas-ci comme dans celui de la critique kuhnienne des sciences c'est, pour beaucoup, leur aspect « révolution par rapport aux idées reçues » qui a fait le succès de telles conceptions auprès du public cultivé. Notons cependant qu'ici aussi les cas d'espèce qui servent à ces linguistes à étayer leur thèse prêtent le flanc à discussion. Quand, par exemple, ils font valoir les immenses progrès, scientifiques et autres, qu'a permis l'introduction, par Aristote, du mot *potententia* (qui ouvrait la porte à une distinction entre "potentiel" et "actuel"), on est, dans un premier temps, convaincu. Mais à la réflexion on en vient quand même à se demander s'il est incontestable que la relation cause-effet soit bien celle ainsi impliquée. En science, en tout cas, ce serait plutôt le contraire. Les avancées de la recherche révèlent assez souvent qu'un mot n'est pas précis. Qu'il désigne en fait deux notions différentes, que l'on n'avait pas encore pu distinguer. Dans de tels cas on crée, bien entendu, quelque nouveau vocable et ceci permet aisément de sortir de l'ambiguïté. Pourquoi n'en serait-il pas allé de même dans l'esprit d'Aristote ? Pourquoi ne serait-ce pas son appréhension d'une certaine notion significative, distincte de celle de "actuel", qui l'aurait tout naturellement incité à créer un mot — en l'espèce le mot "potentiel" — pour la désigner ? La création du mot apparaîtrait alors comme seconde par rapport à celle de la notion et non l'inverse. Qu'un langage adapté facilite beaucoup la pensée, cela, bien entendu, est juste. Mais le slogan « le langage crée la pensée » pourrait bien, malgré tout, n'être qu'un "axiome à la Rousseau".

Aussi n'est-on guère surpris de découvrir — par exemple en lisant Largeault (*loc. cit.*) — que cette relativité de la logique au langage ne fait l'unanimité ni chez les linguistes ni chez les philosophes. Certains des premiers refusent l'idée que l'on pense spontanément en langage. Ils voient la langue selon le schéma qui vient d'être suggéré ci-dessus, c'est-à-dire comme un simple outil de communication servant au locuteur à coder une pensée non verbale et à l'auditeur à décoder ensuite le message. Certains des seconds développent des arguments qui les conduisent à la conclusion (intuitivement assez plausible !) qu'un système de règles formelles correspondant à une langue fondamentalement différente des nôtres (une langue, par exemple, dont les phrases ne seraient pas décomposables en sujets et en prédicats) ne mériterait pas le nom de logique.

La question est abstraite et complexe mais peut-être la physique peut-elle contribuer à éclairer un peu l'un de ses aspects. En effet, dans cette discipline il est nécessaire — on l'a vu au chapitre 1 — de dépasser le cadre des concepts familiers et même de rompre avec l'idée que les deux catégories de concepts correspondant l'une aux sujets (nous disions alors "objets") et l'autre aux prédicats (nous disions "attributs" ou "propriétés") sont totalement distinctes et ne se mélangent jamais. On aurait pu s'attendre à ce que ce dépassement débouche, sinon sur l'impossibilité de toute logique, du moins sur une logique totalement nouvelle. Or cette conséquence s'avère non *nécessaire*. Certes, des formulations de la mécanique quantique ont été proposées qui font appel à des systèmes formels différant de la logique classique. Mais l'usage de ces systèmes n'est aucunement contraignant, comme il appert du fait que la plupart des traités relatifs à la discipline dont il s'agit ne font aucunement appel à eux[1]. Aussi certains des "promoteurs" de

---

1. Nous avons noté que, contrairement à certains espoirs, ces systèmes n'ont pas permis de construire une théorie réaliste satisfaisant à la causalité locale et conforme aux faits observés.

ces systèmes (tel J.M. Jauch, 1973) ont-ils pris le sage parti de ne pas leur conférer le nom prestigieux de "logiques". Ils leur ont simplement donné l'appellation moins ambitieuse de "calculs propositionnels". Et ils ont justifié ce choix en faisant observer que même le physicien qui utilise systématiquement un tel calcul est bien obligé de faire usage de la logique ordinaire quand il *parle* de ce calcul. Autrement dit, ils ont fait valoir que le "méta-langage" est — lui — nécessairement conforme aux règles de la logique universelle.

Peut-être y a-t-il là l'embryon d'une réponse à la question plus générale posée par nos linguistes et philosophes. L'idée serait de distinguer, au sein de ce que nous appelons "logique" — ou "logiques" —, d'une part ce qui concerne les modes fondamentaux de la pensée et d'autre part les règles de composition de propositions se rapportant spécifiquement à tels et tels processus physiques ou mentaux. On concéderait que pour une grande part ces règles-là émanent de l'homme et de ses aptitudes — évolutives dans le temps — à concevoir et nettement décrire ceci ou cela. Mais on maintiendrait qu'il existe une logique fondamentale — une logique du "méta-langage" — qui est, elle, universelle. Et on ferait valoir aux opposants qu'ils ne peuvent éviter d'employer eux-mêmes une telle logique quand, tout simplement, ils s'avisent d'exposer leur thèse. Dans cet esprit on pourrait même envisager d'accorder à B.L. Whorf (1969) que « nous découpons la nature selon les voies tracées par notre langue maternelle » mais ce serait en précisant que ce qui dépend ainsi du langage ce sont seulement les règles de composition qu'on vient de dire. Que, donc, ce sont elles seules qui varient lorsque l'on passe de notre manière familière de construire des inférences, soit à celles que pratiquent certaines tribus amérindiennes soit à celle qu'implique le calcul quantique des propositions. Et que, pour le méta-langage, il n'est, bien au contraire, qu'une seule logique permettant de l'utiliser pour s'exprimer.

Indirectement, on se rapprocherait ainsi de Bohr et de son "axiome" (car chez lui c'en est vraiment un) selon lequel le "langage de tous les jours" (convenablement complété par la définition, en son sein, de mots techniques) est en définitive notre seul moyen de communication non ambigu. En effet, si ce langage du sens commun est vraiment l'ultime, inévitable et, donc, universelle référence cela implique évidemment que la logique sur laquelle il est construit présente ces mêmes caractères d'ultime recours et donc d'universalité. Peut-être objectera-t-on à ceci que ce "langage du sens commun" ne s'applique en fait qu'aux objets macroscopiques (et plus généralement à la physique classique), autrement dit à la description de ce que nous avons appelé la réalité *empirique* ; et que ceci borne, par le fait même, le champ de la logique fondamentale. Mais à cela on répondrait que si cette logique fondamentale est applicable à la description en question c'est peut-être parce que, au sein de la réalité indépendante, nous nous sommes fabriqué les concepts d'espace, de localisation, d'objets, etc. — bref tous ceux qui composent notre (très humaine !) réalité empirique — conformément aux règles de cette logique. Selon ce schéma, dans le trio "logique, langage, réalité empirique" ce serait la logique (fondamentale) qui aurait le rôle directeur. Contrairement aux thèses d'une grande partie des philosophes du langage ce serait elle qui commanderait au langage et non pas l'inverse. Et contrairement aux thèses des réalistes objectivistes, ce serait elle aussi qui commanderait, non certes à la réalité indépendante mais à la réalité empirique, autrement dit à ce qu'ils nomment, eux, réalité. On comprendrait ainsi que, lorsque l'on désire étudier des phénomènes situés hors du champ du macroscopique, la méthode la plus appropriée soit, non pas de créer de nouvelles logiques (quantiques ou autres) mais de faire appel à des règles *prédictives* formulées dans le cadre de la logique universelle[1].

11-5. Le sociologisme

L'image que les épigones de Kuhn proposent des sciences a nourri ce qu'on peut appeler le sociologisme. J'entends par ce terme la tendance de pensée qui consiste à considérer que (comme le disent en substance certains auteurs contemporains) les savoirs scientifiques ne peuvent être saisis en eux-mêmes, dans leur être propre, avec certitude. Qu'ils doivent toujours être pensés comme inscrits et imbriqués dans des *situations anthropologiques qui leur sont constitutives*[2]. Ce véritable *credo* du sociologisme — que, sous cette

---

1. Les philosophies du langage débouchent parfois sur des vues dont un scientifique ne saisit que mal la portée. Tel est le cas, en particulier, de celle que développe Austin (cité par S. Laugier *in* Bitbol et Laugier, 1997) à propos du mot "réalité", dont il laisse entendre qu'il n'aurait d'autre sens que celui d'"authenticité" : *"a real cream"* par opposition à une imitation non comestible. Le malheur, c'est qu'il existe d'autres langues - tel le français — dans lesquelles, dans ce sens, le mot "réel" n'est, tout simplement, pas utilisé. Pour dire *"a real cream"* nous disons "une vraie crème". Ce qui n'empêche pas que, pour nous, l'expression "une crème réelle" a aussi un sens. Nous désignons ainsi un objet dont nous jugeons que nous constaterions l'existence même si nous le regardions sous un autre angle, même si nous appuyions sur la télécommande de la télévision, etc. Austin n'a, semble-t-il, pas donné au concept de contrafactualité toute la place qui lui revient.

2. Cf. D. Pestre (1997).

forme ou sous une autre on peut lire sous la plume de nombre de penseurs post-quelque chose — est, à mon sens, un subtil mélange de vrai et de faux et, au total, une caricature de la vérité. C'est cette nature hybride qui lui donne sa force persuasive, et par là même son caractère destructeur.

Sa (petite) part de vérité gît, on le sait déjà, dans le fait qu'au vu d'arguments non plus seulement philosophiques mais, aujourd'hui, également en provenance de la physique, il est devenu très difficile — voire quasiment impossible — de défendre d'aucune manière convaincante le réalisme objectiviste. Les données dont on dispose n'interdisent pas, il est vrai, aux quelques physiciens pour qui ce réalisme est une vraie exigence de la pensée d'aspirer à tout prix à le justifier en produisant une théorie ontologiquement interprétable qui soit scientifiquement probante. Mais il ne s'agit aujourd'hui de guère plus que de tentatives et d'aspirations, et, en tout cas, le scientifique "réaliste" n'a plus d'arguments en provenance de son savoir lui permettant de vraiment persuader les tiers que le réalisme objectiviste est la vision philosophique correcte du monde. C'est sur ce point, s'ils le faisaient valoir, que la référence anthropique des tenants du sociologisme aurait quelque apparence de pertinence. Mais leur discours n'est aucunement tel.

Reconsidérons leurs vues. Si une assertion du type « les savoirs scientifiques ne peuvent être saisis en eux-mêmes, dans leur être propre » est suffisamment vague pour être, à la rigueur, interprétée de la manière qu'on vient de dire, il n'en va pas de même de prises de position plus précises telles que l'affirmation déjà citée : « ces savoirs doivent toujours être pensés comme inscrits et imbriqués dans des situations anthropologiques qui leur sont constitutives ». Par des expressions du type "situations anthropologiques" (au pluriel) il est impossible de ne pas comprendre des situations *contingentes*, réalisées en certains lieux et temps et non en d'autres, ce qui, dès que l'on quitte les idées générales, débouche sur des questions déconcertantes. Doit-on comprendre de telles affirmations comme signifiant que tout savoir scientifique établi — y compris, donc, toute règle de prédiction d'observations — peut être vrai ici et faux là-bas ? Que l'impossibilité de transmettre un ordre à vitesse supraluminale, ou celle de construire des machines à mouvement perpétuel, etc., sont des faits socio-culturels, comparables, en nature, aux modes ? Que si Poincaré, Einstein et Lorentz avaient été élevés autrement qu'ils ne le furent nous pourrions envoyer à distance des commandements instantanément suivis d'effet ? Que si les sociétés allemande et danoise des années 1920 avaient été différentes de ce qu'elles furent nous serions capables de violer les relations d'indétermination de Heisenberg ? Si tel est le sens des affirmations en question celles-ci sont — pour dire le moins ! — contestables. Mais hélas, vu leur teneur même on ne voit pas comment les comprendre autrement !

Ce sociologisme n'a, grâce au ciel, pas atteint les milieux scientifiques eux-mêmes[1] mais il a fait durant ces dernières décennies de vrais ravages dans le monde des sciences humaines et, par ce canal, ses thèses se sont trouvées largement répandues dans le grand public. En de telles circonstances, il est vain d'espérer ramener l'opinion à des vues plus saines par le moyen du raisonnement. Il faut utiliser d'autres canaux. C'est ce que, par bonheur, le physicien Alan Sokal a bien compris. Le piège qu'il tendit aux socio-épistémologues n'avait rien de déloyal, car si ceux-ci avaient été sérieux ils y auraient automatiquement échappé. Le fait qu'ils y sont tombés a donc jeté une lumière crue sur le ridicule des assertions auxquelles le sociologisme peut conduire, et, plus généralement sur le manque d'esprit critique qu'il engendre immanquablement[2]. On assiste depuis lors à un net reflux de cette "mode". Si ses adeptes ne se rétractent pas ouvertement, du moins introduisent-ils des nuances, des réserves, des distinctions qui rendent leurs vues moins critiquables… en même temps que moins significatives. Malheureusement Sokal lui-même a versé dans

---

1. Il est vrai qu'une lecture un peu rapide du *Manuscrit de 1942* de Heisenberg [1998] pourrait, à cet égard, inspirer quelque doute. Son auteur n'y soutient-il pas qu'il fut un temps où les dieux de l'Olympe gouvernèrent *réellement* le monde grec ? On remarquera toutefois que ce document ne propose aucunement une interprétation sociologique *de la science*. Certes, Heisenberg s'y refuse à diviser nos divers "agencements de la réalité" en "objectifs" et "subjectifs", en "vérités" et "apparences". Il n'en est pas moins vrai que la succession temporelle de ceux de ces agencements qui furent liés à la science n'eut, selon lui, que des causes internes au savoir lui-même.

2. On sait qu'en 1996, sous le titre (à la "profondeur" alléchante!) de "Transgresser les frontières : vers une herméneutique transformative de la gravitation quantique", le physicien Alan Sokal eut l'idée de soumettre à la revue *Social Text* — considérée dans son domaine comme d'un bon niveau scientifique — un article-piège parodiant sans en avoir l'air les thèmes favoris de la "socio-épistémologie". Le manuscrit présentait comme donnée acquise le "fait" que la réalité physique est une construction linguistique et sociale et que la connaissance scientifique « reflète et encode les idéologies dominantes et les relations de pouvoir de la culture qui l'a produite ». Il posait, par exemple, que la pensée de Niels Bohr était purement et simplement issue de la crise de l'hégémonie libérale en Europe centrale avant et après la Première Guerre mondiale. Et il ne manquait pas de saluer au passage — en les citant — les travaux des sociologues qui surent mettre en lumière « l'encodage sexuel dans la mécanique des fluides », ainsi que « l'idéologie sexiste qui sous-tend les sciences naturelles, physique comprise ». On sait aussi que cet article fut pris au sérieux et *accepté* par les éditeurs de la revue (*Social Text*, 46/47, pp. 217-252 [1996], Duke University Press).

l'autre extrême, celui consistant à rejeter comme non scientifique toute vue s'écartant du réalisme physique. Nous connaissons déjà les graves difficultés auxquelles cette conception conduit. Elles ont été étudiées en détail au chapitre 9.

11-6. La fin des certitudes ?

La "fin des certitudes" est un thème souvent évoqué. Mais est-il réellement valable ? Il me semble, pour ma part, que l'idée procède d'une simplification abusive. Car qu'entend-t-on par "certitudes" ? Quelles sont les connaissances dont on voudrait qu'elles soient certaines ? Aux temps de Leibniz, et encore de Kant, le déterminisme était considéré comme l'une des "conditions de possibilité" de la science. Certains esprits jugent encore qu'il en va ainsi, qu'il n'y a de "science certaine" que dans le cadre déterministe, et pour eux, certes, l'indéterminisme quantique sonne le glas des certitudes. Mais le fait que l'âge d'or de la physique fut précisément celui des débuts de la mécanique quantique montre bien que le déterminisme n'est pas nécessaire au développement de connaissances auxquelles l'épithète "certaines" convient incontestablement. Et cette remarque s'applique *a fortiori* aux vues de ceux qui fondent la fin des certitudes sur les théories actuelles du chaos. Pour d'autres — qui admettent l'indéterminisme — il ne saurait y avoir de certitudes que dans le cadre, soit du réalisme objectiviste, soit, à la rigueur, du réalisme physique. Ayant pris connaissance des chapitres qui précèdent, ceux-là aussi seront amenés à juger que toute certitude est perdue, puisque le réalisme physique est en grande difficulté. Selon moi, cependant, ils manifestent là un pessimisme injustifié, car, on l'a constaté à plusieurs reprises, nos lois prédictives, une fois établies, n'ont jamais connu de réfutations significatives. Elles s'appliquent bien, indépendamment des changements que peuvent connaître leurs interprétations. Nous savons vraiment que, dans telles et telles conditions, nous observerons ceci ou cela. Ou que nous avons telle ou telle probabilité d'observer ceci ou cela, et que, par épreuves répétées, cette probabilité sera confirmée par notre expérience. N'est-ce pas là un savoir certain ? Quant à moi, je réponds oui à la question et refuse donc de rejoindre les penseurs qui proclament à l'envi la fin des certitudes.

12

Les matérialismes

12-1. Introduction

Plus haut nous constations qu'une frontière précise entre les domaines respectifs du philosophe et du physicien est devenue impossible à tracer, le vieux précepte « au premier, l'examen de la nature des choses et au second celui de leur comportement » n'étant plus applicable à l'heure actuelle. C'est ainsi, par exemple, que, déjà dans la seconde moitié du XIXe siècle, un problème apparut — celui de la nature du rayonnement électromagnétique — qui, de toute évidence, était central pour la physique et qui, néanmoins, s'avéra presque impossible à dissocier de toute problématique ontologique. On peut dire que, dans la mesure où Poincaré parvint, malgré tout, à réaliser cette dissociation (en posant que la question de savoir si l'éther existe ou non relève en fin de compte de la convention pure et simple) ce ne fut que grâce à une réflexion elle-même essentiellement philosophique. Des remarques très similaires peuvent être faites relativement à l'atomisme.

Cet état de choses contribua certainement à la résurgence du sentiment (qui avait prévalu durant les siècles précédents) qu'en dernière analyse la science est porteuse d'un certain enseignement de nature ontologique. Il ne fut, de ce fait, pas étranger au développement des matérialismes. Le mot "matérialisme" est écrit ici au pluriel car cette philosophie revêtit et revêt encore — nous allons le voir — des formes assez différentes. Pour la commodité nous en distinguerons ici trois : le matérialisme dialectique, le matérialisme scientifique et une troisième, pour laquelle le nom de néo-matérialisme semble adéquat.

12-2. Le matérialisme dialectique

Il ne serait pas concevable de passer ce matérialisme sous silence mais que l'on me permette de seulement le mentionner ici, sans en fournir une quelconque analyse critique. Pour des raisons variées (et non toutes d'égale pertinence !) cette doctrine n'est plus considérée, aujourd'hui, comme très porteuse, mais le vrai motif de mon abstention n'est pas celui-là. Il réside dans le fait que le matérialisme dialectique fit, au cours d'une période de plus d'un siècle, l'objet de tant de réflexions et d'écrits qu'on ne saurait en traiter cavalièrement, en quelques pages. Je rappellerai seulement que si, pour les raisons signalées en section 4.2.1, il est exact qu'un rapprochement peut être fait entre la pensée de Bohr et la dialectique en général, en revanche il est illusoire de vouloir rattacher en quelque façon cette pensée (bien que tels et tels l'aient tenté) au *matérialisme* dialectique. Et cela, simplement du fait que l'approche bohrienne propose une représentation du réel qui a en elle beaucoup d'humain. En conséquence, lui donner le nom de "matérialisme" ne pourrait se faire qu'en changeant radicalement — et tout à fait arbitrairement — le sens de ce dernier mot.

12-3. Le matérialisme dit "scientifique"

Le matérialisme ici qualifié de "scientifique" (afin seulement de le bien distinguer des autres) est une doctrine vénérable, antérieure à la science elle-même et remontant au moins à Leucippe et à Démocrite, c'est-à-dire aux Ve et VIe siècles avant Jésus-Christ. Ses lettres de noblesse sont nombreuses et variées et il fut défendu par maints grands esprits. L'un des traits qui le caractérise est qu'il s'agit d'une vraie philosophie, autrement dit d'une vision du monde revendiquant l'universalité. C'est ce qui fait que, par exemple, le mécanicisme cartésien ne fut pas un matérialisme car, dans la vision de son auteur, ce mécanicisme concernait seulement l'étendue et aucunement la pensée. La même remarque s'applique, *grosso modo*, aux vues de Galilée, de Newton et, de façon plus générale, à celles de la plupart des "savants" du XVIIe siècle, même s'il furent, sur ce point, moins explicites que Descartes. C'est seulement, semble-t-il au XVIIIe siècle que commença à prendre forme l'idée aujourd'hui répandue que même la pensée pourrait être englobée dans une approche "matérialiste".

Qui dit "matérialisme" — ou "mécanicisme" — ne dit pas nécessairement "atomisme". Comme on le sait, Descartes lui-même n'était pas "atomiste" et, de fait l'atomisme antique, celui de Démocrite et d'Epicure, connut une éclipse d'une durée étonnamment longue — presque deux mille ans ! — pour ne réapparaître qu'épisodiquement au XVIIe siècle avec Gassendi, et, d'une manière objectivement motivée, seulement au début du XIXe avec les travaux de Dalton. Encore est-il vrai qu'il ne fut jamais "universalisé" par la science. Même à l'époque de son apogée, à la fin de ce même XIXe siècle, les scientifiques, matérialistes ou non, situaient les concepts d'éther et de champs hors de son cadre.

Cela étant noté, il n'en est pas moins vrai qu'aujourd'hui, dans la pensée du plus grand nombre, le mot de "matérialisme" évoque une vision principalement atomistique de la nature. Il s'agit d'un réalisme *objectiviste* et même d'un réalisme *proche*, dont le concept central est dérivé, par simplification et abstraction, de notre expérience des objets solides. L'atome philosophique — autrement dit la particule — y est conçu au moyen d'un passage à la limite : on songe implicitement à une suite de grains de sable ou de poussière de diamètres toujours plus petits. Ces particules y sont considérées comme interagissant par des forces dont, depuis les succès de la théorie newtonienne, il est devenu "intuitif" de considérer qu'elles peuvent n'être pas toutes des "forces de contact". Dans nos sociétés actuelles on admet sans difficulté qu'elles peuvent agir à distance — avec toutefois une intensité décroissante quand celle-ci croît — et, dans le grand public, on les conçoit alors comme des sortes d'émanations des particules. On pose enfin que le monde tout entier — y compris nous et nos cerveaux — est constitué de tels "atomes", et que les phénomènes qui s'y produisent, pensée comprise, sont, en définitive, exclusivement les conséquences de l'existence de ces atomes et des forces qui les relient.

Assurément, une telle vision du monde est grossièrement simplificatrice. Le qualificatif de "scientifique" serait franchement inadéquat si l'on ne précisait immédiatement que l'épithète renvoie, non pas aux conceptions qu'un scientifique authentique exposerait à quelque auditoire éclairé mais seulement à la "garantie de solidité" que, sur la base de trompeuses simplifications, l'homme de la rue[1] attribue assez volontiers à la vision ici décrite. Cela dit, il nous faut reconnaître que, pour schématique qu'il soit, ce matérialisme scientifique a, dans certains domaines, fourni aux chercheurs un cadre de pensée adéquat au développement de disciplines d'une haute complexité et d'une remarquable fécondité. Il n'est, pour s'en rendre compte, que de penser à, par exemple, la biologie moléculaire, qui est presque entièrement constituée selon le schéma conceptuel ci-dessus décrit. Aussi peut-

---

1. Et pas seulement celui-ci. Compte tenu des irréfutables données scientifiques rappelées plus haut dans ce livre, la phrase du célèbre philosophe physicaliste J.R. Searle (1998) (citée par Bitbol, 2000) : « Nous vivons dans un monde entièrement composé de particules physiques dans des champs de force » : ne peut que nous laisser gravement perplexes quant au niveau des connaissances en physique de tels ou tels penseurs actuels...

on psychologiquement comprendre (même si on ne peut, cela va de soi, y souscrire) la position des scientifiques — nombreux encore, surtout chez les non-physiciens ! — qui proclament en toute bonne foi que le matérialisme compris selon la ligne générale de pensée que l'on a dite (avec, bien sûr, tous les raffinements et toutes les inflexions que la complexité de la nature peut imposer) est l'indispensable cadre de référence de toute recherche digne de ce nom en quelque domaine scientifique que ce soit.

A fortiori, on comprend que les succès de cette vision du monde "matérialiste-atomistique" aient entraîné sa dissémination dans le public, et qu'au sein des sociétés développées cette vision se soit répandue au point d'être devenue notre ontologie instinctive : entendons, notre manière quasi obligée de tout penser — qu'il s'agisse de corps naturels, de machines ou, aussi bien, d'êtres vivants, de leurs cerveaux et donc, transitivement, de la pensée elle-même, conçue comme simple émanation de ces derniers. Mais pour psychologiquement normal que ce processus ait été, son aboutissement n'en constitue pas moins, en définitive, une considérable erreur. Nous avons déjà pris conscience des déficiences scientifiques de l'atomisme philosophique (voir section 3.3.7). Nous savons donc qu'un matérialisme atomistique réduisant le monde à des atomes, particules etc. interagissant par des forces décroissant avec la distance est une position fondamentalement intenable. Nonobstant l'attrait qu'il présente pour tels ou tels esprits et l'emprise intellectuelle qu'il exerce sur beaucoup d'autres, un tel matérialisme est faux.

Certes, on pourrait espérer le sauver en le corrigeant, et c'est bien là la voie que tentent de suivre certains auteurs. Roger Penrose, par exemple (qui se présente comme un physicaliste plutôt que comme un matérialiste), prend ses distances à l'égard à la fois de l'atomisme et de la physique quantique conventionnelle. Nous savons déjà qu'il choisit de faire confiance à une vision à base de fonctions d'onde et, au sein de celle-ci, à l'une des théories qui modifient légèrement l'équation de base de la mécanique quantique non relativiste, l'équation de Schrödinger (en l'espèce, à celle qui fait à cet effet appel à l'influence de la gravitation) (Penrose, 1995). Bricmont (1994), lui, ainsi que Sokal (Sokal et Bricmont, 1997), font appel au modèle — que nous connaissons — de Louis de Broglie (1927) et David Bohm (1952), qui est, en apparence, plus conforme à l'atomisme. Toutefois, comme nous l'avons vu, l'apparence est ici trompeuse puisque, concurremment avec les corpuscules, le modèle met en jeu une réalité non locale. En fait, de telles conceptions sont bien des possibilités, mais marginales ; elles sauvegardent certes l'objectivité forte mais la première est, à l'heure actuelle, plutôt considérée comme un simple programme de recherche et la seconde se heurte aux difficultés déjà signalées touchant à son accord avec la relativité. Renvoyer à l'une d'elles dans l'idée de sauver le matérialisme scientifique c'est déjà avouer qu'à présent ce matérialisme ne peut plus être présenté comme il le fut souvent jadis : à savoir comme la vision du monde la plus raisonnable, portée par le savoir et s'imposant par là d'elle-même à tous les esprits éclairés. Et d'un autre côté, si, dans l'espoir de réinsérer ses convictions dans le grand courant de la science "en marche", le partisan du matérialisme scientifique tente de faire retour aux idées directrices de la physique quantique conventionnelle — celle qui prouve tous les jours sa fécondité — il est, répétons-le, tout de suite "bloqué". Dans ce cadre, en effet, les idées que ce matérialisme prend pour assises conceptuelles, celles d'atomes, de particules, etc., ne peuvent être (nous l'avons vu) que les composantes d'une description de la réalité *empirique*, voire *épistémologique,* c'est-à-dire d'un découpage du réel que *nous* opérons par la pensée afin de rendre compte de notre expérience communicable. Il est clair qu'alors la thèse de la pensée-épiphénomène — celle d'une pensée émanant d'un cerveau purement "composé d'atomes" — est logiquement incohérente puisque les objets qui y sont censés expliquer la pensée n'ont eux-mêmes d'existence que relative à la pensée.

Soucieux de ne pas faire à ce matérialisme atomistique un procès trop expéditif, de bons esprits se sont cependant attachés à une exploration des arguments susceptibles d'éventuellement le sauver. Ceux-ci sont de diverses sortes. Parmi eux on trouve d'abord le raisonnement très général déjà commenté en section 11.3, qui consiste à faire valoir que la mécanique quantique prit naissance en un temps où les théories de la connaissance les plus prisées étaient du type positiviste. Ces théories soulignaient à l'envi le rôle fondamental de la perception, le danger de non-sens inhérent à toute métaphysique, y compris celle que constitue le réalisme transcendantal, et ainsi de suite. Le raisonnement consiste à avancer que c'est là le pourquoi du fait que, dès l'origine, la mécanique quantique fut formulée en termes de résultats de mesures plutôt que de réalités existant "en soi". Ce raisonnement comporte une part incontestable de vérité mais il est clair qu'on ne peut s'en tenir à lui. Nous le notions déjà plus haut : pour se former une opinion valable sur ce qui en est réellement il faut se livrer aux études dont la première partie de cet ouvrage a donné un panorama ; entendons qu'il faut rechercher si parmi les théories ontologiquement interprétables reproduisant les prédictions observables de la mécanique quantique il s'en trouve de satisfaisantes à tous égards. Nous connaissons le résultat. Comme on vient de le rappeler, il existe, effectivement, des théories ontologiquement interprétables (et le simple fait de savoir qu'elles existent permet même, on le sait, d'analyser plus clairement certains problèmes conceptuels liés au phénomène de la mesure). Mais, d'une part ces théories s'écartent très appréciablement, comme on l'a vu, de l'atomisme, d'autre part — et surtout ! — il n'y en a pas, parmi elles, qui soient réellement convaincantes car toutes soulèvent de sérieuses difficultés.

Un autre argument, un peu similaire mais plus profond, a été proposé à partir de la notion de *valeur* (Bitbol, 1998). Cette notion est elle-même assez étroitement apparentée à celle de *tradition de recherche*, développée par Larry Laudan (1987). L'une et l'autre se rattachent, en définitive, à la vérité toute simple que la recherche suppose le désir de chercher. Celui-ci puise sa sève, en général, dans certaines intuitions premières qui, pour l'esprit, sont des valeurs. Des valeurs qu'il désire, d'abord, clarifier ; que, du même élan, il prétend justifier ; et qu'il se voit, par là, parfois conduit à modifier. D'où le rôle décisif des traditions de recherche, dont il convient de remarquer que, certes, elles évoluent, mais à un rythme assez lent pour que, consciemment ou non, les aspirants chercheurs y trouvent les points d'appui dont nul ne saurait se passer.

Aux yeux de Laudan, les traditions de recherche ne sont ni des programmes ni des théories particulières mais plutôt des tissus de théories et d'engagements de plusieurs sortes, méthodologiques *et ontologiques*. Elles ont généralement une longue histoire. Laudan en donne plusieurs exemples, dont il puise la plupart dans les sciences humaines (marxisme et capitalisme en économie, béhaviorisme et freudisme en psychologie, etc.). Mais il cite aussi, à ce titre, le darwinisme, le mécanisme, etc. Il souligne — dans une perspective d'historien — que chaque tradition de recherche en évolution comporte un jeu de théories parfois rivales et contradictoires, et qu'à l'inverse des théories qu'elles englobent, ces traditions ne sont ni explicatives, ni prédictives, ni testables directement. Il s'agit plutôt, précise-t-il, d'ensembles d'hypothèses très générales portant sur les entités et les processus du domaine étudié ainsi que sur les méthodes appropriées à l'analyse des problèmes et à l'établissement des théories relatives à ce domaine.

Il n'est pas interdit de considérer que, dans plusieurs des considérations qu'il développe et qui touchent à cette idée, Larry Laudan — tout comme nombre d'épistémologues contemporains — est assez loin d'être convaincant. Nous avons constaté, par exemple, au chapitre 11 que tel est le cas en ce qui concerne ses arguments visant à démontrer des pertes de savoir objectif. Toutefois, ceci n'empêche pas sa notion de tradition de recherche d'être très valable, au moins sur les plans historique et psychologique. A l'exemple de Michel Bitbol on peut aussi appeler ces traditions des "valeurs", car, au-delà des calculs — et même d'une rationalité "désincarnée", — ce sont elles, encore une fois, qui, aux yeux du chercheur, donnent un sens et comme un "squelette" à sa recherche.

Parmi ces traditions de recherche se trouve le matérialisme. Il est bien l'une d'elles car on constate sans peine qu'il présente les caractéristiques que nous leur avons, à la suite de Laudan, ci-dessus trouvées, jusques et y compris celle de contenir en son sein des théories très différentes. Quoi de commun entre l'atomisme de Démocrite, le matérialisme dialectique et le néo-matérialisme dont il va être question ? Rien, semble-t-il, sinon un état d'esprit fait de réalisme ontologique, d'une foi robuste (chez la plupart) en l'intelligibilité fondamentale de ce qui *est,* et d'un rejet qu'on pourrait qualifier de viscéral à l'égard de ce qui y est qualifié de "rêveries du spirituel". Ces convictions tissent un lien d'une grande force psychologique mais qui, bien sûr, ne dispense pas de rechercher quelle est leur validité objective au regard du présent savoir. En ce qui concerne le matérialisme scientifique tel que défini au début de cette section, Michel Bitbol (1998) présente à cet égard un argument intéressant. Il fait valoir que, quelque significative que soit la critique de cette conception résumée plus haut — ou de conceptions similaires —, elle doit pourtant faire appel à des arguments qu'à la suite de Laudan — précisément — il appelle "ampliatifs" : entendant par là des arguments qui "amplifient" le corpus des motifs de choisir et le font déborder du strict empirisme. En ce qui concerne, par exemple, la mise à l'écart du modèle Broglie-Bohm, elle a été faite en renvoyant aux difficultés conceptuelles rencontrées par ce modèle dans le domaine des interactions à distance, relativistes en particulier. Elle aurait pu également se fonder sur le caractère "inutilement" compliqué de ce modèle, en entendant par là le fait qu'il introduit nombre de grandeurs essentiellement inobservables dont la prise en compte complique effectivement beaucoup les calculs. Des arguments de ce type ont toujours joué un grand rôle dans l'édification de la physique. En vérité, il serait impossible de s'en passer. Mais il n'empêche qu'ils débordent, effectivement, le cadre strict de l'empirisme. Cela est évident quant à celui qui se rapporte à la complication, mais cela est également vrai en ce qui concerne celui fondé sur les "difficultés relativistes" car, après tout, aucun fait ne nous oblige à conserver intact le principe de relativité (galiléenne ou einsteinienne) si nous disposons d'une théorie valable ayant pour effet que, du point de vue expérimental, *tout se passe comme si* ce principe était respecté (ou si nos recherches nous donnent quelque espoir d'arriver à construire une théorie de cette espèce). Michel Bitbol fait remarquer qu'en conséquence certains chercheurs peuvent décider de pérenniser, malgré tout, un modèle ontologiquement interprétable, celui de Bohm par exemple, au nom de valeurs méta-scientifiques. Il a raison, à ceci près que, même si les traditions de recherche — et les valeurs qu'elles charrient — sont plus stables que les théories descriptives qui souvent se succèdent en elles, elles ne jouissent cependant d'aucune garantie d'éternité.

A cela il faut ajouter que sauvegarder le réalisme objectiviste n'est pas la même chose que sauvegarder le matérialisme *atomistique*. Lorsque Michel Bitbol souligne que l'on peut sauver le modèle Broglie-Bohm (en "payant le prix") il laisse plus ou moins entendre que ce serait là sauver l'atomisme. Or il s'agit en fait de deux questions différentes. Comme on l'a noté, le modèle en question comporte certes la notion de myriades de corpuscules localisés mais il comporte également celle d'une fonction d'onde (ou, chez Bohm et Hiley [1993], d'un "état quantique") qui est tout aussi réelle que ceux-ci et qui *n'est pas* localisée. En outre, la nécessité de prendre en compte les phénomènes de haute énergie (création, au moins apparente, de particules) paraît impliquer, on l'a vu, un renoncement à l'idée que les bosons seraient réellement des particules et suggère que les fermions pourraient n'être, eux aussi, que des apparences. Enfin, il est bon de noter que les physiciens qui ont étudié ce modèle le plus à fond — à commencer par Bohm lui-même — ont écarté toute assimilation de celui-ci à un pur et simple matérialisme. Certes ils estiment qu'il permet de comprendre la physique sans référence à la conscience et que, du point de vue de la recherche en physique, il vaut donc mieux ne pas faire intervenir cette dernière. Mais ils considèrent que les changements apportés par la physique quantique dans notre connaissance de la matière rendent obsolètes les arguments qui, en physique classique, conduisaient tout naturellement à écarter l'idée que cette physique pût avoir un "pôle mentaliste". Ils estiment que ces changements plaident, au contraire, en faveur de l'idée d'un tel pôle (Bohm et Hiley, 1993). On voit par tout ceci que les nuances et sophistications que l'on peut vouloir apporter au matérialisme atomistique pour maintenir son accord avec la physique d'aujourd'hui non seulement font, en définitive, disparaître son "atomisme" mais encore sont susceptibles de le changer en une vision n'ayant plus grand-chose de "matérialiste".

S'il fallait une conclusion, elle pourrait être que quand Descartes introduisit ses deux grandes idées : une séparation nette entre matière et pensée et le mécanicisme concernant la matière, il ne pouvait prévoir l'étrange fourvoiement de plus de deux siècles auquel il donnait la chiquenaude de départ. Longtemps ses héritiers conservèrent pieusement — beaucoup trop pieusement ! — l'esprit de la seconde idée tout en rejetant la première. La conséquence fut le multitudinisme universel et la réduction de tous les êtres à des machines... ou — au mieux ! — à des ordinateurs. Nous savons aujourd'hui qu'avec l'idée d'unicité de la Substance, Spinoza, au total, était mieux inspiré que lui.

12-4. "Néo-matérialisme" et physique

Matérialisme dialectique et matérialisme scientifique ne sont pas les seules doctrines pouvant revendiquer l'étiquette "matérialiste". Il en est une autre, particulièrement développée en France par le philosophe André Comte-Sponville, que, pour la distinguer des précédentes, j'appellerai "néo-matérialisme". La caractéristique majeure de cette approche réside dans le fait qu'elle renonce à la plupart des "points d'ancrage" — traditionnels mais à l'heure actuelle chancelants — du matérialisme scientifique et, en particulier, à plusieurs de ceux que personnellement — comme beaucoup — je considérais comme essentiels à tout matérialisme quel qu'il soit. Par exemple, dans certains ouvrages et articles j'avais noté que, de nos jours, le mot de "matière" sert couramment à évoquer les idées de permanence, de solidité, d'impénétrabilité, etc., et qu'il est implicitement invoqué pour en fournir comme une sorte d'immédiate explication. J'avais souligné qu'au vu de la physique contemporaine une telle "explication" est fallacieuse car si ces propriétés sont effectivement expliquées — quantitativement et très bien — par la théorie, c'est par référence à des formules et à des invariants mathématiques (comme le principe d'antisymétrie, appelé aussi "de Pauli"), lesquels ne sont aucunement fondés sur une notion de matière qui serait posée comme "première". A ceci, Comte-Sponville répond dans une note d'un grand intérêt : « Contrairement — écrit-il — à ce que ne cesse de répéter Bernard d'Espagnat, la matière n'a pas besoin, pour être matérielle (au sens philosophique du terme) d'être "ce qui se conserve, ce qui est permanent", ni d'être "ce que je peux toucher". La notion d'une matière impermanente et impalpable n'est en rien contradictoire » (Comte-Sponville et Ferry, 1998). Et il note : « Bernard d'Espagnat a bien sûr raison de constater que le "chosisme" tel qu'on le trouvait dans l'atomisme antique ne correspond plus à l'état actuel de la physique. Mais qu'est-ce que cela change à l'essentiel ? » Il explique ensuite que la vraie question n'est pas de savoir quelle est la structure intime de la matière, « par exemple — précise-t-il — substantielle ou énergétique, corpusculaire ou ondulatoire, permanente ou impermanente, séparable ou non séparable... » mais « si elle est de nature spirituelle ou idéelle [...] ou bien de nature physique (comparable, mais bien sûr pas identique, à l'expérience que nous avons, au niveau macroscopique, des corps ou des forces que nous appelons matérielles) ». Et il précise à ce propos que, selon lui, la question *ne peut être résolue par la physique.* Il va jusqu'à écrire : « La physique ne peut même pas nous dire si le monde existe. Comment pourrait-elle nous dire s'il est intégralement matériel ou non ? » De même, et toujours à propos de la physique, affirme-t-il ailleurs dans le même ouvrage : « Elle parle, non de l'être mais de l'expérience », et ailleurs encore : « Une science n'est jamais ni matérialiste ni idéaliste. Mais pourquoi cela nous interdirait-il, en nous appuyant sur elle, d'opter pour l'une ou l'autre de ces deux positions ? »

Nous allons revenir assez en détail sur ces importantes propositions, mais réalisons bien d'abord combien le matérialisme tel que Comte-Sponville le conçoit diffère, non seulement du matérialisme d'un La Mettrie, d'un Diderot, ou d'un d'Holbach mais même du matérialisme dit "scientifique" ou "méthodologique" dont il a été ci-dessus question (et qui, encore aujourd'hui, est tacitement un des fondements de la pensée de beaucoup de chercheurs en sciences exactes ou humaines). En particulier, le fait qu'il intègre la non-séparabilité le distingue radicalement de ces matérialismes traditionnels car, comme il appert du contenu de la première partie (et encore de celui des pages qui précèdent), ce "détail" frappe de relativisme les explications et déductions qui sont au cœur des raisonnements construits au sein des matérialismes en question.

A certains endroits, pour définir sa conception et, peut-être, pour faire valoir qu'elle est bien encore un matérialisme, notre auteur fait appel à des formules-chocs passablement déconcertantes, telles que : « C'est la doctrine qui affirme qu'il n'y a d'êtres que matériels. » Reconnaissons pourtant qu'il serait, de notre part, un peu facile de dénoncer le caractère apparemment circulaire ou, au minimum, insuffisant (qu'est-ce qu'un "être matériel" ?) de tels énoncés, qui ne sont, après tout, que des raccourcis. Mieux vaut nous intéresser aux passages de ses textes où Comte-Sponville décrit et commente sa thèse en détail. Et en particulier à la note étoffée et argumentée dont l'essentiel a été rapporté.

Pour étudier le contenu de celle-ci il n'y a pas d'autre moyen que d'en analyser séparément les divers termes et d'examiner ensuite comment ils se combinent entre eux. L'ordre dans lequel on procède à cet examen n'est pas ce qu'il y a de plus important. Je choisis ici de commencer par une remarque un peu "formelle" concernant l'assertion selon laquelle la vraie question est de savoir si la matière est de nature spirituelle ou idéelle ou bien de nature physique (c'est-à-dire comparable à notre expérience du domaine macroscopique). Ce qui me gêne ici est, en soi, peu de chose, mais constitue à mes yeux une sorte d'indice prémonitoire de glissements susceptibles de se produire. C'est le fait qu'une entité est évoquée à laquelle, avant de connaître quoi que ce soit de sa nature (c'est celle-ci, justement, qui est en question), notre auteur choisit de donner le nom suggestif de "matière". Pour moi, quand, comme ici Comte-Sponville, j'ai eu à évoquer une entité encore à définir j'ai, dans ma réflexion et dans mes livres, préféré n'introduire aucun "mot à image" — "matière", "Dieu", "esprit" ou autre. J'ai utilisé, on le sait, l'expression, terne et, à dessein, non évocatrice, de "réalité indépendante". Même alors, certaines personnes (idéalistes ou apparentées), pour qui la notion de référence est première par rapport à celle d'existence, m'ont reproché de conférer ainsi un sens à une idée tellement "première" qu'elle ne peut recevoir de définition. Je me suis expliqué à ce propos (voir la fin de la section 6.6) et il est clair que ma justification de ce point s'applique aussi, quant au fond, à la position "comte-sponvillienne". Mais, quant à la terminologie, cela ne m'empêche pas d'estimer qu'en ce contexte l'emploi dès le départ du mot "matière" relève un peu du jugement anticipé.

Cela dit, intéressons-nous maintenant aux phrases de notre auteur ci-dessus rapportées à la suite de celle-ci. Celles dans lesquelles il explique que la question posée ne peut être résolue par la physique vu qu'une science n'est jamais ni matérialiste ni idéaliste ; et où il commente : « Mais pourquoi cela nous interdirait-il, en nous appuyant sur elle, d'*opter* [c'est moi qui souligne] pour l'une ou l'autre de ces deux positions ? »

Cette dernière phrase est, sous deux aspects, importante. Premièrement, elle contient le mot "opter", que Comte-Sponville complète à cet endroit par la belle phrase : « Philosopher, c'est penser plus loin qu'on ne sait. » La plupart des adeptes du matérialisme pensent être seuls détenteurs de la rationalité et, partant, de la vérité. Ils jugent en général que les autres conceptions sont soit des rêveries soit des aberrations intellectuelles. Par la phrase en question le matérialiste Comte-Sponville reconnaît et proclame que, tout au contraire, le matérialisme est une *option*. Le point est, indéniablement, à retenir. Comte-Sponville récuse avec raison aussi bien le scientisme « qui prend les sciences pour une philosophie » que le positivisme « à qui les sciences suffisent ». Le matérialisme, nous dit-il, n'existe qu'à la condition de se garder de ces deux travers.

Le second aspect important de la phrase dont il s'agit est représenté par les mots : « en nous appuyant sur elle » ("elle" étant "une science"). Par eux Comte-Sponville pose quand même que son option n'est pas entièrement arbitraire. Et une question surgit alors : sur quelles données scientifiques cette option s'appuie-t-elle effectivement ? Dans la note dont il s'agit, comme d'ailleurs dans le texte même du livre, Comte-Sponville ne répond pas directement à cette question, dont il sait qu'elle est délicate[1]. Sa réponse implicite est toutefois sans ambiguïté. Etant donné qu'il ne se donne (et ne nous donne) à choisir qu'entre l'hypothèse que la structure de la matière « est de nature spirituelle ou idéelle » et l'hypothèse qu'elle est « de nature physique », c'est-à-dire (selon la citation déjà donnée) « comparable, mais bien sûr pas identique, à l'expérience que nous avons, au niveau macroscopique, des corps ou des forces que nous appelons matérielles », et étant donné que nous savons bien d'autre part qu'il n'est adepte ni du spiritualisme ni de l'idéalisme, il est clair que l'hypothèse en faveur de laquelle il opte, lui comme tous les matérialistes, est la seconde, celle d'une structure intime de la matière comparable à notre expérience du monde physique macroscopique.

Reconnaissons que, de la part de philosophes du passé, cette seconde hypothèse avait quelque chose de raisonnable. Au reste, on peut comprendre qu'encore aujourd'hui y adhèrent aisément certains des philosophes fidèles à l'une des grandes traditions de leur discipline, celle qui veut qu'un penseur tire son système de son seul esprit, sans référence au tourbillon des découvertes. Comme nous l'avons déjà noté, *a priori* il peut, effectivement, paraître tout à fait vraisemblable que les structures de la "matière" — de la réalité ultime — soient "comparables" à celles de notre expérience du macroscopique. On ne jettera donc pas trop la pierre aux philosophes qui continuent à penser selon ce schéma, et encore

---

1. Dans le texte Comte-Sponville écrit bien : « Je parle de physicalisme ontologique », mais il ajoute — à juste titre! — « ce que la physique ne saurait faire » (c'est à cet endroit qu'il souligne que la physique parle non de l'être mais de l'expérience). Et il finit sa phrase par : « ou de pan-naturalisme », mais, à ce propos aussi, il ajoute — et à juste titre toujours! — « ce dont la physique n'a cure (puisqu'elle n'étudie que la nature elle ne saurait dire s'il y a autre chose) ». Tout cela n'apporte guère d'éclairage supplémentaire sur la question.

moins à ceux qui, tel Comte-Sponville, se livrent visiblement à des efforts bien méritoires visant à trouver un moyen de le conserver. Il n'en est pas moins vrai qu'*a posteriori*, pour surprenant que cela soit, le schéma en question se révèle être une insoutenable erreur. Et cela, notons-le, pas seulement face à telle ou telle théorie tenue pour valable — on songe bien entendu à la mécanique quantique — mais bien face à toutes les théories alternatives à celle-ci (Broglie-Bohm et autres) qui n'entrent pas en conflit avec les faits, y compris même avec les théories encore à naître. N'oublions pas, en effet, que la non-localité, d'une part est indépendante de toute théorie et d'autre part entraîne que le "réel", quel qu'il soit, n'a, dans son fond, rien de comparable avec notre expérience du macroscopique. En vérité, le schéma en question est — tout bonnement — en contradiction avec les faits.

En réalité, on le voit, toute la difficulté vient du fait que l'alternative proposée par Comte-Sponville est trop étroite puisqu'elle ne donne le choix qu'entre, d'un côté, le spiritualisme[1] ou l'idéalisme intégral et, de l'autre, un physicalisme inspiré de notre expérience des corps macroscopiques. Je pense avoir montré qu'il y a une troisième possibilité, à savoir celle d'un réalisme ouvert admettant un "réel" soit inconnaissable soit, au mieux, voilé et (a-temporellement) "antérieur" à la scission matière-esprit. Et je dis que si l'on veut conserver l'idée — que nous partageons Comte-Sponville et moi — que la notion d'existence est première par rapport à celle de connaissance, ce réalisme-là est aujourd'hui — vu, en particulier, la non-séparabilité — la seule conjecture admissible. Au reste, concernant cette dernière (la non-séparabilité), Comte-Sponville, au chapitre VI de son petit ouvrage *L'Etre-temps* (1999), avoue franchement qu'elle peut sembler mystérieuse. Mais, pour sauver le matérialisme, il avance, dans ce passage-là, qu'un mystère « ne saurait réfuter quoi que ce soit, et surtout pas une pensée qui postule, par principe, sa propre finitude ». « Si — ajoute-t-il — la matière est sans esprit, pourquoi faudrait-il que notre esprit puisse la comprendre toute ? »

On est loin, c'est le moins que l'on puisse dire, de l'assertion plus haut implicitement posée par notre auteur, selon laquelle la

---

1. Dans *Qu'est-ce que le matérialisme ?* Comte-Sponville, pour définir le spiritualisme, écrit : "l'on entend par ce dernier mot l'affirmation qu'il existe une substance spirituelle (l'âme ou l'esprit), indépendante de la matière, et qui serait, en l'homme, principe de vie ou d'action". Le spiritualisme figurant dans le premier terme de l'alternative de notre auteur est donc (conformément à l'acception la plus courante) un dualisme présentant matière et esprit comme deux, ultimes, réalités-en-soi.

matière est "de nature physique", c'est-à-dire, rappelons-le encore, comparable à l'expérience que nous avons des corps macroscopiques. En conséquence on peut avoir le sentiment que de deux choses l'une : ou bien la pensée de Comte-Sponville n'est pas entièrement cohérente, ou bien (et c'est l'hypothèse de beaucoup la plus vraisemblable) elle a connu très récemment une importante évolution[1].

Gardons-nous toutefois d'un jugement précipité car la question est délicate. Pour en prendre la juste mesure il est bon d'étudier la manière dont Comte-Sponville présente le matérialisme en tant que philosophie, c'est-à-dire tout à fait indépendamment de toute considération spécifiquement scientifique. C'est ce que nous ferons ci-dessous.

12-5. Le néo-matérialisme sous ses aspects purement philosophiques

Pour bien comprendre ce que Comte-Sponville entend par "matérialisme", le mieux est de se reporter au chapitre *Qu'est-ce que le matérialisme ?* de son livre *Une éducation philosophique* (1998), texte qui a le double mérite d'être très clair et très objectif. Nous savons bien que tout système de pensée un peu élaboré a — très normalement — à faire face à certaines difficultés, conceptuelles ou autres, et, dans le chapitre en question, Comte-Sponville présente en toute honnêteté celles qui sont propres à sa théorie. Dans cet esprit, il commence par une analyse critique du mode de définition du matérialisme consistant à le présenter comme la thèse que « tout, y compris la pensée, est matériel ». Comte-Sponville souligne à juste titre que cette définition laisse dans le vague la notion même de matière (ou de "matériel") et que par conséquent, pour lui donner un sens, il est nécessaire de la compléter, soit d'une manière positive, en précisant quelle est la nature de la matière, soit négativement, en opposant celle-ci à la pensée. A cette étape il met en doute la pertinence du premier de ces deux moyens (il supposerait, nous dit-il, une connaissance dont le matérialisme s'est passé longtemps et, peut-être, se passe encore). Il se tourne donc vers le second mais à son sujet il signale tout de suite qu'on ne peut pas, simultanément, d'une part poser que, le vide excepté, tout est matière, y compris la pensée, et, d'autre part définir la

---

1. Comme, il est vrai, celle de la plupart d'entre nous. Au reste, en ce moment précis du développement des idées l'apparition de données franchement nouvelles oblige tous nos contemporains à évoluer.

matière comme étant tout ce qui *n'est pas* la pensée[1]. Cette observation le conduit à reconnaître que la thèse marxiste du "primat de la matière" (ou de "l'esprit, produit de la matière") n'est pas logiquement cohérente dans le cadre moniste où tout matérialiste, par principe même, se situe.

A ce stade de son analyse Comte-Sponville ne nie pas qu'il se trouve en face d'une aporie. Aussi, pour pouvoir continuer sa quête, se voit-il amené à adopter une position assez subtile, et dont certains diraient qu'elle tient de l'équilibrisme. D'une part il concède que l'on ne peut, en fin de compte, guère éviter de faire sa place à une définition *positive*, impliquant un "réalisme gnoséologique", de la matière : « la matière — écrit-il, n'est ni inconnaissable (car alors on ne saurait affirmer qu'elle n'est pas spirituelle), ni réductible à la connaissance que nous en avons (car alors elle serait l'esprit même) ». Il admet donc que le matérialisme « comporte [...] une théorie de la matière » et reste en cela « soumis [...] au développement des sciences de la nature ». Mais d'autre part il pose que ceci n'est aucunement l'essentiel, que le matérialisme est avant tout une théorie de refus, de combat et qu'à ce titre c'est au premier chef une « théorie de l'esprit ». Selon lui, il s'agit avant toute chose « d'expliquer l'esprit par autre chose que lui-même, et spécialement de rendre compte de tel ou tel phénomène mental, culturel ou psychique par des processus matériels » ; afin, précise-t-il, de « vaincre la religion, la superstition, l'illusion ».

Ces dernières lignes sont étonnantes. Non qu'il puisse être ici question de reprocher à André Comte-Sponville d'avoir, au départ, une idée en tête. Qui n'en a pas ? Nous savons tous que vouloir consolider une thèse que l'on tient pour juste, se proposer de la défendre par tous les arguments valables qui se présentent, est un des plus puissants moteurs de la recherche. Mais si la thèse est (par exemple) le caractère illusoire de la religion, peut-on, pour la prouver, construire une doctrine, le matérialisme, dont on établit la pertinence essentiellement en la fondant sur son utilité dans le combat contre la religion ? N'est-ce pas là raisonner en cercle ? N'est-ce pas inverser l'ordre logique, qui voudrait qu'on montrât d'abord que la thèse est juste en soi, et qu'ensuite seulement on se servît d'elle, le cas échéant, pour quelque lutte contre l'erreur ? Si l'on était méchant et malintentionné on irait presque jusqu'à dire qu'il s'agit là d'une argumentation "de rhéteur" plus que "de chercheur". On y retrouve le point de vue comte-sponvillien selon

---

1. Car alors la pensée serait et ne serait pas de la matière : le principe de non-contradiction serait violé.

lequel le matérialisme est essentiellement une option ou, comme on pourrait dire aussi, une "valeur" : et c'est bien l'art du rhéteur que de défendre une valeur. L'essentiel, pour lui, est la valeur même et bien préciser celle-ci importe beaucoup plus que de se mettre en quête de raisons objectives d'y adhérer, l'adhésion elle-même étant, de toute façon, hors de conteste.

Telle pourrait bien être, finalement, la position de notre auteur. Il aurait une fois pour toutes fait le choix du matérialisme. Reste seulement que l'on ne peut opter que pour une conception bien définie. Et si, en fin de compte, Comte-Sponville attache du prix à ce qu'*existe* une théorie de la matière, c'est — nous dit-il, en substance, lui-même — parce que l'existence en question permet une *définition* de cette matière, et ouvre par là une échappatoire à l'aporie relevée plus haut. Mais à la limite, peu importe, finalement, le contenu de la théorie pourvu, seulement, qu'il y en ait une. Son existence rend possible une définition non "vide ou nulle" du matérialisme, et cela suffit puisque notre auteur a posé en principe — c'est son "option" — que ce matérialisme, une fois adéquatement défini, est vrai.

Alors, que penser, au total, de cette démarche ? Si l'on est un scientifique et si, à cette question, on cherche des éléments de réponse qui soient significatifs, il en est deux auxquels on ne peut guère ne pas songer.

Le premier consiste à souligner la modestie du but réellement visé. Il est toujours plus aisé de simplement formuler un énoncé que de le démontrer ou même simplement de le rendre plausible. Dans le chapitre dont il s'agit, le lecteur impartial pouvait espérer trouver des arguments en faveur du matérialisme, montrant que celui-ci est préférable à ses rivaux, spiritualisme et idéalisme. Et, en fait, la clarté du style jointe à l'intérêt des thèmes exposés fait qu'une personne lisant ce chapitre rapidement pourrait avoir l'impression d'y trouver, effectivement, de tels arguments (quand le partisan d'une idée explique intelligemment ce qu'elle est, cela même la rend attrayante !). Mais nous venons de constater que, dans les faits, de tels arguments n'y sont pas et, au reste, il nous faut rendre à Comte-Sponville la justice de reconnaître que nulle part il ne prétend explicitement fournir des arguments de cette nature. En d'autres termes, le contenu du chapitre est littéralement fidèle à son titre : *Qu'est-ce que le matérialisme ?* L'auteur définit — du mieux qu'il peut — le matérialisme ; il fait cela de telle manière que ce matérialisme s'oppose effectivement au spiritualisme et à l'idéalisme ; mais nulle part il n'explicite des raisons qui seraient supposées montrer que le premier est plus plausible que les deux autres. En conséquence, le contenu en question n'est — de toute évidence ! — pas rationnellement opposable aux spiritualistes et aux idéalistes, lesquels, tout simplement, font le choix d'options différentes. Y figure, certes, l'assertion qu'il convient de lutter contre ces doctrines, jugées illusoires. Mais une assertion n'est pas un argument.

Le second élément à considérer est que même le but, modeste, consistant simplement à vouloir *définir* le matérialisme n'apparaît pas, en dernière analyse, comme ayant été pleinement atteint. Car, pour que soit surmontée la fameuse aporie, il ne suffit pas que l'on puisse faire référence à une théorie physique quelconque, à laquelle on donnerait le nom de "théorie de la matière". Par exemple : une théorie ouvertement "opérationnaliste" ne suffit évidemment pas. Comme Comte-Sponville l'indique lui-même, il faut une théorie conforme au "réalisme gnoséologique", c'est-à-dire pouvant être comprise comme décrivant la matière telle qu'elle est ; où la réalité, autrement dit, soit présentée comme connaissable, car si elle est inconnaissable cela n'a aucun sens de dire qu'elle est matière plutôt qu'esprit. Certes il est vrai que si la pensée est contenue dans la réalité indépendante — dans le "fond des choses", comme il dit — il n'y a aucune raison qu'elle comprenne *entièrement* — qu'elle "domine" — ce fond des choses. A propos de la non-séparabilité nous avons vu notre matérialiste considérer lui-même qu'à certains égards celle-ci semble mystérieuse. Il est donc logique d'accepter ici la notion de quelque mystère, et Comte-Sponville a tout à fait raison de souligner ce point. Mais alors, quelle justification peut-il invoquer pour justifier le fait qu'il emploie encore le mot "matière" pour désigner ce mystérieux "fond des choses" ? N'est-ce pas, de sa part, entrer en contradiction avec la condition de cohérence qui vient d'être reconnue et qu'il a soulignée lui-même : celle que la matière soit descriptible "telle qu'elle est" ? On peut certes renoncer à cette dernière condition — ce n'est, après tout, qu'une question de définition — et convenir que désormais le mot matière sera utilisé pour désigner, précisément, le "fond des choses" qui, en grande partie, nous échappe. Mais quel sens y a-t-il, si l'on fait ce choix, à affirmer que le "fond des choses" est "matière" et rien que "matière" ? Une telle proposition n'est plus qu'une tautologie vide de contenu informatif. Parallèlement, l'affirmation « l'esprit émane de la matière » est alors à traduire : « l'esprit émane du fond des choses ». Or si le fond des choses est inconnu, cet énoncé signifie simplement qu'il y a une origine à l'esprit humain, idée tellement "œcuménique" qu'elle s'accorde avec les positions philosophiques et religieuses les plus diverses. Encore une fois, il semble que la seule manière qu'aurait Comte-Sponville d'échapper aux écueils divers qu'il rencontre serait de se rallier à ma conception du *réel voilé*, autrement dit de reconnaître que ce fond des choses qu'il invoque ne peut valablement être qualifié ni de "matériel" ni de "spirituel" car il est conceptuellement antérieur à la scission matière-esprit.

Pour conclure cette section je noterai que Comte-Sponville et moi sommes à certains égards opposés et à d'autres égards plutôt proches. Nous sommes opposés, premièrement, en ce que je ne partage pas ses convictions, que je tends à considérer comme de purs et simples préjugés. Contrairement à lui, je ne pose pas, préalablement à tout examen rationnel, que spiritualisme et idéalisme sont des illusions à abattre. Sans aucunement prôner je ne sais quel impérialisme de la raison — écrasant l'éthique et le sentiment — j'estime quand même que cette raison a son mot à dire sur de tels sujets. Pour susciter chez moi quelque inclination en faveur du matérialisme il ne suffirait donc pas qu'on m'en donnât une parfaite définition. Il faudrait en outre que l'on me montrât — à partir de données convenablement mises à jour — que face au spiritualisme, à l'idéalisme et surtout à la conception du réel voilé, il l'emporte rationnellement. Et jusqu'ici j'attends toujours des indications en ce sens. Un autre point à propos duquel Comte-Sponville et moi nous opposons gît dans le fait que, pour les raisons qu'on vient de voir, je ne trouve, finalement, pas très cohérente sa définition, essentiellement philosophique, du matérialisme. Je saisirais plus nettement une définition qui se fonderait explicitement sur une théorie physique ontologiquement interprétable ; à condition, bien entendu, que celle-ci soit compatible avec nos connaissances actuelles. C'est dire que, dans ce rôle, je récuse, je le répète, la référence comte-sponvillienne à notre "expérience des corps macroscopiques". Il me faudrait une théorie qui, tel le modèle Broglie-Bohm, viserait à un vrai dévoilement de l'être tout en étant conforme aux faits. On a vu en première partie les étrangetés que comportent toutes les théories de ce type et donc les réserves qu'elles m'inspirent, à moi comme à d'autres. Il n'empêche que si (hypothèse peu vraisemblable) je devais un jour opérer une conversion à une forme de matérialisme ce ne pourrait être — me semble-t-il — que sous l'effet d'une telle théorie purgée des défauts que toutes présentent. Enfin une troisième opposition réside, bien sûr, dans le fait que Comte-Sponville tient beaucoup à ne faire de l'esprit qu'une réalité seconde par rapport à la matière, alors qu'une fois écartées (par arguments ampliatifs[1]) les théories ontologiquement interprétables, les données rappelées dans les

____

1. Ampliatifs mais assez forts : voir chapitre 9.

chapitres précédents du présent ouvrage rendent cette thèse, pour dire le moins, "peu lisible". Elles montrent en effet qu'au vu même de la physique les micro-objets — "particules" ou autres — qu'implicitement la thèse en question dit constituer le fondement de tout, du cerveau en particulier, et donc finalement de la conscience, loin d'être susceptibles de jouer ce rôle, paraissent — on l'a noté — n'avoir eux-mêmes d'existence et d'attributs nets que *relativement à notre expérience et, par là, au fait de conscience.* Ils sont des éléments d'une réalité empirique[1].

En revanche, Comte-Sponville et moi sommes assez proches en ce que nous considérons, l'un et l'autre, comme une évidence première le fait que la notion d'existence est conceptuellement antérieure à toutes les autres, y compris à celle de connaissance. Et donc en ce que, corrélativement, nous estimons que l'accessibilité à la connaissance humaine n'est pas une condition même d'existence. C'est là un point fondamental. Ferdinand Alquié évoquait volontiers la "nostalgie de l'être" (1950), le mot de "nostalgie" visant à évoquer, entre autres choses, le discrédit dans lequel le concept même d'être est progressivement tombé dans le monde des philosophes. Mais ce vocable de nostalgie évoque l'idée d'une perte, et un regret. Ni Comte-Sponville ni moi ne reconnaissons la première et n'éprouvons donc le second. Pour cette raison je me sentirais assez proche du néo-matérialisme comte-sponvillien si on lui apportait trois petits perfectionnements. Le premier serait de reconnaître la distinction entre réalité indépendante et réalité empirique et de ne pas appeler "matière" indistinctement l'une ou l'autre de ces deux réalités. Le second serait d'explicitement considérer la conscience comme émanant de la première et non de l'autre. Le troisième, conséquence logique des deux premiers, serait l'abandon du nom même de "matérialisme" pour désigner la philosophie en question.

12-6. Matérialisme et "sagesse"

Des trois "perfectionnements" qui viennent d'être proposés c'est le troisième qui, sans doute, paraîtra le moins acceptable aux tenants du matérialisme. A "vue de logicien" ceci peut paraître paradoxal puisque, des trois, il est le seul à être purement nominal, c'est-à-dire

---

1. Et l'on doit donc dire qu'il en va de même de leurs composés — autrement dit des corps macroscopiques — à moins que l'on n'accepte de considérer leur nombre de degrés de liberté comme infini et que l'on ne se satisfasse du simple "réalisme de signification" introduit en section 9.7.

à n'être que de convention. Mais le paradoxe disparaît lorsque l'on considère que le matérialisme est une "tradition de recherche" à la Laudan et qu'aux yeux de cet auteur de telles traditions ne sont ni explicatives, ni prédictives, ni testables directement. Qu'elles peuvent même comporter des théories contradictoires. En fin de compte, elles sont, par certains côtés, des drapeaux, et aucun groupe ne renonce de gaieté de cœur à son drapeau.

Cela dit, elles sont loin d'être seulement cela. A la fin du chapitre *La Crise de l'atomisme* de son ouvrage *L'Aveuglante Proximité du réel* [1998], Michel Bitbol développe des vues empreintes de sagesse et qui peuvent ici nous éclairer. C'est un fait, note-t-il, qu'en dépit de notre connaissance de la mécanique quantique nous ne pouvons pas, nous physiciens, nous abstenir de mettre en œuvre les notions formelles de particules et de propriétés des particules, bien que ce soit seulement « au prix de leur altération bien au-delà de ce qui aurait été tenu pour acceptable au temps de la physique classique ». En réalité, il nous faut à tout prix les conserver parce que nous ne pouvons tout simplement pas agir, expérimenter, conjecturer de nouvelles liaisons théoriques, etc., au sein d'un monde d'équations pures ne représentant que nos prévisions d'observations. En fait, nous conférons à de tels mots un nouveau sens, ignoré jusqu'alors, parce que nous sommes conscients d'une continuité *historique* entre la physique classique et la nôtre et que c'est seulement au prix d'une telle extension que nous pouvons sans incohérence *logique* considérer cette physique actuelle comme prolongeant la classique par affinement de ses données. Au reste, dans le domaine de la "théorie des particules", l'apparition, que j'ai signalée au chapitre 2 et analysée au chapitre 9, d'une *ontologie fabriquée* illustre bien, à sa manière, le processus psychologique là en cours. Or ces observations, valables pour l'atomisme, le sont *a fortiori* pour le réalisme physique qui est une conception plus générale (susceptible, elle, d'intégrer la non-séparabilité). On peut par conséquent transférer au matérialisme l'esprit des conclusions proposées par Bitbol relativement à l'atomisme. Plus précisément, on peut juger valable et même féconde la propension des chercheurs de telles et telles disciplines à se placer dans une perspective matérialiste et ceux d'entre eux qui ne conçoivent pas qu'une rationalité puisse s'exercer en dehors d'une telle perspective doivent être encouragés à y rester. La seule précaution à leur demander, à tous autant qu'ils sont, est qu'ils s'abstiennent de transformer leur choix en un illégitime énoncé doctrinal.

13

La source kantienne

13-1. Introduction

Nous avons constaté que, finalement, les physiciens sont perplexes quant à l'interprétation de leur science. Qu'ils se demandent ce que celle-ci, au fond, "cherche à leur dire". Dans ces conditions ils auraient bien tort d'écarter systématiquement toute espèce de recours à la philosophie. Comme l'a jadis noté Whitehead (1933), dans sa visée de découvrir ses fondements, toute science particulière s'arrête à mi-chemin. Elle trouve un nid suffisamment douillet au sein de notions que ni le souci de ses objectifs immédiats ni le besoin de perfectionner ses méthodes ne l'incitent à creuser plus. Il n'est alors que la philosophie qui ait l'audace de prendre le relais.

Mais les physiciens en question auraient pareillement tort de négliger le fait que la philosophie a une histoire. La science aussi, naturellement. Mais, bien plus que la science, la philosophie est, si l'on peut dire, coextensive à son histoire. En philosophie, vouloir faire connaître la pensée d'aujourd'hui sans référence à celle d'hier serait d'exécrable méthode. Et, compte tenu de ce que l'on a vu ici, on s'aperçoit immédiatement que, bien qu'ancienne, celle de Kant a des chances d'être éclairante en ce qui concerne notre étude, étant donné qu'elle détachait la science du réel en soi — que nous reconnaissons être d'accès problématique — et lui donnait les phénomènes pour objet. D'une comparaison de nos conclusions factuelles avec le kantisme nous pouvons ainsi espérer un enrichissement. Mais pour que celui-ci soit effectif, encore faut-il que nous nous soyons d'abord formé une appréciation équilibrée, conforme aux connaissances actuelles, des vues de Kant. Tel est l'objet de la section suivante.

13-2. Regards sur le kantisme

Comme son chapitre sur les antinomies de la raison pure le montre bien, ce qui a, avant tout, motivé Kant, ce n'est pas l'ambition d'éliminer du champ de la pensée la notion même du réel en soi (c'est-à-dire, dans notre langage, celle de "réalité indépendante", ou de "réel"). Si tel avait été son but, il n'aurait pas conservé, et même justifié, le concept d'une "chose en soi". Son objectif, que l'on ne peut qu'approuver sans réserve, fut de délimiter le domaine dans lequel les concepts de l'entendement peuvent légitimement être mis en œuvre pour l'édification d'une véritable connaissance. C'est ainsi qu'il évoque à maintes reprises (pour la critiquer) « la présomption de la raison qui méconnaît sa véritable destination [et] s'enorgueillit de sa pénétration et de son savoir là où il n'y a plus ni pénétration ni savoir » et qu'il approuve l'empiriste dans la mesure où le principe de celui-ci serait seulement « une maxime qui nous recommanderait la modération dans nos prétentions et la réserve dans nos assertions, et qui en même temps nous inviterait à étendre le plus possible notre entendement à l'aide du seul maître que nous ayons proprement, l'expérience ». Et — point que je demande que l'on retienne — il ajoute : « En effet, dans ce cas il ne nous serait pas interdit de nous livrer, en vue de notre intérêt pratique, à certaines suppositions intellectuelles et d'admettre certaines croyances ; seulement, on ne pourrait pas les présenter sous le titre pompeux de sciences et de vues rationnelles... » (*Critique de la raison pure*, 2ᵉ partie, 2ᵉ div., chapitre III [Kant, 1987], p. 403). En substance, nous retrouverons plus loin cette notion kantienne de "suppositions intellectuelles", qui avoisine mes idées propres.

Cela dit, on connaît le point de départ de l'analyse critique de Kant et de tous les idéalistes. On le présente souvent comme suit (cf. par exemple Luc Ferry [Kant, 1987], préface). Lorsque nous contemplons un objet quelconque, disons, une table, nous avons conscience de nous-mêmes et aussi conscience de la table. Autrement dit, nous avons, en nous, une représentation de la table. Mais nous ne nous en tenons jamais rigoureusement à cela. Au-delà de cette représentation en nous de la table nous pensons la table elle-même, c'est-à-dire que nous la pensons en tant qu'objet extérieur à nous. Kant, après bien d'autres (dont Descartes, en particulier), se posa la question du rapport entre notre représentation et l'objet lui-même. Est-ce que ma représentation est adéquate à l'objet ? Et il souligna l'évidence : il est impossible de donner à cette question une réponse factuelle, basée sur l'observation. Pour pouvoir comparer l'objet en soi avec sa représentation il nous faudrait disposer séparément et directement de l'un et de l'autre, alors que nous n'avons accès qu'à la seconde.

Présenté ainsi, l'argument est, comme chacun sait, irréfutable. La certitude de l'adéquation est impossible à obtenir. A lui seul, cependant, l'argument ne démontre pas l'inexistence de toute raison d'estimer que notre représentation est une approximation de l'objet. Autrement dit, il ne démontre pas que les éléments qui entrent dans notre représentation sont sans lien avec la chose en soi. Qu'ils sont — dans le langage de notre philosophe — totalement *a priori*.

Apparaît ainsi cette question de l'*a priori*, thème important au sujet duquel il me semble qu'il est aujourd'hui bien difficile de suivre Kant. Kant affirme être en mesure de prouver — par un raisonnement purement philosophique — que, par exemple, le concept d'espace est *a priori* : qu'il n'est en rien un concept empirique, dérivé de l'expérience de quelque "espace extérieur", indépendant de nous. Et, comme nous le verrons plus en détail, cette assertion joue dans son raisonnement un rôle de tout premier plan. Son argument est le suivant : « Pour, écrit-il, que je puisse rapporter certaines sensations à quelque chose d'extérieur à moi (c'est-à-dire à quelque chose placé dans un autre lieu de l'espace que celui où je me trouve), et, de même, pour que je puisse me représenter les choses comme en dehors et à côté les unes des autres, et par conséquent comme n'étant pas seulement différentes mais placées en des lieux différents, il faut que la représentation de l'espace soit déjà posée comme fondement. Cette représentation ne peut donc être tirée par l'expérience des rapports entre les phénomènes extérieurs. » Certes, l'argument impressionne par sa logique qui, à première vue, semble imparable. Mais l'est-elle véritablement ? A s'en tenir à l'énoncé qu'on vient de lire on ne peut par exemple écarter la remarque triviale (et connue) qu'un argument de même structure "démontrerait" qu'il est impossible d'apprendre à nager ou à faire de la bicyclette. Que seuls peuvent rouler en bicyclette les individus s'il y en a qui ont, innés, les bons réflexes. Car si une personne ne les a pas, ce ne sont pas ces objets extérieurs que sont la bicyclette, la route ou même les conseils des tiers qui jamais les lui communiqueront. Dans cet exemple la faille d'un raisonnement en apparence si logique (et faille il y a, car l'expérience nous le montre : on peut vraiment apprendre à faire de la bicyclette !) gît dans l'absence de prise en compte d'une faculté que nous avons (et que certains robots peuvent recevoir de nous) : celle de l'apprentissage, autrement dit la "prise en note" par le système neuronal de quels groupes de petits gestes furent positifs et de quels furent négatifs, avec préférence donnée aux premiers. Nous qui avons de bonnes raisons (fondées sur des données que Kant, il est vrai, ne possédait pas) de croire à l'évolution des espèces, pouvons-nous tenir pour logiquement exclu qu'un processus semblable ait présidé à la constitution progressive, chez

les êtres vivants, de la notion d'espace, à partir de "l'espace réel" ?
Pour ma part je ne le pense pas.

A cela on répond parfois que, du moins, nous avons, innée, la
faculté d'apprentissage ; et que c'est la faculté d'apprentissage de
l'espace, plutôt que la notion d'espace elle-même, qui est chez
nous *a priori*. Mais d'une part ce n'est pas cela que Kant, textuel-
lement, a écrit (voir la citation précédente). Et d'autre part, dans
l'hypothèse — invérifiable je l'accorde, critiquable au vu des
données actuelles mais non intrinsèquement absurde et compatible avec la physique galiléenne et newtonienne[1] (sans même
évoquer l'einsteinienne !) — selon laquelle existeraient vraiment
un espace et un temps "en soi", on ne saisit ni la nécessité ni même
la rationalité de cette référence de l'apprentissage à l'*a priori*. On
voit mal pourquoi la vie (conçue, corrélativement à cette hypothèse, selon le mode réaliste, c'est-à-dire comme se développant
progressivement dans l'arène de cet espace) n'aurait pu acquérir la
faculté d'apprendre, à l'instar de toutes les autres, par un processus
darwinien. Dans le cadre, toujours, de ces hypothèses, il paraît clair
qu'au fur et à mesure que la conscience se développait au sein des
espèces les plus évoluées, elle accroissait ses facultés d'apprentissage et par là acquérait de manière de plus en plus nette le sens de
la spatialité.

Au reste, si l'on aspire à une juste appréciation de ce que Kant
démontre et de ce qu'il ne démontre pas, il importe de garder
présent à l'esprit que ce philosophe vise expressément à la connaissance certaine, et que cela le conduit au rejet de toute hypothèse
non transformable en certitude, tout à fait indépendamment de
son plus ou moins grand degré de plausibilité. Cela peut être
constaté à la lecture de plusieurs passages de l'*Esthétique transcendantale* et, par exemple, de celui-ci : « Comme nous ne saurions
voir dans les conditions particulières de la sensibilité les conditions
de la possibilité des choses mais celles seulement de leur manifestation, nous pouvons bien dire que l'espace contient toutes les
choses qui peuvent nous apparaître extérieurement mais non pas
toutes les choses en elles-mêmes qu'elles soient ou non perçues
intuitivement et quel que soit le sujet qui les perçoive. » Si "dire"
est pris au sens d' "affirmer", la remarque est parfaitement juste.
Elle nous fait réaliser qu'en toute rigueur un disciple, disons, de
Laplace n'aurait pu, au vu du savoir dont il disposait, présenter
comme une certitude l'idée que la matière et tous les existants,
perçus ou non, sont dans l'espace. Mais elle ne démontre aucune-

---

1. Voir la section 2.3.

ment qu'en ce temps-là l'idée était illégitime. On est parfaitement en droit de considérer qu'à l'époque une telle hypothèse, simple et que nulle donnée ne contredisait, était authentiquement — et extrêmement — plausible ; et qu'aux personnes qui la faisaient il n'y avait donc rien de sérieux à objecter. En conséquence de tout ceci, voir dans l'*Esthétique transcendantale* une *preuve* de l'idéalité transcendantale de l'espace serait une sérieuse erreur[1].

Le lecteur l'aura certainement compris : ce qui précède n'est ni une "preuve de" ni même un "argument jouant en faveur de" la justesse des conjectures dites réalistes (espace et temps existant en soi). Aussi doit-on bien se garder de prétendre inférer de la discussion précédente que Kant a eu tort dans ce qu'il avance concernant l'espace, et que celui-ci possède vraiment une existence objective, indépendante de la nôtre. Une telle inférence serait absolument injustifiée et l'on a vu qu'en fait, des arguments récents tirés de la physique militent contre cette conception. Ce qui résulte de l'analyse qu'on vient de lire, c'est seulement que si l'on se borne au jeu de la *seule* réflexion philosophique on ne peut considérer comme démontrée la thèse de l'*a priori* de l'espace. En d'autres termes, dans ce problème-ci comme ailleurs, il importe de bien voir les différentes facettes de la question. On doit donner tort aux réalistes qui considèrent l'absoluïté de l'espace et du temps (ou de l'espace-temps) comme une évidence première de la raison et, de ce chef, rejettent d'emblée l'idéalisme sous toutes ses formes. Mais il faut donner tort aussi aux partisans de l'idéalisme critique qui jugent que Kant a déterminé une fois pour toutes le cadre conceptuel à l'intérieur duquel toute pensée authentique doit évoluer. Isolés de tous ceux pouvant procéder d'autres sources (la physique quantique en particulier), ses arguments ne suffisent aucunement pour trancher certaines questions, celle de nos rapports avec l'espace, notamment. Certes, dans beaucoup de milieux philosophiques la thèse selon laquelle la spatialité n'est qu'un encadrement des phénomènes par l'esprit est à ce point répandue qu'elle y passe pour une vérité démontrée, ignorée seulement des non-initiés. Mais cette opinion n'est selon moi — et l'on vient de voir rapidement pourquoi — qu'une pure et simple "idée reçue".

---

1. Il est vrai qu'en faveur de cette thèse Kant a, en d'autres ouvrages, présenté un autre argument : on pense à celui, clarifié par Jules Vuillemin (1955) , qui est fondé sur la relativité galiléenne. Cet argument-là est-il, lui, une preuve au sens où on l'entend ici ? Des raisons existent de répondre par la négative. Voir, de nouveau, la section 2.3.

Le scepticisme qui vient d'être exprimé (et qui, hors tels et tels cercles philosophiques, se trouve partagé par beaucoup d'esprits) envers l'idée que les concepts servant de fondement à la connaissance seraient "nécessairement *a priori*" conduit inévitablement à la contestation d'un des plus importants aspects de la philosophie kantienne : la prétendue *nécessité* de la "révolution copernicienne". On sait ce sur quoi Kant pensait fonder la nécessité en question. Comme la plupart des esprits éclairés de son temps, il estimait que l'homme a acquis de véritables certitudes en certains domaines, la géométrie et la physique newtoniennes en particulier. Or ces sciences étaient fondées sur certains grands concepts constitutifs tels que l'espace (euclidien), le temps (universel), la causalité (au sens de déterminisme) que (on vient de le voir en ce qui concerne le premier) Kant considérait comme *a priori* ou, en d'autres termes, comme innés. Si les sciences en question avaient décrit les choses en soi (ainsi qu'à l'époque leur supposée certitude pouvait le faire croire et comme, effectivement, beaucoup estimaient avant Kant que c'était le cas), cette innéité aurait impliqué que des concepts constitutifs innés se rapportent aux choses en soi... avec, en conséquence, le surgissement de la redoutable question déjà entrevue plus haut. Comment expliquer l'exacte adaptation aux choses en soi de concepts innés (et non pas inférés de l'expérience desdites choses) ? A moins de faire appel, à la manière de Descartes, à la providence divine, cette adaptation paraît invraisemblable, un scandale pour la raison. On était donc noyé dans une difficulté inextricable et le seul moyen d'en sortir parut à Kant d'abandonner l'une des prémisses dont la réunion avait conduit dans cette impasse. Le caractère *a priori* des concepts constitutifs étant considéré par Kant comme hors de doute, ce penseur n'avait d'autre solution que d'admettre que nos sciences ne décrivent pas les choses en soi. Elles nous fournissent seulement des *représentations* humaines de *phénomènes*. C'est la "révolution copernicienne", ainsi dénommée par Kant par analogie avec la découverte de Copernic. De même que, selon ce dernier, c'est la Terre qui tourne autour du Soleil et non pas le Soleil autour de la Terre, de même, selon Kant, ce sont les phénomènes qui se règlent sur les facultés humaines et non pas l'inverse, comme on le croyait jusqu'alors.

Ainsi, comme on le voit, le caractère *a priori* des grands concepts qui servent de base à la connaissance joue un rôle fondamental dans la preuve donnée par Kant de la nécessité de sa révolution copernicienne. Étant donné que, comme expliqué plus haut, personnellement je considère comme non contraignante la "preuve" donnée par Kant de ce caractère *a priori*, je ne me vois pas obligé de croire d'emblée au bien-fondé de la révolution en question : ni, par suite, de l'accepter "les yeux fermés". Si les fondements conceptuels de la physique — et en particulier tous ses "concepts constitutifs" — étaient toujours restés les mêmes depuis ses débuts jusqu'à maintenant j'aurais par conséquent plutôt été enclin à mette la conception kantienne de côté et à tenir pour vraisemblable le "réalisme des accidents" (ou le réalisme physique, plus général). Dans les faits, cependant, la situation est bien plus complexe, car les deux siècles qui nous séparent de Kant n'ont pas seulement vu apparaître le bouleversement d'idées que fut la reconnaissance de l'évolution. Ils ont également été témoins d'un grand changement dans les fondements conceptuels de la physique et, partant, de la science entière. De fait, il est maintenant prouvé, par la physique elle-même, que nombre des concepts de base sur lesquels la physique ancienne prenait appui, en l'espèce l'espace euclidien, le temps universel, la causalité au sens du déterminisme, la notion de localisation précise, à chaque instant, des centres de gravité de plusieurs objets relativement les uns aux autres, etc., tout en restant, pour la plupart, indispensables à notre échelle et pour l'action, ne peuvent plus être considérés (ainsi qu'un "réaliste" eût aimé le faire) comme ayant leurs correspondants dans le "réel". Autrement dit, même si, au vu des considérations qui précèdent, on s'enhardit jusqu'à conjecturer, en opposition avec Kant, que de tels prétendus "concepts premiers de l'entendement" émanent en fait de notre ancestrale (mais fragmentaire !) expérience, cela n'établit en rien que nous ayons, de ce fait, l'accès au "réel".

Remarque

Notons qu'en ce qui concerne la causalité et sa restriction aux phénomènes Kant n'est pas tout à fait aussi catégorique que, d'ordinaire, il est dit l'être. Certes il affirme à propos de la connaissance (discursive) que celle-ci ne joue qu'entre phénomènes, autrement dit à l'intérieur de simples représentations. Mais notons en vue de ce qui suivra qu'il n'hésite pas à évoquer (cf. par exemple Kant [1987], p. 416) la cause de ces représentations, même si c'est pour en dire qu'elle nous est inconnue et que nous ne saurions la percevoir par intuition comme objet (car, remarque-t-il, « un objet de cette nature ne pourrait être représenté ni dans l'espace ni dans le temps »). Il va même jusqu'à préciser que « nous pouvons [...] appeler objet transcendantal la cause purement intelligible des phénomènes en général ».

13-2-1.　De Kant à la théorie "opérationnaliste"

On a constaté que l'aspiration à la certitude semble avoir joué un rôle important dans la genèse des thèses kantiennes. Apparemment, Kant estimait avoir obtenu l'assurance de cette certitude grâce à sa révolution copernicienne, donc — comme le suggère Abner Shimony (1993) — à titre de compensation, pour ainsi dire, à sa renonciation à toute description scientifique de la chose en soi. Aujourd'hui les avancées, tant en mathématiques qu'en physique qui eurent lieu durant les XIXe et XXe siècles (qu'on songe, par exemple, au théorème de Gödel), tendent à nous rendre sceptiques à cet égard, mais est-ce à dire qu'il faut renoncer à l'idéal kantien d'une science certaine ? Les considérations de la première partie me portent à estimer qu'il n'en est rien et que, de fait, nous disposons bien d'une science qui, en un certain sens, est certaine et universelle. Mais, contrairement à celle envisagée par Kant, elle ne porte pas — pas fondamentalement du moins — sur des "objets pour nous" pouvant être décrits dans le *langage objectiviste*. Il s'agit de la théorie "opérationnaliste" décrite aux chapitres 4, 8 et 10, c'est-à-dire de la mécanique quantique considérée exclusivement en son "cœur dur", à savoir ses règles prédictives. En conséquence, ce sur quoi cette science essentiellement porte, ce qu'elle décrit vraiment, ce sont des règles de prédiction d'observations. Elle est universelle car, "en droit", elle s'applique à tout phénomène quelle qu'en soit l'échelle. Elle est certaine en ce sens que, à partir de données initiales bien spécifiées portant sur la préparation du système physique en jeu, elle fournit sans ambiguïté les probabilités pour que, si l'on mesure sur ce système telle ou telle grandeur physique, le résultat de la mesure soit tel ou tel (la loi des grands nombres permet de vérifier expérimentalement ces prédictions avec une précision aussi grande qu'on le désire)[1]. C'est là une certitude d'un type comparable à celle des *phénomènes* dans la physique pensée par Kant. Elle procède, dans l'un et l'autre cas, du fait que ce dont il est traité est, non pas un élément d'une réalité extérieure, mais la simple constatation d'une donnée des sens. Ce trait apparaît même de façon plus directe ici que chez Kant puisqu'en principe la physique actuelle ne fait pas le détour que constitue, chez Kant, le passage par la notion d'objet-pour-nous.

A vrai dire, cependant, ce dernier point doit être nuancé. Dans la pratique, nous avons quand même besoin du langage objectiviste, ou, en d'autres termes, du langage de l'objectivité forte (je dis

---

1. Pour les quelques nuances "de principe" à apporter à cette assertion, voir plus bas, section 14.6.

bien du *langage* et non pas de la notion d'objet en soi auquel ce langage se rapporte d'ordinaire). Nous en avons besoin, d'une part pour décrire commodément notre appareillage (au sens large) et d'autre part pour synthétiser en quelques phrases brèves des informations qu'il serait compliqué et long d'exprimer entièrement dans le langage des prédictions d'observations. Mais ceci n'implique pas une dualité dans les principes mêmes de la connaissance puisqu'il est maintenant établi (voir, en particulier, le contenu de la section 8.2.2) que les règles de prédiction de la vie courante et de la science classique découlent bien des règles générales (quantiques) de prédiction d'observations. A noter du reste que le langage ainsi introduit met en jeu, à côté des notions usuelles, des notions (particules virtuelles, espace courbe, etc.) qui ne sont pas des notions *a priori* de notre sensibilité (les plus importantes sont obtenues, comme on le sait, à partir des mathématiques).

Ce qu'il faut remarquer en tout ceci c'est que par un cheminement différent de celui de Kant, fondé sur des données que ce philosophe ne possédait pas, nous sommes en définitive arrivés à des positions qui, fondamentalement, ne diffèrent pas profondément des siennes. Du fait qu'elle ne porte que sur des phénomènes, la science de Kant peut être dite à objectivité seulement faible. Du fait qu'elle porte sur des prévisions d'observations il en va de même de notre physique. De plus, dans l'un et l'autre cas, c'est précisément cette objectivité faible qui permet à la connaissance d'être pleinement assurée (et qui, en particulier, lui évite l'écueil des paralogismes repérés par Kant sous le nom d'"antinomies des raisonnements dialectiques"). Mesurées à l'aune de celles qui séparent le kantisme du réalisme objectiviste les différences qui demeurent ne sont pas immenses. La principale, déjà notée, tient en ce que la notion de réalité empirique n'est pas la même ici et là. Chez Kant elle recouvre indistinctement tous les "objets pour nous", tous les phénomènes quelle qu'en soit l'échelle, car, du fait que nos concepts *a priori* sont universellement applicables dans tout le champ de la connaissance scientifique, il en va de même du *langage* objectiviste, même si nous devons pratiquer la réserve mentale consistant à nous abstenir d'interpréter les énoncés de ce langage comme des descriptions du "réel". C'est pourquoi Kant emploie volontiers le terme de "réalité" comme synonyme de cette "réalité empirique". Pour lui, en effet, mis à part l'inconnaissable "chose en soi", il n'y a pas d'autre réalité. Dans notre physique actuelle — en particulier atomique et subatomique — les choses se présentent de manière très différente puisque, comme nous venons de le constater, nombre des énoncés de celle-ci, y compris certains énoncés de base, ont la forme de règles universelles de prédiction d'observations, impossibles à énoncer dans le langage objectiviste. De ce fait la notion de réalité empirique n'est applicable que dans des domaines définis — et encore : de façon floue — par référence aux dimensions humaines et même à la pratique humaine.

13-2-2. De la réfutation kantienne du "dépassement métaphysique"

Il reste cependant à voir si, sur le plan philosophique, il est, ou non, possible de dépasser le stade de la pure description des phénomènes. Si, par exemple, on peut admettre la possibilité de ma conception d'un "réel" (d'une réalité indépendante) qui serait seulement voilé ; qui serait tel que nos grandes lois de la physique seraient des reflets non totalement trompeurs de sa structure générale (alors même que les "accidents" que nous repérons dans la réalité empirique, seraient, eux, purement des phénomènes au sens de Kant, non des éléments du "réel"). Un tel dépassement est au premier chef la démarche de pensée dont Kant, partant de la science telle qu'il la conçoit, pense pouvoir réfuter la possibilité. Ce qu'il faut donc maintenant examiner c'est si ses arguments à cet effet sont ou non transposables au cadre de la connaissance scientifique contemporaine, cadre décrit dans la première partie. Ici il ne s'agit donc pas de vraisemblance, de plus ou moins grande plausibilité, mais bien de preuves d'impossibilité.

Ces preuves, quelles sont-elles ? Nous en avons vu plus haut un exemple : la preuve kantienne du caractère *a priori* de la notion d'espace. On pourrait songer à transposer cette preuve au sein de la physique contemporaine et à l'appliquer aux grandes lois mathématiques. S'inspirant de Kant, on dirait alors que pour faire une synthèse universelle des phénomènes nous n'avons pas trouvé d'autre moyen que de faire appel à des structures mathématiques et que c'est donc nous qui imposons ce moule, pur produit de l'esprit préexistant à l'expérience, au divers des données des sens. Ce qui revient à dire que ces structures mathématiques doivent déjà être posées comme fondement. Elles ne peuvent donc être tirées par l'expérience des rapports entre les phénomènes extérieurs. Elles n'ont aucune chance de correspondre à une quelconque réalité indépendante.

Ici encore l'argument frappe par sa logique. Mais, à propos précisément de l'argument de Kant concernant la notion d'espace, nous avons constaté que bien souvent, en des matières un peu complexes, les architectures logiques simples et ne référant qu'à des idées très générales n'enserrent pas toutes les données. Plus précisément nous avons constaté, relativement à cet argument, qu'il ne tenait pas compte de la possibilité que les êtres vivants aient progressivement acquis le concept par essais et erreurs, autrement dit à partir de leur expérience du monde extérieur. Une remarque un peu similaire peut être faite à propos du raisonnement décrit ci-dessus. Même si l'on admet au départ que nos mathématiques sont de purs produits de l'esprit (tous les mathématiciens ne l'admettent pas, il s'en faut), il n'en est pas moins vrai qu'elles foisonnent de concepts et de théorèmes dont un petit nombre seulement sont utilisés en physique mathématique. Du point de vue du mathématicien pur ces derniers n'ont rien de particulier ; si la structuration des données des sens n'était qu'un processus interne à l'esprit humain il n'y aurait par conséquent aucune raison qu'ils se trouvent privilégiés par la physique. Il est donc faux de dire que tout le fondement de notre description nous est donné *a priori*. Ce tri, tout au moins, ne l'est pas. Il est par suite raisonnable d'admettre l'influence — sur ce choix — d'une réalité extérieure à nous, même si la relation entre celle-ci et nos mathématiques présente, comme le notait Einstein, un aspect un peu mystérieux (surtout si l'on accepte l'idée que le temps n'est pas une arène externe, car alors la validité de l'explication par essais et erreurs devient matière à discussion).

Ce qu'en définitive il faut retenir des analyses de cette section c'est que, compte tenu de la nature et du contenu de nos connaissances d'aujourd'hui, il n'y a pas, dans l'argumentaire de Kant, d'éléments encore valables à l'heure actuelle qui permettraient de réfuter — ou même de rendre invraisemblable — le postulat du réalisme ouvert et la conception du réel voilé.

13-3. Face au refus de la réalité indépendante

Kant, encore une fois, admettait la notion de "chose en soi". Il aurait toléré que l'on prenne mon postulat du réalisme ouvert pour base de départ, puisque celui-ci ne suppose rien quant à l'accessibilité de la chose en soi. Il n'en est plus allé de même chez la plupart des successeurs de Kant. Les néo-kantiens n'acceptaient plus cette notion de chose en soi qu'à titre de concept-limite : ils refusaient d'y voir une entité existante bien qu'inconnaissable. Dans sa préface à la *Critique de la raison pure* (Kant, 1987) Luc Ferry nous dit de même que « la chose en soi ne devra plus être comprise comme une réalité extérieure à la représentation, comme une cause des représentations, mais — ajoute-t-il, en une phrase un peu cryptique — comme *le fait même de la représentation* (comme le fait que ces représentations nous sont données, que nous ne les produisons pas nous-mêmes) ».

Données par quoi ou par qui ? La réponse des néo-kantiens et de leurs émules est évidemment : "par rien ni personne", car admettre l'existence de ce "donateur" serait admettre celle d'une réalité première par rapport aux phénomènes, c'est-à-dire, justement, ce qu'ils refusent. Malheureusement, dans le langage courant tout don suppose une origine. Autrement dit il nous est ici demandé de prendre l'expression "nous sont données" dans un sens nouveau qui ne nous est pas révélé. On voit d'emblée que la discussion ne sera pas extrêmement simple…

13-3-1. Cassirer et la théorie du concept

Pour tenter d'y voir un peu clair on se référera au plus explicite, peut-être, des néo-kantiens, Ernst Cassirer. La démarche de Cassirer, magistralement exposée dans son livre *Substance et fonction* (1977), trouve son point de départ dans la mise en contraste de deux méthodes possibles pour la définition du "concept". Pour définir un concept, celui, disons, d'arbre, ou celui de maison, la première méthode, qui remonte à Aristote, consiste à partir de la notion de chose — d'objet individuel — considérée comme première, à considérer une collection d'objets ayant certaines ressemblances et aussi certaines différences et à retenir les premières en faisant abstraction des secondes. La méthode se veut efficace (on attend du concept de niveau supérieur qu'il rende intelligible celui de niveau inférieur) mais Cassirer fait observer que sa règle formelle de construction ne comporte en elle-même aucune garantie à cet égard. Que, par exemple, si son application systématique nous faisait regrouper les concepts de cerises et de viande en vertu de leurs caractères communs d'être comestibles et rouges nous n'obtiendrions pas ainsi un "concept de niveau supé-rieur" valable mais bien une simple combinaison verbale, dénuée de signification. Et il souligne que ce qui, en fait, évite aux disciples d'Aristote de tomber dans de tels errements c'est l'idée implicite (et métaphysique !) que, loin d'être la simple récapitulation subjec-tive d'éléments communs à un ensemble quelconque d'objets, le concept exprime quelque chose de l'être même des objets ainsi regroupés. D'où la primauté conférée par la méthode à la notion de substance et, corrélativement, le statut dépendant et subor-donné qu'elle réserve à la notion de relation.

A cette méthode, Cassirer adresse une critique sur le plan même de l'efficacité. Il observe, en effet, que plus on progresse vers la généralité, passant du concept de chêne à celui d'arbre, puis de plante, puis d'être vivant etc., plus le contenu informatif du concept se réduit. A la limite, nous aurions un concept d'une parfaite généralité mais qui ne serait plus porteur d'aucune espèce d'information. Or, nous dit-il, ce que nous demandons au concept scientifique, c'est précisément le contraire. « Nous attendons de lui qu'il substitue à l'indétermination originaire et au caractère plurivalent du contenu représentatif une détermination rigoureuse et univoque. » A la première méthode, fondée sur l'idée de substance, il préfère donc de beaucoup la méthode que l'on trouve appliquée en mathématiques et qui fait référence à la notion de "fonction de variables". Une fonction mathématique représente, fait-il remarquer, « une loi universelle qui, grâce aux valeurs successives prises par la variable, sous-tend tous les cas particuliers pour lesquels elle vaut », ce qui fait qu'ici la généralité (celle de la loi) ne gomme en rien les déterminations particulières. Par exemple, bien que le concept de courbe du second degré soit plus général que celui de cercle ou d'ellipse, quand nous passons du concept d'ellipse à celui de courbe du second degré nous ne perdons rien du contenu informatif du premier puisque nous pouvons, à partir du second, retrouver l'ellipse, simplement en fixant le domaine de valeurs de certains paramètres. « Non contents, écrit Cassirer, de ne pas supprimer la détermination des cas particuliers auxquels il sont censés s'appliquer, ces concepts s'emploient à fond à manifester cette même détermination dans toute sa rigueur. » Le concept général se révèle ainsi, du même coup, comme étant celui dont le contenu est le plus riche. « L'intuition, note Cassirer, que nous avons de notre espace euclidien à trois dimensions ne fait que se renforcer et se préciser lorsque nous parvenons, par la géométrie moderne, à des "formes spatiales" d'un niveau plus élevé, car c'est alors seulement que se manifeste en pleine lumière l'axiomatique qui dévoile la structure de notre espace. »

13-3-2. La réalité empirique selon Cassirer

Selon Cassirer, l'apparition de cette nouvelle "méthode de conceptualisation" constitue une étape importante de la pensée et devrait conduire à un renouvellement de la logique elle-même, encore trop fondée sur la méthode "ontologique". En tout cas, la nouvelle méthode en question n'a pas à être cantonnée dans le domaine des seules mathématiques. Et il remarque que, même, nous l'appliquons déjà dans la vie courante sans nous en rendre nettement compte. Il note que quand, par exemple, nous subsumons sous le concept "métal" les concepts de fer, de cuivre, d'or, etc. nous n'écartons pas aussi radicalement que nous croyons le faire les traits qui distinguent ces divers métaux. En fait nous les conservons mais à titre de "variables" au sens mathématique du terme, c'est-à-dire que nous y voyons des sortes de x indéterminés mais nous permettant de penser ensemble toute une suite de déterminations possibles. Vu sous cet angle le concept "métal" renvoie moins, selon lui, à l'idée de "substance" qu'à celle de "suite" ou de "fonction".

Tout ceci trouve, bien entendu, son application dans la physique. Le physicien ne se contente pas de noter des propriétés et quand il généralise ses connaissances ce n'est évidemment pas en gommant tel ou tel trait qui se rencontre en tel phénomène et non pas en tel autre. C'est en découvrant une loi générale, rassemblant sans les effacer toute une suite de déterminations moins générales. Or cette loi, il ne la lit pas, purement et simplement, dans l'observation et l'expérience. Certes la validation de la loi en question se fait grâce à l'expérimentation. Mais, souligne Cassirer : « Pour qu'elle [cette validation] soit possible il faut que les principes mêmes des suites, ou les points de vue permettant de comparer et de rassembler les éléments, soient établis et fondés par la théorie. » Le chaos des impressions sensibles est ainsi traduit en système de nombres, et ces nombres ne reçoivent leur interprétation, donc leur signification spécifique, que du contenu des concepts posés par la théorie. « C'est là, écrit notre auteur, l'enchaînement logique sans lequel on ne concevrait pas la valeur "objective" de l'opération convertissant l'impression en symbole mathématique. [...] Pour confirmer sa validité, le symbole ne saurait s'en remettre à telle ou telle composante de la perception ; il ne peut le faire qu'en se tournant vers la loi qui définit l'enchaînement de ses différents éléments ; et cet enchaînement est ce qui ne va cesser de se révéler, avec une netteté grandissante, comme le vecteur même de l'idée de "réalité" empirique » (*loc. cit.*, pp. 177-178).

On voit ici apparaître une idée-force de Cassirer, celle, précisément, d'une "réalité empirique", qu'il conçoit comme essentiellement fondée sur la construction logique des concepts et qui constitue à ses yeux la seule acception valable du terme de "réalité". Ailleurs dans son ouvrage il précise ceci plus nettement encore. « La nécessité pratique, écrit-il, en vertu de laquelle nous nous arrachons à la sphère des impressions discrètes, dépourvues de liaison, pour nous élever à l'idée d'objets continus, tenus ensemble par des règles causales strictes, est bien, en fin de compte, une nécessité logique. [...] La raison, et la validité universelle de ses règles, constituent ainsi le cadre à l'intérieur duquel nous esquissons le concept même d'être » (*loc. cit.*, p. 337).

Ces fragments, comme beaucoup d'autres que l'on pourrait citer aussi, montrent que Cassirer "renvoie dos à dos" (selon la ridicule image hélas consacrée par l'usage !) les tenants de deux positions opposées. D'une part il refuse, et même il réfute par le moyen d'une argumentation serrée fondée sur sa théorie du concept, un phénonoménalisme ancrant la science sur les seules impressions sensibles, considérant celles-ci comme les seules vraies "réalités" et jouxtant, de ce fait, l'idéalisme berkeleyen. D'autre part, il se fonde sur cette même théorie du concept pour refuser aussi les thèses du réalisme conventionnel, autrement dit pour, selon ses propres termes, souligner les limites de toute espèce possible de "transcendance" (d'où, bien sûr, son rejet de la notion de chose en soi). Mais il importe de remarquer la grande différence qui existe dans ses façons d'aborder les deux questions. En fait, c'est sur la première qu'il concentre quasiment la totalité de son effort de réflexion argumentée. De cette dernière il n'y a pas lieu de donner ici le détail. Notons seulement qu'il y revient constamment sur l'idée que la perception directe ne nous fournit que des fragments émiettés. Que le critère "vu et entendu" ne nous donne que des groupes de perceptions totalement dépourvues d'organisation et temporellement inconsistantes alors qu'au contraire « le concept d'"objet" demande le remplissement complet de la suite temporelle » (*loc. cit.*, p. 313). Et qu'il fait valoir avec force que c'est sur l'exigence *logique* de la connexion du donné que la science fonde sa définition de la nature et de l'objet naturel. Radicale est donc sa critique de l'empirisme traditionnel, celui qui pose que rien ne nous est initialement donné si ce n'est le sujet et ses impressions, et que la réalité empirique est construite entièrement à partir de ce fondement-là. En vérité, la notion de "nécessité logique" est tellement centrale pour lui qu'elle joue dans son ouvrage le rôle de donnée première, conceptuellement antérieure à toute espèce de dérivation et même de définition. C'est ce qui apparaît clairement dans, par exemple, son exposé de ce qu'il considère comme une élucidation du "mystère de l'induction". Au jugement, il est, nous dit-il, « à jamais impossible de se résigner au constat d'une simple contiguïté de représentations données ». « C'est dès le cas particulier que doit être supposé, fût-ce implicitement, un potentiel qui le conduit à déborder son aspect limité et fragmentaire. » Autrement dit, « la fonction [logique] en vertu de laquelle nous pouvons poursuivre l'analyse d'un contenu empirique au-delà des limites temporelles qui l'affectent » est le noyau véritable de la procédure inductive (*loc. cit.*, p. 280).

13-3-3. **La question de la réalité indépendante chez Cassirer**

L'argumentation solide, charpentée, qu'il dirige à l'encontre du phénoménalisme contraste, chez Cassirer, avec sa manière d'aborder la question de la réalité indépendante ou "chose en soi". Certes il est parfaitement net dans son refus de cette notion (il n'hésite pas à évoquer « le combat justifié et nécessaire mené contre l'ontologie » (*loc. cit.*, p. 166)). Mais il ne prend guère la peine de justifier vraiment le refus en question, ou du moins pas avec assez de précision pour vraiment satisfaire qui n'a pas déjà sa religion faite sur ce point. De fait, on a quelque peu l'impression que dans son esprit il s'agit d'une question déjà tranchée par ses prédécesseurs, et sur laquelle, par conséquent, il serait fastidieux de s'appesantir. Dans son ouvrage je n'ai trouvé que deux ébauches de réfutations raisonnées et aucune des deux ne m'a véritablement convaincu.

Dans la première il part de la constatation, admise par tous, que le réalisme naïf n'est pas tenable, autrement dit que les simples données des sens ne nous révèlent pas les choses mêmes. Il admet tacitement que ceci reste vrai même lorsque ces données sont acquises par le moyen des instruments scientifiques. Autrement dit, il admet que, aussi élaborées qu'elles soient, ces données ne sauraient être interprétées comme révélant quoi que ce soit pouvant de façon sensée être conçu comme une réalité première par rapport à la connaissance. C'est là une thèse kantienne qui effectivement est endossée telle quelle par la plupart des philosophes ; et cela en dépit du fait que, comme nous l'avons vu, les arguments fournis par Kant lui-même en sa faveur ne sont plus, aujourd'hui, déterminants. Aussi les scientifiques de notre époque sont-ils plus sceptiques sur ce point. On le sait, la plupart, estimant que l'argument du non-miracle possède un fond "incontournable" de vérité, se rallient plus ou moins d'instinct au réalisme des accidents conçu comme un vrai réalisme. Celui-ci leur paraît, sinon rigoureusement prouvé, du moins extrêmement plausible et, pour les convaincre d'abandonner cette position, il faut accumuler les arguments et preuves ici rappelés en première partie. Mais enfin, ce qui compte c'est qu'en définitive il faut effectivement abandonner le réalisme des accidents. Les *descriptions* actuelles de la physique, à base de notions telles que celles de forces, électrons, particules virtuelles, etc., ne peuvent être interprétées comme des représentations fidèles "au premier degré" du "réel" en soi. Nous pouvons donc suivre Cassirer, sinon dans son argumentation du moins dans sa conclusion, quand il dénonce, sous le nom de *réalisme transcendantal*, l'incohérence d'un réalisme qui, en fait, tel qu'il le présente, est un réalisme métaphysique des objets. En la matière on notera seulement pour mémoire que tant les objections auxquelles (apparemment) il pense que celles qu'on vient de rappeler ne valent que contre ce réalisme "métaphysique" *des objets*, c'est-à-dire contre une conception qui est à l'opposé de celle du "réel voilé". On ne saurait donc les adresser à cette dernière.

On reviendra plus loin sur la façon dont Cassirer construit, malgré tout, un certain "réalisme des objets", mais non "métaphysique", celui-là : affranchi de toute "transcendance" ou plutôt de toute transcendance violant certaines limitations. Ici notons seulement que sa manière de spécifier les limitations en question lui fournit implicitement la base d'une objection visant la notion même de réalité indépendante. Pour établir les limitations à la "transcendance acceptable" il convient, affirme-t-il, de « comparer l'objet de l'expérience avec l'objet de la mathématique pure. [...] Les objets de la connaissance mathématique, les nombres comme les figures pures de la géométrie, bien loin de constituer un domaine propre d'existences absolues et subsistantes, ne font qu'exprimer certains enchaînements à validité universelle et à nécessité formelle. Cette perspective bien établie — continue-t-il — il est aisé de la transférer tout aussitôt aux objectivités de la physique ; elles ne sont, à tout prendre, que le résultat et la conclusion d'un travail logique au cours duquel nous remodelons progressivement l'expérience, conformément aux exigences du concept mathématique » (*loc. cit.*, p. 338). Tout ce qui, dans l'ordre de la notion d'existence, irait au-delà de ces enchaînements formels et logiquement nécessaires serait ainsi discrédité et à exclure.

Avons-nous vraiment là la base d'une objection décisive à la notion d'une réalité indépendante de l'humain ? Je ne le pense pas car trois choses me gênent dans ces considérations. L'une d'elles est, du côté des mathématiques, le fait que Cassirer y nie purement et simplement, sans fournir de raison, la thèse du réalisme mathématique (alors qu'il existe des mathématiciens purs qui la font leur). Une autre, c'est que pour qu'il y ait là vraiment réfutation du réalisme objectiviste il faudrait que le parallèle entre la conceptualisation mathématique et la conceptualisation dans les sciences de la nature fût plus qu'une simple analogie, car une analogie ne prouve rien. Il faudrait qu'il s'agisse, pour l'essentiel, d'une identité, et que cette conceptualisation "à la Cassirer" fût, dans les sciences de la nature, l'élément décisif et universel qu'elle est, comme ce même Cassirer le note fort pertinemment, en mathématiques. Or si, du temps de cet auteur, cela pouvait sembler être le cas, il apparaît clairement aujourd'hui qu'il n'en est rien. On a déjà noté le point à propos de Kant (section 13.2.1) : dans ce qu'elle a de simple, d'universel, d'efficace et même de beau (au sens de l'élégance mathématique), la physique quantique ne procède pas au premier chef par construction de concepts — non pas même ces concepts riches d'une infinité de formes virtuelles que sont les "fonctions" chères à Cassirer — applicables ensuite tels quels aux "objets pour nous". Certes, épisodiquement elle persiste à en construire. Mais au cours de ce siècle elle a bien dû se rendre à l'évidence. Certains des problèmes les plus fondamentaux qu'il lui a fallu aborder ne pouvaient être résolus de cette manière. S'agissant de ceux-ci elle procède donc par une méthode toute différente, qui consiste à imaginer (en s'inspirant pour cela de n'importe quelle analogie, sans y voir autre chose qu'un guide pour l'imagination) des règles de prédiction d'observations que l'on soumet ensuite, en quelque sorte "directement" (c'est-à-dire sans prendre à la lettre les mots tels que "particule" ou "onde" pouvant, pour la commodité, figurer dans ces règles), au verdict expérimental (et dont on ne garde, cela va de soi, que celles qui subissent l'épreuve avec succès, et seulement aussi longtemps que ce succès persiste face à des épreuves nouvelles : pour l'heure la mécanique quantique est dans une telle situation). Au total donc, même si, bien sûr, l'existence de liens étroits entre physique et mathématiques est indéniable, le parallélisme très spécifique décrit entre elles par Cassirer et qu'il utilise ici comme argument apparaît, au vu de la physique actuelle, comme n'étant plus pertinent.

Enfin, une troisième raison contribue à me faire considérer que la conceptualisation à la Cassirer n'est pas une réfutation de la notion de "réel". Elle met en jeu l'argument auquel j'ai donné le numéro 2 dans la section 10.4.1. Il s'agit du fait que, dans son raisonnement, Cassirer passe sous silence un rôle majeur de l'expérience, bien connu des scientifiques de tous les temps et que Popper devait révéler — en tout domaine, mieux vaut tard que jamais ! — aux philosophes. J'entends, tout simplement, celui qui consiste à "dire non" : à *réfuter* une théorie. Ce rôle-là n'a pas son correspondant en mathématiques. Lorsque Cassirer nous affirme que : « la "transcendance" que nous attribuons à l'objet de la physique [...] est de la même espèce et repose sur les mêmes fondements théoriques que la distinction en vertu de laquelle nous opposons l'idée mathématique de triangle ou de cercle à l'image intuitive qui la soutient *hic et nunc* dans la représentation réelle », il n'a certes pas tort aussi longtemps qu'il s'agit du concept de tel ou tel *type d'objet*, bien spécifié. La suite de l'évolution de la physique a effectivement montré qu'il eût été erroné d'attribuer à l'atome ou à l'électron tels que cette discipline nous les révèle une réalité "supérieure" à celle du triangle. Mais il fait abstraction d'un point essentiel qui sépare les mathématiques des diverses sciences empiriques : alors que tout ce qui est exigé des mathématiques c'est la cohérence interne, aux théories et aux concepts constituant les sciences empiriques il est demandé, en plus, autre chose. Il est requis d'eux de ne pas être réfutés par des résultats d'expérience, c'est-à-dire par des données qui, même si nous contribuons grandement à leur production (voir l'abondante littérature relative à la "composante théorique" des données expérimentales), ne dépendent pas exclusivement de nous. Des données qui donc dépendent aussi de quelque chose d'autre. On aurait grand tort d'oublier ceci. Au reste, le même commentaire paraît s'imposer à propos d'autres passages de Cassirer. Ainsi par exemple, quand il note : « A l'immanence psychologique des impressions s'oppose, non pas une transcendance métaphysique des choses, mais, bien plutôt, la validité logique universelle des principes suprêmes de la connaissance » (*loc. cit.*, p. 339), on tend à souscrire à son assertion (même si l'on note que des philosophes plus récents tels Quine et Putnam ont donné des raisons de mettre en doute l'immutabilité des "principes suprêmes" en question). Mais quand, en une phrase déjà citée, il commente : « La raison et la validité universelle de ses règles constitue ainsi le cadre à l'intérieur duquel nous esquissons le concept même d'être » (*loc. cit.*, p. 337), on doit à nouveau mettre en garde contre l'omission, dans l'esquisse, de ce "quelque chose qui résiste et dit *non*" dont nous venons de voir que, même s'il intrigue, il est là.

Remarque 1

On peut certes — et même l'on doit ! — se demander si Cassirer n'aurait pas eu une réponse à cette objection. Et de fait, dès que l'on se pose la question, l'idée d'un contre-argument concevable vient à l'esprit. Une comparaison avec ce qui se passe dans les rêves en donne une première idée. Dans un rêve ce que nous appelons couramment le monde extérieur n'intervient normalement pas. Seules nos propres représentations y sont en jeu. Or c'est un fait que des difficultés peuvent cependant y apparaître (et même, dans le cauchemar, s'y révéler insurmontables, mais vu qu'en physique les difficultés furent, jusqu'ici, maîtrisées la comparaison pertinente est avec le rêve agréable, où des difficultés surgissent mais sont finalement surmontées). Ainsi, l'on pourrait soutenir qu'en physique comme en mathématiques et comme dans ces rêves, le processus tout entier ne met finalement en jeu que le "sens interne", les résultats d'expériences n'étant eux-mêmes que des données des sens, c'est-à-dire, en définitive, des composantes du mental. Partant de là, un disciple de Cassirer pourrait assez naturellement soutenir que la différence plus haut soulignée entre mathématiques et sciences empiriques est en fin de compte superficielle et négligeable. Il insisterait sur le fait que ce qui, en physique, dit "non" est toujours un ensemble de perceptions sensibles, donc de l'idéel. Il soutiendrait par conséquent que, là comme en mathématiques, la tâche est, en définitive, d'harmoniser entre elles des composantes du mental.

Je pense pour ma part que cette réfutation de l'objection prête elle-même à contestation. En tout cas, entre les deux situations, celle des mathématiques et celle de la physique (et des autres sciences empiriques), une différence essentielle subsiste. Pour la voir il suffit d'observer qu'en mathématiques pures, si nous avons affaire à une théorie cohérente — comme, par exemple, la géométrie non euclidienne de Lobatchevsky — cette théorie est *ipso facto* immunisée contre toute découverte à venir. On pourra la perfectionner, l'enrichir d'autres théorèmes, mais on ne pourra jamais à proprement parler la réfuter. Elle est autocohérente, elle le reste. En physique au contraire beaucoup de chercheurs œuvrent à l'édification de développements théoriques conçus en pleine harmonie avec les théories existantes et dont ils ont pourtant la mauvaise surprise d'apprendre qu'ils ne résistent pas aux expériences conçues pour les mettre à l'épreuve. Sera-t-il dit qu'il ne faut pas s'interroger sur la cause de cette différence entre physique et mathématiques ? Quant à moi, un tel interdit me paraîtrait artificiel, autrement dit illégitime. Et dès que je m'enhardis à le braver je ne vois qu'une réponse plausible : prendre au sérieux la notion d'un "quelque chose qui dit non", qui n'est pas réductible à nous[1].

Remarque 2

Malheureusement les philosophes de la mouvance idéaliste n'ont guère abordé le problème de l'erreur. Dans la première édition de la *Critique* Kant y a fait une allusion rapide. « La connaissance des objets — a-t-il écrit — peut être tirée des perceptions ou par un simple jeu de l'imagination ou au moyen de l'expérience. Et alors il en peut certainement résulter des représentations trompeuses auxquelles les objets ne correspondent plus et où l'illusion doit être attribuée, tantôt à un prestige de

---

1. Voir toutefois, en section 17.2.5, une analyse un peu plus développée de la question.

l'imagination (comme dans le rêve), tantôt à un vice de jugement (comme dans ce qu'on nomme les erreurs des sens) » (*loc. cit.*, p. 678). Mais au vu de cette dernière parenthèse il paraît clair qu'il n'envisage pas le cas d'une théorie réfutée par l'expérience. Et le fait qu'il ajoute : « pour échapper ici à la fausse apparence on suit cette règle : *ce qui s'accorde avec une perception suivant des lois empiriques est réel* » corrobore plutôt cette impression. Le tout indique que ce qu'il a dans l'esprit c'est en fait une rectification de l'expérience par la théorie, comme dans le cas de l'observation du bâton brisé.

Dans le cadre de la théorie kantienne proprement dite la réfutation d'une théorie par l'expérience (par un complexe d'expériences) peut toutefois se comprendre si l'on se souvient que, comme rappelé plus haut, Kant n'hésite pas à évoquer, sous le nom d'"objet transcendantal", la cause extérieure, purement intelligible, de nos représentations. Le fait que, comme il le souligne, on ne peut rien *dire* de cet objet (ma "réalité indépendante") ne l'empêche pas — et donc, si nous le suivons, ne doit pas non plus nous empêcher — de le penser, et donc de voir en lui le véritable et mystérieux "ce qui dit non" que nous cherchions. Mais ce n'est pas par de telles considérations qu'un néo-kantien comme Cassirer pourrait répondre à la critique ci-dessus explicitée puisque un tel néo-kantien dénie toute pertinence à la notion d'objet transcendantal.

Du concept de réalité indépendante Cassirer propose aussi, comme je l'ai dit, une autre "réfutation", d'un type différent mais qui est, à tout prendre, encore moins convaincante. Partant de l'observation précédemment faite que nous n'avons accès qu'à l'expérience et aux nécessités logiques, il fait valoir que le concept de réalité indépendante implique dès lors l'impuissance de la pensée à atteindre le fond même des choses. En conséquence « nous sommes accablés, écrit-il, sans pouvoir nous en défaire, sous le poids de la représentation de quelque chose dont la présence est à jamais irreprésentable et que nous ne pourrons jamais atteindre » (*loc. cit.*, p. 194). Au reste, ce sentiment de frustration est renforcé chez lui par le fait qu'il réfère là à la notion d'une réalité indépendante pensée comme étant, tout comme la réalité empirique, constituée d'atomes et de forces, et qu'on ne voit pas comment justifier le parallélisme entre ces "êtres" et les concepts par lesquels nous représentons cette réalité empirique. Effectivement, à ce dernier problème on n'aperçoit guère de solution. Mais ce problème lui-même s'évapore sans laisser de trace dès que l'on ne pense pas la réalité indépendante sous des traits similaires à ceux que nous montre la réalité empirique. Or c'est bien là ce qui s'impose si l'on veut respecter le contenu de la physique contemporaine qui, compte tenu de la non-séparabilité, nous interdit tout parallélisme de cette sorte. Reste l'"accablement" que Cassirer évoque. Mais représente-t-il un argument valable ? Je le conteste pour deux raisons. Premièrement, comme Ferdinand Alquié l'a naguère fort bien dit, « il n'y a pas de preuve par l'horrible » (Alquié, 1950). Le fait qu'une donnée est ou paraît triste n'a aucune incidence sur sa véracité. Deuxièmement, la déception que Cassirer pense être nôtre face à la constatation que nous ne pouvons accéder à une connaissance authentique de l'Etre lui-même n'existe, en fait, tout simplement pas et n'a point raison d'exister. L'enthousiasmant c'est le processus d'approfondissement lui-même : or celui-ci, au cours des millénaires, n'a pas faibli et rien n'indique qu'il faiblira. Le triste serait la borne : l'arrivée, un jour, à la connaissance exhaustive de la totalité de ce qui est. La conception du "réel" voilé nous préserve, si elle est vraie, de ce danger.

13-3-4. Cassirer et le transpersonnel

Ces brefs aperçus et commentaires relatifs au contenu d'un ouvrage extrêmement dense suffisent, me semble-t-il, à donner une idée du vrai propos de son auteur. Plus que comme un désir d'élucidation du domaine dans lequel la connaissance trouve son objet, je le vois, pour ma part, comme une analyse du *processus* de connaissance. La nuance n'est pas négligeable. Certes, mieux connaître le processus, mieux savoir, par exemple, ce qu'est vraiment la conceptualisation, nous éclaire sur les limites et la portée vraie de toute connaissance qui prétend à la certitude ; et par là, indirectement, sur la connaissance elle-même et les vrais objets de celle-ci. Mais cet éclairage n'est qu'indirect et donc partiel. Si, par exemple, quelqu'un affirmait, purement et simplement, que les bornes qui limitent la connaissance discursive bornent, par le fait même, tout ce qu'il est légitime de penser, il poserait par là *comme postulat* l'idée qu'il n'y a aucun sens à évoquer une notion d'être non connaissable par la science, au moins en droit ; de sorte que si dans un deuxième temps il se fondait sur ce postulat pour démontrer qu'il n'est pas de niveau de réalité autre que la "réalité empirique", nous serions en droit de lui objecter qu'il raisonne en cercle. Ce qu'en fait il aurait à démontrer c'est qu'il n'y a pas de sens à penser ce qu'on ne peut discursivement connaître. Il devrait, pour cela, spécifier quel sens il accorde au mot sens et donner ses raisons à cela, ce qui ne serait pas une mince affaire. Cassirer évite totalement, et on ne peut que l'approuver, ce type de problématique. Se concentrer sur l'analyse du processus de connaissance lui évite, par exemple, d'avoir à s'élever, du moins explicitement, contre l'affirmation de Kant citée plus haut selon laquelle on peut penser la chose en soi même si l'on ne peut la décrire.

En lieu et place de ces problèmes il s'adonne à une tâche mieux définie, consistant à analyser la manière dont l'esprit humain construit, finalement, la réalité *empirique*. Il faut noter à ce sujet que sa notion de réalité empirique n'est aucunement restreinte à une certaine classe d'objets et d'attributs d'objets, tels que les corps macroscopiques ou les résultats de mesure. Les développements de la physique du XXe siècle ont conduit, on l'a vu, à une notion de réalité empirique (au sens, encore une fois, d'objets et attributs d'objets) qui est, à cet égard, bien différente de la sienne (voir les chapitres 4 à 10) puisqu'elle est, elle, fortement conditionnée par des limitations de fait dans les aptitudes humaines et qu'elle est donc inapplicable à la plus grande part du domaine dit "microscopique". Dans tout le champ de la physique quantique les concepts fondamentaux sont ceux de "préparation des systèmes" et de "mesure des observables", et les mathématiques y ont essentiellement pour rôle de relier entre eux ces deux concepts-là : de permettre de calculer les probabilités de tel ou tel résultat de mesure sachant que le système a été préparé de telle et telle façon. C'est là un rôle plus modeste que celui de "matrice des concepts" que Cassirer leur assignait comme on l'a vu (dans l'ouvrage de celui-ci, écrit bien avant l'avènement de la mécanique quantique, on ne peut, bien entendu, s'attendre à trouver de longs développements sur ce point. Mais on doit quand même s'étonner que la notion de prédiction correcte de résultats d'observations, qui, en science, nous paraît, à l'heure actuelle, constituer un critère fondamental de validité et même d'attribution de sens, n'y soit aucunement mentionnée). Chez lui comme chez Kant c'est à tous les niveaux de grandeur et de petitesse que la réalité empirique est conçue selon une image classique, c'est-à-dire comme composée d'objets possédant des propriétés. Seulement, contrairement à ce qui est le cas dans le réalisme métaphysique, ces objets sont, pour lui, essentiellement des construits. « Lorsque nous analysons la définition de l'"objet", écrit-il, lorsque nous tâchons de nous rendre conscients de ce qui est impliqué dans ce concept, nous sommes inévitablement renvoyés à certaines nécessités logiques qui apparaissent ainsi comme les "facteurs" indispensables et constitutifs de ce concept même » (*loc. cit.*, p. 337).

Intéressant à cet égard est le commentaire que Cassirer donne des vues de Planck relativement au réalisme. Ayant rappelé la condition fondamentale posée par ce dernier à toute théorie physique, à savoir une condition de triple unité (quant aux particularités de l'image, quant aux lieux et temps et quant à l'ensemble des chercheurs), Cassirer proclame que la condition en question constitue le sens authentique du concept même d'objet. Planck, nous dit-il, est dès lors habilité à qualifier sa conception de "réaliste" — par opposition au phénoménalisme qui demeure asservi au donné des seules impressions. Mais, poursuit-il, « bien loin d'en constituer l'opposé, ce réalisme forme le corrélat de l'idéalisme logique bien compris. Car l'indépendance de l'objet du physicien à l'égard de toutes les spécifications de l'impression met en même temps en pleine lumière sa subordination à des principes logiques ayant une validité universelle ; fondant l'unité et la continuité de la connaissance, ces principes, et eux seuls, garantissent également la possibilité de trouver et d'établir le contenu du concept même d'objet » (*loc. cit.*, p. 348). Ainsi donc, tout l'effort de Cassirer aboutit à reconstruire et à justifier, autrement que par référence au réalisme métaphysique, l'image classique d'un monde essentiellement composé, à toute échelle, d'objets individuels, munis de propriétés bien déterminées et donc indépendantes du choix qui sera éventuellement fait de celle d'entre elles qui sera mesurée.

On voit que, dans une certaine mesure, et en dépit de toutes les différences qui les séparent, Cassirer, comme Kant d'ailleurs, aurait pu souscrire à l'affirmation de Berkeley selon laquelle quiconque désire conserver l'ancien langage réaliste est parfaitement libre de le faire, sous la seule condition d'une restriction mentale sans influence sur la pratique de la recherche scientifique (la restriction consistant à refuser l'attribution d'une réalité en soi à ces objets et ces propriétés). Or, on l'a vu, la mécanique quantique d'une part et le théorème de Bell de l'autre ont définitivement exclu une telle possibilité. Ce qui, incidemment, montre combien il serait faux de croire que, dans le domaine de la haute philosophie, la physique du XXe siècle n'a rien apporté d'essentiel. D'une manière plus détaillée on peut même observer que le critère de réalité d'Einstein, Podolsky et Rosen[1] — dont les avancées en question réfutent la validité — concerne, non des notions métaphysiques *a priori* mais des idées que l'on classerait volontiers parmi les "nécessités logiques" chères à Cassirer. Ceci conduit à s'interroger sur le vrai degré de solidité de l'ensemble de ces nécessités logiques évoquées d'une manière globale par notre auteur. De fait, c'est sur une sorte de "réalisme des accidents" débarrassé de son vernis

---

1. Voir section 7.1.

métaphysique que les analyses de Cassirer paraissent déboucher le plus naturellement, alors que, même "épuré" de cette manière, ce "réalisme"-là n'est plus, aujourd'hui, défendable. On peut, en conséquence, se demander si ces nécessités logiques sont vraiment ce sur quoi nous pouvons faire reposer notre intelligence de la référence ultime de la science.

Quoi qu'il en soit du bien-fondé de telles réserves, ces considérations incitent à se tourner avec un redoublement d'attention vers ce qui constitue le fondement même de la solution proposée par Cassirer au problème de la réalité. Tout à fait, en cela, dans la ligne de Kant, Cassirer prétend échapper à la fois au réalisme (qu'il refuse) et à l'idéalisme berkeleyien (qui érige en certitudes les "données des sens" d'êtres subsistant dans le temps, alors qu'il fait des choses de simples apparences) en niant que le moi et les données de la conscience soient en rien plus originaires et plus immédiats que les objets, et en déclarant que l'objet doit être considéré comme *projet d'objectivité*, qui prend corps au cours du progrès de l'expérience. En somme, aux yeux de Cassirer il faut dire « toute connaissance est connaissance de... », un peu comme Husserl disait « toute conscience est conscience de... ». Certes il n'y a donc pas, en toute rigueur, d'être absolu, il n'y a que de l'être relatif, mais « cette relativité n'entraîne pas une dépendance physique à l'égard des sujets pensants dans leur existence singulière, elle signifie la dépendance logique à l'égard du contenu de certaines prémisses universellement valides de toute connaissance en général » (*loc. cit.*, pp. 336-337). Et Cassirer ajoute : « Soutenir que l'être est un "produit" de la pensée ne contient ainsi aucune référence à un quelconque rapport causal, qu'il soit physique ou métaphysique ; il s'agit simplement de marquer une relation purement fonctionnelle, une gradation dans la validité de tels ou tels jugements. »

Ce dernier point est important. Nous y voyons se dessiner, dans la philosophie de Cassirer, l'idée de l'existence d'un élément transpersonnel, représenté par « le contenu de certaines prémisses universellement valides de toute connaissance » (les "nécessités logiques", en font partie sans aucun doute) et qui, en quelque sorte, est premier par rapport à la scission sujet-objet. Indéniablement, cet élément transpersonnel est "à l'origine" aussi bien des "objets" tels que Cassirer les conçoit que de nos états de conscience. En dernière analyse, il n'est, par conséquent, pas illogique de rapprocher cet élément transpersonnel de ce que, pour ma part, j'appelle "réalité indépendante" ou "réel" et d'y voir la "cause" des "objets" et états de conscience. Certes Cassirer lui-même se fût peut-être récrié contre cette idée. Il aurait, peut-être, fait valoir qu'elle revient à réintroduire cette transcendance qu'il prit grand soin d'éliminer, et que parler d'une "cause" extraphénoménale est une pure et simple hérésie. Mais, après tout, est-ce si sûr, et si oui, faudrait-il lui donner raison ? Conceptuellement, cette "réalité indépendante" que j'évoque là n'a rien de commun avec les objets physiques (énergie, force, accélération) contre l'idée de la transcendance desquels il s'élève avec raison. Et quant à l'usage du mot "cause" dans le contexte où nous voici, le critiquer relève de la querelle sémantique. Car enfin, entre "être à l'origine" et "être une cause", bien fin qui découvrirait une significative difference de sens.

Reste, il est vrai, le fait qu'évoquer des "prémisses de toute connaissance" paraît sous-entendre une référence essentielle à l'homme. Si les prémisses en question sont bien à l'origine des "objets" et si l'homme est le "siège" de ces prémisses, alors (transitivité !) l'homme se situe vraiment à l'origine des "objets". Non pas, bien entendu, tel ou tel être humain particulier mais l'homme en général, ou sans doute, plus exactement, l'esprit humain en général, puisque les diverses parties du corps font elles-mêmes partie des objets. Certes on a ainsi échappé à l'idée de la "transcendance des objets" (c'est-à-dire à celle, naïve, mal dégrossie mais naturelle, d'une existence des choses indépendante de nous) mais seulement pour tomber dans la nécessité d'imaginer comme origine, ou "lieu de résidence" de toute chose, perçue ou non, une entité à la fois vague et abstraite, à savoir, justement, l'"esprit humain en général". On saisit mal en quoi cette manière de voir serait plus séduisante pour la pensée que l'autre branche de l'alternative, celle que je préconise, qui consiste à admettre ouvertement — quitte à, peut-être, se séparer de Cassirer — que la notion d'existence est première par rapport à celle de connaissance puisque, pour que la seconde ait un sens, il faut qu'existe de la pensée. Et qui pose donc une réalité antérieure à la scission sujet-objet.

Je viens d'écrire "quitte à *peut-être* se séparer de Cassirer". Ce "peut-être" se justifie par le fait que vers la fin de son ouvrage cet auteur fait retour sur la question du réalisme mathématique, et que les considérations qu'il développe à cet endroit sont fort éloignées du pur et simple refus d'un tel réalisme rapidement exprimé par lui, comme on l'a vu, dans le cadre de son analyse des objectivités de la physique. Dans le chapitre auquel il est fait ici allusion (le chapitre 7 de l'ouvrage) Cassirer reconnaît la force du raisonnement de Russell : « Le connaître se ramène entièrement à un reconnaître pour autant qu'il ne doit pas sombrer dans l'illusion. La découverte de l'arithmétique doit avoir exactement le même sens que, pour Colomb, la découverte des Indes Occidentales ;

nous ne créons pas les nombres, pas plus qu'il ne créa les Indiens. » Certes Cassirer nuance ensuite son assentiment, mais en définitive il s'abstient de toute conclusion qui serait franchement négative. Il va même jusqu'à concéder que notre connaissance est soumise à deux contraintes : celle que nous impose la nature effective de nos impressions sensibles et celle qui détermine notre pensée dans le domaine de la logique et de la mathématique pure. « Ainsi par exemple on dira, note-t-il, que la centième décimale du nombre $\neq$ est prédéterminée sur le plan de la théorie, même si personne ne l'a effectivement calculée » (*loc. cit.*, p. 360) ; et c'est ainsi également qu'il cite d'une manière qui paraît approbative la phrase suivante de William James : « Il faut bien que nos idées, si elles ne doivent pas être la proie d'une contradiction sans fin comme d'une illusion sans fin, s'accordent avec les éléments du réel, qu'il s'agisse de faits ou de principes. » Il est vrai qu'il ne pose pas la question de savoir si la centième décimale du nombre $\neq$ serait prédéterminée *même si aucun homme n'existait*, mais tout laisse à penser qu'entre les trois réponses possibles "oui", "non" et "la question n'a pas de sens", il n'eût pas choisi la seconde.

Comme on le voit, les positions des néo-kantiens, telles, en tout cas, qu'on peut les lire chez Cassirer, sont fort différentes de celles de Kant. Les différences ont, en particulier, une incidence sur le statut d'un des arguments auxquels on peut penser (et que j'ai moi-même jadis évoqué) pour défendre l'idée de la réalité indépendante. Il s'agit de la remarque selon laquelle l'hypothèse de l'idéalité de l'espace était assez plausible du temps où celui-ci était tenu pour euclidien (car de ce fait il était proche de notre "sensibilité") mais qu'elle ne l'est plus maintenant que la physique le donne pour courbe. Cet argument ne peut être opposé à Cassirer. Chez lui, en effet, l'espace apparaît avant tout comme un mode de mise en forme de l'expérience par *l'entendement*, c'est-à-dire, en l'espèce, par la géométrie ; et cette dernière, aujourd'hui, intègre parfaitement une telle notion d'espace courbe. Sous une forme plus générale l'argument en question conserve cependant sa valeur car, comme on l'a noté, les mathématiques sont foisonnantes. Pourquoi, dans ces conditions, telle structure, avec telle dimension et telle métrique, plutôt que quoi que ce soit d'autre ? Il paraît peu concevable qu'il y ait là effet du hasard. A tout prendre l'hypothèse qu'une réalité indépendante est à l'origine de ce choix semble plutôt plus vraisemblable.

Par ailleurs, il m'apparaît qu'au moins mes arguments 1 et 2 (section 10.4.1) restent valables tels quels, face aux thèses néo-kantiennes. En effet, même la conception qui confère un rôle prééminent aux nécessités logiques et universelles de l'entendement ne parvient pas, comme on vient de le constater à propos des mathématiques, à réfuter l'idée que la notion d'existence est première par rapport à celle de connaissance. Et le fait que nos théories, même lorsqu'elles sont construites dans un parfait respect de toutes les "nécessités logiques" que l'on voudra, s'effondrent parfois, et même souvent, sous le poids de réfutations expérimentales serait, ce me semble, incompréhensible si notre expérience elle-même provenait exclusivement de notre esprit. Ni l'inexistence, reconnue, d'expériences vraiment cruciales ni l'importance, tout aussi reconnue, de la composante théorique au sein même de n'importe quelle observation n'invalident, bien entendu, cet argument puisque ni l'une ni l'autre n'empêchent le phénomène de se produire.

13-4. Le kantisme, l'empirisme et nos contemporains

Il y a de nos jours beaucoup de philosophes intéressés par le kantisme et l'empirisme post-kantien et tous, bien entendu, prétendent écarter la notion d'une réalité indépendante *connaissable*, en se fondant sur des arguments *exclusivement philosophiques*. Mais ils trouvent des contradicteurs. Dans quelle mesure ont-ils raison ? La présente section fournira un aperçu sur cette question.

Notons d'abord que contrairement à Cassirer, les philosophes actuels des mouvances kantiennes et empiristes n'expriment pas tous un *refus* radical de la notion de réalité indépendante. Chez nous, Jean Petitot (1997) par exemple, paraît suivre Kant sans réserve là où celui-ci présente la chose en soi comme « fondement de réalité (allemand : *Grund*) pour les phénomènes ». Fondement "non sensible", nous dit Petitot, qui est intelligible mais se situe hors connaissance puisque la connaissance exige la restriction de la causalité aux phénomènes. Et il approuve Kant d'avoir soutenu que cet intelligible intervient pour *comprendre* la possibilité d'un *système organisé* de lois empiriques. Dans cet esprit il ne s'oppose pas à une vue — proche du *réalisme structural* souvent attribué à Poincaré — dont j'ai essayé de montrer ailleurs (1994) un peu en détail la pertinence dans le cadre de la mécanique quantique orthodoxe (sans "variables cachées"). Il s'agit de ce qu'une interprétation réaliste des lois mathématiques de celle-ci n'est pas à exclure, mais seulement sous la condition (très stricte) que, contrairement à ce qui se passe en physique classique, les valeurs des entités figurant dans les équations exprimant ces lois ne soient pas ontologisées (voir ici section 9.5).

En Amérique, des penseurs tels que Hilary Putnam et Bas van Fraassen adoptent, sur la question de la réalité indépendante, une attitude certes plus réservée encore, mais qui, elle non plus, n'est pas de refus radical. Le premier fait, par exemple, la concession que voici : « Peut-être, après tout, Kant a-t-il raison — écrit-il : peut être ne pouvons-nous éviter de considérer qu'il y a, en quelque manière, à notre expérience, une sorte de substrat indépendant de l'esprit » (Putnam, 1981). Le second reconnaît qu'« il se peut qu'il y ait un niveau plus profond de l'analyse où ce concept d'un monde réel est soumis à examen » [van Fraassen 1980]. Toutefois Putnam fait sa concession à l'intérieur d'une simple parenthèse et quant à van Fraassen sa citation continue par : « et [ce monde réel] s'avère être... quoi ? Je laisse à d'autres la question de savoir s'il est possible de progresser d'une manière significative et cohérente le long d'une telle ligne de pensée. La philosophie de la science peut certainement rester sur un terrain plus ferme ». Autrement dit, ils estiment tous deux — en cela rejoints par Jean Petitot et bien d'autres — que le "substrat" en question n'est pas accessible à la connaissance. Et, je le répète, ils fondent ce jugement sur des arguments ne relevant que de leur propre domaine d'étude, autrement dit, exclusivement philosophiques.

Mais il faut savoir que dans le domaine en question ils rencontrent des opposants. Je veux dire qu'il existe, encore à l'heure actuelle, un nombre appréciable de philosophes réalistes. Et, parmi ceux-ci, des esprits qui, non contents d'affirmer simplement leur position, entreprennent de réfuter les arguments des empiristes et des kantiens. L'un de ces derniers est Abner Shimony (1993). Pour comprendre les objections que celui-ci adresse à Putnam il faut partir, comme eux deux, de la distinction fondamentale établie (comme rappelé ici en section 2.2) par Galilée entre les propriétés intrinsèques des corps (formes, positions, mouvements...) et les qualités sensibles (dénommées plus tard "secondes") qui ne sont que projetées en eux par le sujet percevant. La physique classique a construit une représentation du monde formulée exclusivement en termes de propriétés intrinsèques (après adjonction à celles-ci d'entités telles que charges électriques et champs), dont un trait particulièrement remarquable est de se suffire à elle-même : les qualités sensibles n'y figurent tout simplement pas.

La difficulté soulignée par Putnam est alors de saisir comment nous avons accès à ce monde. Si, à la suite de Descartes, nous postulons un vrai dualisme matière-esprit nous devons établir la théorie de leur interaction, ce que ni Descartes ni ses successeurs n'ont réussi à faire d'une manière satisfaisante. Une autre possibilité, celle du parallélisme, n'est guère convaincante non plus. La seule approche que Putnam ait, un temps, trouvée prometteuse est celle dite du "fonctionnalisme", laquelle identifie la sensation avec un état du cerveau, cet état étant défini, non pas en termes physiques mais plutôt en termes de programme. Toutefois, même cette dernière possibilité, qu'il avait pourtant proposée, lui apparaît maintenant comme sujette à de très graves objections, de sorte que toute "explication totalisatrice" (selon ses termes) de la nature de la pensée et de son rapport avec son objet lui semble désormais impossible. La connaissance que nous avons de la nature ne peut être décrite sans référence à l'intentionnalité et celle-ci ne peut être expliquée par une théorie naturaliste de l'esprit. En conséquence, Putnam s'est forgé une position, appelée par lui "réalisme interne" qui, comme il le signale lui-même, n'est pas très éloignée de celle de Kant. A ses yeux la vérité (d'une description du monde) consiste, en effet, en « une espèce de possibilité rationnelle d'être acceptée — une sorte de cohérence idéale de nos "croyances" entre elles et avec nos expériences telles que celles-ci sont elles-mêmes représentées dans notre jeu d'idées » (Putnam, 1981) — et aucunement en une correspondance avec un "état de choses" indépendant de l'esprit ou du discours (*loc. cit.*, p. 49).

Si je comprends bien, ce qu'Abner Shimony reproche à Hilary Putnam c'est d'avoir renoncé trop vite, au vu des difficultés rencontrées, à l'idée de construire une théorie réalisant ce que lui, Shimony, appelle la "fermeture de la boucle", c'est-à-dire justifiant que nous, hommes, puissions prétendre à une connaissance de la réalité (en soi) et, en retour si l'on peut dire, montrant que les structures de la réalité ainsi connue expliquent les possibilités cognitives de l'être humain. La plupart des penseurs qui se fixent un but similaire tentent, dit-il, de l'atteindre en réduisant la pensée au monde physique… et se heurtent — tout comme Putnam — aux problèmes que soulèvent alors des données telles que, disons, l'intentionnalité. La thèse de Shimony est, très schématiquement, qu'accepter un point de vue inspiré de celui de Whitehead — à savoir, fondé sur l'idée d'une sorte de proto-mentalité potentiellement présente dans les choses — devrait permettre de lever ces difficultés. Shimony se fonde là sur le fait que, pour Whitehead, les entités ultimes ne sont autres que ce qu'il appelle des "occasions d'expérience", ce qui, effectivement, semble de nature à résoudre des questions telles que celle de l'intentionnalité ; même si, d'un autre côté, Shimony reconnaît que l'on voit mal comment ce concept pourrait s'adapter à ceux de la physique classique comme, par exemple, à celui d'électron. Mais il fait valoir qu'en revanche il a quelque parenté, au moins formelle, avec ceux de la mécanique quantique et que l'idée d'une certaine proto-mentalité existant au niveau fondamental de la nature pourrait être étayée et affinée par la prise en considération de certains traits de cette mécanique (voir section 18.4.2).

En ce qui concerne l'*empirisme constructif* de Bas van Fraassen la question se présente d'une manière assez différente. Cet auteur a pour souci de ne pas voir la science s'engager sur les pistes incertaines de la métaphysique, il est sceptique en ce qui concerne l'argument du non-miracle et l'inférence vers la meilleure explication (ici : section 5.1.2), et rejette donc le réalisme scientifique. Au lieu d'affirmer, comme celui-ci, que par ses théories scientifiques la science vise à nous donner une description littéralement vraie du monde, l'empirisme constructif pose qu'elle a seulement pour but de nous fournir des théories "empiriquement adéquates", c'est-à-dire qui sauvent les phénomènes. Van Fraassen ne nie pas l'utilité qu'il peut y avoir à évoquer des structures et des processus non directement accessibles à l'observation mais il refuse de prendre à son compte toute affirmation positive de leur réalité en soi. En même temps, cependant, il se sépare des empiristes classiques en affirmant que c'est non de la philosophie mais bien de la science elle-même que relève la distinction entre ce qui est scientifiquement observable et ce qui ne l'est pas. Bien sûr, cette distinction dépend des aptitudes humaines et est donc anthropocentrique. Mais, nous dit-il, puisque la science considère que les observateurs humains font partie des systèmes physiques qu'elle se juge apte à décrire, c'est à elle que revient, en particulier, la tâche de décrire de telles distinctions anthropocentriques (van Fraassen, 1980).

C'est relativement à la cohérence de ce dernier stade de l'approche de van Fraassen que Shimony émet des réserves. Il juge que, bien sûr, la science peut traiter l'observateur comme un objet (peut en parler "à la troisième personne", comme il dit), et — conformément aux méthodes de la neurologie — utiliser pour le décrire les notions de récepteurs, de systèmes de traitement de l'information, etc. Mais, fait-il observer, l'empirisme constructif proclame un agnosticisme de principe quant au statut ontologique de toutes ces entités, et repose par ailleurs, de par sa nature même de philosophie empirique, sur la notion de sujet connaissant, c'est-à-dire sur celle d'un sujet qui n'est aucunement un élément de la théorie mais bien l'auditeur du discours qu'elle tient (et le juge qui décide d'adopter envers elle telle ou telle attitude, d'acceptation par exemple). Shimony note que nous sommes dès lors confrontés à un dilemme. Si nous renonçons à identifier ce "sujet à la première personne" au sujet à la troisième personne ci-dessus décrit, nous retombons sur la doctrine classique d'une épistémologie première par rapport à la science, que l'empirisme constructif visait, précisément, à dépasser. Mais si nous acceptons l'identification en question nous identifions par là un élément de la théorie (le sujet en troisième personne) à une entité qui existe de façon éminente et sûre (le sujet en première personne). Nous sommes de ce fait infidèles à l'un des principes de l'empirisme constructif qui est, je le répète, un agnosticisme interdisant aux théories scientifiques le dépassement du niveau de la simple adéquation empirique.

Là aussi, Shimony estime que sa thèse d'une irréductible composante mentale de la nature offre une perspective de réponse. Brièvement résumée, sa solution consiste, en fin de compte, à accepter l'identification dont il vient d'être question, en se laissant en cela guider par la simple observation que tout enfant dont le développement est normal se construit une représentation approchée et pleinement "réaliste" du monde, où il n'éprouve aucune difficulté à se situer lui-même, en tant que "je". Encore une fois autrement dit, Shimony considère que la difficulté posée par, par exemple, l'intentionnalité est en grande partie levée par l'acceptation d'une composante mentale du réel. Et quant au souci empiriste d'éviter toute métaphysique, il l'écarte en notant que l'agnosticisme ontologique de van Frassen est certes prudent mais qu'il risque d'être peu fécond. Il pense, lui, que l'hypothèse réaliste et la recherche de la meilleure explication le sont, finalement, bien davantage.

En ce qui concerne le sujet central de ce livre-ci, ce qu'il faut retenir, selon moi, du survol qui vient d'être fait c'est que, même si les travaux de certains philosophes actuels de premier plan rendent peu vraisemblable (au moins aux yeux de nombre de personnes informées) la possibilité d'une véritable ontologie (au sens classique de ce mot), ils ne suffisent pourtant pas, pas plus que ceux, antérieurs, de Kant ou de Cassirer, à l'éliminer. Leur sont opposables d'autres travaux philosophiques — on a évoqué ceux de Shimony mais seulement à titre d'exemple — allant dans la direction opposée.

Mais d'un autre côté on notera que tous ces développements se situent dans le cadre de la problématique philosophique classique matière-pensée et restent à l'écart des découvertes de la physique contemporaine. Cette attitude est-elle totalement justifiée ? On doit en douter. De fait, à la fin de son article Shimony lui-même — orfèvre en la matière vu son essentielle contribution au perfectionnement des inégalités de Bell (voir Appendice 1) — signale l'existence, à ce niveau, d'un « nuage noir » menaçant sa perspective ontologique. Ce nuage n'est autre que l'impossibilité, en physique quantique orthodoxe, de conférer une interprétation ontologique à la notion d'état quantique. De ce fait, l'hypothèse réaliste relativement aux choses n'est plus seulement hasardeuse et immotivée, ce qui est la thèse empiriste, elle devient des plus contestables, et même franchement fallacieuse, concernant certaines de ces "choses". De cette donnée-là surgit une problématique philosophique toute nouvelle, qui est, bien sûr, celle que l'on tente d'étudier tout au long du présent ouvrage.

14

La causalité et le prédictif

14-1. Introduction

Jusqu'ici nous nous sommes surtout intéressés aux problèmes que pose la notion de réalité ; et dans la suite de ce livre ce sujet essentiel continuera à retenir principalement notre attention. Mais, d'un autre côté, en progressant dans cette étude nous avons constaté qu'y intervenaient nécessairement des idées telles que celles d'explication, de cause, de prédiction d'observations, qui, on le sait assez, ne sont limpides qu'en apparence. Aux fins de dissiper toute ombre concernant les points déjà vus et de préparer des outils pour une réflexion ultérieure il nous faut consacrer quelque attention à l'examen de ces notions. Bien entendu, concernant des concepts aussi délicats que, par exemple, celui de cause, sur lequel les penseurs les plus profonds ont réfléchi durant des siècles, il ne saurait être question de faire dans ces pages une revue générale de tout ce qui fut dit à leur sujet. Mais en nous limitant aux questions qui nous intéressent ici directement nous pourrons sans doute quand même éclairer un peu divers points. Dans ce chapitre-ci nous nous pencherons successivement sur les concepts de déterminisme, de chaos, d'indéterminisme quantique, et sur le problème de comprendre pourquoi et dans quelle mesure le prédictif est plus fiable que le descriptif. Le chapitre suivant sera consacré à la notion d'explication.

14-2. Causes et lois

Ce n'est pas ici le lieu de résumer les très nombreux travaux qui, depuis deux cents ans et plus, furent consacrés à l'étude des rapports et des différences existant entre le "pourquoi" et le "comment" ou, de façon à peu de chose près équivalente, entre la "cause" et la "loi". Ce que, d'un point de vue historique, on peut noter c'est qu'à l'aube de la science moderne les grands pionniers tels que Galilée et Descartes se trouvèrent confrontés à une physique héritée d'Aristote qui faisait appel, pour l'explication des phénomènes, à des causes plus ou moins calquées sur le canevas de la volonté. Des causes finales en particulier : la pierre tombe pour rejoindre son lieu naturel, comme s'il y avait en elle quelque obscure visée de rejoindre son lieu de repos. Et, plus généralement, des causes habitant les objets eux-mêmes. Même Galilée, à ses débuts, nourrissait l'idée que la force qui crée du mouvement est interne au mobile. Si on lance un objet en l'air « la force — écrivait-il — diminue graduellement dans le projectile lorsqu'il n'est plus en contact avec le *projiciens*, comme la chaleur diminue dans le fer quand le feu n'est plus présent[1] ». Long et difficile fut le processus qui permit à la longue de débarrasser la matière de ces entités quasi psychiques dont le Stagirite l'avait imprégnée.

Encore est-il vrai que même aujourd'hui il y a un sens du mot "cause" qui renvoie à de telles idées. C'est pourquoi nombre d'auteurs estiment qu'en dernière analyse cette notion est anthropomorphique et ne s'applique au monde physique que d'une manière imagée. Comme Toraldo di Francia (1981) le note à juste titre, nous *savons* que nos actions peuvent modifier *à notre gré* certaines des choses qui nous entourent. Peu importe pour ce qui suit qu'une telle liberté soit véritable ou illusoire. Ce qui est à considérer, c'est que chacun de nous se sent psychologiquement certain de disposer de cette liberté et que, lorsque, en conséquence d'une décision prise par nous, nous changeons quelque chose dans notre environnement nous jugeons que nous sommes la cause (l'origine) de ce changement. Si, par exemple, nous voulons casser une vitre, nous exécutons le mouvement consistant à nous emparer d'une pierre et à la lancer, et, le résultat une fois obtenu, nous savons que c'est nous qui l'avons causé. Mais pour cela nous avons eu recours à un intermédiaire, qui est la pierre. Dès que nous cherchons à analyser un peu notre action il est donc naturel de notre part que, par une sorte de réflexe animiste tout instinctif, nous nous disions : « Au fond, ce n'est pas moi directement, c'est la pierre en mouvement qui a été la cause de la brisure dont il s'agit. » Il est clair toutefois que c'est là céder à une sorte d'incohérence logique puisque nous gardons présente à l'esprit l'idée vague de l'identification de toute cause à une "cause originelle", à une sorte de décision libre, interne, en quelque sorte, à l'objet-cause, et qu'en même temps nous admettons, bien sûr, que la pierre ne peut prendre de décision libre. On comprend donc que la notion de cause soit à présent, dans l'esprit des scientifiques, fortement dévaluée par rapport à celle de loi.

---

1. Galilée, *De motu*, cité par M. Clavelin (1968 ; rééd. 1996, p. 138).

Reconnaissons pourtant que dans notre expérience vécue du monde physique il nous est psychologiquement très difficile, pour ne pas dire impossible, d'y renoncer. Quand nous disons que, en mer, le vent est la cause des vagues nous n'avons pas le sentiment de discourir en animistes. Nous pensons énoncer une pure et simple donnée physique, et pour exprimer celle-ci le langage axé sur la notion de cause nous semble être le seul pertinent. Avons-nous raison ? Oui, je pense. Mais c'est que, dans ce cadre, nous donnons au mot "cause" un sens substantiellement différent : celui de condition initiale relative à l'application d'une loi. A ce stade, au reste, il faut préciser. Car, naturellement, de telles conditions sont multiples. En fait, comme la plupart sont normalement réalisées on ne pense guère à elles. De sorte que finalement la "cause", dans ce nouveau sens, est tout simplement celle de ces conditions qui était au départ (*a priori*, comme nous disons) la moins probable.

Nous voyons ici apparaître la notion de loi et nous constatons qu'elle est éclairante. Que l'on se figure un instant un pur aristotélicien décidant d'étudier le pendule en privilégiant la notion de cause prise au sens antique et médiéval. Imaginons-le soupesant l'importance des relations "semi-conflictuelles" entre une première cause — la gravitation — qui habite le pendule et cherche à le ramener à l'équilibre et une autre cause — le moment inertial — qui habite aussi le pendule et vise tantôt à l'en écarter, tantôt à l'en rapprocher. Les idées que ce penseur enchaînerait (et qui nous font un peu penser — mais oui ! — à certains développements de la science économique) n'auraient rien de démonstrativement erroné. Mais il n'empêche : une recherche se fondant sur une si subtile dialectique serait longue, ardue et vraisemblablement (c'est le moins que l'on puisse dire !) peu productive. Alors que la combinaison de la troisième loi de Newton, de celle de la pesanteur et d'un petit peu de trigonométrie débrouille toute la question vite, quantitativement et bien…

D'un autre côté, il faut reconnaître que la notion de loi pose elle-même des problèmes de définition. Dans le passé, beaucoup de philosophes des sciences, dans la ligne de pensée de l'empirisme anglais, considérèrent la notion de nécessité physique comme n'étant que le reliquat inconscient d'une métaphysique aussi encombrante que superflue (une évocation malvenue de quelque commandement divin) et prétendirent, en conséquence, réduire ce concept de loi à celui de loi empirique. Si, raisonnaient-ils, je sais que A est toujours suivi de B, je peux légitimement fonder des prédictions d'observations sur ce savoir et il est clair que remplacer cette loi empirique par l'énoncé "A est toujours *et nécessairement* suivi de B" n'améliorerait en rien ces prédictions. Tel était le point de vue de Hume. De fait, cependant, dès que l'on cherche à définir la causalité exclusivement au moyen de lois empiriques, on se heurte à de sérieuses difficultés, dont la plus évidente se présente ainsi. Si nous constatons (proposition L_1) que A est toujours suivi de B et (proposition L_2) que B est toujours suivi de C, et si nous adoptons une définition purement empirique de la notion de loi, nous devrons dire que L_1 et L_2 sont deux lois. Si alors nous voulons fonder la notion de causalité sur la notion de loi ainsi entendue, nous sommes amenés à dire : « A est une condition initiale, L_1 est une loi, B a lieu si A a eu lieu, donc, par définition, A est cause de B. » Et par un argument entièrement similaire nous sommes amenés à dire : « Par définition B est cause de C. » Or il peut très bien arriver que l'une ou l'autre de ces deux assertions ne corresponde absolument pas à la notion que nous avons, en fait, présente à l'esprit lorsque nous utilisons le mot de "cause". Plus précisément, il se trouvera assez souvent que les assertions qui de ce point de vue nous apparaîtront comme correctes seront « A est cause de B » et « A est cause de C ». Tel est par exemple, le cas si A est l'arrivée d'un vol international, B la formation d'une file d'attente au guichet de contrôle des passeports et C une arrivée massive de valises dans le hall de récupération des bagages.

Ces considérations et d'autres similaires ont, semble-t-il, conduit la majorité des épistémologues à abandonner l'idée de fonder la causalité sur l'idée de lois purement empiriques, au sens strict du terme. Et, au reste, à propos de la notion d'explication nous verrons (section 15.2.2) qu'après mûre réflexion les héritiers des empiristes se sont vu obligés de renoncer à réduire la notion de loi elle-même au pur empirisme. Que, donc, ils ont dû finalement admettre qu'une véritable explication doit se fonder sur autre chose qu'une simple règle empirique. En définitive la causalité paraît donc n'être entièrement réductible, ni à une illusion anthropomorphique, ni même à la pure et simple constatation de régularités dans le déroulement des phénomènes observés.

14-3. Déterminisme et causalité

« Une Intelligence qui, pour un moment donné, connaîtrait toutes les forces dont la nature est animée et la situation respective des êtres qui la composent, si par ailleurs elle était assez vaste pour soumettre ses données à l'analyse, embrasserait dans la même formule les mouvements des plus grands corps de l'univers et ceux du plus léger atome : rien ne serait incertain pour elle, et l'avenir, comme le passé, serait présent à ses yeux. » Cette superbe phrase de Laplace est la plus célèbre des définitions du déterminisme. Quelques remarques élémentaires paraissent à propos, à son sujet.

On peut d'abord noter qu'elle s'inscrit à l'évidence dans le cadre du réalisme, et même du réalisme objectiviste. Toutefois, on conçoit aisément la possibilité, dans la formule, de remplacer les concepts "les êtres qui la composent" et "les mouvements des corps" par des renvois à des résultats d'observations non perturbatives. Autrement dit, dans l'abstrait, rien n'interdit d'imaginer une théorie déterministe au sens laplacien, et qui serait d'une objectivité seulement faible.

Remarquons ensuite que, comme le mentionne Laplace, le déterminisme n'introduit pas de "flèche du temps" : passé et avenir y sont traités à égalité. C'est là ce qui constitue sa principale différence d'avec la notion de *causalité*, dans laquelle au contraire la différence passé-avenir joue un rôle de premier plan puisque c'est elle qui engendre la distinction entre la cause et l'effet, la cause étant, par définition, celui des deux événements qui précède l'autre (et c'est bien là ce qui rend étonnante l'idée feymanienne de causalité rétrograde introduite, comme on l'a vu en section 9.6, sur la base de méthodes calculatoires, aux fins de décrire les antiparticules).

Pour prévenir certaines confusions que peut susciter le vocabulaire, notons enfin que, en liaison avec l'apparition de la théorie de la relativité, cette distinction temporelle entre cause et effet a peu à peu suscité une sorte de dédoublement de sens du mot même de "causalité". Plus précisément, on a vu (en section 3.2.1) que — selon la conception relativiste et "pré-théorème de Bell" — étant donné un événement B, les seuls événements susceptibles d'avoir influencé B, donc de compter parmi ses causes, sont ceux contenus dans le cône de lumière arrière (passé) de B. Pour des raisons symétriques, les seuls événements que B est susceptible d'influencer, et qui peuvent donc être ses effets, sont ceux contenus dans le cône avant (futur) de B. Cela s'appelle la "causalité einsteinienne", mais très souvent, pour abréger, les physiciens disent seulement "causalité". Comme la théorie de la relativité classique était encore déterministe, la causalité einsteinienne n'y était manifestement que l'adaptation à son cadre de la causalité comprise dans le premier sens ci-dessus noté (déterminisme *plus* distinction temporelle cause-effet). Il se trouve toutefois que l'apparition de l'indéterminisme quantique a, ensuite, tout naturellement conduit à une autre signification de l'expression, donc aussi de son "raccourci". A présent l'expression est employée même lorsqu'on ne suppose plus un lien déterministe entre les événements en jeu ; en d'autres termes, elle ne renvoie plus qu'à la thèse que toute influence va du passé à l'avenir et qu'aucune ne se propage plus vite que la lumière. Et par extension, il en va souvent de même de son raccourci. On voit donc qu'en définitive le mot "causalité" revêt aujourd'hui en physique deux significations bien différentes. La chose est certes regrettable mais heureusement le contexte lève quasiment toujours l'ambiguïté.

14-4. Déterminisme et "chaos"

Les lois de la physique classique sont déterministes en ce sens que la connaissance à un instant donné du point représentatif du système dans l'espace de phase (c'est-à-dire la connaissance des coordonnées et vitesses des divers points matériels qui composent ce système ou de données équivalentes) permet, grâce à l'expression mathématique de ces lois, de déterminer la trajectoire de ce point (c'est-à-dire les valeurs de ces positions et vitesses) pour tous les instants antérieurs et postérieurs. Aujourd'hui, cependant, la plupart des auteurs font valoir qu'il est impossible de connaître les coordonnées d'un point représentatif avec une précision infinie (voire d'attribuer un sens à une telle notion) et que donc les questions de stabilité ou d'instabilité des trajectoires revêtent, même en théorie, une importance considérable. Ceci les conduit à opérer une distinction entre le déterminisme tel que ci-dessus défini — qu'ils appellent parfois "déterminisme mathématique" et ce qu'ils dénomment le "déterminisme physique", ce dernier étant une propriété dont ne jouissent que certains systèmes. Il s'agit — en gros — de ceux dont les trajectoires répondent à de suffisantes conditions de stabilité (dans l'espace et dans le temps), c'est-à-dire sont telles que celles issues de deux points représentatifs très proches demeurent longtemps très proches l'une de l'autre. De fait, on sait maintenant que même en mécanique newtonienne ce "déterminisme physique" n'est obéi que par certains systèmes très simples tels que les systèmes à deux corps. Les travaux de Henri Poincaré sur les systèmes à trois corps et plus ont révélé que ceux-ci ne jouissent pas en général de la stabilité correspondante ; et nul n'ignore que, durant les dernières décennies, cette découverte a donné naissance à des développements théoriques très importants connus sous le nom de "théorie du chaos".

Cette violation du déterminisme physique relève-t-elle de l'objectivité forte ou de l'objectivité faible ? La question est rarement posée et pourtant elle est pertinente. Elle vient d'autant plus naturellement à l'esprit que, comme on vient de le noter, ce sont les travaux de Henri Poincaré qui sont à l'origine de la découverte.

En épistémologie Henri Poincaré développa, on y reviendra, une conception — le "conventionnalisme" — selon laquelle le propos de la physique n'est pas de dévoiler le réel en soi mais uniquement de découvrir des rapports entre phénomènes et de donner de ces derniers les descriptions *les plus commodes*. Dans le cadre d'une telle philosophie le "déterminisme mathématique" est évidemment dénué de toute signification physique, et il n'y a donc aucun sens dans lequel un système classique affecté d'instabilité pourrait, malgré tout, être dit "déterministe". Mais si, contrairement à Poincaré, on opte pour un réalisme objectiviste "pur et dur", la question se pose de savoir si — en physique classique toujours — les concepts de déterminisme "seulement" physique, de chaos, etc., possèdent une vraie signification conceptuelle. Dans cette approche, en effet, il ne paraît pas cohérent de conférer une signification fondamentale à des notions définies au moyen d'énoncés contenant les mots « il est impossible de connaître », qui, manifestement, renvoient aux capacités humaines. Et, en revanche, dans cette approche toujours, il semble difficile de nier que la définition laplacienne du déterminisme conserve un sens. Elle est centrée sur la prévisibilité, qui est bien une notion physique ; et si elle se réfère à des données — positions et vitesses de chaque point matériel — qui ne nous sont pas accessibles, il n'en est pas moins vrai que, selon l'approche en question, ces données existent bien. Ceci doit nous conduire à nous demander si professer à la fois le réalisme objectiviste et la thèse selon laquelle les phénomènes d'instabilité, etc., propres au "chaos classique", violent le déterminisme ne serait pas une position logiquement incohérente.

En fait, avant de conclure en ce sens il faut examiner la question un peu plus à fond. Les auteurs qui, aujourd'hui, traitent des théories du chaos s'appuient volontiers sur la citation suivante de Poincaré : « Quand le même antécédent se reproduit, le même conséquent doit se reproduire également ; tel est l'énoncé ordinaire. Mais réduit à ces termes, ce principe ne pourrait servir à rien. Pour qu'on pût dire que le même antécédent s'est reproduit, il faudrait que les circonstances se fussent *toutes* reproduites [...] et qu'elles se fussent *exactement* reproduites. Et comme ceci n'arrive jamais, le principe ne pourra recevoir aucune application » (Poincaré, 1970). Poincaré en déduit qu'il faut faire intervenir la stabilité et que le déterminisme se réduit, finalement, au "déterminisme physique" tel qu'il est défini plus haut.

Ceux qui veulent défendre l'idée d'une violation du déterminisme sans pour autant abandonner le cadre du réalisme objectiviste pourraient être tentés de faire remarquer que ce texte de Poincaré ne met pas vraiment en jeu les capacités humaines puisqu'il fait référence à des événements qui "se produisent". Il ne renvoie donc pas explicitement aux notions de commodité, etc., caractéristiques du conventionnalisme et on pourrait par conséquent songer à voir en lui le fondement d'une réfutation de la définition laplacienne se situant dans le cadre du réalisme objectiviste. Mais en réalité, une telle position ne serait, selon moi, pas satisfaisante car, comme noté ici dès le chapitre 1, qui dit réalisme objectiviste dit par là même contrafactualité. Poincaré a certes raison d'écrire qu'il n'arrive jamais que toutes les circonstances se reproduisent, et comme il n'adhère pas au réalisme objectiviste, la remarque qu'il fait là est, pour lui, pertinente. Mais il reste qu'elle ne l'est pas pour qui adhère au réalisme objectiviste — et donc à la contrafactualité — car elles (ces circonstances) *pourraient* se reproduire.

Incidemment, on peut aussi noter que, contrairement à celle qui renvoie à "l'Intelligence" laplacienne (dite aussi "démon de Laplace"), la définition : « Quand le même antécédent se reproduit, le même conséquent doit se reproduire également », nous oblige à considérer plusieurs séries d'événements, toutes ayant effectivement lieu. Dans ces conditions, l'argumentation de Poincaré repose en définitive sur le fait que le monde est insuffisamment grand, ou insuffisamment vieux, ou, etc., pour que, spontanément, les mêmes conditions initiales se reproduisent. Et on peut considérer, un peu comme on l'a fait en section 9.7 à propos de l'idée de réalité elle-même, que dans le cadre du réalisme il est gênant de fonder la définition d'une notion aussi fondamentale que cette de déterminisme sur des circonstances contingentes telles que celles-là[1].

Au total donc il reste que — contrairement à une idée qui paraît s'être répandue — celui qui se déclare un adepte du réalisme objectiviste ne peut pas logiquement juger que les phénomènes de chaos violent le déterminisme du seul fait qu'ils sont "chaotiques". Ajoutons cependant tout de suite que de toute manière de telles considérations sont largement académiques car elles portent sur la physique classique et sur ses lois, et l'on sait bien qu'au niveau de quoi que ce soit qui puisse être appelé "réalité ultime" ou même seulement "réalité microscopique" les lois dont il s'agit se trouvent violées (on sait qu'à ce dernier niveau

---

1. C'est aussi ce qui est gênant dans, par exemple, la définition du temps cosmique à partir du principe (dit "cosmologique") de l'isotropie de l'Univers. Noter par ailleurs que la définition laplacienne, étant axée sur la contrafactualité, se fonde de ce fait, comme toute notion réaliste, sur la logique modale. Cela n'est pas le cas — en tout cas pas au même degré — pour la définition de Poincaré.

seules les lois quantiques sont "vraies"). Pour "élémentaire" qu'elle soit, cette donnée relativise considérablement la portée des déclarations que l'on peut lire ici ou là, qualifiant l'avènement du chaos d'immense bouleversement conceptuel au sein de la physique. D'un autre côté, il convient d'ajouter aussi que les théories du chaos ont malgré cela un intérêt conceptuel incontestable : celui de montrer qu'en physique classique il est des phénomènes qui simulent parfaitement le hasard vrai, au sens qu'ils sont opératoirement indiscernables de phénomènes qui seraient dus à quelque hasard intrinsèque[1].

Pour mémoire (voir section 11.6) rappelons enfin la fragilité de la thèse selon laquelle l'existence de phénomènes d'instabilité et de chaos impliquerait à elle seule la "fin des certitudes". A l'évidence, l'idée n'est cohérente qu'à condition d'identifier cette notion de certitude à celle de prévisibilité. Or c'est là une limitation injustifiablement étroite. On peut parfaitement être convaincu que telles et telles lois naturelles sont vraies tout en reconnaissant que dans les situations complexes qui se présentent dans la pratique elles ne permettent des prédictions fiables que pour des durées limitées.

14-5. L'indéterminisme quantique

La plupart des personnes ayant quelques rudiments de physique tendent à penser que ce qui, plus que tout, distingue la mécanique quantique de la classique c'est son caractère intrinsèquement indéterministe, contrastant avec celui, fondamentalement déterministe, de l'ancienne "physique classique". Et nombre d'entre elles sont confortées dans cette idée par la fameuse boutade « le Bon Dieu ne joue pas aux dés » dont Einstein se servit un jour pour exprimer la répulsion que cette nouvelle approche des phénomènes lui inspirait. Aussi certains lecteurs ont-ils peut-être été surpris de ce que, alors qu'il a été amplement question de mécanique quantique dans la première partie du présent livre, son indéterminisme intrinsèque n'y a pas été souligné. En fait, ce report en seconde partie d'un point évidemment majeur est motivé par deux raisons, intimement liées entre elles. L'une d'elles est que l'indéterminisme dont il s'agit est d'un caractère fort différent de ce que l'on imagine le plus souvent, et appelle donc une discussion à partir de données qu'il était nécessaire de mettre, d'abord, en évidence. L'autre est un fait dont Einstein était déjà — certains

---

1. Sur ces sujets, voir par exemple Lurçat (1999).

textes de lui le prouvent — pleinement conscient (même si sa boutade ne le révèle pas). Il s'agit de ce que, contrairement à ce qu'on croit en général, ce n'est pas l'indéterminisme de la mécanique quantique qui en constitue le caractère distinctif le plus important : c'est son objectivité seulement faible, telle que définie et analysée au chapitre 4.

Reconnaissons que ce caractère "à objectivité faible" de la mécanique quantique est un peu caché. Par exemple, il n'intervient pas dans la détermination des divers niveaux d'énergie d'un système, laquelle relève d'un "problème aux valeurs propres" tout à fait classique, rappelant celui des cordes vibrantes. Et même dans la problématique de la mesure des observables par les instruments — où nous avons vu qu'en dernière analyse ce caractère intervient de façon cruciale — il se trouve occulté, comme il apparaîtra plus loin, par, justement, une interprétation simple mais erronée de l'indéterminisme quantique, accréditant à tort l'objectivité forte. Ceci explique que l'objectivité faible de la mécanique quantique soit bien moins connue que son indéterminisme intrinsèque. Et ceci, par voie de conséquence, rend également compte du fait que cet indéterminisme est couramment conçu comme le trait essentiel de la mécanique en question. Le contenu des sections 14.5.2, 14.5.3 et 14.5.4 nous permettra de saisir la raison qui fait que, bien au contraire, c'est en réalité son objectivité faible qui est son caractère distinctif majeur, l'indéterminisme n'apparaissant plus que comme un aspect relativement secondaire de la manière dont cette objectivité faible se manifeste. Mais il est bon qu'auparavant nous jetions un rapide coup d'œil sur le développement des idées, pour tâcher de comprendre comment l'indéterminisme, après avoir longtemps été nié, a pu, subitement, acquérir droit de cité.

14-5-1. *Quid* du principe de raison suffisante ?

Aujourd'hui l'indéterminisme est admis. Et, semble-t-il, il n'y a rien en lui qui choque la rationalité. Curieusement, cependant, il a longtemps été tenu pour impensable. Ainsi, aux yeux de Leibniz les faits contingents étaient régis par le *principe de raison suffisante*, qu'il définissait comme celui « en vertu duquel nous considérons qu'aucun fait ne saurait se trouver vrai, ou existant, aucune énonciation véritable, sans qu'il y ait une raison suffisante pourquoi il en soit ainsi et non pas autrement. Quoique ces raisons le plus souvent ne puissent point nous être connues [...] » (*Monadologie*). Ou, si l'on veut une autre citation : « Rien ne se fait sans raison suffisante ; c'est-à-dire que rien n'arrive sans qu'il soit possible à celui qui connaîtrait assez les choses de rendre une raison qui suffise pour déterminer pourquoi il en est ainsi, et non pas autrement » (*Principes de la nature et de la grâce*). Et de même, c'est au sens d'un déterminisme absolu que Kant entendait cette *causalité* dont il fit une des catégories de l'entendement.

Il est très surprenant que, sur un point aussi fondamental, les convictions de la collectivité des esprits qui pensent aient pu changer si radicalement. Il est par conséquent intéressant d'examiner quelles furent les raisons — celles métaphysiques mises à part — qui poussèrent autrefois l'ensemble des penseurs à croire à la causalité comprise au sens déterministe. La question ainsi posée invite, bien entendu, à l'examen des arguments de Kant. Or quand on étudie chez lui les passages qui traitent de la causalité, on constate qu'en fait tout est lié à ses vues concernant le temps. Lorsqu'il discute de la succession apparente des phénomènes il fait observer que le temps — forme *a priori* de notre sensibilité — n'est pas perçu en lui-même, que « tout ce dont j'ai conscience c'est [...] que mon imagination place [un phénomène] avant et l'autre après mais non pas que dans l'objet un état précède l'autre », et que donc il faut que « la relation entre les deux états soit conçue de telle sorte que l'ordre dans lequel ils doivent être placés se trouve par là déterminé comme nécessaire, celui-ci avant, celui-là après, et non dans l'ordre inverse » (*Critique*, p. *225*). Et il fait valoir à ce sujet que, en ce qui concerne certaines séquences de perceptions mais non pas toutes (celles, par exemple, d'un bateau descendant une rivière mais non pas celles que nous glanons des diverses parties d'une maison en les regardant l'une après l'autre), nous avons en nous un principe (un "concept pur de l'entendement" dans le vocabulaire kantien) qui nous oblige à considérer l'ordre de nos perceptions comme nécessaire : c'est le concept du rapport de la cause à l'effet. Selon lui, c'est de cette manière que la causalité s'impose à nous. En nous les appréhensions, encore une fois, se succèdent mais, nous dit-il, « aucun objet n'est représenté par là ». En revanche « dès que je perçois ou que je suppose que cette succession implique un rapport à un état antérieur d'où la représentation dérive selon une règle, alors je me représente quelque chose comme un événement, c'est-à-dire que je reconnais un objet que je dois situer dans le temps à une certaine place déterminée [...] ». Mais — ajoute-t-il un peu plus loin — [celui-ci] « ne peut recevoir [...] sa place déterminée dans le temps que parce que, dans l'état antérieur, quelque chose [d'autre] est supposé qu'il suit toujours, *c'est-à-dire selon une règle* » (c'est moi qui souligne). Pour la question qui nous intéresse ce sont ces derniers mots qui sont particulièrement à noter. Kant en précise la portée en ajoutant tout de suite après : « D'où il résulte, en premier lieu que je ne puis renverser la série, en mettant ce qui arrive avant ce qui précède, et en second lieu que, l'état qui précède étant donné, cet événement déterminé suit inévitablement et nécessairement. » Le philosophe exprime ceci par les mots : « Le principe de raison suffisante est donc le fondement de toute expérience possible. » Et il commente en disant : « Si, l'antécédent étant donné, l'événement ne le suivait pas nécessairement, il me faudrait le tenir pour un jeu subjectif de mon imagination, et regarder comme un pur rêve ce que je pourrais m'y représenter encore d'objectif. »

Cette évocation du rêve peut nous aider à mieux saisir le fil de la pensée de Kant. De tout temps la question de savoir ce qui distingue le rêve de la réalité a intrigué, à juste titre, les philosophes. Et d'un point de vue opérationnel ils n'ont guère trouvé d'autre réponse que, tout simplement, "la régularité". La régularité, c'est-à-dire la règle. Lorsque à propos d'un souvenir je me pose la question "était-ce vrai ou l'ai-je rêvé ?" et que je conclus à un rêve, c'est quasiment toujours le caractère décousu de ce souvenir qui me fait en juger ainsi. C'est le fait que les événements s'y succèdent d'une manière "vraiment absurde". D'où un critère possible : « Ne seront dites correspondre à du "réel" (empirique, bien sûr) que les successions d'appréhensions conformes à certains canons de régularité appelés par nous "lois physiques". »

Que dire de ce critère ? Pour ma part je juge qu'il est bon, même en physique quantique. Songeons, en effet, à des phénomènes (autrement dit à des "appréhensions") suffisamment ténus pour que l'on puisse aisément constituer des ensembles statistiques de séquences de tels événements. Si, concernant ces ensembles, on ne constatait aucune des régularités statistiques qui ont par ailleurs été observées dans un très grand nombre de cas qualitativement comparables, je pense qu'effectivement on conclurait de cela que les éléments des ensembles en question sont des rêves, ne sont pas réels. Autrement dit, je remarque, à la suite de Kant, qu'une certaine régularité dans le temps est un bon critère de réalité (empirique toujours). Mais si l'on veut appeler cette régularité "déterminisme" on doit ajouter à ce mot l'épithète de "statistique". L'erreur de Kant, me semble-t-il, est d'omission. Elle est, tout simplement, de n'avoir pas même songé à cette extension de la causalité-déterminisme qu'est le déterminisme statistique. Et de, en conséquence, n'avoir pas vu qu'il pouvait constituer un critère de réalité empirique aussi valable, pour ces phénomènes ténus, que ne l'est le critère usuel de succession causale stricte dans le cas des phénomènes à notre échelle. Etant donné que de son temps l'étude de ces phénomènes ténus n'était même pas envisageable, l'erreur, bien entendu, est infiniment excusable. Il n'en découle pas moins de ce qui précède que, si le raisonnement de Kant prouve bien la nécessité d'un déterminisme au moins statistique, il ne prouve pas celle du déterminisme au sens strict. Etant donné que ces notions de régularités statistiques sont largement postérieures à l'époque de Kant, je pense, de plus, que les considérations que l'on vient de lire nous permettent aujourd'hui de comprendre que se soit produit le prodigieux revirement que fut l'abandon du principe de raison suffisante, au moins dans son énoncé leibnizo-kantien.

14-5-2. Les théories "ensemblistes"

Cela dit, de quelle nature est ce déterminisme statistique ? La preuve que la question est délicate est que plusieurs tentatives de réponse furent faites, fort différentes les unes des autres. Celle qui se présente à première vue comme conceptuellement la plus simple est la théorie ensembliste, dite aussi "statistique" ou "stochastique", axée sur l'idée que le formalisme quantique (à base, comme on sait, de vecteurs d'états et d'opérateurs dans un espace de Hilbert) décrit, non pas le comportement d'un système individuel mais exclusivement celui d'ensembles statistiques de systèmes. Selon cette théorie les probabilités que fournit le formalisme en question correspondent bien, comme il est écrit dans les manuels, aux fréquences relatives avec lesquelles — lors de la mesure d'une quantité effectuée séparément sur chaque élément de l'ensemble — tel ou tel résultat sera obtenu. Mais il est précisé que ce formalisme ne va pas au-delà, et en particulier qu'il ne nous informe pas sur ce qu'il advient de chaque système individuel. Plus précisément, les tenants de cette théorie nient que le "vecteur d'état" représentatif de l'ensemble soit nécessairement représentatif de l'état de chaque système individuel le composant.

Jusqu'à ce stade la théorie ne donne pas prise à la critique. Mais il se trouve que nombre d'expériences mettent en jeu des systèmes quantiques individuels et qu'en conséquence la question de savoir ce qu'il en est du comportement de ceux-ci est inévitable. Par exemple, dans le cadre de l'opération de mesure que l'on vient de considérer (qui est, en fait, un ensemble statistique d'opérations de mesure élémentaires) on est en droit de se demander ce que signifie, de ce point de vue, la fréquence relative du résultat observé. A une telle question, Ballentine (1970) répond que cette fréquence est identique à la probabilité pour que, juste avant son interaction avec l'instrument, la quantité mesurée sur l'objet *ait eu* la valeur observée.

Il est bien évident que dans les cas où les résultats de mesure ne sont pas tous identiques entre eux cette interprétation implique

que, avant la mesure, les valeurs de la quantité mesurée n'étaient pas identiques entre elles sur tous les divers systèmes individuels, et que donc ces systèmes n'étaient pas tous dans le même état objectif. Et cela bien que leur ensemble statistique ait été décrit par un vecteur d'état (alias : une fonction d'onde). Il est clair, par conséquent, que la théorie suppose des variables cachées. Or d'après le théorème de Bell toute théorie à variables cachées locales entre en conflit avec les prédictions quantique et avec l'expérience. Si donc l'on veut éviter ces contradictions on est inévitablement conduit à identifier toute théorie ensembliste valable à une théorie à variables cachées non locales[1]. Manifestement, la simplicité initiale de l'hypothèse qui sert de fondement à ces théories est de ce fait inexorablement perdue. On a constaté plus haut que divers traits de ces théories à variables cachées les rendent extrêmement peu attractives. Il en résulte qu'il faut en dire autant de toute théorie ensembliste.

14-5-3. L'idée de "probabilité intrinsèque"

Dans le cadre conceptuel du réalisme objectiviste, la mécanique classique — newtonienne ou relativiste — est déterministe comme on l'a vu. Un crayon reposant sur sa pointe (pour reprendre un exemple utilisé par Poincaré) tombe dans une direction qui n'est aléatoire qu'en apparence. Selon les lois de cette mécanique elle est, en fait, déterminée par une myriade de petits paramètres ; et ceux-ci sont certes (comme Poincaré l'a fait valoir) dans leur ensemble inaccessibles et irreproductibles, mais ils n'en existent pas moins. On peut, de même, penser à des clous plantés dans un mur et à des boules tombant sur eux. Dans leur chute celles-ci sont déviées, les unes vers la droite, les autres vers la gauche, et, pour une boule tombant à l'aplomb d'un clou, ceci dépend de paramètres de structure qui sont infimes, irreproductibles, etc. Mais, eux aussi, n'en existent — selon la physique classique — pas moins.

On a déjà noté que dans l'abstrait un pur penseur pourrait imaginer une théorie qui serait déterministe mais à objectivité seulement faible. Dans l'abstrait toujours — c'est-à-dire indépendamment, au moins au départ, de toute donnée de fait — peut-on imaginer l'inverse, c'est-à-dire une mécanique à objectivité forte,

---

1. Il est étonnant que L.E. Ballentine, l'un des principaux défenseurs des théories ensemblistes, ait écrit (*loc. cit.*) qu'en raison du théorème de Bell *toute* théorie à variables cachées était physiquement déraisonnable. Sur ces questions on pourra consulter la section 13.6 du *Réel voilé* ainsi que le rapport très détaillé de D. Home et M.A.B. Whitaker (1992) qui débouche sur le même étonnement.

conforme, autrement dit, au réalisme objectiviste, et qui ne serait pas déterministe ? Oui certes. En effet, dans le cadre de ce réalisme on conçoit aisément un monde où la direction de chute de notre crayon relèverait, même pour le démon de Laplace, du pur hasard. Où il en irait de même de celle de notre boule lors d'une chute à l'aplomb du clou.

Pendant un temps, quelques philosophes et à leur suite un certain nombre de physiciens crurent que le caractère novateur de la mécanique quantique se ramenait, en somme, à cette idée-là. De fait, il semble que, même à l'heure actuelle, certains penseurs le croient encore[1]. Ce que, plus précisément, ils affirment — toujours dans le cadre du réalisme objectiviste — c'est que l'état d'un système quantique est caractérisé par, en sus des diverses propriétés déjà bien répertoriées, une propriété supplémentaire consistant en ce que, dans telles ou telles circonstances, il y a une certaine probabilité *intrinsèque* — appelée quelquefois "propensité" — pour qu'il évolue d'une certaine façon. L'idée directrice est, en fin de compte, la préservation de l'objectivité forte à toutes les étapes de l'évolution d'un système, y compris celles au cours desquelles il interagit avec un autre, que ce dernier soit un instrument de mesure ou n'importe quel autre système, macro- ou micro-scopique. Tout, dans cette perspective — que j'appellerai "théorie T" pour pouvoir renvoyer, ci-dessous à elle —, devrait se passer comme dans l'exemple de la boule qui tombe à l'aplomb du clou et où il est fait l'hypothèse qu'il y a une probabilité — intrinsèque au système "boule *plus* clou" — pour que la boule soit déviée, disons, vers la droite, mais tout en restant une "vraie boule", à chaque instant localisée, etc. Les tenants de la théorie insistent sur ce que, du fait que l'état d'un système physique possède cette propriété particulière qu'est la "probabilité intrinsèque", l'état en question n'est pas — ou pas uniquement — descriptif. Qu'il présente quelque chose de prédictif, puisque cette probabilité, que le système global a à présent, ne se concrétisera que dans l'avenir : quand et si une interaction a lieu lui permettant de se manifester.

Il est important de savoir que cette "théorie T", pour séduisante qu'elle paraisse, ne résiste pas à un examen un peu attentif. Pour le voir, il suffit de se reporter à l'exemple proposé en section 8.2 — celui d'un électron entrant en interaction avec un atome — et de supposer que l'électron est absorbé par cet atome, l'état final étant A si l'électron était initialement dans l'état *a* et B s'il était initialement

---

1. Et peut-être, même, certains physiciens !

dans l'état *b*. Lorsque l'électron est initialement dans l'état quantique *a* + *b* il y a, avons-nous dit, une probabilité 1/2 d'observer le système final (ici atome plus électron absorbé) dans l'état A et une probabilité 1/2 de l'observer dans l'état B (ces observations étant faites au moyen d'instruments appropriés dont il n'est pas utile de faire ici la description). La théorie que nous sommes en train d'évaluer interprète ceci au moyen d'une implicite "conjecture de type réaliste". En effet, elle revient à considérer que, dans un ensemble statistique de systèmes "atome plus électron absorbé" préparés de cette manière, en vertu de l'intervention du hasard au moment de l'interaction, après cette interaction mais avant toute observation la moitié (environ) des systèmes en question se trouvent déjà dans l'état A, l'autre moitié étant dans l'état B. En d'autres termes, nous devrions, dans un tel cas, avoir à ce moment affaire à un *mélange propre* de systèmes "atome plus électron absorbé" se trouvant, en proportions 1/2,1/2, les uns dans l'état A, les autres dans l'état B. Or nous avons vu en section 8.2 qu'une description de ce type a, concernant les résultats d'éventuelles mesures ultérieures de certaines grandeurs mesurables, des implications en principe vérifiables (même si elles ne le sont pas en pratique) qui contredisent les prédictions du formalisme quantique usuel, et qu'il faut donc tenir pour fausses. En définitive, la description dont il s'agit ne peut donc être retenue. En conséquence, nous sommes obligés d'abandonner la conception qui nous y a conduits "comme sur des rails", à savoir la "théorie T". Il est vrai, encore une fois, que cette théorie a quelque chose d'intrinsèquement prédictif et que, vue sous cet angle, elle représente, par rapport à celle, purement descriptive, de la physique classique, un progrès dans la direction de la vérité. Mais ce progès n'est qu'une étape. Il apparaît qu'il est obligatoire d'aller plus loin et de prendre en compte la notion d'objectivité seulement faible. Autrement dit, il ne suffit pas de qualifier la mécanique quantique de théorie prédictive. Aussi longtemps qu'on la considère comme un formalisme général, valable quelle que soit la complexité, grande ou petite, des systèmes qu'elle étudie, il faut ajouter qu'il s'agit d'une théorie prédictive d'*observations*. En effet, compte tenu de ce qui vient d'être rappelé et des considérations plus détaillées développées en section 9.7, interpréter les probabilités fournies par la mécanique quantique comme le fait la "théorie T" ne peut alors être cohérent que, au mieux, dans le cadre d'un "réalisme de signification" et, qui plus est, comme on l'a vu en détail dans cette même section 9.7, d'un réalisme de signification s'écartant franchement du réalisme objectiviste.

14-5-4. Quel est donc le vrai sens des probabilités quantiques ?

A cette question, ce qui précède donne la réponse. Il ne s'agit pas de probabilités d'ignorance telles que celles qui apparaissent en théorie classique. Et il ne s'agit pas non plus de probabilités intrinsèques du type de celle qu'en "théorie T" aurait une boule tombant sur un clou de rebondir vers la droite ou vers la gauche. Il s'agit de probabilités qui sont à la fois intrinsèques et d'apparition : entendons "d'apparition à l'observateur". Que cette notion d'observateur pose des problèmes conceptuels, qui le nierait ? Une preuve en est l'existence même du présent livre, dont il ne serait pas totalement abusif de dire qu'il est centré sur leur étude. Mais leur présence ne peut nous ramener à l'idée que les probabilités quantiques sont soit d'ignorance soit intrinsèques au sens de la théorie T, ces hypothèses étant exclues de par la comparaison avec les faits.

14-6. Retour sur la fiabilité du prédictif

Le fait que les lois quantiques sont principalement prédictives — et prédictives d'observations — a, du point de vue épistémologique, des conséquences très positives concernant leur fiabilité.

Ce point a été mis en évidence plus haut, en particulier en section 7.2.1. En bref : l'histoire des sciences montre que le remplacement d'une théorie par une autre plus générale s'est très souvent accompagné d'une véritable mise à l'écart des concepts descriptifs qui servaient d'assise à la première et par leur remplacement par d'autres, tout différents. Dans leur formulation en termes de concepts descriptifs, les lois, par conséquent, ont elles aussi changé du tout au tout. Indubitablement, des considérations de ce type doivent figurer parmi les éléments qui ont poussé des auteurs tels que Michel Serres (1997) ou Edgar Morin (1982) à proclamer le déclin de l'universel et le "retour de l'événement". Toutefois, lorsqu'on souligne ces aspects-là de l'évolution de la science on tend souvent à oublier que, lors des bouleversements dont il s'agit, le contenu prédictif de la théorie antérieure est quasiment toujours resté valable, au moins à une bonne approximation. Certes le fait est banal, mais il est important. En règle générale une "recette" est suggérée par certaines connaissances, et celles-ci peuvent par la suite se révéler n'avoir été que préjugés. Mais si la recette est efficace il est bien normal qu'elle le reste, au moins dans le cadre des précédentes conditions d'application. Nul ne s'étonne, par exemple, que ce soit la force newtonienne de gravitation, et non la courbure de l'espace, qui serve, dans la pratique, à calculer les orbites des satellites.

Dans ces conditions, une question vient à l'esprit. Pourquoi le caractère prédictif plutôt que strictement descriptif des lois de la physique contemporaine n'est-il quasiment jamais invoqué par ceux — des scientifiques en général — qui défendent la pertinence et la cumulativité de la science face à des opposants épigones de Kuhn ou de Feyerabend (ou tout simplement obsédés par les notions de complexité, de contingence et d'événement) ? La réponse semble tenir au fait qu'ils n'ont pas analysé aussi lucidement qu'il l'eût fallu la nature même de ce caractère prédictif. Qu'ils s'en sont tenus à la notion de "prédiction de ce qui sera" — autrement dit à une vision en termes d'objectivité forte — au lieu de bien se pénétrer de l'idée qu'il s'agit, en dernière analyse et en réalité, de "prédictions de ce qui sera observé", c'est-à-dire d'une formulation des lois en termes d'objectivité seulement faible. Il est clair en effet qu'aussi longtemps que l'on en reste à la prédiction de ce qui *sera*, le caractère prédictif des lois considérées ne les fait guère gagner en certitude. Comme il s'agit toujours de descriptions, reste l'aléa que celles-ci comportent, en raison du fait que les concepts au moyen desquels elles sont formulées sont susceptibles d'être rendus caducs par les avancées du savoir. Le véritable gain en termes de certitude, donc de cumulativité, n'apparaît que lorsque l'on tient entièrement compte de ce que les lois prédisent des résultats d'*observation*. Incidemment, ceci montre que l'objectivité seulement "faible" de la mécanique quantique n'est pas à porter à son discrédit puisque, bien que la physique classique ait été à objectivité forte, c'est seulement parce qu'elle jouissait aussi de l'objectivité faible (puisque la première implique la seconde), qu'elle reste aujourd'hui significative (en termes de prévision de résultats d'observation).

Il est vrai que, sur un plan plus abstrait et plus théorique, il n'est pas interdit de s'interroger sur la nature de ce qui rend ainsi le "prédictif d'observations" plus fiable que le descriptif. A cette fin la bonne méthode consiste à essayer d'imaginer dans quelles conditions ce prédictif d'observations pourrait être mis en défaut.

Il est clair que la chose pourrait se produire, soit (dans une perspective réaliste) si les lois mêmes de la nature venaient subitement à changer, soit si les êtres humains perdaient certaines capacités d'appréhension sensorielle en même temps qu'ils en acquerraient d'autres, différentes, soit enfin si les conditions d'application de nos lois prédictives se modifiaient. Les deux premières hypothèses paraissent abusivement irréalistes, et, en ce qui concerne la première, il vaut la peine de noter que le sentiment d'invraisemblance qu'elle suscite révèle à quel point est forte en tout un chacun — y compris, sans doute, chez les idéalistes radicaux, bien que cela soit en contradiction avec leur thèse — l'idée d'un "réel", connaissable *ou inconnaissable* mais stable, sous-jacent à notre expérience. Quant à la troisième hypothèse, on s'en figure plus aisément des cas de réalisation. Ainsi, si, au XIXe siècle, la Terre s'était approchée d'un trou noir, les scientifiques de l'époque auraient effectivement constaté que nombre de leurs lois prédictives d'observation perdaient peu à peu de leur pertinence, et, n'ayant pas la notion de courbure spatiale, ils n'auraient aucunement été capables de leur apporter les corrections appropriées. De tels effets sont, cela va de soi, toujours possibles. Et — dans une perspective moins dramatique — on connaît les analyses de Duhem et d'autres montrant, entre autres choses, qu'une théorie qui a fourni des prévisions d'observation toujours bien vérifiées peut subitement, en de nouveaux cas, en fournir d'aberrantes : tout simplement parce que dans ces cas-là, les conditions initiales diffèrent en quelques points particuliers de ce qu'elles étaient lors des occurrences précédentes. Tout ceci fait qu'il ne saurait être question d'ériger le "prédictif d'observation" en infaillible pierre de touche de certitude. Pour n'être pas parfaite la pierre de touche en question n'en est toutefois pas moins, en valeur relative, très bonne. Dans le cadre de la saine pratique scientifique, la stabilité des "conditions d'application" est considérablement supérieure à celle des concepts que façonnent les théoriciens.

Remarque 1 : le prédictif d'observation et le chaos

Il est bien clair que cette notion de fiabilité du prédictif ne s'oppose pas à la thèse du réel voilé (ou inaccessible). Ce qui est fiable c'est, dans les limites humaines, la prédiction (statistique peut-être) de l'observation (éventuellement prise en moyenne), et cette prédiction ne concerne bien évidemment que ce que l'homme peut faire et ressentir. Le "Réel", c'est une autre affaire… En revanche, on peut légitimement se demander comment cette idée d'une grande fiabilité de nos lois prédictives d'observations s'harmonise avec celles d'imprévisibilité, d'indécidable, de chaos, etc., dont des développements scientifiques récents ont, comme on sait, mis en lumière la pertinence.

Pour répondre à la question il faut, en premier lieu, écarter les interprétations abusives de ces idées. Certains semblent les comprendre comme signifiant qu'aucune prévision scientifique n'est vraiment fiable, mais c'est là une erreur manifestement très grossière. Les spécialistes du calcul des marées, des éclipses, des trajectoires des sondes spatiales, etc., ne courent aucun risque de la commettre ! En second lieu, il faut clairement réaliser que la "fin" qu'effectivement nous avons à enregistrer est avant tout celle d'une illusion. Illusoire, effectivement, est l'idée — longtemps entretenue par le réalisme objectiviste combiné au déterminisme laplacien — que la notion de "prévision d'observation" pourrait être extrapolée dans la visée d'une sorte de perfection dans l'absolu : alors qu'en fait, vu que l'on n'observe jamais, ni un *point* ni la valeur exacte d'un nombre irrationnel, cette perfection-là est tout à fait inconciliable avec la *notion même* d'observation. Mais la fiabilité de l'authentique prédiction scientifique n'est aucunement affectée par la perte de cette illusion. De ce point de vue, l'indéterminisme quantique lui-même, loin de compromettre la fiabilité du prédictif d'observation, le corrobore au contraire puisque, comme on l'a noté plus haut, il s'accompagne normalement d'un déterminisme statistique.

Que, cependant, on ne tire pas de ces remarques, complétant celles émises plus haut, la conclusion que sur le plan des grandes idées conceptuelles la mise en évidence des phénomènes d'instabilité et de chaos n'apporte rien. Certes, comme on l'a vu en section 14.4, les phénomènes en question ne suffisent pas à eux seuls à discréditer le "réalisme scientifique" laplacien. Mais peu importe puisque, de toute façon, la physique quantique nous a déjà convaincus du caractère intenable de cette position. Ce qui compte, c'est que cette physique quantique nous fournit maintenant d'excellentes raisons d'estimer que sur ce point fondamental la philosophie de Poincaré était dans le vrai plus que celle de Laplace. Nous avons donc des raisons solides — que les avancées de la théorie du chaos ne peuvent, bien sûr, que corroborer — d'adhérer à cette philosophie. Or justement, notre adhésion à celle-ci ne peut que nous conduire à faire nôtres, sans réticence aucune, les limitations que Poincaré a apportées au déterminisme, "sans réticence" impliquant leur extension au déterminisme statistique quantique. On voit dès lors que, une fois ainsi réinsérés dans une philosophie générale, les développements récents concernant l'instabilité et le chaos ont bien, effectivement, un considérable intérêt : celui de montrer que même si le déterminisme statistique restaure la prédictibilité de tout ce qui compte en pratique — et en particulier dans le domaine macroscopique — cette prédictibilité n'a rien du carcan conceptuel qu'elle a paru être autrefois. Nous avons maintenant des raisons scientifiques de considérer que même au sein du monde à notre échelle elle laisse leur place à des notions aussi inspirantes — bien que vagues — que celles de contingence et d'imprévisibilité voire de créativité.

Remarque 2 : évolution des lois ?

Plus haut nous avons écarté comme irréaliste l'hypothèse que les lois mêmes de la nature pourraient changer. Nous avons donc jugé qu'au cas où nos lois perdraient leur pouvoir prédictif la seule explication valable consisterait en une modification des conditions dites "initiales" (on sait qu'il est commode d'utiliser ce qualificatif pour désigner l'ensemble des conditions contingentes dans lesquelles a lieu le phénomène étudié). De toute évidence ce point de vue suppose que soit faite une distinction tout à fait nette entre les deux notions en jeu : celle de lois de la nature et celle de conditions initiales ; laquelle distinction suppose elle-même une distinction quasi absolue entre lois et faits. Celle-ci — que nous devons aux présocratiques ioniens et qui est à la source de tout le développement des sciences — peut-elle encore vraiment, à l'heure actuelle, être considérée comme absolue ?

Au vu de la cosmologie actuelle — avec naissance et évolution de l'Univers — la question peut être posée. Notons même qu'elle peut l'être sous différentes formes, certaines plus pertinentes que d'autres. Parmi les premières on relève celle adoptée par le physicien Dirac et qui consiste à se demander si les constantes universelles, vitesse de la lumière, constante de Planck, constante de la gravitation…, méritent bien ce nom de constante. S'il ne serait pas concevable qu'elles varient un peu — ou aient lentement varié — dans l'espace-temps. Sous cette forme la question (bien que difficile) ne soulève guère de difficultés conceptuelles car elle ne jette véritablement le doute ni sur la notion de loi, ni sur sa distinction d'avec celle de faits. Mais d'autres auteurs, au contraire, semblent viser nettement plus loin. Certains, qui sont, non pas scientifiques mais épistémologues, sociologues ou philosophes purs, donnent même l'impression sinon d'ignorer jusqu'à l'existence de la distinction en question, du moins de grandement sous-évaluer son importance : par exemple en distinguant mal la loi de l'ordre et du répétitif (la constatation que l'univers change, qu'il a une histoire, que la matière aussi a une histoire, conduit alors tout naturellement à considérer que rien de ce qui compte n'est stable). Je crains, pour ma part, qu'il n'y ait là, soit une fâcheuse lacune, soit un bien regrettable excès. Quelque chose comme un glissement vers une pure phraséologie pouvant déboucher sur le nihilisme. Car enfin, s'il n'y a qu'événements épars, sans liens imposés entre eux, quel sens reste-t-il au mot "connaissance" ? Courir sus au scientisme est bel et bon, mais cela ne doit pas aller jusqu'à jeter systématiquement par-dessus bord toutes les idées — dont celle d'une différence entre contingent et non-contingent — ayant servi à la construction du savoir. De même que le lettrisme n'est pas l'apogée de la poésie, le rejet de l'universel n'est pas le *nec plus ultra* de la science. Et qui a étudié les théories de la complexité et du chaos sait d'expérience qu'elles ne sont pas construites sur le déni des lois.

14-7. Retour sur la notion d'influence

Dans le langage courant, la notion d'influence se distingue de celle de cause par le fait que l'on parle souvent de "la" cause d'un événement comme si elle était unique (ce qui ne se justifie pas quant au fond, comme on l'a vu), alors que le mot "influence" fait tout naturellement penser à la notion de multiplicité (puisque l'on parle "des" influences, ou de "l'une des" influences, qui se sont exercées sur le déroulement des événements). C'est pour cette raison qu'au chapitre 3 c'est le terme "influence" qui a principalement été utilisé.

Cela dit, il est clair que cette différence d'acception est purement conventionnelle et ne soulève pas de problème conceptuel. Il en va autrement du point dont il va maintenant être question. Plus haut nous avons vu qu'afin d'éviter l'anthropocentrisme le mieux est d'identifier la notion de cause à celle de condition initiale, et ceci vaut, bien entendu, aussi en ce qui concerne le terme "influence". Mais dans une définition de la notion de cause — ou d'influence — ainsi construite l'ordre temporel joue évidemment un rôle primordial, puisque c'est lui qui introduit la distinction entre la cause et l'effet. Est-il possible de concilier ceci avec le fait que les expériences du "type Aspect" suggèrent de prendre en considération la notion d'influences s'exerçant entre deux événements dont l'ordre temporel dépend du référentiel dans lequel nous choisissons de nous placer par la pensée ?

Le premier élément d'une réponse est, bien entendu, qu'il faut renoncer à faire intervenir cet ordre dans la définition du concept qu'on vise à construire. Au lieu de parler de causes et d'effets il faut parler de relations causales. A la notion d'influence de A sur B il faut substituer celle d'influences s'exerçant *entre* A et B (à moins que, bravant toute crainte des néologismes, on ne préfère parler de "relations influentiales"). Seulement il faut prendre garde : à généraliser de cette manière, ne risque-t-on pas d'introduire des expressions vides de sens ? Autrement dit, dans le cadre de ces expériences du type Aspect y a-t-il encore une quelconque justification à parler d'influences plutôt que, simplement, de corrélations à distance ? Comme on l'a constaté en section 3.2.3, le "théorème complémentaire" montre qu'une telle justification ne saurait être de nature opératoire. Et, dans ces conditions, la question se pose réellement de savoir s'il existe une définition précise de la notion d'influence à distance qui, d'une part, se situe dans le prolongement naturel de la notion banale à laquelle ce nom renvoie et, d'autre part, soit telle que les résultats des expériences du "type Aspect" puissent être exprimés comme traduisant l'existence de vraies influences supraluminales. Malheureusement le problème de la construction rigoureuse d'une telle définition générale s'avère délicat, si bien qu'il paraît raisonnable de se rabattre sur un projet moins ambitieux : celui de définir, toujours dans le prolongement de nos idées intuitives, *des cas* dans lesquels on dira qu'*il y a* influence à distance. Ce second projet est bien, effectivement, moins ambitieux que celui d'une définition générale car les cas en question peuvent très bien n'être définis que dans le cadre de situations particulières.

Ici, les situations particulières auxquelles nous nous intéresserons seront celles considérées dans l'énoncé du principe de localité. Pour raisonner sur elles introduisons, aux fins d'analyse critique, la proposition — que nous appellerons *proposition A* — selon laquelle, quelle que soit la définition précise de la notion d'influence (définition que nous aimerions avoir mais que nous n'avons pas), aucune influence ne se propage plus vite que la lumière. Alors, quelle que soit, encore une fois, cette définition il est clair que les événements qui surviennent dans R' ne peuvent influencer ceux qui se produisent dans R (les notations sont celles de la section 3.2.1). Toutefois cela ne signifie pas, nous l'avons déjà remarqué, que les événements de R et de R' ne sont pas susceptibles d'être corrélés car il se peut qu'ils aient, les uns et les autres, subi les influences d'événements survenus dans leur passé commun. Pour dire ceci plus précisément, si nous appelons E un événement particulier de R et K des événements contenus dans la région V (figure 2, section 3.2.1), il est clair qu'un "démon de Laplace" qui serait désireux de connaître la probabilité[1] p qu'il a de voir E se produire et qui aurait accès à certains seulement des K aurait tout intérêt à compléter ces données par des informations en provenance de R'. En revanche, s'il avait accès à *tous* les K de V on peut tenir pour évident que, si A est vraie, de telles informations venant de R' seraient, pour

---

1. Intrinsèque : nous ne postulons pas le déterminisme.

lui, superflues : qu'elles ne sauraient modifier la valeur de p qu'il obtient en s'en passant[1].

Cela étant, on voit que si, directement ou indirectement (comme cela est le cas lors d'une expérience du "type Aspect"), on constate une violation du principe de localité tel qu'énoncé en section 3.2.1, il est bien difficile de ne pas l'attribuer à une violation de la proposition A, autrement dit, "par définition", à l'existence d'influences se propageant plus vite que la lumière.

---

1. Dans le cas des fléchettes (section 3.1) c'est bien ce qui se passe. Si nous ignorons leur orientation initiale, donc, en particulier, celle de la fléchette de gauche au cours de son vol, nous avons intérêt, pour prédire au mieux ce qu'on observera à gauche, à tenir compte de ce qui s'observe à droite. Mais si nous connaissons l'orientation initiale en question, une telle information supplémentaire ne nous sert strictement à rien.

15

Explication et phénomènes

15-1. Introduction

A la lumière, toujours, des données de la physique contemporaine nous étudierons dans ce chapitre — continuation logique du précédent — la notion d'explication (dans ses diverses variantes) et la question de savoir en quel sens la réalité empirique peut être vue comme support des causes.

15-2. La notion d'explication

L'explication complète d'un événement, comme, par exemple, la chute d'une pierre en tel ou tel lieu, nécessite manifestement la connaissance de deux données : d'une part la loi générale — dans l'exemple, la loi de la chute des corps — et d'autre part le jeu des conditions initiales — le lancement de la pierre en un certain endroit et sous un certain angle. Dans le langage courant ces conditions sont souvent dénommées "les causes". Toutefois, toujours dans le langage courant, quand on dit qu'on connaît l'explication de ceci ou cela on n'a en réalité dans l'esprit qu'un seul de ces deux éléments. Dans l'exemple considéré — et assez généralement lorsque l'on s'intéresse à un événement individuel — cet élément privilégié est le second. On dit que l'explication est le lancement de la pierre, parce que la loi, celle de la pesanteur, est considérée comme allant de soi. Au contraire, lorsqu'il s'agit de phénomènes répétitifs il n'y a pas lieu de considérer telle cause particulière et tel effet particulier et ce que l'on appelle couramment "explication", c'est la connaissance de la loi. C'est la loi de la pesanteur qui "explique" le mouvement uniformément accéléré des objets tombant dans le vide. Il en résulte une certaine ambiguïté du mot — "l'explication" étant, tantôt la cause, tantôt la loi — mais une ambiguïté que, heureusement, le contexte permet pratiquement toujours de lever.

Cela dit, les mots "expliquer" et "explication" sont apparus à plusieurs reprises dans ce livre ; chaque fois ils se sont tout naturellement imposés au titre d'éléments courants, non problématiques, du discours ; et cependant ils n'ont pas revêtu exactement le même sens dans tous ces passages, ce qui fait qu'un questionnement s'est fait jour. En section 2.5, à propos des traces dans les chambres à bulles, il a paru normal de considérer que les lois fondamentales de la mécanique quantique fournissent une authentique "explication" de ces traces, et cela, même si on les comprend *a minima*, c'est-à-dire comme de simples règles prédictives d'observations, élaborées à partir de notre expérience. Pourtant, si universelles qu'elles apparaissent, ces règles de prédiction, de par leur nature même, ne prédisent quoi que ce soit que parce que, tacitement, on a postulé la validité de l'induction... Or au début de la section 3.1 il paraissait clair — sur l'exemple de corrélations imaginées entre sonneries du téléphone — qu'une induction à partir de données de l'expérience n'était pas une explication. Il y a là une incohérence, au moins apparente, qu'il serait vain de penser totalement éliminer par un simple appel aux idées courantes (par exemple, par renvoi à la différence existant entre le caractère général des règles quantiques et celui, très particulier, des corrélations supposées entre sonneries). En fait — nous l'avons remarqué — l'incohérence dont il s'agit ne peut être logiquement levée que par la prise en considération de la différence, déjà signalée en section 2.8, entre l'explication telle que la pense le réaliste objectiviste (le réaliste que, intuitivement, nous sommes tous) et l'explication telle que la conçoit le partisan de la conception "physique, description de l'expérience". Ce dernier tend à se satisfaire de l'explication par conformité à la règle de prédiction, alors que le premier exige plus.

Mais on peut aussi retourner cette problématique. Je veux dire : partir de l'existence "factuelle" de ces deux modes d'explication, constater que chacun d'eux intervient dans tout un ensemble de situations où il est considéré comme étant pleinement valable, et s'interroger d'une manière un peu philosophique sur les conditions de légitimité de ces jugements. C'est ce que nous voulons faire maintenant.

A cet effet, le mieux est de reprendre le problème à la base. Les corrélations à distance constituent, comme on l'a vu, un cas particulièrement frappant de phénomènes qui semblent exiger une explication. Bien entendu, quand une telle corrélation statistique, stricte ou non, est observée, la première idée qui vient à l'esprit consiste à en rechercher, parmi les phénomènes connus, une cause formulable en termes d'objectivité forte, c'est-à-dire, selon la remarque qui précède, finalement un doublet : "loi descriptive admise" plus "jeu plausible de conditions initiales". Mais supposons qu'on ne découvre aucune "cause" ainsi définie. Devra-t-on à toute force en inventer une ? Ou se contentera-t-on d'une "explication" en termes d'une objectivité faible mettant en jeu l'observateur, c'est-à-dire, en définitive, du renvoi plus ou moins direct à une recette de prédiction d'observations qui "marche" bien ? On ne voit guère que ces deux possibilités-là et cependant chacune, nous l'avons bien vu, prête le flanc à certaines objections. La première tombe sous le coup de l'accusation d'être un appel à la "métaphysique". Comme on l'a déjà noté, construire une explication en imaginant des champs, des particules, un "éther" ou, plus généralement, des paramètres qui seraient "cachés" ne paraît vraiment justifié que si cette hypothèse a par ailleurs des implications vérifiables, que l'on devra tenter de vérifier et qui conduiront en définitive à une sorte de "dévoilement" des paramètres en question. Si elle n'a pas de telles implications, certains diront que cela la ravale au rang de théorie mythologique : que sa "rationalité" ne dépasse pas celle de *L'Iliade*. Mais la seconde possibilité peut être critiquée elle aussi. Si la "recette" à laquelle elle se réfère est particulière à une certaine classe, étroitement définie, de phénomènes, l'explication perd quasiment toute substance. A la limite elle devient du type « cela se produit ainsi parce que cela se produit ainsi ». Elle ne commence à devenir digne de considération que si la "recette" en question est vraiment générale, voire universelle. Dans les phénomènes de corrélation à distance entre résultats de mesures faites sur des paires de particules, tel est, exemplairement, le cas. La théorie, la mécanique quantique, est, je le répète, extrêmement générale et peut-être même universelle. Et elle est bien du type "recette". J'entends par là que l'information qu'elle nous fournit de façon tout à fait certaine ne concerne pas la nature des systèmes physiques en jeu non plus que leurs attributs à tels instants donnés (comme nous l'avons vu, ce sont là des matières qui, en physique quantique, relèvent de l'interprétation et sont "élucidées" par les physiciens de manières diverses et contradictoires, ce qui rend difficile d'accorder un total crédit à aucune de ces descriptions). L'information certaine procurée par la théorie porte sur les résultats pouvant être obtenus lors de mesures effectuées sur ces systèmes lorsque ceux-ci ont été préparés de telle et telle façon. Et dans les expériences considérées elle prédit la corrélation constatée.

Alors, cette prédiction bien vérifiée constitue-t-elle, par elle-même, une "explication" ? La réponse "oui" paraît avoir — ou avoir eu — la faveur de beaucoup de penseurs et en particulier de ceux de la mouvance, disons, "positiviste". Pour eux (voir par exemple (Reichenbach, 1955) "expliquer" c'est "ramener à une loi générale" ; et que cette loi soit énoncée, comme ici, en termes d'objectivité seulement faible ne peut les déranger en rien puisque leur référence ultime est toujours du côté de la perception. D'un autre côté, celui qui s'astreint à demeurer rigoureusement dans le cadre ainsi défini ne peut pas ne pas être spécialement sensible à la difficulté soulevée par Hume relativement à la justification de l'induction[1]. En effet, ayant privé sa pensée de tout support réaliste susceptible de fonder la permanence, ce chercheur, chaque fois qu'il voudra appliquer les règles prédictives de la mécanique quantique à la prévision des résultats de quelque nouvelle expérience, devra refaire le postulat de l'induction tout spécialement pour cette expérience-là. Il devra se dire : « Je parie que ces règles de prédiction, qui ont bien "marché" jusqu'à aujourd'hui, "marcheront" encore cette fois-ci. » C'est un peu comme si, confronté à l'énigme de téléphones sonnant simultanément, encore et encore, chez mon voisin et chez moi-même, je me disais : « Je m'interdis d'aller imaginer l'existence d'un agent quelconque inconnu aussi bien de moi que des services du téléphone ; mais, sobrement et l'habitude aidant, je parie que la prochaine fois il y aura encore simultanéité. » Serait-ce là une explication ? Me dirais-je à moi-même « bon, tout est clair, maintenant j'ai trouvé l'explication » ? On a déjà répondu « non » à cette question. Il est vrai que dans les questions de philosophie de la physique on ne doit prendre de telles analogies avec la vie courante qu'avec certaines précautions. Encore une fois, la différence entre le cas quantique et l'exemple ici étudié est que les règles quantiques de prédiction d'observations sont extrêmement générales et ne purent être établies qu'au prix d'efforts considérables, ce qui nous donne confiance en elles et fait que le succès de leur application à quelque nouveau phénomène nous apparaît comme "expliquant" ce dernier. Mais on doit, selon moi, éviter d'être dupe des mots. Comme dans le cas imaginaire des sonneries simultanées du téléphone il est intellectuellement plus honnête de reconnaître que l'explication — la vraie — nous échappe. Et que si on l'avait, les prédictions que l'on émet seraient exprimées avec une assurance plus grande puisqu'on

---

1. La solution kantienne de la difficulté soulevée par Hume concernant la causalité a été rappelée en section 14.5.1. Est-elle véritablement transposable au problème de l'induction ? Cela est loin d'être évident.

n'aurait pas, à chaque coup, à renouveler le postulat de la validité de l'induction[1].

Je viens d'écrire « si on l'avait ». De fait on ne l'a pas mais, même sans l'avoir, on peut la penser. On peut concevoir qu'elle est au-delà de nos capacités intellectuelles mais que cependant elle existe. L'idée, diront certains, est "facile", "décevante", *ad hoc* ... Bon, je veux bien : c'est là une question d'appréciation[2]. Mais il m'est impossible d'y voir une quelconque faute de logique. Et l'hypothèse me suffit pour calmer mes appréhensions relativement à la pertinence de l'induction. Penser qu'une "vraie" explication existe, c'est pour moi "presque aussi bien" que de la connaître effectivement. Or il semble très difficile — pour ne pas dire quasiment impossible — de concevoir une explication ayant la force ici requise et qui ne ferait pas appel à la notion d'un "réel", au sens le plus large du terme, autrement dit à l'idée de quelque "existant". On voit que, par là, l'hypothèse d'un "réel" qui serait voilé ou même franchement inconnaissable échappe à l'accusation qui lui est le plus souvent adressée, celle d'être *totalement* arbitraire. Cette élucidation — au moins partielle — du problème de l'induction me paraît préférable à celle proposée par Cassirer (1977) (voir section 13.3.2). Dans un cas — par exemple, en physique atomique — de corrélation stricte entre deux mesures distantes, chacun des résultats est aléatoire (il est tantôt "oui" tantôt "non", sans que rien détermine à l'avance ce qu'il en sera) mais une corrélation parfaite existe : par exemple, s'il est "oui" ici, il est "non" là-bas et vice versa. On voit mal comment des "nécessités logiques" afférentes à un événement particulier de la série pourraient expliquer ceci (sinon en postulant des variables cachées corrélées à la source, autrement dit locales, hypothèse qui serait certainement trop "réaliste" — trop "métaphysiquement transcendante" — pour

---

1. Les épistémologues font valoir qu'en raison du problème posé par l'induction la validité des lois universelles ne peut être empiriquement prouvée et certains voient là une raison de mise en doute du réalisme. Tels et tels d'entre eux paraissent même estimer que ce fait rend irrecevable l'idée de justifier l'induction par le réalisme. On n'est pas dans la nécessité logique d'adhérer à cette opinion. Si l'on *postule*, une fois pour toutes, le réalisme — même simplement le réalisme ouvert —, on s'explique l'existence de lois universelles et on n'a plus à faire le postulat de l'induction.

2. Et je suis le premier à reconnaître que dans le cadre habituel, celui de la recherche des causes spécifiques de tels ou tels phénomènes, eux-mêmes nettement spécifiés, l'approche serait défectueuse. Mais nous sommes manifestement ici dans un cadre tout différent.

Cassirer et qui, de plus, est réfutée par les expériences du type Aspect). Il est vrai que l'expression assez vague "nécessités logiques" pourrait encore, peut-être, être comprise comme renvoyant à quelque *logos* préexistant, d'une certaine manière, à tout. Mais ce serait réintroduire sans l'avouer à titre de notion première la notion d'existence dans l'absolu que les néo-kantiens tendent justement à réfuter. Et, encore une fois, ma notion de "réel" est très compréhensive. Il n'y a pas d'incohérence à considérer que le "réel" qu'elle évoque consiste en ce *logos* et en rien d'autre.

15-2-1. Objection

Elle consiste en une critique de la notion même d'explication. Demander l'explication d'un événement donné c'est, note-t-on d'abord, s'enquérir de sa — ou ses — cause(s), autrement dit c'est en demander le *pourquoi*. La critique dont il s'agit part de l'idée que la science doit ses succès à ce qu'elle a appris à être plus modeste. Elle se contente de rechercher *comment* se produisent les événements, autrement dit, selon quelles lois, la loi n'étant que la connaissance des régularités dans l'enchaînement des phénomènes. Se poser d'autres questions que celles relatives à cette connaissance, c'est risquer fort de dépasser le domaine de validité des règles universelles de l'entendement. Il convient donc, soit de mettre à l'écart la notion (et le mot même !) d'explication, soit de la subordonner entièrement à celle de loi. Dans *Les Fondements philosophiques de la physique* (1973, p. 14) Carnap, se plaçant dans le cadre d'une science purement classique, donne une claire explicitation de ce point de vue au moyen d'un exemple, celui de la notion d'*entéléchie*. Il s'agit d'un mot introduit jadis par le biologiste Driesch et qui était supposé référer à une certaine force non physique, ayant pour effet que les êtres vivants se comportent comme ils le font (chaque type d'organisme ayant sa propre entéléchie). Dans la notion d'entéléchie Driesch voyait une explication philosophique de phénomènes, tel celui de la régénération des tissus, qui, au moins en son temps, étaient dépourvus d'explication scientifique. Afin de justifier sa manière d'argumenter Driesch faisait remarquer que, pour expliquer certains phénomènes d'attraction d'objets les uns par les autres, le physicien, lui aussi, fait l'hypothèse de l'existence de forces, en l'espèce, le magnétisme, qu'on n'a jamais vues. Et la critique que Carnap lui adressait consistait à faire observer que certes le physicien réfère bien au magnétisme mais que, pour lui, ce n'est que le point de départ de l'explication, la véritable explication consistant en une explicitation des lois générales du magnétisme, telles que (même sans remonter jusqu'aux équations de Maxwell) « tous les petits objets qui contiennent du fer sont attirés par un aimant », etc. Autrement dit, Carnap faisait valoir que, quand on veut fournir une explication, ou une prévision, ce qui compte ce n'est pas d'introduire une entité nouvelle, c'est de faire usage de lois. « Il est impossible, soulignait-il, de donner une explication — de donner quelque chose qui mérite le nom honorable d'explication — sans se référer à une loi au moins. » Or Driesch ne formulait aucune loi mettant en jeu l'entéléchie. Il ne faisait appel qu'à des lois empiriques tout à fait ordinaires. Et Carnap pouvait donc à bon droit lui demander : « Mais qu'est-ce que vous ajoutez de plus à l'explication fournie par ces lois et aux prévisions d'observation basées sur elles quand vous venez nous dire que les phénomènes régis par elles sont dus à l'entéléchie spécifique de l'être vivant étudié ? » L'objection à la conception du réel voilé (ou inconnaissable) à laquelle on songe ici peut s'exprimer dans les mêmes termes : « Les lois prédictives étant connues, qu'apporte de plus à la connaissance l'idée d'un "réel" sous-jacent, voilé ou non ? »

15-2-2. *Réponses à cette objection*

Avant de les expliciter notons que la critique de Driesch par Carnap ne fait que souligner le fait qu'il n'y a pas d'explication digne de ce nom sans référence à une ou des lois empiriques. Elle n'implique pas qu'une telle référence suffise, et l'on verra un peu plus loin qu'effectivement Carnap fut progressivement amené lui-même à reconnaître qu'elle ne suffit pas tout à fait. Cela dit, les réponses à l'objection sont au nombre de deux, au moins.

Première réponse — L'objection (« qu'est-ce que vous ajoutez de plus ? », etc.) est centrée sur la notion de "connaissance", ce qui est tout à fait normal car le domaine d'étude de la philosophie des sciences c'est, effectivement, la connaissance. Il n'y a donc rien d'étonnant à ce que beaucoup ouvrages traitant d'épistémologie développent dans le détail tous les arguments et contre-arguments philosophiques que l'on peut avancer concernant tel ou tel aspect, telle ou telle limite de principe, de la connaissance (du réel extérieur ou des phénomènes, selon les auteurs). Mais ici, à proprement parler il ne s'agit pas, on l'a déjà noté, de connaissance. Même quand est évoquée l'idée d'un "réel" seulement "voilé", cela n'implique en rien l'idée d'une connaissance, au sens scientifique du terme, de ce "réel"[1]. Cette mise en jeu d'un tel "réel" n'équivaut donc en rien à une méconnaissance des règles de l'entendement et des limites de celui-ci. Au reste, et comme on l'a déjà noté (section 13.4), si quasiment tous les philosophes soulignent — souvent avec vigueur — l'importance de la restriction aux lois (quand van Fraassen prône l'*empirical adequacy*, quand Putnam nous invite à une relecture de Kant, c'est bien une telle idée qui les anime), la plupart, on l'a dit, reconnaissent, en général dans une parenthèse (Putnam, 1981, pp. 61-62) ou une petite incidente (van Fraassen, *The Scientific Image*, Oxford, Clarendon Press, 1980, p.82) qu'il peut y avoir un *mind-independent ground* (Putnam) ou un "niveau d'analyse plus profond" (van Fraassen), tout en ajoutant aussitôt que ce n'est pas, et ne doit pas être, le sujet du débat. Comme, encore une fois, le sujet de ces auteurs est évidemment la connaissance (discursive, rationnelle, argumentée, etc.) on ne saurait que leur donner raison. Mais on ne se trouve pas, ici, en opposition avec eux. Entre eux et nous il ne s'agit que d'une différence d'éclairage. Nous nous intéressons à quelque chose qu'ils mettent à l'écart de leur souci professionnel parce qu'ils estiment — avec raison — que sur ce plan-là on ne peut pas en dire grand-chose.

Seconde réponse — Elle part de la remarque que se limiter au strict empirisme c'est tout réduire à une prévisibilité purement factuelle, ce qui implique que ne comptent vraiment comme *lois empiriques* que celles qui sont effectivement disponibles. Or, comme Carnap lui-même le reconnaissait (Carnap, 1973), ceci entraîne, en guise de très fâcheuse conséquence, l'impossibilité de fonder la notion de relation causale — donc, en définitive, celle, même, d'explication — sur celle de loi. En effet, notait-il, il faudrait alors dire qu'aujourd'hui telle ou telle de ces relations causales est vraie car il y a une loi qui en rend compte mais qu'hier elle était fausse car on ignorait cette loi, conclusion qui paraît absurde.

Pour surmonter cette difficulté, Carnap fut amené à définir le sens de l'énoncé « l'événement B est causé par l'événement A » comme étant identique à celui de l'affirmation : « Il existe dans la

---

1. C'est pourquoi je ne prétends pas que l'idée en question soit une explication *scientifique*. Je refuserais cependant, pour elle, l'épithète de "pré-scientifique", qui est en général utilisée pour qualifier des tentatives de justification primitives et mal dégrossies et qui suggère — à tort — qu'il n'y aurait d'explications valables *que* scientifiques. Le terme "a-scientifique" me convient mieux.

nature certaines lois dont on peut déduire logiquement l'événement B à condition de les conjuguer avec la description exhaustive de l'événement A », étant spécifié qu'il importe peu que ces lois puissent ou non être effectivement énoncées. Il suffit, précisa-t-il, que l'existence de ces lois, que l'on peut appeler "lois fondamentales", soit postulée pour que l'affirmation de la relation causale ait un sens, même si sa vérité ne peut être établie tant que les lois dont il s'agit demeurent inconnues.

Restait encore à préciser les caractères de ces « lois fondamentales de la nature », afin de les départager des universelles accidentelles ; ce que Carnap fit en posant que seules les premières permettent de corroborer une affirmation contrafactuelle (telle que « si je chauffais cette barre de fer elle se dilaterait »). Vu les liens très forts qui existent comme nous l'avons vu entre la contrafactualité et le réalisme, ceci constitue déjà, en soi, un pas vers l'idée de réalité. Mais ce qui compte surtout à cet égard c'est, me semble-t-il, la nécessité où s'est trouvé même un Carnap — pourtant particulièrement soucieux d'éviter toute métaphysique — de conférer ainsi un sens à la notion de lois de la nature supposées exister même si elles sont ignorées, c'est-à-dire tout à fait indépendamment de nous. Si une telle notion ne coïncide pas avec celle de "réel", du moins s'en rapproche-t-elle fortement. En effet, qui dit « il existe dans la nature des lois qui… » postule par là même qu'a un sens l'idée d'une "nature" munie de "structures" ; et si ces "lois" ou "structures" qui sont présumées s'y trouver sont supposées exister même si nous les ignorons, c'est que cette nature où elles résident est en quelque manière extérieure à nous. S'exprimer comme Carnap le fait c'est donc finalement reconnaître que l'idée d'un "réel" est significative et utile même quand elle se trouve découplée de toute idée de vérification envisageable des structures de ce "réel". On ne voit donc pas comment les "lois fondamentales" carnapiennes pourraient se réduire à de simples règles de prédiction d'observation telles que, par exemple, les règles quantiques en mécanique quantique conventionnelle. La moins mauvaise manière de lever la difficulté paraît bien être de supposer que ces dernières sont des reflets des structures, inconnues ou mal connues, d'un quelque chose que, si l'on veut, on peut convenir d'appeler "nature", qui, par le fait même, est lui-même inconnu ou mal connu et qui ne coïncide ni avec nous ni avec le réel empirique. Pris dans cette acception, qu'il faut bien distinguer de l'acception usuelle référant au domaine des lois empiriques, le mot "nature" apparaît comme désignant ce que j'ai appelé le "réel".

15-2-3. **Explication, cadres linguistiques et ontologies relatives**

A l'argument qui vient d'être explicité on pourrait objecter que Carnap lui-même semble avoir eu en vue une solution différente, fondée sur sa notion de cadre linguistique, ici brièvement décrite en section 5.4. Si on pense que lorsqu'il écrivait la phrase « il existe dans la nature, etc. » il avait cette notion-là présente à l'esprit, on doit interpréter la phrase dont il s'agit d'une manière un peu plus subtile que celle présentée ci-dessus. On doit estimer que si — au risque d'être mal compris ! — il a employé les mots "exister" et "nature" sans préciser qu'il ne les prenait pas dans le sens qu'on leur attribue d'habitude, cela a été pour ne pas lasser son lecteur par des analyses philosophiques dépassant un certain niveau. Si on l'avait interrogé sur le sujet, peut-être aurait-il expliqué que la phrase en question suppose implicitement le choix préalable d'un cadre linguistique approprié — soit celui des "choses", soit celui des "données des sens", soit celui des "propositions", etc. — de sorte que les énoncés des lois naturelles en question se réfèrent à des concepts intérieurs à ce cadre et non pas aux structures d'une "réalité indépendante" extérieure à lui. A l'époque où la physique classique paraissait donner les clés universelles des phénomènes, le cadre linguistique convenable était celui des choses et de leurs attributs. A l'ère quantique on peut défendre l'idée que c'est, plutôt, celui des "données des sens". Mais dans un cas comme dans l'autre on reste dans un domaine purement scientifique, affranchi de toute "ontologie platonicienne" ou de quoi que ce soit de ce genre.

Cette réponse que je prête ici à Carnap est-elle ou non satisfaisante ? Pour ma part je pense qu'elle l'est en partie mais non entièrement. Elle l'est du point de vue de la science prise au sens strict. S'il s'agit — ce qui fut, semble-t-il, le but principal de Carnap — de donner à la science un cadre cohérent, à l'intérieur duquel les énoncés possèdent un sens non ambigu et vérifiable, alors, effectivement, les notions de cadre linguistique et de choix, par nous, de ce cadre, sont adaptées. En physique classique, choisir le cadre des choses et de leurs attributs nous permet d'énoncer et même d'imaginer l'existence de lois fondamentales qui, à l'intérieur de ce cadre, "expliquent" dans le détail l'occurence des phénomènes. En physique quantique, choisir le cadre des "données des sens" nous permet, en principe, de faire de même. Mais dans l'un et dans l'autre cas l'"explication" ainsi fournie est, si l'on y songe, peu satisfaisante dans le fond ; j'entends : elle se rapproche trop de la simple *explicitation* et est peu apte par conséquent à étancher notre soif d'une explication véritable. Dans le premier cas cette déficience est masquée par le fait que l'idée des "choses" composant le cadre linguistique choisi est isomorphe à celle que nous nous faisons intuitivement de choses composant un "monde extérieur" indépendant de nous. Mais "masquer" ne signifie pas "éliminer" et dès qu'il nous revient en mémoire que ce "cadre du monde des choses" est, selon notre auteur, essentiellement "linguistique", et "choisi par nous", nous en venons à redouter que l'explication en question ne soit un leurre. Dans le second cas il n'y a même pas leurre, de sorte que la déficience est plus visible. Dans ce cas, en effet, les lois fondamentales dont il s'agit ne sont rien d'autre que des règles universelles de prévision d'observations, et l'idée d'observations n'a pas son analogue dans notre conception intuitive d'un monde extérieur indépendant de nous. Si, par exemple, les prévisions en question sont celles de corrélations entre résultats de mesures effectuées en deux lieux distants, le fait de disposer d'une bonne recette prédisant ces corrélations, s'il nous satisfait intellectuellement, ne nous donne guère malgré tout — nous l'avons noté à plusieurs reprises — le sentiment de détenir l'explication définitive. Au total, la prise en considération de la notion de cadre linguistique n'apparaît donc pas comme étant à elle seule de nature à modifier les conclusions générales de la section précédente.

On est tenté d'en dire autant de la notion quinienne d'*ontologie relative* (cf. section 5.4). Avec cependant la nuance que Quine met beaucoup moins que Carnap l'accent sur la notion de "choix", et parle au contraire volontiers de « l'ontologie à laquelle l'emploi d'un langage par une personne *lie* cette personne » (Quine, 1943). Comme, vu le contexte, il s'agit évidemment de l'ontologie (relative) du "monde des choses", ceci peut suggérer une sorte de transfert à celui-ci du pouvoir explicatif ci-dessus reconnu à la "nature" ou au "réel". Dans la vie courante, ce pouvoir explicatif fort est, sans hésitation, attribué à la réalité empirique considérée en fin de section 4.2.3, tout simplement parce que la quasi-totalité de nos contemporains prend celle-ci pour la réalité "ultime" (en soi). Mais sur ce point précis, comme on le sait, nos contemporains font erreur : du contenu de la physique contemporaine et de toute la première partie de ce livre il découle clairement que la réalité empirique — le "monde des choses" — ne saurait être identifiée au réel en soi. A tout prendre, il serait nettement moins inexact de la qualifier d'"apparence". Or, en règle générale, une apparence (fantôme, image télévisée d'un coup de revolver) n'est pas susceptible de constituer une authentique *explication* de quoi que ce soit. Toutefois, l'idée qui est ici en germe pourrait bien être que, dans le cas considéré, il s'agit d'une apparence si solide, si robuste, qui nous englobe à un tel point nous-mêmes, que nous sommes en droit de lui transférer ce fameux pouvoir explicatif qui, aux yeux du réaliste traditionnel, est l'apanage du seul "réel". (Voir à ce sujet la section 15.4.)

15-3.   Retour sur la portée explicative du prédictif

Lorsqu'un physicien théoricien, informé de la découverte de quelque effet nouveau, parvient à relier celui-ci à la mécanique quantique, à établir que, vu les lois quantiques et les conditions de l'expérience, c'est bien cet effet-là qu'on devait observer, il est satisfait. Savoir que les lois en question ne font que prédire des résultats d'observation — que, dans mon vocabulaire, elles sont « d'une objectivité seulement faible » — n'altère en rien sa légitime satisfaction. Et ses pairs autant que lui-même estiment, sans réserve mentale aucune, qu'il a élucidé le phénomène ou, en d'autres termes, qu'il l'a expliqué.

D'un autre côté, cette notion d'explication n'est pas, nous l'avons vu, une fusée à un seul étage. Même lorsqu'il s'agit d'expliquer, non pas un événement particulier mais un phénomène général, il y a, dans un premier temps, l'explication par la loi puis, une fois cette explication acquise, c'est-à-dire la loi trouvée, le désir d'expliquer, à son tour, la loi. Comme nous venons d'en faire l'expérience, ce désir — ou pour mieux dire ce sentiment d'une tâche restant encore à accomplir — est particulièrement net dans le cas des lois qui ne sont que prédictives d'observations. L'esprit humain se sent alors impérativement porté à leur attribuer quelque support dans le "réel". Et c'est bien là l'idée qui a jusqu'ici été défendue dans ces pages.

Il est clair que dans cet impetus d'expliquer la loi, puis d'expliquer l'explication de la loi, etc., se loge un certain péril de régression à l'infini. Il faut évidemment arrêter celle-ci quelque part. Oui mais, demandera-t-on, à quel endroit ? Quelle étape sera la dernière ? En ce qui concerne l'exemple, très éclairant, des corrélations quantiques à distance mon choix jusqu'ici a, en somme, été de tenir le discours suivant : « Nos règles quantiques de prévision d'observations sont parfaitement générales. Dans le cas des phénomènes considérés elles prévoient que deux expérimentateurs distants l'un de l'autre qui, à la fin d'un cycle de mesures, décideront de se rejoindre et de comparer leurs notes constateront avoir obtenu, à chaque coup, le même résultat (ou à chaque coup deux résultats opposés s'il s'agit d'une corrélation stricte négative). Du point de vue scientifique, voilà qui me suffit pour dire que la corrélation observée est *expliquée*. Dans une seconde étape, mais celle-là *purement philosophique*, j'explique ces règles elles-mêmes en invoquant, sans plus de précision, l'idée de leur isomorphisme partiel avec les structures du "réel". » Mais, me demandera-t-on, n'aurais-je pas pu, tout au moins, *essayer* de placer la frontière entre analyse scientifique et interprétation (ou spéculation) philosophique un peu plus loin ?

Ce qui rend la question susceptible d'être analysée c'est la circonstance qu'il existe justement des théories, ou pour mieux dire des *modèles* scientifiques, qui, si on leur fait confiance (ils sont eux-mêmes hautement spéculatifs), permettent effectivement d'opérer un tel déplacement. L'un d'eux est le modèle Broglie-Bohm. Comme on l'a vu (section 9.3.2), le modèle rend bien compte de la corrélation que l'on constate entre les résultats de mesures enregistrés. Mais c'est à un "prix" élevé. En effet, en ce qui concerne les résultats de mesures faites sur une paire (par exemple de photons, voir l'exemple du chapitre 3) pensée comme caractérisée par des valeurs déterminées de tous ses paramètres — y compris les "cachés" —, il découle de l'analyse en question[1] que, considérés individuellement, ces résultats de mesures peuvent varier du tout au tout *pour les mêmes valeurs* de ces paramètres, simplement en fonction de l'*ordre temporel* selon lequel les deux *mesures* sont effectuées. Cela est une conséquence immédiate, déjà notée en section 9.3.2, du "calcul de Bell" (section 5.2.4). On conçoit aisément le genre de difficultés conceptuelles qu'entraînerait, dans ces conditions, toute tentative d'étendre le modèle au cas relativiste. Dans ces conditions, peut-on vraiment considérer que le modèle Broglie-Bohm nous donne une vraie *explication*, satisfaisante pour l'esprit, des corrélations en question ? Cela, à tout le moins, est discutable. Mieux vaut, semble-t-il, le considérer comme fournissant (au moins au niveau non relativiste) une "lueur d'explication" de la validité des règles quantiques, et ne pas prétendre être plus précis que cela.

La même attitude est sans doute à adopter concernant d'autres propositions, qui prétendent, elles aussi, donner une "explication au second degré" de cette "explication au premier degré" qu'est la référence à la règle quantique de prédiction d'observations. Ainsi, on connaît déjà (section 5.2.5) la théorie ouvertement dualiste que j'ai suggérée à titre d'exemple, consistant à introduire explicitement les concepts de consciences non physiques et d'*états*

---

1. Les détails du calcul sont donnés dans l'Appendice 3.

de conscience correspondants. L'idée est, comme on s'en souvient, qu'une telle conscience, C (celle, par exemple, du chat de Schrödinger), *choisit* l'une des branches d'une superposition quantique. Lorsque, comme c'est le cas dans les expériences de corrélations à distance, il y a deux observateurs, donc deux consciences, il peut arriver qu'elles ne choisissent pas la même branche, et l'on pourrait craindre que, de ce fait, le modèle ainsi construit ne soit en contradiction avec la corrélation constatée plus tard par les protagonistes quand ils comparent leurs relevés. En fait, comme on l'a vu en section 5.2.5, le désaccord entre les états de conscience des observateurs, même s'il existe "en réalité", ne se manifestera jamais d'une manière observationnelle, et cela du fait que si l'un des observateurs veut savoir ce que l'autre a observé, il ne pourra jamais interroger directement la conscience de celui-ci. Il devra nécessairement passer par ces canaux physiques que sont les ondes sonores ou le papier, les nerfs auditif ou optique etc., c'est-à-dire faire, en somme, une "mesure" portant sur *l'état physique* de son partenaire. Et dans ces conditions les règles quantiques prédisent une *concordance* entre le résultat de l'observation directe qu'il aura effectuée sur "sa" particule et celui de la "mesure" dont il s'agit. Dans ce modèle la corrélation, on le voit, est bien là. Mais en même temps, comme on le voit aussi, elle n'existe qu'à titre d'apparence. Chacun des deux "sujets" est comme enfermé en lui-même et les réponses — trompeuses ! — qu'il reçoit de son interlocuteur ne font que refléter le vécu de son propre moi. Peut-on appeler cela une "explication "réaliste" des corrélations observées ? Oui certes, puisque, parallèlement à une description "réaliste" du "monde physique" (par le truchement du "vecteur d'état de l'Univers"), le modèle comporte bien une description, elle aussi "réaliste" (tout en étant non physique et très schématique) des consciences. Mais qui se déclarerait vraiment convaincu ? En vérité, placé devant l'un et l'autre de ces deux modèles (celui-ci et celui issu du modèle Broglie-Bohm), un philosophe comme Putnam aurait beau jeu de dire qu'en les développant nous avons prétendu nous placer du "point de vue de Dieu". Et il lui serait loisible d'ajouter que nous avons commis là un acte d'orgueil, et que le caractère déconcertant (pour dire le moins !) des seules "explications" que nous avons été capables de construire n'est qu'une punition bien méritée ! En termes plus sobres : ci-dessus nous nous sommes proposés d'au moins *essayer* de placer la frontière entre analyse scientifique et spéculation philosophique au-delà du niveau des règles prédictives d'observation ; la tentative a été faite et le succès n'a guère été au rendez-vous. Nous avons seulement pu montrer qu'il n'y avait pas aporie (ce qui, on l'a noté en section 10.3, est, malgré tout, satisfaisant). La conclusion, par conséquent, semble s'imposer. L'au-delà des règles prédictives en question n'est pas l'affaire du scientifique. Il relève du domaine de la conjecture (ou, si l'on préfère, de l'opinion motivée).

15-4. Réalité empirique et abstractions, explications et causalité empirique

En section 4.2.3 la notion de réalité empirique a été introduite au moyen de ce qui est parfois appelé une opération intellectuelle d'abstraction. Compte tenu des règles de la mécanique quantique ce n'est, en effet, qu'en "oubliant" volontairement certaines données que, dans le processus de mesure, il a été possible de rendre cohérente l'affirmation "de bon sens" que l'aiguille indicatrice de l'instrument se trouve nécessairement à l'intérieur d'un intervalle défini de la graduation (et jamais dans quelque inconcevable "superposition macroscopique de tels états"). Plus précisément (voir le chapitre 8 pour davantage de détails), il nous a, pour cela, fallu "oublier" que, selon la mécanique quantique, il *doit* exister des grandeurs physiques en principe observables — au moins par quelque "démon de Laplace" — dont les mesures, si elles étaient effectuées, contrediraient l'affirmation en question. En section 8.2 nous avons ensuite constaté qu'en pratique de telles mesures sont vraiment rendues tout à fait irréalisables par le phénomène de la décohérence. Mais, d'un autre côté, ce "en pratique" n'a évidemment de sens que par référence aux capacités d'un observateur ou d'un expérimentateur, ce qui fait que la réalité de notre aiguille — ou, à tout le moins, de sa position à l'intérieur d'un intervalle de graduation — n'a elle-même de sens que par référence aux capacités en question. C'est pourquoi on ne peut parler, à son sujet, que de réalité empirique. Bien entendu, le champ de telles considérations ne se limite pas aux aiguilles indicatrices. C'est aussi en faisant abstraction, dans les formules, de certains termes — correspondant, directement ou indirectement, à des grandeurs physiques ou à des corrélations concevables — que l'on explique que nous puissions sans incohérence attribuer une forme aux molécules etc. C'est donc, finalement, l'ensemble de la réalité que l'on appréhende par les sens — soit directement, soit par l'intermédiaire des appareils utilisés dans les diverses disciplines scientifiques — qui doit être qualifiée de "empirique".

On ne peut nier que la nécessité d'un tel usage de l'abstraction a, pour l'esprit, quelque chose de profondément insolite et dans la première partie nous nous sommes penchés longuement sur les problèmes conceptuels qu'elle crée. Il est vrai que le mot même d'*abstraction*, employé ici à la suite de divers auteurs tel Primas (1971), présente, à première vue, un aspect rassurant. Après tout, aimerait-on pouvoir se dire, des abstractions, nous en faisons "à tout bout de champ". C'est en n'importe quel domaine qu'un souci de brièveté nous fait omettre, dans nos comptes rendus, certains détails qui eussent pu être mentionnés sans inconvénient mais ne jouent pas de rôle dans l'argumentation que nous présentons. Et ceci explique peut-être le fait que certains commentateurs semblent tentés de voir dans la décohérence un développement théorique permettant de parler des positions des aiguilles, des formes des molécules etc. avec la même "assurance ontologique" que si l'on raisonnait en physique classique. Mais en fait, comme nous le savons, il en va tout différemment. L'abstraction ici utilisée est, au moins en principe, d'une nature bien différente puisque les détails qu'elle nous conduit à "oublier" empêcheraient, s'ils étaient conservés, l'argumentation d'aboutir. La situation fait quelque peu penser — avec certaines nuances que l'on a notées en section 8.2 — à celle où se trouvent les professeurs qui, pour des raisons pédagogiques, choisissent de borner leur enseignement concernant l'atome à la description du modèle planétaire de Bohr et qui, implicitement, laissent entendre à leurs élèves que l'atome "est vraiment constitué ainsi" : car, en conséquence d'un tel choix, ces enseignants doivent "faire abstraction" — en notre second sens — de maintes données qui sont, en fait, incompatibles avec le modèle en question (à commencer par le spectre des niveaux d'énergie du plus simple des atomes après l'hydrogène : l'hélium).

Mais une abstraction de cette sorte est-elle susceptible de servir de fondement à une explication ? Nous nous trouvons ici face à une question de même nature que celle apparue à la fin de la section 15.2.3. Une réalité qui n'est qu'empirique peut-elle expliquer quelque chose ? Une des grandes raisons qui font qu'intuitivement nous tendons à préférer le réalisme à l'opérationnalisme semble bien être le sentiment que nous avons que l'opérationnalisme ne fait que prédire alors que le réalisme prédit et explique. En physique classique quand, disons, une boule de billard rouge heurte une boule blanche nous avons l'impression de comprendre pourquoi cette dernière se met en mouvement : elle le fait parce qu'elle a été heurtée par une boule réelle, autrement dit par une boule qui a une masse, qui, à chaque instant, a une position définie, une vitesse définie etc. Et, bien entendu, notre sentiment de compréhension n'est en rien affecté par le fait que, en décrivant ainsi la boule rouge, nous faisons abstraction de beaucoup de ses propriétés, telles que la valeur précise de sa masse, son volume, etc. Mais s'il en va ainsi, c'est parce qu'il s'agit d'une abstraction au premier des deux sens ci-dessus rappelés. Dans le cadre d'une physique quantique conçue comme une théorie universelle la vision des choses est toute différente. Aucune des deux boules n'existe, au sens fort du terme, en tant que telle, puisqu'elles sont toutes deux enchevêtrées avec le reste de l'Univers. C'est nous qui, par une opération purement mentale, les séparons de ce dernier. Dans ces conditions, la collision, elle aussi, est, pour une grande part, une construction mentale provenant de nous et il est bien difficile, par conséquent, d'y voir une authentique explication.

Il est instructif de comparer cet état de choses, que nous venons d'analyser en en restant, par la pensée, à l'extérieur, avec d'autres, dans lesquels nous serions impliqués. Je pourrais, par exemple, imaginer que je suis moi-même la boule blanche. Ou, si l'on préfère un schéma plus précis, on peut penser au montage suivant. Considérons une particule dont l'état quantique est une superposition (au sens défini en section 4.2.2) de deux états tout à fait distincts, comme, par exemple, deux états de mouvement quasi rectiligne et uniforme dans deux directions différentes[1]. On peut alors poser que les régions dans lesquelles la probabilité de détecter la particule est appréciable constituent deux tubes, ou "faisceaux", orientés selon l'une et l'autre de ces directions. Imaginons que sur le parcours d'un de ces faisceaux se trouve un appareil détecteur A, qui actionne un relais R, lequel actionne lui-même un voyant que je regarde. Pour un physicien théoricien supposé extérieur au processus la situation de l'ensemble est conceptuellement très semblable à celle des boules "vues en quantique". Il considère qu'en fin d'opération je suis dans un état quantique enchevêtré avec ceux de la particule, de l'appareil A et du relais R, il connaît la structure mathématique de la fonction d'onde correspondante,

---

1. Au laboratoire, il est possible d'obtenir de telles superpositions au moyen d'un simple champ magnétique inhomogène (expérience de Stern et Gerlach). Si une particule possédant un moment magnétique propre — alias un "spin" — traverse ce champ et si son spin pointe dans la même direction générale que ce champ, elle est déviée dans une certaine direction, que nous appellerons "le haut", et occupe de ce fait un certain "état". Si son spin pointe dans la direction opposée elle est, au contraire, déviée vers "le bas" et occupe de ce fait un autre "état". S'il pointe dans une direction perpendiculaire aux précédentes la particule se trouve, après traversée du champ, dans un état de superposition quantique de ces deux "états".

et il en déduit la probabilité avec laquelle il obtiendra de moi telle ou telle réponse s'il me demande ce que j'ai vu : tout cela sans qu'à aucune étape il ait à faire intervenir les notions de cause ou d'explication. Mais en fait on voit bien que s'il en est ainsi c'est parce qu'à ses yeux il n'y a pas d'événements à expliquer ; et cela pour la raison très simple que, à ses yeux toujours, il ne s'est produit *aucun* événement. L'événement, dans ce schéma, est chose privée. Il n'est vécu que par moi seul[1]. C'est moi qui ai vu le voyant s'allumer ou qui ai constaté qu'il ne s'allumait pas. Et dans un cas comme dans l'autre je suis, dans mon "langage privé", autorisé à dire qu'il y a bien une explication à cette mienne perception, à savoir un certain enchaînement de causes : le fait que l'appareil A a été (ou non) déclenché, ce qui a (ou non) provoqué le fonctionnement du relais, etc.[2].

En quelque sorte, nous prenons ici sur le vif la "naissance" du concept de cause empirique — de cause "à la Kant", pertinente en ce qui concerne la réalité du même nom. En effet, dans une approche moins schématique mon moi unique devra être remplacé par la collectivité des humains et mon langage privé par notre langage commun à tous, le "physicien théoricien" de ci-dessus restant, pour sa part, confiné dans l'empyrée de la théorie pure. Ainsi, ce que cette analyse paraît montrer c'est que la notion d'explication des événements est une notion relative mais qu'elle n'est ni plus ni moins relative que la notion d'événement elle-même. L'une et l'autre n'ont de sens que dans le cadre de la réalité empirique, mais dans ce cadre la première est tout aussi fondée et légitime que la seconde.

15-5. L'analogie de l'arc-en-ciel

Il faut, on le sait, se méfier des analogies. Elles sont toujours imparfaites, ce qui fait que, si on les prend trop au sérieux, on aboutit inévitablement à des conclusions erronées. Déjà au chapitre 1 nous comparions les objets (microscopiques mais aussi macroscopiques) vus "en quantique" à des arcs-en-ciel. Et

---

1. On reconnaît là la problématique de "l'ami de Wigner", voir section 10.3.

2. Déjà à l'intérieur du domaine qui est l'apanage incontesté de la mécanique quantique, celui des particules atomiques, l'embryon de cette "dialectique de constitution de la cause" se laisse voir chaque fois que dans, par exemple, une expérience de Stern et Gerlach où la particule s'est manifestée "vers le haut", on se dit tout bonnement (sans penser "en théoricien"): « Tiens, elle était dans le faisceau du haut! »

l'imperfection de l'analogie — autant vaut la noter tout de suite — tient à ce que nous sommes capables de manipuler des objets alors que nous ne pouvons pas manipuler un arc-en-ciel. Malgré cela, l'analogie est instructive. En effet l'explication des arcs-en-ciel relève de la physique classique et ne nous pose par conséquent aucun problème d'ordre conceptuel. Leur simillitude avec les objets quantiques est donc susceptible de nous aider à mieux cerner les difficultés du même ordre que soulève l'étude de ceux-ci.

L'analogie elle-même est claire. L'arc-en-ciel n'est pas un objet en soi. En effet, si nous nous déplaçons, il se déplace. Deux personnes situées en des lieux différents ne le voient pas "prenant assise" aux mêmes endroits. Il est donc clair qu'il dépend en partie de nous. Il est à noter que c'est de nous *collectivement* qu'il dépend, du moins si par "nous" on entend une collectivité groupée en un même endroit : tous les membres de celle-ci s'accordent entre eux quant à la position de l'arc-en-ciel. Il n'en est pas moins vrai qu'il ne dépend pas de nous seuls. Pour qu'il existe il faut qu'il y ait des gouttes de pluie et du soleil. Or ces divers traits se retrouvent dans les objets décrits par la mécanique quantique c'est-à-dire — si cette mécanique (prise exempte de "*termes ad hoc*", voir section 9.8) est universelle — dans, finalement, *tous* les objets. Eux non plus ne sont pas des objets en soi. Les attributs — ou "propriétés dynamiques" — que nous leur voyons dépendent en fait de notre "regard" (des instruments que nous utilisons et de la manière dont nous les disposons). La théorie n'en prévoit pas moins qu'entre nous, observateurs, il doit y avoir accord intersubjectif quant aux résultats des mesures et autres observations qu'il nous arrivera de faire sur ces objets. Enfin, au moins selon la conception du réel voilé, ces objets quantiques, micro ou macro, s'ils dépendent de nous, ne dépendent pas de nous seuls. Leur existence, comme la nôtre, procède de celle d'un "réel".

Cela étant, en ce qui concerne les objets en question la mécanique quantique soulève des problèmes de compréhension pour l'analyse desquels le recours à l'analogie dont il s'agit peut être utile. Le plus simple de ces problèmes concerne le processus de la mesure. Il s'énonce ainsi : « Dans le cas d'une particule dont on mesure la position, la mécanique quantique nous refuse le droit de considérer que déjà avant la mesure elle était à l'endroit où on l'a observée. De même dans le cas de l'aiguille d'un instrument utilisé pour effectuer une mesure du type généralisé étudié aux chapitres 4 et 8 (problème du chat) cette mécanique, comprise comme à valeur universelle, nous refuse le droit de considérer qu'avant qu'on ne regarde l'instrument il existait déjà une aiguille "en soi" ayant "en soi" la position où on la trouve.

Ceci semble nous contraindre à estimer que c'est nous qui, par notre "regard", créons la position en question (de la particule ou de l'aiguille). Or une conclusion si étrange paraît bien difficile à endosser. Est-elle vraiment inévitable ? » Une variante de cette question est de supposer que l'observation dont il s'agit est faite par le moyen d'un appareil enregistreur automatique et que ce n'est qu'ultérieurement que l'on prend connaissance du résultat. Le problème devient alors : « La mécanique quantique nous contraint-elle à dire que c'est l'appareil enregistreur qui a créé la valeur observée ? »

Pour tenter de répondre à de telles questions, considérons le cas de l'arc-en-ciel. Et d'abord, demandons-nous si l'analogie envisagée est vraiment valable. Autrement dit, posons-nous la question préliminaire suivante : « Est-il bien vrai que — comme nous disons que c'est le cas pour l'aiguille et sa position — s'il n'y avait personne pour regarder et nul appareil pour enregistrer, l'arc-en-ciel n'existerait tout simplement pas ? » A première vue on serait tenté de répondre que non, car les processus de réflexion-réfraction de la lumière dans les gouttes de pluie ne doivent rien à notre présence. Notons bien cependant que si deux personnes ne se trouvent pas exactement au même lieu elles ne voient pas exactement l'arc-en-ciel à la même place[1]. Si N personnes sont éparses dans la campagne chacune voit l'arc-en-ciel en un lieu qui n'est pas le même que celui où le voient les autres. En fait, dans ces conditions, il est abusif de parler d'un seul et même arc-en-ciel. Il est bien plus correct de dire qu'il y en a N, et que chaque personne voit son propre arc-en-ciel. Mais dans ces conditions, si N = 0 il n'y a pas d'arc-en-ciel. Autrement dit, à la réflexion nous nous voyons amenés à dire qu'au moins dans l'hypothèse d'une observation directe, la réponse à la question préliminaire est positive. S'il n'y avait personne il n'y aurait pas d'arc-en-ciel.

Il est facile de voir que cette conclusion s'étend à la variante de l'enregistrement automatique. Si, au lieu de disposer l'appareil là où nous l'avons, en fait, mis, nous l'avions installé ailleurs, nous aurions photographié, non pas, vu sous un angle différent, l'arc-en-ciel dont nous possédons aujourd'hui l'image, mais bien un *autre* arc-en-ciel, prenant appui sur d'autres éléments du paysage. Si un grand nombre d'appareils avaient été disséminés en divers lieux, une multitude d'arcs différents auraient été enregistrés. Contrairement aux apparences immédiates on ne peut donc pas

---

1. Et cela indépendamment de tout effet de perspective : les deux observateurs ne voient pas les "pieds" de l'arc aux mêmes endroits.

légitimement soutenir que la photographie que nous avons en main témoigne de ce qu'il y avait, au moment où elle a été prise, un certain arc-en-ciel bien spécifié, préexistant à la prise de vue et localisé comme indiqué par la photo. Si l'on veut s'exprimer en termes d'arcs-en-ciel, tout ce que l'on peut dire est qu'il y avait là à ce moment une multitude — en fait infinie ! — d'arcs-en-ciel mais qu'ils n'étaient que potentiels. Dans ce cas de figure tout comme dans le précédent les choses se présentent donc bien d'une manière très voisine de ce que le formalisme quantique suggère relativement aux mesures faites sur les objets. Dans un cas comme dans l'autre on ne peut dire que l'entité observée préexistait, en soi et en fait, à l'observation.

Et cependant, nous répugnons très fortement à dire que c'est le déclenchement de l'appareil enregistreur qui a "créé" l'arc-en-ciel. Son montage devait faire qu'un certain phénomène — la prise de photo — se produirait dans son intérieur mais lorsque cela s'est produit il ne s'est pas créé ailleurs une entité... alors que le mot "arc-en-ciel", comme n'importe quel substantif, désigne, ou semble désigner, non pas une simple représentation mais une véritable entité. On voit sur cet exemple que même dans le cadre d'une physique purement classique et d'une réflexion sur un phénomène parfaitement compris depuis très longtemps[1] notre irrésistible propension à chosifier — qu'elle soit due à notre langage ou que la structure de celui-ci soit son reflet — peut très bien nous conduire à des difficultés d'expression qui sont réelles. Ayant constaté l'existence de celles-ci, ayant, en particulier, reconnu la non-pertinence de l'idée de création (par nous ou par nos appareils) lorsqu'il s'agit de l'arc-en-ciel, nous devons *a fortiori* reconnaître cette non-pertinence lorsqu'il s'agit du phénomène quantique de la mesure, qui présente, en gros, les mêmes traits. A la question ci-dessus posée : « la mécanique quantique nous contraint-elle à dire que c'est l'observateur, ou l'appareil enregistreur, qui crée la valeur observée ? » il faut donc répondre par la négative. Car en fait, on vient de le voir, la forme trop chosiste de notre mode traditionnel d'argumenter — laquelle gouverne ici la formulation même de la question — fait qu'on ne peut pas dire « oui, il crée la valeur » (ou que la caméra crée l'arc-en-ciel). Finalement, dans le cas des objets quantiques comme dans celui de l'arc-en-ciel on ne peut poser, ni que l'"entité" observée préexistait, en soi, à l'observation ni qu'elle fut créée par celle-ci.

---

1. La théorie de l'arc-en-ciel remonte, on le sait, à Descartes.

Remarque

On ne peut, cependant, pousser l'analogie utilisée au-delà de certaines limites. La physique classique est suffisante pour étudier tout ce qui concerne l'arc-en-ciel et au temps où cette physique était conçue comme décrivant le "réel" les appareils de photographie et les clichés — y compris ceux des arcs-en-ciel... — pouvaient sans incohérence aucune être pensés comme étant des constituants de ce "réel". Il y a là une différence avec le cas quantique puisque, dans l'hypothèse de l'universalité de la mécanique de ce nom, les aiguilles des instruments et les positions de celles-ci ne peuvent être considérées que comme des réalités empiriques.

15-6. La résolution du "paradoxe des dinosaures"

Dans le cadre de la conception développée dans cet ouvrage il est clair que la référence à la réalité indépendante — pertinente, comme on l'a rappelé, lorsqu'il s'agit de justifier l'existence de lois — ne doit jamais être invoquée pour expliquer un phénomène. Il en résulte qu'en ce qui concerne les explications des phénomènes la conception en question doit affronter — pratiquement — les mêmes objections que celles que les réalistes formulent d'ordinaire à l'encontre de l'idéalisme. Pour mettre en pleine lumière la plus frappante de ces dernières, celle qui vient immédiatement à l'esprit tant elle semble évidente et irréfutable, le réaliste, comme on l'a dit, fait volontiers appel aux dinosaures. Il fait valoir que, de toute évidence, vu les découvertes de fossiles de dinosaures, ceux-ci ont bien réellement existé, et cela tout à fait indépendamment de l'esprit humain puisque alors l'homme n'existait pas. Rien ne serait donc plus absurde, souligne-t-il, que de voir dans les dinosaures des créations de cet esprit. Or, nous demande-t-il, n'est-ce pas là, précisément, ce que vous faites lorsque vous prétendez que les objets que nous appréhendons par nos sens et par le biais de nos inférences scientifiques — fossiles et dinosaures compris — ne sont que des "objets pour nous", autant dire (à de trop subtiles nuances près) des apparences ?

Les considérations développées ci-dessus mettent à mal, on vient de le voir, les objections massues de cette espèce. Et de fait celles présentées à la fin de la section 15.4 permettent de lever d'une manière scientifiquement cohérente celle qui vient d'être rappelée. En effet, il n'y a pas de différence conceptuelle fondamentale entre des positions d'aiguilles (ou autres dispositifs) dans des relais et des formes d'os ou de membres de dinosaures. Pour parfaire l'analogie on pourrait même supposer (bien que cela ne soit pas nécessaire à la construction de l'argument) que, au cours de sa vie, le dinosaure étudié a survécu à un traitement similaire à celui infligé en pensée par Schrödinger à son fameux chat. A l'égard de ce dinosaure nous sommes collectivement dans l'état dans lequel, dans l'exemple décrit à l'endroit indiqué, "je" suis moi-même, en tant qu'observateur ayant constaté l'allumage du voyant. Nous expliquons notre constatation de l'existence d'un fossile en disant qu'un dinosaure a réellement existé, tout de même que, dans l'expérience, j'explique l'allumage, par moi observé, du voyant en disant que l'appareil A a bien réellement été déclenché. Et dans un cas comme dans l'autre le mot "réellement" renvoie, comme il est naturel, à la réalité empirique, la seule à nous être accessible. L'unique différence est que, dans le cas concernant les dinosaures, nous n'avons pas d'indices qu'existe un être équivalent au "physicien théoricien" de l'expérience, celui qui a monté l'opération et qui a présente à l'esprit la fonction d'onde enchevêtrée de tout l'ensemble, moi compris (ou, du moins, l'idée de cette fonction d'onde). Encore est-il vrai que cette différence n'est pas "philosophiquement significative" puisque, dans l'expérience en question, l'esprit du physicien dont il s'agit n'est aucunement commensurable avec le mien. Puisque, dès que le physicien en question entre en relation avec moi sa pensée immédiatement change, de manière à contenir l'idée d'une fonction d'onde réduite.

La notion d'ontologie relative, que l'on doit à Quine (1953), constitue un cadre dans lequel la conception qui précède vient, assez naturellement, se loger. Il est vrai que Quine centre sa définition sur l'idée de langage. Il évoque, on l'a dit, « l'ontologie à laquelle l'emploi d'un langage par une personne lie cette personne ». Dans l'approche ci-dessus décrite le concept de langage n'est pas apparu. Entre elle et celle de Quine il y a là, manifestement, une différence significative. Mais celle-ci n'est pas de nature à effacer la ressemblance. La ressemblance réside avant tout dans l'idée de contrainte. Dans l'approche de Quine comme dans celle ici présentée, ce que la personne considérée dit "réellement exister" (ou "avoir existé") — le dinosaure par exemple — n'est pas un "absolument existant" (une réalité en soi). Mais dans l'une comme dans l'autre la personne en question — en fait, la collectivité — est vraiment liée, sans aucunement pouvoir s'en échapper, à une ontologie qui pour être relative aux yeux du philosophe et du physicien-philosophe (et, en un sens, sans doute aussi à ceux de quelques saints…), n'en présente pas moins tous les traits, causalité événementielle, contrafactualité etc., qui caractérisent "ici-bas" la dure, dense et intraitable *réalité*.

15-7. La question de la "fausse explication"

La conclusion de la section précédente rassurera un peu, je l'espère, ceux ou celles qui, relativement à la notion d'explication, seraient pris d'un vertige, parfaitement compréhensible au demeurant. Certes nous savons tous depuis l'enfance qu'il y a de fausses explications. Que la présence, à dates fixes, de cadeaux dans la cheminée n'est pas attribuable — hélas ! — au passage du Père Noël. Que si la flamme monte ce n'est pas du fait qu'elle vise à rejoindre son "lieu naturel". Que les planètes n'ont pas, chacune, un ange-pilote pour les guider etc. Mais nous inclinions à penser qu'à toutes ces fausses explications avaient peu à peu succédé des explications *correctes*. Comme Voltaire et Victor Hugo, nous tendions à voir dans l'œuvre d'un Newton une sorte de passage de l'obscure nuit à la vraie lumière. Avant — du temps de Montaigne et précédemment —, on ne savait pas. Après, on a su. Et nous pensions aussi que, dans la vie courante, des explications banales mais justes sont constamment données aux événements de tous les jours. Le vertige auquel il est fait ici allusion est celui dont est saisi l'individu qui constate subitement sa naïveté en la matière. Qui réalise tout d'un coup qu'il se trompait lorsqu'il attribuait la chute d'un livre ou d'une cuillère à l'action d'une force de pesanteur alors que cette force, selon Einstein, n'existe pas : que c'est plutôt la courbure spatiale qui est à tenir pour responsable de l'événement. C'est aussi — et surtout — celui du scientifique qui a éprouvé de grandes joies intellectuelles à comprendre, soit par lui-même soit en lisant des livres, divers phénomènes de la nature et qui, s'informant de la mécanique quantique, s'aperçoit que telles ou telles explications simples, lumineuses et qu'il tenait pour convaincantes reposent sur des concepts finalement approximatifs et mal définis. Des constatations de ce type peuvent créer un sentiment de "sol qui se dérobe" susceptibles d'aller jusqu'au pathétique. La conclusion de la section précédente peut, je le répète, remédier quelque peu à ce désarroi en montrant que, quelque relatives qu'elles soient, les descriptions issues des schèmes classiques méritent bien, malgré tout, le nom d'explications. D'un autre côté, cependant, un certain "message quantique" (et "relativiste") demeure juste : cette assurance retrouvée ne peut aller jusqu'à un retour à la supériorité-suffisance de ceux qui, jadis, étaient convaincus qu'ils avaient LA clé.

16

Mental et choses

16-1. Empirisme, positivisme, etc.

Dans ce chapitre nous voulons étudier comment certaines doctrines épistémologiques classiques s'adaptent à la physique quantique et dans quelle mesure elles nous aident à la mieux comprendre. L'une des principales est, bien entendu, l'empirisme, tradition ancienne et protéiforme dont la contribution à la construction de la science n'a pas à être rappelée. Tout le monde connaît sa grande idée directrice, celle que toute connaissance nous vient des sens. Au cours des siècles, diverses versions de l'empirisme et de son prolongement positiviste précisèrent, chacune à leur manière, la nature de cette connaissance : mise à l'écart (dès le XVIIIe siècle, c'est-à-dire avant même Auguste Comte) de toute inspiration métaphysique, polarisation, avec Condillac puis, beaucoup plus tard, avec Mach, sur la notion de sensation, rejet, par le Cercle de Vienne, de tout *a priori* kantien. Observons une fois encore, à propos de cette longue histoire, qu'il y a une idée, à vrai dire toute naturelle, que les premiers empiristes ne semblent aucunement avoir mise en question : celle que, sinon les qualités secondes, du moins les qualités premières (formes, mouvements relatifs, etc.) sont d'authentiques propriétés du "réel", connues par nous telles qu'elles *sont*. Et la même remarque paraît valoir en ce qui concerne les positivistes pré-machiens. Chez les représentants de toutes ces doctrines l'idée implicite semble donc avoir été que certes notre connaissance n'excède pas notre expérience mais que celle-ci, une fois convenablement traitée, fournit une image fidèle de certains existants-en-soi. Aujourd'hui une telle conception — où l'on a reconnu le *réalisme physique* — paraît être encore celle, on l'a noté, de beaucoup de scientifiques. Ceux-ci estiment qu'on ne saurait parler que de ce qui, directement ou indirectement, est observable. Mais ils ne mettent pas pour autant en question l'hypothèse qu'ainsi la science lève progressivement le voile des apparences et nous révèle toujours mieux comment le réel est vraiment. Au reste, on les comprend car on a constaté (en section 13.2) qu'avant un examen des données de fait tel que celui fait en ce livre rien ne peut vraiment les contraindre à sauter ce pas.

Tout bien considéré, même les épistémologues du Cercle de Vienne semblent n'avoir, à leurs débuts, condamné un tel réalisme scientifique que faiblement ; en tout cas, bien plus vaguement qu'ils ne le faisaient de l'*a priori* synthétique kantien. Du moins est-ce là l'impression que donnent tels ou tels de leurs écrits, et la chose s'explique peut-être, si elle est vraie, par le fait que l'existence d'une base empirique totalement certaine, autrement dit, indépendante de nos préjugés d'ordre théorique, était alors tenue par eux pour assurée. Nonobstant l'axiome de Schlick (1918), leur mentor, selon lequel le sens d'une proposition *se réduit* à sa méthode de vérification, on peut se demander si ce n'est pas surtout à partir du moment où ils s'aperçurent, ou pensèrent s'apercevoir, de la présence d'une importante "charge théorique" en tout énoncé observationnel qu'ils jugèrent vraiment à propos de ne pas rester dans le flou quant au sens de mots simples tels que "monde" ou "nature", et de répudier explicitement leurs acceptions réalistes. Il est intéressant de considérer sous cet angle la différence d'accent, relevée ici en fin de section 15.2.2 et au début de la section 15.2.3, entre les deux approches de Carnap concernant le support des lois fondamentales.

Quoi qu'il en soit, c'est bien dans un sens antiréaliste que sont, normalement, prises aujourd'hui les assertions constitutives des positivistes logiques. D'une certaine manière, cela les rapproche de celles des kantiens et surtout des néo-kantiens. Reste cependant leur rejet quasi dogmatique de tout innéisme, donc des jugements synthétiques *a priori*, rejet qui, au contraire, les en éloigne. Mais sur quel "point fixe" faire reposer une philosophie de la connaissance lorsque se dérobe la base empirique et que l'*a priori* est rejeté ? Schématiquement, c'est bien sur cet écueil qu'est venu se briser le grand élan positiviste. Toutefois, si les positivistes logiques firent preuve de trop de rigidité dogmatique il reste néanmoins beaucoup de substance dans leurs analyses. On peut même dire aussi, à mon avis, qu'il reste véritablement du sens dans le mouvement qu'ils ont voulu donner à leur recherche. Le mot de "phénoménalisme", aux contours plus vagues que celui de "positivisme", va nous guider aux fins de tenter de récupérer le sens en question.

16-2. Le phénoménalisme

Comme la plupart des mots en -isme, celui de phénoménalisme pâtit d'admettre plusieurs acceptions différentes. Certains y voient une simple règle de type comtien, prescrivant de chercher le "comment" et non le "pourquoi", sans allusion aucune ni au réalisme ni à l'antiréalisme. Mais en général le mot évoque une position philosophiquement mieux définie, se rattachant explicitement à la position antiréaliste, et c'est la convention qui sera ici adoptée. Plus précisément on définira le phénoménalisme comme étant l'idée que la connaissance se limite strictement aux *phénomènes,* physiques et mentaux, c'est-à-dire, précisera-t-on, à l'ensemble des objets de *perceptions possibles* (augmenté de celui des données de l'introspection). Pour que cette définition soit comprise sans contresens il faut que l'on s'entende bien sur la signification que le mot "objet" y revêt. On doit bien saisir que, dans un tel cadre, le mot ne renvoie pas à un concept dont le sens serait clair *a priori* — l'incidente "de perceptions possibles" ne visant qu'à en limiter le *domaine d'application* (par la spécification que l'objet en question doit pouvoir, directement ou indirectement, être perçu). Il faut admettre que — tout au contraire — ce mot d'"objet" ne désigne, ici, rien d'autre qu'un groupe stable de perceptions possibles et même, ajoutent certains, de perceptions non encore analysées, autrement dit de sensations ; ou d'"impressions" pour parler le langage de Hume. Le phénoménalisme ne s'inscrit dans le "réalisme ouvert" que dans la mesure où est "prise au sérieux" *l'existence* de ces perceptions ou sensations. Dans la mesure, autrement dit, où la notion de cette existence est considérée comme ayant un sens.

Cela dit, même compte tenu de ce qui vient d'être noté, il reste que les partisans du phénoménalisme demeurent souvent assez vagues quant au vrai statut des objets physiques. Comme Shimony le souligne (1993, II, p. 16) seuls quelques philosophes, Russell et Carnap en particulier, ont tenté de bien expliquer en détail comment les propriétés des systèmes physiques pourraient être considérées comme n'étant pas autre chose que des groupements d'idées et de données de l'expérience. Mais ils se sont heurtés à des difficultés qui les ont conduits à abandonner l'entreprise. L'une de celles-ci réside dans le fait qu'il est malaisé de fournir des définitions satisfaisantes des "termes de disposition" (les termes tels que "magnétique", "soluble", etc.) sans faire appel à des énoncés contrafactuels (du type : « si ce morceau de sucre était plongé dans l'eau, il se dissoudrait »). Or le lien très fort qui existe entre contrafactualité et réalisme fait qu'il est difficile de ne pas verser implicitement dans celui-ci dès qu'on utilise celle-là[1].

Une autre difficulté (Russell, 1969) tient à ce que dès que le phénoménaliste choisit de dépasser le pur solipsisme — dont nul ne veut ! — il doit faire appel à un principe d'inférence indémontrable et qui ne peut être rendu plausible par aucun principe empirique : celui qui consiste à, en telles et telles circonstances, accorder foi à l'existence de personnes autres que nous-mêmes et aux assertions qu'elles émettent. Russell remarque à ce sujet que tant qu'à se livrer à l'"extrapolation vers l'indémontrable" consistant à accepter les inférences fondées sur le témoignage d'autrui, autant vaudrait aller plus loin et accepter aussi celles relatives à l'existence des ondes sonores porteuses de ce message etc., ce qui nous conduirait tout droit au réalisme. Une autre manière d'exprimer cette même idée consiste à souligner que les sensations sont "privées", que (comme l'illustre avec une acuité toute spéciale le modèle du "solipsisme convivial" considéré dans la section 5.2.5) nous n'avons aucunement l'accès direct à celles des autres, et qu'il y a là un obstacle de principe à l'édification d'une connaissance qui, par hypothèse, doit être publique.

Enfin une troisième difficulté consiste en ce que le programme de construction des objets à partir des données des sens devient de plus en plus complexe — et donc difficile à stipuler exhaustivement — à mesure que l'on descend dans l'échelle des ordres de grandeur. Maîtrisable, peut-être, s'agissant des objets de taille humaine, il est inimaginable s'agissant d'objets à l'échelle atomique. Comme le note Shimony (*loc.cit.*) : si le programme consistant à définir un certain électron particulier à partir des perceptions possibles avait un sens et se trouvait réalisé, il serait d'une fantastique complexité puisqu'il serait vraisemblablement composé d'assertions contrafactuelles du type « si une chambre à bulles était préparée de telle et telle manière, le cliché correspondant aurait telle et telle apparence (avec telle et telle probabilité) », assertions dont le sens devrait lui même être défini par référence à d'autres expériences possibles etc. Remarquons que cette dernière difficulté doit être considérée comme symptomatique d'une dissonance assez profonde existant entre le programme phénoménaliste "orthodoxe" et la physique contemporaine. En effet, que sa définition comporte explicitement ou ne comporte pas le mot "objet", ce programme phénoménaliste se fonde sur une idée dont, implicitement, il demande qu'on accepte la validité : celle de l'existence

---

1. Voir par exemple *Le Réel voilé*, section 11.1.

de *groupes stables* de perceptions (ou impressions) *possibles*, supposés constituer les objets de la connaissance. Il est assez clair que dans leur domaine de validité les relations d'indétermination de Heisenberg s'inscrivent en faux contre cette hypothèse : une particule ne *possède* pas, non pas même "potentiellement", une position et une vitesse déterminées que des mesures seraient susceptibles de révéler et dont les perceptions contrafactuellement possibles "constitueraient", une fois regroupées selon le programme phénoménaliste, la particule en question. Au reste, le fait que l'étude des particules dites élémentaires prend la forme de la théorie quantique des champs confirme la portée de la remarque. En effet, cette dernière théorie efface toute distinction d'ordre conceptuel entre les propriétés dynamiques et l'existence même d'une particule ou d'un assemblage de particules (l'"existence" en question n'étant définie, on l'a vu, que comme l'état contingent où — parmi d'autres états possibles — se trouve un "quelque chose" appelé "vecteur d'état de l'espace de Fock"). De ce fait les "groupes d'impressions possibles" apparaissent comme n'ayant pas de stabilité intrinsèque. Ceux qui sont stables doivent leur apparente stabilité à des données contingentes. Ainsi, par exemple, le groupe d'impressions possibles qui est dit constituer tel électron se désintègre si l'on se place par la pensée dans des situations où les possibilités de création et d'annihilation sont substantielles. Et la situation apparaît pire encore quand on se tourne vers les représentations de Dirac et de Feynman, car on ne voit pas à quel groupe d'impressions possibles pourrait se rattacher la notion de mer de Dirac, ni quel autre groupe d'impressions pourrait caractériser la notion d'une particule remontant le temps.

16-2-1. Le phénoménalisme et la physique quantique : retour à l'opérationnalisme

Les difficultés ci-dessus énumérées sont fort connues et des suggestions visant à lever certaines d'entre elles ont, bien sûr, été proposées. En ce qui concerne la deuxième, en particulier, on peut estimer que les considérations de la section 5.2 concernant l'accord intersubjectif représentent un pas vers sa solution. Elles montrent en effet que si — toute recherche d'interpétation, réaliste ou autre, étant provisoirement écartée — nos sensations sont supposées obéir aux règles quantiques de prédiction d'observations, alors elles ne sont pas aussi complètement "privées" que, *a priori,* on le pourrait croire puisque les règles en question impliquent l'accord. Toutefois, on doit remarquer que la formulation même de ces règles fait implicitement référence à des instruments d'observation lisibles par n'importe qui, de sorte que la difficulté est plus déplacée que vraiment levée. C'est sans doute la "prise de conscience" de celle-ci par Heisenberg qui fit que ce physicien abandonna vite son penchant initial pour un phénoménologisme radical — à base de sensations pures — et considéra, à l'instar de Bohr, l'ensemble de l'appareillage macroscopique comme relevant de la physique classique ; ce qui lui permit, par un renvoi tacite au langage réaliste de cette dernière, de préserver le caractère public des données lues sur l'instrument. On voit bien toutefois que, philosophiquement, c'est là une solution un peu hybride. Et de plus on a constaté (voir chapitre 8) que voir l'appareillage uniquement sous un jour classique pose, scientifiquement, certains problèmes délicats.

A mon sens, il résulte de tout ceci que si le phénoménalisme a quelques chances de survivre, ce ne peut guère être qu'en son avatar opérationnaliste. Mais il faut tout de suite ajouter que de ce côté-là les choses, pour lui, se présentent bien. Comme il appert du contenu des chapitres 4 et 8, on ne peut guère contester que la mécanique quantique rend cette voie plus attrayante — en tout cas, moins semée d'obstacles ! — que toutes les autres. En effet, ce qui, en elle, s'est avéré jusqu'à présent d'une solidité à toute épreuve c'est le système de ses règles de prédiction d'observations. En vérité, autant la controverse est vive — et justifiée — en ce qui concerne les problèmes d'explication et d'interprétation que pose cette grande théorie, autant l'accord est unanime relativement aux prédictions d'observations qu'elle fournit lorsque les conditions de l'expérience sont spécifiées.

Ainsi, c'est donc bien, comme nous l'avons déjà noté, vers un opérationnalisme de principe[1] que la physique quantique semble nous porter. Et il n'est pas sans intérêt de remarquer que, philosophiquement parlant aussi, un opérationnaliste qui serait, de ce fait, assez "radical" serait, d'un certain point de vue, dans une position plus confortable que celle où se trouve l'opérationnaliste tempéré. L'opérationnaliste que je qualifie de "tempéré" cherche à définir le sens des mots servant à la *description* des objets à partir d'énoncés qui stipulent la façon de les mesurer. Et, on le sait, une des difficultés qu'il rencontre, et qui fut soulignée par maints

---

1. "De principe" tout en pouvant très bien n'être que "méthodologique". La restriction "méthodologique" signifie ici, on le sait, qu'il s'agit de considérer la physique en question comme une discipline qui, sans nécessairement les condamner, s'abstient, du moins, d'inclure en son sein quelque jugement métaphysique que ce soit, y compris ceux d'ordre négatif (du type : « la réalité en soi n'a pas de sens »). Pour ce qui est du sens de l'expression "de principe", voir *infra*.

auteurs, est que ceci débouche dans certains cas sur d'essentielles ambiguïtés. S'il était possible de faire l'économie des mots en question et de formuler les énoncés scientifiques directement selon le schéma : « si on agit de telle manière on observe tel résultat », cette difficulté serait résorbée. On dira, bien sûr, qu'un tel objectif n'est qu'une vue de l'esprit car comment décrire la mesure que l'on envisage sans faire usage de mots descriptifs d'objets ? L'opérationnaliste intégral paraît, en conséquence, être condamné au silence. Il n'en est pas moins vrai que la difficulté de la référence disparaîtrait dans une sorte d'opérationnalisme "idéal", où les énoncés scientifiques auraient tous la forme de simples règles de prédiction de ce qui sera observé et où ces règles elles-mêmes, à la fois peu nombreuses et totalement générales, seraient formulées en des termes tellement usuels qu'on pourrait admettre qu'ils sont suffisamment définis par "monstration" (par le fait de dire "table" en montrant une table, "échelle graduée" en montrant une échelle graduée, etc.). La notion de réalité empirique définie en section 4.2.3 se rapproche d'un tel schéma puisque la possibilité d'être montrées caractérise les "aiguilles d'instrument" qui servent d'exemples paradigmatiques de réalités empiriques.

Bien entendu, considérer qu'un tel opérationnalisme comporte un "fond de vérité" très important n'implique aucune théorie particulière portant sur la manière dont les règles de prédiction formant son ossature furent découvertes. De fait, il est indéniable que les sensations à l'origine du processus furent interprétées par le moyen d'images et que celles-ci varièrent avec le temps. Au reste, il est hautement vraisemblable que de telles élaborations d'images — de "descriptions" — continueront à avoir lieu et il faut saluer leur importance en tant qu'aides puissantes à l'imagination. Mais il ne faut leur attribuer aucune signification intrinsèque, ni ontologique ni même phénoménaliste. En particulier, ce qui sépare cet opérationnalisme "de principe" du phénoménalisme traditionnel tient à ce que, contrairement à celui-ci, il ne considère pas les formes etc. qui sont perçues comme étant les *matériaux constitutifs* de quoi que ce soit. Il les conçoit comme des apparences. Comme des apparences qui, dans beaucoup de cas, sont liées entre elles par de fiables lois empiriques et que, "en pratique", on peut alors ériger en "réalités" (empiriques bien sûr !), mais cela seulement à condition de garder toujours présent à l'esprit qu'elles sont humaines en quelque façon.

Au reste, la raison pour laquelle on fait, dans ce cadre, confiance aux règles prédictives repose sur le fait qu'elles ont jusqu'ici été couronnées de succès ; on y est donc tout disposé à en rechercher de meilleures le jour, si jamais celui-ci advient, où des données nouvelles mettront les règles en question en échec. La remarque souvent faite selon laquelle on ne prouve pas la validité d'une hypothèse par ses conséquences car un même jeu de conséquences peut découler de différentes hypothèses n'y est en rien gênante. Il est, bien entendu, exact que deux systèmes de règles différents peuvent conduire aux mêmes prédictions mais dans un tel cas il convient d'accepter, tout simplement, l'un et l'autre des deux systèmes (en attendant qu'éventuellement un mathématicien démontre qu'ils ne constituent que deux versions transformables l'une dans l'autre d'une même idée, ce qui se produit la plupart du temps). Bien entendu, cette approche confère une importance considérable à la logique et aux mathématiques ; mais les mathématiques de la physique n'y incitent pas à construire des objets, ni empiriques ni, *a fortiori*, ontologiques. Elles y servent essentiellement à formuler les règles générales de prédiction d'observations et à calculer les prédictions détaillées auxquelles conduit l'application de ces règles dans tel cas d'espèce ou tel autre.

Encore une fois, l'opérationnalisme ainsi conçu échappe à certaines des difficultés rencontrées par l'opérationnalisme habituel, celui qui vise à construire des définitions opératoires de mots scientifiques nouveaux, aux fins d'insérer ensuite ces derniers dans un langage descriptif. Cet avantage est néanmoins partiellement contrebalancé par deux inconvénients que nous avons déjà analysés. L'un, étudié en section 15.2, est que, en bonne logique, la constatation des succès passés d'une règle de prédiction, n'est ni une preuve ni même une indication que ces succès persisteront. L'autre (examiné en section 15.3) est que lorsque, comme ici, les lois physiques se trouvent ravalées au rang de règles de prédiction l'esprit peine à admettre qu'un pouvoir explicatif émane véritablement d'elles, de sorte qu'il tend à les considérer comme de simples *relais* explicatifs. Il suit de là que le besoin que, tout à fait normalement, nous éprouvons de disposer — symétriquement si l'on peut dire ! —, d'une part d'une base conceptuelle faisant de l'induction (qu'il nous faut pratiquer à tout moment) une démarche non irrationnelle et d'autre part d'une "vraie explication", expliquant les règles (ou "lois") en question, n'est aucunement satisfait par cet opérationnalisme et que, par conséquent, celui-ci doit être complété.

De nouveau, on débouche de ce fait sur l'idée que la notion de cause aurait quelque validité même au-delà du cadre des simples phénomènes. Cette idée apparaît sous la plume d'un certain nombre de penseurs qui sont loin de partager tous les mêmes conceptions philosophiques ; mais bien entendu elle prend chez eux, justement pour cette raison, un contenu propre à chacun. Il importe par conséquent de situer la thèse ici défendue par rapport à d'autres, qui comportent la même idée de causes non phénoménales, mais dans des contextes différents. On en mentionnera ici deux, la thèse réaliste et celle de l'"objet transcendantal cause purement intelligible des phénomènes".

Dans la première, défendue, par exemple, par Shimony (*loc. cit.*, pp. 24-28), sont soulignées les objections aux limites d'application posées par Kant à la notion de causalité. L'une d'elles tire son origine de la très grande variété des relations causales existantes (depuis les causalités évidentes qui apparaissent dans tant et tant d'opérations mettant en jeu nos propres corps jusqu'aux causalités hypothétiques qui n'apparaissent qu'à la lumière de telle ou telle théorie, voire à la causalité purement statistique de la mécanique quantique). Aux yeux de Shimony la thèse kantienne selon laquelle la causalité (stricte, déterministe) fait partie intégrante des formes *a priori* de l'entendement est beaucoup trop rigide pour pouvoir rendre compte d'une telle diversité. Une autre de ses objections, plus générale, aux vues de Kant se fonde sur le fait que certains développements récents en psychologie cognitive paraissent peu compatibles avec la distinction kantienne entre le moi phénoménal et le moi transcendantal. Etant donné que, selon Kant, le moi phénoménal est soumis aux catégories de l'entendement, si la distinction entre ces deux "moi" est abolie cela ruine manifestement la thèse kantienne selon laquelle le moi transcendantal échappe, lui, à ces catégories. Enfin, comme Popper, Shimony fait observer (on l'a déjà noté) que dans l'esprit de Kant l'abandon de toute prétention à une connaissance de la chose en soi devait trouver une éclatante contrepartie dans l'assurance que nous devions y trouver de disposer, en ce qui concerne les phénomènes, d'un savoir certain, fermement assis sur le socle de nos concepts *a priori*. Or, estime-t-il, les avancées des mathématiques et de la physique au cours des cent cinquante dernières années ont fortement discrédité — sous toutes ses formes — la notion de savoir synthétique *a priori*. En conséquence, l'abandon en question se trouve privé de sa plus importante justification et l'on peut dès lors douter de son bien-fondé. Toutes ces raisons conduisent Shimony à juger trop stricte la règle kantienne selon laquelle les causes (au pluriel) des phénomènes (particuliers) ne sauraient être elles-mêmes que des phénomènes.

Comme on l'a vu, la thèse du réel voilé rejoint, en substance, cette dernière conclusion, même si c'est à partir d'arguments assez différents. Mais Shimony va plus loin car, s'inspirant de certains textes de Newton, il vise à mettre la notion de causalité à la racine même de celles d'essence et de substance, autrement dit, à en faire la notion de base d'une nouvelle ontologie. « Ce qu'un système substantiellement *est* indépendamment de la connaissance que nous en avons s'exprime au mieux — écrit-il — en termes des lois causales qui régissent son comportement. » Pour ce qui est de ma notion de réel voilé, il est certes vrai que — comme Léna Soler l'a pertinemment souligné (Soler, 1997) — elle puise ce qu'elle peut avoir de justification dans l'idée que nos lois prédictives d'observations s'enracinent nécessairement dans quelque chose ou, autrement dit, ont une cause. Il n'en est pas moins vrai que ma manière de comprendre le jeu des causes me paraît différer qualitativement de celle à laquelle songe Shimony.

L'autre thèse qui, ici, nous intéresse est, ai-je dit, celle de l'"objet transcendantal cause purement intelligible des phénomènes en général". Fondamentalement c'est l'idée de Kant. Dans le chapitre de la *Critique de la raison pure* consacré aux antinomies des raisonnements dialectiques, et plus précisément dans la section de ce dernier intitulée *L'Idéalisme transcendantal comme clef de la solution de la dialectique cosmologique*, cet auteur explique que « les objets de l'expérience ne sont [...] jamais donnés en soi, mais seulement dans l'expérience » et il ajoute : « Ils n'ont aucune existence hors d'elle. » Ce ne sont, autrement dit, que de simples représentations. Toutefois, comme nous l'avons déjà noté (section 13.2, Remarque), Kant n'hésite pas à prendre en considération l'idée d'une *cause* de ces représentations. Certes il précise que celle-ci « nous est entièrement inconnue ». Mais, comme on l'a noté, cela ne l'empêche pas de lui donner un nom, celui d'*objet transcendantal*. En section 1.2, sous la rubrique *Idéalisme modéré*, nous avons, à la suite de Putnam, repéré un trait essentiel de cet objet transcendantal, à savoir qu'en dernière analyse il est unique. Non séparable, pourrions-nous dire. Et au reste l'expression kantienne de "cause purement intelligible [par opposition à connaissable] des phénomènes *en général*" exprime tout à fait bien ceci : les phénomènes y figurent au pluriel, l'objet transcendantal au singulier.

Comme il a déjà été observé (chapitre 10), il y a d'évidents rapprochements à faire entre l'objet transcendantal de Kant et mes notions de causalité élargie et de "réel", et cela bien que les cheminements qui mènent au premier et aux deux autres soient différents. Comme on l'a également vu à cet endroit, entre ces deux conceptions la différence est que la mienne n'exclut pas l'existence, au sein même de l'objet transcendantal, de sortes de "structures", se traduisant, mais d'une manière non déchiffrable, dans nos lois.

16-2-2. Phénomènes et légalité ; un "prescriptif" non "mentaliste" ?

Notre entreprise d'adaptation du phénoménalisme à la physique quantique s'est orientée vers l'idée d'un opérationnalisme radical mais néanmoins purement méthodologique, tempéré comme il l'est par l'idée d'un "objet transcendantal" à proprement parler inconnaissable. Or l'opérationnalisme — tout comme d'autres vues décrites dans ce livre — présente un aspect qu'il paraît légitime de qualifier de "mentaliste" ou de "cognitif", consistant en ce que, qui dit "opération" et "prédiction d'observations" a nécessairement l'idée d'une personne qui décide d'opérer et d'une autre (ou la même) dont l'état mental se trouve modifié par "l'observation". Si nous faisons un retour en arrière nous constaterons d'ailleurs qu'un tel "mentalisme" n'a rien de nouveau. C'est la position naturelle de tout philosophe soutenant ou ayant soutenu le caractère contestable des descriptions ontologiques. Reste, cependant, que les qualificatifs en question — "mentaliste", "cognitif" — demeurent ambigus tant que l'on n'a pas précisé s'ils renvoient seulement à des consciences particulières ou s'ils renvoient aussi au concept de "conscience en général". Il en résulte la possibilité de limiter leur domaine de sens, et cela, peut-être, de telle sorte que tout compte rendu explicitement non ontologique n'ait pas nécessairement à être qualifié de "mentaliste" ou de "cognitif". Y aurait-il là une manière de voir les choses rapprochant conceptuellement la physique quantique d'une physique — la classique — dont le caractère non mentaliste est généralement admis ? C'est à l'examen de ce point, assez particulier mais néanmoins intéressant, que tend l'analyse présentée dans cette section.

Quand on parle de comptes rendus explicitement non ontologiques on ne peut pas ne pas penser à Kant. Toutefois certains auteurs, parmi lesquels Jean Petitot, considèrent que Kant lui-même aurait pu, mieux qu'il ne l'a fait, dégager son transcendantalisme du cognitif. Leur idée se fonde sur la notion de légalité. Elle consiste à dire — comme le font en substance Michel Bitbol (1998, p. 132) et Jean Petitot lui-même (1997) et comme nous l'avons déjà observé (section 2.3) — que la science moderne a, depuis Galilée, substitué au projet aristotélicien d'une "ontologie" — d'une saisie de l'Etre — la visée, en un sens plus humaine, d'une découverte de l'ordre légal des phénomènes. Dans le cadre de cette interprétation de la science classique (interprétation qui n'est pas, cela va de soi, la seule en lice, ni même la plus répandue, mais qui est séduisante à certains égards) on admet qu'il peut y avoir une réalité en soi mais on considère qu'elle est inobservable, que notre connaissance ne porte que sur ses manifestations et que, par conséquent, le phénomène est défini, dans la ligne du kantisme, par une *réceptivité*, que ce soit celle, directe, de nos sens ou celle, plus générale, de nos instruments (paraphrasant Bachelard, Petitot parle, à ce sujet, d'une "sensibilité d'appareil[1]"). Il reste cependant que, si la science classique ne s'affranchit pas de ce caractère relationnel, selon la vue dont il s'agit elle parvient à établir (ou à "construire", ou à "prescrire", comme on voudra) des règles légales permettant de le mettre totalement entre parenthèses. Dans ces conditions, Petitot nous propose, en somme, de focaliser notre attention sur l'existence de la légalité — constatée — des phénomènes en tant que tels, et de *poser* que, cela étant, « il n'y a pas à chercher une explication objective aux phénomènes à partir d'une inaccessible réalité ontologique sous-jacente ». On doit — nous dit-il — « *définir* l'objectivité comme un ordre de légalité ». Et il ajoute : « Ainsi *prescriptivement* définie comme légalité, l'objectivité se distingue de toute ontologie. »

Selon cette conception, et dans le cadre de la physique classique, galiléenne, l'espace et le temps ne sont pas des réalités en soi. Ils sont "mentaux". Mais ce sont des formes dont le rôle est, précisément, de nous permettre de construire cette fameuse légalité propre aux phénomènes ; et, corrélativement, ils sont complètement "désubjectivisés". Petitot entend sans nul doute par là, entre autres choses, que, par exemple, rattacher un système de sensations visuelles à l'idée d'existence, devant nos yeux, d'un objet lumineux ou éclairé nous permet de dire, avec de bonnes chances de ne guère nous tromper, quelles sont les impressions visuelles de la personne qui se tient à peu de distance de nous etc. Situer par la pensée les objets dans l'espace et dans le temps, poser, en une étape ultérieure, qu'ils obéissent aux lois de Newton nous permet donc, effectivement, de mettre entre parenthèses le contenu proprement subjectif du phénomène. Si on réserve le mot "mentaliste" (et son équivalent de "cognitif") à la désignation de ce qui est ainsi proprement subjectif, autrement dit, propre à la conscience de *chacun*, alors on peut bien dire que la description classique des choses dans l'espace n'est *ni* ontologique *ni* mentaliste.

Ces vues peuvent-elles être étendues à la physique quantique (microscopique) ? Au premier abord une difficulté surgit, qui tient au rôle "désubjectivisant" (dans le langage de Petitot) que, en

---

1. La notion peut inspirer quelques réserves, voir à ce sujet la section 19.5.1.

physique classique, jouent, en la matière, l'espace et le temps. Ce rôle est, on vient de le voir, fondamental et cela n'a rien d'étonnant car les deux concepts en question sont, de toute manière, à la base même de cette physique-là. En revanche — vu l'étalement des fonctions d'onde, les phénomènes de superposition à distance, etc. — ils ne sont pas à la base de la physique *quantique* (ou, en tout cas celui d'espace ne l'est pas) et, de fait, on ne voit pas comment on pourrait les faire intervenir dans la question qui nous occupe. Mais selon Petitot ce n'est pas là une difficulté rédhibitoire car, avance-t-il, dans cette physique-là le rôle en question est joué par des entités toutes différentes, à savoir les amplitudes de probabilité.

Compte tenu de ce qui a été vu en section 9.6 relativement à ces amplitudes une telle idée peut, au premier abord, surprendre. Nous avons constaté là, en effet, que, contrairement à l'espace et au temps — auxquels nous pensons d'ordinaire comme à des entités indépendantes de nous-mêmes — les amplitudes de probabilité sont essentiellement relatives à nous : aux opérations de mesure que nous effectuons ou que nous pourrions effectuer. Mais en fait (et ce point est philosophiquement fort éclairant) cette différence, ici, n'importe en rien. Elle n'a pas à intervenir, tout simplement parce que, dans l'approche étudiée tout au long de cette section, l'objectivité est considérée comme n'ayant rien à voir avec l'ontologie. Pour utiliser le langage auquel les chapitres précédents ont fait appel, elle n'est rien d'autre qu'une objectivité faible, autrement dit qu'une intersubjectivité. Les amplitudes de probabilité me fournissent des informations sur ce que j'observerais si je faisais telle ou telle mesure mais elles me renseignent aussi bien sur ce que n'importe qui, dans les mêmes conditions, observerait (incidemment, on notera que les deux types d'objectivité faible signalés en section 4.2.4 réapparaissent dans l'approche de Petitot : seuls les énoncés à valeur de vérité "empirique forte" peuvent apparaître dans les descriptions de ce qu'il appelle des "objets", et tous les "phénomènes" ne sont pas des "objets").

Cela dit, la remarque de la section 2.3 reste pertinente et, à mes yeux, fort significative. Comme nous l'avons déjà noté (section 11.3) il y a une différence entre le cheminement d'idées consistant à poser — ou "décider", ou "prescrire" — une certaine thèse (aux fins d'en déduire telles ou telles conséquences) et celui consistant à *justifier*, d'abord, la thèse en question par des arguments. Comme nous l'avons vu plus haut, dans le cadre de la physique classique Petitot commence par *poser* que la réalité en soi est inobservable et que notre connaissance ne peut porter que sur, en somme, les représentations intersubjectives que nous nous en formons. C'est là, en gros, la thèse kantienne. Elle est philosophiquement fort intéressante mais, comme il a été montré en section 13.2, dans le cadre de la physique classique elle ne *s'impose* aucunement. Sa nature, comparable à celle d'un axiome en mathématiques, est celle, plutôt, du point de départ d'un raisonnement. En effet, ainsi qu'il a été établi en section 2.3, si les découvertes de Galilée l'ont rendue plausible aux yeux de certains elles n'ont pas vraiment affaibli la thèse inverse, celle du réalisme des accidents. Et de fait, vu son caractère intuitif, cette dernière, qu'on peut légitimement appeler aussi "ontologie galiléenne" (puisqu'il semble qu'elle reflète, dans ses grandes lignes, la position de Galilée), a très normalement continué à être — implicitement au moins — celle de la plupart des scientifiques. L'idée, autrement dit, que les sciences — et, en particulier, la physique — peuvent et doivent être formulées en termes d'objectivité forte n'a guère rencontré, durant la période classique, d'objections sérieuses autres que philosophiques. La prise en considération du transcendantalisme tel que présenté par Petitot, pour intéressante que soit cette approche, n'empêche donc pas de reconnaître qu'en ce qui concerne le spectre de nos conceptions admissibles concernant la nature de la connaissance les découvertes liées à la physique quantique ont apporté un changement considérable. Certes il existe encore, nous l'avons vu, des théories ontologiquement interprétables, mais elles sont comme des rameaux, détachés du tronc de la "grande théorie" : entendons celle qui demeure en symbiose avec l'observation et l'expérience. Et celle-ci est, comme on l'a vu, à objectivité seulement faible non pas en vertu d'une décision, ou d'une prescription, émise par nous mais bien de par sa nature même.

Les observations qui précèdent invitent à revenir sur la question du "mentalisme". Ci-dessus nous avons réservé l'usage des mots "mentaliste" et "cognitif" à ce qui affecte une conscience individuelle — au subjectif par opposition à l'intersubjectif — et c'est ce qui nous a permis de suivre Petitot et de qualifier l'interprétation étudiée de non mentaliste. A vrai dire, cependant, cette restriction n'est pas vraiment explicitée, en tout cas, pas sous cette forme, dans les textes de Jean Petitot. Lui et les autres "transcendantalistes" aimeraient peut-être aller plus loin : conserver, pour leur conception, l'étiquette de "non mentaliste" sans avoir à spécifier que le mot "cognitif" — alias "mentaliste" — ne concerne que le "privé". Je ne sais si cette visée est leur ou pas. Mais quoi qu'il en soit, il me semble, quant à moi, qu'elle n'est pas réalisable. J'accorde certes que Kant a pris grand soin de distinguer son transcendantalisme de l'idéalisme à la Berkeley. Que son "idéalisme transcendantal" est un "réalisme empirique". Que, comme il l'écrit, dans sa conception, « les objets de l'intuition extérieure existent réellement comme ils sont réellement perçus dans l'espace » (Kant, 1987, p. 414). Il n'en est pas moins vrai que le réalisme en question n'est *que* empirique ; que, dans son cadre (et comme Kant lui-même nous le rappelle) : « les objets de l'expérience ne sont jamais donnés en soi mais seulement dans l'"expérience" et, plus précisément encore, que "ils n'ont aucune existence en dehors d'elle » [*loc. cit.*, p. 415]. Manifestement, ces énoncés relativisent considérablement le sens du verbe "exister", et de l'expression "existent réellement" qu'on vient de lire. Vu que le concept même d'expérience n'a de sens que par référence à un ou des sujets (qui éprouvent cette expérience), il est clair que la réalité empirique kantienne et les "objets" qui la constituent renvoient fondamentalement à la notion de connaissance, c'est-à-dire au "cognitif". Et corrélativement, qui donc pourrait nier que l'appel même aux notions de "prescription" ou de "décision" fait intervenir, à quelque degré, le "mental" ? Et cela même si — il faut le reconnaître — chez Kant, le renvoi en question a lieu par l'intermédiaire d'un "sujet transcendantal", essentiellement impersonnel puisque « porteur des formes *a priori* de la sensibilité et des catégories de l'entendement » (Gouhier, 1970).

16-3. Le miroir des -ismes

Positivisme, antiréalisme, platonisme, phénoménalisme, etc. L'abondance, en philosophie de la science, de ces mots en "-isme" a quelque chose de gênant. Mais nettement plus gênante encore est la variation de leur sens selon les contextes. Prenons, par exemple, le mot "platonisme" et considérons à nouveau la question déjà évoquée en section 2.2 : Galilée était-il platonicien ? Nous avons vu que Koyré, par exemple, répondait positivement, en se fondant sur l'insistance avec laquelle Galilée aimait souligner le caractère mathématique du langage des lois naturelles. Selon lui, « la science galiléenne se serait constituée à partir de la conviction [...] que la raison, guidée par la géométrie, peut pénétrer par ses seules forces dans l'intelligence du réel » (Clavelin, 1996, p. 429). Peut-être, mais de quel réel s'agit-il ? Du réel ultime (c'est-à-dire des Idées) ou du cœur dur des phénomènes ? Quiconque tente de rattacher Galilée au platonisme est bien obligé de choisir la seconde réponse puisque Galilée s'est éminemment intéressé aux phénomènes. Pour ne par être infidèle à l'esprit même du platonisme (qui vise la réalité ultime, les Idées), il doit dès lors identifier les deux. Poser, autrement dit, que, grâce à la science, le réel ultime est, à la limite, connaissable vraiment tel qu'il est. Mais pour beaucoup d'esprits, le mythe de la caverne évoque plutôt l'idée contraire : celle d'un réel dont, quelque poussée que soit notre analyse des phénomènes, nous n'atteignons jamais, par là, que l'ombre.

On retrouve le même type d'ambiguïté dans les doctrines qui font intervenir l'idée d'innéisme, soit pour la conforter soit pour la rejeter. A son égard la situation, aux XVIIe et XVIIIe siècles, était conceptuellement assez simple. On trouvait d'un côté les empiristes qui proclamaient que « toute connaissance vient des sens » (doctrine de la *tabula rasa*), et de l'autre les disciples de Descartes (mais aussi de saint Augustin) qui jugeaient que « nous avons sans miracle des idées intellectuelles qui n'ont point passé par les sens » (Fénelon cité par Brunschwicg [1971, p. 226]). Les "idées claires et distinctes" chères à Descartes comptaient, bien sûr, parmi ces dernières, et devaient nous permettre, on l'a noté ici dès le chapitre 1, de décrire le réel tel qu'il est vraiment. L'innéisme était l'adhésion à cette seconde manière de voir. En France, cette conception, qui avait largement dominé la pensée philosophique au XVIIe siècle, fut rejetée au XVIIIe au profit de l'empirisme ci-dessus décrit. Mais ce dernier devait bientôt perdre lui-même de sa netteté en raison de l'apparition de l'idéalisme, berkeleyen d'abord, puis kantien. Si la réalité en soi est définitivement inaccessible, nous ne pouvons plus comprendre l'expérience comme révélant une réalité indépendante de nous : et quand l'empiriste nous affirme que toute connaissance vient des sens nous ne voyons donc plus très bien ce qu'il veut dire. Ne demeurent vraiment clairs, ni la nature de ce qui est "connu" (puisque celui-ci participe de nous), ni le sens même de l'affirmation, puisque, par hypothèse, la connaissance dont il s'agit est conditionnée par les formes *a priori* de la sensibilité et les catégories de l'entendement, lesquelles ne se réduisent aucunement aux sens.

Dans ces conditions, adhérer au kantisme, ou plus généralement à l'idée que le réel en soi est inconnaissable, implique-t-il un retour à l'innéisme ? "Non", bien entendu, si l'on restreint l'acception du mot "innéisme" en spécifiant que seules seront dites "innées" celles de nos idées qui portent sur le "réel" lui-même ; mais "oui" si l'on ne pose pas cette — quelque peu artificielle — restriction (puisque, dès lors, l'*a priori* est de l'inné). D'où l'ambiguïté du mot. Prétendre échapper à ce retour simplement en mettant l'accent sur la rationalité du kantisme n'est pas acceptable puisque — autre exemple d'ambiguïté ! — le rationalisme kantien n'est pas le rationalisme de qui prétendrait connaître le réel *tel qu'il est* par la seule force de l'esprit. C'est un rationalisme "axiomatiquement" enraciné dans l'idée que les catégories de l'entendement sont innées et c'est, par conséquent, un innéisme (dans le sens général du terme).

Tout ceci ne peut pas ne pas influer sur notre façon — disons — "semi-intuitive" de voir le monde. En notre manière de nous le décrire à nous-mêmes nous aspirons, bien sûr, à dépasser le niveau facile des belles fresques, à ne pas nous laisser leurrer par nos fantasmes, et nous nous imposons, en conséquence, de rester le plus près possible des données des sens. L'idéal, de ce point de vue, serait de s'en tenir exclusivement à elles. Mais cela, on le sait bien, n'est pas possible. Si nous nous imposions à nous-mêmes, en toute rigueur, ce principe, nous pourrions contempler le pendule de Foucault pendant des années sans en tirer aucune information autre que le fait que se créent sur le sable enregistreur des traces régulièrement espacées. Pour aller plus loin dans la connaissance il nous faut au moins une ébauche d'interprétation. Sans revenir une fois de plus sur les problèmes épistémologiques connus de tous que ceci pose, rappelons seulement que l'objectivité seulement faible (ou, si l'on préfère, le caractère nettement antiréaliste) de la théorie-cadre présentement féconde — la physique quantique — fait que la conception de la connaissance qui paraît maintenant adéquate avoisine et même dépasse — dans la direction de l'opératoire — celle résultant du kantisme. De ce fait, comme on vient de le constater, elle ménage une certaine place à l'innéisme. Ajoutons tout de suite, cependant, que son innéisme diffère au plus haut point de celui de Descartes en raison, justement, de son caractère opératoire. Ce qui y fait figure d'*a priori* c'est, au premier chef, notre conception de la simplicité et de l'élégance, appliquée aux formules fondamentales exprimant les règles de prédiction d'observations. Considérée sous cet angle la conception du réel voilé (sur laquelle nous reviendrons au chapitre 19) peut être vue comme l'hypothèse — indémontrable mais plausible, et, finalement, non totalement différente de celle de la "vision en Dieu" malebranchienne — selon laquelle cette simplicité (pour nous) des règles refléterait en quelque sorte une simplicité (en soi) du "réel".

16-4. Poincaré : conventionnalisme et réalisme structural

Bien entendu, en philosophie des sciences le nom de Poincaré rappelle immédiatement le conventionnalisme. Mais on évoque aussi, à son propos, la notion de *réalisme structural*, sommairement définie en section 1.2 et dont la cohérence avec le conventionnalisme n'est pas évidente dès l'abord. Il est intéressant d'examiner quelque peu en détail ces deux doctrines et leurs rapports.

Le plus souvent, la pensée d'un philosophe des sciences présente un versant épistémologique et un versant auquel convient le qualificatif d'"ontologique" (même si, dans certains cas, il se réduit à une seule affirmation, celle de l'inanité de toute ontologie). En général c'est le versant épistémologique qui est le plus explicite, le plus étoffé, et qui retient le plus l'attention des commentateurs. Ce qui est normal car c'est de ce côté, comme il va de soi, que gisent les implications de la pensée en question, relativement au déroulement de la recherche. S'agissant, en particulier, de Poincaré, je prétends que c'est son conventionnalisme qui a focalisé tous les regards justement parce qu'il est son épistémologie, mais qu'il y a aussi, en filigrane dans l'œuvre de ce penseur, une ontologie sous-jacente. Si l'on donne à celle-ci le nom de réalisme structural, on devra examiner un peu en détail en quoi consiste ce réalisme. Mais commençons par son épistémologie.

16-4-1. Le conventionnalisme

On sait que ce sont ses recherches sur la nature des axiomes de la géométrie qui amenèrent Poincaré au conventionnalisme. Kant rangeait ces axiomes dans la catégorie des jugements synthétiques *a priori*. Mais après lui, l'apparition des géométries non euclidiennes avait réfuté cette idée car, comme souligné par Paul Chambadal (1979) par exemple, si lesdits axiomes avaient été *a priori*, on n'aurait jamais pu construire les géométries en question. D'un autre côté Poincaré ne pouvait pas, non plus, concevoir celles-ci comme des données expérimentales car selon lui, comme il l'explique avec détails dans *La Science et l'hypothèse* (Poincaré, 1968), l'espace géométrique et l'espace "cadre de l'expérience" ont des propriétés très différentes et ne peuvent donc être identiques. Et, au reste, « on n'expérimente pas sur des droites ou des circonférences idéales ». Il en résulte que les axiomes géométriques sont simplement des conventions. « Notre choix, parmi toutes les conventions possibles, est guidé par des faits expérimentaux ; mais il reste libre et n'est limité que par la nécessité d'éviter toute contradiction [...]. Une géométrie ne peut pas être plus vraie qu'une autre, elle peut seulement être plus commode. »

Cette conception, Poincaré l'a, comme on le sait, étendue de la géométrie à la physique. En vérité, il fut de ceux qui soulignèrent de la manière la plus énergique que les comptes rendus expérimentaux et les théories qui les relient les uns aux autres ne doivent pas être compris comme des descriptions d'une sous-jacente réalité indépendante. Qu'ils ne sont que des images permettant d'exprimer de la manière la plus brève, donc la plus commode, possible, soit des résultats de mesures, soit les rapports entre de successifs tels résultats. Et c'est cette manière de voir qui le conduisit, dès 1902, à exprimer un désintérêt proche du scepticisme quant à l'existence de l'éther (« Peu nous importe — écrivait-il — que l'éther existe réellement : c'est l'affaire des métaphysiciens. Cette hypothèse est commode... »).

Si ce conventionnalisme contribua fort à faire de Poincaré l'un des co-découvreurs de la relativité restreinte (avec Lorentz et Einstein), on sait qu'il le conduisit également à affirmer (*La Science et l'hypothèse,* chapitre III) que la géométrie euclidienne était et resterait la plus commode et que si, un jour, des observations astronomiques amenaient à mettre en doute les propriétés euclidiennes de l'espace, le choix serait de modifier les idées relatives à la lumière plutôt que de toucher à celles concernant l'espace. C'était là une prédiction fort téméraire, que l'avènement de la relativité générale ne tarda pas à contredire. Mais il est difficile de retenir ceci comme élément à charge contre le conventionnalisme car l'erreur de Poincaré fut là, et fut seulement, d'appréciation du futur. Il n'a pas su prévoir que, justement, ce qui, une dizaine d'années plus tard, s'avérerait le plus *commode* ce serait l'adoption d'une géométrie non euclidienne. De sorte que, finalement, en tant qu'épistémologie, le conventionnalisme — sinon son inventeur — sort plutôt conforté de l'aventure.

Les partisans du réalisme objectiviste font très souvent au conventionnalisme le reproche de sacrifier la notion de vérité à celle de commodité. En fait, comme, dans un autre contexte, nous l'avons déjà observé (en fin de section 7.2.1), ce reproche est fondé ou non selon l'extension qu'on accorde au concept même de vérité. Il ne s'agit pas, cependant, d'un choix arbitraire et, de fait, on ne voit pas sur quelles bases on écarterait la notion d'une "vérité des règles prédictives d'observation". Quand une telle règle "marche" à tous les coups dans un domaine de validité bien spécifié, pourquoi ne pas dire qu'elle y est "vraie" ? Il n'y a là, à mon avis, pas la moindre "extension forcée" du langage. De la loi de Newton appliquée au calcul des trajectoires de satellites ne disons-nous pas tous, le plus naturellement du monde : "c'est vrai qu'elle marche" ? Au reste, Poincaré lui-même a fort bien fait valoir ceci. Dans *La Valeur de la science* (1970), répondant aux détracteurs de la science (qui parlaient déjà haut à son époque), il écrivait : « Si donc les "recettes" scientifiques ont une valeur, comme règle d'action, c'est que nous savons qu'elles réussissent, du moins en général. Mais savoir cela, c'est bien savoir quelque chose et alors pourquoi venez-vous nous dire que nous ne pouvons rien connaître ? »

16-4-2. Le réalisme structural[1]

Si une ontologie est présente chez Poincaré, le nom qui lui convient le mieux (ou le moins mal !) est certainement celui de réalisme structural. Mais y a-t-il vraiment une ontologie sous-jacente à la pensée de cet auteur, et si oui en quoi consiste-t-elle dans le détail ?

De fait, la pertinence de la seconde question prête au doute car l'examen de la première peut aisément conduire à une réponse négative. En effet, si, tout comme Kant, Poincaré utilise souvent le mot "réel", de même que celui-ci il lui donne systématiquement un sens relatif à nous. Chez lui il s'agit même, finalement, d'un sens assez opérationnaliste. Ainsi par exemple, là (dans *La Science et l'hypothèse*) où il traite des extensions du principe de la conservation de l'énergie, il remarque qu'elles seront toujours possibles et donc qu'il sera toujours vérifié. Alors, est-ce une tautologie ? demande-t-il. Il répond : « Non, le principe exprime des rapports réels. » Mais, se demande-t-il, s'il a un sens il peut être faux. Où sont ses limites ? Quand saurons-nous qu'elles sont atteintes ? Et il répond : « Quand il cessera de nous être utile, c'est-à-dire de nous aider à prévoir des phénomènes nouveaux : Nous serons sûrs en pareil cas que le rapport affirmé n'est plus réel car sans cela il serait fécond. » On le voit : ces derniers mots constituent une vraie définition de l'extension maximale du mot "réel" et c'est une définition centrée sur l'homme et ses capacités d'action.

On trouve le même "son de cloche" dans le dernier chapitre de *La Valeur de la science*, dont voici quelques citations.

S'agissant des rapports entre les choses Poincaré s'interroge : « Que signifie la question "ces rapports ont-ils une valeur objective ?" » demande-t-il. Et il répond : « Cela veut dire : "ces rapports sont-ils les mêmes pour tous ?" »

Plus loin on lit, de même : « Les objets extérieurs sont réels en ce que les sensations qu'ils nous font éprouver nous apparaissent comme unies entre elles par je ne sais quel ciment indestructible et non par un hasard d'un jour. »

Plus loin encore on trouve : « En résumé, la seule réalité objective ce sont les rapports des choses [...]. Sans doute ces rapports [...] ne sauraient être conçus en dehors d'un esprit qui les conçoit. Mais

---

1. A propos de celui-ci on pourra consulter l'article de John Worrall, *Structural Realism, the Best of Both Word* (1989, p. 99).

ils sont néanmoins objectifs parce qu'ils sont communs à tous les êtres pensants. » On peut noter ici le "parce que", qui paraît faire dépendre l'objectivité — donc la réalité — des rapports de ce qu'ils sont totalement intersubjectifs, autrement dit, qui semble la définir (dans mon langage) comme une "objectivité faible".

Ces citations, auxquelles on ajoutera celle donnée ci-dessus en section 7.2.1, semblent montrer que, finalement, "réalité", pour Poincaré, signifie seulement "réalité empirique", "réalité pour nous". On est tenté de les comprendre comme impliquant que, finalement, la notion d'une réalité indépendante de toute pensée — première, donc, par rapport à nous — n'a pas de sens. Nombre d'auteurs les ont ainsi interprétées.

Et cependant, ce n'est peut-être pas le fin mot de l'affaire. En effet, il y a chez Poincaré quelques passages qui ne vont pas vraiment dans ce sens-là. Ainsi par exemple, on trouve dans *La Valeur de la science* une phrase dont le début sonne très "conventionnaliste", et la fin beaucoup moins. Voici le début en question :

> On dira que la Science n'est qu'une classification et qu'une classification ne peut être "vraie" mais seulement "commode". Mais il est vrai qu'elle est commode, il est vrai qu'elle l'est, non seulement pour moi mais pour tous les hommes ; il est vrai qu'elle restera commode pour nos descendants.

Et, certes, jusque-là rien ne déborde du cadre d'une réalité "humaine" ou "empirique". Mais Poincaré ajoute :

> Il est vrai enfin que cela ne peut pas être par hasard.

Qu'est-ce que ce dernier membre de phrase signifie ? Si ce n'est pas "par hasard", c'est en vertu de quelque chose. Mais en raison de la nature même du problème ce quelque chose ne peut pas être de l'ordre des phénomènes (puisqu'il génère la commodité d'une science recouvrant les phénomènes dans leur ensemble). Il ne peut donc s'agir que d'un "réel" premier par rapport aux phénomènes.

De même, dans *La Science et l'hypothèse,* on lit :

> Les équations expriment des rapports et si les équations restent vraies c'est que ces rapports conservent leur réalité. Elles nous apprennent [...] qu'il y a un rapport entre quelque chose et quelque autre chose. Seulement ce quelque chose nous l'appelions [ceci], nous l'appelons maintenant [cela]. Mais ces appellations n'étaient que des images substituées aux objets réels que la nature nous cachera éternellement. Les rapports véritables entre ces objets réels sont la seule réalité que nous puissions atteindre, et la seule condition, c'est qu'il y ait les mêmes rapports entre ces

objets qu'entre les images que nous sommes forcés de mettre à leur place. Si ces rapports nous sont connus, qu'importe si nous jugeons commode de remplacer une image par une autre.

Et un peu plus loin, à propos du cas de deux théories rivales, Poincaré écrit :

> Il peut se faire qu'elles expriment l'une et l'autre des rapports vrais et qu'il n'y ait de contradiction que dans les images dont nous avons habillé la réalité.

Dans la première de ces deux citations, cela est indéniable, Poincaré nous parle des objets réels — cachés — en les distinguant soigneusement des images que nous sommes forcés de mettre à leur place. Et il affirme que nous pouvons atteindre les rapports *véritables* entre ces *objets réels*. De même, dans la seconde, il mentionne une réalité que nous "habillons" par des images, c'est-à-dire par les phénomènes dont traitent nos diverses théories, et qui ne peut donc être que première par rapport à ces derniers.

De toute évidence, si nous refusions l'idée même d'une réalité sous-jacente aux phénomènes, le contenu de ces dernières citations nous serait incompréhensible. En revanche il est limpide quand nous acceptons l'idée en question, car alors ces phrases signifient tout simplement qu'il existe des objets en soi ayant entre eux certains rapports, que, ces objets, nous ne pouvons pas les connaître, mais que nous pouvons connaître leurs rapports. Telle est, me semble-t-il, l'essence du réalisme structural qui constitue peut-être l'ontologie — implicite ! — de Poincaré.

A propos de celle-ci, il nous reste à faire quelques remarques.

Remarque 1

Elle est purement de vocabulaire. Dans le mot "ontologie" figure le radical "-logie" qui signifie "connaissance". A s'en tenir à l'étymologie on devrait donc dire que ce mot n'est pas à sa place ici puisque — Poincaré ne cesse de le souligner — il n'est pas question que les "objets réels" qu'il évoque puissent jamais être objets de connaissance. Il reste qu'ils existent — qu'ils "sont" — et c'est bien entendu ce que le mot, ici, veut exprimer.

Remarque 2

Le réalisme structural a une parenté évidente avec la notion de causalité élargie (et de "réel") évoquée ici, en particulier, en fin de section 16.2.1. Là comme ici un certain cheminement de pensée, initialement axé sur l'observable, a progressivement conduit à constater la nécessité conceptuelle de dépasser par la pensée (mais uniquement par la pensée) le cadre strictement observationnel. Notons cependant une différence essentielle : celle que désigne le mot "non-séparabilité". Poincaré nous parle *des* objets en soi — qui sont inconnaissables — et des rapports entre eux — lesquels sont connus ou peuvent l'être. Aujourd'hui nous savons qu'un tel discours comporte encore une hypothèse implicite injustifiée, celle de la séparabilité par la pensée.

Remarque 3

Poincaré souligne que les équations restent vraies et nous avons vu que tel est le cas encore aujourd'hui, au moins de façon approximative et à l'intérieur de domaines de validité convenablement spécifiés. Joint à la non-séparabilité, ce fait suggère un cheminement réflexif *sui generis*. Le point de départ en est l'observation (voir ici section 9.5) que dans les équations mathématiques de la physique classique les symboles représentatifs des grandeurs physiques ont un double rôle. Si l'on considère par exemple les équations de Maxwell, qui décrivent les lois de l'électromagnétisme et où les symboles en question représentent les champs électique et magnétique, on voit que, d'une part, ces symboles servent à exprimer la structure des lois en question — qu'il serait impossible d'expliciter autrement qu'en écrivant ces équations — et que, d'autre part, ils sont supposés représenter les valeurs possédées par ces champs en chaque point de l'espace-temps. C'est principalement ce second rôle que la critique de Poincaré relativise, en faisant valoir qu'on ne peut pas poser qu'il s'agit des valeurs en soi de champs existant en soi mais qu'on doit seulement y voir des quantités correspondant à ce qui serait observable en telles et telles circonstances (et on sait que l'avènement de la mécanique quantique et de la théorie quantique des champs devait pleinement corroborer ces vues). Dans ces conditions ne pourrait-on envisager de construire une ontologie — au sens étymologique de véritable connaissance (fragmentaire, bien sûr) de l'en-soi — en renonçant seulement au second rôle des symboles et en conservant le premier ? Ne pourrait-on donner à cette approche-là le nom de réalisme structural ?

L'idée est naturelle et par conséquent séduisante, mais ce serait beaucoup solliciter les textes que de l'attribuer à Poincaré puisque la seule ontologie qu'il semble que ce penseur ait acceptée le fut, en quelque sorte, à son corps défendant, comme on a vu. En outre, il n'est pas aisé de donner à l'idée en question une vraie substance car les tentatives que l'on pourrait faire en ce sens risquent beaucoup de déboucher sur des précisions inacceptables. Ce qui est sûr, c'est, d'une part, qu'en général les équations ne sont qu'approximativement conservées (par exemple, en astronomie les lois de Newton le sont d'autant moins bien que les vitesses relatives sont plus grandes) et, d'autre part (point beaucoup plus fondamental), que, comme il a déjà été observé, les concepts de base d'une théorie qui en remplace une autre n'ont souvent rien à voir avec ceux de cette dernière (quoi de commun entre une force de gravitation et une courbure de l'espace ?). Dans ces conditions il est très difficile de "prêter un visage" — si l'on ose dire ! — à la réalité à laquelle renvoie l'expression "réalisme structural". Nous avons affaire à des théories qui se succèdent de telle manière que, on l'a vu, celle qui suit une autre prédit, *grosso modo*, les mêmes observations que la précédente plus certaines autres et comporte des formules, ou éventuellement des équations, desquelles se déduisent celles de la précédente. Dans ces conditions, il est certes assez difficile de ne pas évoquer quelque "substrat". Ou, plus exactement, l'insistance avec laquelle les idéalistes intégraux affirment qu'en la matière "parler substrat" n'a aucun sens fait quelque peu figure d'acharnement. Mais il semble impossible d'en dire plus, autrement dit d'aller "plus loin".

En dernière analyse la thèse du réalisme structural se révèle ainsi n'être défendable que si l'on édulcore son message au point de le réduire à celui, considérablement moins ambitieux (et que nous devrons encore affiner, voir les chapitres qui vont suivre), de la conception du réel voilé. Si l'on se place à un point de vue plus général, on voit donc qu'entre le Charybde du phénoménalisme classique et le Scylla du réalisme physicaliste, grevés, l'un de difficultés conceptuelles considérables, l'autre de quasi-incompatibilités avec les données mêmes de la science qui l'a fait naître, le cap, décidément, n'est pas facile à tenir.

17

Approche pragmatico-transcendantale
et réel voilé

17-1. Introduction

En 1996 Michel Bitbol et Sandra Laugier eurent la bien sympathique idée d'organiser à l'*Institut d'histoire et de philosophie des sciences et des techniques* (Université de Paris-I) deux journées consacrées au contenu de mon livre, *Le réel voilé*. Les actes, très complets, de ce petit colloque (Bitbol et Laugier, 1997) contiennent en particulier des textes de Michel Bitbol qui furent repris par lui, à quelques nuances près, dans son ouvrage, *L'aveuglante proximité du réel* (Bitbol, 1998) et qui fournissent une analyse critique fouillée et intéressante de mes conceptions. Plus récemment, Hervé Zwirn, dans son livre, *Les limites de la connaissance* (Zwirn, 2000) a, lui aussi, consacré plusieurs pages à un compte-rendu et à une analyse de mes vues[1]. Dans ces deux publications, chaque auteur a, bien entendu, développé ses idées propres, dont, *grosso modo*, on peut dire qu'elles prennent en compte celles contenues dans *Le réel voilé*, qu'elles en retiennent nombre d'aspects majeurs mais qu'elles en modifient substantiellement l'assise. A sa conception, Bitbol a, lui, donné un nom. Il l'a appelé *l'approche pragmatico-transcendantale*.

Le propos du présent chapitre est de rapporter les analyses et critiques que ces deux philosophes font de mes conceptions, d'examiner quelles réponses elles appellent et d'engager, de mon côté, un examen, en quelque sorte symétrique, de leurs vues propres, de façon à dégager le mieux possible convergences et divergences. Au départ de cette tentative d'approfondissement je dois noter que les divergences qu'elle mettra en lumière ici et là ne font que mieux cerner la très importante zone d'accord qui existe entre nous trois quant à la vraie nature des questions soulevées par la philosophie de la physique et quant au cheminement à adopter pour y répondre. En vérité, il se pourrait que de tous les lecteurs de

---

1. A signaler aussi, paru en librairie, un compte-rendu extensif, très clair et fidèle mais plus ancien, de mes vues, dû au physicien Henri Ruegg (1989).

mes livres et de mes articles, Michel Bitbol et Hervé Zwirn[1] soient ceux qui en ont pris connaissance avec l'attention critique la plus aiguisée et qui ont le mieux su utiliser son contenu pour le développement de leurs idées. A mon tour, je m'appuierai ici sur leur pensée, pénétrante et originale, pour tenter d'aller un peu plus avant dans l'explicitation de la mienne propre.

17-2. Réponses aux objections de Michel Bitbol et Hervé Zwirn

Dans *L'Aveuglante proximité du réel* Michel Bitbol a, je le répète, manifesté à l'égard de mes thèses une attention particulière qui l'a conduit à consacrer plusieurs chapitres à leur analyse détaillée. S'y trouve décrit tout l'essentiel de mes idées, y compris ce en quoi elles s'écartent de celles le plus communément admises, tant chez les physiciens que chez les philosophes. Et j'ai, bien sûr, été heureux de constater que concernant justement ces éléments-là, Bitbol, le plus souvent, exprime son adhésion. Ces points sur lesquels il y a accord entre nous figurent en substance dans les chapitres qui précèdent et n'ont donc pas à être repris ici. Dans la présente section je me limiterai donc à l'étude de ses intéressantes et instructives objections — car son livre en contient aussi —, auxquelles, épisodiquement, j'adjoindrai telles ou telles autres qui émanent de Hervé Zwirn. Au total, elles portent sur différents thèmes, et leur examen sera ainsi, en même temps, pour moi l'occasion de préciser mes conceptions concernant ceux-ci.

Parmi les points de divergence entre Bitbol et moi que ce dernier développe dans son livre il importe beaucoup de distinguer entre ceux qui, touchent au fond et ceux qui ne concernent que la forme, voire relèveraient — pour certains — de ce que je n'aurais qu'imparfaitement explicité certaines idées. Ceux qui portent sur le fond concernent principalement le problème de la préstructuration du "réel" et certaines questions connexes. Ils seront abordés dans les sections 17.2.4 à 17.2.7. Ceux qui sont essentiellement "de forme" gravitent, eux, autour de questions de vocabulaire et de force plus ou moins grande des arguments. Pour me conformer à l'ordre de présentation adopté par Michel Bitbol c'est par eux que je commencerai.

---

1. Sans compter, bien sûr, Henri Ruegg !

17-2-1. Première question formelle : dualisme et "voile des origines"

Au chapitre 2 (section 2-3) du livre cité, Michel Bitbol, après avoir exprimé son accord concernant nombre de mes vues, (y compris sur certains sujets qui furent, ou sont encore, controversés : concept d'histoires cohérentes, interprétation de la décohérence, etc.) en vient à l'examen de ma notion centrale et de l'appellation que je lui ai donnée de "réel voilé". Cette expression est une métaphore qu'il considère comme étant assez radicalement "dualiste" et que (tout en reconnaissant qu'elle est, chez moi corrigée par l'idée de co-émergence) il dit, pour cette raison, n'approuver pas. Une telle prise de position de sa part appelle évidemment trois questions, à savoir : premièrement, qu'est-ce que le dualisme ? deuxièmement, en quoi Bitbol considère-t-il que c'est là une position philosophique périmée ? et, troisièmement, est-ce-que je suis, ou ai été, dualiste dans ce sens-là ?

Les réponses aux deux premières questions sont simples. Classiquement, on définit le "dualisme" comme la théorie selon laquelle il existe deux "entités", la matière et l'esprit ("l'étendue et la pensée", disait-on au temps de Descartes) aussi fondamentales l'une que l'autre. Depuis longtemps cette conception est critiquée, d'une part par les philosophes qui, nonobstant l'existence des pistes suggérées par Shimony (voir section 13.4), soulignent la difficulté qu'il y a, si on l'admet, à rendre compte des interactions matière-esprit, et d'autre part par les matérialistes qui — on l'a vu au chapitre 12 — posent en principe que l'esprit n'est qu'une forme de la matière. Bitbol est — cela va de soi — loin d'adhérer aux positions de ces derniers. Son rejet du dualisme apparaît ainsi comme ne pouvant être fondé que sur la première de ces deux critiques. Ce qui entraîne qu'il ne peut s'étendre à des conceptions qui ne ressembleraient au dualisme qu'en apparence. Le dualisme que Bitbol considère comme périmé est bien expressément une conception qui fait de la matière et de l'esprit deux réalités totalement distinctes et toutes deux fondamentales.

Alors — troisième question — la thèse à laquelle j'ai donné le nom de "conception du réel voilé" est-elle dualiste dans ce sens là ? Et — question subsidiaire — est-ce que l'appellation même de "réel voilé" suggère qu'elle l'est ? Est-ce que, comme Bitbol l'écrit, son armature métaphorique « tend à reconduire automatiquement le schéma dualiste de la théorie de la connaissance » ?

A la question principale la réponse est clairement "non". La thèse dont il s'agit ne présente nullement, d'une part la réalité étudiée au laboratoire et d'autre part la conscience comme étant deux réalités fondamentales l'une et l'autre, qui se feraient face. Bien au contraire elle pose que la réalité étudiée au laboratoire, la "matière", autrement dit, n'est qu'une réalité empirique, non fondamentale et même façonnée en partie par nous. Elle conçoit la conscience comme émergeant (mais a-temporellement !) d'un certain *quelque chose* (et faisant, par là-même, émerger également la réalité empirique de celui-ci). Ce *quelque chose*, auquel j'ai donné les noms (neutres à dessein, dans mon esprit) de réalité indépendante ou de "réel", est ainsi conceptuellement antérieur à la scission matière-esprit. Selon moi, ce n'est donc pas lui qui est l'objet de cette connaissance précise, discursive, quantitative, à laquelle nous songeons au premier chef lorsque, en science ou dans la vie active, nous parlons de "la connaissance", sans adjectif. En d'autres termes, dans une théorie du savoir conforme à la conception du réel voilé, cette réalité indépendante, même si j'y discerne l'origine obscure de nos lois, n'est en rien l'objet direct du savoir en question. Cet objet, je le répète, n'est autre que la réalité empirique, laquelle n'est aucunement voilée.

Quant à la "question subsidiaire", elle comporte en fait deux volets : d'une part, « l'appellation "réel voilé" est-elle trompeuse ? » et d'autre part, « entre un dualisme classique et la thèse de l'émergence ai-je évolué, passant de l'une à l'autre sans avertissements suffisants ? ». En ce qui concerne le premier volet il me faut reconnaître que l'appellation en question comporte effectivement une ambiguïté. Elle ne précise pas la nature de ce "réel" qu'elle affirme être "voilé". Elle ne met pas en garde contre l'interprétation naïve l'identifiant à la réalité physique considérée par les conceptions réalistes usuelles. Bien plus, lorsque, pour mieux me faire entendre — en particulier des non-spécialistes —, j'ai proposé certaines allégories, il s'est parfois trouvé que celles-ci étaient de nature à renforcer l'idée d'un face-à-face entre un sujet et une sorte de monde d'objets. Pour échapper à ces défauts l'appellation en question devrait se développer en une image plus complexe qui, par exemple, ferait intervenir — métaphoriquement ! — le temps, symboliserait le "réel" par "les origines" et évoquerait un voile nous cachant en grande partie nos origines. Toute cette critique "de forme" est donc pertinente, aussi sais-je gré à Michel Bitbol et à mes autres interlocuteurs d'avoir relevé ces sources de malentendus et de m'avoir ainsi donné l'occasion de mieux préciser ma pensée. Mais d'un autre côté une appellation doit nécessairement être succincte et on m'accordera qu'il n'est pas possible de condenser, sans reliquats d'ambiguïté, toute une philosophie en quelques mots.

Quant au "second volet", honnêtement je crois avoir toujours souligné que selon moi, le cœur dur de la physique quantique n'est autre que l'ensemble de ses lois prédictives d'observation (déjà dans *Conceptual Foundations of Quantum Mechanics* (d'Espagnat, 1976) je les appelais, non pas "lois" mais "règles"). Je pense donc ne pas avoir, en la matière, beaucoup changé, et je suis quelque peu surpris de l'insistance avec laquelle Michel Bitbol, à plusieurs endroits de son analyse, revient sur mon prétendu "point de départ dualiste[1]". Mais il se peut que je me sois mal exprimé, ou que l'ambiguïté des mots "réel voilé" tende à orienter la compréhension des lecteurs dans le mauvais sens.

En définitive, cette dernière conjecture me paraît même très vraisemblable. Ce qui me fait penser cela c'est le fait qu'Hervé Zwirn (2000) et, avant lui, Michel Bitbol (1996, cité par Zwirn), ont été amenés à écrire à propos de ma position qu'elle « n'est pertinente que dans le contexte de celui qui admet le face à face entre le sujet et le monde » (Zwirn, *loc. cit.*, p.327). J'estime, on s'en doute, qu'un tel jugement est trompeur. Ou, pour dire les choses plus précisément, parmi les divers sens qu'il est susceptible d'avoir je ne peux en découvrir un dans lequel il serait exact. Il est deux raisons à cela, qui se combinent. La première est que le mot "monde" est, lui aussi, gravement ambigu ; il peut désigner aussi bien le "réel" que la réalité empirique. La seconde est que l'expression "face à face" ne s'applique normalement que dans le cadre de la seconde acception. Ce avec quoi nous sommes (ou, tout au moins, avons l'impression d'être) "face à face" c'est un ensemble, d'outils, d'instruments de mesure, d'objets ou de parties d'objets, etc. Ce n'est que par une métaphore des plus osées et même franchement inadéquate que l'on dirait du mathématicien platonicien qu'il se sent "face à face" avec un ultime "réel" mathématique (ou du mystique qu'il se sent comme "face à face" avec Dieu). *A fortiori*, ce serait faire un usage tout à fait inapproprié des mots du vocabulaire que de dire de la conception du réel voilé qu'elle consiste en la thèse d'un "face à face" entre nous et le "réel", puisque, selon elle, nous ne pouvons même pas nous faire une idée juste des structures de ce "réel". A ce stade de notre analyse, reste donc seulement la possibilité d'interpréter l'assertion de Bitbol et Zwirn ici discutée en y donnant au mot "monde" le sens de "réalité empirique", autrement dit de "ensemble des phénomènes". L'assertion signifierait alors que Bitbol et Zwirn conçoivent la conception du réel voilé comme s'insérant dans le

---

1. En particulier là où il me reproche mon usage du mot "reflets". Mais il est vrai que, fort loyalement, il fait ensuite état de ma réponse sur ce point.

cadre de ce que Zwirn (*loc. cit.*, p. 358) appelle le "réalisme des phénomènes" ; qu'elle serait l'idée que le sujet est "face à face" avec des phénomènes qui « sont là, se produisent, et qu'il suffit (d')observer (...) de manière passive ». Or, on l'a constaté déjà à la lecture de nombre de chapitres de ce livre, telle n'est pas du tout la teneur de la conception en question (et il résulte de (Bitbol, 1998) que ce n'est pas non plus ainsi que Bitbol la comprend maintenant). Il est certes entièrement vrai que la notion de réalité empirique y est associée à celle de *langage* objectiviste (au lieu de dire : « nous avons tous vu, et nous verrons tous, l'aiguille dans telle et telle position » il est plus court de dire : « l'aiguille *est* dans telle et telle position »). Il n'empêche qu'elle renvoie à des *impressions* et non pas à des événements qui se produiraient tels quels tout à fait indépendamment de l'existence de la pensée.

Pour clore le sujet, je rappellerai qu'au vu de mes textes Bitbol admet très nettement que ma problématique est moins simpliste que ne le suggère l'image d'un objet placé sous un voile. Il a bien noté, en particulier, que lorsque je cherche à expliciter le genre d'information que la mécanique quantique nous procure relativement à la réalité indépendante je suis conduit à une prise de position essentiellement négative. Comme nous l'avons vu en première partie, nous ne pouvons nous en construire une représentation qui soit plurielle, immergée dans l'espace-temps, "éparpillée" en une multitude d'"atomes", etc. Nous reviendrons plus bas sur ces aspects là de notre sujet.

Remarque

Pour mémoire, notons que, malgré tout, une conception dualiste au sens classique pourrait être conservée sans incohérence. Pour que cela soit possible il suffirait de renoncer à juger non crédibles les théories — telles que le modèle Broglie-Bohm — prétendant décrire le réel-en-soi, et d'appeler "matière" les particules et la fonction d'onde universelle dont l'existence, indépendante de nous, est postulée par ce modèle. A tout prendre, on peut même avancer que dans les exposés habituellement faits de ce modèle c'est une position dualiste qui, tacitement, est adoptée. Cela est dû à ce qu'un des problèmes soulevés par le modèle est celui de la différence qui y apparaît entre les "vraies" grandeurs physiques — la "vraie" impulsion, par exemple, telle qu'elle résulte des lois propres au modèle — et les valeurs observées de celles-ci (voir ici, section 7.2.2). Pour que le modèle prédise effectivement ces dernières, pour, autrement dit, qu'il soit autre chose qu'une métaphysique sans rapport aucun avec l'expérience, il est, de ce fait, nécessaire de lui incorporer, à titre d'élément essentiel bien que "parachuté" de l'extérieur, la grande règle de base de la mécanique quantique, à savoir celle qui stipule que lors d'une mesure d'une quantité le résultat ne peut être qu'une des valeurs propres de l'opérateur hermitique associé à cette quantité. Or cette règle fait intervenir la notion d'opération de mesure, laquelle procède manifestement de celle de prise de conscience, donc de conscience. D'où le "dualisme" matière-esprit (certes ces mesures ont lieu par l'intermédiaire d'instruments dont on peut concevoir l'ntégrale automatisation ; il n'en est pas moins vrai qu'on voit ici réapparaître, et dans un rôle de premier plan, la notion d'instrument défini *en tant qu'*instrument).

Ainsi, comme on le voit, c'est — paradoxalement diront certains ! — un modèle ontologiquement interprétable qui, si nous lui accordions foi, nous ramènerait vers le dualisme. Mais il est vrai que ce ne serait malgré tout pas un dualisme classique, conforme au fameux schéma d'un "face-à-face entre le sujet et le monde", puisque le "monde" du modèle Broglie-Bohm, monde de variables cachées et d'une grande fonction d'onde non séparable, n'est pas le monde des phénomènes, avec lequel le scientifique a l'impression d'être face à face.

17-2-2. Seconde question formelle :
nécessité des arguments "ampliatifs"

La prise de position négative dont il était question plus haut est voisine de la thèse kantienne de l'inaccessibilité de la "chose en soi". Mais ai-je raison de prétendre, comme je le fais, qu'elle est mieux justifiée par mon raisonnement — axé sur d'importantes données de la physique — que par celui de Kant, lequel n'était que la dénonciation *in abstracto* de l'illusion consistant à identifier phénomènes et objets-en-soi ? Sous l'intitulé *Première tension*, Bitbol (toujours dans la section 2-3 de [Bitbol, 1998]) fait valoir qu'à cet égard mon argumentation n'est pas aussi convaincante que l'on aurait pu, idéalement, l'espérer car, dit-il, mes conclusions ne résultent pas de la mécanique quantique en tant que telle mais seulement de celles de ses interprétations qui restent accessibles quand on a rejeté celle par variables cachées. Il admet que ce dernier "mode de projection ontologique" (de la représentation sur le "réel") apparaît comme beaucoup plus artificiel que l'ancien (celui constitutif de la physique classique) en raison des traits d'inaccessibilité expérimentale, de non-localité et de contextualisme qui lui sont associés. Mais, écrit-il, cela ne change rien au fait qu'il est *en principe* disponible et que sa mise à l'écart implique donc des considérations qui excèdent le domaine de la physique.

Lors des journées de l'IHPST ce point a suscité entre nous un échange de vues que Bitbol résume bien dans le chapitre en question. En bref, j'y ai, naturellement, souligné moi-même le fait (déjà amplement commenté par moi dans *Le réel voilé* et dans maints ouvrages antérieurs) que la mise à l'écart du modèle à variables cachées repose sur des raisons qui "excèdent le domaine de la physique" si on prend le mot de "physique" en un sens étroit, strictement déductif. Toutefois j'ai fait valoir qu'aux yeux d'un physicien non habité par un préjugé du type "réalisme traditionnel" le modèle en question *est* véritablement artificiel. Je le "mets à l'écart" ainsi que les autres modèles "ontologiquement interprétables" — je n'ajoute foi à aucun d'eux en particulier — en vertu de cette considération, qui, je le répète, "excède le domaine de la physique" (comme l'écrit Michel Bitbol) si l'on entend par "physique" une physique déductive au sens étroit, mais qui n'en est pas moins valable, *même sur le plan de la pure recherche scientifique*. En effet, *premièrement* la science elle-même écarte implicitement — mais de manière systématique — beaucoup d'explications dont on ne peut pas *démontrer* qu'elles sont mauvaises (explications par fantaisies de Zeus, etc.) et cela sur la seule base du fait qu'elles paraissent inacceptablement artificielles ; et *deuxièmement* beaucoup de physiciens chevronnés prennent une attitude plus que réservée quand on leur présente plusieurs théories rivales, fondées sur des idées très différentes et qu'on ne parvient pas à expérimentalement départager. Enfin (*troisièmement*, si l'on veut) j'ai fait valoir que dans mon esprit il s'agissait, en somme, d'atteindre à une "vision du monde" : or je n'ai jamais prétendu que nous devons — ni que nous pouvons — former la nôtre en procédant exclusivement par "raison démonstrative" à partir de faits scientifiquement établis.

A ces arguments — auxquels j'aurais pu en ajouter d'autres (voir, ici, la section 9.3.2) — Michel Bitbol a répondu, en substance, qu'il les approuvait. Et il est même allé jusqu'à découvrir leur vrai nom. Il a en effet fait la remarque (reprise, plus haut dans ce livre, en section 12.3) qu'ils sont de la nature des critères dits "ampliatifs", débordant le strict empirisme. Mais il a insisté sur le fait que les critères ampliatifs ne sont pas gravés dans le marbre, de sorte que des préférences accordées à celui-ci ou à celui-là peuvent conduire à des conceptions ontologiques différentes Il a souligné, par exemple, que sous certains préalables ampliatifs (exigence de simplicité, d'unité et de cohérence du schéma conceptuel, etc.) l'ontologie la plus plausible est celle, holistique, à laquelle j'aboutis moi-même (et qui est celle aussi du "dernier Bohm", celui de l'ordre implicite, de l'holomouvement, etc.) alors que sous d'autres (continuité avec les théories de la physique classique, voire avec l'attitude naturelle), elle est celle — pluraliste, dit-il — du "premier Bohm" (celui des articles de 1952). Je souscris en partie à cette manière de voir les choses mais avec cependant une réserve significative, fondée sur ce que la théorie du "premier Bohm" n'était pluraliste que, pour ainsi dire, en trompe-l'œil. Comme Bitbol le relève lui-même ailleurs dans son livre (*loc. cit.*, chapitre 5), « au premier degré elle représente bien le monde comme un ensemble de corpuscules séparés et doués de propriétés, mais la non-localité et le contextualisme conduisent à faire disparaître la totalité des conséquences de cette séparation par la pensée ». Si bien que « sous la couche superficielle d'un atomisme philosophique rémanent, l'approche proposée par Bohm en 1952 manifeste tout autant la crise de l'atomisme que les versions standard de la mécanique quantique ».

Certes, ni cette crise de l'atomisme ni même la réfutation — bien plus grave encore vu sa pleine généralité — de la localité qui a ici été exposée au chapitre 3, n'ont pour conséquence *nécessaire* l'inaccessibilité de la chose en soi dont il était question au début de cette section ; et c'est bien là un point que j'ai moi-même tenu depuis longtemps à préciser. Je considère cependant que cette réfutation prive de ses plus convaincants appuis la thèse inverse, celle d'un dévoilement de l'être, progressif mais appelé à devenir total ; et que, par là, elle constitue en faveur de l'inaccessibilité (ou quasi inaccessibilité) dont il s'agit un argument d'un très grand poids. Libre, bien sûr, au philosophe de lui préférer un argument exclusivement philosophique, de style kantien, mais libre aussi au scientifique de se sentir plus convaincu par celui discuté ici.

17-2-3. Troisième question formelle : "avoir rapport à"

Dans *Le réel voilé* j'avais écrit : « Ce que la science nous apprend a sans aucun doute un rapport avec le réel. Mais l'information qu'elle nous procure à son sujet paraît limitée à certaines de ses structures générales et ne peut donc être conçue comme exhaustive. » Un peu plus haut dans le même passage, à propos de ce "réel" (appelé là par moi "quelque chose"), j'avais affirmé que la physique nous fournit « une certaine connaissance relativement à ce quelque chose ». Sous l'intitulé *Deuxième tension,* Bitbol émet de sérieuses réserves quant à cet emploi des mots "connaissance" et "apprendre". Une connaissance, nous dit-il, est connaissance *de* quelque chose. Elle se *rapporte* ou est *relative* à quelque chose. Or dans les phrases citées, si cette idée de "relation à quelque chose" est bien présente, c'est, note-t-il, avec une nuance intentionnellement vague, que laisse voir, par exemple, l'usage de l'adverbe "relativement" de préférence à l'adjectif "relatif". Et que révèle, de même, le fait d'évoquer un rapport que la science a avec le réel plutôt que de dire abruptement que la science "se rapporte au réel", assertion qui eût évidemment été inconciliable avec mon idée que, pour l'essentiel, la science décrit seulement un réel empirique. Au total Bitbol voit donc dans mes propositions en la matière une sorte de flou sémantique qui le gêne.

Cette question-là, elle aussi, a été débattue entre nous. J'ai fait valoir à Bitbol que les deux notions "se rapporter à" et "avoir un rapport avec" sont distinctes et que, selon le contexte, soit l'une soit l'autre peut être légitime. J'ai eu recours à cet effet à un exemple tout à fait simple, celui du contenu d'un guide touristique. Pour fixer les idées, considérons le guide vert de la Saintonge, région où se trouve, comme chacun sait, un grand nombre d'églises romanes. Le guide les mentionne, bien sûr. Et comme, à cette occasion, il nous fournit certaines indications concernant leur construction et leur structure je suis fondé à dire que son contenu a un rapport avec l'histoire de l'architecture. Cette affirmation a un sens pleinement objectif (et elle est vraie). Mais j'évite de dire ("abruptement") que le guide « se rapporte à l'histoire de l'architecture ». Et j'ai bien raison car affirmer cela serait signifier qu'il s'agit d'un livre dont l'objet est l'histoire de l'architecture, ce qui est faux. De la même façon, la physique, s'il est vrai que certaines de ses lois épousent sommairement (sans les décrire) des traits de la réalité indépendante, a, de ce fait, "un rapport" avec celle-ci.

Cette simple remarque me semble de nature à lever la difficulté. Contrairement à ce que semblent penser nombre de scientifiques et de philosophes j'estime (et sur ce point les "littéraires" ont à mon sens une meilleure perception des choses, et, en conséquence, me comprendront mieux), que c'est un fait qu'entre la notion de connaissance discursive, précise, quantitative de quelque chose (ou d'une partie de ce "quelque chose") et celle d'ignorance totale du même, il y a une notion intermédiaire parfaitement valable même si elle est difficile à nommer : celle d'une appréhension intrinsèquement vague, vague par nature, pourrait-on dire (et, ajouterai-je en incidente, porteuse de sens précisément parce qu'elle est vague et qu'elle l'est de cette manière). Et je tiens que ceci répond à la critique.

D'un autre côté, il serait difficile à qui fait sienne une telle notion d'écarter catégoriquement toute idée d'une quelconque structuration du "réel" ("préstructuration" dans le langage de Bitbol), ce qui nous amène au sujet suivant. Mais avant d'aborder celui-ci notons encore qu'à l'endroit où Bitbol exprime les réserves auxquelles on vient de répondre il les accompagne d'un résumé rapide de sa propre approche (voir plus loin) et ajoute que si cette dernière était retenue cela nous dispenserait d'avoir recours à la " conception dualiste naïve ". Comme nous avons vu dans la section 17.2.1 que je ne recours nulle part à la conception en question je ne considère pas que ce soit là, en faveur de l'approche de Bitbol comparativement à la mienne, un argument à retenir.

17-2-4. Première question de fond : la "préstructure"

Cette question se rattache à la manière dont je discute le problème de l'accord intersubjectif (voir ici le chapitre 5). Bitbol partage, bien entendu, mon jugement, selon lequel, au vu des données de la mécanique quantique, nous n'avons plus la possibilité (que la physique classique laissait ouverte) de conférer aux qualités dites "premières" (position, forme, mouvement) davantage de réalité intrinsèque que nous n'en accordons aux qualités dites secondes (couleur, saveur, etc.). Et que donc nous ne pouvons plus expliquer l'accord intersubjectif concernant l'observation de la présence d'une théière là, sur la table (voir section 5.2.2) par le fait qu'il y a réellement, tout à fait indépendamment de nos facultés générales d'appréhension, une théière précisément à cet endroit. Mais (section 2-3, *troisième tension*) il estime que je ne suis pas allé jusqu'au bout des conséquences de tout ceci. Il rappelle ma démarche consistant, dans un premier temps, à "expliquer" un tel accord intersubjectif par référence aux lois prédictives d'observation de la mécanique quantique et à, dans un deuxième temps, expliquer ces lois elles-mêmes par un recours à la notion d'une réalité indépendante "cause" de ces lois. Mais, s'il ne prend, apparemment, parti ni pour ni contre le "premier temps", en revanche il montre très nettement qu'il désapprouve le second. Ici le nœud de la "tension" — selon ses termes — est la notion, effectivement impliquée par mon raisonnement, d'une réalité indépendante *préstructurée*. Bitbol nous rappelle que cette conception — et celle, corrélative, d'un lien causal entre cette réalité non phénoménale et les phénomènes — rencontre les plus vives réticences au sein de beaucoup d'écoles philosophiques et en particulier chez les kantiens et néo-kantiens. Le fait est indéniable mais, bien entendu, il ne constitue pas, en soi, une objection. Celle-ci, si elle a du corps, ne peut résider que dans des arguments montrant — ou indiquant — *pourquoi* la conception en question est effectivement inacceptable.

Ces arguments, ou plus exactement les arguments allant dans ce sens et que Bitbol lui-même juge bons, sont exposés au chapitre 3 du même ouvrage. Sous la rubrique *Le "réel voilé" et ses critiques* (section 3-3), Bitbol y rapporte, effectivement, certaines objections qui ont été énoncées par tels ou tels auteurs à l'encontre de ma conception. Pour mémoire, il en mentionne d'abord une qu'il ne retient pas. Il s'agit de l'idée (assez naturelle et fort répandue, semble-t-il) que ce serait seulement si l'on adoptait l'"hypothèse métaphysique" — extrascientifique et logiquement indécidable — selon laquelle les théories physiques telles que la mécanique quantique sont susceptibles de *décrire* le réel que les caractérisations structurales que je fournis au sujet de la réalité indépendante seraient légitimes. Comme je l'ai fait valoir dans ma réponse d'alors (Bitbol et Laugier, 1997), et comme il appert aussi du contenu de *Le réel voilé* et de la première partie du présent livre (voir en particulier le chapitre 3), cette critique est infondée. Au reste, Bitbol lui-même prend soin d'objectivement, le reconnaître, en rappelant que la thèse de la non-localité de la réalité indépendante « repose, non pas sur la théorie quantique (ou sur une autre) mais bien sur le théorème de Bell, selon lequel *aucune* théorie locale et ontologiquement interprétable n'est apte à reproduire certains groupes de résultats prédits par la mécanique quantique *et attestés expérimentalement* » (expériences du "type Aspect"). Toutefois il ajoute que « bien entendu cette thèse reste conditionnée par l'hypothèse minimale (...) qu'il est justifié de se prévaloir de l'ordre des phénomènes ("relatifs") pour esquisser certains traits de la réalité indépendante ».

Certes, si l'on fait l'hypothèse inverse, celle de l'absence de tout rapport entre les phénomènes et le "réel[1]", on s'interdit tout énoncé concernant ce dernier. Nul ne contestera ce point. Il reste que, dans l'assertion de Bitbol que l'on vient de lire, qui ne distingue pas entre "traits" positifs et négatifs, quelque chose, quand même, me gêne. Il s'agit de la présence du verbe "esquisser". Esquisser n'équivaut-il pas quelque peu à "interpréter" ? Et même à interpréter, en quelque sorte, "en artiste", c'est-à-dire d'une manière sinon personnelle du moins non imposée par les données ? Or j'estime qu'en ce qui concerne la non-localité (trait essentiellement négatif) aucune interprétation de cette sorte n'intervient. Je m'explique. Considérons des exemples de construction de "vues du monde" à propos desquels, effectivement, le mot "esquisse" serait assez approprié. Sachant que, au niveau phénoménal, on voit toujours deux corps massifs libres dans l'espace subir une accélération (fonction de leur distance mutuelle), nous pourrions supposer, à la Newton, qu'au niveau de la réalité indépendante il existe « quelque

---

1. Et si l'on a écarté tout innéisme à la saint Augustin...

chose comme une force » qui s'exerce entre eux, et ce serait là, effectivement, une première *esquisse* de certains traits de la réalité indépendante. Ou nous pourrions aussi supposer, à la Einstein, qu'au niveau de cette réalité il y a « quelque chose comme un espace à courbure », et ce serait là une *autre* esquisse de ces traits, toute différente de la première. En revanche, si nous disions simplement que le phénomène observé « doit résulter de certains traits de la réalité », sans préciser quels sont ces traits, cette assertion ne pourrait légitimement être dénommée une *esquisse*. Ceci montre bien qu'il y a des énoncés si généraux qu'à leur propos l'emploi du verbe "esquisser" est inadéquat. Or je prétends qu'en ce qui concerne l'abandon du principe de localité nous sommes précisément dans un tel cas. En effet, comme il a été établi en sections 3.2.2 et 3.2.4, le choix, dans le cadre du réalisme, n'est qu'entre cet abandon-là et des abandons plus douloureux encore. L'un de ceux-ci consisterait à renoncer à un "principe" encore plus général et vague, auquel celui de localité ne faisait qu'apporter une spécification supplémentaire. Il s'agit du principe — ou "postulat", comme on voudra — du réalisme objectiviste, qui consiste simplement à considérer que la réalité indépendante est susceptible d'une représentation idéelle en termes de quantités ayant des valeurs numériques et ne précise, ni la nature de ces quantités ni *a fortiori* leurs valeurs. Il est exact que la non-localité semble n'avoir de sens que dans le cadre du réalisme objectiviste, mais dire cela n'équivaut pas à brosser une esquisse, ni même à avancer une hypothèse.

L'autre abandon concevable, encore bien plus radical, consisterait (voir la section 3.3.4) à postuler que toute tentative de construction, à partir de l'expérience, d'une représentation de la réalité indépendante est, du point de vue scientifique, dénuée de sens. Mais dire cela, ce ne serait pas non plus faire une esquisse du "réel". Ce serait, au contraire, adopter un point de vue rigoureusement opposé à toute notion d'esquisse du "réel".

D'un autre côté, je dois concéder à Bitbol que mon idée de "réel voilé" (de traits "voilés" de la réalité indépendante) ne concerne pas exclusivement la non-localité (et la contextualité, très générale elle aussi). A titre, cette fois, de conjecture "conservatrice" (conservatrice par rapport aux préconceptions des scientifiques, non par rapport à celles des philosophes !) j'ai émis l'idée que certaines données de la science (telles que le caractère vectoriel des champs électriques et magnétiques, pour prendre un seul exemple parmi une infinité de possibles) reflètent, même si c'est, peut-être, d'une manière indéchiffrable, certaines structures du "réel". Bitbol s'interroge quant au statut d'une telle caractérisation et ceci le conduit à analyser une autre objection émise par certains à l'encontre du "réel voilé". Elle concerne le concept de *description*. Bitbol reconnaît, bien sûr, que je ne considère pas la science en général, et la mécanique quantique en particulier, comme des descriptions au sens fort (incluant contrafactualité, etc.) de la réalité indépendante. Mais il remarque que plusieurs de mes interlocuteurs ont une acception plus large de cette notion. Une acception selon laquelle, pour qu'une théorie soit descriptive du "réel" il suffit que ses structures légales soient globalement isomorphes aux structures de celui-ci, et cela, même s'il ne s'agit que de structures légales prédictives d'observations. Dans cette acception-là, écrit-t-il, il ne lui « semble pas incorrect de prétendre » que j'attribue aux théories physiques un certain pouvoir descriptif. Or nombre d'auteurs considèrent, note-t-il aussi, que toute *description* est relative à un *contexte perceptif*, instrumental et intellectuel. Par cette remarque il semble suggérer que, finalement, je pourrais être le jouet d'une illusion. Que les structures que je pense exister au sein de la réalité indépendante et dont je conjecture que nos lois prédictives sont des reflets (très déformés) ne sauraient être en vérité que relatives à *notre* contexte perceptif, c'est-à-dire qu'elles doivent émaner seulement de nous.

Ma réponse à cette argumentation est que je crains qu'elle ne distingue pas de façon suffisamment nette entre les notions de condition nécessaire et de condition suffisante. Certes nos règles prédictives d'observation (qu'on choisisse ou non de, par élargissement sémantique du domaine d'extension du mot "décrire", les qualifier de "descriptions") dépendent de notre contexte perceptif. Qui nierait cette évidence ? Mais la question, manifestement, n'est pas là. Elle est de savoir si elles dépendent *seulement* de lui, ou s'il est possible qu'elles dépendent aussi d'autre chose, qui pourrait alors être mon "réel". Dire que ces règles sont "relatives" à notre contexte perceptif c'est formuler une assertion juste mais trop vague, qui à elle seule ne nous donne aucune information concernant ce point. Certes, si l'on veut à toute force "démontrer" que la dépendance au "réel", à laquelle je crois, est illusoire, on le peut. Il suffit de poser un principe très fort, affirmant que toute description, non seulement est relative à un contexte perceptif mais n'est relative qu'à lui seul[1]. Toutefois c'est là poser ce que j'ai appelé au chapitre 11 un "principe à la

---

1. Bitbol estime que l'on est libre de considérer, ou non, ma façon très vague d'esquisser les traits du « réel » comme affranchie de ce fameux contexte perceptif et il explique que la critique qu'il présente ne s'applique à mes vues que si l'on fait le second choix. Je lui réponds que même alors elle me paraît ne s'appliquer que si l'on pose le "principe très fort" ici évoqué.

Rousseau". Le penseur qui l'énonce peut, bien entendu, y ajouter foi et en déduire des propositions très intéressantes. Mais un autre penseur peut, tout aussi légitimement, poser un principe opposé et faire de même. Je ne considère pas, par conséquent, que par les considérations ici analysées Bitbol ait valablement affaibli l'hypothèse de la "préstructure" (laquelle n'est chez moi, je le répète encore, qu'une conjecture plausible mais invérifiable).

17-2-5.　Deuxième question de fond :
de l'argument du "quelque chose qui dit non"

Tout en critiquant la métaphore "réel voilé", Bitbol, comme on l'a vu, a bien noté que ce qu'elle évoque est, en fait, une co-émergence de la réalité phénoménale et de la pensée au sein d'un Être qui, en conséquence, est premier par rapport à l'un et à l'autre. Et il paraît avoir bien saisi également que, dans ma manière de voir, le voile n'est pas du tout entre les deux termes ainsi "co-engendrés" mais bien entre la pensée et une réalité indépendante identifiée à l'Etre même, c'est-à-dire *conceptuellement* antérieure à cette scission matière-esprit. Mais, — on l'a déjà constaté ci-dessus — il émet de fortes réserves relativement à l'idée que, dans le cadre de cette conception, les faits puissent nous apprendre, même "négativement", quelque chose relativement aux représentations admissibles de ce "réel". Et à l'appui de cette thèse il propose (*loc. cit.*, section 3-2) un raisonnement un peu différent de celui que l'on vient d'analyser.

Il le développe en deux étapes. D'abord, il observe que, traduite dans des termes complètement conformes au caractère "émergentiste" qu'il reconnaît à ma conception, la question reviendrait à « se demander dans quelle mesure le sujet peut appréhender indirectement, à travers son investigation d'un objet par la physique, les préconditions structurales de l'émergence conjointe de lui-même et de cet objet ». Mais quant à cette formulation, on vient de le voir, il n'y a, entre nous, aucun désaccord. Si Bitbol emploie le conditionnel ("reviendrait" au lieu de "revient"), c'est, ici encore, en raison de la vision naïvement dualiste qu'il pense avoir été la mienne au départ, dans le cadre de laquelle l'expression "réel voilé" serait une "métaphore séparatrice", renvoyant à un face à face entre une matière et un esprit tous deux prédonnés, conçus (un peu à la manière de Descartes) comme étant deux substances radicalement différentes et sans racines communes. Mais on a vu ci-dessus qu'en fait telle n'a jamais été vraiment ma conception.

La seconde étape de son raisonnement consiste à écarter autant qu'il le peut ce qu'il appelle mon "faillibilisme fort". Il s'agit de l'observation, effectivement émise par moi, que même s'il n'y a pas d'expérience vraiment cruciale, même si des "ceintures protectrices" au sens de Lakatos évitent en général aux théories une réfutation trop brutale, il n'en est pas moins vrai que des théories finissent par être abandonnées en raison de leur inaptitude à intégrer un trop grand nombre de données. A cette idée, Bitbol paraît préférer un faillibilisme faible, qu'il définit et justifie en partant d'une constatation sur laquelle à peu près tout le monde est d'accord. Il s'agit du fait que, parfois, deux théories fondées sur des jeux de concepts tout différents conduisent aux mêmes prévisions observables et que, dans de tels cas, même le réaliste n'a aucune raison de considérer que c'est l'un de ces jeux de concepts plutôt que l'autre qui décrit vraiment le "réel". En substance[1], Bitbol nous fait observer que la portée de cette constatation est plus grande qu'il n'y paraît et nous rappelle que, historiquement parlant, le remplacement d'une théorie par une autre ne fut que bien rarement le résultat d'une réfutation catégorique de la première. Et il nous propose de supposer « que l'expérimentation ne fasse qu'introduire des contraintes (...) sans pour autant *obliger formellement à récuser* certaines structures par trop excentriques ». Alors, nous dit-il, « on n'aurait pas de raison déterminante de croire que telle famille d'armatures théoriques efficientes (plutôt que telle autre) traduit, à travers ce qu'elle ajoute au simple ordre des phénomènes, quelque chose de la structure du "réel" ». Autrement dit, « sous cette prémisse » — comme lui même le souligne — on n'aurait plus de raison forte d'adhérer à la thèse du réel voilé.

La réserve "sous cette prémisse" marque que la critique qu'on vient de lire est sous la dépendance de l'hypothèse d'un faillibilisme seulement faible. Apparemment il n'en va pas de même d'une autre critique, spécifiquement dirigée, elle, contre mon idée d'un "quelque chose qui dit non" (section 10.4,1, argument 2) et qui a été formulée par Hervé Zwirn (*loc. cit.*, chapitre 7, p. 335). Pour l'essentiel, cet auteur fait valoir que mon assertion : « ce *quelque chose* ne peut pas être nous » suppose implicitement qu'une construction humaine sera sa propre mesure et ne se heurtera à aucune contradiction. Or il montre qu'en toute rigueur il n'est pas nécessaire qu'il en aille ainsi. Pour cela il part du fait que dans une approche qui considère que tout est construction humaine ce que nous identifions au réel est lui-même une construction inconsciente

---

1. Dans son texte cet argument est implicite.

de l'esprit humain, qu'il dénomme "construction perceptuelle" (pour souligner sa différence d'avec les constructions formelles que sont les théories scientifiques destinées à en rendre compte). Cela étant, il rappelle qu'il est déjà très difficile de s'assurer de la non-contradiction d'un système formel un tant soit peu complexe[1]. « Par extension — note-t-il — il ne paraît alors guère étonnant que nous découvrions de temps à autre des contradictions qui se manifestent par un désaccord entre nos constructions théoriques et la construction que nous appelons le réel. »

En ce qui concerne la première de ces deux critiques, Michel Bitbol y a, en un sens, répondu lui-même, implicitement par les mots de « sous cette prémisse » et explicitement en notant que je disposais d'un argument me permettant de lui faire face. Bien entendu, cet argument n'est autre que la non-localité. En effet, la non-localité nous oblige formellement à récuser certaines structures — pour utiliser les mots mêmes de Bitbol — à savoir celles qui sont conformes au principe de localité (section 3.2.1). Elle permet, autrement dit, l'application d'un principe de faillibilisme fort. En effet, si "excentrique" qu'elle soit, aucune théorie réaliste locale ne peut, aujourd'hui, au vu des données expérimentales, être conservée. Autrement dit, la non-localité n'est pas simplement une de ces "nouvelles contraintes" (contraintes nouvellement découvertes) qui « ne peuvent (...) être prises en compte de façon simple cohérente et efficace qu'au prix d'un changement de théorie » (Bitbol, *loc. cit.*, p. 120). Elle impose le changement même à qui (tels les partisans des variables cachées) aurait, pour l'éviter, volontiers consenti à sacrifier simplicité et efficacité.

Reste à considérer la critique de Hervé Zwirn. Son argument est très simple, très général et à première vue, sur le plan de la logique pure, il paraît pleinement convaincant. Mais il faut se demander si son pouvoir de conviction ne dépendrait pas en partie de sa généralité et du caractère essentiellement qualitatif et un peu vague qui accompagne nécessairement celle-ci. En effet, sa notion de "construction perceptuelle" est — comme il le reconnaît lui-même — assez difficile à bien cerner. Et l'est tout autant son application au présent problème. En effet, s'agit-il vraiment, comme Zwirn l'écrit, de désaccords entre nos constructions théoriques et la construction que nous appelons le réel ? De, par exemple, celui qui existe entre la théorie quantique — "non séparable" comme on le

---

1. On peut, bien entendu, songer ici au théorème de Gödel et à l'impossibilité, qu'il établit, de démontrer la consistance d'un système formel contenant l'arithmétique par des procédés restant à l'intérieur du système lui-même.

sait — et notre construction perceptuelle du réel, que nous concevons comme satisfaisant au principe de l'analyse, autrement dit comme "séparable[1]" ? Ou ne s'agit-il pas plutôt d'un désaccord entre une théorie et un ensemble cohérent de données expérimentales obtenu lors de mises à l'épreuve intentionnelles et répétées de la théorie ? Entre, par exemple, la mécanique classique ou toute autre théorie "séparable" d'un côté et les expériences de "type Aspect" de l'autre ? Qu'il y ait une différence significative entre ces deux types de désaccords se voit assez clairement si l'on remarque que, dans le cas des premiers, nous tendons fortement à trancher en faveur de la théorie (si celle-ci a "fait ses preuves"), alors que, dans le cas des seconds nous tranchons quasi automatiquement en faveur de l'expérience. Mais le point important est que, de toute façon, on choisit. Et, au moins dans le second cas, sans hésitation concevable. Si, par exemple, les expériences ont définitivement établi la non-localité il serait absurde de continuer à croire à une quelconque théorie réaliste locale. Cela, tout le monde en tombe d'accord. Mais, si vraiment, aussi bien les constructions perceptuelles que les constructions théoriques émanent exclusivement de nous, qu'est-ce qui justifie ce choix systématique et sans appel ? Pourquoi, autrement dit, ne pas continuer, de temps en temps, à croire à une théorie expérimentalement réfutée ? L'hypothèse de travail que Hervé Zwirn nous suggère de prendre en considération paraît déboucher logiquement sur la conclusion que ce serait là une manière de procéder rigoureusement rationnelle. Or tout le monde en conviendra : au moins dans les cas où un faillibilisme fort est applicable elle serait tout à fait absurde. Il en résulte, me semble-t-il — même si certains devaient en juger autrement —, que l'hypothèse de travail qui nous est proposée par Hervé Zwirn n'est décidément pas tenable[2].

De toute manière, dans *Le réel voilé*, là où, à propos du " quelque chose qui dit "non" ", je posais la question : « Comment ce *quelque chose* pourrait-il être encore "nous" ? » j'ai ajouté : « Il semble que les contorsions intellectuelles qui seraient nécessaires pour que cette question reçoive une réponse positive dépassent le niveau acceptable. » L'expression "contorsions intellectuelles" a certes une

---

1. Ou encore celui qui existe entre la cinématique galiléenne et le fait d'observation que, sur Terre, un corps macroscopique en mouvement et non soumis à aucune force finit toujours par s'arrêter.

2. Ou, pour mieux dire, qu'elle est logiquement cohérente mais que l'accepter reviendrait à nier la science, et plus généralement le savoir empirique, dans ses fondements.

coloration péjorative qu'il convient d'oublier ici. Mais, coloration mise à part, l'idée ainsi exprimée reflète bien, en fin de compte, le jugement qui me semble, de beaucoup, le plus raisonnable.

17-2-6. "Invariants structuraux"

Je range sous cette rubrique une problématique intéressante développée par Bitbol et où il utilise cette expression. Bitbol part de la remarque qu'il a lui-même précédemment émise, comme on l'a vu, selon laquelle la fameuse objection fondée sur la sous-détermination des théories reste, en fait, inopérante à l'égard de ma thèse du réel voilé. La chose tient, comme on sait, à ce que les seules assertions que je présente comme certaines, relativement aux représentations possibles du "réel", sont des assertions négatives — essentiellement la non-localité (et la contextualité qui généralise celle-ci) — et que, comme on l'a vu tout à fait en détail plus haut, la validité de ces assertions résulte seulement des faits. Bitbol identifie à des "invariants structuraux" le contenu de ces assertions et il considère la question très générale de savoir si des invariants structuraux révèlent nécessairement quelque chose relativement à une réalité authentiquement indépendante. Il observe que, effectivement, « un grand nombre de chercheurs partagent la certitude que les invariants structuraux valant pour de larges classes de moyens et de voies d'approche sont des candidats plausibles à la fonction de représentation fidèle de tout ou partie de la réalité indépendante ». Et il juge que, en effet, si un reflet fidèle de la réalité indépendante pouvait être obtenu, il se traduirait inévitablement par un invariant structurel. Mais il souligne qu'en toute rigueur la réciproque ne vaut pas. Que, du seul fait que nous sommes parvenus à identifier un tel invariant on ne peut déduire qu'il représente forcément un trait de la réalité indépendante.

Je pense, quant à moi, que le raisonnement que Bitbol nous présente là est juste, mais qu'il se place d'un point de vue trop général et que, pour cette raison, il est en partie hors sujet. En particulier, il conviendrait d'examiner plus en détail en quoi la non-localité — par exemple — peut être assimilée à un "invariant structural" et si elle n'a pas d'aspects significatifs autre que celui-là.

En ce qui concerne la première question, la donnée que souligne le texte de Bitbol est que cette non-séparabilité se retrouve dans toutes les théories ontologiquement interprétables fournissant les mêmes prédictions observationnelles que la mécanique quantique, et qu'en vertu du théorème de Bell on doit *nécessairement* l'y retrouver. Il est clair que l'on peut, dans ces conditions, parler d'invariance mais il est assez clair aussi que ce n'est pas dans ce sens là que les mathématiciens entendent d'ordinaire le mot. En effet, ils rattachent ce concept à la notion de groupe de transformations. Or ici on ne voit pas bien comment on pourrait spécifier un groupe de transformations ayant un rapport mathématiquement défini avec, disons, la non-localité. En conséquence, on ne voit pas comment on pourrait appliquer ici le théorème de Noether ; et, de fait, celui de Bell ne se traduit aucunement par l'existence d'un invariant mathématique, du type, charge baryonique ou électrique. Corrélativement, j'émets des réserves à l'égard de la suggestion de Bitbol selon laquelle la non-localité, pensée par lui (dans l'abstrait) comme étant associée à un groupe de transformations (non spécifié), aurait de ce fait « au moins autant de chances de nous renseigner sur le système des contextes impliqués par une activité de recherches donnée (...) que sur les hypothétiques structures préconstituées d'une réalité indépendante » (*loc. cit.*, p. 135). L'analogie me paraît trop faible pour fournir un argument ayant une quelconque force de conviction.

Quant à la réponse à donner à la seconde question, celle de savoir si la non-localité a des aspects significatifs autres que celui qu'on vient d'examiner, je tiens que, de toute évidence, effectivement elle en a un. Plus précisément je considère qu'en fait son trait le plus significatif n'est pas l'invariance au sens de Bitbol, qui n'en est, au mieux, que l'aspect formel. Ce qui compte le plus selon moi, ce n'est pas que cette non-localité se retrouve en toute théorie acceptable, c'est son contenu informatif propre. C'est le fait que nous devons perdre l'espoir de jamais pouvoir rendre compte des données observées au moyen d'une théorie à la fois réaliste et locale.

17-2-7. "Tiers exclu ?"

Mais relativement à ce contenu Bitbol pose une question importante. "Peut-on — demande-t-il — procéder sur lui à une conversion du négatif au positif, et passer par exemple de la non-localité ou non-séparabilité à l'idée que la réalité indépendante est quelque chose d'unique et de non immergé dans l'espace-temps ?" (*loc. cit.*, p.135).

A cette question j'ai proposé (Bitbol et Laugier, 1997, p. 331) une réponse nuancée. J'ai dit considérer comme plausible que les données dont il s'agit, et les théories quantiques en général, nous laissent entrevoir certaines structures du "réel" ; et j'ai bien souligné, à ce propos, que *"entrevoir* ce n'est pas *voir"*. Mais — faisant appel à un "bon sens" que, compte tenu de la nature de la question, je reconnais avoir été un peu "épais" ! — j'ai quand même écrit la phrase : « Il me semble clair qu'on ne peut reconnaître (négativement !) la non-séparabilité (de la réalité indépendante) sans reconnaître du même coup quelque "unité" en son sein. »

Bitbol a tout de suite aperçu le point faible de cet argument, et il a, en la matière, pleinement raison. La reconnaissance en question suppose, fait-il valoir, l'applicabilité à la réalité indépendante du principe du tiers exclu : *si* cette réalité n'est pas plurielle et séparable *alors* elle est, en quelque manière, une. Or, souligne-t-il, il s'agit là d'un principe d'exhaustivité de l'intelligible, selon lequel le champ du possible est entièrement couvert par les catégories rationnelles. En particulier, son application au présent problème — qui met en jeu l'opposition *un, multiple* — suppose que le domaine des déterminations possibles du réel soit exhaustivement couvert par les catégories de la quantité. Or qui nous dit que c'est le cas ? « Seul, note-t-il, un postulat d'intelligibilité transcendante (...) peut passer par dessus une telle absence de garantie. Sans ce genre de postulat on se serait contenté de voir dans la non-séparabilité la mise en question d'une *thèse* traditionnelle à propos du "réel", celle de son analysabilité spatiale. »

A part l'expression "mise en question", qui me paraît faible et que je remplacerais, quant à moi, par le mot de "réfutation", qui me semble être le seul juste[1], je ne peux qu'entériner cette importante remarque de Bitbol. Mais, en même temps je considère qu'à tout prendre elle ne réduit guère la portée conceptuelle de la découverte de la non-localité. En effet, cette pure et simple réfutation, qui, aux yeux de Bitbol semble (si l'on en croit ses expressions "on se serait contenté" et "mise en question") n'avoir qu'un intérêt fort relatif, est pour moi très importante à deux égards.

Le premier est qu'elle comble une lacune qui m'a toujours paru béante dans le système de raisonnement d'un grand nombre de philosophes. Quand, par exemple, Karl Jaspers écrit abruptement : « Il est *évident* (c'est moi qui souligne) que l'être en soi ne peut pas être objet » (Jaspers, 1965), selon toute apparence il ne fonde l'immédiate certitude qu'il nous dit avoir que sur l'"évidence" qu'il n'y a d'objet que pour un sujet... c'est-à-dire sur une certaine acception du mot "objet". Et comme cette acception — pour étymologiquement fondée qu'elle soit — n'est pas celle (tout aussi acceptable *a priori*, c'est-à-dire quand on écarte toute information en provenance de l'extérieur) à laquelle songent, spontanément, d'autres personnes, à savoir l'acception : "choses

---

1. Étant — toujours ! — bien entendu que par « réfutation d'une thèse sur le réel » il faut comprendre (voir section 3.3.4) : « réfutation d'une *représentation* du "réel" ».

existant par elles-mêmes", son "évidence" n'en est aucunement une pour moi. Que la substance (sinon la forme) de l'affirmation de Jaspers soit maintenant justifiée par la physique m'apparaît donc comme hautement significatif.

Quant à la seconde raison de l'importance pour moi de la réfutation en question elle est qu'à mes yeux la thèse traditionnelle qui se trouve ruinée par elle — et qui n'est autre que le multitudinisme ontologique —, extrapolée comme elle l'est à présent par la vulgate scientifique populaire et médiatique à la totalité de "ce qui est", constitue, tout compte fait, un dévoiement grave de la pensée. Un dévoiement certes historiquement explicable par le message philosophique qui semblait émaner de la physique classique, mais qui n'en débouche pas moins sur un véritable appauvrissement de la mentalité générale et de la culture. Que cette thèse soit maintenant réfutée sans que l'on ait à "penser plus loin qu'on ne sait", selon la belle formule de Comte-Sponville déjà citée, m'apparaît donc comme étant un acquis considérable.

C'est pourquoi, en un sens, la réfutation en question me suffit. Cela dit, "penser plus loin" me paraît malgré tout une activité très satisfaisante. Aussi suis-je fort heureux que Bitbol ait exhumé le métaphysicien antique capable de nous aider à réfléchir, sans trop nous égarer, sur cet acquis. Ce penseur n'est autre que Damaskios[1], un des derniers néoplatoniciens, lequel a écrit : « l'Un (...), s'il est, n'est même pas un ». Cela signifie — explique Bitbol — que l'Un de Plotin ne peut même pas se voir attribuer une détermination quantitative impliquant l'opposition au multiple. C'est pourquoi, à ce mot de *Un* Damaskios préfère l'expression *pantè aporeton*, qui, *grosso modo,* signifie quelque chose comme : "l'absolument indicible". Et Bitbol de me demander ce qui m'empêcherait de penser la réalité indépendante sous la figure du *pantè aporeton* plutôt que sous celle de l'Un plotinien, comme j'en avais occasionnellement émis l'idée. En substance, il est, sur ce point, rejoint par Hervé Zwirn. En effet, par son analyse des données actuelles Zwirn est amené à considérer que ce qui est conceptualisable n'épuise pas "tout", sans qu'il soit, pour autant, possible de définir ce qu'est ce "tout". Il est ainsi conduit à prendre en considération la notion d'un inconnaissable dont on ne peut même pas parler, dont ce serait encore affirmer trop que de, positivement, dire qu'il existe, mais qu'il juge cependant indispensable.

---

1. Dernier chef de l'École philosophique d'Athènes, sous le règne de Justinien (angl. *Damascius)*.

Je pense pour ma part que les vues ainsi exprimées par Bitbol et Zwirn sont foncièrement justes. Au reste, Bitbol signale lui-même que dans beaucoup de mes écrits je suis très près de ce *pantè aporeton* de Damaskios : en particulier là où je recommande de s'en tenir à des notions négatives, telles que celle de "non-localité", plutôt que d'introduire des déterminations positives (des mots tels que *implexité* furent proposés) qui prétendraient décrire une propriété de la réalité indépendante[1]. Seulement, il m'apparaît que les vues en question appellent un certain complément. Revenons, en effet, à la — juste — objection de Bitbol. Elle se fonde sur le fait que mettre en jeu, dans le contexte où je l'ai fait, l'opposition de l'*un* au *multiple*, c'est admettre, pour reprendre ses propres mots, que le domaine des déterminations possibles du réel est exhaustivement couvert par les catégories de la quantité. C'est faire appel à un principe d'exhaustivité de l'intelligible selon lequel le champ du possible est entièrement couvert par les catégories rationnelles. L'objection de Bitbol consiste à faire observer que seul un postulat d'intelligibilité transcendante — auquel il ne souscrit pas et que je n'accepte pas, moi non plus — pourrait justifier ce principe. Mais d'un autre côté, si on rejette ce postulat et si par conséquent on ne pose pas, à titre d'*a priori* de la pensée, que "le champ du possible est entièrement couvert par les catégories rationnelles", ne peut-on concevoir un "réel" qui serait certes indescriptible par le moyen de ces catégories mais que d'autres "modes de quête" de l'esprit laisseraient entrevoir ? Pour ma part il me semble que, si l'on suit Bitbol jusqu'au bout, on ne peut qualifier une telle idée d'incohérente, et je crois comprendre que les néo-platoniciens la nourrissaient implicitement car, sinon, pourquoi auraient-ils écrit sur cet "ineffable" ? Ma conception du *pantè aporeton* est donc que, contrairement à ce que l'on pourrait penser, cette approche n'est pas incompatible avec la *conjecture* que la poésie, la musique, la peinture, etc. nous donnent parfois des "ouvertures" vers le "réel" ou des "lueurs" le concernant. Peut-on extrapoler cette conclusion en direction des grandes lois de la physique mathématique ? La démarche, manifestement, est délicate. Il est clair en tout cas que l'on ne saurait justifier ainsi le réalisme structural proprement dit, qui pose que les lois en quetion

---

1. Il critique malgré tout un point: le fait que j'aie écrit "la réalité indépendante pourrait bien *être* première par rapport à l'espace-temps". Il considère que cet usage du verbe être réintroduit imperceptiblement une sorte de détermination positive. Mais est-ce exact ? Est-ce que "être premier par rapport à l'espace-temps" est une caractéristique autre que négative du "réel" ? Seul, me semble-t-il, un dialecticien de très haute volée pourrait entreprendre de le prouver !

sont des *images fidèles* des grandes structures du "réel". Mais, on le sait, la conception du réel voilé va beaucoup moins loin dans la conjecture. Elle pose seulement que ces lois — et les constantes qui vont avec — sont, d'une manière sans doute indéchiffrable, des reflets — ou des traces, comme l'on voudra — des structures dont il s'agit. Damaskios aurait-il catégoriquement rejeté cette hypothèse ? Je n'en suis pas sûr.

On vient de lire l'essentiel de mes réponses aux réserves et aux critiques — stimulantes — de Michel Bitbol et de Hervé Zwirn. Il est temps maintenant pour moi d'analyser à mon tour leurs vues.

17-3. L'approche pragmatico-transcendantale

"Cela ne peut pas être par hasard" lisions-nous dans *La valeur de la science*. Cela, ne peut pas être *par hasard* que la science s'avère à ce point féconde en prévisions justes. Dans le chapitre précédent, où nous relevions cette phrase de Poincaré, nous avons continué sur sa lancée. Tout naturellement, nous nous sommes dit : « ce ne peut dès lors être qu'à cause de l'existence de quelque substrat de réalité », retrouvant ainsi la thèse qui sous-tend le présent ouvrage. Et nous avons cru constater qu'en filigrane de la pensée de Poincaré il y a bien une telle idée. Idée, cependant, que celui-ci avoue à peine et laisse filtrer à regret, tant il voit d'impropriété dans le fait de parler de ce dont il est assez clair qu'on ne peut rien dire de précis ayant une quelconque solidité. Aujourd'hui, nombre de penseurs font hautement chorus avec la réserve cet auteur. Selon eux, non seulement le réel en soi se révèle *a posteriori* inaccessible mais encore, plus radicalement, sa notion même est dépourvue de sens.

Mais, encore une fois, si on renonce à cette idée de substrat ontologique, quelle attitude adopter face au fait que la science permet de prédire les phénomènes alors que d'autres constructions intellectuelles n'y parviennent pas ? Existe-t-il en la matière quelque itinéraire de pensée permettant d'échapper au réalisme ouvert ? Tout au long du présent ouvrage nous avons constaté l'incompatibilité des réalismes trop immédiats avec les faits que la physique contemporaine a établis. Ceux-ci nous ont quasiment obligés à limiter la concordance entre les théories et le "réel" à un vague homomorphisme entre ce dernier et les grandes structures légales. Ne pourrait-on — demande Bitbol — aller jusqu'au bout de cet "affaiblissement du réalisme" sans en être pour autant réduit à l'arbitraire de l'empirisme pur ? « N'y a-t-il pas une troisième conception des théories physiques, ni réaliste ni empiriste, qui consisterait à tenir ces théories pour moins qu'un reflet partiel du réel mais pour plus que de simples recettes ? » Bitbol, comme on le voit, est en quête d'une attitude intermédiaire qui reviendrait à s'en tenir à un total agnosticisme métaphysique tout en partageant avec le réalisme la tendance à considérer que la structure des théories est hautement significative. Et c'est vers la philosophie transcendantale qu'il se tourne pour trouver les linéaments d'une solution. Il observe que, aux yeux de Kant, les lois de la mécanique newtonienne n'étaient, ni de simples recettes prédictives, ni des descriptions véridiques de la chose en soi. Qu'elles étaient justifiées par leur aptitude à exprimer, dans le contexte de l'application au concept de corps matériel, les "conditions générales de possibilité de l'expérience", c'est-à-dire les trois règles générales (permanence des substances, succession selon la causalité, communauté générale de tout ce qui peut être perçu simultanément) qui, selon Kant, relient les perceptions les unes aux autres et permettent par là l'unité synthétique de l'expérience. Et il cherche à s'inspirer de cette remarque.

Bien entendu, Michel Bitbol n'ignore pas les insurmontables difficultés auxquelles se heurte un kantisme pris à la lettre. Au chapitre précédent nous notions déjà que si les axiomes de la seule géométrie connue du temps de Kant — la géométrie euclidienne — étaient *a priori*, comme le pensait ce philosophe, on n'aurait jamais pu construire des géométries non euclidiennes. Des vues de Kant il ne veut donc garder que l'essentiel. Et quant à la nature de celui-ci il considère, en accord avec Petitot, qu'elle réside avant tout en la primauté conférée à la légalité : entendant par là l'existence de règles qui, sans du tout faire disparaître le caractère relatif à nous des phénomènes, nous permettent de le "mettre entre parenthèses" (voir section 16.2.2).

Dans le cadre de cette approche très générale, la réactualisation de la méthode transcendantale proposée par notre auteur consiste en ce qu'il appelle une "mobilisation de l'*a priori*". Ce qui signifie — précise-t-il — qu'aux formes, historiquement datées, et indéfendables, du synthétique *a priori* kantien il convient de substituer un *a priori fonctionnel*, c'est-à-dire « un ensemble de présuppositions fondamentales associé au mode d'activité pratiqué » (*loc. cit.*, p. 149). L'existence d'un tel lien implique qu'un *a priori* fonctionnel peut très bien devoir être écarté au profit d'un autre lorsque l'activité se modifie. Et cela explique, estime-t-il, que l'on puisse abandonner, au moins en partie, les formes originales de l'*a priori* kantien tout en demeurant dans le cadre de la philosophie transcendantale. De fait, selon cette conception la redéfinition des activités expérimentales provoquée par l'extension de leur domaine d'investigation au delà de l'environnement quotidien — seul exploré au temps de Kant — rendrait même ce changement indispensable.

Selon Michel Bitbol cette approche fournit une justification de la structure de chaque grande théorie physique, non plus par une référence — plus ou moins lointaine et de toute manière problématique — à celle, inconnue, de la réalité indépendante mais par la prise en considération de « sa capacité à recueillir, au sein de son formalisme, les normes que présupposent les activités expérimentales dont elle rend compte[1] » (*loc. cit.*, p. 150). Quant à ces normes elles-mêmes, il explique qu'elles sont telles et telles — et évoluent de telle ou telle façon au cours de l'avancement de la recherche — de par « leur aptitude à s'établir dans des cycles d'invariance opératoire de plus en plus larges », c'est-à-dire, si l'on comprend bien, par le fait qu'elles sont, à toute époque, adaptées aux régularités des résultats des activités expérimentales obtenus à cette époque. Et quant à ces régularités elles sont selon lui (c'est là le point-clef, me semble-t-il) à considérer comme la résultante d'un « processus de *co-définition* des activités et des formes sur lesquelles elles s'exercent » (*loc. cit.*, p. 151). Ainsi, il fait remarquer que, par application du principe anthropique faible, le fait que les valeurs des grandes constantes de la physique ont telles valeurs plutôt que d'autres peut être considéré comme étant une condition de la co-émergence d'entités biologiques aptes à exercer une activité épistémique et des objets de cette activité.

La thèse est cohérente. Est-on, pour autant, convaincu ? La référence aux "normes que présupposent les activités expérimentales", autrement dit (dans le langage de Kant) aux "conditions générales de possibilité de l'expérience" explique-t-elle tout ? Ce qui plaide en faveur de cette idée c'est — notions nous plus haut à la suite de Bitbol — que, aux yeux de Kant, les lois de la mécanique newtonienne peuvent être dites avoir une telle provenance. Mais (pour rester dans le cadre de la physique de Newton) j'estime pour ma part que la conception kantienne et l'appel à l'*a priori* ne rendent compte, au mieux, *qu'en partie* des résultats de cette physique. Plus précisément, je considère que même si l'on accepte d'expliquer la mécanique newtonienne par la référence kantienne aux structures *a priori* de l'entendement, l'idée que cette référence rendrait compte à elle seule

---

1. De toute évidence, cette manière de voir s'harmonise très bien ("trop bien même", diraient certains critiques !) avec une conception de l'histoire de la physique qui veut voir en celle-ci — je cite encore — « une succession d'étapes discontinues d'élargissement des normes présupposées par la dynamique des activités de recherche, suivies de l'explicitation de ces normes par une formalisation théorique adaptée à chaque étape de leur universalisation » (Bitbol, *loc. cit.*).

de la forme quantitative de la loi de la gravitation est bien difficile à défendre. Et il me semble que la substitution d'un *a priori* fonctionnel à un *a priori* statique ne change pas la situation à cet égard. Peut-être faut-il comprendre la théorie de Bitbol comme impliquant que dans un futur indéterminé, quand notre exploitation des diverses symétries, etc., aura pris toute son ampleur, l'expérience n'apportera plus rien d'essentiel à la théorie. Le formalisme mathématique reflètera parfaitement et dans le détail toutes les conditions expérimentales significatives et comme, selon l'hypothèse, il n'y a pas de réalité extérieure (ou, s'il y en a une, son rôle est nul), il sera à ce moment-là le seul à gouverner l'apparition des résultats. A tous les coups l'expérience confirmera ses prédictions. Je pense, pour ma part, que c'est là une anticipation qui tient beaucoup de l'utopie. L'élément rationnel sur lequel je fonde cette opinion réside dans la distinction que je fais (voir section 6.1) entre "théorie-cadre" et théorie tout court. La mécanique newtonienne était une théorie-cadre. La théorie newtonienne de la gravitation était une "théorie-tout-court", s'inscrivant dans le cadre de la première après fixation de la loi des forces. Encore une fois, je veux bien, au bénéfice de la présente discussion, aller jusqu'à admettre que la première ait pu émerger, en quelque sorte, des seules "conditions générales de possibilité de l'expérience" qui étaient pensables à l'époque, ou des normes que présupposaient les activités expérimentales de cette période. Mais il m'est — bien sûr ! — impossible d'adopter la même attitude en ce qui concerne la seconde, dont, n'en déplaise aux mânes de Newton, le caractère de simple (même si géniale !) hypothèse est évident. De même, la mécanique quantique est une théorie-cadre. Ses axiomes sont purement formels et les diverses théories donnant lieu à des vérifications expérimentales s'inscrivent en elle, mais seulement après fixation de la forme particulière de leur lagrangien etc. Dans ces conditions, même si je n'exclus pas que la théorie de Bitbol (ou plus exactement, l'interprétation qui en est ici proposée) soit juste en ce qui concerne la mécanique quantique (nombre d'intéressants travaux ont été faits tendant à la dériver de considérations très générales relatives aux symétries, etc.), je doute fortement (contrairement à Bitbol) qu'elle puisse jamais l'être quant à ces théories particulières.

Formulable, il est vrai, est la *conjecture* selon laquelle, dans un avenir indéfini, même les théories particulières, que dis-je, même les grandes constantes universelles, apparaîtront comme pouvant toutes être déduites de grands principes de symétrie et d'invariance, par des méthodes dont le théorème de Noether donne sans doute quelque idée. Mais même si ces principes nous paraissent simples, resterait pourtant encore à comprendre pourquoi ils *s'imposent* à nous. Et il faudrait également voir s'il est possible, par des symétries supérieures, d'expliquer les petites violations que, curieusement, présentent nombre de symétries actuellement connues. A tout ceci Bitbol répond par la remarque irréfutable que ma manière de voir les choses, ma référence explicative à une réalité indépendante, est elle aussi — et cela de mon propre aveu — une conjecture. Certes, mais celle-ci s'inscrit (avec les changements qui s'imposent) dans la continuité d'une "intuition" — celle de l'existence d'une réalité autre que nous-mêmes — que tous les hommes, toutes les civilisations, ont toujours eue. La remplacer par une autre ne pourrait à mes yeux se justifier que si sa fausseté était démontrée (ce qui n'est pas le cas et ne peut l'être) ou si la conception proposée en substitution était nettement plus vraisemblable à tous égards. Or, tout au moins à l'heure actuelle, la conception avancée par Bitbol ne remplit pas, à mon avis, cette condition, cela pour les raisons ci-dessus explicitées. Dans ces conditions je ne crois pas au bien-fondé du remplacement.

Au commencement de la présente étude (section 2.3) on a noté qu'au cours de l'Antiquité et du Moyen Âge la seule méthode de recherche tenue pour rationnellement valable consistait à aller de l'universel au particulier ; à partir d'une conception du monde parfaitement cohérente sur le plan des idées et à en déduire par le raisonnement les multiples aspects de la nature tels qu'ils se présentent à nos yeux. Et on a observé que l'apport fondateur de Galilée et de ses grands contemporains fut précisément de remplacer cette méthode inefficace — car abusivement ambitieuse — par celle que nous appelons maintenant, tout simplement, *la* méthode scientifique. Or celle-ci est certes fondée sur la légalité (comme nous avons vu que Bitbol le souligne) mais elle l'est au moins autant sur la règle que, pour découvrir, parmi toutes les lois concevables, quelles sont les "vraies", il convient de comparer les conséquences de chacune d'elles à l'expérience, c'est-à-dire, aux faits, et de finalement rejeter celles pour lesquelles on constate alors d'irrémédiables désaccords. Je ne prétends pas, bien entendu, que la conception de Bitbol soit un retour *global* à l'approche antique et médiévale — il y avait au cœur de celle-ci une prétention ontologique à laquelle, justement, Bitbol s'oppose — mais vu le caractère exclusif qu'elle attribue au jeu de la pensée et de l'action humaines il me semble quand même qu'elle pourrait être comprise comme une sorte de reconversion *partielle* — méthodologique, disons — à l'approche en question, ce qui, évidemment, susciterait à son égard une certaine suspicion de la part d'esprits formés à des vues plus conventionnelles. J'ajoute cependant tout de suite qu'il me faut, en la matière, rester très prudent dans mon appréciation. En particulier, le point soulevé par Hervé Zwirn et rappelé ci-dessus en section 17.2.5 doit être pris ici en considération. Il tend à montrer que même si Bitbol a raison il est tout à fait possible que la confrontation de la théorie avec l'expérience continue indéfiniment à faire apparaître des tensions. Les désaccords qui se manifesteront seront — alors comme aujourd'hui — ceux existant entre la construction théorique et la construction perceptuelle. Selon moi, resterait pourtant à comprendre — comme je le notais plus haut — ce qui, dans le cadre de cette manière de voir, justifie notre radicale partialité en faveur de la "construction perceptuelle". Pourquoi posons-nous en principe absolu que chaque fois qu'une hypothèse théorique, même dénuée de conséquences pratiques (une hypothèse cosmologique par exemple), se révèle être en contradiction manifeste, indubitable, avec les faits, c'est à ceux-ci qu'il faut donner raison ? Si tout, finalement, émane de nous, pourquoi ne pas trancher, tantôt dans un sens et tantôt dans l'autre ? Bien entendu, un tel comportement serait jugé "irrationnel", mais en vertu de quoi ce qualificatif ?

Est-ce à dire que j'écarte l'approche pragmatico-transcendantale ? Il n'en est rien, et cela pour plusieurs raisons. D'abord, je note qu'il est toujours intéressant d'explorer de nouvelles voies, ne serait-ce que pour découvrir jusqu'où on peut aller en les suivant. Ensuite, même si la notion d'Être[1] me parait devoir être conservée, il me semble de plus en plus clair que cet Etre — que je conçois, on le sait, comme premier par rapport à la scission matière-esprit — n'est pas connaissable en tant que tel et est, en tout état de cause, extraordinairement "lointain" par rapport à notre attirail conceptuel d'usage courant. Si, comme il me semble, certains éléments de notre pensée dérivent de lui et constituent l'armature obligée de toute connaissance, aujourd'hui il est clair — la physique l'a surabondamment prouvé — que l'ensemble de ces éléments ne coïncide aucunement avec celui des catégories classiques de substance, déterminisme, etc. Qu'il y ait donc, au fur et à mesure que la connaissance se développe, une évolution de l'ensemble des concepts qui, à telle ou telle étape de celle-ci, nous paraissent être fondamentaux, cela est, selon moi, très compréhensible. Et l'expression "mobilisation de l'*a priori*" me semble constituer une manière, un peu figurée certes mais très "parlante", de désigner l'évolution dont il s'agit[2].

---

1. Ou d'Un, ou de *pantè aporeton* ou etc., en de telles matières je tiens pour inadéquat le respect de la précision.

2. De ce point de vue je suis moins loin que l'intéressé lui-même ne le pense du point de vue de Bitbol selon lequel une ontologie (au sens réellement descriptif du terme) est à considérer moins comme un jeu de propositions factuelles que comme une simple grille de lecture (*loc. cit.*, p. 235).

De fait, je vais même plus loin encore. Sur un plan tout à fait général je constate en effet que nos visées profondes sont, en général, bien loin d'être claires, et que, en particulier, les buts ultimes de notre recherche ne le sont pas. Et il me semble qu'en la matière nous y verrions plus clair si nous introduisions quelque distinction entre les objectifs de la quête de compréhension en général et ceux, bien plus ciblés, de la recherche scientifique. Dans ce livre, mon horizon est celui de la compréhension en général, la science ne constituant pour cela qu'une référence parmi plusieurs autres. La science, elle, a pour visée la connaissance discursive. Dans son domaine, elle ne peut "prendre au sérieux" que le nettement conceptualisable, et toute l'histoire de la recherche scientifique montre que cette exigence, toujours plus affirmée, a pour contre-partie une acceptation toujours plus reconnue du relatif. Dans une quête de compréhension on est bien obligé de souligner ce point, ce qui, on l'a vu, me conduit personnellement à lier certaines des avancées majeures de la science à des notions telles que celle d'ontologies "fabriquées", ou "pseudo". Mais pour le scientifique, qui, encore une fois, dans son métier ne peut, lui, avoir que le nettement conceptualisable — et donc le relatif ! — pour horizon, il est clair que de telles notions constituent un cadre de pensée qui, non seulement est peu gratifiant mais n'est même pas tout à fait satisfaisant rationnellement. « Pourquoi, "fabriquée" ? Pourquoi "pseudo" ? » demandera-t-il. L'intérêt de l'approche pragmatico-transcendantale me semble se trouver dans le fait qu'elle met en valeur ce qu'il peut y avoir de définitif dans ce "relatif" ; et que, de ce fait, il est permis d'y voir une avancée dans la compréhension de ce qu'est le vrai objectif de la recherche scientifique. Ecartant ce qui serait, pour celle-ci (compte tenu de la nature de ses critères de vérité et de sa légitime intransigeance à cet égard), le but chiméri-que d'une recherche de l'"en soi", l'approche en question rend explicite la nature et le sens de ce que nous scientifiques, en tant que scientifiques, pouvons vraiment faire. Si bien que, par exemple, le terme "pseudo-ontologie" n'est, dans ce nouveau cadre, plus adapté à la théorie désignée ci-dessus sous ce nom. Pour qui fait sienne l'approche de Bitbol la notion d'Ontologie au sens traditionnel n'a pas de sens, et si l'on veut voir dans l'approche feymanienne une ontologie relative, au sens de Quine, il me semble clair qu'on le peut, et qu'elle n'est, dès lors, pas "pseudo".

Cela dit, et pour revenir aux faits auxquels renvoie l'idée d'une "mobilisation de l'*a priori*", il demeure vrai que, vu ma propre tournure d'esprit, je les comprends mieux en pensant à l'idée d'une réalité indépendante infiniment lointaine mais dont, quand même nous saisissons des traces, qu'en me référant à des pratiques expérimentales dont je persiste à ne pas discerner ce qui, s'il n'y a pas de réalité extérieure, pourrait en orienter l'évolution.

17-4. Notes complémentaires

J'ai longuement analysé les thèses de Michel Bitbol, et n'ai qu'assez brièvement mentionné celles de Hervé Zwirn. La chose tient avant tout à ce que, lorsque son livre a paru, le manuscrit du présent ouvrage était déjà en majeure partie rédigé. Mais j'ai quand même la possibilité de m'exprimer sur le sujet et je m'en félicite d'autant plus que Zwirn, comme on le sait, s'est intéressé à mes vues et qu'il a fait, sur elles comme sur plusieurs autres approches, maintes remarques que j'ai trouvées très pertinentes.

Bien entendu, dans le cas de Zwirn comme dans celui de Bitbol (et d'autres auteurs aussi bien !) il serait tout à fait oiseux de passer ici en revue les points, nombreux et essentiels, sur lesquels l'accord existe entre nous. L'opération ne conduirait qu'à de fastidieuses redites. Fort heureusement il en est quand même quelques-uns — assez mineurs — à propos desquels nos vues ne coïncident qu'imparfaitement ! Je saisis ici l'occasion de les commenter.

La première concerne la définition de ce que j'appelle "le réel voilé". Dans sa section 4.7, là où il traite du rôle de l'observateur, Zwirn note d'abord que, contrairement à ce qui était concevable en physique classique, le "quelque chose" dont il paraît normal d'invoquer l'existence pour expliquer nos perceptions ne peut plus être supposé ressembler vraiment à ce que nous en percevons. Il explique, fort justement, que c'est la raison pour laquelle je parle de "réel voilé" pour désigner ce qui cause nos perceptions mais ne nous est pas directement accessible. Mais il ajoute que « ce réel voilé est, partiellement au moins décrit par le formalisme quantique (c'est pourquoi, commente-t-il en note, il est qualifié de seulement voilé et non pas de totalement inconnaissable) et est indéterministe, non séparable et non compréhensible en totalité ». Ce compte-rendu a le mérite d'être une introduction simple à mes conceptions et une vue approchée de celles-ci. Toutefois il ne les reflète pas d'une manière tout à fait fidèle, et il peut même conduire à plusieurs erreurs d'interprétation à leur sujet. L'une d'elles serait de croire que tels ou tels éléments du formalisme quantique décrivent adéquatement — tels qu'ils sont ! — certains éléments du réel voilé (autrement dit, de ce que, dans ce livre, on a appelé le "réel"). Ce serait, par exemple, de croire que la fonction d'onde décrit vraiment l'état d'un système physique, au sens banal, donc descriptif, que le mot *état* revêt — aussi bien en physique classique que dans la vie de tous les jours —, et que ce système serait donc un authentique élément du "réel". On a vu dans ce livre que telle n'est aucunement ma conception. De même, le compte-rendu de Zwirn pourrait faire croire que l'indéterminisme est un trait du "réel" lui-même. On sait que, selon mes vues, il n'en est rien. Selon celles-ci il est essentiellement un trait de la réalité empirique, autrement dit, des phénomènes, au sens kantien du mot. Il se rapporte aux prédictions d'observations et non pas du tout au réel en soi. Enfin, la raison pour laquelle le "réel" est dit seulement voilé plutôt que totalement inconnaissable n'est pas qu'on en connaîtrait (exactement) tels traits et non tels autres. Elle est, d'une part que nous avons des informations sûres relativement à la représentation que nous n'avons strictement "pas le droit de" nous en former (c'est la non-localité), et d'autre part que nous sommes en droit de conjecturer l'existence de certaines relations, sans doute vagues, entre ses structures et nos lois.

En ce qui concerne ces quelques erreurs d'interprétations que pourrait susciter le passage en question de Zwirn, il me plaît cependant de noter tout de suite qu'en fait Zwirn n'y tombe pas vraiment et qu'il s'agit plutôt de ce qu'on pourrait appeler des "à-peu-près pédagogiquement nécessaires". La preuve qu'il n'y tombe pas lui-même est que, là où, dans sa section 6.10, il décrit en détail la conception du réel voilé, le compte-rendu qu'il en fournit n'incite pas aux confusions dont il vient d'être question. Et quant au qualificatif de "pédagogiquement nécessaire", il se rattache dans mon esprit au fait que rien n'est plus difficile à obtenir qu'une modification substantielle des conceptions reçues, que pour y parvenir sans créer l'incompréhension il faut procéder par étapes — par exemple, changer un concept sans altérer les autres — et qu'un tel processus ne peut pas ne pas entraîner des erreurs temporaires d'interprétation qui sont rectifiées par la suite.

A propos du *commentaire* que Hervé Zwirn propose du réel voilé, et que j'ai trouvé intéressant et instructif, je n'ai que deux réserves à formuler. J'ai déjà signalé l'une d'elles : il s'agit de l'affirmation selon laquelle ma position ne serait pertinente que dans le contexte de celui qui admet le face-à-face entre le sujet et le monde. En section 17.2.1 j'ai exposé la raison pour laquelle je tiens cette assertion pour inadéquate et non fondée, aussi n'y reviens-je pas ici. Ma seconde réserve concerne l'endroit où Zwirn écrit : « Pour d'Espagnat, (...) les structures profondes sont bien appréhendées par la science. » Ceci ne serait vrai que si j'adhérais au réalisme structural. Or on a vu que telle n'est pas, en fait, ma position.

Ces quelques remarques pourront faire l'objet de débats. Elles n'enlèvent rien au fait que l'ouvrage de Hervé Zwirn constitue, à mon sens, un des exposés à la fois les plus fouillés et les plus clairs des problèmes conceptuels très neufs qui émergent de la science contemporaine. De plus, la solution "à trois niveaux" que son auteur esquisse de ces problèmes — à titre de ballon d'essai, en quelque sorte — est tout à fait intéressante à mes yeux. Au reste, au delà de certaines différences de vocabulaire (particulièrement en ce qui concerne l'expression "réalité empirique") on pourrait même se demander si la solution en question n'est pas susceptible d'être considérée comme une version plus détaillée de la mienne propre. Une version dans laquelle ma notion de "réel voilé" serait considérée comme recouvrant deux concepts qu'on distinguerait : le concept du *pantè aporeton*, autrement dit de *l'inconnaissable* zwirnien, et le concept auquel Zwirn donne le nom de "réalité empirique", c'est-à-dire celui d'une "réalité" partiellement conceptualisable mais, pourtant, non représentable. Toutefois, on l'a compris, un tel parallélisme n'est ici présenté que comme une conjecture, qu'il faudrait étudier attentivement avant de pouvoir affirmer qu'elle est pertinente.

18

Objets et conscience

18-1. Introduction

On peut dire qu'à de très rares exceptions près[1], les recherches concernant la notion de réalité et celles concernant la nature de la conscience ont suivi jusqu'ici des voies radicalement séparées. Les premières furent essentiellement conduites par des philosophes dont certains se sont appuyés sur des données scientifiques et d'autres non, mais qui tous centrèrent leurs investigations essentiellement sur la question de savoir si la notion d'une réalité-en-soi est défendable ou si, au contraire, les notions de connaissance humaine et de vérification (par l'homme) sont seules légitimes. Qui, autrement dit, se posèrent des questions dont le libellé ne comporte aucune interrogation sur la nature même de la conscience. Parallèlement, quasiment tous les neurologues qui se sont interrogés sur celle-ci l'ont fait à l'intérieur d'un cadre philosophique déterminé, à savoir celui, sinon d'un matérialisme affiché, du moins d'un implicite réalisme physique. Au reste, ici même — dans ce livre — la voie jusqu'ici empruntée a été celle, en la matière, des philosophes précités : nous avons évoqué observations, vérifications, résultats expérimentaux, sans aucunement nous interroger sur la nature de l'entité qui observe, vérifie ou expérimente. Seule exception à cette règle : les analyses du chapitre 10, car celles-ci ont dû prendre en compte une différence, impliquée par la mécanique quantique, entre le regard de la conscience qui observe un phénomène de l'extérieur et celui de la conscience susceptible d'en être partie prenante. On peut considérer qu'il y a bien eu là une incursion, mais marginale, dans la problématique de la nature de la conscience.

De façon générale on peut admettre que cette séparation des domaines est justifiée par la prudence. Comme tous les êtres vivants nous physiciens et nous philosophes savons de source indéniable que l'observation, la prise de conscience, existent. Cela suffit à nous assurer que nous ne divaguons pas lorsque nous

---

1. On pense principalement ici au récent ouvrage de Michel Bitbol, *Physique et philosophie de l'esprit* (Bitbol, 2000).

faisons intervenir de telles notions dans nos analyses. Toutefois, étant conscients de ce qu'elles ont encore à l'heure actuelle d'énigmatique à mains égards, nous évitons dans toute la mesure du possible d'avoir à évoquer leur "vraie nature". D'un autre côté, cependant, il est bien clair que la question, pour épineuse qu'elle soit, ne peut être éludée indéfiniment. Et il faut même dire que l'abandon du réalisme physique auquel notre physique peu ou prou nous contraint fait qu'on peut très difficilement éviter de se la poser. Il est vrai que l'idéaliste radical peut se satisfaire de la remarque que, la prise de conscience étant la notion première, il est naturel qu'elle ne puisse être ramenée à rien. Mais dès que l'on rejette explicitement ce "solipsisme collectif" on ne peut adopter une telle attitude. Autrement dit, dès que l'on adhère au réalisme ouvert on est bien obligé de s'interroger sur les relations entre "réel", conscience et réalité empirique. C'est essentiellement à des aperçus relatifs à ces questions-là que le présent chapitre est consacré. Malheureusement il ne s'agira que d'aperçus. Tous les auteurs sérieux que leurs recherches ont amené à considérer de tels problèmes ont reconnu qu'ils restent, à l'heure actuelle, profondément énigmatiques.

18-2. Définitions et critères de vérité

Les personnes qui redoutent d'être les jouets d'illusions et tiennent à rester pleinement objectives s'efforcent bien entendu de ne dire et croire que ce qui est conforme à la vérité, que celle-ci leur convienne ou non. Malheureusement on sait depuis des millénaires que, considérée dans un cadre suffisamment général, cette notion de "vérité" est délicate. La définition qui en vient le plus aisément à l'esprit — appelons-la la « définition D » — consiste, bien entendu, à identifier la vérité à l'adéquation au réel. Elle correspond à ce que les philosophes appellent la "théorie de la vérité-similitude", laquelle s'inscrit elle-même à l'intérieur du *réalisme* tel que défini par Dummett (voir section 6.6) relativement à telle ou telle classe d'énoncés. Dans le cadre de la conception du monde spécifiquement dénommée "réalisme physique" au chapitre 1 — conception selon laquelle nous avons, au moins en principe, accès au "réel" — cette définition s'impose d'elle-même[1]. Mais, de toute évidence, elle ne saurait être valable dans le cadre

---

1. En tout cas pour ce qui concerne les énoncés appartenant à une classe très large, comportant énoncés factuels et légaux, que nous appellerons la classe C.

des conceptions selon lesquelles nous n'atteignons que des représentations humaines du "réel". C'est pourquoi des philosophes de tendance empiriste ou positiviste ont proposé depuis longtemps d'autres définitions de la vérité, essentiellement axées sur la notion de vérifiabilité.

L'observation qui précède, jointe au fait que c'est la mécanique quantique qui se révèle être la théorie fondamentale, implique que la définition D ne pourrait — éventuellement ! — être conservée que par qui ferait sienne — ou, en tout cas, n'écarterait pas — une version ontologiquement interprétable de cette mécanique. Or il se trouve, d'une part que de multiples obstacles, détaillés ici au chapitre 9, rendent difficile l'adhésion à de telles versions et d'autre part que, même dans leur sein, appliquer cette définition peut s'avérer conceptuellement délicat (dans le modèle Broglie-Bohm, par exemple, le réel auquel elle renvoie met en jeu les fameuses variables dites "cachées", et celles-ci n'ont avec notre expérience qu'un rapport tout à fait non conventionnel). C'est là une très sérieuse entrave à l'adoption de cette définition. Notons que, malgré tout, l'entrave en question n'équivaut pas à une interdiction totalement générale. Ainsi, si la définition D est manifestement totalement incompatible avec l'idéalisme radical et même avec l'idéalisme "modéré" kantien, en revanche dans la théorie du réel voilé elle ne l'est pas entièrement. Il y a en effet, dans cette conception, certaines affirmations très générales — telles que : "l'existence est première par rapport à la connaissance" ou "certaines grandes lois de la physique donnent peut-être une image non totalement infidèle de structures générales de la réalité indépendante" — qui renvoient bien au "réel" tel qu'il est en soi. Mais pour ce qui est de toutes les autres affirmations, scientifiques ou non, comme, dans cette conception, elles ne portent que sur la réalité *empirique* — les objets tels qu'appréhendés par nous — la définition D n'y est pas applicable.

Il résulte de tout ceci qu'en physique contemporaine la définition D n'est globalement applicable — et encore, d'une manière qui prête à débat — qu'à des approches très particulières et non scientifiquement convaincantes, et qu'il convient donc d'en chercher une autre. A cette fin, le plus simple est de conserver la forme de D mais en la transposant dans le cadre de la réalité empirique (ce qui, *grosso modo*, revient à opter pour une définition axée sur la vérifiabilité). En d'autres termes, il sied de substituer à D la définition — que l'on dénommera D' — consistant à poser qu'une affirmation est vraie si elle décrit la réalité empirique, autrement dit si elle dépeint ce qui, intersubjectivement, nous apparaît. Ainsi énoncée la définition D' demeure d'une grande généralité. Elle est pleinement compatible avec la conception antiréaliste définie à la Dummett (section 7.1) mais son emploi ne nécessite aucunement une adhésion circonstanciée aux thèses antiréalistes. D' s'applique tout naturellement aux énoncés relatifs aux propriétés courantes des objets telles, par exemple, que celles servant à spécifier les positions des aiguilles sur des cadrans. Toutefois nous constaterons que, dans le cadre de l'étude de la nature des sensations, sa mise en œuvre débouche sur des problèmes non triviaux.

Remarque 1

En un sens, D' peut être considérée comme une version condensée de la définition de la vérité attribuée par Putnam à Kant et rappelée ci-dessus en section 1.2, à savoir celle selon laquelle une affirmation est vraie si le monde nouménal dans sa globalité est tel que cette affirmation est celle qu'émettrait un être rationnel au vu de l'information accessible à un être disposant de nos organes sensoriels (et, bien-entendu, de nos instruments).

Remarque 2

La discussion des conditions d'applicabilité de D montre que D pourrait malgré tout être conservée par qui, sans adhérer à telle ou telle version ontologiquement interprétable de la mécanique quantique, refuserait cependant de faire explicitement l'hypothèse qu'aucune de celles-ci n'est valable. Comme il s'agit là d'une position agnostique, la personne qui l'adopte ne peut pas dire, à propos d'un énoncé[1], qu'il est vrai au sens de D. Elle peut seulement dire qu'il "est possible" qu'il soit vrai dans ce sens. Par exemple, en section 2.8 nous avons opté pour la version *faible* du principe de complétude, laquelle implique que nous ne pourrons jamais mettre à l'épreuve de l'expérience la question de savoir si des variables "cachées" existent. Dans son cadre il est donc, en particulier, impossible d'inférer de l'expérience une réponse à la question de savoir si les variables "cachées" du modèle Broglie-Bohm existent ou non. Dans le cas d'une opération de mesure, ceci signifie qu'en ce qui concerne l'énoncé "l'aiguille est dans un intervalle bien défini", tout ce qu'on peut dire c'est qu'il est possible qu'il soit vrai au sens de D. Mais l'option en question ne permet pas de dire, simplement, qu'il *est* vrai dans ce sens.

---

1. Et, en particulier, d'un énoncé de la classe C.

18-3. Objets et ordres (ou "niveaux") de réalité

Dans la première partie du livre la question de la nature des objets a surgi à maintes reprises, en particulier aux chapitres 4, 5, 8 et 10. Au vu des résultats de toute cette étude — songeons en particulier à la non-localité, à l'universalité de la mécanique quantique (que la décohérence rend infiniment vraisemblable), à son objectivité seulement faible, etc. — la constatation s'impose que l'usage du mot de "réalité" dans son acception intuitive se justifie s'agissant d'au moins *deux* concepts irréductibles l'un à l'autre, à savoir : "ce qui est", et "l'ensemble des phénomènes". Autrement dit, il s'est révélé qu'il faut considérer à part, d'un côté la réalité indépendante — *alias* "le réel", *alias* l'être — et de l'autre la réalité empirique. Prises ensemble, les considérations des sections 4.2.3, 5.3, 5.4 et 15.4 montrent en effet que le concept de réalité empirique — qu'elles définissent et affinent — possède bien tous les attributs observationnels qui, dans notre usage courant, sont ceux de l'ensemble des objets que nous nous accordons à qualifier de réels... et que, pourtant, il ne peut être identifié à la notion de "réel" au sens *Ontologique* (ou "endophysique") du terme sinon par le biais d'artifices théoriques qui manquent gravement de plausibilité. En ce sens, il apparaît par conséquent qu'il est impossible de faire l'économie de l'idée d'au moins deux "ordres" ou "niveaux" de réalité.

Il faut bien reconnaître que, dans ce domaine, la physique contemporaine nous soumet à un dur effort conceptuel. En nous dissuadant d'identifier la réalité empirique à la réalité indépendante elle nous incite fortement à ravaler la première au rang d'une pure et simple apparence. Et de fait, lorsque, par exemple en section 8.2.2, la question s'est posée du jour sous lequel les thèmes de la décohérence nous font voir la réalité macroscopique, c'est bien le mot d'"apparence" que l'on a été été amené à utiliser. On a parlé de "construction" de la réalité empirique, et l'on a fait valoir que nous "construisons" ainsi non seulement le présent et l'avenir, mais même le passé. Or il est vrai que cette idée de "construction par nous" nous inspire à première vue — et plus encore peut-être quand on l'applique au passé — un profond sentiment d'insatisfaction, voire, sur le plan émotionnel, comme une réaction de rejet. D'un autre côté, toutefois, il n'est pas mauvais d'analyser un peu la cause d'une telle insatisfaction. Quand on s'engage dans cette voie, on note d'abord une évidence, à savoir que le mot "apparence" n'a de sens pour notre esprit que par rapport à ce qu'à l'inverse il considère comme réel. Et l'on remarque ensuite que ce que, dans la vie de tous les jours, notre esprit considère comme réel c'est la réalité *qu'il appréhende ou qu'il pourrait, ou aurait pu, appréhender*. Or c'est de là, en fait, que procède notre réserve instinctive, car, du coup, dire que la réalité macroscopique n'est qu'apparence nous paraît renvoyer à quelque autre réalité *du même ordre,* qui serait la seule véritable. En outre, nous avons aussi l'impression qu'une telle assertion implique la négation — ou à tout le moins l'affaiblissement — de tout le tissu de contrafactualité, d'accord intersubjectif et de liens causaux qui, intuitivement, nous paraît être au cœur de ce qui dépasse l'apparence.

Ce qu'il faut bien comprendre, c'est que la situation n'est pas celle-là, que, entendu comme il vient d'être dit, le mot "apparence" est ici fallacieux et qu'en fait, en un domaine à ce point éloigné des idées courantes, le langage nous fait défaut.

D'abord, même si le "réel" n'est que "voilé" — s'il n'est pas un "pur x" dénué de tout lien avec les phénomènes — il n'en est pas moins *d'un tout autre ordre* que la réalité empirique représentée par ces derniers. Rappelons-nous, en effet, qu'il n'est pas "dans" l'espace, donc qu'il n'est pas dans l'espace-temps. Et on ne voit même pas comment il pourrait être "immergé" dans le temps cosmique. Outre le fait qu'aujourd'hui l'espace-temps en général n'est pas dissociable de ce qu'on appelle la "matière", il y a au moins deux raisons qui militent contre cette idée d'"immersion". La première est que le temps cosmique ne peut être défini que dans l'approximation (excellente, il est vrai) selon laquelle l'espace est isotrope, et ceci le fait apparaître plus comme un élément d'une méthode représentative que comme le *cadre* possible d'un absolu (d'un "absolument existant"). La seconde est que, curieusement, il se trouve que c'est dans les modèles qui prennent l'idée de "réel" le plus au sérieux que la notion de temps cosmique et celle, corrélative, de Big Bang semblent être le plus difficile à insérer (songeons à la phrase de Bohm selon laquelle le Big Bang ne serait qu'une "petite ride" à la surface du "réel") [Bohm, 1980][1].

Ensuite, ne perdons pas de vue que la réalité empirique présente authentiquement les traits que toute notre intuition courante nous fait associer à l'idée de réalité. Comme il a été noté dès le tout début de ce livre, l'un des principaux de ces traits — un caractère qui la distingue beaucoup du pur et simple prédictif observationnel — est la contrafactualité. Or nous avons noté en section 8.2.2 que la notion de réalité empirique macroscopique qui émerge de la

---

1. Au reste, en introduisant l'idée d'un espace-temps généralisé possédant quelque dix dimensions dont seules les trois d'espace et l'unique de temps nous seraient perceptibles, les théories de supersymétrie et de super-cordes actuellement en cours d'élaboration plaident manifestement dans le même sens.

mécanique quantique *via* l'étude du comportement des variables dites "collectives" n'est aucunement incompatible avec cette contrafactualité. Un autre des traits en question se rattache aux idées, connexes entre elles, d'"explication" et de "cause". Nous l'avons vu, une des raisons qui nous font intuitivement privilégier le réalisme par rapport au pur "prédictif d'observations" est que le réalisme nous donne vraiment le sentiment d'une explication des événements par leurs causes — elles mêmes événementielles — ce que, à première vue, le prédictif d'observations échoue à faire. Mais en section 14.2 nous notions qu'une réflexion philosophique concernant cette notion de cause événementielle a, depuis longtemps, révélé qu'elle est liée dans notre esprit à la notion de volonté, autrement dit qu'au niveau de notre intuition elle présente des aspects anthropomorphiques très accentués. Et, ce qui va dans le même sens mais est peut-être plus significatif encore, l'analyse de la section 15.4 nous a fait voir qu'il est naturel que le concept d'enchaînement de causes conduisant à une perception soit rattaché au sujet ou à la collectivité qui a la perception en question *et qu'il peut alors être conservé même dans le cadre quantique des "opérations de mesure généralisées"* introduites au chapitre 4. Autrement dit, cette analyse a montré que même dans une situation résultant d'une interaction de type "chat de Schrödinger", on peut considérer des enchaînements de l'espèce : "l'aiguille actionne un relai, qui actionne lui-même un voyant, qui actionne, etc." comme des enchainements *causaux*, une telle interprétation étant certes relative à nous, mais *pas plus relative à nous que la notion même d'événement.*

Finalement donc, doit-on qualifier de simples "apparences" des apparences — y compris de causalité — qui sont les mêmes pour quiconque est apte à les percevoir (y compris même, peut-être, les animaux) ? On le sait, c'est par la négative que les idéalistes répondent à cette question et sur ce point précis il est difficile de leur donner tort. De fait, notre appréciation en la matière dépend considérablement du sens que nous donnons aux mots. Il va de soi que faire référence à des choses conçues comme indépendantes de nous facilite grandement la vie courante. De là résulte que nous avons une propension bien compréhensible à réifier. En ce qui concerne les objets, c'est là une approche qui est pleinement légitime pour ce qui touche à la pratique. Elle peut parfaitement être admise en philosophie, mais seulement si l'on se rappelle que, en nous servant de ce langage objectiviste, nous renvoyons, en fait, exclusivement à notre expérience communicable. Sous cette réserve, la réalité empirique, celle qui est la nôtre, celle au sein de laquelle nous naissons, vivons et mourrons, est vraiment qualifiée pour être appelée "réalité". Dans le sens que l'on vient de définir il serait non seulement inexact mais incohérent de dire qu'elle "n'est qu'une apparence". Mais en même temps nous devons bien nous rappeler qu'au vu de la physique contemporaine cette réification se révèle abusive dès qu'on la prend, naïvement, au pied de la lettre. Encore une fois, nous devons garder présent à l'esprit le fait qu'en définitive elle n'est qu'un moyen d'exprimer de façon commode des possibilités de prédiction d'observations (donc d'action). Et finalement, dans le cadre de cette manière de voir, si la distinction entre réalité (empirique) et apparences au sens courant reste, bien entendu, pertinente, celle entre réalité empirique et "apparences valables pour tous" cesse manifestement de l'être.

Nous avons, en somme, explicité et justifié l'usage du mot réalité pour désigner la réalité empirique. Comme, par ailleurs, pour les excellentes raisons rappelées ici, par exemple, aux chapitres 5 et 10, nous ne voulons pas abandonner le concept de réalité indépendante (de *"mind-independent reality"*) nous sommes, je le répète, bien obligés d'admettre l'idée d'au moins deux "ordres" ou "niveaux" de réalité[1].

18-4. Remarques éparses relatives aux sensations

Il est universellement reconnu que le problème de la nature des sensations est un des plus difficiles qui soient. Sont-elles assimilables à de pures et simples réactions physiques, comme le voudraient les versions naïves du behaviorisme et comme des observations simples, celle, par exemple, des fleurs carnivores, pourraient le donner à penser ? Comportent-elles, au contraire un élément *sui generis* assimilable à ce que nous appelons "esprit", comme notre propre expérience intime le suggère si fortement ? Philosophes, physiologistes et neurologues se penchent depuis longtemps sur la question et, dans ce domaine comme dans bien d'autres, le rythme des découvertes, aujourd'hui, s'accélère. Mais simultanément le problème révèle de plus en plus sa subtilité intrinsèque, ce qui fait qu'il demeure toujours d'actualité. Ici on ne

---

1. Notons que dans le contexte des vues ici développées le mot "niveau" a quelque chose de trompeur du fait que, comme on l'a vu, il ne s'agit pas du tout de réalités du même ordre, du type "strates géologiques" par exemple. On ne peut conserver le terme qu'à condition de faire abstraction de toute idée de similarité. Si l'on s'attachait principalement à souligner les différences entre réalités empirique et indépendante, on pourrait le faire en désignant la seconde, comme le faisait Jean Fourastié, par l'expression "le surréel".

prétend, ni, bien entendu, le résoudre, ni même suggérer, à son égard, un axe de recherche privilégié. On se propose seulement d'examiner certains cheminements concevables et d'attirer l'attention sur le fait que, contrairement à ce que l'on pourrait penser à première vue, les avancées de la physique actuelle doivent être prises en compte dans leur étude.

18-4-1. De la "théorie de l'identité"

La conception que l'on appellera ici, pour faire bref, "théorie de l'identité" consiste à affirmer que toute sensation proprement dite, c'est-à-dire toute prise de conscience — et, aussi bien, toute pensée — se réduit, en définitive, à de la matière ; ou, plus précisément, qu'elle est identifiable à une structure purement "matérielle" de neurones[1]. Elle pose en somme qu'étant donné un individu qui, par hypothèse, n'éprouverait par lui-même aucune sensation, pour l'instruire de ce qu'on entend par ce mot il serait nécessaire et suffisant de lui faire une description assez détaillée (impossible, bien sûr, à réaliser en pratique) de ces structures neuronales et des événements purement physiques qui s'y déroulent. Cette thèse a pour elle des arguments indirects qui sont en apparence très convaincants, consistant par exemple à souligner qu'il n'y a pas de phénomène expérimental bien établi démontrant l'existence d'une âme non liée à un corps, ou encore à rappeler que, par l'action de substances chimiques, on peut maintenant modifier qualitativement les pensées et même les désirs des gens. Mais, comme D.J. Chalmers, par exemple, l'a très fortement souligné (Chalmers, 1996, cité par Bitbol, 2000), il n'en est pas moins vrai qu'*a priori* on ne voit pas pourquoi les événements physiques neuronaux qui se produisent quand, sous l'effet de telles et telles stimulations, nous décidons et agissons, ne se dérouleraient pas dans une totale nuit cognitive, comme, apparemment, c'est le cas s'agissant de robots ou d'ordinateurs. A supposer même que toutes les fonctions mentales aient été expliquées neurophysiologiquement, il resterait que nous n'aurions pas, pour autant, de réponse satisfaisante à cette question. Entre les suites d'événements dont il s'agit et l'expérience consciente il y a, souligne cet auteur, un véritable "gouffre conceptuel".

---

1. Dans l'univers philosophique anglo-saxon cette thèse, semble-t-il, a encore les couleurs de la "nouveauté audacieuse". Il n'en va guère de même chez nous puisque, figurant, au moins en filigrane, dans les œuvres d'un d'Holbach et d'un La Mettrie, elle est, peut-on dire, une des composantes de nos *Lumières*. Mais peu importe les circonstances. Ce qu'il faut, c'est étudier la question au fond.

L'existence de ces deux manières, apparemment contradictoires, de considérer la question révèle combien celle-ci est difficile. Ici, sans aucunement prétendre la trancher on voudrait montrer que la physique contemporaine a des informations à apporter à son sujet. Celles auxquelles on pense se fondent sur ce qui a été noté en section 18.2 à propos des limites d'applicabilité de la définition D. Nous remarquions là qu'en physique contemporaine cette définition est exclusivement applicable — et encore, d'une manière qui prête à débat — à des conceptions hautement particulières, les versions ontologiquement interprétables de la mécanique quantique, telles que le modèle Broglie-Bohm. Nous notions qu'il était, dès lors, à propos d'en trouver une autre, et que le plus simple était de faire appel à celle que l'on a dénommée D', laquelle consiste — on s'en souvient — à identifier la vérité d'un énoncé à son adéquation à la réalité *empirique*[1]. Mais ici se présente une difficulté. Selon la théorie considérée, pour faire savoir à l'individu évoqué plus haut qu'au temps t Pierre éprouve une sensation il faudrait lui faire un exposé de la forme : « Au temps t la réalité empirique du cerveau de Pierre est telle ou telle. » Or, vu la définition même de la réalité empirique, le sens d'un tel énoncé est — et est seulement — « si la collectivité effectuait sur ce cerveau telle ou telle mesure ce qu'elle y observerait serait ... xyz » (xyz étant un certain résultat d'observation faisant partie de ceux qu'*a priori* la collectivité en question pourrait obtenir). Mais dans cette assertion figure le verbe "observer". Et comme celui-ci implique, justement, avoir une sensation notre individu ne peut pas le comprendre, puisqu'il ne sait pas encore ce que c'est qu'une sensation. La théorie, manifestement se heurte à un cercle vicieux. Peut-on lui échapper en remplaçant par la pensée la "collectivité" par un jeu de dispositifs enregistreurs ? En posant que le sens de l'assertion considérée est en réalité : « si la "collectivité" des dispositifs en question se trouvait interagir avec le cerveau de Pierre dans des conditions qui lui feraient enregistrer soit ceci soit cela, ce qu'elle enregistrerait en fait serait... xyz » ? Non, car, bien entendu, tous ces dispositifs enregistreurs n'ayant eux-mêmes d'existence qu'au sens de la réalité empirique c'est aussi le cas des indications qu'ils recueillent. Les positions de leurs aiguilles, loin d'être des *en-soi*, n'ont de valeurs bien définies que relativement à la communauté des observateurs, c'est-à-dire — de nouveau — que relativement aux *sensations* qu'ont ceux-ci.

---

1. Ce qui fait, bien entendu, que si, dans l'énoncé de la théorie de l'identité, on fait apparaître le mot de "matière" celui-ci ne peut que désigner, de façon vaste et générale, cette réalité *empirique*.

Finalement, le choix n'est, on le voit, qu'entre le cercle vicieux signalé et une régression à l'infini[1].

L'apparition, ici, de la difficulté dont il s'agit n'a, bien sûr, rien de surprenant. Comme noté en section 18.2, le remplacement de la définition D, axée sur la notion de réalité indépendante, par la définition D', axée sur celle de réalité empirique, n'est rien d'autre que le passage de l'idée que la vérité est l'adéquation au réel à celle que la vérité se définit en termes de vérifiabilité. Mais l'idée de vérifiabilité suppose celle d'un ou de plusieurs vérificateurs. Autrement dit, elle n'a de sens que si la notion de conscience est acquise au préalable. Et il est donc incohérent de prétendre faire appel à elle pour définir l'idée même de prise de conscience.

Ainsi, dans le cadre des interprétations de la physique soit "antiréalistes" soit — ce qui, à mon sens, revient peu ou prou au même — conformes au principe de complétude fort, il n'est, apparemment, pas d'autre choix que de rejeter la théorie de l'identité[2]. Si l'on veut conserver cette théorie quel qu'en soit le prix, une condition nécessaire est donc, soit de se rallier à telle ou telle théorie ontologiquement interprétable soit, si l'on répugne à cette démarche, de, au minimum, ne formuler le principe de complétude que sous sa forme faible (section 2.8). Encore est-il vrai que, dans ce dernier cas, comme nous l'avons vu dans la section 18.2 (Remarque 2), on peut seulement dire qu'il est possible que la théorie de l'identité soit juste, tout en ajoutant qu'on n'a, ni n'aura jamais, le moyen d'établir publiquement que tel est le cas. On voit, autrement dit, que dans le cadre du principe de complétude faible la théorie de l'identité peut être conservée mais qu'elle ne peut l'être qu'au titre de simple croyance, sans base scientifique cohérente et assurée.

---

1. Une erreur à ne pas commettre consisterait à dire : "Étant donné que la réalité empirique est définie par référence à l'appréhension, et par conséquent à la subjectivité, la sensation, qui est elle aussi subjective, s'y rattache très naturellement." On n'oubliera pas que la définition de la réalité empirique est centrée non pas sur la subjectivité mais bien sur l'*inter*subjectivité ; sur la référence aux *autres*.

2. Je n'ignore pas que ce rejet va à l'encontre des idées qui, sur la base des actuelles données neurologiques, peuvent paraître, de beaucoup, les plus vraisemblables puisque, dans le cadre des vues classiques, elles constituent des extrapolations très naturelles des dites données. Mais rappelons-nous que — même en physique ! — l'extrapolation est souvent trompeuse, et constatons que les données neurologiques ne réfutent en rien l'existence des données de physique qui motivent notre rejet.

Remarque 1

Biologistes et neurologues s'accordent très généralement à dire que, tout en étant structurées à un niveau de petitesse qui nous étonne, les composantes diverses des neurones — comme des cellules en général — sont encore, pour la plupart, des structures suffisamment macroscopiques pour relever, à une approximation entièrement satisfaisante, d'une physique purement classique. Il convient de souligner que la conclusion négative ci-dessus formulée relativement à la théorie de l'identité n'est nullement affectée par cette donnée. En effet elle ne résulte de rien d'autre que de l'idée que la mécanique quantique est à valeur universelle, et de la constatation que les lois physiques classiques apparaissent comme n'étant que des conséquences de cette mécanique. A première vue, le raisonnement selon lequel « étant donné que les concepts classiques suffisent à rendre compte des phénomènes neurologiques, la conscience est interprétable en termes physicalistes » semble clair et inattaquable, car on se dit que dans ces conditions les problèmes particuliers liés à l'interprétation de la mécanique quantique n'ont "évidemment" rien à voir avec la question. Mais nous venons de constater que cette argumentation présente une faille manifeste, consistant, en bref, en ce que le physicalisme n'est pas exprimable sans incohérence en termes d'objectivité seulement faible alors que l'universalité — vraisemblable — des lois quantiques appelle ce moyen d'expression.

Remarque 2

Si l'on ne retient le principe de complétude sous aucune de ses deux formes on peut évidemment (sous réserve, bien sûr de l'objection de Chalmers) donner à la théorie de l'identité une consistance nettement plus grande. Notons cependant que, dans le modèle Broglie-Bohm cette théorie prend une forme assez particulière. En effet, étant descriptive par essence, elle met nécessairement en jeu les fameuses variables "cachées". Pour elle, l'état de conscience d'un être sentant est constitué, nous l'avons vu, par le fait que, dans l'espace de configuration, le point représentatif de ces variables est dans une certaine région plutôt que dans une autre. Comment, alors caractériser ces régions ? Plus haut, pour définir la théorie de l'identité, nous évoquions l'idée d'un individu privé de sensations auquel, pour l'instruire de ce qu'on entend par ce mot, nous ferions une description de structures neuronales ; et nous disions que, bien sûr, il faudrait que cette description soit considérablement plus détaillée que celles qu'il est possible de réaliser en pratique. Cela implique que les régions dont il est ici question soient très petites. Mais dans quelle mesure peuvent-elles l'être ?

N'oublions pas qu'en raison de la non-séparabilité et de la contextualité l'espace de configuration à considérer est, en toute rigueur, celui de tout l'Univers. Nous restreindre à un système donné et à une zone de valeurs possibles pour les variables "cachées" de ce système c'est, dans cet espace, considérer des zones qui s'étendent à l'infini selon tous les axes orthogonaux à ceux de ces variables et, toujours pour les mêmes raisons, il est impossible de prétendre que la position du point représentatif à l'intérieur d'une de ces zones est dénuée de signification pour le système considéré. Cette rapide remarque est loin, cela va de soi, d'épuiser le sujet mais elle suffit à faire voir que dans le cadre du modèle Broglie-Bohm vouloir expliquer le phénomène de la sensation — de la prise de conscience — par le moyen de la théorie de l'identité ne serait peut-être pas une entreprise très aisée.

Certes le modèle Broglie-Bohm n'est pas la seule théorie ontologiquement interprétable pouvant servir de substitut à la mécanique quantique conventionnelle. Dans la section 9.8 nous avons vu, en particulier, que — « en désespoir de cause », disions-nous — des physiciens attachés par principe au réalisme prêtent foi à des modèles qui rendent la mécanique quantique ontologiquement interprétable en modifiant l'équation de Schrödinger d'une manière appropriée. Et certains de ces physiciens — je pense ici principalement à Roger Penrose (1995) — ont développé des considérations qui leur donnent des raisons valables d'espérer qu'une explication de la conscience peu ou prou conforme à la théorie de l'identité pourra être développée à partir de là. Il est parfaitement possible qu'ils aient raison. Simplement, je ne crois guère, personnellement à ces modèles, car le fait d'introduire des termes supplémentaires fort compliqués dans l'équation de Schrödinger et de le faire dans le but avoué de "sauver" une conception philosophique — le réalisme physique — me paraît être une espèce de bricolage un peu en dissonance avec l'esprit de la recherche scientifique. C'est pourquoi ma quête propre prend une tout autre direction.

18-4-2. De la "théorie de l'efflorescence"

La théorie ici appelée "de l'efflorescence" est celle selon laquelle la sensation — ou du moins sa composante *sui generis*, la "prise de conscience" est un simple produit de l'activité neuronale. Le rejet de la théorie de l'identité n'implique pas par lui-même celui de cette théorie car on conçoit fort bien que la nature du produit puisse ne pas être la même que celle de ce qui l'engendre. Et de fait, à l'heure actuelle l'idée reçue, celle que les données biologiques, neurologiques, etc., tout comme, d'ailleurs, la pure et simple "manière scientifique de voir les choses", paraissent imposer, est, justement, que la pensée — y compris l'étincelle première de celle-ci, à savoir la prise de conscience — serait produite par le corps, en serait une efflorescence (un certain rapprochement pourrait être esquissé entre cette idée et la thèse d'Aristote qui posait que l'âme est la *forme* du corps, mais avec toutefois l'importante nuance que ce philosophe subordonnait en quelque sorte la matière à la forme, alors que les matérialistes modernes tendent à privilégier le premier de ces deux concepts).

La thèse de l'efflorescence a longtemps paru s'imposer et elle a, encore aujourd'hui, d'ardents défenseurs. Il se trouve cependant que certaines données nous sont maintenant connues tendant à suggérer qu'en fait la pensée est loin de n'être qu'une simple efflorescence et que, bien au contraire, elle a certains rapports profonds avec les grandes structures du "réel". Ces données furent relevées par plusieurs auteurs. Elles ont le caractère non de preuves mais de simples arguments de plausibilité, ce qui ne les empêche pas d'être pleinement dignes d'intérêt. Elles consistent en une sorte de parallélisme entre les structures de la pensée et celles de la mécanique quantique. Comme Shimony le note (Shimony, 1993, I, p. 38) la constatation qui leur est commune et qui leur sert de fondement est que les grandes notions de cette dernière mécanique sont essentiellement d'ordre structurel, ce qui fait que les domaines dans lesquels elles peuvent se manifester ne se réduisent aucunement à celui des systèmes conçus comme matériels.

L'une de ces notions est celle d'enchevêtrement. En effet le mental est aujourd'hui considéré par les experts comme un phénomène essentiellement collectif au niveau neuronal, mettant en jeu des états hautement complexes du système cérébral, indissociables, même en théorie seulement, en états de neurones (ou même groupes de neurones) individuels. La similarité avec l'enchevêtrement quantique (plus haut sommairement décrit en section 3.1) est manifeste.

Pour introduire une autre de ces notions, celle de *potentialité*, et justifier sa prise en considération ici, on doit d'abord rappeler qu'en mécanique quantique la spécification "complète", par la fonction d'onde, de l'état quantique d'un système laisse indéfinies — laisse "en puissance" — certaines des propriétés de celui-ci, lesquelles, se réaliseront "en acte" lors d'une éventuelle mesure[1]. Et l'on doit par ailleurs faire valoir que, depuis longtemps, certains penseurs,

---

1. Comme Heisenberg l'a fait valoir, un tel état de chose rappelle la théorie de la puissance et de l'acte élaborée par Aristote.

Whitehead en particulier, remarquant les analogies existant entre comportements humains et sub-humains, ont jugé légitime d'attribuer une certaine expérience, au moins inconsciente, à des organismes considérablement plus simples que les être humains et les animaux supérieurs. La question qui s'est alors posée a été celle de savoir s'il serait concevable de passer de là à l'attribution d'une sorte de proto-mentalité aux systèmes inorganiques, voire aux systèmes physiques les plus simples. Une telle suggestion s'est tout naturellement heurtée à l'objection que l'on ne voyait même pas quel *sens* donner au mot "proto-mentalité" dans le contexte classique de l'époque. Or Shimony a fait valoir que le concept de potentialité offre, justement, une possibilité de lever cette difficulté. Son idée directrice est que la proto-mentalité dont il s'agit pourrait n'avoir avec la conscience qu'un rapport de pure potentialité, et que les circonstances dans lesquelles cette potentialité serait susceptible de se transformer en actualité comporteraient la présence et l'activation d'un système nerveux[1].

Bien entendu de telles considérations ne sont que de simples indications. Relativement au problème qui nous occupe elles ont cependant le grand intérêt de montrer que — contrairement à ce que donnerait à croire une réflexion centrée sur les seules idées classiques — la thèse que la pensée n'est qu'une efflorescence de la matière est loin d'être une vérité établie[2]. Il se trouve, cependant, qu'il semble possible d'aller plus loin. En effet, la donnée fondamentale qui a servi dans la section précédente à réfuter la théorie de l'identité est significative ici aussi. Cette donnée, qui résulte des analyses conceptuelles passées en revue dans ce livre, est, on se le rappelle, que les éléments dont nos corps (et donc nos neurones) sont constitués ne sont eux-mêmes que des réalités empiriques. Or, comme je l'ai déjà fait valoir, il est bien difficile de concevoir qu'une telle réalité, qui n'est qu'une simple "réalité pour nous", n'ayant de sens qu'aux yeux des consciences, puisse engendrer celles-ci. Nous sommes donc amenés à considérer que si notre analyse des données scientifiques est juste l'"idée reçue" dont il était question plus haut, celle de

---

1. Il se hâte cependant de reconnaître que l'idée demeurera creuse aussi longtemps qu'il ne sera pas possible de la tester par des expériences de psychologie similaires aux expériences d'interférence qui mettent la potentialité quantique en évidence.

2. Les ouvrages développant des considérations allant dans ce sens sont nombreux mais tous, malheureusement, ne sont pas dignes de confiance. Parmi ceux qui inspirent un jugement plutôt positif (malgré la nécessité de réserves) on en citera ici un, *In Search of Divine Reality* (Schäfer, 1997) dont — en dépit de son titre — le sujet principal est moins le divin proprement dit que le statut de la pensée dans la physique contemporaine.

l'émergence de la pensée à partir de la pure matière,, même si elle reste indispensable en tant que modèle, ne peut être érigée en position philosophique fondamentale.

Bien entendu, si la critique d'idées est nécessaire elle n'est en rien suffisante. Autrement dit, le contenu de cette section-ci et de la précédente appelle, en quelque sorte, une contrepartie positive, qui expliquerait ce que la prise de conscience *est*. Malheureusement, l'état actuel de nos connaissances est bien loin de permettre le comblement de cette attente. Nous nous bornerons donc, en la matière, à quelques suggestions, inspirées comme il va de soi, par les données analysées dans les chapitres antérieurs.

18-4-3. Du caractère relatif de la conscience

Dans la constitution de la réalité empirique le rôle de la conscience est primordial par définition, puisque cette réalité empirique est essentiellement une représentation. Ce qui, étrangement, semble faire de la conscience comme une sorte d'absolu. Du moins est-ce le cas aussi longtemps qu'est mis sous ces mots "conscience" ou "pensée" ce que les penseurs y ont toujours mis, à savoir, en définitive, une "entité". Une entité dont, même, il a été rappelé plus haut qu'ils considèrent son existence comme la plus certaine de toutes. Jusqu'ici nous nous en sommes implicitement tenus à une conception de cette sorte. Et cependant il faut bien reconnaître qu'à côté de points forts elle en comporte aussi de dérangeants. Si l'on est sensible à ceux-ci, un cheminement qui s'offre à l'analyse consiste à se demander si, en définitive, l'attitude dont il s'agit, celle consistant à considérer la conscience comme une entité, autrement dit comme susceptible d'être, "en soi", dans certains "états", est bien la seule acceptable. Après tout, une telle conception est celle qui, s'agissant de systèmes physiques, était, du temps de la physique classique, de beaucoup la plus répandue et pourtant nous avons bien dû constater, en définitive, qu'il nous fallait l'abandonner. Il n'est pas absurde d'envisager l'idée qu'une renonciation similaire soit possible en ce qui concerne la conscience, et que, en dernière analyse, elle soit susceptible de présenter, sur le plan de la cohérence, quelques avantages.

En ce qui concerne les systèmes physiques, l'abandon de la thèse que leurs états sont des "en soi" a conduit — on l'a vu au chapitre 4 — à l'idée que finalement les symboles mathématiques qui leur correspondent dans la théorie sont avant tout des outils de prédiction d'observations, les observations en question pouvant être faites, soit directement, soit par l'intermédiaire d'instruments.

Autrement dit, la conception qui s'est fait jour comporte l'idée que les états dont il s'agit renvoient, en fait, à autre chose qu'à eux-mêmes : de fait à des états mentaux. L'approche qui vient d'être esquissée suggère donc que, de même, les états de conscience devraient renvoyer à "autre chose"[1].

Cet "autre chose", quel est-il ? Pour tenter de répondre à cette question (délicate), revenons un moment sur la description des systèmes physiques par la mécanique quantique. Vue comme un tout, notions-nous, en somme, à l'instant, celle-ci consiste essentiellement en un jeu d'axiomes permettant d'énoncer des prédictions d'observations. Il n'en est pas moins vrai que parmi ces axiomes il en est qui, si l'on décidait de ne retenir que l'ensemble qu'ils forment en faisant abstraction des autres, fourniraient des descriptions interprétables comme étant celles d'objets "en soi". De fait, c'est bien le cas dès que l'on écarte de l'ensemble les axiomes permettant l'évaluation de probabilités, c'est-à-dire si l'on se cantonne dans l'étude de propriétés telles que, par exemple, des niveaux d'énergie des atomes ou des molécules[2]. Le point est seulement qu'en toute tentative de compréhension globale une telle mise à l'écart serait injustifiable. Ici nous allons voir que la situation qui se présente a quelque chose de similaire.

A cette fin, considérons une fois encore (sans reculer devant le recours à une idéalisation "sauvage" puisque notre quête n'est que conceptuelle) le problème du chat ou, mieux, celui de l'"ami de Wigner". Plus précisément, imaginons un physicien, Pierre, qui se trouve à proximité d'un laboratoire dont toutes les portes sont fermées et où il sait que se déroule une expérience de physique quantique telle que celle décrite, sous le nom — conventionnel, reconnaissons-le — de "mesure", en section 4.2.2. Imaginons que Pierre connaît en détail les conditions initiales propres à cette expérience et imaginons aussi qu'à l'intérieur de ce laboratoire se trouve un autre physicien, Paul, qui note, dès son apparition, le résultat qu'affiche l'instrument. Nous pouvons compliquer ce dispositif en imaginant que Pierre et le laboratoire — Paul inclus — sont eux-mêmes encerclés par un grand mur à l'extérieur duquel se touve un troisième physicien, Jean (informé lui aussi des conditions initiales de l'expérience) ; et ainsi de suite, en "poupées russes", à l'infini. D'un certain point de vue, qu'on peut appeler

---

1. Cette vue constitue l'une des idées directrices du livre de Michel Bitbol intitulé *Physique et philosophie de l'esprit* (Bitbol, 2000).

2. Le principe de tels calculs n'est, on le sait, pas conceptuellement différent de celui qui, en physique classique, gouverne l'étude des harmoniques dans le problème des cordes vibrantes.

"celui de Paul", l'état de conscience de Paul immédiatement après l'expérience — immédiatement après qu'il a regardé l'instrument — peut être considéré comme un "en soi" : il a vu l'aiguille en A ou il ne l'a pas vue en A. Mais d'un point de vue plus général les choses se présentent différemment. Pour Pierre, par exemple, l'état de conscience de Paul n'est, à ce moment-là pas défini : il est une superposition (d'états "avoir vu" et "ne pas avoir vu") tout comme l'était, pour Paul lui-même, l'état de l'aiguille avant qu'il ne la regarde. Pour Pierre l'état de conscience de Paul ne deviendra défini que lorsqu'il l'aura interrogé (par téléphone, si l'on veut), donc sera entré en interaction avec lui, et que celui-ci l'aura informé de ce qu'il a vu. Entre temps, si Pierre avait les dons d'un démon de Laplace il pourrait faire et vérifier certaines prédictions expérimentales incompatibles[1] avec un tel caractère défini[2]. Et d'autre part, même après ce coup de téléphone, pour Jean, qui est à l'extérieur du mur, ni l'état de conscience de Paul ni celui de Pierre ne seront encore des entités, ou propriétés, définies. Elles ne le seront que lorsqu'à son tour il aura interrogé Pierre (ou Paul). En d'autres termes, quand nous disons que c'est la prise de conscience de Paul qui "fait émerger" une position bien définie de l'aiguille — qui "découpe" cette position au sein du réel — nous n'avons pas tort mais nous n'énonçons qu'une vérité relative et, de ce fait, biaisée, puisque par cette phrase elle-même nous laissons entendre que l'état de conscience de Paul serait à considérer comme une sorte de "en soi". Il n'en est rien, puisque, du point de vue de Pierre, cet état lui-même n'est "découpé" au sein d'une potentialité que par la prise de conscience vécue par lui — Pierre — lorsqu'il téléphone. Et même chose, bien entendu, en ce qui concerne l'état de conscience de Pierre relativement au point de vue de Jean, et ainsi de suite.

Finalement — on le voit — ce qui est mis en question ici ce n'est pas l'idée que la clef de voûte de la physique est la prédiction d'observation, c'est l'idée adventice que cette notion d'observation appellerait celle d'une conscience humaine qui jouerait en quelque manière un rôle d'absolu ou de substitut d'absolu. Ce que l'on vient de voir c'est que même les états de conscience précis et objectifs renvoient en fait à des "points de vue", au sens que prend

---

1. Sous réserve d'un point théorique délicat, explicité plus bas (voir la remarque en fin de section) mais qui n'affecte pas la conclusion.

2. Certes il lui faudrait pour cela faire une étude statistique, donc recommencer un grand nombre de fois l'expérience sous des conditions identiques. Mais dans le cadre de notre "idéalisation sauvage" il n'y a en cela rien qui puisse vraiment nous arrêter.

cette expression quand, par exemple, au cours d'une discussion philosophique, nous évoquons — fût-ce pour la taxer d'illusoire ! — l'idée d'un "point de vue de Sirius". Mais, encore une fois, il reste que, même dans l'intervalle de temps séparant l'observation faite par Paul du coup de téléphone de Pierre, l'état de conscience de Paul est, *pour Paul lui-même*, parfaitement bien défini. Dire qu'il n'est *pour lui, Paul*, qu'une apparence n'aurait, de toute évidence, aucun sens. Autrement dit, il y a là une vérité qui, pour être relative — "indexée" écrirait Bitbol[1] — n'en est pas moins une vérité.

Cette reconnaissance — à laquelle nous venons d'être contraints, en quelque sorte — de l'existence de vérités "indexées" présente, en particulier, l'intérêt que, du coup, nous éprouvons moins de difficulté à admettre la possible existence de telles vérités relatives dans des domaines plus larges que celui de la conscience pure. En ce qui concerne la "dialectique" apparences-réalité dans le cas des objets physiques, cela peut contribuer à mieux dissiper encore le malaise la concernant, malaise que, plus haut, on s'est déjà efforcé de soulager (par des arguments, au reste, apparentés aux vues ici développées). Finalement, dans le domaine du mental (de la nature de la pensée, de la conscience, de la sensation, etc.) il paraît assez sage de suivre de récents auteurs tels que Varela ou Bitbol qui, somme toute, jugent inadéquates toutes les propositions descriptives non indexées. Comme, en ce qui concerne le domaine du "physique", la mécanique quantique nous a amené à, précisément, la même prise de position, nous ne pouvons pas, en définitive, ne pas en conclure à un certain rapprochement entre le "physique" et le "mental". Mais bien entendu il serait très superficiel de voir là comme une sorte de retour à la théorie de l'identité. Telle que définie plus haut la théorie de l'identité est une tentative visant à *réduire* le mental à du physique, et à du physique exprimable en termes *descriptifs* non indexés. La différence saute aux yeux.

Notons enfin que ce rôle fondamental que, en définitive, paraît jouer le *relatif* confère une certaine plausibilité à l'hypothèse philosophique — introduite en fin de section 10.3.3, — selon laquelle l'ensemble des êtres vivants et conscients serait une "société d'amis de Wigner". Dans une "société d'amis de Wigner", au sens défini à l'endroit cité, ni les "choses" ni les états de conscience n'ont une réalité absolue. Certes le concept même de ces "amis" suppose, au départ, une ou des entités — l'expérimentateur, son instrument, le système physique qu'il soumet aux mesures — jouant justement,

---

1. Le raisonnement qu'on vient de lire est en partie inspiré de celui développé par Michel Bitbol au chapitre III de son ouvrage déjà cité (Bitbol, 2000).

en un sens, un rôle d'absolu par rapport à ce relatif. Mais ces entités "absolues" sont telles que (de par la structure même de l'hypothèse) nous ne pouvons rien savoir — au sens précis et net du mot "savoir" — à leur sujet, de sorte qu'elles ne sauraient, par définition, constituer l'objet d'une quelconque recherche scientifique. Ainsi, l'apparition, finalement fort naturelle dans notre étude, de cette notion de "sociétés d'amis de Wigner" peut être considérée comme une sorte de fil conducteur menant sans grands heurts à la conception d'un "réel" qui n'est pas, pour nous, conceptualisable.

Remarque

Lorsque nous disions qu'en principe Pierre pourrait effectuer des expériences statistiques réfutant l'idée que Paul est dans un état de conscience bien défini (expériences que nous appellerons ici "expériences E") nous nous placions évidemment dans un cadre hautement idéalisé à plusieurs égards. Implicitement nous supposions que l'état initial de Paul pouvait être reproduit en un grand nombre d'exemplaires identiques, nous faisions abstraction de l'environnement (ou nous supposions que Pierre, démon de Laplace très doué, pouvait faire sur ce dernier les mesures appropriées), etc. Ou, si l'on préfère, nous imaginions Paul, comme déjà suggéré en section 10.3, sous les traits d'une sorte de microbactérie, ou de molécule d'ADN idéalisée, susceptible de prise de conscience mais néanmoins assez "microscopique" pour être manifestement soumise aux lois quantiques. Mais nous supposions aussi autre chose, qu'un détour vers le modèle Broglie-Bohm va nous aider à découvrir[1]. Dans celui-ci en effet la réfutation en question, même si l'on se place dans le cadre idéalisé qu'on vient de dire, ne va pas de soi. En effet, le fait pour Paul de se trouver dans un état de conscience bien défini y correspond à la donnée que le point représentatif de ses variables "cachées" se trouve dans l'une des régions R_1 ou R_2 considérées en section 10.2 (pour des raisons de simplicité nous restons dans le cas de deux régions seulement). Or dans le modèle Broglie-Bohm ceci n'empêche aucunement toutes les prédictions vérifiables que l'on peut faire à partir de la fonction d'onde totale d'être vérifiées, y compris les fameuses "expériences E", celles qui établissent que l'ensemble statistique des "Paul" n'est pas un mélange mais bien un "cas pur", autrement dit celles, précisément, dont nous disions ci-dessus qu'elles réfutent la thèse du caractère défini de l'état de conscience

---

1. Nous reprenons ici, pour la clarté, certaines considérations déjà présentées en section 10.3.

de chacun des Paul constituant l'ensemble. La raison de cette particularité est, on le sait, que, dans le modèle, le point représentatif est guidé par l'onde *totale*. Dans l'analogie avec l'expérience des fentes de Young proposée en section 10.3 cela correspond au fait que le modèle permet *à la fois* aux particules de ne passer que par une seule fente et aux franges de se former[1]. De fait, dans l'analogie en question la présence des franges ne réfute donc pas l'idée du passage de chaque particule par une seule fente. Ce qu'elle réfute c'est seulement l'idée — à caractère essentiellement "prévisionnel" — qu'aux particules passées par la fente numéro 1 (et qui se trouvent, de ce fait, dans la région R_1) devrait, en vue de la prédiction de la répartition de leurs impacts sur l'écran, être associée l'onde correspondante O_1. Et de même, en ce qui concerne les Paul idéalisés en ADN, ce que, dans le cadre du modèle Broglie-Bohm, nos "expériences E" réfutent, c'est la thèse selon laquelle le fait que Paul est dans un état de conscience bien défini devrait être utilisé, en particulier par Pierre, pour la prévision d'observations. Or il apparaît (et un peu de réflexion sur l'interprétation modale éclaire encore mieux le point) que cette conclusion n'est pas propre au modèle Broglie-Bohm mais que, au contraire, elle est générale. La présente remarque nous permet donc, en définitive, d'affiner un passage du développement qui la précède. Là où nous disons qu'idéalement Pierre pourrait réfuter l'idée que Paul a un état de conscience bien défini il conviendrait, pour être exact de préciser : un état de conscience bien défini et dont le fait qu'il l'est serait à prendre en compte dans l'élaboration des prévisions d'observation. C'est donc bien l'existence de tels états de conscience non indexés que le raisonnement réfute.

18-4-4. Co-naissance, co-émergence, co-engendrement, etc.

L'idée — ou "métaphore" — de la co-naissance de la pensée et de la réalité empirique est présente chez nombre d'auteurs sans avoir chez tous tout à fait le même contenu. Pour les transcendantalistes elle signifie souvent que nous participons intimement à un processus d'auto-qualification d'un "quelque chose" qui ne jouit, indépendamment de nous, d'*aucune structure* : ni contingente (entendons : comportant des objets-en-soi localisés çà et là dans l'espace, ayant des formes, etc.) *ni même simplement générale* et matrice de lois. L'approche pragmatico-

---

1. Des franges que la présence de gaz peut pratiquement faire disparaître de même que, par effet de décohérence, la présence de l'environnement rend pratiquement impossible la réfutation ici considérée.

transcendantale de Michel Bitbol, commentée ci-dessus en section 17.3, peut être considérée comme rentrant dans ce cadre. La conception que Hervé Zwirn (Zwirn, 2000) décrit en conclusion de son ouvrage en est, en substance, assez proche. Dans cette manière de voir il y a "co-émergence" (intemporelle ou temporelle, selon les auteurs), d'une part, de la pensée (au sens le plus large du terme) et, d'autre part, de la totalité de ce que celle-ci est susceptible d'appréhender, ce qui conduit ces auteurs à dire que dans leur système il n'y a pas de face à face entre la pensée et le monde. La formule toutefois, je l'ai dit, me paraît obscure, du fait que, dans un tel contexte, le sens du mot "monde" n'est pas défini.

La conception du réel voilé ressemble à ces vues en ce que le "réel" y est, je le rappelle, tout aussi dénué de "structures contingentes" (objets localisés, etc.) dans celle-là que dans celles-ci. En revanche, ce "réel" y est considéré comme possédant de grandes structures générales qui sont extrêmement loin d'être accessible à notre savoir discursif mais pourraient bien, quand même, être comme le "matériau de base", aussi bien de nos grandes inspirations, littéraires, artistiques, contemplatives ou mystiques que — pourquoi pas ? — de nos grandes lois scientifiques[1]. Cette conception donne, on le voit, une certaine place — et même, dirai-je, une certaine "positivité" — au mystère mais c'est là un point qui sera étudié plus loin. La notion de co-naissance — ou co-émergence —, est présente dans cette conception comme dans celles rappelées plus haut, mais à la différence près que les grandes structures en question n'y ont pas part, puisqu'elles existent par elles-mêmes. Il y a bien encore co-émergence, mais seulement entre la pensée d'une part (toujours au sens large : pensée proprement dite mais aussi prise de conscience, etc.) et la réalité empirique, autrement dit l'ensemble des objets, des événements, etc., d'autre part.

Du fait que, dans cette conception, la pensée "co-naît" avec, spécifiquement, le jeu des objets et événements, c'est-à-dire avec du concret, l'attention s'y touve attirée, plus, sans doute, que dans le cadre des autres approches, sur la question de savoir ce que l'idée de co-naissance est susceptible de véritablement signifier. Non pas, bien entendu, qu'il puisse être question de l'exprimer dans le langage du réalisme objectiviste ! Mais enfin, un rapprochement peut difficilement ne pas venir à l'esprit entre l'idée de "naissance",

---

1. Comme on le sait, l'idée n'est pas que ces lois "décrivent" les structures en question mais seulement qu'elles en sont comme des reflets déformés.

ou d'"émergence" de la pensée — qui est une des deux "faces" de la conception considérée — et la thèse encore si répandue d'un engendrement de la pensée par des objets physiques (des neurones en particulier). Et cela fait qu'il peut paraître naturel d'adopter la formulation de cette dernière thèse en la complétant par sa symétrique ; ce qui conduirait à considérer la notion de co-naissance comme englobant celle d'émergence, voire celle de cause, et par là à écrire, comme je l'ai fait naguère (d'Espagnat, 1979), que pensée (ou "conscience") et réalité empirique « n'ont d'existence que l'une par l'autre », ou encore à parler à leur sujet d'un « engendrement réciproque » au sein de la réalité indépendante (d'Espagnat, 1997, p. 424) .

Sans renier ces assertions j'aimerais souligner ici qu'il s'agit avant tout d'images évocatrices, qui n'ont pas à être prises en un sens exagérément littéral car les comprendre ainsi ferait naître une difficulté. Celle-ci concerne, non pas le volet "engendrement *de* la réalité empirique *par* la pensée" (lequel est l'élément novateur de la thèse) mais bien son symétrique, à savoir l'idée — encore une fois, tout à fait classique et "reçue" — de l'engendrement *de* la pensée *par* la réalité (empirique). En effet, dans le cadre de la conception défendue dans ce livre et du statut qu'elle impartit à la notion de réalité empirique (celui d'une "réalité pour nous" irréductible à une "réalité en soi"), une telle idée n'est pas défendable. Comment, encore une fois, de simples "apparences pour la pensée" pourraient-elles *engendrer* cette même pensée ?

Ce sont les considérations de la section qui précède qui, pour une bonne part, contribuent à lever cette (petite[1]) difficulté. En effet, elles permettent manifestement de considérer, d'une part qu'aussi bien l'"état physique de l'aiguille" que l'"état de conscience de Paul" n'ont d'existence que relative, d'autre part qu'en revanche, pour Paul, l'état physique de l'aiguille est beaucoup plus qu'une apparence, et enfin que cette existence relative, l'"état de conscience de Paul" et l'état physique de l'aiguille ne l'ont, effectivement, que l'un par rapport à l'autre, puisqu'elle émane de leur interaction. Il reste que, je dois le dire, dans ce contexte l'emploi du verbe "engendrer" est difficile à justifier. Cela est dû à ce que, dans le langage courant "engendrer" a quasiment la signification de "être cause de" et on sait bien que la relation cause-effet est irréversible par définition. A l'évidence, la notion d'un engendrement réciproque — ou "co-engendrement"

---

1. Je dis "petite" parce qu'elle est d'ordre plus sémantique que, fondamentalement, conceptuel.

— n'est susceptible de présenter un sens que si une telle idée d'irréversibilité est abandonnée. Ceci met clairement en lumière le caractère finalement quelque peu trompeur du rapprochement que j'avais naguère esquissé entre l'idée d'"émergence" d'un état de conscience relatif — qui est une des deux "faces" de la conception ici retenue — et la thèse "reçue" d'un authentique engendrement de tels états de conscience à partir des objets physiques. En conséquence, l'idée d'un engendrement réciproque de la pensée et de la réalité empirique au sein de l'être doit, je le répète, être, dans une bonne mesure, comprise sur le mode allégorique. A mon sens il s'agit, je le répète, d'une allégorie acceptable, en ce sens qu'elle introduit valablement l'idée qu'elle représente. Mais ce n'est qu'une allégorie.

Notons bien, enfin, que, dans toute cette analyse, il a été question d'états de conscience particuliers (tels que : voir une aiguille sur un cadran) plus que de "la pensée" en général. Cela s'accorde bien avec le fait, souligné depuis longtemps par les philosophes, que toute conscience est "conscience de...". Mais d'un autre côté, le fait en question ne nous interdit pas, bien entendu, de considérer, même si ce doit être d'une manière assez vague, la notion de "pensée" elle-même, et de nous interroger quant à, si l'on peut dire, son statut. A cet égard, il semble que la notion de potentialité chère à Shimony (et que nous avons déjà vu réapparaître dans l'étude des états de conscience indexés) ouvre, si on la prend en considération dans le cadre de la conception du réel voilé, une possibilité intéressante d'organisation rationnelle de nos idées. Dans cette conception il est, en effet, tout à fait possible de considérer que le "réel" comporte "quelque chose" qui n'est pas de la pensée mais qui est susceptible de lui donner naissance. Bien qu'on ne puisse le qualifier de "composante" du "réel" (celui-ci n'a pas de "parties"), ce "quelque chose", malgré tout, en est une face. Il n'a, avec la conscience, qu'un rapport de pure potentialité, mais on subodore que, par un effet de "causalité élargie" (chapitre 10) cette potentialité pourrait engendrer de l'actuel dans le cadre d'indexations réciproques telles que celles plus haut considérées.

18-5. De la pluralité des consciences

On sait que, pour la philosophie idéaliste, la multiplicité des consciences crée un problème. Schrödinger, par exemple, soulignait la « *pluralité* des ego conscients à partir de l'expérience mentale desquels le monde *unique* est élaboré » et appelait cela "le paradoxe arithmétique" (Schrödinger, 1990). Il considérait qu'il n'y a que deux manières possibles de lever la difficulté. La première, dont la conception décrite ci-dessus en section 5.2.5 se rapproche un peu, est, dans ses propres termes, « l'effrayante doctrine leibnizienne des monades ». La seconde est la thèse de l'unité : la multiplicité des esprits n'est que pure apparence. En vérité, il y a seulement *un* esprit, lequel brille en chacun de nous. Cette manière de voir, qui, écrivait-il, fut celle, aussi, des *Upanishads*, avait nettement sa préférence.

La conception du réel voilé ne s'inscrit nullement dans le cadre de "l'idéalisme intégral" qui semble avoir été le fondement de la pensée philosophique de Schrödinger. Le problème de la pluralité des consciences s'y pose, cependant, à peu près dans les mêmes termes que dans l'idéalisme schrödingerien puisque nos consciences, qui sont multiples, prennent part à l'émergence de la réalité empirique, notre lieu de rencontre à tous. Et à cet égard, j'estime que le choix fait (et justifié) en section 10.3.2 me rapproche plutôt — tout au moins en première approximation — de la conception de Schrödinger. Il s'agissait là, on se le rappelle, de l'interprétation à donner à la règle de Born généralisée dans le cas où plusieurs observateurs sont impliqués dans la même mesure (ou, ce qui revient au même, mesurent des observables corrélées). Faut-il considérer que les "états de conscience" de ces observateurs sont eux-mêmes authentiquement corrélés ou doit-on estimer qu'il ne s'agit là que d'une apparence ? Telle était la question qui se posait. J'ai choisi la première de ces deux réponses et ce choix m'incite fortement à adopter la thèse d'"un seul esprit" puisque, alors, les états de conscience de divers observateurs, éventuellement sans relations directes les uns avec les autres, sont "non trivialement"[1] corrélés.

Entre ma position et celle qui se dégage de divers textes de Schrödinger je vois toutefois une différence. Elle est liée à l'existence du problème de "l'ami de Wigner" et à la solution que — dans la ligne, je l'ai dit, des idées de Bitbol — il me semble indiqué de lui donner. Certes, le choix que je viens de rappeler me rapproche de l'option schrödingerienne (et, peut-être, des Upanishads...). Mais d'un autre côté, la prise en considération de l'apologue de Paul, Pierre et Jean (section 18.4.3) nous a montré qu'en dernière analyse ces "états de consciences" doivent, malgré tout, être conçus comme relatifs (ou "indexés") : que Paul est *pour Paul* dans un état de conscience défini mais doit être traité par

---

1. On se souvient que, en raison du théorème de Bell, ces corrélations ne sauraient être toutes expliquées mécaniquement, par "causes communes à la source".

Pierre comme n'étant pas dans un tel état. On ne voit dès lors pas en quel sens on pourrait dire que les consciences des Pierre et Paul de cette fable constituent "un seul esprit".

Il faut donc relativiser cette fameuse thèse "un seul esprit". Si à l'intérieur de la première enceinte considérée en section 18.4.3, il y a non pas un mais plusieurs observateurs, $Paul_1$ mesurant la grandeur A_1, $Paul_2$ la grandeur A_2, etc., les probabilités, y compris les corrélations, des états de conscience de ces observateurs, résultant des observations faites par eux, sont à calculer au moyen de la règle (de Born), qui donne la probabilité simultanée d'un résultat a_1 pour la grandeur A_1, d'un résultat a_2 pour la grandeur A_2 compatible avec A_1, etc. Autrement dit, ces probabilités sont à calculer tout comme s'il s'agissait de mesures simultanées faites par un seul et même observateur ; et nous pouvons par conséquent regrouper par la pensée ces divers "amis de Wigner" en un seul et même "observateur collectif" (un seul et même "esprit"). Au reste, si, toujours à l'intérieur de cette enceinte, se trouvent d'autres observateurs, qui ne participent pas aux mesures, il n'y a aucun inconvénient à les inclure par la pensée dans cet "observateur collectif". En revanche, il est tout à fait impossible de considérer que cet observateur collectif inclut Pierre. En ce sens, le Pierre de l'apologue, extérieur à l'enceinte, appartient à un "monde mental" qui est autre. Ou, si l'on préfère, il est — pour parler en partie (et d'une manière, oh combien approximative !) le langage des Upanishads — partie intégrante d'un "esprit", d'un "observateur collectif" qui est foncièrement autre, car indexé différemment. Ces deux observateurs collectifs ne participent toutefois pas au formatage de la même réalité empirique, de sorte que le paradoxe arithmétique ne se pose pas au sujet de leur multiplicité.

Pour rapides qu'elles soient, ces quelques considérations indiquent, me semble-t-il, que, compte tenu de l'existence des règles quantiques prédictives d'observations, l'apparente présence d'une multiplicité de consciences, toutes parties prenantes dans l'émergence de la réalité empirique, ne constitue pas, dans le cadre d'une conception telle que celle du réel voilé, l'aporie que les opposants à un idéalisme intégral et purement philosophique peuvent paraître quelque peu fondés à repérer au sein de celui-ci.

19

Le "fond des choses"

19-1. Introduction

Le chapitre précédent portait sur les relations entre la réalité empirique et la conscience et l'on a vu que sur ce thème je me trouve substantiellement en accord avec les idées développées par tels ou tels chercheurs actuels d'inspiration "transcendantaliste". Mais les problèmes concernant la notion d'un "réel" sont en grande partie indépendants des idées en question, et l'on a constaté tout au long de ce livre qu'en ce qui les concerne mes conceptions diffèrent appréciablement de celles de ces philosophes. Elles se sont toutefois trouvées affinées — je le reconnais volontiers ! — par ma prise en considération des arguments de ces derniers. Il convient donc qu'elles soient ici présentées dans leur "état final", si l'on ose dire, et qu'en particulier soient bien précisées les "raisons profondes" qui font que, même après avoir pris conscience de la force de position des anti-, voire des quasi-, réalistes, je persite à considérer la thèse d'un "réel" seulement "voilé" comme la plus satisfaisante. C'est là l'un des principaux objectifs de ce chapitre de conclusion. Bien entendu, je serai amené à cette occasion à expliciter de nouveau les principales de mes idées, ce qui fait que le chapitre en question fera également office de résumé de celles-ci.

19-2. Notions de mystère, d'affectif et de sens

La présence, ici, du mot "mystère" corrigera en partie — du moins je le souhaite ! — l'indéfinissable sentiment de gêne que, dans le titre du chapitre, la mention d'un "fond des choses" a pu donner. Évoquer la notion de fond des choses est téméraire, je suis le premier à le reconnaître. Pourtant nous avons constaté (et nous verrons plus bas avec plus de détail encore) qu'en dernière analyse il s'avère aussi délicat de nier radicalement la pertinence de l'idée de "réel" — ou d'Être — que d'en parler à la légère. Cette double constatation nous a déjà conduits à rejoindre en partie Kant, non dans son mode de raisonnement mais en telles ou telles de ses conclusions. C'est ainsi qu'il nous a fallu distinguer, comme lui, phénomènes et chose-en-soi. Nous nous sommes cependant éloignés de ce philosophe sur un point (entre autres) : il nous est apparu qu'il n'est aucunement indispensable de penser la réalité en soi — "le réel" ou "la réalité indépendante" dans mon langage — sous les espèces d'un "pur x", j'entends, de ce "concept-limite", finalement inintéressant, auquel le réduisent les kantiens et bien plus encore les néo-kantiens. Or s'il n'est pas "pur x", il est susceptible, à nouveau, de compter pour nous. Mais, en même temps, étant "voilé", il n'est pas accessible à la connaissance discursive. Comme c'est là la définition même du mystère, il s'en suit que ces vues *impliquent l'existence du mystère*.

Voilà qui est grave. Pour la quasi-totalité des scientifiques et pour la plupart des penseurs que ces derniers tiennent pour sérieux, la notion de mystère présente une connotation fort distinctement négative. Les premiers font valoir à très juste titre que dans les sociétés humaines retardataires la notion en question sert automatiquement de substitut à l'explication et que, par conséquent, elle freine, voire bloque, toute vraie quête. Et quant à l'appréciation des seconds, le jugement de Cassirer (rapporté ici en section 13.3.3) en donne une assez juste idée : pour lui, le mystère impliqué par la notion d'une chose-en-soi inaccessible ne peut qu'accabler l'homme en le courbant sous le joug de l'inconnaissable. C'est là, contre la notion de réel voilé, une objection préjudicielle que l'anti-réaliste, entre autres, peut très bien reprendre à son compte. Il parait donc indiqué que, préalablement à la revue que nous nous proposons de faire des données objectives actuelles relatives à notre problème, nous cherchions à réfuter ces deux critiques.

En ce qui concerne celle des scientifiques cela n'est pas très difficile car, de nature, ceux-ci sont respectueux des faits. Assurément, nombre d'entre eux préféreraient nourrir une conception de la recherche selon laquelle tout voile, dans un avenir indéfini, serait entièrement dissipé. Mais il n'est pas dans l'esprit de la science d'ériger en principe des indémontrables de cette sorte et rares sont les scientifiques qui le font. Ils reconnaîtront tous que les expériences d'Aspect, loin de "bloquer toute quête", *sont* elles-mêmes une quête — riche en questions passionnantes — et, pour le reste, ils réserveront leur jugement.

Quant à l'objection de Cassirer, davantage centrée sur l'horreur de l'inconnaissable, reconnaissons d'emblée qu'elle a quelque chose de sain. Assurément, dans tous les domaines où elle est possible la quête du net — impliquant refus du mystère — doit être poursuivie sans relâche, au mépris des difficultés. A la limite, on pourrait presque dire que le droit d'évoquer la notion de mystère serait à réserver à ceux qui, longuement et sans tricher, ont accompli un effort d'une telle nature. Ou tout au moins que ceux-ci ont, à cet égard, comme une sorte de droit de priorité. D'un autre côté, cependant, ce (chimérique !) oukase serait injuste. Il le serait par le fait qu'il existe une autre famille d'esprits, très différents de ceux qui viennent d'être évoqués, dont la recherche ne peut sans parti-pris être discréditée. Il s'agit des êtres qui estiment que l'expression "une certaine approche du mystère" n'est pas rigoureusement autocontradictoire. Qu'elle recouvre une notion susceptible, dans certains cas, d'avoir un sens. C'est là la position des religieux. Et jusqu'à une époque récente ce fut aussi celle — souvent non dite mais intérieurement vécue — de beaucoup de poètes (qu'on pense à Baudelaire) ainsi que de la plupart des compositeurs, de leurs interprètes et, plus encore peut-être, de leurs admirateurs (qu'on pense à ceux de Bach et de Mozart). Que cette prise de position de l'esprit ait été d'une prodigieuse fécondité, il faudrait avoir des œillères d'une épaisseur hors du commun pour le nier. Certes on peut toujours dire qu'il s'agit là d'une bienfaisante et féconde illusion, comparable à celle que fut la mystique des nombres pour Képler. Telle est, au reste, la position des matérialistes et autres "physicalistes" cultivés. Et dans leur cas, c'est à dire vu l'état de leurs connaissances et de leur croyance, la position en question se défend bien : lorsque l'on croit, comme eux, que l'on possède la clé conceptuelle donnant, au moins en droit, accès à la connaissance objective de "tout ce qui est", on ne peut, en bonne logique, qu'assimiler l'idée d'"approche du mystère" à une fantaisiste évasion hors du réel. Dans la situation où nous nous trouvons véritablement aujourd'hui les choses se présentent toutefois de manière bien différente car nous savons que nous n'avons pas la clé en question — laquelle semble, au reste, ne pas exister. La "réalité" qui est adaptée à la clé dont nous disposons, la réalité empirique, n'est pas une entité préexistante. Au contraire, c'est à bon droit que l'antiréaliste, ou l'instrumentaliste, se voit construisant celle-ci et, donc, si, lui, s'avisait de parler d'illusion, on lui demanderait "illusion par rapport à quoi ?". Autrement dit, ayant constaté que pour trouver le réel et le vrai nous ne pouvons nous fier aux seules indications que nous fournit notre intuition du raisonnable — de "l'évident" — nous sommes en manque d'un critère fiable permettant d'écarter d'emblée tels "témoignages" ou tels autres. On ne voit dès lors pas sur quelles bases sérieuses pourrait être réfutée l'hypothèse selon laquelle les subtils messages que nous recevons de nos émotions sont moins superficiels que la plupart des esprits "positifs" des trois derniers siècles ne l'ont pensé[1].

Le mot "émotion" n'avait pas, jusqu'ici, été rencontré et, dans le présent livre, il ne figurera que de manière épisodique[2]. Mais il devait pourtant apparaître en ces pages car il caractérise un autre volet de ma divergence d'avec le kantisme. Cette divergence n'est, je dois le préciser, pas absolue. De fait, sur la notion de "sublime" Kant a écrit certaines phrases empreintes de lyrisme qui éveillent en moi, comme en tout lecteur, un écho. Il y marque que, pour lui, le sublime est une tension de l'esprit vers le suprasensible, le nouménal et en cela, bien sûr, je le suis. Mais il reste qu'à ses yeux ce nouménal demeure entièrement inaccessible. Chez lui autrement dit, comme le note, en particulier, Alain Besançon (1994), même le sublime reste totalement intérieur à l'esprit lui-même. Il n'est pas question de quelque lueur que ce soit, même indéchiffrable, sur l'être. *A fortiori* ceci est-il vrai des autres éléments de notre conscience affective. N'étant pas « réglés d'après des concepts » ils ne sont aucunement des jugements de connaissance. Aussi, lorsque les kantiens utilisent le mot "conscience" dans des expressions telles que "prise de conscience", s'agit-il toujours de mises en forme de données des sens par *l'entendement*. C'est dans ce cadre-là que Kant et ses successeurs définissent l'essence — l'être — des objets, qui sont ainsi, nécessairement, des "objets pour nous". Et, comme Ferdinand Alquié l'a fort bien fait valoir (Alquié, 1979), c'est également en faisant appel à cette grille de compréhension que Kant critique le *cogito* et parle, à son sujet, de syllogisme incohérent. Alors que, note ce philosophe, en réalité, Descartes, loin de tout syllogisme, découvre son existence personnelle comme une évidence première incontestable, aussi incontestable que le sont nos peines et nos joies. Malebranche notait déjà qu'en dépit d'une affirmation courante des moralistes il n'y a pas, il ne

---

1. On rapprochera ceci du célèbre problème de la démarcation entre science et métaphysique, qui a tant préoccupé Karl Popper et auquel celui-ci n'a jamais trouvé une solution suffisamment rigoureuse pour le satisfaire.

2. Comme beaucoup d'autres langues le français dispose, pour désigner nombre d'idées, de couples de qualificatifs — "audacieux" et "téméraire", "patriote" et "chauvin", "prudent" et "timoré", etc. — qui, objectivement, ont le même sens mais qui présentent une coloration positive quant aux premiers et négative quant aux seconds. Malheureusement, il n'en va pas ainsi en ce qui concerne la notion d'émotion et le qualificatif d'émotif. Dans les ouvrages sérieux ces mots sont franchement péjoratifs et pour évoquer positivement l'idée qu'ils désignent il faudrait donc d'autres vocables. Mais notre langue n'en offre pas.

peut y avoir, de "faux plaisirs", de plaisirs qui soient des illusions (c'est à dire dont je puisse penser : "j'ai actuellement du plaisir mais peut-être me trompé-je, peut-être n'ai-je, en ce moment, pas de plaisir"). Et il y a indéniablement une parenté de nature entre la certitude que procure le *cogito* (convenablement épuré) et celle-là. Je ne peux nier qu'il y a de la pensée ; que la pensée *est*. Est-elle "en soi" ou en tant qu'émanation d'une autre chose ? Cela le *cogito* ne le dit pas. Mais elle est. N'en va-t-il pas de même de ce qui est certain en elle ? "Il y a" de l'émotion, et de même "il y a de l'intentionalité", comme disent les philosophes.

Pour nourrir son esprit l'homme a besoin de conjectures (rappelons, de nouveau, la belle phrase de Comte-Sponville : « Philosopher c'est penser plus loin qu'on ne sait »), et il n'a pas, pour édifier ses hypothèses, de meilleure méthode que de les construire au plus près de ses certitudes. Compte tenu de ce qui vient d'être dit il devient, de ce fait, sensé de penser que, sur l'être, la conscience affective nous fournit parfois de véritables informations, et des informations impossibles à obtenir en provenance d'autres sources puisque, pour l'essentiel, la science ne nous livre que des phénomènes. En quels domaines peut-on espérer ces informations ? J'en ai trois, pour ma part, présents à l'esprit : la mystique, la poésie et la musique (sans exclure les autres arts[1]). En ce qui concerne la mystique il faudrait en avoir, pour en parler, une expérience que bien peu ont. Encore ne suffirait-elle pas car, tous les mystiques le disent, leur vécu est quasi incommunicable. Le recueillement au fond d'une chapelle romane en donne-t-il un certain reflet ? Je n'oserais l'affirmer mais cela n'est pas impensable. Pour ce qui est de la poésie et de la musique la situation est différente. En ce domaine, même un mortel de la commune espèce peut avoir son idée et la soutenir. Alquié a ainsi défendu (ouvrage cité) la thèse que, ainsi comprise, la poésie n'est aucunement métaphore mais bien véritable information. La poésie se veut — souligne cet auteur — saisie de l'être : si elle n'est pas cela elle n'est que « le plus vain des jeux ». Je suis porté à croire qu'il a raison[2] et que dans

---

1. Il existe des personnes chez qui la beauté — celle des paysages, celle des visages, celle des œuvres d'art — fait office de révélation véritable, de chemin de Damas fréquemment retrouvé. L'intellectualisme radical des couches les plus médiatisées de l'art actuel réduit ces personnes à l'anonymat. Mais ce même anonymat les préserve de la souillure du show-bizz. En cela il est salvateur.

2. J'ai prôné ailleurs une sorte de principe de "bénévolence" quelque peu inspiré de la pensée de William James : l'adhésion volontariste à une ontologie qui soit à la fois compatible avec notre savoir et de nature à conférer un sens à la quête de l'infini qui caractérise l'être humain.

certains cas il n'est pas absurde de parler d'une sorte de fulgurance de vérité. Dans la palissade de l'enclos où, comme le suggère la thèse de Kant, nous enferme notre entendement, la très bonne poésie, comme aussi la très belle musique, ouvre une petite fenêtre qui donne sur — mais oui... — le "réel". Certes ce que nous voyons par cette fenêtre est sans contours, mais au royaume de l'être tout est bien tel[1].

Le propos de cette section était, on s'en souvient, de prendre en considération deux objections préjudicielles à la conception du réel voilé, celle émanant de certains scientifiques et celle exprimée par Cassirer. Par ce qui précède ces objections se trouvent, à mon sens, réfutées. Nous sommes donc en mesure de poursuivre en toute liberté d'esprit l'examen critique de la conception dont il s'agit. Comme celle-ci se fonde sur le principe du réalisme ouvert, c'est par une analyse de la pertinence de ce dernier — autrement dit de la notion de "fond des choses" — que cette étude doit commencer.

19-3. Les choses ont-elles un fond ? Arguments reçus "pour" et "contre"

Certes, on ne peut démontrer le réalisme ; aussi le *réalisme ouvert* (voir Section 1.2) n'est-il qu'un pur et simple postulat. Reste que si, en mathématique, les postulats peuvent être choisis à volonté (à la condition de cohérence près), en revanche en physique et en épistémologie leur pertinence doit être soumise à examen. Dans cette étape finale de notre étude il est donc à propos de passer en revue divers arguments avancés pour et contre l'idée que "les choses ont un fond".

19-3-1. Un — apparent — "argument pour" : les étoiles dans leur course...

"Si les hommes disparaissaient, les étoiles continueraient leur course." Constatation considérée comme "évidente" et souvent opposée à l'idéalisme radical (celui qui nie l'existence même d'une réalité extérieure à la pensée). Mais constatation opposable au même degré à la conception du réel voilé puisque, dans celle-ci aussi, les formes, positions et autres propriétés contingentes des choses ne sont pour l'essentiel que des projections de notre propre manière de

---

1. Comme l'a noté Jean Onimus (1994), « Il est évident, *a priori*, qu'une réalité transcendante ne saurait établir avec nous que des relations de communion, non des relations de connaissance. »

voir. Cependant, la réponse de l'idéalisme à cette objection est bien connue et entièrement cohérente, même si nous avons, intuitivement, bien du mal à y adhérer. Elle consiste à faire valoir que l'objection en question élève implicitement les concepts d'espace, de temps et d'objet au niveau du donné externe, alors que, selon ce même idéalisme, dire que les étoiles existeraient même en l'absence de l'homme, ou dire qu'elles existaient avant l'apparition de celui-ci, n'a pas d'autre sens que de poser que nous pouvons commodément synthétiser notre expérience en nous exprimant de cette manière. Manifestement, la réfutation en question est également valable dans le cadre de la conception du réel voilé.

A priori on est, bien entendu, tenté d'écarter cette réponse idéaliste par un recours à "l'évidence". On est tenté de faire valoir, par exemple, que supposer l'existence vraie des choses dans l'espace et dans le temps ne permet pas seulement de synthétiser notre expérience : que cela permet également de l'expliquer. Toutefois, dès qu'on veut préciser cette dernière idée on est conduit à invoquer, soit l'argument du non-miracle soit l'accord intersubjectif, et nous avons vu au chapitre 5 que ni l'un ni l'autre ne sont convaincants. Au reste, l'expérience du physicien des particules est, en ce domaine, instructive. Car, tout à fait indépendamment de l'opinion qu'il peut nourrir concernant la question philosophique en jeu, ce physicien est bien obligé de reconnaître que très souvent il évoque les particules — même à des instants où elles ne sont pas observées — comme s'il s'agissait d'êtres ponctuels. Qu'il parle de leurs "trajectoires", des "collisions" se produisant entre elles et ainsi de suite. Et tout cela en sachant très bien que ce langage pour lui si commode est entièrement allégorique, que, "en réalité", les "particules" en question n'ont, à de tels instants, ni positions ni trajectoires, ni etc., et qu'en vérité ce ne sont même pas des "êtres" distincts[1]. Dans ces conditions, quel est l'argument de logique qui nous interdirait de considérer qu'il en va de même en ce qui concerne les étoiles ? En vérité, cet argument n'existe tout simplement pas. Tout ce que l'on peut faire valoir, en tant que substitut à cet argument logique

---

1. Et — chose révélatrice ! — ce langage est allégorique même quand celui qui le tient est, philosophiquement parlant, un adepte du modèle Broglie-Bohm, croyant en l'existence réelle de corpuscules ponctuels ayant des impulsions, des trajectoires, etc. En effet, ces impulsions et trajectoires "vraies", postulées par le modèle, diffèrent de celles auxquelles renvoie le langage dont le physicien use pour décrire ses expériences. Par exemple, d'un photon dans le vide ce physicien ne pourra s'abstenir de dire qu'il se propage en ligne droite, alors que, selon le modèle, il en va, dans pratiquement tous les cas, tout autrement.

inexistant, c'est que, pour analyser notre expérience des corps à échelles humaine et astronomique, c'est à dire pour prédire ce que nous observerons dans ce cadre, le langage descriptif de la physique macroscopique est à la fois commode et — quasiment toujours — pleinement suffisant. Mais cet argument d'ordre pratique, pour ne pas dire "technique", est manifestement dénué de force démonstrative (et il se trouve même qu'en cosmologie il perd une bonne part du peu de pertinence qu'il pourrait avoir puisque les phénomènes typiquement quantiques y revêtent une grande importance). Ajoutera-t-on qu'en la matière nos "constatations" ne prouvent rien ? Je "constate" que le Soleil se lève le matin à un endroit, qu'il se couche ailleurs le soir...

Tout ceci montre que l'argument réaliste — les étoiles dans leur course, etc. — examiné dans cette section n'est, en définitive, pas recevable. Il ne *prouve* certainement pas que "les choses", indépendamment de nous, ont "un fond". Nous pouvons donc poursuivre notre analyse de la question en écartant de notre esprit les préjugés que pourrait susciter son apparence de pertinence.

19-3-2. Autre apparent "argument pour" : le "pythagorisme"

Comme on le sait, beaucoup de physiciens théoriciens nourrissent l'idée que, certes le "réalisme proche", ou mécanicisme cartésien, est faux, que le "réel" en soi n'est pas accessible par le seul moyen des concepts familiers, mais que, grâce aux mathématiques, nous pouvons enfin accéder véritablement aux "bons" concepts, autrement dit à ceux (espace courbe et *tutti quanti*) qui, étant adéquats à ce "réel", permettent, au moins "en droit", de le décrire tel qu'il est. Conformément à un usage qui se répand, cette doctrine a, en section 6.3, été appelée *pythagorisme*, cela par référence à la célèbre phrase de (ou : attribuée à) Pythagore « les nombres sont l'essence des choses ». Comme il a été noté en section 6.3, Einstein — entendons : l'Einstein de l'âge mûr — peut être considéré comme ayant été un partisan du pythagorisme dans le sens ainsi défini, bien que, selon certains de ses écrits, sa position ait, dans le détail, été plus subtile. De fait, si l'on ne craignait pas les néologismes on pourrait (on l'a signalé) remplacer cette appellation par celle d'*einsteinisme*, ce qui aurait même l'avantage d'éviter un certain amalgame, source possible de confusion. Il s'agit de ce que, aux temps de Pythagore et même de Platon, la distinction entre mathématiques et physique n'était pas encore très nette et que, en conséquence, la phrase de Pythagore — comme les assertions de portée assez similaire qu'on peut trouver dans le *Timée* — peuvent servir de devises aussi bien aux mathématiciens purs de tendance platonicienne qu'aux physiciens dont il vient d'être question. Or il est indéniable que les prises de position des uns et des autres concernent des domaines distincts du savoir et n'ont donc pas le même contenu. Les mathématiciens qui se disent eux-mêmes platoniciens — ou pythagoriciens, ou "partisans du réalisme mathématique" — estiment que les avancées des mathématiques sont, au sens propre, des découvertes, autrement dit qu'elles portent sur des vérités préexistantes, meublant une sorte de "monde" des mathématiques pures, que le chercheur découvre à la manière d'un explorateur. Il s'agit là d'une conception interne au domaine des pures mathématiques, n'ayant rien à voir avec la physique, et qui diffère, de ce fait, du pythagorisme-einsteinisme. Appelons-la, par convention, le *platonisme mathématique*.

Le platonisme mathématique n'est que l'une des conceptions des mathématiques qui sont reconnues comme possibles. L'étude de ses avantages et de ses inconvénients relativement aux autres conceptions est strictement l'affaire des mathématiciens et sort donc de notre sujet. Elle ne sera pas ici abordée. Il se trouve toutefois, comme on le sait, que, les mathématiques étant l'outil de travail des physiciens théoriciens, certains de ceux-ci s'intéressent à la fois aux fondements conceptuels de la physique et à ceux des mathématiques et cherchent à établir un rapprochement, ou à défaut un parallèle, entre les deux. La tentative est intéressante et mérite d'être examinée (voir par exemple Omnès, 1994, 2002). Idéalement, on pourrait espérer la voir déboucher sur la notion d'une sorte d'au-delà exclusivement constitué de vérités mathématiques à l'état pur, dont le monde d'ici-bas serait un intelligible reflet. Ou, à défaut, sur une dualité monde mathématique-"réalité physique en soi" avec correspondance bien nette de l'un à l'autre. On détiendrait alors la preuve que la notion de "fond des choses" a bien un sens. Malheureusement les analyses que ces auteurs eux-mêmes ont faites sont bien loin, de leur propre aveu, de les avoir conduit à des certitudes de ce type. Comme nous l'avons maintes fois noté, le formalisme quantique, n'étant, pour l'essentiel, que prédictif d'observations, ne peut être compris comme une vraie saisie du "réel", et cela, que la nature de ce "réel" soit, ou non, purement mathématique. Le pythagorisme est une vision inspirante mais lui non plus ne fournit en rien l'assurance d'un accès au réel en soi.

19-3-3. Un apparent "argument contre" : inanité de la référence absolue

Dans *Truth, Reason and History* (Putnam 1981) Hilary Putnam s'intéresse, pour les contester, aux conceptions de la réalité apparentées à celle qu'illustre le mythe platonicien de la caverne. Il se demande s'il est rationnellement possible d'imaginer qu'existe une ultime réalité et que, par rapport à celle-ci, le monde où nous croyons vivre soit en fait un monde d'apparences. Pour étudier cette question il construit une fiction et s'interroge, non — cela va de soi — sur sa plausibilité factuelle mais sur ce qu'on pourrait appeler sa possibilité "en droit". L'hypothèse qu'il imagine est que nous serions, en fait, des animaux enfermés dans un bassin, attachés à un clou et reliés au monde extérieur par des électrodes. Au moyen de celles-ci un être supérieur, très doué, nous fait avoir toutes sortes de perceptions de nature sensori-motrice, le résultat étant que nous avons l'impression de voir des paysages, de nous déplacer, de deviser avec nos proches et ainsi de suite, rien de tout cela n'étant "réel". Il remarque que la condition de la vérité de la phrase (du langage-bassin qui est celui de cerveaux ainsi enchaînés) « Il y a un arbre devant moi » est qu'il y ait une image électronique d'un arbre. Lorsqu'un des cerveaux en question dit cela, il est dans le vrai si et seulement si le mécanisme électronique produit pour lui l'image d'un arbre, et son affirmation fait référence à cette image. De même, la condition de vérité relative à la phrase « ceci est un bassin » est qu'il se forme une image de bassin. Dans ce langage, le mot "bassin" fait donc "en réalité" référence à une image (dont les cerveaux ne connaissent pas l'origine mais peu importe, le point est qu'il s'agit "en réalité" d'une image). Appelons-la "l'image-bassin". Dès lors, selon Putnam, quand les cerveaux (nous-mêmes) qui sont réellement (supposons-le, juste une seconde) dans le bassin disent, en langage-bassin : « nous sommes des cerveaux dans un bassin » ce mot de "bassin" qu'ils emploient ne peut avoir que ce sens-là. Il ne peut faire référence qu'à cette image-bassin, qui est tout ce que ces cerveaux connaissent en fait de bassins. Mais du coup, leur affirmation ne traduit pas l'hypothèse qu'ils tentent (ou que nous tentons) d'exprimer : car celle-ci n'est pas : « Nous sommes enchaînés dans une image-bassin », mais bien : « Nous sommes enchaînés dans un vrai bassin ». Autrement dit, si nous étions véritablement des cerveaux dans un bassin notre énoncé « Nous sommes des cerveaux dans un "bassin" » serait faux. Il est clair que si nous ne sommes pas des cerveaux dans un bassin il est faux aussi. Donc il est nécessairement faux. Par là il s'apparente aux énoncés qui se réfutent eux-mêmes, comme, par exemple « tous les énoncés généraux sont faux ». Selon notre auteur l'hypothèse considérée ne paraît "défendable en droit" qu'en vertu d'une conception "magique" de la référence. S'il y avait réellement des cerveaux enchaînés ainsi dans des bassins (ce qui, après tout, ne viole aucune loi physique connue), ils pourraient parler comme nous. Ils pourraient même prononcer la phrase « peut-être sommes nous des cerveaux dans un bassin », mais dans leur bouche les mots tels que "bassin" ne pourraient avoir de référent extérieur au monde du bassin.

A première vue, ceci paraît bien constituer une objection à la notion de "fond des choses", car il semble en résulter que nos cadres conceptuels eux-mêmes sont irrémédiablement liés à nous, donc relatifs. Toutefois cette conclusion ne peut pas, elle non plus, être tenue pour établie. Et cela pour plusieurs raisons. L'une d'elles est que Putnam lui-même considère explicitement la validité de son raisonnement comme subordonnée à certaines hypothèses et en particulier à celle selon laquelle l'esprit n'a d'autre accès aux choses et propriétés extérieures que celui que donnent les sens. Cette négation de l'inné est une thèse très raisonnable, très sage, qui a montré sa pertinence et son utilité dans le domaine de l'avancement du savoir aussi bien technique que scientifique. Pour autant, elle n'est pas prouvée ; et, on l'a vu, il n'est pas dit qu'en des domaines différents, très profonds et non liés à l'efficacité, elle s'impose absolument. Une autre raison de mettre en doute l'applicabilité du raisonnement de Putnam à notre problème est que son argument porte essentiellement sur la notion de référence en tant qu'elle renvoie à des concepts spécifiés ou à spécifier, ou, en d'autres termes à des descriptions. Or la notion de "fond des choses" et celle d'un "réel" supposé voilé, qui n'en est qu'une version particulière, ne sont pas telles. Elles sont intrinsèquement vagues en ce qu'il est impossible de faire dans leur cadre aucune référence dans le sens que suppose la fable de Putnam, qui est celui de références à des concepts[1]. Autrement dit, elles sont premières par rapport à toute "description". Elles échappent par là à la réfutation par argument référentiel.

---

1. On se rappellera à ce propos que dans la conception du réel voilé les grandes lois de la physique, telles les équations de Maxwell, ne sont pas des structures de la réalité indépendante. Elles ne sont, au mieux, que des reflets très déformés de celles-ci. En section 19.5.2 on reviendra sur cette importante différence entre la conception du réel voilé et le réalisme structurel.

19-3-4. Autre apparent "argument contre" : la théorie de l'enaction

Des considérations semblables à celles qui précèdent seraient opposables à qui prétendrait récuser la notion de "fond des choses" à partir de l'argument neurophénoménologique qui va maintenant nous occuper. Comme on le sait sans doute, cet argument est essentiellement dirigé contre l'hypothèse d'un "monde prédonné". Telle qu'on la trouve exprimée (et critiquée) dans les écrits de différents auteurs[1], l'hypothèse en question consiste à considérer, pleinement dans la ligne du réalisme (traditionnel ou "cognitiviste[2]"), que certains traits du monde existent préalablement à toute activité cognitive, que notre cognition porte sur ce monde — ne serait-ce que partiellement — et qu'elle consiste à nous en représenter les traits. A l'encontre de cette hypothèse les créateurs de la "neurophénoménologie" — F. Varela au premier chef — font valoir que, au vu des résultats de récentes recherches, la principale activité du cerveau se révèle être de produire des changements en lui-même et que, corrélativement, la notion de représentation (d'un monde extérieur) disparaît. Ils considèrent que cette importante donnée nouvelle « nous oblige à nous défaire de l'idée d'un monde indépendant et intrinsèque et à concevoir le monde comme inséparable de la structure de ces processus d'automodification » (Varela *et al.*, 1993, p. 199).

A priori on peut se demander si une conclusion d'une telle ampleur ontologique peut véritablement découler de recherches ne portant que sur des problèmes de neurophysiologie, de mécanisme des perceptions et de l'action, bref de recherches centrées sur le cerveau humain. Il convient donc d'examiner la nature des arguments avancés pour la soutenir. Si on fait cela, on constate d'abord que dans l'ouvrage dont est extraite la citation précédente il est proposé que la cognition soit considérée non comme une reconstitution (d'un "monde extérieur") et pas davantage comme une projection (de nous-mêmes) mais comme une "action incarnée", dite *enaction*, en laquelle « l'esprit et le monde surgissent en même temps » (p. 240). Si par "monde" on convient d'entendre la réalité *empirique*, cette conception rejoint manifestement celle qui a progressivement émergé au long de ce livre et qui a trouvé, en

---

1. Voir par exemple Varela *et al.* (1993), p. 194.

2. Comme on le sait, réduite à l'essentiel, l'hypothèse cognitiviste est que l'ordinateur fournit un modèle mécanique de la pensée (Varela *et al.*, *loc. cit.*, p. 75). Mais il reste que cette pensée consiste à connaître, ou à approcher, quelque chose. Dans le cognitivisme le présupposé réaliste subsiste donc. Selon Varela *et al.*, il y est même explicite (*loc. cit.*, p. 192).

quelque sorte, son point d'aboutissement dans la section 18.4.4 ; et c'est là une convergence dont on ne saurait que se féliciter. Malheureusement (et nous retrouvons là la redoutable ambiguïté du mot "monde") une telle confluence est, en dernière analyse, seulement partielle et peut être source de confusion. En effet, il y a deux distinctions qu'il m'a paru nécessaire de faire et dont on ne trouve pas trace dans l'ouvrage dont il s'agit : celle entre subjectivité et intersubjectivité et celle entre réalités indépendante et empirique. Ces distinctions n'étant pas faites, il est impossible d'interpréter la thèse des auteurs du livre autrement que comme l'affirmation d'un surgissement simultané de l'esprit et de *quoi que ce soit* qui "mérite" le nom de "réel" ; ce qui, évidemment, est tout à fait contraire à la thèse du réel voilé.

Cela dit, si l'on examine quelque peu le détail de l'argumentation que ces auteurs proposent on constate que, chose un peu surprenante, ils la focalisent sur la considération de perceptions de qualités secondes au sens de Locke, telles que la couleur. Cela lui enlève du poids ; en effet il est reconnu depuis longtemps que ce type de perceptions doit beaucoup à notre structure propre et cette connaissance n'avait jusqu'ici pas empêché la plupart de ceux qui en disposaient de croire à l'existence d'un monde extérieur prédonné. En outre, dans les rares cas où ils prennent en compte la considération de qualités premières leur raisonnement est nettement plus suggestif que déductif. Par exemple, là où, s'appuyant sur un texte de Merleau-Ponty, ils évoquent la perception de la fuite d'un animal, ils notent, comme lui, que « l'organisme choisit lui-même, dans le monde physique, les stimuli (visuels, auditifs ou autres) auxquels il sera sensible ». Passer de cette idée — juste sans doute mais compatible, au fond, avec le réalisme physique le plus naïf — à celle selon laquelle « l'esprit et le monde surgissent en même temps » témoigne, disons, d'une rare confiance dans la fiabilité du raisonnement par extrapolation[1]. Et d'autre part, même si l'on admet cette conclusion, de quel "monde", encore une fois, s'agit-il en fait ? Si l'on reprend l'argumentation qui y conduit on voit

---

1. L'autre exemple du même type qu'ils donnent, celui de chatons qui, contraints à toujours demeurer passifs, n'ont pas acquis les réflexes sensori-moteurs indispensables à l'existence, appelle, me semble-t-il, le même commentaire. A mon sens, la conclusion en question n'est, en fait, digne de créance qu'en vertu des objections au réalisme naïf qui émanent de la physique quantique, comme expliqué dans ce livre-ci. Et à condition que "monde" signifie "réalité empirique" exclusivement. Corrélativement, le sens que les auteurs confèrent au mot "corporéité" et à l'expression "inscription corporelle de l'esprit" me semble difficile à cerner.

tout de suite qu'il ne peut s'agir que de la réalité empirique, celle des phénomènes, car c'est bien elle, et non pas la réalité indépendante, qui correspond aux stimuli.

Ce qu'il faut retenir, me semble-t-il de ce survol certes succinct c'est, d'une part que l'étude des seules sciences de la cognition n'est peut-être pas suffisante pour déboucher sur des conclusions assurées concernant la pertinence de la notion de "monde extérieur", et d'autre part que, de toute façon, les objections à l'idée de "monde prédonné" construites de cette manière ne peuvent avoir de portée que relativement à la thèse réaliste courante, selon laquelle le monde en question serait discursivement connaissable. Elles n'affectent ni la thèse d'une réalité-en-soi rigoureusement inconnaissable, ni même celle d'un réel voilé dépourvu de structures contingentes (positions dans l'espace, etc.) et dont les structures générales sont supposées être si transcendantes par rapport à notre entendement, et n'avoir sur nos lois qu'une influence si indirecte qu'elles ne peuvent être reconstituées par la pensée.

Remarque

Dans leur ouvrage, les auteurs ci-dessus cités font d'amples références à la pensée bouddhiste, dont ils soulignent à juste titre qu'elle écarte, elle aussi, la notion d'un "fond des choses" et qu'elle insiste même sur son contraire : l'idée d'une "absence de fondement". Or il me semble que, dans leurs très grandes lignes, les remarques qui précèdent devraient être également valables concernant cette philosophie. Il est clair en effet qu'avant tout, le terme de *sunyata* (absence de fondements, angl. "emptiness") sert aux bouddhistes à dénoncer — comme constituant une erreur fondamentale — la (double) idée que les choses existent en elles-mêmes, telles qu'on les voit, tout à fait indépendamment du fait qu'elles sont perceptibles et que, de même, nos personnes, nos "moi" jouissent d'une existence individuelle absolue. Mais il reste, d'autre part, que les bouddhistes actuels paraissent très soucieux d'éviter que leur approche ne soit identifiée à un quelconque nihilisme. Il n'est, par conséquent, pas interdit de considérer que, pourvu que le voile soit dense, la notion de réel voilé pourrait trouver grâce à leurs yeux.

19-3-5. Troisième apparente objection : ambiguïté de la notion de "réalité"

Dès le chapitre 4 on a constaté que, tout comme le terme "objectivité", le mot "réalité" a pour nous deux sens différents, que l'on a distingués en substituant à ce vocable l'une ou l'autre des deux expressions "réalité indépendante" (ou "réel") et "réalité empirique". Dans son livre *Philosophie — le manuscrit de 1942* (non publié de son vivant), Heisenberg (1998) identifie dès le départ la notion de réalité avec notre appréhension de celle-ci. Autrement dit, c'est à la seule réalité *empirique* qu'il accorde droit de cité. Certes, il mentionne *l'idée* de l'existence d'un monde "vraiment réel" se dépeignant, dit-il, « sur la conscience des êtres vivants comme sur un miroir — un miroir parfois brouillé ou déformé ». Mais — son texte le montre sans ambiguïté — il ne conçoit un tel monde que situé à l'intérieur des cadres de l'espace et du temps. En conséquence, il lui est facile de soutenir que si, au temps de la physique classique, l'idée dont il s'agit pouvait paraître naturelle, les découvertes de la physique du XXe siècle nous imposent aujourd'hui d'y renoncer. Partant de là, il développe une conception de la connaissance fondée sur la notion *d'agencement de la réalité*. De tels agencements sont œuvres humaines, et ils ne sauraient, selon lui, être fondés sur les mathématiques ou d'autres connaissances tenues pour indubitables car celles-ci sont toujours analytiques et n'apprennent donc rien concernant la réalité. Il en résulte que ces agencements sont multiples et coexistent, certains se succédant au cours des diverses époques du développement de la pensée. Tels d'entre eux se fondent sur des croyances, d'autres sur les données de la science empirique. Ces derniers présupposent que l'état de choses pris en considération se laisse suffisamment dissocier de nous pour que nous puissions l'objectiver, fut-ce seulement dans le cadre de l'objectivité qui a ici été dénommée "faible". Heisenberg ne prétend nullement que ces agencements à base scientifique comportent un quelconque arbitraire. En revanche, compte tenu du fait qu'il s'agit en tout état de cause d'agencements faits par nous et non fondés — je le répète — sur une connaissance certaine, il admet, en leur sein, une certaine diversité. De fait il va jusqu'à faire sienne une notion de "régions de réalité" qui permet à un réalisme objectiviste concernant les objets macroscopiques de coexister avec une description à objectivité faible des objets quantiques, avec un statut de la biologie rendant celle-ci en partie autonome par rapport aux sciences physiques et avec une conception des processus de la conscience qui les voit comme irréductibles aux phénomènes biologiques bien qu'intimement associés à ceux-ci.

Du fait que, dans la conception de Heisenberg, la notion d'une réalité indépendante se trouve écartée, celle de réalité empirique y a une position centrale. Il est donc impossible de ravaler cette dernière au rang d'une "pure et simple" apparence et, vu son importance pour nous, c'est là un indéniable attrait de la conception en question. D'un autre côté ce même rejet fait qu'en définitive l'approche de Heisenberg n'échappe pas au reproche, redhibitoire selon moi, de faire de l'existence une émanation de la connaissance. Je crois donc opportun de signaler que l'argument sur lequel cette approche se fonde pour réfuter la notion même de réalité indépendante — de "fond des choses" — n'est pas, à mon sens, concluant. Il est en effet, on l'a vu, fondé sur l'idée que cette réalité indépendante devrait être immergée dans l'espace et le temps. Or on peut parfaitement écarter cette restriction qui, cela est entièrement vrai, n'est plus tenable. Par exemple, un trait essentiel de la conception du réel voilé est justement que le dit "réel" y est conçu comme étant premier par rapport à l'espace-temps. Qu'il est, non pas un réel au sens d'une chose que l'on peut toucher mais, tout à fait à l'autre extrémité du spectre, un réel au sens de l'être. Un réel pour lequel, on le sait, je ne rejette pas l'appellation de "surréel". Contre un tel "fond des choses", l'objection de Heisenberg ne peut pas être retenue.

Au total notre examen des arguments "pour" et "contre" l'idée d'un "fond des choses" n'a rien fourni qui ressemblât à une réfutation. En effet, toute la force des arguments à son encontre s'épuise à récuser — au reste, avec succès — la notion d'un monde en soi qui serait "prédonné" au sens de "descriptible". L'idée de "fond des choses", trop vague pour être saisissable, leur échappe comme un feu follet. Mais il est vrai que les arguments généralement invoqués par les personnes aspirant à changer le postulat du réalisme ouvert en certitude (en "évidence", diraient certains) sont logés à la même enseigne. Ni celui habituellement invoqué par les adeptes du "sens commun" ni celui qui, pour les physiciens mathématiciens, a les plus merveilleux attraits ne semblent résister à la dure épreuve des faits. C'est pourquoi l'argumentation plus générale progressivement développée dans le présent livre peut présenter quelque intérêt. Certains traits significatifs en seront notés ci-dessous, préalablement à une exploration succincte de telles ou telles perspectives métaphysiques sur lesquelles la conception du réel voilé paraît déboucher.

19-4. Quelques conséquences de l'évolution de la physique

C'est ici le lieu de noter quelques données qui sont culturellement significatives et sont des conséquences très générales de l'évolution de la physique, indépendantes des vues plus précises qui seront developpées ensuite.

Première conséquence : les limites de "l'événement"

Durant le dernier demi-siècle, les activités des diverses sciences se sont considérablement développées, même et surtout sur le plan quantitatif, avec, entre autres conséquences, celle que maintenant on connaît les détails — et l'extrême variété — de structures et de processus dont on n'avait précédemment appréhendé que les traits généraux, communs à tous. En même temps, il nous a fallu renoncer à l'illusion selon laquelle les lois fondamentales, le jour où elles seraient suffisamment connues, nous livreraient à elles seules les clés de la compréhension du monde où nous vivons. Nous nous sommes aperçus que l'itinéraire menant de ces lois aux phénomènes à notre échelle — ou à celle de l'Univers — foisonne en authentiques problèmes scientifiques, d'une portée bien supérieure à ce que l'on pouvait imaginer. Dans le même registre nous avons pris conscience *et* du vrai rôle du chaos *et* de notre aptitude à en faire la théorie. En un mot, nous avons découvert la complexité.

Cet état de choses a donné à penser à plusieurs esprits qu'une sorte de révolution scientifique était en cours, consistant en la découverte de ce que *l'événement* — autrement dit le *singulier, l'accidentel* — loin d'être étranger à la science comme on l'avait cru (« il n'y a de science que du général », a-t-on souvent dit), serait au fondement-même de la physique. Que son rôle y serait encore plus essentiel que celui reconnu jusqu'à présent aux grandes lois générales. Selon certains il s'agirait de rien de moins que d'un rejet de la notion d'universel. D'autres sont moins radicaux mais proclament malgré tout ce qu'ils appellent, selon la formule si expressive d'Edgar Morin (1982), le grand "retour de l'événement".

Qu'y a-t-il de vrai, qu'y a-t-il de faux, ou, sinon de faux, du moins d'exagéré, dans de telles manières de voir ? En ce qui concerne le refus de l'universel, je me suis déjà prononcé ((1990) et ici au chapitre 6), avec arguments à l'appui, contre cette idée. Relativement à celle de "retour de l'événement" je pense que le jugement doit être très nettement plus nuancé. Ce qu'au départ il importe de reconnaître c'est que, comme nous l'avons vu à maintes reprises et, en particulier, en section 15.4, il ne peut y avoir d'événements qu'au sein de la réalité *empirique*. Au sein, autrement dit de cette réalité qui n'est finalement que notre manière, à nous humains, de voir le "réel". Étant donné que cette réalité empirique ne coïncide certainement pas avec le "réel" (rappelons-nous la non-séparabilité) la limitation des événements au seul cadre de cette réalité-là relativise évidemment la portée du fameux "retour de l'événement". Toutefois cette relativisation est loin d'équivaloir, soulignons-le, à une pure et simple annulation. Encore une fois, la réalité empirique est le cadre où nous vivons et ce cadre s'étend aux étoiles et aux galaxies. Qu'il ait une histoire, pleine "de bruit et de fureur" (Shakespeare), en tout cas pleine d'événements, nous concerne au premier chef ; et le fait que nous sommes aujourd'hui capables de déchiffrer de vastes pans de l'histoire en question, et de la prévoir en partie, ne saurait nous laisser indifférents. Il n'en est pas moins vrai qu'à l'heure actuelle il serait naïf (car "démonstrativement faux") d'ériger l'événement, et plus généralement des notions telles que celles de complexité et de désordre, en matériaux de base et en attributs du "réel". Au reste, à la suite des expériences d'Aspect ceci a été reconnu et même souligné par ceux des auteurs qui ont écrit sur la complexité et l'événement et qui sont le plus à l'affût des découvertes ayant une portée conceptuelle[1].

Deuxième conséquence : le nominalisme en question

C'est un fait que, dans les milieux littéraires, cultivés et visant à constituer une avant-garde de bon aloi le nominalisme de Roscelin et Guillaume d'Ockham revient, à présent, en force. Ses brillants adeptes lui voient une sève toute moderniste et infèrent de lui maintes conséquences. Ils apprécient le discrédit qu'il jette sur la règle, conséquence de son refus de voir de l'universel dans les choses, ainsi que son exaltation de l'initiative de chacun, procédant de la primauté qu'il accorde à l'individu. Dans leurs ouvrages ils laissent entendre que c'est bien, avant tout, le nominalisme, vu comme émanation de la connaissance positive, qui justifie ces nouveautés libératrices. Mais ce faisant ils omettent, la plupart du temps, un "détail". Ils oublient de remarquer que de telles justifications n'ont de valeur que si le nominalisme lui-même est autre chose qu'une idée arbitraire, posée à titre de postulat.

Ceux qui désireraient se rassurer sur ce point là peuvent envisager deux méthodes. La première consiste à se référer aux créateurs mêmes de cette conception, et aux philosophes qui en débattirent. Dans cet esprit, on consultera les ouvrages de Boëce, de Bérenger de Tours, d'Abélard, et de tels et tels autres théologiens du Moyen Âge. On arrivera certainement ainsi à des

----

1. En particulier par Edgar Morin qui, postérieurement aux expériences d'Aspect (et après rappel de celles-ci) écrivit par exemple *(loc. cit.)* : « Le réel ne s'épuise ni dans l'idée d'ordre, ni dans l'idée de désordre, ni dans celle d'organisation. »

résultats, mais en définitive peu concluants car ces auteurs sont très anciens et ignoraient beaucoup de choses — que nous connaissons aujourd'hui et qui sont pertinentes pour l'étude de la question. L'autre méthode consiste, justement, à se demander si notre savoir actuel, et plus particulièrement les sciences "dures", donnent des armes au nominalisme. Si l'on s'engage dans cette voie on devra remarquer d'abord que le nominalisme du Moyen Âge visait à être une vraie — c'est-à-dire une grande — philosophie. Il n'y s'agissait pas d'un refus de l'universel limité aux hommes, aux êtres vivants, à tel domaine ou à tel autre mais bien d'un refus général : seuls le particulier, l'individu, le détail contingent existent, les noms communs, les concepts, les termes abstraits n'étant que des mots, n'existant que dans notre pensée humaine. Ceci, à toute échelle, doit être vrai.

L'est-ce ? Au temps de l'apogée de la physique classique la réponse "oui" a pu paraître de beaucoup la plus vraisemblable car tous les atomes d'un élément donné étaient alors considérés comme séparément existant. Ils étaient, il est vrai, conçus comme identiques les uns aux autres, ce qui, à la rigueur, pouvait permettre à un opposant au nominalisme[1] de soutenir que le concept de l'élément en jeu était plus qu'un simple mot creux[2]. Il n'en est pas moins vrai que tous ces "atomes" (ou "particules" ou "corpuscules" peu importe leur nom technique) étaient tenus pour discernables en droit, autrement dit comme existant indépendamment les uns des autres. Et cette observation paraissait aller tellement "au fond des choses" que, dans le débat, le nominaliste l'emportait assez aisément. Or nous avons vu qu'il s'est produit, dans ce domaine, un spectaculaire retournement de situation. Les particules, pour autant que ce mot puisse encore être employé, se sont avérées indiscernables. Selon la théorie des champs elles ne sont aucunement des individus mais simplement, et collectivement, des modes d'existence — ou, plus exactement, "d'apparence" — de ces entités globales et universelles que sont les champs. Manifestement, le nominalisme perd de ce fait celle de ses motivations qui touchait au plus près à la question des fondements. Certains esprits estiment, il est vrai, qu'il en trouve aujourd'hui

---

1. Un tel opposant était appelé "réaliste" au Moyen Âge. Mais, on le sait, la référence était alors au réalisme des essences, ou des "Idées", tel que présenté par Platon; à l'opposé, bien sûr, du réalisme objectiviste que le mot "réalisme" évoque à l'heure actuelle le plus souvent. De fait, le nominalisme participe indéniablement du réalisme objectiviste tel que défini en section 1.2.

2. Mais Ockham aurait victorieusement répondu que cette universalité existe seulement dans notre esprit.

une autre. Ils songent à l'idée de complexité et au fait, déjà évoqué ci-dessus, que celle-ci a effectivement été considérée comme constituant une objection à la notion universel. Sur ce point je ne peux que renvoyer, encore une fois, au contenu du chapitre 6, en insistant sur le fait que la reconnaissance de la complexité des phénomènes — laquelle est indéniable et joue un rôle essentiel dans toute notre exploration actuelle de la réalité empirique — ne change rien au fait que, sur le plan conceptuel, le nominalisme s'identifie au *réalisme des entités* défini dans le dit chapitre, et que les objections au réalisme des entités développées en cet endroit s'appliquent donc aussi bien à lui. Pour dire les choses autrement, étant donné qu'un nominalisme intégral et cohérent avec lui-même ne peut guère que localiser la réalité dans les "objets élémentaires", faisant par là-même de chaque particule un individu, professer un tel nominalisme c'est commettre une erreur, non de métaphysique — péché véniel aujourd'hui ! — mais, tout bonnement, de physique.

Il faut du temps pour que des idées différant de la "vulgate communautaire" prennent chair, si l'on ose dire, au sein d'une société dont la part la plus éclairée reste plus ou moins sous l'emprise des vues du siècle des Lumières. Et un écrivain qui violerait ce délai d'inculturation n'aurait aucune chance d'atteindre, dans l'esprit des lecteurs, la zone qu'il a pour métier de viser, à savoir celle, indécise, du recouvrement entre cœur et intelligence. A ceci s'ajoute le fait que, dans le cas présent, les données nouvelles suggèrent à première vue — il me faut bien le reconnaître — deux cheminements différents, celui axé sur la complexité et l'événement, qui mène au nominalisme et celui fondé sur la non-séparabilité et sur l'universalité quantique, qui conduit au rejet de ce même nominalisme. La première de ces deux approches est celle qui attribue la plus grande signification au splendide chatoiement du monde et l'on comprend donc aisément que ce soit elle qui séduise le plus les écrivains amoureux de l'intelligence. Mais une analyse sérieuse des données montre, me semble-t-il, que c'est la seconde qui, en fin de compte, s'approche le plus de la vérité. C'est donc elle, je le crois, qui finira par s'imposer.

Troisième conséquence : de la déférence due à Spinoza

De cette déférence Einstein nous a donné l'exemple : exemple évidemment, vu sa provenance, d'un très grand poids, et qui, de plus, est émouvant. Car, de Spinoza, Einstein admirait tout : la pensée, l'éthique, la vie. Y compris, cela va de soi, cette quête —

qu'il a entreprise lui aussi — du bien véritable, du "souverain bien", défini par le philosophe comme étant « l'union de l'âme pensante avec la nature entière » (Spinoza, 1964, cité par Paty, 1988).

Ici apparaît le mot de "nature", mot évocateur mais très vague et source, par conséquent, d'ambiguïtés et de possibles contresens. Il est, au reste, à noter que ces contresens sont plus à craindre aujourd'hui qu'ils ne l'étaient à l'époque de Spinoza. En effet, celui-ci avait à sa disposition deux expressions : *natura naturans* et *natura naturata*, désignant deux concepts nettement différents. Sans qu'il puisse être aucunement question de faire coïncider deux conceptions, celle de Spinoza et celle du réel voilé, que, de toute manière, plus de trois siècles séparent, on peut quand même noter que la notion de *natura naturans* est susceptible d'être rapprochée de celle de réalité indépendante, alias de "réel" alors que, par contraste, celle de *natura naturata* n'est pas sans quelque analogie avec celle de phénomènes. La formule célèbre de Spinoza *"Deus sive natura"* ("Dieu, autrement dit, la nature") au vu de laquelle certains ont cru voir dans ce philosophe un ancêtre du matérialisme, apparaît, grâce à ce parallélisme, sous un jour autre et plus juste, car il s'y agit bien évidemment — tout le contexte spinozien le montre — de la *natura naturans*, donc d'une entité impossible à identifier à ce qu'un chimiste, un biologiste, un géologue ou un écologiste appelle "nature" aujourd'hui. Le Dieu de Spinoza n'a rien de commun avec une machine (et celui d'Einstein non plus). Certes, il est "la Substance". Mais Substance avec un grand S. Descartes donnait au mot "substance" à peu près le sens que nous lui donnons aujourd'hui. Il admettait la pluralité des substances, option décisive qui a grandement contribué à donner naissance à ce fameux mécanicisme dont nous constatons maintenant qu'en tant qu'ontologie il est trompeur. Spinoza, on l'a noté, a su éviter cette erreur, et c'est là à mon sens une des principales raisons qui font qu'une grande déférence lui est due. Reste, bien sûr, que cette Substance, ce Dieu, est considéré par Spinoza comme "intelligible" : comme accessible, partiellement au moins[1], à la connaissance humaine. Il y a là, bien évidemment, une différence considérable entre le spinosisme et la conception du réel voilé. Qui voudrait construire une sorte de néo-spinozisme adapté au savoir actuel aurait tout d'abord à y bien intégrer l'idée que la nature-en-soi ne peut être conforme au réalisme proche (au "mécanicisme").

---

1. Nous n'en connaissons que deux modes, la pensée et l'étendue, alors qu'il en est une infinité.

Dans cet esprit, il devrait mettre en valeur les thèmes de la *natura naturans* et de l'unité. Pour cela il pourrait conserver le terme de Dieu mais il devrait, bien entendu, gommer l'idée d'un Dieu personnel et volontariste, non compatible avec le spinozisme.

Quatrième conséquence : question à la phénoménologie

Comme Jean Ladrière, par exemple, l'a bien fait valoir (Ladrière, 1989), certaines des idées directrices de l'approche phénoménologique husserlienne de la réalité sont nettement plus en harmonie avec les conceptions sous-jacentes à la mécanique quantique qu'elles ne l'étaient avec celles de la mécanique classique. Cela se rattache au fait que, selon la phénoménologie, la construction — ou reconstruction — du monde physique par la pensée se présente comme une sorte de prolongement du *cogito*. Schématiquement, le partisan de cette approche constate que notre champ de conscience est constamment envahi par des formes, des couleurs, etc., bref par quelque chose — que, par définition, on appelle le phénomène — qui *s'offre* à notre appréhension. Il note, autrement dit, que tout se passe comme si l'on avait affaire à une sorte de créativité par laquelle le phénomène manifeste son indépendance. Et ceci, toujours selon Husserl et ses continuateurs, amène la conscience réfléchie à reconnaître au phénomène, par transitivité en quelque sorte, la *qualité d'existence* qu'elle s'est reconnue à elle-même lors du « Je pense donc je suis ». Il y a, en un sens, continuité entre l'évidence première qu'est celle de notre présence à nous-mêmes, et celle, seconde, de l'existence des phénomènes. A cela Ladrière ajoute que très souvent les divers phénomènes s'enchaînent d'une manière naturelle et répétitive qui nous fait discerner un élément, que nous appelons "chose", qui leur est commun. La chose perçue, certes, n'apparaît jamais d'un coup tout entière mais c'est précisément cela qui fait qu'elle est plus que la somme de ses apparences. C'est cette forme élusive de présence qui lui donne une indépendance, par rapport à nous et aux autres choses, en laquelle nous reconnaissons une réalité qu'elle possède par elle-même.

Dans ces conditions, la difficulté, du côté de la physique classique, venait du fait que celle-ci, mue par son exigence d'intelligibilité, était parvenue à remplacer, au moins en partie, la description de l'expérience vécue, faite au moyen du langage ordinaire, par une description d'une tout autre espèce, utilisant des modèles idéaux fondés sur des objets mathématiques ; de sorte que l'on avait affaire à une description de la réalité exprimée en termes de représentation (mécaniste d'abord, puis mathématique) et non plus en termes d'expérience vécue. Et le contraste était d'autant plus grand que, pour construire cette représentation, la physique classique avait posé en principe qu'une reconstruction rationnelle du monde, initialement donné dans cette expérience vécue, devait décrire le monde tel qu'il est en lui-même, tout à fait indépendamment de la manière dont il peut être appréhendé. En définitive, cette physique introduisait donc une séparation radicale entre la représentation (mathématique) et l'expérience. Or, soulignait Ladrière, c'est précisément cette séparation nette que la physique quantique nous force à reconsidérer. Et, effectivement, aujourd'hui la théorie de la décohérence corrobore assez bien ce dernier jugement, puisque, comme on l'a vu, elle parvient, en somme, à montrer quantitativement et en détail que le formalisme quantique, conjugué à certains éléments de la structure de notre esprit, rend compte de notre expérience vécue, tant macroscopique que microscopique. Vue sous cet angle la théorie quantique actuelle vient donc bien en renfort de la phénoménologie.

Il faut noter pourtant que cette corroboration n'efface pas certaines différences. Il est clair, en effet, qu'une telle élucidation, par la décohérence, du mécanisme de la construction des objets et des phénomènes conduit à certaines réserves relativement au degré de réalité — si l'on peut s'exprimer ainsi — attribuable à ces derniers. Certes la décohérence rend compte de ces enchaînements de phénomènes dont nous notions ci-dessus qu'ils sont générateurs de la notion de chose. Seulement voilà : comme nous le constations au chapitre 8, elle en rend compte par référence à *nous*. Ce qu'elle nous montre, ce n'est pas que les choses *sont* raisonnablement indépendantes les unes des autres et de nous-mêmes. Compte tenu de la structure formelle de la mécanique quantique elle reconnaît au contraire, comme nous l'avons vu, qu'il existe des grandeurs physiques dont les mesures, si nous pouvions les faire, nous révéleraient une *absence complète* d'indépendance. Ce qu'elle établit, c'est que, en raison des limitations de nos facultés, ces mesures sont, pour nous, pratiquement irréalisables. Dans ces conditions, il est légitime de s'interroger. Peut-on encore considérer que cette indépendance de la chose perçue doit nous amener à reconnaître en elle, non pas une apparence mais une réalité, comme le *cogito* nous incitait à le faire en ce qui concerne la conscience ? Il semble bien que non. Il se révèle, au contraire, que la réalité que nous sommes ainsi amenés à reconnaître aux choses — y compris les macroscopiques — n'est pas une réalité qu'elles possèdent par elles-mêmes mais une réalité que *nous* leur conférons. C'est, autrement dit la "réalité empirique".

Certes, à cette remarque il pourrait être répondu qu'aux chapitres 10 et 18 nous avons nous-mêmes — avec la notion de "société d'amis de Wigner" par exemple — considéré l'idée d'une certaine relativisation de la conscience et que, métaphoriquement parlant, cette relativisation remet la conscience sur un "pied d'égalité", si l'on ose dire, avec la réalité empirique (nous avons parlé de "coémergence"). Il reste que la parité ainsi obtenue l'est au prix — précisément — d'une relativisation des deux parties, conscience et réalité empirique ; et que celle de la conscience poserait sans doute au partisan de la phénoménologie husserlienne un problème assez délicat : comment, en effet, la concilier avec le caractère de certitude absolue du *cogito* que cette doctrine prend pour assise ?

19-5. Un nouveau regard sur la conception du réel voilé

La conception du réel voilé a été esquissée au chapitre 10. Mais dans les chapitres suivants nombre de thèmes ont été passés en revue, dont les développements ont conduit à des conclusions susceptibles d'avoir des incidences sur la conception en question. Nous devrons ci-dessous la réexaminer à leur lumière.

19-5-1. Son "ancrage"

Ayons en premier lieu bien présent à l'esprit le risque d'incohérence qui menace nos sociétés évoluées en ce qui concerne l'idée de réel. Comme on l'a vu, leurs élites — leurs "sages", dirons-nous — nourrissent deux opinions qui semblent toutes deux frappées au coin du bon sens mais qui, en dernière analyse, s'avèrent difficiles à concilier. La première est de considérer comme ne souffrant pas discussion l'idée que faits et choses existent hors de nous et sont, dans leur immense majorité (on songe, par exemple, aux données astronomiques), totalement indépendants de nous. La seconde est que les faits et les choses dont nous avançons qu'ils "existent vraiment" ne peuvent évidemment être dénués de tout lien avec nos perceptions diverses, car, nous l'avons déjà remarqué, il n'y aurait guère de sens à supposer l'existence d'un monde n'ayant rigoureusement aucune influence, ni directe ni indirecte, sur ce qui nous est accessible. En vertu de cette seconde "évidence" les sages posent donc que parler de l'inaccessible c'est parler en l'air, et le plus grand nombre parmi eux va même très nettement plus loin dans cette direction et affirme que, tautologies mises à part, tout notre savoir vient des sens. Aussi exigent-ils que toute assertion soit, en quelque sorte, enracinée dans l'expérience.

Jusqu'ici, bien sûr, tout va bien encore : on conçoit aisément un Univers pour l'essentiel indépendant de nous et dont certaines parties agissent sur nous. Et l'on trouve raisonnable de ne parler que de celles-ci. Mais, à la réflexion, se pose quand même une grave question : « Connaissons-nous les faits et les choses tels qu'ils sont vraiment ? » Nous avons vu que les arguments en faveur de la réponse "oui" (argument du non-miracle et accord intersubjectif) ne sont aucunement probants à cet égard et il est clair qu'ils apparaissent comme l'étant moins encore lorsque l'on se rappelle les diverses constatations faites dans la première partie du présent livre : échec du réalisme proche, non-séparabilité, objectivité seulement faible de certains des principes de base, etc. Il est certain, nous l'avons vérifié, que l'on ne peut plus affirmer aujourd'hui qu'une expérience de physique correctement conduite par une équipe bien formée et bien entraînée nous dévoile "ce qu'en lui-même l'objet étudié est". Et cela, qui plus est, même si l'on tient compte de l'existence du modèle ontologiquement interprétable de Broglie et Bohm car, même dans ce cadre, les résultats que fournissent les mesures ne sont, dans la plupart des cas, pas identifiables aux "vraies" valeurs des quantités considérées. Du coup, la plupart des "sages" dont il était, plus haut, question se rabattent — sans en être toujours tout à fait conscients — sur une position de repli. Celle-ci consiste à ne plus entendre par le mot de "réalité" qu'une sorte de synthèse de ce qui, dans l'ordre des phénomènes prédictibles (en probabilité du moins), s'avère métaphoriquement représentable en un langage descriptif. Autrement dit, elle revient à tacitement gommer toute distinction entre la "réalité" (en soi) et ce que j'ai appelé la "réalité empirique[1]". Il s'agit là d'un mouvement de pensée qu'il est intéressant d'analyser. Il consiste, en fin de compte, à espérer pouvoir conserver l'essentiel de ce qui constitue, philosophiquement parlant, le matérialisme tout en identifiant, pratiquement, celui-ci à une sorte de positivisme. Dans le détail, la visée paraît être de reconnaître le primat absolu de la notion d'expérience possible, mais en même temps de tenter d'écarter la référence ultime à la prise de conscience humaine que ce primat semble impliquer. Et cela en créant une sorte de notion d'"expérience-en-soi" impersonnelle et par consé-

---

1. "Réalité" dont les éléments et structures peuvent être définis par référence à des opérations sinon réalisables du moins concevables et aux données enregistrées par des êtres conscients à la suite de ces expériences.

quent objective. Ainsi "mise à plat", cette thèse, on le voit, se rapproche un peu celle de l'objectivité faible (ou intersubjectivité au sens retenu dans ce livre[1]). Le rapprochement, toutefois, n'est que partiel du fait, justement, de la présence dans la thèse considérée de l'idée d'une mise à l'écart de toute référence à la prise de conscience humaine.

Cette dernière idée peut-elle se défendre ? Pour examiner la question le premier point qu'il convient de bien remarquer est que, dans son acception scientifique, le mot "expérience" suppose au premier chef une attention sélectivement apportée à ceci plutôt qu'à cela. C'est en cela que les comptes rendus d'expériences diffèrent principiellement de ces "descriptions de choses" dont nous venons de voir qu'il faut nous méfier. Peut-on, dès lors, parler valablement de l'expérience qu'aurait un appareil ? Y a-t-il, dans un instrument, l'analogue d'une attention sélective ? La position de son aiguille est-elle, *en soi*, plus significative (pour qui ? pour lui ?) que celle de l'un quelconque de ses atomes, ou que celle de la mouche qui vient effleurer son cadran[2] ? Ces questions rappellent fortement celles soulevées par Putnam à propos de la référence et appellent, tout comme elles, des réponses négatives. De ce fait, l'idée envisagée s'avère chimérique. Dans le contexte de la physique d'aujourd'hui, qui nous pousse si fort à voir dans l'expérience l'ultime source des lois et des "choses", la thèse que l'on pourrait faire l'économie des notions d'intentionalité et de référence qui, justement, caractérisent l'expérience et qu'on réhabiliterait de cette manière le matérialisme scientifique est une vision incohérente[3].

Or ceci fait que, reconnaissons-le, la question embarassante réapparaît : « Et si, en fin de compte, la notion même de "réel" n'avait pas de sens ? Et si les choses n'avaient pas de fond ? » Voilà qui nous transporte sur, pour ainsi dire, notre "second front". Victorieuse, grâce à la physique, du matérialisme, la conception du réel voilé va-t-elle devoir capituler devant l'idéalisme radical ? A d'importantes nuances près — qui apparaîtront ci-dessous — c'est ce que paraissent penser ceux de mes interlocuteurs qui penchent

---

1. Une intersubjectivité universelle, différente en cela, on l'a noté, de l'intersubjectivité des sociologues.

2. Cette position a-t-elle même une existence assurée, alors que la structure formelle de la mécanique quantique suggère nettement le contraire ?

3. Déjà dans le cadre d'une physique ontologiquement interprétable l'expérimentateur est obligé de décrypter les indications de son appareil. Mais ici, en outre, c'est son appareil, disposé comme il l'a voulu, qui, pour une part, crée le message.

vers le néo-kantisme. Et certes la question est complexe. L'immense majorité des arguments anciens[1] en faveur de la notion de "fond des choses" ne faisaient pas la distinction entre le "réel" et le descriptible, et ci-dessus, en sections 19.3.1 et 19.3.2, j'ai moi-même rappelé en quoi ces arguments sont déficients. Les interlocuteurs auxquels je pense me disent donc, en substance, comme on l'a vu : « Puisque, conformément aux indications de la physique, vous allez jusqu'à admettre la non-existence en soi des objets, pourquoi n'iriez vous pas jusqu'au bout ? Pourquoi ne renonceriez-vous pas à l'existence-même du "réel" ? »

En fait, une bonne part des développements de la seconde partie du livre contribue à fournir, directement ou indirectement, les éléments d'une réponse à cette question, réponse que je synthétiserai en quatre "temps". D'abord, de l'aveu même de mes critiques, nulle contrainte logique ne m'oblige de façon stricte à ainsi aller "jusqu'au bout". Ensuite, ce que, en section 17.3, j'ai examiné en détail n'est autre que, justement, l'idée de l'absence de fond, et j'ai exposé à cet endroit les raisons qui m'amènent à ne pas la tenir pour convaincante. Ensuite encore, j'estime qu'en section 17.2 comme, également, ci-dessus, en sections 19.3.3, 19.3.4, et 19.3.5, j'ai réfuté les objections récemment formulées à l'encontre de la notion même de "fond" (des choses). Enfin et surtout, en faveur de l'idée que cette notion est, tout au contraire, à garder je tiens pour valables certaines raisons positives, que j'ai exposées en section 10.4.1 et que, vu les trois points qui précèdent, je considère comme ayant surmonté l'épreuve du débat. Pour mémoire, je les rappelle ici en quelques mots. Il s'agit (i) du primat de l'existence sur la connaissance, (2) de l'argument du "quelque chose qui dit *non*". (3) de la difficulté qu'il semble y avoir à admettre une mobilité de l'*a priori*. Et enfin (4) de l'argument du non-miracle ou plutôt de son noyau dur : il faut expliquer *l'existence* de lois prédictives.

Au reste, je constate qu'en définitive même les auteurs qui se séparent, là, de moi hésitent devant le saut ultime de l'abandon de tout "réel". Bitbol lui-même n'a-t-il pas écrit : « Ce qui reste à l'abri de la critique (...) c'est le concept abstrait d'une réalité

---

1. Par "anciens", j'entends : remontant au XVIIIe siècle. Il est à noter qu'au XVIIe siècle les arguments en faveur de l'idée de "réel" — ou d'être, comme on disait alors — étaient tout autres. Malebranche ne jugeait-il pas que l'idée simple de l'être, antérieure à toute restriction et à toute limitation est ce qu'il y a de plus accessible à l'homme ? Alors que, au contraire, « il n'y a que la foi qui puisse nous convaincre qu'il y a effectivement des corps » (*Recherche de la vérité, Éclaircissement VI*, cité dans Brunschvicg, 1971).

considérée comme limitation du pouvoir déterminant et de l'activité gestuelle et symbolique de l'expérimentateur, ou encore comme source co-déterminante de contraintes incontrôlables manifestées par les réponses aux sollicitations expérimentales » ? (Bitbol, 1998 pp. 96-97). Et Zwirn *(loc. cit.)* ne note-t-il pas la nécessité d'un *quelque chose* dont, nous explique-t-il, le fait de dire qu'il existe est impropre mais dont il reconnaît que « le mentionner est déjà indiquer une sorte d'existence » ? Finalement, ces auteurs ont compris, me semble-t-il, qu'on risque, en ces matières, d'être comme saisi d'un vertige auquel il importe de résister. Il s'agit de la tentation, éprouvée par beaucoup d'esprits très pénétrants, d'aller véritablement jusqu'au bout d'un raisonnement rendu séduisant par sa cohérence logique, sans bien réaliser qu'il ne se déroule malgré tout pas dans un cadre linéairement déductif, que diverses conceptions sont donc envisageables et que ce qui, au niveau de l'abstraction philosophique, est séduisant est susceptible d'apparaître à d'autres égards comme une option plus élégante que convaincante.

On ouvrira ici une parenthèse pour rappeler que, comme déjà noté en section 6.6, cette problématique peut être rapprochée de l'étude, classique en philosophie, des relations entre les notions de signification et de référence d'un concept. On le sait, l'instrumentalisme classique ne fait pas de différence entre les deux. Il pose que le sens d'un concept n'excède en rien sa référence, c'est à dire l'ensemble des données de fait qu'il sert à expliciter. En section 7.3 nous avons constaté à ce propos que, dans le cadre d'un instrumentalisme adapté à la physique contemporaine, il sied de substituer la prédiction à la référence : de considérer que le sens d'un concept est défini, et donc limité, par le jeu des *prédictions* qu'il permet de faire. Mais ce que, relativement au présent sujet, il convient ici de noter c'est que ce serait une extrapolation abusive d'ériger la limitation en question en règle philosophique absolument universelle. Comme je l'ai déjà souligné, le concept d'existence ne peut pas lui être soumis dans sa pleine généralité, puisque la notion de prédiction suppose déjà l'existence d'un être qui prédit[1].

---

1. Hervé Zwirn nous dit bien *(loc. cit.)* que, logiquement, il pourrait n'y avoir que de la pensée, mais c'est déjà là une existence. Ensuite, décider si elle seule existe est en quelque sorte un "détail". La réponse "non" me semble la plus plausible.

19-5-2. Son développement et conclusions

« La nature soutient la raison impuissante et l'empêche d'extravaguer jusqu'à ce point » (*Pensées*, Article VII, *La morale et la doctrine*). Ce mot — un tant soit peu sceptique mais combien sage ! — dirigé par Pascal contre le pyrrhonisme s'applique aussi bien à tous les (non exceptionnels) débordements nihilistes de la raison. A un tel danger on vient de voir que les approches de Michel Bitbol et de Hervé Zwirn finalement échappent, puisqu'en définitive elles ne franchissent pas la "ligne rouge" de la mise au rancart du concept même d'existence. Il reste que, en acceptant, même si ce n'est que du bout des lèvres — à titre de pur "concept limitatif" ou d'indicible "on ne sait quoi" —, la notion d'une source de contraintes ne se réduisant pas totalement à nous, ces auteurs effectuent selon moi (de bon gré ou non, cela se discute) une avancée, bien que légère, vers une forme de platonisme. Selon eux (et moi) comme selon Platon il faut dire *à la fois* que les objets ne sont pas des choses-en-soi *et* que l'on ne saurait considérer les êtres humains — les prisonniers de la caverne — comme constituant tout "l'existant".

Reste qu'entre eux et Platon les différences sont, bien entendu, importantes. Elles concernent avant tout la question de l'accessibilité. A leurs yeux, ce "concept limitatif", ce "quelque chose" d'indicible, est d'une inaccessibilité vraiment totale, de sorte qu'il n'y a rien à en penser. Je ne reviendrai pas ici sur le détail des raisons qui me font tenir cette thèse pour non totalement convaincante. Au vu du fait qu'il y a, indéniablement, de grandes lois universelles, telles les équations de Maxwell, auxquelles nous voyons que les phénomènes obéissent[1], et que ces lois restent pertinentes bien que leurs interprétations varient beaucoup au cours du temps, je considère, on le sait, comme plus plausible l'idée que le "réel" — la réalité indépendante, le "quelque chose" d'Hervé Zwirn — est structuré et qu'un peu de cette structure passe dans nos "lois". Autrement dit, comme je l'ai exposé dans *Le réel voilé* (section 16-4) et ci-dessus, de nouveau, en section 10.4.1, au delà de la notion kantienne de causalité — qui sous-tend le concept de *réalité empirique* (*Le réel voilé*, sections 15-2 à 15-6) et dont il n'est aucunement question de minimiser l'importance — je tiens pour valable la notion d'une "causalité élargie" s'exerçant non pas de phénomène à phénomène, mais sur les phénomènes à partir

---

1. Consacrés par l'usage, les mots "lois" et "obéissent" n'en sont pas moins fâcheusement anthropomorphiques. Il va de soi qu'ici ils sont à dégager de toute espèce de connotation rappelant les notions de volonté et de commandement.

du "réel". Comme, en raison de la non-séparabilité, ce "réel" ne peut pas être considéré comme constitué d'éléments localisés immergés dans l'espace-temps, il est clair que cette causalité-là diffère considérablement, non seulement de la causalité kantienne mais également de la causalité einsteinienne. Elle n'englobe pas, bien entendu, la notion de causes efficientes (dans la terminologie d'Aristote), puisque celles-ci font essentiellement intervenir le temps. Mais elle peut accommoder celle de causes structurelles et ces dernières sont, dans une telle approche, plus que de simples régularités observées entre phénomènes. En fait, ces "causes élargies" structurelles — qui font vaguement penser aux Idées de Platon — sont, tout simplement, les structures du "réel" ; et on a vu qu'à mes yeux elles constituent l'explication ultime du fait même que les lois — ou, autrement dit, la physique — existent.

Ici, on se bornera à rappeler très sommairement l'essentiel de ce qui a été noté au long de l'ouvrage relativement aux rapports existant, du fait de cette causalité élargie, entre le "réel" et notre expérience. Le premier point à garder présent à l'esprit est que, selon la conception du réel voilé, le "réel" est premier par rapport à la scission matière-esprit (autrement dit, par rapport à l'émergence conjointe réalité empirique-conscience). En conséquence, si, grâce toujours à la causalité élargie, la conscience peut légitimement conjecturer qu'indirectement elle glane quelques lueurs sur le "réel", les lueurs en question sont d'une nature toute différente de celle des connaissances que, dans le cadre de la conception dualiste traditionnelle, l'esprit est censé acquérir sur une supposée "matière-en-soi". Ici, en effet, ce n'est pas sur une matière considérée comme se trouvant en quelque sorte face à lui que l'esprit acquiert les lueurs en question, c'est sur ce qui gît à ses origines propres. Comme on l'a noté en section 17.2.4 (troisième tension) une telle acquisition est conceptuellement fort concevable. Et, encore une fois, la différence avec la conception traditionnelle est importante.

Un second point à retenir est que, en conséquence de ce qui précède, il y a une différence importante entre la conception du réel voilé et le réalisme structural tel qu'il est présenté en général. En effet, dans ces présentations il est souvent posé que les grandes lois mathématiques du type équations de Maxwell décrivent, telles qu'elles sont, les "vraies" structures du "réel". Pour la raison exposée en section 16.4.2, (Remarque 3) cette hypothèse me semble téméraire. La conception du réel voilé est beaucoup moins catégorique. Elle inclut seulement la conjecture selon laquelle nos grandes lois mathématiques seraient des reflets grossièrement déformés — ou des traces non déchiffrables en certitude — des grandes structures du "réel". Incidemment, notons à ce propos une curiosité : une étrange lacune de la sémantique fait que dans le cadre de cette conception la question « Le "réel" est-il descriptible ? » ne comporte pas de réponse. En effet le mot "descriptible" signifie, normalement, "complètement descriptible", le mot "indescriptible a de même, normalement, le sens de "totalement indescriptible". Et l'expression "partiellement descriptible" est comprise comme signifiant que certaines parties de l'objet étudié sont descriptibles et que d'autres ne le sont pas. Manifestement aucun de ces trois qualificatifs ne s'applique au présent cas.

Comme on le voit, ma conception est, en définitive, celle d'un "réel", structuré certes, et sur lequel je n'exclus pas que poésie, arts ou mystique puissent nous donner quelques lueurs, mais qui n'en est pas moins fondamentalement non conceptualisable par l'être humain. Évidemment ceci attire l'objection qu'évoquer un "réel" non conceptualisable par l'homme n'aurait pas de sens. Pour répondre à cette critique je ferai appel à un raisonnement de Hervé Zwirn (Zwirn, 2000). Cet auteur part de la constatation que, selon toutes apparences, nos capacités de conceptualisation dépassent celles d'un chien ou d'un singe et se demande s'il est ou non possible d'envisager une capacité de conceptualisation qui serait supérieure à la nôtre de même que la nôtre dépasse celle de ces animaux. Et il fait observer que répondre, brutalement, par la négative serait faire preuve d'une bien grande présomption. En effet, cela serait poser que la limite du conceptualisable n'est atteinte ni par le chien ni par le singe mais l'est par l'homme, thèse qui, non seulement ne serait cohérente qu'à la condition de donner un sens à la notion, discutable, de "conceptualisable dans l'absolu" (c'est-à-dire sans référence à tel ou tel type de cerveau) mais en outre reviendrait à affirmer que l'homme et l'homme seul atteint la limite en question. Comme Zwirn le note, « cette position rappelle trop les croyances anthropomorphes, successivement réfutées, de la Terre au centre de l'Univers, de l'unicité de notre système solaire ou de la fin de la physique au XIXe siècle pour être plausible ». Reste donc seulement la seconde branche de l'alternative, qui est de reconnaître qu'en fin de compte il n'est pas absurde d'évoquer l'idée d'un "quelque chose" de non conceptualisable par nous[1]. Au reste, si l'idée que l'on puisse avoir des lueurs relatives au "non conceptualisable par l'homme" apparaît comme

---

1. Zwirn recule devant l'idée de dire brutalement qu'il existe des choses non conceptualisables car cela signifierait une vue trop proche de nos concepts. A juste titre il préfère, lui aussi, une formulation négative, du type « Ce qui est conceptualisable n'épuise pas tout », sans définir ce qu'est ce "tout".

discutable au jugement de certains esprits elle ne choquera pas le poëte. Je conjecture qu'en la matière c'est, au bout du compte, le poëte qui a raison[1].

Au vu de tout ceci il appert que si l'on voulait faire saisir globalement, à l'aide d'une figure familière à notre culture, ce en quoi consiste la conception du réel voilé la moins mauvaise allégorie serait probablement celle du mythe de la caverne. Les objets perçus y sont des ombres mais des "ombres de…", et ceci y est considéré comme étant très important. Il reste, cependant, que même les meilleures images sont trompeuses à certains égards. La conception et le mythe divergent sur quatre points au moins. Le premier réside dans le fait que, dans le mythe, le "réel" se compose d'objets bien distincts, à savoir ceux, obliquement éclairés par le Soleil (ou par quelque feu extérieur), que des porteurs déplacent continûment au seuil de la caverne (et qui, en première approximation peuvent être identifiés aux Idées platoniciennes). Au contraire, dans la conception du réel voilé, en vertu de la non-séparabilité, le "réel" n'est pas, ainsi, "séparable" par la pensée. La seconde différence est que, contrairement aux Idées le "réel", on vient de le voir, n'est même pas conceptualisable par nous. La troisième (reliée d'ailleurs à la première), consiste en ce que, dans le cadre du mythe, les ombres existeraient même en l'absence des prisonniers car elles ne doivent rien à la présence de ceux-ci. Au contraire, dans la conception du réel voilé (mais aussi dans certains exposés fournis par Platon de ses propres thèses…) les phénomènes n'ont, en tant que tels, d'existence que par rapport à une expérience possible : la nôtre. Enfin, le quatrième point de divergence gît dans le fait que le mythe ne suggère en rien l'idée de co-émergence (de la réalité empirique et de la conscience) dont on a vu le rôle central dans la conception du réel voilé. En effet, s'il symbolise bien l'"émergence" de la réalité empirique (figurée par les ombres) à partir du "réel" (l'ensemble des Idées), en revanche il ne laisse rien soupçonner d'une émergence de la conscience (les prisonniers) à partir de ce même "réel".

Ces différences sont indéniables. Elles illustrent le danger qu'il y aurait à s'aventurer à la légère dans une forme nouvelle de syncrétisme consistant à tenter de ramener les si nouvelles représentations auxquelles conduit l'accroissement de nos connaissances à certains éléments de notre patrimoine commun d'idées. D'un autre côté cependant, il n'est pas abusif de

---

1. Autrement dit on a compris que je ne classe ni *La tempête* de Shakespeare, ni la *Neuvième symphonie,* ni même le plafond de la Sixtine parmi les "conceptualisations"!

considérer que, polis par les ans et par l'intense méditation de tant d'esprits, les éléments en question sont des espèces de sésames, presque indispensables, finalement, à l'ouverture du chemin menant du "savoir" au "comprendre"[1]. Il est clair en effet que, pour quiconque aspire à une vie intérieure équilibrée, autrement dit à une certaine "complétude" de l'esprit, il serait bien satisfaisant de pouvoir raccorder la conception du monde à laquelle ses connaissances le conduisent avec telle ou telle des grandes traditions philosophiques et religieuses dont le mûrissement a "donné chair" à notre relation à ce même monde.

Dans ce livre-ci, on l'a compris, il ne peut être question de s'engager dans une tentative si attirante mais également si pleine d'embûches. Les traditions dont il s'agit ont, au cours des millénaires, alimenté tant de controverses savantes, subtiles, intelligentes, que pour mener une telle entreprise à bien il faudrait conjuguer les connaissances du physicien avec l'érudition de plusieurs spécialistes. Et pourtant, sur les relations existant entre la grande leçon de la physique contemporaine — que résume au mieux, selon moi, l'image du réel voilé — et les principales d'entre ces traditions il serait, sans conteste, hautement instructif de réfléchir. Dans ces conditions nous nous contenterons d'un inventaire assez léger — et certainement non exhaustif ! — des interrogations qui paraissent surgir le plus naturellement dans ces domaines.

L'une des premières qui vient à l'esprit est aussi une des plus délicates puisqu'elle touche aux religions. Très schématiquement, la voici.

Étant donné la relativité du temps ; étant donné que, comme rappelé plus haut, même le temps cosmique n'apparaît plus comme étant une donnée première, ne devrions-nous pas nous demander si le terme d'*immortalité* — qui apparaît si souvent dans ces religions et semble postuler l'existence d'un temps absolu — ne serait pas à comprendre comme y renvoyant plutôt, dans le style imagé qui leur est habituel, à la notion, moins intuitive (mais tout autant de leur ressort !) d'*éternité*, de "sortie du cadre temporel" ? Pour la même raison peut-être conviendrait-il d'examiner (plus audacieusement encore !) si la notion de création — entendons : d'acte créateur — ne pourrait pas, elle aussi, par un recentrage sur la notion d'être, être affranchie de celle de temps, du moins du temps de notre expérience humaine, de l'"empirie". De nous

---

1. C'est la conviction qu'il en va ainsi qui m'a incité à m'intéresser au fil rationnel sous-jacent à l'histoire du développement des idées et par conséquent à écrire *Ondine et les feux du savoir* (1998).

demander si le thème — porteur ! — de la "création continue" n'ouvrirait pas, après adaptation, des perspectives selon ces lignes.

A l'évidence, au cas de telles spéculations auraient quelque chose de juste elles seraient significatives relativement à la question du sens. On ne peut donc pas se rallier sans réserve à l'opinion émise, en substance, par Heisenberg (1998), selon laquelle la science ne fournit quasiment aucune donnée pouvant nous éclairer un tant soit peu sur cette question-là, cruciale entre toutes. Il est, cependant, vrai que cet auteur a bien raison d'inviter fortement à la prudence en ce domaine. Le sage, explique-t-il « a éprouvé que toutes les pensées par lesquelles nous cherchons à fonder le sens de la vie reviennent en cercle à leur point de départ » ; et il y a indéniablement beaucoup à retenir de cette réflexion désabusée. Reste, au minimum, qu'en ce domaine de la quête du sens la science d'aujourd'hui renverse, on l'a vu, les blocages de type "matérialisme" qu'une science moins avancée avait pu inspirer. Ce n'est pas rien !

D'autres interrogations sont d'un caractère moins sensible, ne serait-ce que du fait qu'elles furent au long des siècles principalement étudiées sous leur aspect spécifiquement intellectuel. On pense bien entendu ici aux grandes traditions philosophiques. Toutefois, le thème étant trop vaste, on limitera ici l'horizon aux grandes idées directrices de deux traditions occidentales, le platonisme, dont il vient d'être déjà un peu question, et l'aristotélisme[1].

En ce qui concerne l'aristotélisme, l'un des points de rapprochement entre cette doctrine et la conception du réel voilé paraît être la notion de causalité car, du fait même qu'Aristote est, philosophiquement parlant, un réaliste, sa causalité s'exerce, non exclusivement entre phénomènes — entre "objets pour nous" — mais bien, aussi et surtout, "à partir" d'une réalité en soi, ce que fait aussi ma "causalité élargie". A noter également que, chez Aristote, la causalité n'est pas, par principe, limitée par la condition d'antériorité de la cause sur l'effet. On sait que, au contraire, loin d'être le Dieu mécanicien de Galilée et de Descartes (le Dieu de la "chiquenaude initiale"), celui d'Aristote serait plutôt une cause finale, ce vers quoi tout tend. Si l'on prend ceci sur un mode quelque peu allégorique (dans la visée d'un but à atteindre, d'une œuvre à réaliser, d'une perfection à rechercher, c'est l'idée d'accomplissement, non celle de temps qui est centrale) on peut

---

1. Il est évident que les points de rapprochement entre la conception du réel voilé et les philosophies indiennes et extrême-orientales seraient aussi à étudier. Mais ces philosophies ne font pas partie de nos traditions et pour nous, par conséquent, elles sont moins que les autres les sésames du fameux chemin menant du "savoir" au "comprendre".

voir là un autre point de rapprochement avec la conception du réel voilé car dans celle-ci aussi, le "réel" étant premier par rapport au temps, la causalité qu'il exerce ne peut être soumise à une stricte condition d'antériorité.

Plus généralement, un esprit curieux peut s'intéresser au fait que la notion de *potentialité* est centrale chez Aristote — il oppose celle de *puissance* à celle d'*acte* — et que cette notion, qui avait perdu quasiment toute signification en physique classique (on a pu dire que, chez Newton, tout est "en acte") a retrouvé une place en physique quantique. Non pas, il est vrai, une place assurée et incontestable mais du moins une certaine possibilité de jouer un rôle interprétatif. Il faut se rappeler à ce sujet que, contrairement à la précédente philosophie ionienne de la nature qui situait son principe explicatif dans la matière, Aristote considérait, lui, la matière comme n'étant que le siège de ces vagues potentialités, qui ne deviennent actualisées que par l'intervention des formes. Que, à ses yeux, la nature est une sorte de hiérarchie d'existences, au sein de laquelle les êtres les plus simples, tout en étant eux-mêmes de la matière "informée", jouent le rôle de matière pour les formes plus complexes. Qu'à la base se trouve la *materia prima* qui, n'étant nullement "informée" est pure potentialité. Ainsi, pour Aristote, les choses complexes sont plus "en acte" — donc, si l'on ose dire, sont "plus réelles" — que les choses simples dont elles émergent. Qui est en quête d'une réalité un peu "profonde" devrait donc semble-t-il, dans le prolongement de cette idée, s'intéresser beaucoup aux choses complexes, sans trop tenter d'abusivement les disséquer par la pensée en "petits corps". Un rapprochement vient naturellement à l'esprit entre cette vue et la notion de réalité empirique. On se rappelle en effet que les objets macroscopiques qui, pour l'essentiel, composent cette réalité ont, en vertu de la décohérence, une réalité, relative certes mais d'un niveau supérieur à la simple "réalité épistémologique" des fonctions d'onde, etc.

Heisenberg, on le sait, a, le premier, fait un rapprochement de cette sorte. Il ne disposait pas de la théorie de la décohérence et son approche est donc, vue sous cet angle, moins élaborée que celle que l'on peut tenter aujourd'hui. Mais c'est à lui qu'est due l'idée qu'en physique quantique les fonctions d'onde ont un statut un peu similaire à cette matière-puissance aristotélicienne — qui est loin d'être toujours "en acte", on vient de le voir —, la "fonction d'onde de l'Univers" étant éventuellement identifiable à la *materia prima* du Stagirite. Et, comme nous l'avons constaté au chapitre 13, certains penseurs, tel Abner Shimony, continuent à manifester beaucoup d'intérêt pour cette approche. Toutefois cela ne les empêche pas de reconnaître son caractère essentiellement vague ainsi que les obstacles qui semblent s'opposer à sa reformulation plus précise. A cette difficulté en quelque sorte "intrinsèque" s'en ajoute une autre, adventice, qui réside dans le fait que, au cours des siècles, un certain amalgame — au reste, non entièrement dénué de tout fondement — semble s'être produit dans l'esprit du public entre l'aristotélisme et un nominalisme dont nous avons vu ci-dessus qu'en fin de compte il est quasiment inconciliable avec les données actuelles de la physique.

Au total, donc, on constate qu'une analyse comparative de la ligne de pensée aristotélicienne et des données de la physique contemporaine serait susceptible de mettre en lumière des questions fort intéressantes. La comparaison esquissée ci-dessus entre le mythe de la caverne et la conception du réel voilé laisse déjà entrevoir qu'il en irait de même d'une analyse comparative de ces mêmes données et du platonisme. De fait cette analyse serait, en quelque sorte, complémentaire de la première car si celle-ci semble, on vient de le voir, nous orienter vers une application de l'aristotélisme à l'approfondissement de la notion de réalité empirique — la "réalité d'ici-bas" —, celle-là paraît nous conduire, au contraire, vers un parallélisme entre le Bien platonicien et le "réel". Non qu'il soit question de passer sous silence les incompatibilités ci-dessus relevées entre l'enseignement du platonisme et celui de la physique contemporaine. Elles n'atteignent pourtant pas le fond de la doctrine, qui est que le "réel" ne gît pas dans les choses. Avec cette physique c'est là, peut-on penser, un point de confluence d'une grande portée. Une donnée essentielle à cet égard est que si, selon Platon, le "réel" (pour lui : l'ensemble des Idées) ne gît — je le répète ! — pas dans les choses, il ne gît pas non plus en nous. Platon n'a rien d'un "idéaliste intégral" ! Peut-être aurait-il adhéré à la notion de co-émergence (des choses et de la pensée) mais il aurait alors certainement précisé "à partir du "réel" (d'un jeu d'Idées) préexistant (aussi donne-t-on parfois au platonisme le nom de "réalisme des essences"). Éclairante est, sur ce point, la métaphore de l'arc-en-ciel étudiée en section 15.5. L'arc-en-ciel, notions-nous là, n'est aucunement un objet en soi. Selon le platonisme — celui du mythe — il en va de même des choses. Mais ceci ne signifie évidemment pas que l'arc-en-ciel dépend exclusivement de nous. Pour qu'il existe il faut que certaines conditions météorologiques soient réalisées. Et, de même, si, pour le platonisme, l'existence des choses (individuelles) dépend, en définitive, de nous, elle ne dépend pas exclusivement de nous. En fait elle dépend avant tout des Idées ou, en d'autres termes, du "réel". En ceci la conception du réel voilé retrouve, on le voit, les vues platoniciennes, la principale différence étant, encore une fois, que les Idées platoniciennes sont éminemment conceptualisables par nous[1], alors que, à l'instar du *pante aporeton* de Damaskios, le "réel" de la conception en question, lui, ne l'est pas. Il reste qu'à présent presque tout le monde — beaucoup de scientifiques compris — conjecture qu'en allant de plus en plus loin dans l'étude des choses et parties de choses on connaît la réalité fondamentale, le fond même de ce qui est, avec une netteté toujours plus grande. Le fait que les avancées de la physique la fassent aujourd'hui se rapprocher d'une tradition philosophique porteuse de sens qui nie cela (plus nettement que l'aristotélisme ne peut le faire, en aucune de ses versions) est une donnée qui paraît valoir qu'on lui consacre réflexion.

Il reste que, je le répète, une telle analyse comparative, serait délicate à développer pour maintes et maintes raisons, l'une d'elles résidant dans les différences de sens que le mot "platonisme" a revêtu selon les époques et les auteurs et revêt encore aujourd'hui. Ci-dessus nous l'avons plus ou moins identifié à la philosophie que symbolise le mythe de la caverne. Mais, comme on l'a noté en section 16.3, objectivement on ne saurait le réduire à ce seul mythe. De fait, quand aujourd'hui le mot "platonicien" est employé, dans la plupart des cas il sert à qualifier une personne qui adhère, non pas au mythe mais à la thèse (certes liée à celui-ci mais d'une façon assez lâche) appelée ci-dessus pythagorisme. Et lorsque la personne en question est un physicien il arrive même parfois qu'il s'agisse, en fait, d'un adepte, soit de la conception que j'ai ci-dessus appelée "l'einsteinisme", soit de la thèse selon laquelle existeraient "deux mondes" — l'un physique, l'autre mathématique, ayant chacun une réalité en soi[2] —, soit encore de la thèse (plus raffinée mais, similaire) des "trois mondes", défendue naguère par Popper. J'ai déjà expliqué mes réticences à l'égard de ces vues et je précise ici que lorsque j'emploie le mot "platonisme" ce n'est aucunement

---

1. Comme l'exprime leur nom même d'« Idées ». « Il est remarquable — écrivait Étienne Gilson (1942) — qu'à la question qu'est-ce que l'être ? Platon réponde toujours par la description d'une certaine manière d'exister. Pour lui il n'y a d'être que là où il y a possibilité d'intelligibilité. » Notons bien cependant que ceci n'est pas tout à fait le "mot de la fin". Dans *La République* (Livre VI) le "narrateur", Socrate, évoque « ce Bien que toute âme recherche, dont elle devine l'importance et dont elle fait la fin de tous ses actes » mais il poursuit (mots essentiels !) « sans pouvoir atteindre à la certitude et définir au juste ce qu'il est ». Et il avoue que, quant à lui, expliquer ce qu'est le Bien « dépasse (ses) forces ». Cette exception unique (mais essentielle) à la règle d'intelligibilité des Idées fait que la différence signalée dans le texte n'équivaut en rien à une opposition.

2. Du monde platonicien des vérités mathématiques, Penrose (1995, p. 46) écrit qu'il s'agit d'un monde « distinct du *monde physique* » et « à partir duquel nous devons comprendre le monde physique », ce qui semble bien impliquer que ces deux mondes sont aussi réels l'un que l'autre (voir aussi Omnès, 2002).

dans ce sens là que je l'entends. Cela dit, c'est à juste titre, bien sûr, que la doctrine selon laquelle les êtres mathématiques seraient des aspects du "réel" est *rattachée* au platonisme, et dans la conception du réel voilé il reste évidemment quelque chose de cette idée-là puisqu'il y est admis que les êtres en question sont des reflets — ou, si l'on préfère, des traces — du dit "réel".

Voilà qui nous conduit à Einstein. Einstein croyait à l'intelligibilité du monde. Il reconnaissait certes que les limites de l'entendement humain interdisent, en pratique, une connaissance exhaustive de ce que j'appelle "le réel". Mais il estimait, semble-t-il, que celui-ci est "en principe" totalement intelligible, et cela par le canal des grandes lois universelles que le scientifique a pour tâche de découvrir. En outre, point essentiel, il attachait à cette quête une grande valeur émotionnelle. Évoquant, par exemple la remarquable persévérance qui fut celle de Planck au cours de sa recherche, il refusait de l'attribuer à un simple effort de la volonté. Selon lui, et pour reprendre ses propres termes « l'état affectif qui rend capable de tels exploits s'apparente à celui dans lequel nous mettent l'amour ou la foi » (Einstein, 1934, cité dans Einstein, 1991). Aussi paraît-il avoir adhéré sans réserve à ce qu'il a appelé le « troisième niveau de l'expérience religieuse » *(loc. cit.)*, celui atteint, selon lui, par la religion après qu'elle a dépassé les deux niveaux successifs qu'il nomme, respectivement, le niveau de "la religion de la peur" et celui de "la religion morale"[1]. La nature de ce troisième niveau, reconnaît-il, est difficile à faire appréhender par ceux qui lui sont étrangers puisqu'elle ne correspond à aucun concept humain de Dieu. Elle consiste essentiellement, à ses yeux, en la reconnaissance du « caractère sublime et merveilleux de l'ordre qui se révèle dans la nature ainsi que dans le monde de la pensée » *(loc. cit.)*.

Assurément, depuis le temps où Einstein écrivait ceci beaucoup de choses ont changé, tant dans les données factuelles qu'en ce qui concerne l'évaluation des motivations. Comme on s'en souvient sans doute, ce dernier domaine fut naguère secoué par une mise en suspicion généralisée portant aussi bien sur la légitimité de l'activité scientifique que sur la moralité des scientifiques eux-mêmes. S'appuyant sur des arguments idéologiques qui, pour nombre d'entre eux, relevaient du pur verbalisme, cette campagne, orches-

---

1. Nul ne fut plus que lui conscient de l'importance de l'éthique et des valeurs. Mais, estimait-il, « il n'existe aucun chemin qui conduise de la connaissance de ce qui est à celle de ce qui *doit* être » (Einstein, 1939). Selon lui la morale ne pouvait donc être fondée ni sur des connaissances scientifiques ni, *a fortiori*, sur d'hypothétiques *connaissances* théologiques.

trée à l'échelle mondiale, déracina pêle-mêle "mandarinisme" et grandes perspectives. Sans doute faudra-t-il attendre quelque temps avant que ces dernières ne retrouvent, dans le monde dit "de la pensée", le crédit qu'elles eurent aux époques de réelle créativité. Mais de telles fluctuations affectent la *doxa* et non la vérité. Même si elles frappent beaucoup le grand public elles sont donc moins significatives que les changements dans les données. Or ceux-ci sont, nous l'avons vu, d'une ampleur considérable. Leur apparition a plusieurs conséquences distinctes. L'une d'elles — que je tiens à expliciter de nouveau ici avec une grande netteté — consiste en une radicale invalidation de la vulgate scientifique actuelle, celle des média, laquelle (en raison des impératifs d'une communication ultra-rapide) se fonde sur l'usage exclusif de concepts de base familiers et dissémine, en conséquence, un "matérialisme scientifique" qui (nous l'avons vu au chapitre 12) est aujourd'hui répudié à juste titre par les matérialistes sérieux eux-mêmes. Ce divorce devrait inspirer l'inquiétude. Mais une autre conséquence, moins dramatique sans doute, de l'apparition des données nouvelles en question est que certaines d'entre elles, — la non-séparabilité, la sous-détermination des théories par l'expérience, l'objectivité faible du formalisme quantique conventionnel... — affectent l'édifice einsteinien lui-même. Elles l'ébranlent, non certes dans son contenu à proprement parler scientifique, qui reste quasiment intact, mais dans, précisément, celui de ses aspects qui nous intéresse ici, et qui concerne la "vue du monde" qu'il comporte. Est-il, sous cet angle, caduc ?

La question ne relève pas, cela va de soi, de la pure et simple objectivité. Elle peut donc recevoir des réponses différentes, modelées selon les opinions et les humeurs. Pour ma part, bien que la conception du réel voilé diffère de celle d'Einstein sur les points importants que l'on a vus, j'estime qu'elle conserve suffisamment de traits de cette dernière pour qu'y restent pertinentes, dans leurs très grandes lignes tout au moins, les positions einsteiniennes ci-dessus rappelées. En effet, pour que soit justifié l'état affectif attribué par Einstein à Planck et que lui même a, de toute évidence, connu, pour que soit éprouvé le "troisième niveau de l'expérience religieuse" qu'il nous décrit, il n'est aucunement nécessaire que le pythagorisme soit à cent pour cent vrai. Que le "réel" soit totalement intelligible[1] par le

---

1. Au reste, "intelligible" n'a pas nécessairement le sens de "connaissable" (songeons au *noumène* kantien). On pourrait convenir de qualifier d'intelligible un "réel" dont on a réussi à se former une conception cohérente, même si celle-ci n'implique pas que ce "réel" soit connaissable. Dans cette acception, l'assertion d'Einstein « Le "réel" est intelligible » devient compatible avec la conception du réel voilé.

biais des mathématiques. Il suffit amplement qu'apparaisse comme justifiée l'idée — empreinte de grandeur — de l'existence d'un "réel" vers les structures duquel l'esprit humain peut tendre, tout en étant conscient qu'il ne les atteindra jamais car leur intelligence excède de beaucoup ses capacités.

Et il faut même dire plus. Car — si l'on y songe — cette idée est bien plus consonnante encore avec la fameuse "expérience religieuse de troisième niveau" — chère à Einstein — que ne l'est celle d'un "réel" supposé pleinement connaissable. Elle s'harmonise en effet au mieux avec ce qui paraît être une obscure mais grande vérité, à savoir que l'homme est avant tout un être d'attente et de recherche. J'entends : un être dont la nature est de *tendre* — avec confiance et persévérance — vers quelque chose qu'il ne pourra jamais vraiment *atteindre* et qui, de ce fait, tel un horizon, participe de la transcendance. Certes, par sa vie, par son œuvre et par ses écrits Einstein nous avait déjà démontré que, même face à une science classique empreinte de réalisme physique, un certain sens du religieux, donc du divin, restait possible. Mais toutefois d'un divin mathématiquement limpide et, par là, tel la beauté du poème de Baudelaire, quasiment incommensurable avec l'humain. Du fait même qu'elle nous oblige à dépasser ce réalisme, la physique actuelle montre qu'il est sensé, on pourrait même dire "rationnel", d'aller légèrement plus loin. Comme on l'a vu, elle interdit, en effet, toute réduction de l'être à des composantes matérielles et rend par là incohérente la thèse d'une conscience conçue comme pur produit de la matière. Devient de ce fait défendable, y compris devant le tribunal de la science, l'idée que l'être est premier par rapport à la scission matière-esprit. En conséquence, l'être en question, tout en n'étant pas atteignable, apparaît comme étant un "je ne sais quoi" auquel il est concevable que l'esprit de l'homme ne soit pas radicalement étranger ; en d'autres termes comme pouvant être, pour ce dernier, un horizon. Je veux dire que s'y cachent peut-être — qui sait ? — les archétypes de certains de nos sentiments : grande aspiration, amour etc.[1] Rien ne le prouve. Rien, même, à proprement parler, ne le suggère. Mais du moins n'est-ce pas — n'est-ce plus !

---

1. Dans plusieurs de mes livres (1979, 1982, 1985, 1990, 1997,...) j'ai avancé l'idée que l'esprit humain conserverait comme une sorte de vague "souvenir" (mais, bien sûr, atemporel, tout langage, ici, est inadéquat) de cet être "antérieur" à la scission. Je suis même allé jusqu'à, dans cet esprit, évoquer des ponts (mais "en fils d'araignée") qui nous relieraient à l'être, ainsi que d'énigmatiques mais inspirants "appels de l'être". Ce sont là des images qui ne sont ni scientifiques ni didactiquement philosophiques mais qui ne visent à être ni l'un ni l'autre. Que l'on sache qu'à mes yeux de telles conjectures restent plausibles, même s'il n'y a pas lieu pour moi de présenter ici des thèmes développés ailleurs.

— exclu. Alors que les penseurs qui fondent — explicitement ou non — leur réflexion sur les concepts de la physique classique sont assez naturellement amenés par ceux-ci à dénoncer notre étrangeté au monde (ou, ce qui revient quelque peu au même, l'intrinsèque absurdité de celui-ci) une analyse axée sur les données de la physique contemporaine conduit, on le voit, à une vision très sensiblement différente... et plus optimiste.

Tout ceci fait qu'à l'heure actuelle, même l'exercice d'un — indispensable — esprit critique très aiguisé n'aboutit plus à faire apparaître comme dérisoire un certain élan spirituel qui anime l'homme, élan qu'évoquait déjà une phrase d'Einstein simple et dense : « L'homme veut vivre la totalité de ce qui est comme quelque chose qui a une unité et a un sens » (Einstein, *loc. cit.*, p. 156).

Appendice 1

Le théorème de Bell

A — Preuve

Comme expliqué dans le texte, on appelle "théorème de Bell" le fait que, prises ensemble, les hypothèses de localité et de choix libre des expériences impliquent, entre quantités observables, l'existence de certaines inégalités. Nous reproduisons ici en substance la dernière version que John Bell a fournie de la démonstration du théorème [Bell, 1987, 1990]. Elle a l'intérêt d'être très générale. On constatera, en effet, qu'elle ne postule rien quant à la nature (corpusculaire, ondulatoire ou autre) des entités mises en jeu.

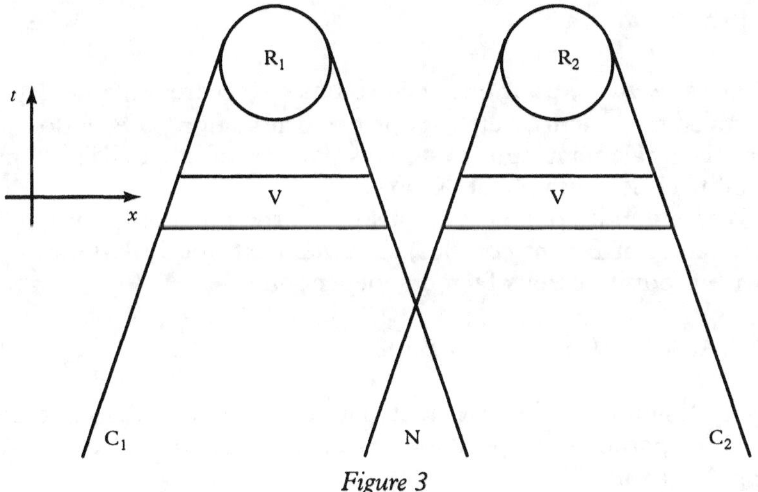

Figure 3

Suivant Bell, considérons deux régions d'espace-temps, R_1 et R_2, leurs cônes de lumière arrières C_1 et C_2, la région N d'espace-temps commune à ces deux cônes et enfin une tranche V d'espace-temps séparant totalement N tant de R_1 que de R_2 (figure 3). Dans N se trouve un dispositif qui, à des instants $t_1, t_2, \ldots, t_n$, émet des paires de particules (ou de quoi que ce soit d'autre!) et affiche le fait qu'il a fonctionné. Dans R_1 et R_2 se trouvent des dispositifs enregistreurs susceptibles d'afficher soit la "réponse" $+$ soit la "réponse" $-$.

Supposons qu'à des instants $t_1 + T, t_2 + T, ..., t_n + T$ ces dispositifs affichent effectivement soit l'une soit l'autre de ces réponses[1]. Supposons également qu'ils sont manipulables et, plus précisément, qu'ils sont, respectivement, sous la dépendance de paramètres a et b que les expérimentateurs situés en R_1 et R_2 choisissent à volonté à des instants $t_i + T - \delta$, avec $\delta \ll T$. Dans, par exemple, l'expérience des fléchettes (section 3.1), où l'orientation de la fléchette arrivant en R_1 est projetée sur un certain axe orienté, cette projection étant ensuite mesurée, le paramètre a définit la direction de l'axe en question (et le paramètre b a la même fonction dans R_2). De même, dans l'expérience d'Aspect, ces paramètres définissent les orientations des deux analyseurs de polarisation. Nous supposerons que les expérimentateurs en question ont, pour chacune de ces deux orientations, le choix entre deux directions seulement, que nous appellerons a et a' et b et b' respectivement, et qu'ils renouvellent leur choix à chacun des instants $t_i + T - \delta$. Un nombre suffisant n de telles opérations élémentaires rend possible la mise à l'épreuve d'hypothèses concernant la probabilité conditionnelle jointe

$$P(A,B|a,b) \tag{1}$$

$(A, B = +$ ou $-)$ pour que les résultats enregistrés en R_1 et R_2 respectivement soient A et B, pour des orientations a et b données (très généralement nous désignons par le symbole $P(X|Y)$ la probabilité conditionnelle de X *si* Y).

Bien entendu, nous ne serions pas surpris de constater que les résultats A et B sont corrélés, autrement dit que $P(A,B|a,b)$ n'est pas le produit de deux facteurs inépendants :

$$P(A,B|a,b) \neq P_1(A|a) \cdot P_2(B|b) \tag{2}$$

mais désignons collectivement par le symbole λ l'ensemble de tous les paramètres spécifiant les événements qui se produisent dans V, et soit

$$P(A,B|a,b,\lambda) \tag{3}$$

la probabilité de A et B lorsque sont fixées les valeurs, non seule-

---

1. Pour ne pas compliquer inutilement la notation en multipliant les indices on a supposé que les deux "particules" mettent le même temps T à se propager du lieu de l'émission jusqu'en leur région de détection. En fait cette hypothèse ne joue aucun rôle dans la preuve et l'on peut donc s'en affranchir.

ment de *a* et de *b* mais aussi de tous les λ. De par la règle générale, bien connue en calcul des probabilités, qui définit les probabilités conditionnelles, règle qui prend ici la forme :

$$P_1(A|B,a,b,\lambda) \equiv \frac{P(A,B|a,b,\lambda)}{P_2(B|a,b,\lambda)} \qquad (4)$$

on peut écrire:

$$P(A,B|a,b,\lambda) = P_1(A|B,a,b,\lambda) \cdot P_2(B|a,b,\lambda) \qquad (5)$$

et le principe de localité implique alors qu'en fait, dans l'expression du second membre, la présence de certaines variables conditionnelles est superflue, les probabilités correspondantes étant indépendantes de ces variables. Plus précisément, ce principe entraîne que $P_2(B|a,b,\lambda)$ est indépendant de *a* et peut donc s'écrire $P_2(B|b,\lambda)$, et il montre également que $P_1(A|B,a,b,\lambda)$ est indépendant aussi bien de B que de *b* et peut donc s'écrire $P_1(A|,a,\lambda)$. D'où finalement la formule :

$$P(A,B|a,b,\lambda) = P_1(A|a,\lambda) \cdot P_2(B|b,\lambda) \qquad (6)$$

Mais, bien entendu, les probabilités $P(A,B|a,b,\lambda)$, $P_1(A|a,\lambda)$ et $P_2(B|b,\lambda)$ ne sont pas expérimentalement accessibles en raison de la présence des paramètres "cachés" λ parmi leurs variables conditionnelles. Pour obtenir les probabilités $P_1(A|a)$, $P_2(B|b)$ et $P(A,B|a,b)$ accessibles à l'expérience — et relativement auxquelles la mécanique quantique fournit des prédictions — nous devons donc considérer qu'il y a une certaine probabilité $\rho(\lambda)d\lambda$ pour que ces paramètres aient les valeurs λ à $d\lambda$ près, former la probabilité composée pour qu'il en aille ainsi *et* que les événements A et B se produisent, et enfin tenir compte du fait que nous ne savons pas quelles sont les valeurs que les paramètres ont réellement, et pour cela additionner toutes les probabilités en question, ce qui donne :

$$P_1(A|a) = \int \rho(\lambda)\, P_1(A|a,\lambda)d\lambda \qquad (7a)$$

$$P_2(B|b) = \int \rho(\lambda)\, P_2(B|b,\lambda)d\lambda \qquad (7b)$$

$$P(A,B|a,b) = \int \rho(\lambda)\, P(A,B|a,b,\lambda)d\lambda \qquad (7c)$$

Posons alors :

$$E(a,b) = P(+,+|a,b) + P(-,-|a,b) - P(+,-|a,b) - P(-,+|a,b) \tag{8}$$

En vertu de (6), (7a), (7b) et (7c), (8) prend la forme :

$$E(a,b) = \int \rho(\lambda) \; \{P_1(+|a,\lambda) - \{P_1(-|a,\lambda)\} \{P_2(+|b,\lambda) - P_2(-|b,\lambda)\} d\lambda \tag{9}$$

que l'on peut aussi écrire:

$$E(a,b) = \int \rho(\lambda) \, G(a,\lambda) H(b,\lambda) d\lambda \tag{10}$$

en posant:

$$G(a,\lambda) = P_1(+|a,\lambda) - P_1(-|a,\lambda) \tag{11}$$

$$H(b,\lambda) = P_2(+|b,\lambda) - P_2(-|b,\lambda) \tag{12}$$

Notons qu'étant donné que les P sont des probabilités elles satisfont nécessairement aux inégalités

$$0 \leq P_1 \leq 1 \; ; 0 \leq P_2 \leq 1 \tag{13}$$

d'où il suit que:

$$|G(a,\lambda)| \leq 1 \; ; |H(b,\lambda)| \leq 1 \tag{14,a,b}$$

D'autre part, (10) donne:

$$E(a,b) \pm E(a,b') = \int \rho(\lambda) \, G(a,\lambda)[H(b,\lambda) \pm H(b',\lambda)] \, d\lambda \tag{15}$$

d'où, en vertu de (14,a):

$$|E(a,b) \pm E(a,b')| \leq \int \rho(\lambda)|H(b,\lambda) \pm H(b',\lambda)|d\lambda \tag{16,a}$$

On a de même:

$$|E(a',b) \pm E(a',b')| \leq \int \rho(\lambda)|H(b,\lambda) \pm H(b',\lambda)|d\lambda \tag{16,b}$$

à cette étape il convient d'utiliser une donnée d'arithmétique élémentaire, à savoir le fait que si deux nombres réels x et y sont tels que $|x| \leq 1$ et $|y| \leq 1$ on a nécessairement :

$$|x + y| + |x - y| \leq 2 \tag{17}$$

De (14,b) et (17) découle:

$$|\,H(b,\lambda) + H(b',\lambda)\,|+|\,H(b,\lambda) - H(b',\lambda)\,|\leq 2 \qquad (18)$$

Considérons alors l'expression

$$|\,E(a,b) + E(a,b')\,|+|\,E(a',b) - E(a',b')\,| \qquad (19)$$

en vertu de (16,a,b) cette quantité est inférieure ou égale à

$$\int \rho(\lambda)\,\{|\,H(b,\lambda) + H(b',\lambda)\,|+|\,H(b,\lambda) - H(b',\lambda)\,|\}\;d\lambda$$

compte tenu de (18) elle est donc inférieure à $2\int \rho(\lambda)\;d\lambda$, et comme $\int \rho(\lambda)\;d\lambda$ est égal à 1, on a finalement l'inégalité:

$$|E(a,b) + E(a,b')\,|+|\,E(a',b) - E(a',b')\,|\leq 2 \qquad (20)$$

qui est l'une des inégalités de Bell ou, plus exactement, l'une des inégalités établies pour la première fois en 1969 par Clauser, Horne, Shimony et Holt et qui généralisent celles de Bell[1]. Cette inégalité découle donc bien de la conjonction des deux hypothèses de localité et de choix libre des expériences (la seconde étant nécessaire pour justifier l'hypothèse, implicite dans le cadre de la démonstration précédente, selon laquelle les orientations a et b ne dépendent pas des λ). Comme il a été exposé au chapitre 3, l'intérêt de cette inégalité réside dans le fait qu'elle est violée à la fois par les prédictions observationnelles fournies par le formalisme de la mécanique quantique et par les résultats de l'expérience (lesquels confirment bien les prédictions en question) ; et que, par conséquent, il n'est plus possible de défendre la thèse de la localité dès que l'on admet celle du choix libre des expériences. Quant à cette incompatibilité entre l'inégalité (20) et les prévisions quantiques elle se voit aisément sur un exemple. En effet, dans le cas de l'émission de paires de photons par des atomes au cours de ce que les spécialistes appellent une "transition en cascade de type $J = O \to J = 1 \to J = 0$", la quantité expérimentalement mesurable E (a,b) a, d'après la mécanique quantique, la valeur $\cos 2\theta$, θ étant l'angle entre les directions a et b. Il en

---

1. Notons que, comme l'ont indépendamment signalé A. Aspect [1983] et A. Shimony [1990], la démonstration peut être rendue plus concise encore : il suffit d'appliquer directement l'inégalité (17) au produit G.H.

résulte que si, dans un même plan, on choisit des directions a, a', b et b' faisant entre elles des angles $(a',b) = (b,a) = (a,b') = \pi/8$ (d'où $(a',b') = 3\pi/8$) le premier membre de l'inégalité (20) est égal à $2\sqrt{2}$: la violation de l'inégalité est manifeste.

Remarque

Depuis 1964, date de leur première apparition sous la plume de John Bell, jusqu'à 1990, date de la disparition de celui-ci, et même au-delà, le thème des inégalités de Bell a fait l'objet de contributions successives, dues, tantôt à John Bell lui-même, tantôt à d'autres physiciens intéressés par la question. Il n'est pas question de rapporter ici ces perfectionnements dans leur détail, toutefois il convient de signaler que la première démonstration de Bell était, dans sa structure, appréciablement différente de celle que l'on vient de lire. En particulier, elle était moins générale car elle ne concernait que les phénomènes pour lesquels, lorsque les deux directions a et b sont confondues, la théorie prédit une corrélation *stricte* (comme dans l'image des fléchettes mentionnée en section 3.1). Elle se déroulait en deux étapes. Dans la première, par un argument inspiré du célèbre article de Einstein, Podolsky et Rosen (1935) — et qui sera, en substance, repris ci-dessous — Bell montrait que, *en ce qui concerne les phénomènes en question,* l'hypothèse de l'absence d'action instantanée à distance a pour conséquence nécessaire que les résultats A et B des mesures doivent être déterminés, à la source, par des paramètres (cachés selon la terminologie quantique); autrement dit que A et B doivent être des *fonctions* des a, b et λ. Et dans une seconde étape il établissait des inégalités voisines de l'inégalité (20) au moyen de calculs similaires dans leur procédés à ceux rapportés ci-dessus, à ceci près, précisément, qu'ils portaient sur ces *fonctions* des λ.

B — Preuve simplifiée

Les calculs ci-dessus rappelés sont simples. Il se peut cependant que certains lecteurs les jugent fastidieux à suivre. A leur usage on décrira ici une démonstration des inégalités de Bell qui se présente de façon moins rébarbative. Elle aussi concerne seulement les phénomènes où une corrélation stricte est prévue dans les cas où les directions a et b sont confondues. Et elle procède, elle aussi, en deux étapes. Pour décrire la première, partons, comme le fit Bell dans sa première "version", de l'idée force d'Einstein, Podolsky et Rosen (EPR) : idée toute simple qui consiste seulement à remarquer que si l'on connaît à l'avance avec certitude le résultat que donnera — ou que donnerait — une mesure effectuée sur un objet sur lequel on ne peut agir, il faut bien que ce résultat soit prédéterminé (s'il était aléatoire, comment pourrait-on le connaître à l'avance ?). Cela étant, imaginons que nous ayons affaire à un ensemble de paires de particules semblable à l'ensemble de paires de fléchettes considéré dans la section 3.1. Plus précisément, supposons que la seule différence significative entre ces deux ensembles soit celle-ci : alors que, par hypothèse, nous savons que les fléchettes obéissent à une physique déterministe, nous ignorons tout à fait s'il en va ou non de même en ce qui concerne les particules. Sur les particules faisons alors des mesures analogues à celles que nous faisions sur les fléchettes (il n'est pas indispensable ici de préciser la nature des grandeurs que nous mesurons). Supposons que ceci ait été fait et que, comme dans le cas des fléchettes, nous ayons constaté une corrélation stricte entre résultats obtenus "à gauche" et "à droite". Je dis que l'application de l'idée force de EPR nous donne alors la certitude que, au moins dans cette expérience, les résultats sont prédéterminés. En effet, intéressons-nous à une nouvelle paire produite par le même dispositif, installons-nous, disons, à droite, et effectuons une mesure sur celle des deux particules qui nous arrive. Nous obtenons un certain résultat et, en vertu de la corrélation stricte précédemment observée (et de l'induction!), nous savons par le fait même quel sera le résultat qui sera obtenu — là bas, très loin — lors de la mesure qui sera effectuée "à gauche" par notre collaborateur, puisque ce ne peut être que le même. Dans la mesure (localité) où l'éloignement supposé nous interdit toute action efficace sur ce qui se passe là bas, "l'idée-force EPR" nous apprend alors que ce résultat était prédéterminé. Le même raisonnement s'applique, bien entendu, à la particule "de droite".

Il se trouve que, par des désexcitations d'atomes ou par d'autres procédés, on sait obtenir des paires de photons ou d'autres particules ayant la propriété de "corrélation stricte à distance" utilisée dans le raisonnement précédent. Celui-ci établit par conséquent que les résultats de mesure pouvant être faites sur les particules composant de telles paires sont prédéterminés par certains paramètres. Incidemment, remarquons que ces paramètres n'ont certainement pas les mêmes valeurs pour toutes les paires puisque les résultats de mesure ne sont pas les mêmes d'une paire à l'autre. Comme, dans la plupart des cas, les paires considérées ont toutes la même fonction d'onde il est dès lors clair que les paramètres en question sont des variables supplémentaires, ne figurant pas dans le formalisme quantique "orthodoxe" et, pour cette raison, dites "cachées[1]".

Ci-dessus nous avons établi que, dans les conditions de notre expérience, certains résultats de mesures qui pourraient être faites sur les particules sont prédéterminés par des paramètres relatifs à ces particules. Certes, en toute rigueur nous n'avons établi ceci qu'en ce qui concerne les particules appartenant à des paires dont l'autre élément subit effectivement une mesure. Mais comme rien ne nous interdit d'imaginer que cette opération est effectuée sur un nombre immense de paires il est tout naturel de faire ici un nouvel usage de l'induction, et de conclure que cette prédétermination est vraie aussi en ce qui concerne les éléments de paires préparées exactement de la même manière que ces dernières et sur lesquelles aucune mesure n'a encore été effectuée.

Passons alors à la seconde étape. Supposons que les particules utilisées sont des photons et considérons trois des grandeurs que l'on peut mesurer de cette manière, à savoir les polarisations A, B et C selon trois directions a, b et c. On sait que leurs mesures ne peuvent donner que deux résultats, $+$ ou $-$. Ne nous occupons, pour l'instant, que des photons qui, dans une expérience de "type Aspect", arriveront sur le détecteur — appelons le D — qui sera disposé "à droite". Étant donné que nous savons maintenant que les résultats de mesure de A, B et C que l'on pourrait faire sur ces photons sont prédéterminés (par des paramètres inconnus de nous mais qui ont, objectivement, telles et telles valeurs) cela a un sens de considérer par la pensée, au sein de l'ensemble statistique qu'ils constituent, le nombre, $N(+,+,+)$, de ceux dont les paramètres sont tels que si le détecteur D était orienté selon a la mesure de A ainsi réalisée donnerait le résultat $+$, si, au lieu de cette mesure, on faisait une mesure de B (en orientant le détecteur selon b) on obtiendrait le résultat $+$ et si enfin, au lieu de ces deux mesures, on mesurait C on obtiendrait encore le résultat $+$[2]. Soit $N(+,+,-)$ le

---

1. Le raisonnement que nous avons fait jusqu'ici nous montre donc que l'hypothèse de localité n'est pas compatible en toute généralité avec le principe de complétude fort (section 2.8). Mais rien encore ne dit qu'elle ne l'est pas avec le principe de complétude faible, puisque nous n'avons nulle part supposé que ces paramètres sont connaissables, alors que la prédiction de certains résultats expérimentaux nécessiterait leur connaissance.

2. Il est certes tentant de simplifier cette définition un peu lourde en disant par exemple que $N(+,+,+)$ est le nombre de photons sur lesquels des mesures de A, B et C donneraient trois résultats $+$. Mais cette tentation doit être repoussée. La mécanique quantique nous a, en effet, appris qu'on ne saurait évoquer sans précautions plusieurs mesures d'observables différentes que l'on *pourrait* faire à la fois sur un même système.

nombre de photons défini comme N(+,+,+) à ceci près que, concernant la mesure de C, on obtiendrait le résultat −, et ainsi de suite. Le nombre N(+,+,×) (défini au moyen de la même expression sémantique que ci-dessus) de photons pour lesquels les résultats attendus de mesures de A et de B seraient respectivement + et +, quel que soit le résultat attendu relatif à C, est évidemment la somme de ces deux nombres soit N(+,+,×) = N(+,+,+), + N(+,+,−). Il vient de même, avec des notations calquées sur celles qui précèdent : N(+,×,+) = N(+,+,+) + N(+,−,+) et N(×,+,−) = N(+,+,−) + N(−,+,−). En ajoutant terme à terme ces deux dernières égalités et en tenant compte de la première il vient N(+,×,+) + N(×,+,−) = N(+,+,×) + N(+,−,+) + N(−,+,−) . Et, comme, de par leur nature, aucun des nombres ici mis en jeu ne saurait être négatif, il s'en suit l'inégalité:

$$N(+,\times,+) + N(\times,+,-) \geq N(+,+,\times) \tag{21}$$

Par ailleurs, étant donné la corrélation stricte supposée, un nombre tel que N(+,+,×) représente aussi le nombre de paires dans lesquelles, d'une part le photon "de droite" a la propriété qu'une mesure de A effectuée sur lui aurait pour résultat +, et d'autre part le photon "de gauche" a la propriété qu'une mesure de B effectuée sur lui aurait pour résultat +. Et, *mutatis mutandis*, il en va de même pour les deux autres nombres figurant dans cette inégalité. Or des nombres ainsi définis sont accessibles à l'expérience. En effet, il n'y a pas, pour les obtenir, à faire deux mesures successives sur un même photon (opération qui ne serait pas significative, la première mesure ayant toutes les chances de modifier les paramètres de ce photon qui déterminent le résultat de la seconde). Il suffit de faire une mesure de A sur l'un et une mesure de B sur l'autre. Avec cette seconde interprétation de nombres tels que N(+,+,×), interprétation qui rend ces nombres mesurables, la relation (21) (une fois convertie, par référence à la loi des grands nombres, en une inégalité portant sur les probabilités) est l'une des inégalités écrites initialement par Bell. On peut choisir à volonté les orientations *a,b,c* par rapport auxquelles les polarisations sont mesurées; et, comme plus haut, il existe certains tels choix pour lesquels l'inégalité en question est *violée* par les résultats expérimentaux (si on les suppose conformes aux prédictions fournies par les règles de calcul quantiques). De là découle qu'une au moins des prémisses ayant présidé à la déduction de cette inégalité doit être fausse. Si l'on veut conserver celle du réalisme physique et de l'induction il faut donc se résigner à admettre l'existence d'interactions à distance ne décroissant pas avec la distance. C'est ce qu'il fallait démontrer.

C — Aperçu sur la situation expérimentale

Au cours des trente dernières années, des expériences de corrélation à distance susceptibles de tester les inégalités de Bell ont été effectuées, en nombre appréciable et selon des modalités variées, dans divers pays, avec le résultat d'ensemble que l'accord entre les données recueillies et les prévisions quantiques s'avère excellent. Ces expériences, autrement dit, confirment la violation des inégalités de Bell, partant, la non-localité. Les expérimentateurs concernés reconnaissent cependant qu'à strictement parler, dans l'état actuel des recherches on ne peut dire que les données expérimentales établissent de façon totalement rigoureuse et définitive la violation dont il s'agit. Cela tient au fait que, dans ce domaine comme dans les autres, les instruments de mesure ne sont pas parfaits, qu'ils ne détectent pas tous les photons et qu'au reste il est très difficile de les disposer de manière à ce que tous les photons qui devraient contribuer à la statistique interagissent effectivement avec l'un d'eux. En conséquence, la démonstration de la violation n'est effective que moyennant l'hypothèse supplémentaire que, en moyenne, les photons non détectés se comporteraient, s'ils l'étaient, de la même manière que ceux qui le sont (et cela, bien qu'ils aient été émis sous d'autres angles etc.). Certains dispositifs permettent de surmonter, pour une bonne part, cette difficulté-là mais d'autres, alors, se présentent, dans le détail desquelles il n'est pas opportun, ici, d'entrer. Des expériences nouvelles, actuellement projetées, permettront sans doute, dans un avenir assez proche, de combler ces quelques lacunes. Mais de toute manière, l'existence de celles-ci ne doit pas nous voiler le fait que les données actuellement existantes rendent déjà invraisemblable l'hypothèse selon laquelle les inégalités de Bell seraient satisfaites dans les phénomènes étudiés. Au vu des données en question cette hypothèse signifierait en effet que les prévisions observables de la mécanique quantique, qui n'ont jusqu'à présent été démenties dans aucun domaine, non seulement seraient fausses dans le cadre de ces phénomènes mais, en outre, le seraient d'une manière ayant l'air d'être "calculée" de façon à tromper le monde. Que, par exemple, seuls violeraient la mécanique quantique les photons qui, pour des raisons purement contingentes et différant d'une expérience à l'autre, ont, jusqu'ici, échappé à la détection. Certes il convient, dans ce domaine, de se méfier des apparences. Une idée qui, vue sous un certain angle, paraît incroyablement contournée peut, vue à la lumière de nouvelles découvertes, apparaître comme étant raisonnable et naturelle. Ceci justifie la poursuite de la quête expérimentale. Dans le cas présent cependant, vouloir à toute force sauver la localité sur la seule base de l'existence des lacunes qu'on vient de noter serait, me semble-t-il, faire un pari terriblement risqué.

D — Bibliographie théorique sommaire, commentée

En la matière l'article fondateur est celui publié par John Bell, en 1964, dans une petite revue alors nouvellement créée, *Physics*, très difficile à trouver aujourd'hui en bibliothèque car sa durée de vie ne dépassa pas quelques numéros. Heureusement l'article en question fut reproduit, avec d'autres, dans un recueil de textes de cet auteur publié en 1987 sous le titre *Speakable and Unspeakable in Quantum Mechanics* Ce livre (Bell, 1987) est aujourd'hui l'ouvrage de référence indispensable à quiconque veut s'adonner à une étude scientifique approfondie de la question.

En ce qui concerne les idées, l'étape suivante fut franchie simultanément, d'une part par les physiciens J.F. Clauser et M.A. Horne et d'autre part par le physicien-philosophe A. Shimony et son collaborateur R.A. Holt, et ces quatre auteurs décidèrent de publier conjointement (1989). Il s'agit des inégalités CHSH dont l'inégalité (20) est une forme. Comme on le sait, il se trouve que ces inégalités ne concernent pas exclusivement les situations comportant une corrélation stricte entre A et B lorsque $a = b$ (situations que j'appellerai "les situations CS") et, de ce fait, elles se prêtent beaucoup mieux que l'inégalité originale de Bell à la mise à l'épreuve expérimentale.

Dans l'article CHSH les résultats de mesure A et B étaient encore considérés comme étant prédéterminés, autrement dit comme étant des fonctions $A(a,\lambda)$ et $B(b,\lambda)$ des paramètres cachés λ de la paire. Mais dans les situations plus générales que les situations CS, ce caractère ne pouvait être inféré d'un "raisonnement de type EPR". Il devait être indépendamment postulé. En 1970, lors de la session IL de l'Ecole d'été *Enrico Fermi* de Varenna (Italie) que la Société italienne de Physique m'avait invité à organiser, Bell, tout en continuant d'admettre que la théorie à variables cachées supposée décrire le réel est déterministe, fit valoir que, dans ce cas plus général, les instruments de mesure eux-mêmes pouvaient fort bien contenir des variables cachées, susceptibles d'influencer les résultats.

L'existence de ces variables cachées instrumentales — inconnaissables et qui donc ne peuvent être subsummées sous le symbole *a* lequel, par définition, décrit l'instrument tel qu'il est connu — fait que le résultat A d'une mesure individuelle ne peut plus être considéré comme une fonction, au sens ordinaire, de λ et de *a*. Elle oblige à introduire un élément aléatoire. Bell (1971) put produire une nouvelle démonstration, plus générale, des inégalités CHSH, laquelle tenait compte de cet élément. En note, il fit en outre remarquer que, tout à fait indépendamment des petites perturbations aléatoires éventuellement provoquées par les instruments, cette démonstration plus générale devait, dans son principe, s'appliquer aussi bien à des situations elles-mêmes plus générales que celles jusqu'alors considérées. A des situations dans lesquelles la preuve — ci-dessus donnée — du fait que A est prédéterminé ne s'applique pas (sous-entendu, parce que ces situations n'impliquent pas la corrélation stricte, même lorsque $a = b$). Plus précisément, il fit valoir que ses inégalités permettent de réfuter, non seulement les théories à variables cachées locales qui sont déterministes mais également celles, s'il en existe, qui ne le sont pas. Se fondant sur cette remarque Clauser et Horne (1974) présentèrent une réfutation très générale de toutes les théories "réalistes, locales" et Bell développa la dernière version de sa preuve, qui est celle ci-dessus décrite dans la section A. Les différences qui existent entre les diverses preuves élaborées depuis 1974 tiennent essentiellement au fait que leurs prémisses diffèrent entre elles sur des points de détail.

Peuvent également être signalées la parution, durant ces années 70, de généralisations des inégalités de Bell (d'Espagnat, 1975, 1976b), l'élaboration de la méthode de démonstration de celles-ci ici décrite ici en section B, et l'explicitation de ses prémisses (Wigner, 1970, d'Espagnat, 1979, 1980), et enfin la présentation par H. Stapp (1977) d'un mode de dérivation (de ces inégalités toujours) qui, comme on l'a déjà signalé, présente l'intéressante particularité de ne faire aucun appel explicite au réalisme, l'idée étant, en somme, de remplacer cette hypothèse par un appel à la contrafactualité (toutefois, comme signalé au chapitre 3, il semble qu'en dernière analyse l'hypothèse de contrafactualité suppose, dans ce cadre, celle du réalisme).

Des références à des articles plus récents relatifs à la question sont données ci-dessous. En la matière l'exhaustivité ne peut, bien entendu, être visée, mais les documents ici cités fournissent eux-mêmes un grand nombre de références, lesquelles permettront au lecteur de s'orienter dans la littérature spécialisée et de le faire au gré des intérêts particuliers qu'il peut nourrir.

N.D. Mermin, *The Journal of Philosophy*, **78**, 397 (1981).
Z.Y. Ou & L. Mandel, *Phys. Rev. Lett.*, **61**, 50 (1988).
J.D. Franson, *Phys. Rev. Lett.*, **62**, 2205 (1989).
R.K. Clifton, *Foun. Phys. Lett.*, **4**, 347 (1989).
D.M. Greenberger, M.A. Horne, A. Shimony & A. Zeilinger, *Am. J. Phys.*, **58**, 1131 (1990).
J.K. Rarity & P.R. Tapster, *Phys. Rev. Lett.*, **64**, 2495 (1990).
N.D. Mermin, *Am. J. Phys.*, **58**, 731 (1990).
R.K. Clifton, J.K. Butterfield & M. Redhead, *Brit. J. Phil. Sci.*, **41**, 5 (1990).
A.K. Ekert, *Phys. Rev. Lett.*, **67**, 661 (1991).
E. Santos, *Phys. Rev. Lett.*, **66**, 1388 (1991).
L. Hardy, *Phys. Rev. Lett.*, **68**, 2981 (1992).
C.H. Bennett, G. Brassard, C. Crépeau, R. Jozsa, A. Peres & W. Wooters, *Phys. Rev. Lett.*, **70**, 1895 (1993).
A. Whitaker, *Physics World*, p. 29, décembre 1998.

Appendice 2

Trop hâtive levée d'un problème

La théorie de Gell-Mann et Hartle citée dans le texte a pour caractéristique essentielle de définir certaines suites d'événements appelée "histoires cohérentes" et de généraliser la notion de probabilité quantique (donc intrinsèque) d'un résultat de mesure non seulement à celle de probabilité d'un *événement* mais même, et c'est là sa spécificité majeure, à celle de probabilité d'une *histoire cohérente*. Comme l'apparition de probabilités implique l'existence de plusieurs éventualités, la théorie met en jeu des branchements entre histoires possibles ce qui amène ses auteurs à s'exprimer en termes de "branches de l'histoire". D'autre part, dans son livre *Le quark et le jaguar* (1995), Gell-Mann adresse à l'interprétation originelle de la mécanique quantique la critique d'être trop anthropocentique, ce qui fait que, comme noté dans le texte, la lecture du livre en question peut donner l'impression à un lecteur non spécialiste de telles questions que la théorie de Gell-Mann et Hartle est, elle, conforme au réalisme physique (et à la relativité). Et cette impression est susceptible d'être corroborée dans l'esprit de ce même lecteur par le passage de l'ouvrage (p. 196 de l'édition française) où son auteur tente de montrer que la théorie dont il s'agit fait disparaître le problème conceptuel soulevé par l'expérience de "type Aspect" (décrite ci-dessus en section 3.1). A ce sujet, Gell-Mann écrit en effet que, dans le cadre de cette théorie, la mesure faite sur l'un des photons « ne cause aucune propagation d'un quelconque effet physique d'un photon à l'autre » ; or c'est évidemment dans le cadre du réalisme physique que la notion d'effet physique présente un sens et que celle de "propagation d'un effet physique d'un photon à l'autre" est donc éventuellement susceptible de créer des difficultés.

De l'assertion qu'on vient de lire Gell-Mann conclut que dans l'expérience en question « il n'y a aucune action à distance ». D'où deux questions : la théorie de Gell-Mann et Hartle est-elle réaliste (conforme au réalisme physique) ? et, si oui, est-il exact que, dans le cadre de cette théorie les expériences du type Aspect (autrement dit, la violation des inégalités de Bell) s'expliquent tout naturellement, sans nul recours à aucune notion approchant celle d'une influence à distance ?

Pour examiner la première rappelons-nous d'abord que, comme Gell-Mann lui-même l'explique, pour obtenir de réelles probabilités il est nécessaire de considérer des histoires à grains suffisamment gros, c'est-à-dire des histoires dans lesquelles on fait abstraction d'un nombre suffisant de détails. C'est ce qu'il appelle l'*agraindissement* (angl. *coarse graining*). Or, comme nous l'avons vu en section 15.4, le terme "abstraction" recouvre en fait deux notions différentes. Il y a des situations dans lesquelles l'abstraction consiste simplement à ne pas mentionner des données certes inutiles mais dont la mention n'infirmerait pas les conclusions tirées de celles que l'on garde, et il y en a d'autres dans lesquelles, au contraire, elle les infirmerait. Or dans le cadre de la théorie de Gell-Mann et Hartle l'abstraction que l'on doit faire est de cette seconde espèce. Autrement dit, la théorie ne "marche" que parce qu'on décide de ne pas tenir compte de certains détails, de ne pas mesurer telles et telles grandeurs qu'en droit on aurait pu concevoir de mesurer, etc. Certes la décohérence rend l'abstraction en question assez naturelle : les grandeurs ainsi écartées sont seulement celles que, en pratique, on n'est pas capable de mesurer. Mais tel était aussi le cas en ce qui concerne la mécanique quantique standard. En définitive la théorie de Gell-Mann et Hartle est donc, tout comme celle-ci, à objectivité seulement faible. Contrairement à ce que Gell-Mann semblait tenir pour acquis, elle ne s'inscrit pas dans le cadre du réalisme physique (pour plus de détails sur ce point voir, par exemple *Le réel voilé*, section 12.4).

En principe, cette réponse négative à la première question devrait nous dispenser de traiter la seconde. Mais d'un autre côté, Gell-Mann, dans le passage ci-dessus cité, souligne expressément la ressemblance entre l'expérience du type Aspect et les corrélations macroscopiques susceptibles d'être observées dans la vie courante. Comme celles-ci sont toujours explicables en termes réalistes — et sont systématiquement expliquées par nous de cette manière ! — l'insistance de Gell-Mann concernant ce point donne à penser que dans l'esprit de cet auteur une interprétation réaliste de sa théorie (interprétation contre laquelle il ne met nulle part en garde) pourrait bien n'être pas exclue.

Imaginons donc qu'il en existe une. Dans le passage cité Gell-Mann nous dit que si la polarisation (selon une direction donnée) de l'un des photons est mesurée, celle de l'autre (selon la même direction) « est spécifiée avec certitude ». Si "est spécifiée" signifie simplement qu'on connaît la valeur que l'on obtiendrait si l'on en faisait la mesure, l'assertion, évidemment, est juste. Mais dans le cadre d'une interprétation authentiquement réaliste (telle que celle qui paraît s'imposer d'elle-même lorsque nous parlons de fléchettes, par exemple), l'expression "est spécifiée" signifie plus. Elle signifie : "a une valeur". Et l'expression "a une valeur" comporte elle-même l'idée de contrafactualité. Elle signifie, entre autres, que la valeur de la quantité dont il est question ne dépend pas du fait que nous la connaissons ou pas. Et elle signifie même que cette valeur ne dépend de ce que nous *faisons* que s'il y a action de nous sur elle. Il y a donc, concernant le sujet qui nous occupe, une question très simple à soulever, que Gell-Mann n'a pas posée mais qui, dans toute perspective réaliste, a un sens parfaitement clair et doit vraiment être posée, à savoir : « Cette polarisation du photon de gauche serait-elle ce qu'elle est si la mesure sur le photon de droite n'avait pas été faite, ou si une autre mesure (celle, par exemple de la polarisation selon une autre direction) avait été faite à sa place ? ». Dans une théorie réaliste locale, c'est-à-dire ne comportant pas d'action à distance, la réponse ne peut être que "oui". Ainsi, dans l'expérience des fléchettes, si la fléchette de gauche a une certaine orientation elle l'a par elle-même, tout à fait indépendamment de ce que nous pouvons faire subir à celle de droite. Mais dans la théorie de Gell-Mann et Hartle il en va tout différemment. Supposer qu'à droite la mesure de la polarisation a été effectuée selon une autre direction que celle qui a réellement été choisie, c'est se placer par la pensée dans le cadre d'une autre "branche de l'histoire", et, dans cette autre branche de l'histoire, parmi les "grandeurs polarisation" relative au photon de gauche, la seule qui ait une valeur définie est celle relative à cette nouvelle direction ; de sorte que, dans cette théorie, la réponse à notre question est "non". La conclusion ne peut donc être que celle-ci : la théorie de Gell-Mann et Hartle n'est pas susceptible de recevoir une interprétation authentiquement réaliste. Comme, encore une fois, la notion de « propagation d'un effet physique d'un photon à l'autre » n'a de signification non ambiguë que dans le cadre d'une conception réaliste, il n'est pas étonnant que la théorie en question ne fasse apparaître rien de tel. Mais d'un autre côté, contrairement à ce que notre auteur suggère, il est manifestement impossible de tirer de cela une réfutation quelconque de la notion d'influences à distance exercées *dans le cadre d'une conception réaliste* par le résultat d'une mesure de polarisation faite "à droite" sur celui de la mesure de polarisation faite "à gauche". Autrement dit, la portée et la généralité du théorème de Bell et des expériences correspondantes restent intactes à l'issue de cette analyse. Certes il est vrai que, comme Gell-Mann le souligne dans son ouvrage, les problèmes conceptuels soulevés par le théorème de Bell et par les expériences de "type Aspect" ont donné lieu ici ou là à telles et telles extrapolations fantaisistes et regrettables. Mais ce n'est pas là une raison justifiant qu'on minimise leur portée, et surtout pas par des arguments qui se révèlent, finalement, inadéquats. Bien au contraire, il est essentiel de reconnaître que ce théorème et ces expériences nous obligent à remettre en question certaines de nos habitudes de pensée parmi les mieux enracinées — comme, dans le présent livre, j'ai tenté de le faire voir — et qu'ils sont donc fondamentaux.

Appendice 3

Corrélations à distance
en modèle Broglie-Bohm

En section 9.3.2 l'accent a été mis sur la remarquable asymétrie temporelle qui, en modèle Broglie-Bohm, existe entre les mécanismes induisant les résultats des deux mesures qui interviennent dans les expériences "de type Aspect". On a pour cela considéré un cas de corrélation stricte. Dans les notations utilisées dans (Bell, 1987, chapitre 15) une telle situation est obtenue en posant :

$$a_{m,n} = \delta_{m,n} \tag{1}$$

auquel cas les équations 19 du chapitre en question s'écrivent :

$$\frac{dx_1}{dt} = g_1 \frac{N_1}{D_1} \tag{2}$$

$$\frac{dx_2}{dt} = g_2 \frac{N_2}{D_2} \tag{3}$$

avec :

$$N_1 = N_2 = -\,|\phi(x_1 + h_1)|^2|\phi(x_2 + h_2)|^2 + |\phi(x_1 - h_1)|^2|\phi(x_2 - h_2)|^2 \tag{4}$$

$$D_1 = D_2 = |\phi(x_1 + h_1)|^2|\phi(x_2 + h_2)|^2 + |\phi(x_1 - h_1)|^2|\phi(x_2 - h_2)|^2 \tag{5}$$

Les fonctions $g_i(t)$ ($i = 1,2$) décrivent l'interaction de la particule i avec l'instrument correspondant, et chacune ne prend des valeurs différentes de zéro qu'au voisinage de l'instant t_i de la mesure subie par la particule i. Il en résulte que h_i, défini par :

$$h_i(t) = \int_{-\infty}^{t} g_i(t)dt \tag{6}$$

reste égal à 0 jusqu'à, environ, t_i et prend ensuite une valeur fixe, non nulle. Posons que x_1 et x_2 (qui font fonction de variables d'instrument dans ce schéma) sont tous deux, au départ, voisins de zéro. Les équations (2) et (3) montrent qu'ils le restent jusqu'aux instants t_1, pour x_1, et t_2, pour x_2.

Supposons que :

$$t_1 \ll t_2$$

h_2 étant nul jusqu'en t_2, pour $t < t_2$ les quantités $|\phi(x_2 + h_2)|^2$ et $|\phi(x_2 - h_2)|^2$ sont égales : elles peuvent donc être mises en facteur, tant au numérateur qu'au dénominateur, ce qui fait qu'elles disparaissent des équations. De ce fait, toujours dans l'intervalle $0 < t < t_2$, l'équation (2) devient identique à l'équation (17) de (Bell, 1987, chapitre 15) qui concerne le cas d'une particule unique. Comme Bell l'explique à cet endroit, l'équation en question, combinée à celle de Schrödinger et au fait que, dans le modèle, la fonction $\phi(r)$ est un paquet d'onde très pointu centré à l'origine, a pour effet que, après t_1, x_1 n'est susceptible de prendre que les valeurs h_1 ou $-h_1$. Comme l'équation (2) est une équation différentielle du premier ordre la valeur effectivement prise alors par x_1 est déterminée par sa valeur initiale.

Reste à étudier ce qui se passe au voisinage de l'instant t_2 et après. A ces moments là g_1 est nul, de sorte que x_1 conserve sa valeur. Pour examiner le comportement de x_2 il faut se tourner vers l'équation (3). On constate alors qu'étant donné l'étroitesse du support de ϕ il est impossible que les facteurs $|\phi(x_1 + h_1)|^2$ et $|\phi(x_1 - h_1)|^2$ soient tous deux non nuls. Si $x_1 = h_1$ c'est le premier qui est nul. L'équation (3) se simplifie alors considérablement puisqu'elle prend la forme :

$$\frac{dx_2}{dt} = g_2$$

qui montre que, au moment t_2 de la mesure faite sur la seconde particule, x_2 acquiert une valeur positive. Si, au contraire, $x_1 = -h_1$, l'équation (3) devient :

$$\frac{dx_2}{dt} = -g_2$$

qui montre que x_2 acquiert une valeur négative. On voit donc bien que, dans ce cas, la valeur finale de x_2 dépend, non de sa valeur initiale mais bien de x_1, c'est-à-dire en définitive de la valeur initiale de ce même x_1.

Bibliographie

AGAZZI E. (1987), *Philosophie, science, métaphysique,* Éditions universitaires, Fribourg, Suisse.

AGAZZI E. (1988), « *Science et métaphysique* », Epistemologia XI.

ALBERT D.Z. (1992), *Quantum Mechanics and Experience,* Harvard U. Press, Cambridge, Mass.

ALBERT D.Z. & LOEWER B. (1988), *Synthese,* 12.

ALQUIÉ F. (1950), *La nostalgie de l'être,* P.U.F.

ALQUIÉ F. (1979), *La conscience affective,* Vrin.

ARNTZENIUS F. (1990), « Kochen's Interpretation of Quantum Mechanics » in *Proceedings of the 1990 Biennal Meeting of the Philosophy of Science Association, Vol. 1,* East Lansing, Michigan, Fine, Forbes and Wessels eds.

ASPECT A., GRANGIER P. et ROGER G. (1982), *Phys. Rev. Lett.* **49,** 91.

ASPECT A., DALIBARD J. et ROGER G. (1982), *Phys. Rev. Lett.* **49,** 1804.

ASPECT A. (1983), *Trois tests expérimentaux des inégalités de Bell par mesure de corrélation de polarisation de photons,* Thèse de doctorat, Université de Paris-sud, Centre d'Orsay.

BACHELARD G. (1949), *Le rationalisme appliqué,* P.U.F.

BALLENTINE L.E. (1970), *Review of Modern Physics,* **42,** 358.

BASSI A. & GHIRARDI G.C. (2000), *Physics Letters A,* **275,** 373.

BELINFANTE F. (1973), *A survey of Hidden Variable Theories,* Pergamon Press.

BELL J.S. (1964), *Physics,* **1,** 195, reproduit dans Bell (1987).

BELL J.S. (1966), *Review of Modern Physics,* **38,** 447.

BELL J.S. (1971), *Introduction to the Hidden Variable Question,* dans ESPAGNAT B. D' (1971), reproduit dans BELL J.S. (1987).

BELL J.S. (1975), *Helv. Phys. Acta* **48,** 93.

BELL J.S. (1987), *Speakable and Unspeakable in Quantum Mechanics,* Cambridge University Press.

BELL J.S. (1990), *La nouvelle cuisine,* in : *Between Science and Technology,* A. Sarlemijn & P. Kroes, eds, Elsevier Science Publ. B.V. North Holland (Chapter 6).

BENNETT C.A., BRASSARD G., CRÉPEAU C., JOZSA C. PERES A. & WOOTERS W.K. (1993), *Physical Review Letters,* **70,** 1895.

BENNETT C.A. & BRASSARD G. (1989), SIGACT News **15,** 78.

BESANÇON A. (1994), *L'image interdite,* Fayard.

BITBOL M. (1996), *Mécanique quantique,* Flammarion.

BITBOL M. (1998), *L'aveuglante proximité du réel,* Flammarion.

BITBOL M. (2000), *Physique et philosophie de l'esprit*, Flammarion.

BITBOL M. & LAUGIER S. (1997) eds, *Physique et réalité*, Éditions Frontière.

BOHM D. (1952), *Phyical Review* **85**, 165, 180.

BOHM D. (1980), *Wholeness and the Implicate Order*, Routledge and Kegan Paul, Londres.

BOHM D. & HILEY B.J. (1993), *The Undivided Universe*, Routledge, Londres.

BOHR N. (1935), *Phyical Review* **48**, 696.

BOHR N. (1958), « Quantum Physics and Philosophy – Causality and Complementarity », contribution à *Philosophy in the Mid-Century*, R. Klibansky Ed., La Nuova Italia Editrice, Florence ; reproduit dans : *Essays 1958-1962 on Atomic Physics and Human Knowledge*, A. Bohr Ed., imprimé par Richard Clay and Co., Bungay, Suffolk, 1963.

BOUTOT A. (1998), *La logique et l'ontologie à l'épreuve de l'expérience*, Revue philosophique N°4, p. 441.

BOUVERESSE J. (1997), « Le réalisme en physique », in BITBOL M. & LAUGIER S. (1997).

BRICMONT J. (1994), *Contre la philosophie de la mécanique quantique*, Colloque « Faut-il promouvoir les échanges entre les sciences et la philosophie ? », Louvain-la-Neuve, 25 & 26 mars 1994.

BROGLIE L. de (1927), *Journal de physique*, 5, 225.

BROWN H.R., DEWDNEY C. & HORTON G. (1995), *Foundations of Physics*, **25**, 329.

BRUNE M., HAGLEY E., DREYER J., MAÎTRE X., MALI A., WUNDERLICH C., RAIMOND J.M. et HAROCHE S. (1996), *Physical Review Letters*, 77, 4887.

BRUNSCHVICG L. (1971), *Spinoza et ses contemporains*, P.U.F.

BUNGE M. (1990), « Des bons et mauvais usages de la philosophie », in *L'enseignement philosophique*, **40**, 97.

CARNAP R. (1928), *Der logische Aufbau der Welt*, Meiner, Berlin & Leipsig.

CARNAP R. (1956), « Empiricism, Semantics and Ontology », in *Revue internationale de philosophie* **4**, 20.

CARNAP R. (1973), *Les fondements philosophiques de la physique*, Armand Colin (trad.).

CASSIRER E. (1972), *La philosophie des formes symboliques*, Éd. de Minuit (trad.)

CASSIRER E. (1977), *Substance et fonction*, Éd. de Minuit (trad.).

CHALMERS D.J. (1996), The Conscious Mind ; In Search of a Fundamental Theory, Oxford University Press.

CHAMBADAL P. (1979), *Savoir, devoir, pouvoir*, éd. Copernic, Paris.

CLAUSER J.F. & HORNE M.A. (1974), *Phys. Rev.* **D 10**, 526.

CLAUSER J.F. & SHIMONY A. (1978), *Reports on Progress in Physics*, **41**, 1881.

CLAVELIN M. (1968), *La philosophie naturelle de Galilée*, Armand Colin (éd. poche, Albin Michel 1996).

COMTE-SPONVILLE A. (1998), *Une éducation philosophique*, P.U.F.

COMTE-SPONVILLE A. (1999), *L'être-temps*, P.U.F.

COMTE-SPONVILLE A. & FERRY L. (1998), *La sagesse des modernes*, R. Lafont.

DICKINSON M. & CLIFTON R. (1998), « Lorentz Invariance in Modal Interpretations », in *The Modal Interpretation of Qantum Mechanics*, Dennis Dieks and Peter E. Vermaas ed. Kluwer.

DUMMETT M. (1978), *Truth & other Enigmas*, Duckworth, Londres.

EBERHARD P.H. (1977), *Nuovo Cimento* **38B**, 75.

EBERHARD P.H. (1978), *Nuovo Cimento* **46 B**, 392.

EINSTEIN A. (1934), *Mein Weltbild*, Querido, Amsterdam.

EINSTEIN A., PODOLSKY B. & ROSEN N. (1935), *Phys. Rev.* 47, 777.

EINSTEIN A. (1939), *Adresse au Séminaire de Théologie de l'Université de Princeton*, cité dans EINSTEIN (1991).

EINSTEIN A. (1953), « Remarques préliminaires sur les concepts fondamentaux » in *Louis de Broglie physicien et penseur*, Albin Michel.

EINSTEIN A. (1991), *Science, éthique, philosophie*, œuvres choisies, Le Seuil.

EKERT A.K. (1991), *Physical Review Letters* **67**, 661.

ESPAGNAT B. D' (1965), *Conceptions de la physique contemporaine*, Hermann, Paris.

ESPAGNAT B. D' (1966), contribution à *Preludes in Theoretical Physics : In Honour of V.F. Weisskopf*, A. De Shalit, H. Feshbach et L. Van Hove eds., Noth-Holland, Amsterdam, 1966, p. 185.

ESPAGNAT B. D' (1971), dir. *Foundations of Quantum Mechanics*, *Proceedings of the International scool of Physics "Enrico Fermi"*, *Varenna (Italie)*, cours 49, Academic Press, U.S.A.

ESPAGNAT B. D' (1975), *Physical Review* **D 11**, 1424.

ESPAGNAT B. D' (1976), *Conceptual Foudations of Quantum Mechanics*, 2d. ed., Addison-Wesley, Reading Mass., 4th ed. Perseus Books, Reading Mass. 1999.

ESPAGNAT B. D' (1976b), *Physical Review* **D 18**, 349.

ESPAGNAT B. D' (1979), *A la recherche du réel*, Gauthier-Villars.

ESPAGNAT B. D' (1980), « Théorie quantique et réalité », *Pour la Science*, N° 27, janvier 1980 (trad. d'un article paru dans *Scientific American* en novembre 1979).

ESPAGNAT B. D' (1982), *Un atome de sagesse*, Le Seuil.

ESPAGNAT B. D' (1985), *Une incertaine réalité*, Gauthier-Villars.

ESPAGNAT B. D' (1989), *Reality and the Physicist*, Cambridge University Press (traduction augmentée du précédent).

ESPAGNAT B. D' (1990), *Penser la science*, Dunod.

ESPAGNAT B. D' (1994), *Le réel voilé*, Fayard.

ESPAGNAT B. D' (1997), « Essai d'une conclusion personnelle » *in* Bitbol & Laugier 1997.

ESPAGNAT B. D' (1997b), « Aiming at Describing Empirical Reality » in *Potentiality, Entanglement and Passion-at-a-Distance*, R.S. Cohen et al. (eds), Kluwer Academic Publishers.

ESPAGNAT B. D' (1998), *Ondine et les feux du savoir*, Stock.

ESPAGNAT B. D' (1998b), *Reply to Aharonov and Anandan's "Meaning of the density matrix"* http//quantum.ph/9804063.

ESPAGNAT B. D' (2001), *Reply to K.A. Kirkpatrick*, http://arXiv.org/abs/quant-ph/0111081, 14 nov. 01.

EVERETT H. (1957), *Rev. Mod. Phys.* **29**, 454.

FEYNMAN R.P. (1949), *Physical Review*, **76**, 749, 769.

GELL-MANN M. & HARTLE J.B. (1989), *Quantum Mechanics in the Light of Quantum Cosmology*, Proceedings of the Santa Fe Institute Workshop on Complexity, Entropy and the Physics of Information, *May 1989*.

GELL-MANN M. (1995), *Le quark et le jaguar*, Albin Michel (trad.).

GHIRARDI G.C., RIMINI A. & WEBER T. (1980), *Lett. Nuovo Cim.* **27**, 293.

GHIRARDI G.C., RIMINI A. & WEBER T. (1986), « Unified Dynamics for Microscopic and Macroscopic Systems », *Physical Review* **D 34**, 470.

GILSON E. (1942), *Le thomisme*, Paris, Vrin.

GIULINI D., JOOS E., KIEFER C., KUPSCH J., STAMATESCU I.O. & ZEH H.D. (1996), *Decoherence and the Appearance of a Classical World in Quantum Theory*, Springer.

GOUHIER H. (1970), *Maine de Biran par lui-même*, Seuil.

GRIFFITHS R. (1984), *Journal of Statistical Physics* **36**, 219.

HACKING I. (1989), *Concevoir et expérimenter*, Christian Bourgois ed. (trad.).

HEISENBERG W. (1998), *Le manuscrit de 1942*, Éd. du Seuil (trad. & introd. C. Chevalley).

HEPP K. (1972), *Helvetica Physica Acta* **45**, 237.

HOME D. & WHITAKER M.A.B. (1992), *Physics Reports*, **210**, 224.

HUSSERL E. (1969), *Méditations cartésiennes*, Vrin.

JASPERS K. (1965), *Introduction à la philosophie*, Plon 10-18 (trad.).

JAUCH J.M. (1973), *Are Quanta Real ?*, Indiana University Press, U.S.A.

JOOS E. (1987), *Physical Review* **D 36**, 3285.

JOOS E. & ZEH H.D. (1985), *Zeitschrift für Physik*, **B 59**, 223.

KANT E. (1987), *Critique de la raison pure*, Flammarion (trad.).

KOCHEN S. & SPECKER E.P. (1967), *Journal of Mathematical Mechanics* **17**, 59.

KAROLIHAZY F. (1966), « Gravitation and Quantum Mechanics of Macroscopic Systems », *Nuovo Cimento A*, **42**, 390.

LADRIÈRE J. (1989), « Physical Reality, a Phenomenological Approach » in *Dialectica* (Bienne, Suisse) **43**, 125-139.

LARGEAULT J. (1980), *Énigmes et controverses*, Aubier-Montaigne.

LAUDAN L. (1987), *La dynamique de la science*, Pierre Mardaga ed., Bruxelles (trad.).

LÉVY-LEBLOND J.M. (1997), « Pour soulever le voile de Maya » in BITBOL & LAUGIER (1997).

LURÇAT F. (1990), Niels Bohr, Éditions Criterion.

LURÇAT F. (1999), *Le chaos*, PUF (Que sais-je ?).

MAGNIN T. (1998), *Entre science et religion*, Éditions du rocher.

MOTT N.F. (1929), *Proceedings of the Royal Society A*, **126**, 79.

MOHRHOFF U. (2000), *American Journal of Physics*, **68**, 728.

MOHRHOFF U. (2001), *arXiv :quant-ph/0107005*, 2 Jul.

MORIN E. (1982), *Science avec conscience*, Fayard.

MUYNCK W.M. de (1995), *Synthese*, **102**, 293.

OMNÈS R. (1988), *Journal of Statistical Physics* **53**, 893, 933, 957.

OMNÈS R. (1994), *Philosophie de la Science contemporaine*, Gallimard.

OMNÈS R. (1994b), *The Interpretation of Quantum Mechanics*, Princeton University Press.

OMNÈS R. (2002), *Alors l'un devint deux*, Flammarion.

ONIMUS J. (1994), *Béance du divin*, PUF.

PATY M. (1988), « Einstein et Spinoza » in *Spinoza, science et religion*, actes du colloque de Cerizy-la-Salle, Septembre 1982, Vrin.

PATY M. (1993), *Einstein philosophe*, P.U.F.

PENROSE R. (1995), *Les ombres de l'esprit*, Interéditions (trad.).

PESTRE D. (1997), *Histoire des sciences, histoire des techniques*, EHESS, Paris.

PETITOT J. (1997), « Objectivité faible et philosophie transcendentale » in BITBOL M. & LAUGIER S. (1997).

POINCARÉ H. (1968), *La science et l'hypothèse*, Flammarion (poche).

POINCARÉ H. (1970), *La valeur de la science*, Flammarion (poche).

PRIMAS H. (1981), *Chemistry, Quantum Mechanics and Reductionism*, Springer, Heidelberg.

PRIMAS H. (1994), « Hierarchic Quantum Descriptions and their Associated Ontologies » in *Symposium on the Foundations of Modern Physics 1994*, edited by K.V. Laurikainen, C. Montonen & K. Sunnaborg, Editions Frontière.

PUTNAM H. (1981), *Reason, Truth and History*, Cambridge University Press.

QUINE W.V. (1943), *Notes on Existence and Necessity*, J. Phil. **40**, 113.

QUINE W.V. (1953), *From a Logical Point of View*, Harvard University Press, Cambridge (Mass.).

REICHENBACH H. (1955), *L'avènement de la philosophie scientifique*, Flammarion (trad.).

RUSSELL B. (1929), *Our Knowledge of the External World*, W.W. Norton & Co., New York.

SCHLICK (1918), *Allgemeine Erkenntnislehre*, Springer, Berlin.

SCHRÖDINGER E. (1990), *L'esprit et la matière*, Le Seuil (trad.).

SEARLE J. (1998), *La construction de la réalité sociale*, Gallimard (trad.).

SERRES M. (1997), *Le Trésor, dictionnaire des sciences, préface*, Flammarion.

SHIMONY A. (1971), *Experimental Test of Local Hidden-Variable Theories, dans* ESPAGNAT B. D' (1971).

SHIMONY A. (1990), *An Exposition of Bell's Theorem*, in *Sixty-two Years of Uncertainty*, A. Miller ed., Plenum Press, New York.

SHIMONY A. (1993), *Search for a Naturalistic World View*, Cambridge University Press.

SHIMONY A. & STEIN H. (2001), *American Journal of Physics*, **69**, 848.

SOKAL A. & BRICMONT J. (1997), *Impostures intellectuelles*, Odile Jacob.

SOLER L. (1997), « Les régularités phénoménales requièrent-elles une explication ? », in BITBOL M. & LAUGIER S. (1997).

SOLER L. (2000), *Introduction à l'épistémologie*, Ellipses.

SPINOZA B. (1964), *Traité de la réforme de l'entendement*, Garnier-Flammarion (trad.).

STAPP H.P. (1972), « The Copenhagen Interpretation », *American Journal of Physics*, **40**, 1098.

STAPP H.P. (1977), *Nuovo Cimento* **40B**, 191 ; (1980), *Found. Phys.* **10**, 767.

TORALDO DI FRANCIA, G. (1981), *The Investigation of the Physical World*, Cambridge University Press.

UZAN P. (1998), « Vers une logique du temps sémantique », *Thèse*, Sorbonne.

VAN FRAASSEN B.C. (1972), « A Formal Approach to the Philosophy of Science », in *Paradigms and Paradoxes, the Philosophical Challenge of the Quantum Domain*, R. Colodny ed., University of Pittsburgh Press.

VAN FRAASSEN B.C. (1974), « The Einstein-Podolsky-Rosen Paradox », *Synthese*, **29,** 291.

VAN FRAASSEN B.C. (1980), *The Scientific Image*, Oxford, Clarendon Press.

VARELA F., THOMPSON E. & ROSCH E. (1993), *L'inscription corporelle de l'esprit*, Le Seuil.

VERMAAS P. (1998), « The Kochen-Dieks and atomic modal interpretation », *The Modal Interpretation of Qantum Mechanics*, Dennis Dieks and Peter E. Vermaas ed. Kluwer).

VUILLEMIN J. (1955), *Physique et métaphysique kantiennes*, P.U.F.

WHITEHEAD A.N. (1933), *Adventure of Ideas*, Macmillian, U.S.A.

WHORF B.L. (1969), *Linguistique et anthropologie*, Denoël (trad.).

WIGNER E. (1961), « Remarks on the Mind-Body Question » in *The Scientist Speculates*, I.J. Good ed., W. Heinemann, Londres.

WIGNER E. (1970), *American Journal of Physics*, **38**, 1005.

WITTGENSTEIN L. (1961), *Tractatus logico-philosophicus*, Gallimard (Idées, trad.).

WORALL J. (1989), « Structural Realism : The Best of Both Worlds ? » in *Dialectica* (Bienne, Suisse) **43**, 99-124.

ZEH H.D. (1970), *Foundations of Physics*, **1**, 69.

ZUREK W.H. (1998), *Philosophical Transactions of the Royal Society, London,* **A**, **356**, 1793.

ZWIRN H. (2000), *Les limites de la connaissance*, Odile Jacob.

Index des notions

L

Langage 149

Langage objectiviste 25, 26, 29, 44, 83, 105, 147, 163, 185, 249, 330

Légalité 45, 415-416, 453

Linéarité 201n

Linguistique 294

Localité, localisé, local 24, 25, 34, 64, 71, 72, 81, 72n, 212, 253, 537, 547

Localité (principe, hypothèse de) 34, 69, 73-76, 81, 533, 538n

Logique 113, 168, 248

– et langage 295, 296-298

– modale 131, 236

– non booléenne 248

– partielle 119,168, 248, 260n

« Logos » 279n, 386

Loi 60, 83, 90, 136, 141, 159, 184, 259, 291n, 336, 359-360, 382, 384, 378, 387-389, 439, 517n, 526

– fondamentale 389

– prédictive d'observation 144, 373-375,392
    évolution des –s 377

Lois de Newton 155

– quantiques 365

Lueur (vers le "réel") 451, 492, 518-519

M

Macroréalisme 167, 250

Macroscopique (objet, phénomène, système, etc.) 82, 159, 122, 162, 196, 204, 212, 214, 313, 320

Materia prima 523

Matérialisme 303, 513

– dialectique 119, 303

– scientifique 304-311, 514, 527

Mathématiques 19, 22

Matière 80, 263, **311-321,** 471, 472n, 523

Matrice-densité 97

Maxwell (théorie, équations de) 72, 182, 274

Mécanique, mécanicisme 20, 37, 281, 304, 509

Mécanique newtonienne 155

Mécanique quantique 24, 29, 48, 35, 50, 65, 71, 73, 83, 100, 106, 132, 146, 156, 168, 177, 229, 293, 365, 371, **399**

– « orthodoxe », « standard » 115, 133, 228, 231

Mélange 67, 153, 482

– impropre 208, 210

– propre 207, 207n, 252, 264, 267

Mentalisme 415, 418

Mer (de Dirac) 22, 51, 54, 187, 232n, 246, 409,

Mesure 12, 24, 83, 109, 113, 117- 124, 132, 176, 190, 195, 251

opération de – **198-204,** 218, 261

– indirecte 177

– non perturbative 177

(problème de la –) 187

Métaphysique 234

Méthodes 24

Microscope à effet tunnel 99, 160

Microscopiques (objets) 159

Modale (interprétation) 236-240, 266

Modèle 24

– géocentrique 24

– planétaire de Bohr 396

« Moi » 142

– collectif 270

– transcendantal 413

Molécule 20

Q

R

U

Un (plotinien) 450
Unicité (problème de l') 219
Unité (thèse de l'– des esprits) 487
Univers 220
Universalité (des lois quantiques) 12, 82, 83, 120, 157, 170, 202, 213, 290, 508
Upanishads 487
Utilitarisme 183

V

Valeur 308

Variable supplémentaire (« cachée ») 61, **68,** 75, 78, 87, 97, 143, 178, 217, 237, 261, 293, 370
théories à –s non déterministes 542
Vecteur d'état 60, 108, 121, 127, 197, 217
Vérifiabilité 465, 473
Vérité 423
– relative (indexée) 480-481
Vérité-similitude (théorie de la) 464
Vide 25, 316
Vision réaliste 71, 88, 91
Vitalistes 159
Vitesse de la lumière 66
Voile des apparences 22

Index des noms

Toraldo di Francia, G. : 188, 189, 358

U

Uzan, P. : 294

V

Valéry, P. : 182
Varela, F. : 481, 500, 500n.
Vermaas, P. : 240, 553
Voltaire : 404
Vuillemin, J. : 327n.

W

Weber, T. : 254
Whitaker, M. A. B. : 370n., 543
Whorf, B. L. : 297
Wigner, E. : 89, 263, 542
Whitehead, A. N. : 323, 352, 477
Wittgenstein, L. : 149
Wooters, W. : 543
Worall, J. : 134, 424, 457

Y

Young, T. : 105

Z

Zeh, H. D. : 209, 211
Zeilinger, A. : 543
Zurek, W. H. : 218, 219, 221
Zwirn, H. : 146, 257n., 269, 287, 429, 430, 433, 434, 444-446, 450-452, 456, 459-461, 484, 516, 516n., 517, 519, 519n.

Table des matières

2. Le dépassement du cadre des concepts familiers

3. Non-séparabilité et théorème de Bell

4. Objectivité et "réalité empirique"

5. Physique quantique et réalisme

6. L'idée de lois universelles et la "question du réel"

7. Antiréalisme et physique ; problème E.P.R. ; l'opérationnalisme, méthode inéluctable

8. Mesure, décohérence, universalité revisitée

9. Tentatives réalistes diverses

10. "Chat de Schrödinger", "ami de Wigner" et "réel voilé"

II. Approche philosophique

11. Science et philosophie

12. Les matérialismes

13. La source kantienne

14. La causalité et le prédictif

15. Explication et phénomènes

16. Mental et choses

17. **Approche pragmatico-transcendante et réel voilé**

18. **Objets et conscience**

19. **Le "fond des choses"**

Appendices

Composition :
Paris PhotoComposition